实战从入门到精通　人邮云课堂　许永超 编著

Word/Excel/PPT

2019 办公应用

实战从入门到精通

人民邮电出版社

北京

图书在版编目（CIP）数据

Word/Excel/PPT 2019办公应用实战从入门到精通 / 许永超编著. -- 北京 : 人民邮电出版社, 2019.3（2022.9重印）
ISBN 978-7-115-50035-9

Ⅰ. ①W… Ⅱ. ①许… Ⅲ. ①办公自动化－应用软件 Ⅳ. ①TP317.1

中国版本图书馆CIP数据核字(2018)第249870号

内容提要

本书系统地介绍了Word 2019、Excel 2019和PowerPoint 2019的相关知识和应用方法，通过精选案例引导读者深入学习。

全书共17章。第1～4章主要介绍Word文档的制作方法，包括Word文档的基本编辑、Word文档的图文混排、表格的绘制与应用以及长文档的排版与处理等；第5～9章主要介绍Excel电子表格的制作方法，包括工作簿和工作表的基本操作、管理和美化工作表、公式和函数的应用、数据的基本分析以及数据的高级分析等；第10～12章主要介绍PowerPoint幻灯片的制作方法，包括PowerPoint基本幻灯片的制作、设计图文并茂的PPT以及PPT动画及放映的设置等；第13～15章主要介绍Office 2019的行业应用，包括文秘办公、人力资源管理以及市场营销等；第16～17章主要介绍Office 2019的高级应用方法，包括Office 2019的共享与协作以及Office的跨平台应用等。

本书附赠的配套电子资源包含9小时与图书内容同步的视频教程及所有案例的配套素材和结果文件。此外，还赠送了大量与学习内容相关的视频教程、Office实用办公模板及扩展学习电子书等。

本书不仅适合Word 2019、Excel 2019和PowerPoint 2019的初、中级用户学习使用，也可以作为各类院校相关专业学生和电脑培训班学员的教材或辅导用书。

◆ 编　　著　许永超
责任编辑　张　翼
责任印制　马振武
◆ 人民邮电出版社出版发行　　北京市丰台区成寿寺路11号
邮编　100164　　电子邮件　315@ptpress.com.cn
网址　http://www.ptpress.com.cn
北京七彩京通数码快印有限公司印刷
◆ 开本：787×1092　1/16
印张：18　　2019年3月第1版
字数：445千字　　2022年9月北京第16次印刷

定价：45.00元

读者服务热线：(010)81055410　印装质量热线：(010)81055316
反盗版热线：(010)81055315
广告经营许可证：京东市监广登字20170147号

随着社会信息化的不断普及，电脑已经成为人们工作、学习和日常生活中不可或缺的工具，而电脑的操作水平也成为衡量一个人综合素质的重要标准之一。为满足广大读者的实际应用需要，我们针对不同学习对象的接受能力，总结了多位电脑高手、国家重点学科教授及计算机教育专家的经验，精心编写了这套“实战从入门到精通”系列图书。

一、系列图书主要内容

本套图书涉及读者在日常工作和学习中各个常见的电脑应用领域，在介绍软硬件的基础知识及具体操作时，均以读者经常使用的版本为主，在必要的地方也兼顾了其他版本，以满足不同读者的需求。本套图书主要包括以下品种。

《Windows 7实战从入门到精通》	《Windows 8实战从入门到精通》
《Photoshop CS5实战从入门到精通》	《Photoshop CS6实战从入门到精通》
《Photoshop CC实战从入门到精通》	《Office 2003办公应用实战从入门到精通》
《Excel 2003办公应用实战从入门到精通》	《Word/Excel 2003办公应用实战从入门到精通》
《跟我学电脑实战从入门到精通》	《黑客攻击与防范实战从入门到精通》
《笔记本电脑实战从入门到精通》	《Word/Excel 2010办公应用实战从入门到精通》
《电脑组装与维护实战从入门到精通》	《Word 2010办公应用实战从入门到精通》
《Excel 2010办公应用实战从入门到精通》	《PowerPoint 2010办公应用实战从入门到精通》
《Office 2010办公应用实战从入门到精通》	《Word/Excel/PowerPoint 2007三合一办公应用实战从入门到精通》
《Office 2016办公应用实战从入门到精通》	《Word/Excel/PowerPoint 2003三合一办公应用实战从入门到精通》
《电脑办公实战从入门到精通》	《Word/Excel/PowerPoint 2010三合一办公应用实战从入门到精通》
《Word/Excel/PPT 2016三合一办公应用实战从入门到精通》	《Excel 2019办公应用实战从入门到精通》
《Office 2019办公应用实战从入门到精通》	《Word/Excel/PPT 2019办公应用实战从入门到精通》

二、本书特色

从零开始，循序渐进

无论读者是否从事计算机相关行业的工作，是否接触过Word 2019、Excel 2019和PowerPoint 2019，都能从本书中找到合适的学习起点，循序渐进地完成学习过程。

紧贴实际，案例教学

全书内容均以实例为主线，并在此基础上适当扩展知识点，真正实现学以致用。

紧凑排版，图文并茂

本书紧凑排版，既美观大方又能够突出重点、难点。书中所有实例的每一步操作均配有对应的插图和注释，以便读者在学习过程中能够直观、清晰地看到操作过程和效果，提高学习效率。

单双混排，超大容量

本书采用单、双栏混排的形式，大大扩充了信息容量，在不足300页的篇幅中容纳了传统图书600多页的内容，从而在有限的篇幅中为读者呈现了丰富的知识和实战案例。

高手秘技，扩展学习

本书在每章的最后，以“高手私房菜”的形式为读者提炼了各种高级操作技巧，总结了大量实用的操作方法，以便读者学习到更多内容。

视听结合，互动教学

本书配套的视频教程内容与书中知识紧密结合并相互补充，帮助读者体验实际工作环境，掌握日常所需的知识和技能，以及处理各种问题的方法，达到学以致用的目的，从而大大增强了本书的实用性。

三、本书赠送资源

9小时全程同步视频教程

本书配套的同步视频教程，详细讲解每个实战案例的操作过程及关键步骤，帮助读者更轻松地掌握书中所有的知识内容和操作技巧。

超多、超值资源

除与图书内容同步的视频教程外，电子资源中还赠送了大量与学习内容相关的视频教程、Office实用办公模板、扩展学习电子书及本书所有案例的配套素材和结果文件等，以方便读者扩展学习。

四、同步视频学习方法

为了方便读者学习，本书以二维码的方式提供了大量视频教程。读者使用手机上的微信、QQ等软件的“扫一扫”功能扫描二维码，即可通过手机观看视频教程。

五、海量资源获取方法

除同步视频教程外，本书还额外赠送了海量学习资源。读者可以使用微信扫描封底二维码，关注“职场研究社”公众号，发送“50035”后，将获得资源下载链接和提取码。将下载链接复制到任何浏览器中并访问下载页面，即可通过提取码下载本书的扩展学习资源。

六、龙马高新教育 APP 使用方法

通过赠送资源中的安装文件将“龙马高新教育”APP直接安装到手机上，随时随地问同学、问专家，尽享海量资源。同时，此APP也会不定期推送学习中的常见疑难解答、操作技巧、行业应用案例等精彩内容，让学习变得更加简单高效。

七、创作团队

本书由龙马高新教育策划，许永超任主编。在本书的编写过程中，我们竭尽所能地将实用的内容呈现给读者，但也难免有疏漏和不妥之处，敬请广大读者不吝指正。读者在学习过程中有任何疑问或建议，可发送电子邮件至zhangyi@ptpress.com.cn。

编者

目录 Contents

第1章 Word文档的基本编辑

本章视频教学时间：26分钟

第2章 Word文档的图文混排

本章视频教学时间：34分钟

第 3 章 表格的绘制与应用

本章视频教学时间：22分钟

第 4 章 长文档的排版与处理

本章视频教学时间：29分钟

第 5 章 Excel 工作簿和工作表的基本操作

本章视频教学时间：25分钟

第6章 管理和美化工作表

本章视频教学时间：28分钟

第7章 Excel公式和函数的应用

本章视频教学时间：36分钟

第 8 章 数据的基本分析

本章视频教学时间：21分钟

第 9 章 数据的高级分析

本章视频教学时间：19分钟

第 10 章 PowerPoint 基本幻灯片的制作

本章视频教学时间：20分钟

第 11 章 设计图文并茂的 PPT

本章视频教学时间：24分钟

第 12 章 PPT 动画及放映的设置

本章视频教学时间：27分钟

第 13 章 Office 2019 的行业应用——文秘办公

本章视频教学时间：32分钟

第14章 Office 2019 的行业应用——人力资源管理

本章视频教学时间：51分钟

第15章 Office 2019 的行业应用——市场营销

本章视频教学时间：53分钟

第16章 Office 2019 的共享与协作

本章视频教学时间：23分钟

第17章 Office的跨平台应用——移动办公

本章视频教学时间：21分钟

赠送资源

配套素材库

- 本书实例素材文件
- 本书实例结果文件

视频教程库

- Windows 10 操作系统安装视频教程
- 9 小时 Windows 10 电脑操作视频教程
- 7 小时 Photoshop CC 视频教程

办公模板库

- 2000 个 Word 精选文档模板
- 1800 个 Excel 典型表格模板
- 1500 个 PPT 精美演示模板

扩展学习库

- Office 2019 快捷键查询手册
- Excel 函数查询手册
- 移动办公技巧手册
- 常用汉字五笔编码查询手册
- 电脑维护与故障处理技巧查询手册

第 1 章

Word 文档的基本编辑

本章视频教学时间：26 分钟

在文档中插入文本并进行简单的设置是 Word 2019 的基本编辑操作。本章主要介绍 Word 文档的创建、在文档中输入文本内容、文本的选取、字体和段落格式的设置，以及检查、批注和审阅文档的方法等。

【学习目标】

通过本章的学习，读者可以了解 Word 2019 的基本编辑操作。

【本章涉及知识点】

- 创建、保存文档
- 输入、复制、粘贴文本
- 设置字体样式
- 设置段落样式
- 修改、批注和修订文档

1.1 制作工作总结

 本节视频教学时间：3分钟

把一个时间段的工作进行一次全面系统的总检查、总评价、总分析、总研究，并分析成绩和不足，就可以不断积累经验。工作总结是应用写作的一种，其作用是对已经做过的工作进行理性思考，肯定成绩，找出问题，归纳经验教训，提高认识，明确方向，以便进一步做好工作，并把这些用文字表述出来。本节就以制作“工作总结”文档为例，介绍Word 2019的基本操作。

1.1.1 新建空白文档

在使用Word 2019制作“工作总结”文档之前，需要先创建一个空白文档。启动Word 2019软件时可以创建空白文档，具体操作步骤如下。

1 选择【Word】选项

单击电脑桌面左下角的【开始】按钮，在弹出的下拉列表中选择【Word】选项。

2 启动 Word 2019 软件

此时即可启动Word 2019，下图为Word 2019启动界面。

3 单击【空白文档】按钮

打开Word 2019的初始界面，在Word开始界面，单击【空白文档】按钮。

> **小提示**
>
> 在桌面上单击鼠标右键，在弹出的快捷菜单中选择【新建】➤【Microsoft Word 文档】，也可在桌面上新建一个 Word 文档，双击新建的文档图标即可打开该文档。

4 创建空白文档

此时即可创建一个名称为“文档 1”的空白文档。

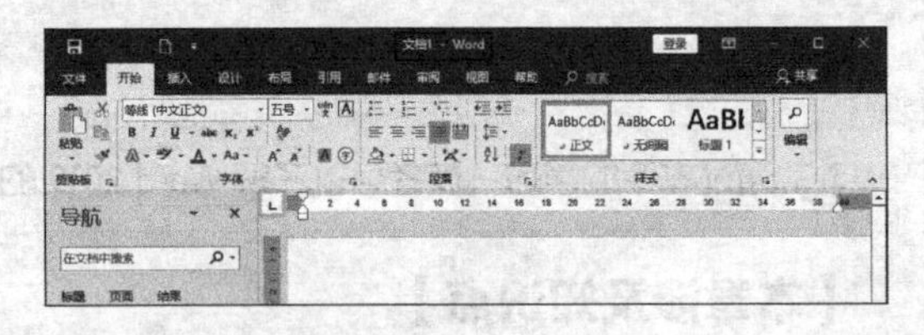

> **小提示**
>
> 启动软件后，有以下 3 种方法可以创建空白文档。
>
> （1）在【文件】选项卡下选择【新建】选项，在右侧【新建】区域选择【空白文档】选项。
>
> （2）单击快速访问工具栏中的【新建空白文档】按钮，即可快速创建空白文档。
>
> （3）按【Ctrl+N】组合键，也可以快速创建空白文档。

1.1.2 输入文本内容

文本的输入非常简便，只要会使用键盘打字，就可以在文档的编辑区域输入文本内容。

Windows 10的默认语言是中文，语言栏显示的是中文模式图标中，在此状态下输入的文本即为中文。

1 输入中文

确定任务栏上的中文模式图标中，根据文本内容输入相应的拼音，并按空格键即可，例如这里输入“销售一部年终总结”。

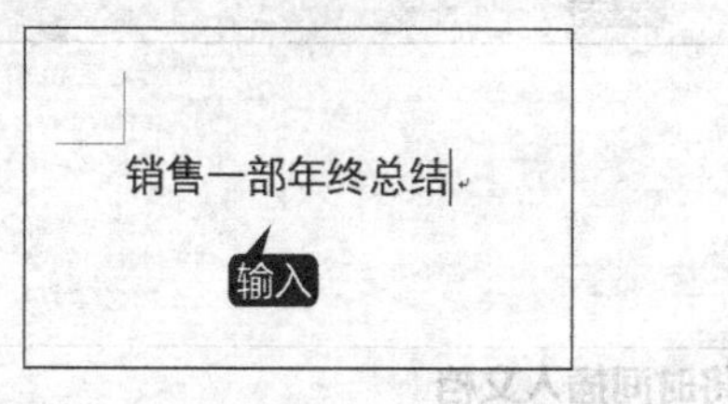

2 切换输入法

在编辑文档时，有时也需要输入英文和英文标点符号，按【Shift】键即可在中文和英文输入法之间切换。切换至英文输入法后，直接按相应的按键即可输入英文。数字内容可直接通过小键盘输入。

1.1.3 内容的换行——软回车与硬回车的应用

在输入文本的过程中，当文字到达一行的最右端时，输入的文本将自动跳转到下一行。如果在未输入完一行时就要换行输入，也就是产生新的段落，则可按【Enter】键来结束一个段落，这样会产生一个段落标记“↵”。此时，按【Enter】键的操作可以称为“硬回车”。

如果按【Shift+Enter】组合键来结束一个段落，会产生一个手动换行符标记“↓”，也称为“软回车”。虽然此时也达到了换行输入的目的，但这样并不会结束这个段落，只是换行输入而已。实际上前一个段落和后一个段落之间仍为一个整体，在Word中仍默认它们为一个段落。

销售一部年终总结↵
2018 年即将结束，↵

销售一部年终总结↵
2018 年即将结束，↓
↵

1.1.4 输入日期内容

在文档中可以方便地输入当前的日期和时间，具体操作步骤如下。

1 打开素材文件

打开“素材\ch01\工作总结.docx”文档，将其中的内容复制到“文档1”文档中。

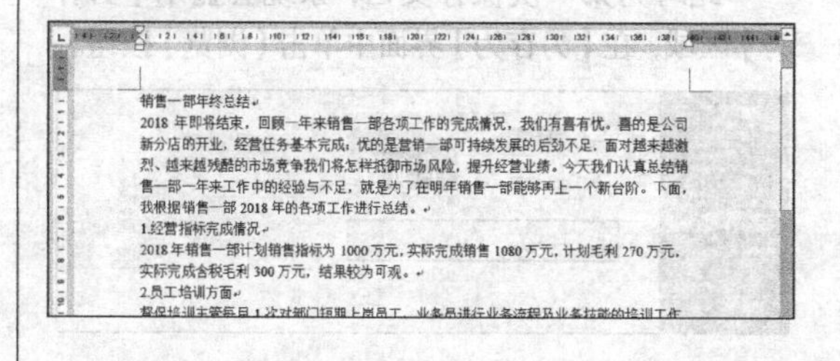

2 单击【日期和时间】按钮

把光标定位到文档最后，按两次【Enter】键换行，单击【插入】选项卡下【文本】选项组中的【日期和时间】按钮。

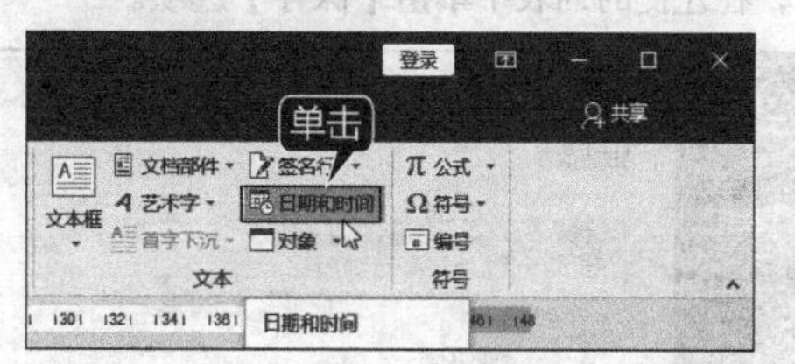

3 选择一种日期格式

在弹出的【日期和时间】对话框中，设置【语言】为“中文”，然后在【可用格式】列表框中选择一种日期格式，单击【确定】按钮。

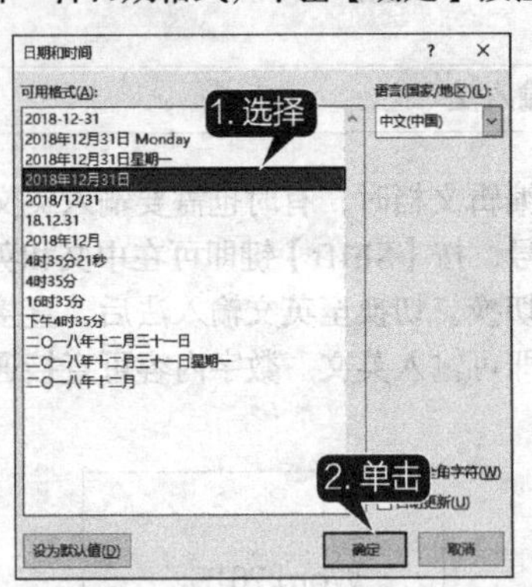

4 将日期插入文档

此时即可将日期插入文档中，效果如下图所示。

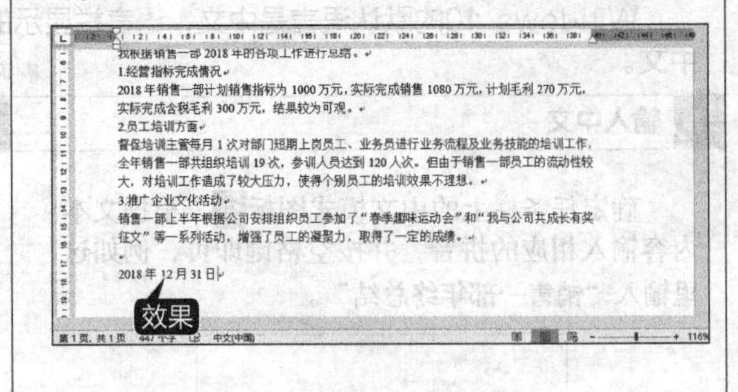

5 选择一种时间格式

再次按【Enter】键换行，单击【插入】选项卡下【文本】选项组中的【日期和时间】按钮。在弹出的【日期和时间】对话框的【可用格式】列表框中选择一种时间格式，选中【自动更新】复选框，单击【确定】按钮。

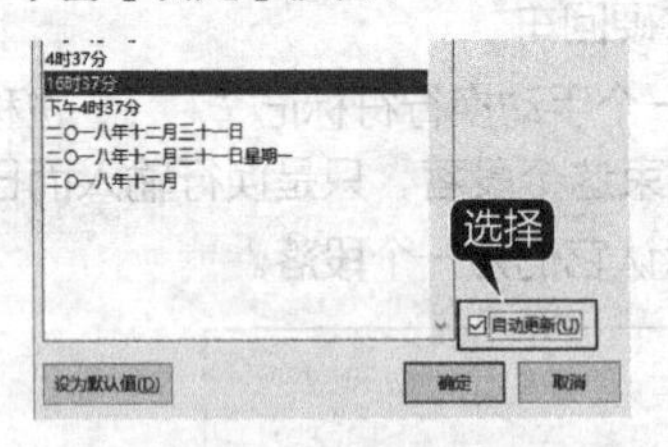

6 将时间插入文档

此时即可将时间插入文档，效果如下图所示。

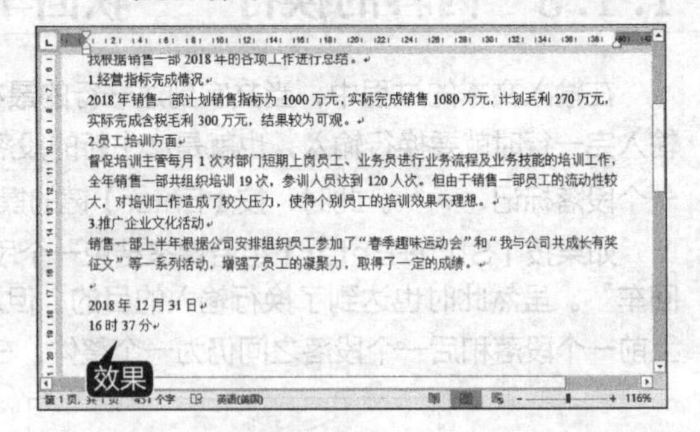

1.1.5 保存文档

文档的保存和导出是非常重要的。在使用Word 2019编辑文档时，文档以临时文件的形式保存在电脑中，如果意外退出Word 2019，则很容易造成工作成果的丢失。只有保存或导出文档后才能确保文档的安全。

1. 保存新建文档

保存新建文档的具体操作步骤如下。

1 单击【保存】选项

Word文档编辑完成后，单击【文件】选项卡，在左侧的列表中单击【保存】选项。

2 单击【浏览】按钮

此时为第一次保存文档，系统会显示【另存为】区域，在【另存为】界面中单击【浏览】按钮。

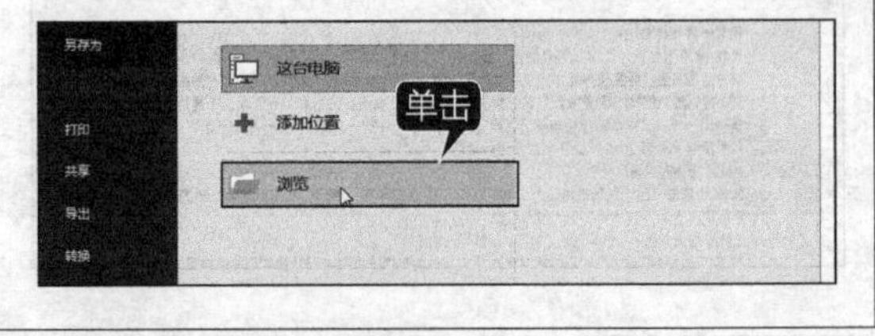

3 保存文档

打开【另存为】对话框，选择文件保存的位置，在【文件名】文本框中输入要保存文档的名称，在【保存类型】下拉列表框中选择【Word文档（*.docx）】选项，单击【保存】按钮，即可完成保存文档的操作。

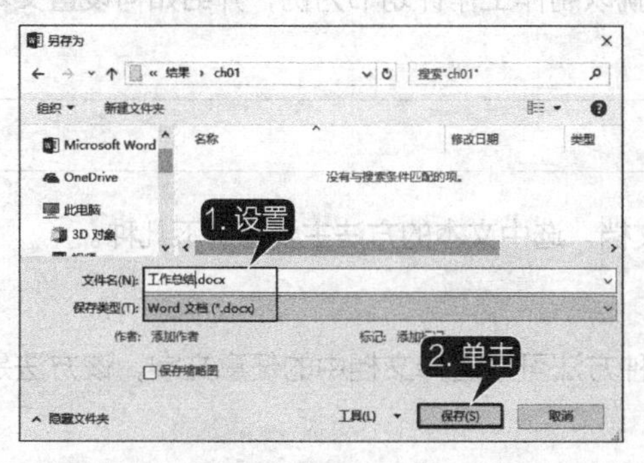

4 名称已经更改

保存完成，即可看到标题栏中文档的名称已经更改为“工作总结.docx”。

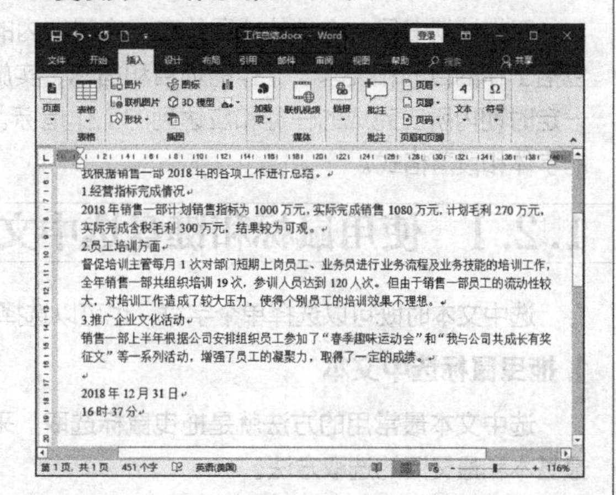

小提示

在对文档进行“另存为”操作时，可以按【F12】键，直接打开【另存为】对话框。

2. 保存已有文档

对已存在文档有3种方法可以保存更新。

（1）单击【文件】选项卡，在左侧的列表中单击【保存】选项。

（2）单击快速访问工具栏中的【保存】按钮。

（3）使用【Ctrl+S】组合键可以实现快速保存。

1.1.6 关闭文档

关闭Word 2019文档有以下几种方法。

（1）单击窗口右上角的【关闭】按钮。

（2）在标题栏上单击鼠标右键，在弹出的控制菜单中选择【关闭】菜单命令。

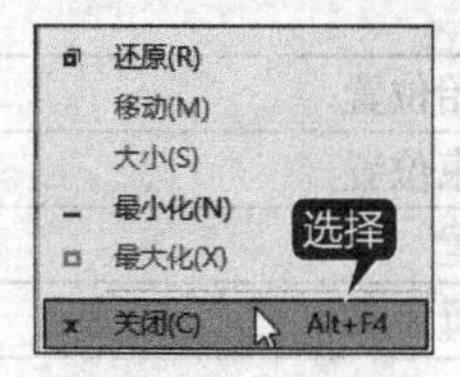

（3）单击【文件】选项卡下的【关闭】选项。

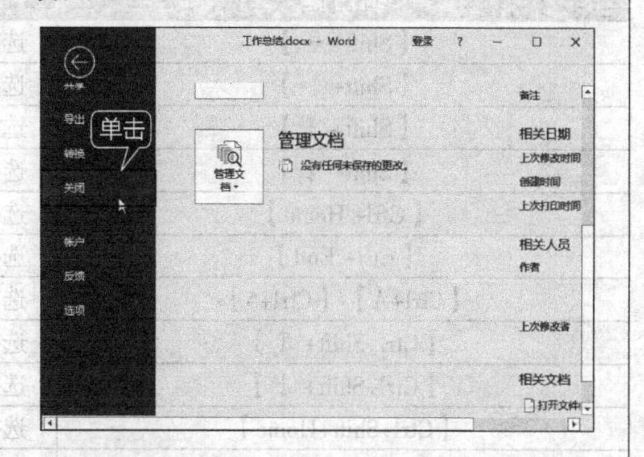

（4）直接按【Alt+F4】组合键。

1.2 制作工作计划书

 本节视频教学时间：13分钟

工作计划书是一个单位或团体在一定时期内的工作打算，其内容要求简明扼要、具体明确，一般包括工作的目的和要求、工作的项目和指标、实施的步骤和措施等。最终要根据需要与可能，规定出一定时期内所应完成的任务和应达到的工作指标。本节就以制作工作计划书为例，介绍如何设置文本的字体和段落格式。

1.2.1 使用鼠标和键盘选中文本

选中文本时既可以选择单个字符，也可以选择整篇文档。选中文本的方法主要有以下几种。

1. 拖曳鼠标选中文本

选中文本最常用的方法就是拖曳鼠标选取。采用这种方法可以选择文档中的任意文字，该方法是最基本和最灵活的选取方法。

1 打开素材文件

打开“素材\ch01\个人工作计划书.docx”文件，将光标放在要选择的文本的开始位置，如放置在第3行的中间位置。

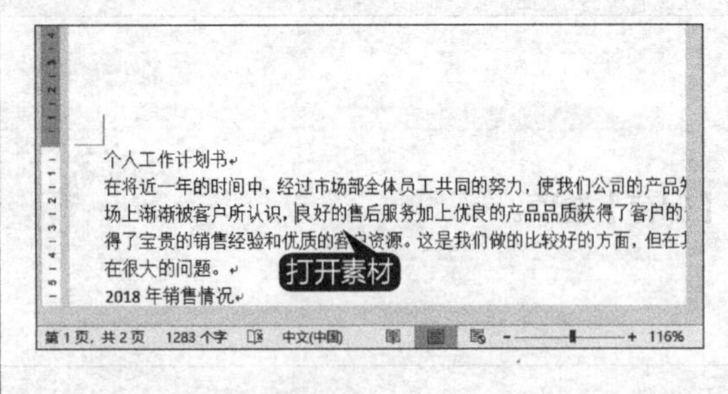

2 选中文本

按住鼠标左键并拖曳，这时选中的文本会以阴影的形式显示。选择完成，释放鼠标左键，光标经过的文字就被选中了。单击文档的空白区域，即可取消文本的选择。

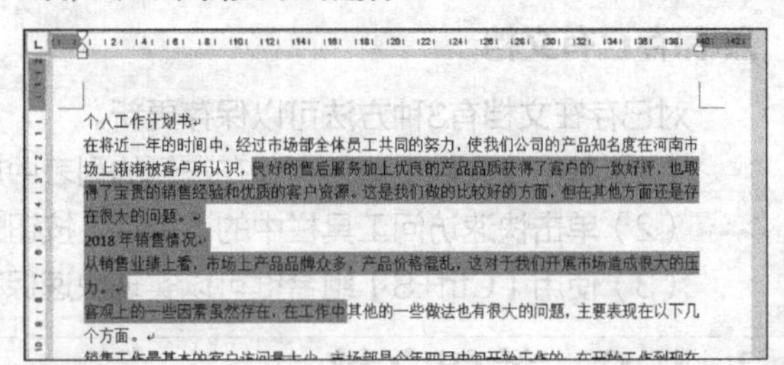

2. 用键盘选中文本

在不使用鼠标的情况下，我们可以利用键盘组合键来选中文本。使用键盘选中文本时，需先将插入点移动到待选文本的开始位置，然后按相关的组合键即可。

组合键	功能
【Shift+←】	选择光标左边的一个字符
【Shift+→】	选择光标右边的一个字符
【Shift+↑】	选择至光标上一行同一位置之间的所有字符
【Shift+↓】	选择至光标下一行同一位置之间的所有字符
【Ctrl+Home】	选择至当前行的开始位置
【Ctrl+End】	选择至当前行的结束位置
【Ctrl+A】/【Ctrl+5】	选择全部文档
【Ctrl+Shift+↑】	选择至当前段落的开始位置
【Ctrl+Shift+↓】	选择至当前段落的结束位置
【Ctrl+Shift+Home】	选择至文档的开始位置
【Ctrl+Shift+End】	选择至文档的结束位置

1 选中文本

用鼠标在起始位置单击，然后在按住【Shift】键的同时单击文本的终止位置，此时可以看到起始位置和终止位置之间的文本已被选中。

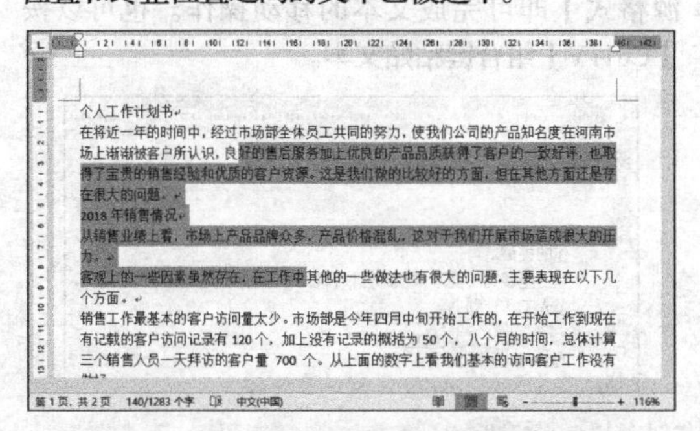

2 选择多个不连续的文本

取消之前的文本选择，然后在按住【Ctrl】键的同时拖曳鼠标，可以选择多个不连续的文本。

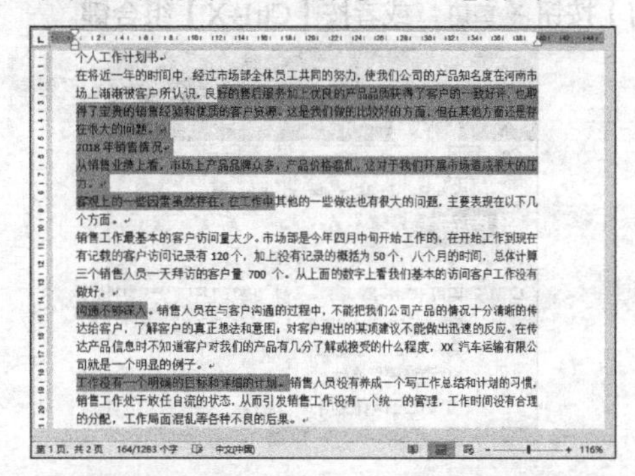

1.2.2 复制与移动文本

复制与移动文本是编辑文档过程中的常用操作。

1. 复制文本

对于需要重复输入的文本，可以使用复制功能，快速粘贴所复制的内容。

1 单击【复制】按钮

在打开的素材文件中选中第1段标题文本内容，单击【开始】选项卡下【剪贴板】组中的【复制】按钮。

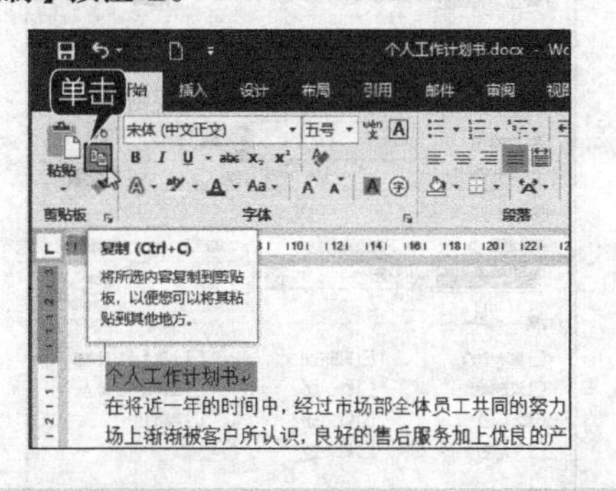

2 粘贴文本

将光标定位在要粘贴到的位置，单击【开始】选项卡下【剪贴板】组中的【粘贴】按钮的下拉按钮，在弹出的下拉列表中选择【保留源格式】即可。

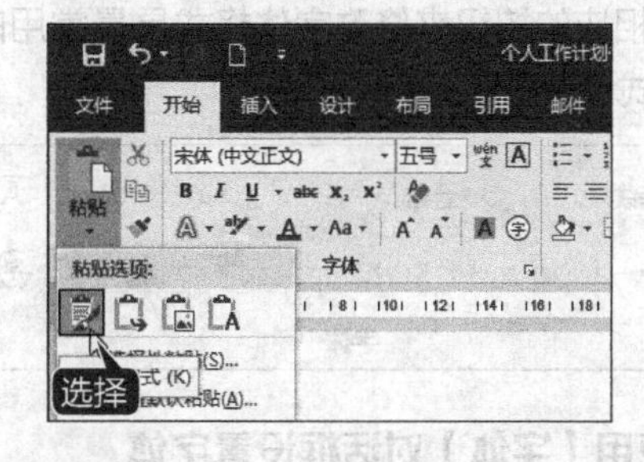

小提示

也可以按【Ctrl+C】组合键复制文本，然后在要粘贴到的位置按【Ctrl+V】组合键粘贴文本。

2. 移动文本

在输入文本内容时，使用剪切功能移动文本可以大大缩短工作时间，提高工作效率。

1 单击【剪切】按钮

在打开的素材文件中，选中第1段文本内容，单击【开始】选项卡下【剪贴板】组中的【剪切】按钮 剪切，或者按【Ctrl+X】组合键。

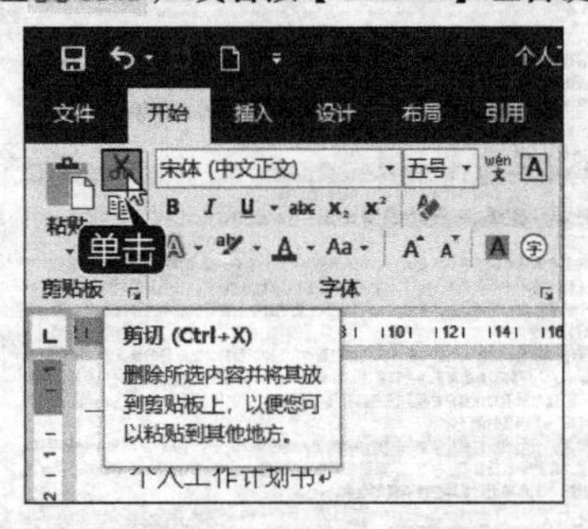

2 移动文本

将光标定位在文本内容最后，单击【开始】选项卡下【剪贴板】组中的【粘贴】按钮的下拉按钮 ，在弹出的下拉列表中选择【保留源格式】即可完成文本的移动操作。也可以按【Ctrl+V】组合键粘贴文本。

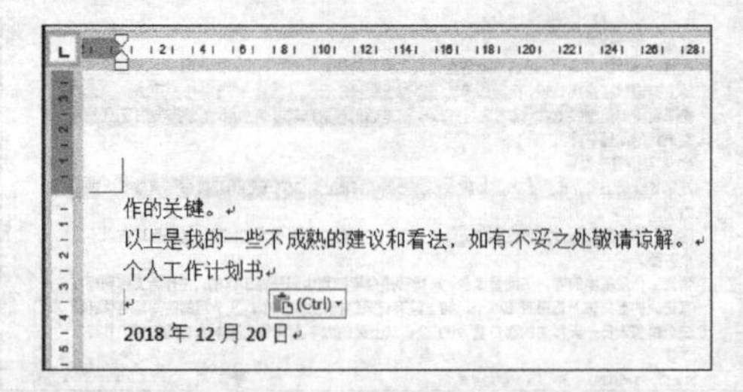

小提示

选择要移动的文本，按住鼠标左键并拖曳鼠标至要移动到的位置，释放鼠标左键，也可以完成移动文本的操作。

1.2.3 设置字体和字号

在Word 2019中，文本默认为宋体、五号、黑色。用户可以根据需要对字体和字号进行设置，主要有3种方法。

1. 使用【字体】选项组设置字体

在【开始】选项卡下的【字体】选项组中单击相应的按钮来修改字体格式是最常用的字体格式设置方法。

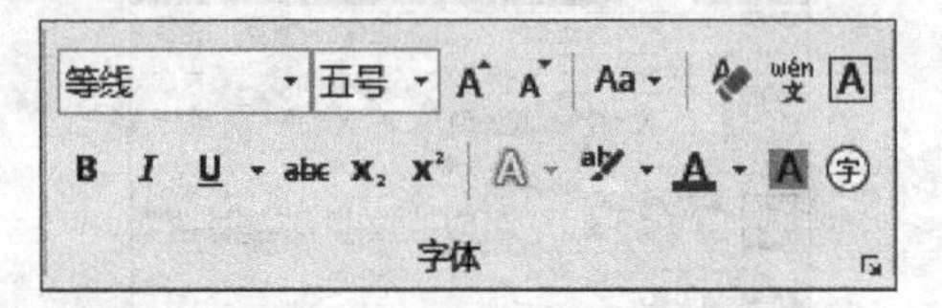

2. 使用【字体】对话框设置字体

选择要设置的文字,单击【开始】选项卡下【字体】选项组右下角的按钮 或单击鼠标右键，在弹出的快捷菜单中选择【字体】菜单命令，都会弹出【字体】对话框，从中可以设置字体的格式。

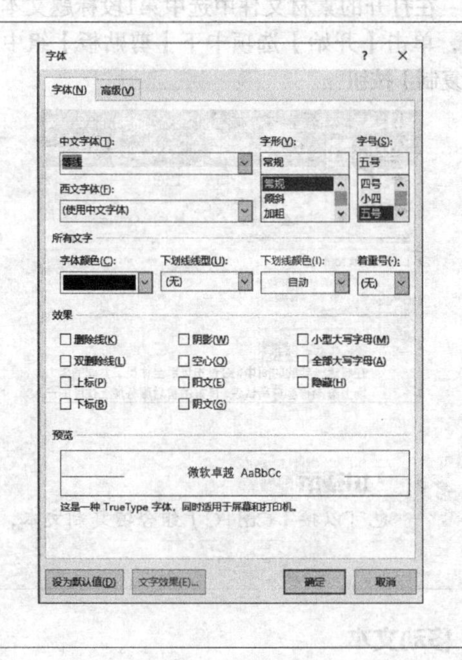

3. 使用浮动工具栏设置字体

选择要设置字体格式的文本，此时选中的文本区域右上角弹出一个浮动工具栏，单击相应的按钮即可修改字体格式。

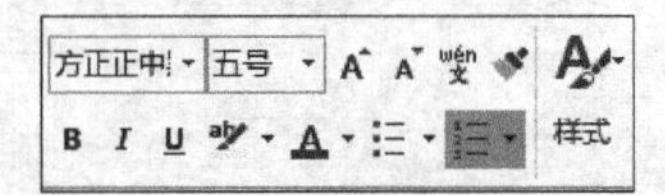

下面以使用【字体】对话框设置字体和字号为例进行介绍，具体操作步骤如下。

1 单击【字体】按钮

在打开的素材文件中选择第一行标题文本，单击【开始】选项卡下【字体】组中的【字体】按钮。

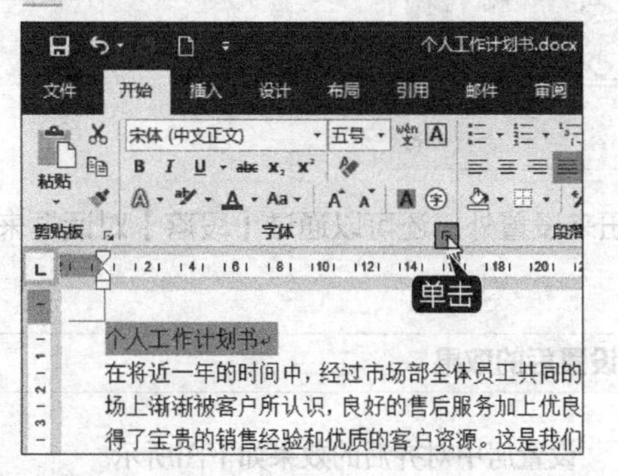

2 选择字体

打开【字体】对话框，在【字体】选项卡下单击【中文字体】右侧的下拉按钮，在弹出的下拉列表中选择【楷体】选项。

3 选择字号

在【字形】列表框中选择【常规】选项，在【字号】列表框中选择【三号】选项，单击【确定】按钮。

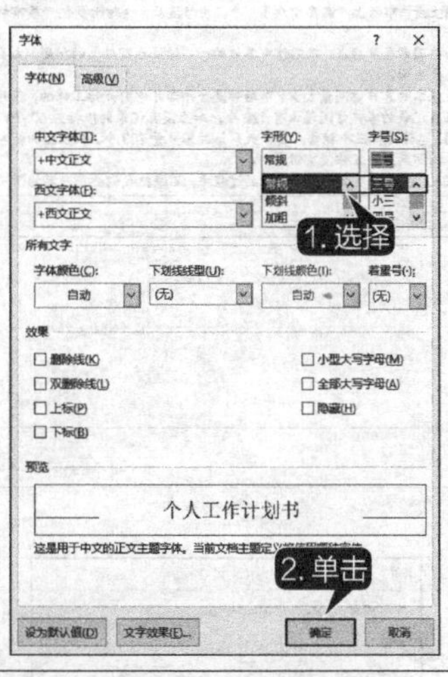

4 设置后的效果

此时即可看到所选文本字体和字号设置后的效果。

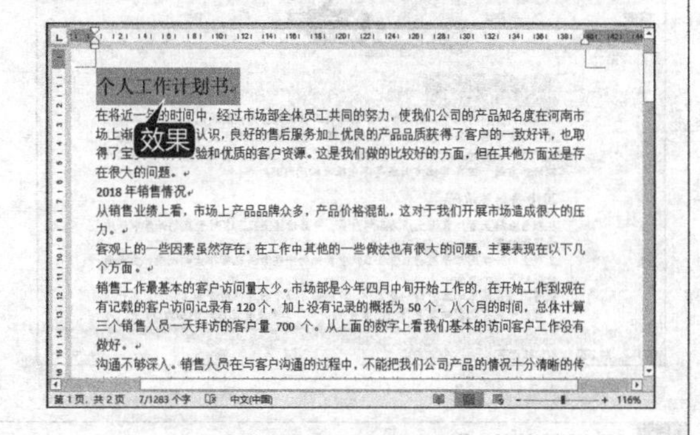

5 设置其他标题的字体字号

使用同样的方法，设置正文中其他标题的【中文字体】为“楷体”，【字号】为“14”，效果如下图所示。

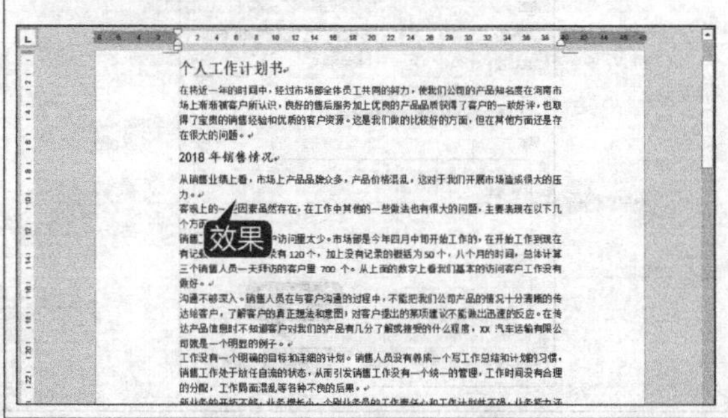

6 设置正文文本的字体字号

根据需要设置正文文本的【中文字体】为“楷体”，【字号】为“12”，效果如下图所示。

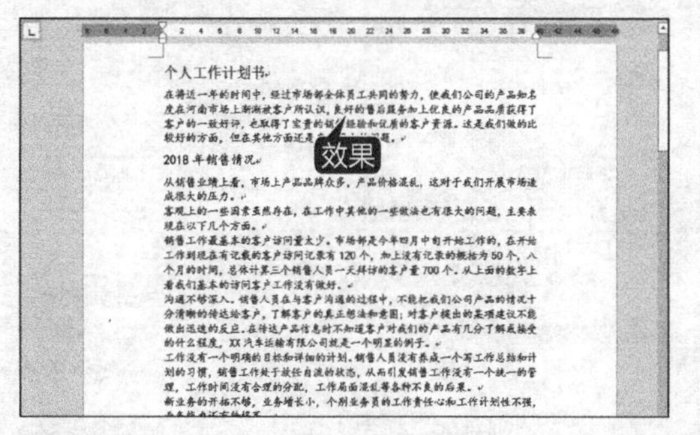

1.2.4　设置对齐方式

整齐的排版效果可以使文本更为美观，对齐方式就是段落中文本的排列方式。Word中提供了5种常用的对齐方式，分别为左对齐、右对齐、居中对齐、两端对齐和分散对齐。

除了通过功能区中【段落】选项组中的对齐方式按钮来设置外，还可以通过【段落】对话框来设置对齐方式。设置段落对齐方式的具体操作步骤如下。

1　标题居中对齐

选择标题文本，单击【开始】选项卡下【段落】组中的【居中对齐】按钮≡。

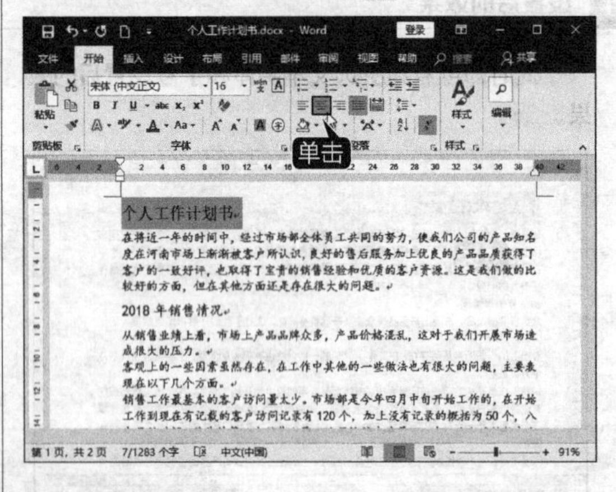

2　设置后的效果

设置居中对齐后的效果如下图所示。

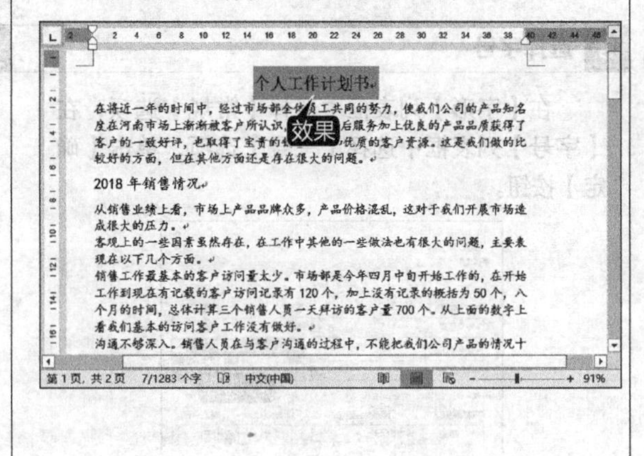

3　设置段落样式

选择文档最后的日期文本，单击【开始】选项卡下【段落】选项组右下角的【段落】按钮◪，弹出【段落】对话框。在【常规】组中单击【对齐方式】后的下拉按钮，在弹出的下拉列表中选择【右对齐】选项，单击【确定】按钮。

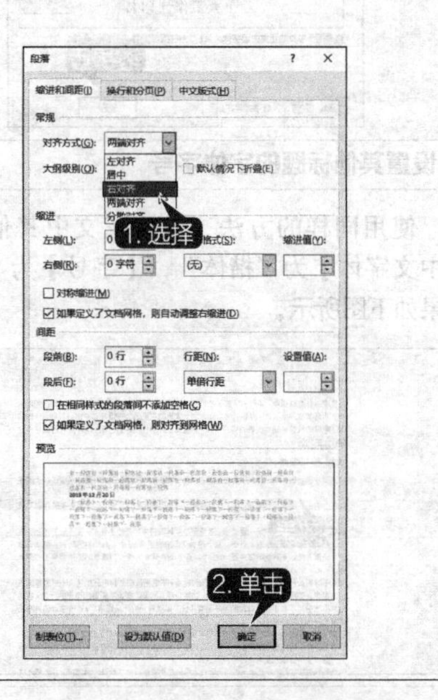

4 最终效果

此时即可看到设置文本右对齐后的效果。

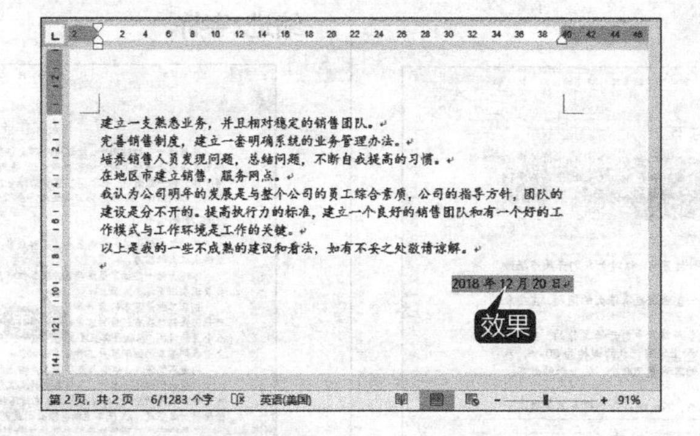

1.2.5 设置段落缩进和间距

缩进和间距是以段落为单位的设置，下面就来介绍在工作计划书文档中设置段落缩进和间距的方法。

1. 设置段落缩进

段落缩进是指段落到左右页边距的距离。根据中文的书写形式，通常情况下，正文中的每个段落都会首行缩进两个字符。设置段落缩进的具体步骤如下。

1 单击【段落】按钮

在打开的素材文件中，选中要设置缩进的正文文本，单击【段落】选项组右下角的【段落】按钮。

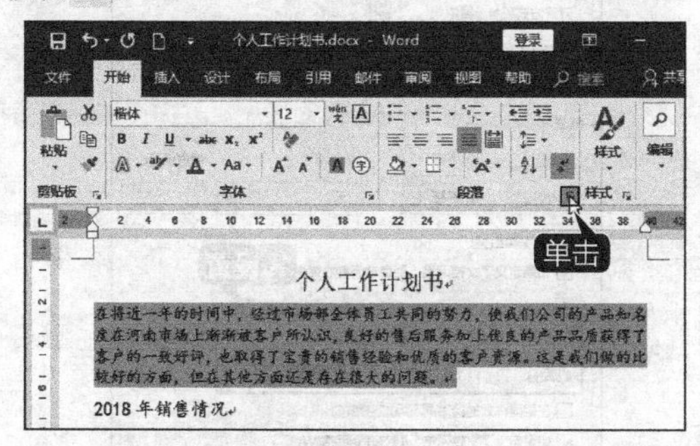

小提示

在【开始】选项卡下【段落】组中单击【减小缩进量】按钮和【增加缩进量】按钮也可以调整缩进。

2 设置缩进

在弹出的【段落】对话框中单击【特殊格式】下方文本框右侧的下拉按钮，在弹出的下拉列表中选择【首行缩进】选项，在【缩进值】文本框中输入“2字符”，单击【确定】按钮。

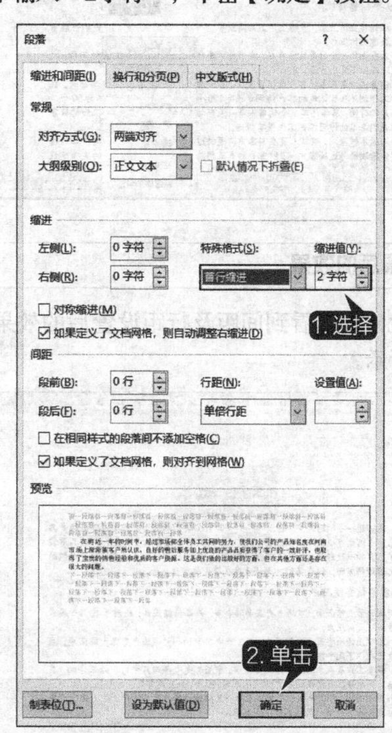

3 设置后的效果

设置正文文本首行缩进2字符后的效果如下图所示。

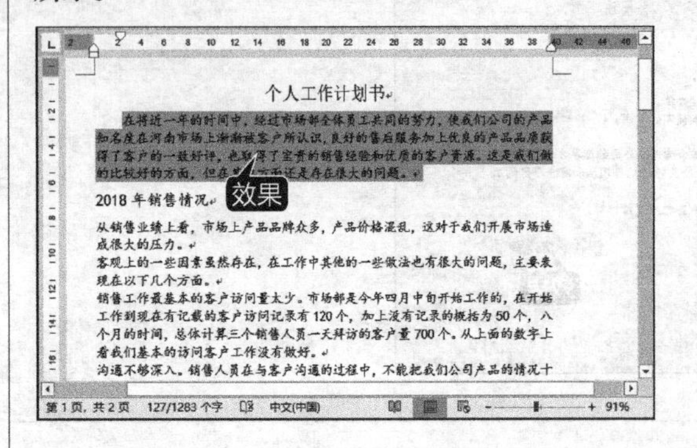

4 设置其他正文缩进

使用同样的方法，为其他正文内容设置首行缩进2字符。

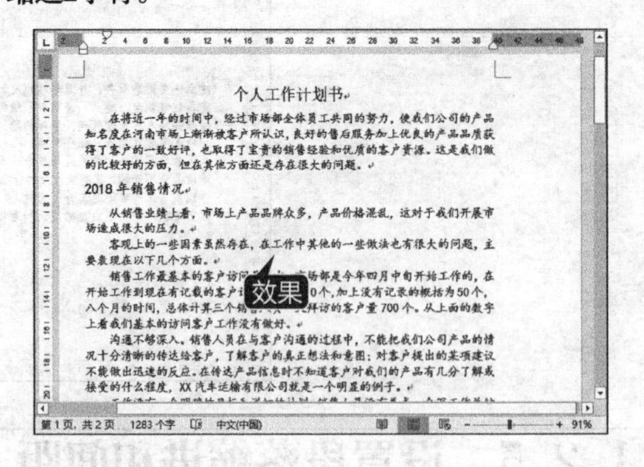

2. 设置段落间距及行距

段落间距是指文档中段落与段落之间的距离，行距是指行与行之间的距离。

1 选择【段落】菜单命令

在打开的素材文件中，选中要设置间距及行距的文本并单击鼠标右键，在弹出的快捷菜单中选择【段落】菜单命令。

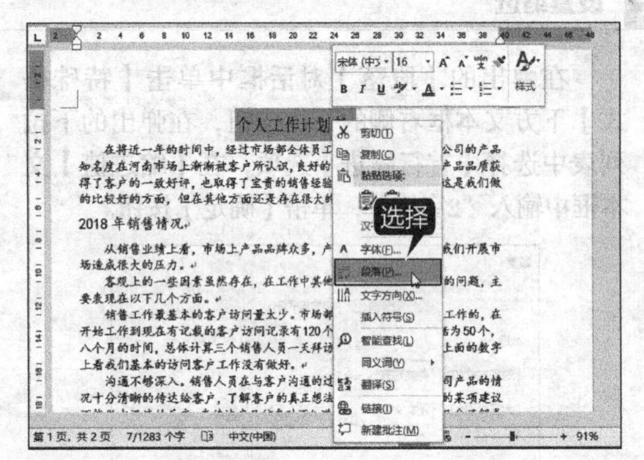

2 设置间距及行距

弹出【段落】对话框，选择【缩进和间距】选项卡。在【间距】组中分别设置【段前】和【段后】为“1行”，在【行距】下拉列表中选择【1.5倍行距】选项，单击【确定】按钮。

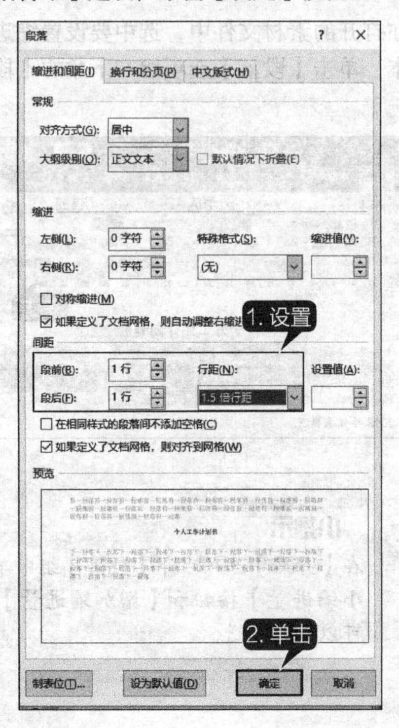

3 设置后的效果

此时即可看到间距及行距设置后的效果，如下图所示。

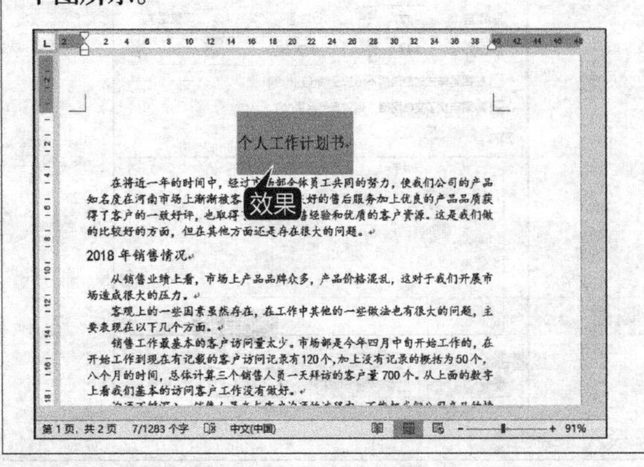

4 设置其他内容的间距和行距

根据需要设置其他标题及正文内容的间距和行距，效果如右图所示。

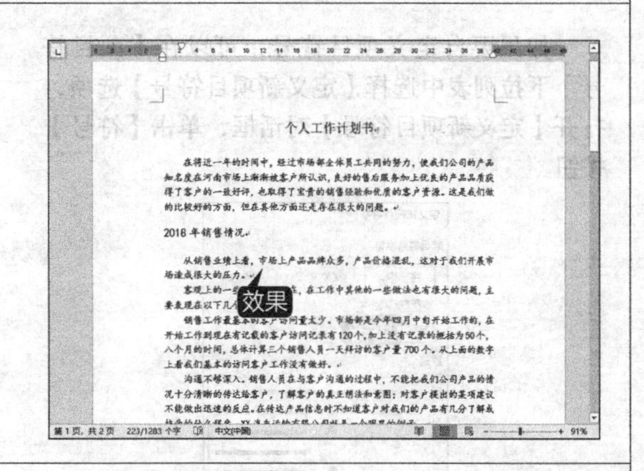

1.2.6 添加项目符号和编号

项目符号和编号可以美化文档，精美的项目符号、统一的编号样式可以使单调的文本内容变得更生动、更专业。

1. 添加项目符号

添加项目符号就是在一些段落的前面加上完全相同的符号。下面介绍如何在文档中添加项目符号，具体的操作步骤如下。

1 选择文本

在打开的素材文件中，选中要添加项目符号的文本内容。

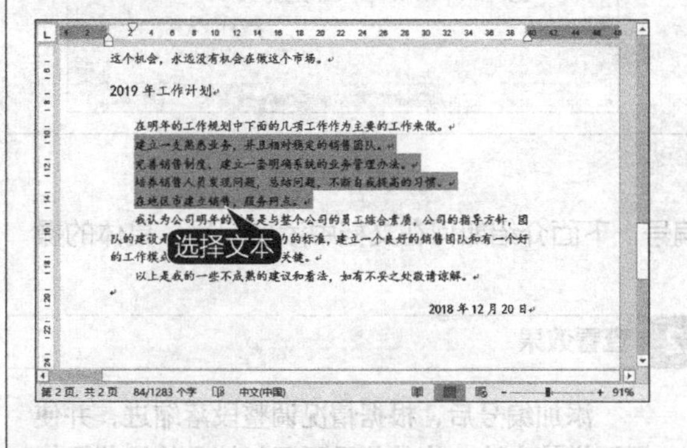

2 选择项目符号样式

单击【开始】选项卡的【段落】组中的【项目符号】按钮右侧的下拉按钮，在弹出的下拉列表中选择项目符号的样式。

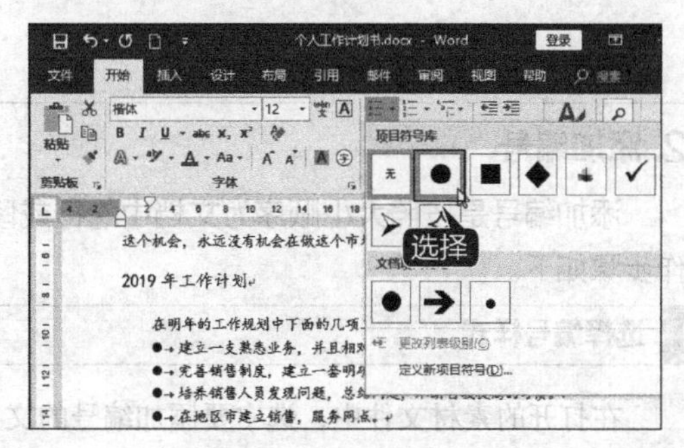

3 设置后的效果

此时即可看到为所选文本添加项目符号后的效果。

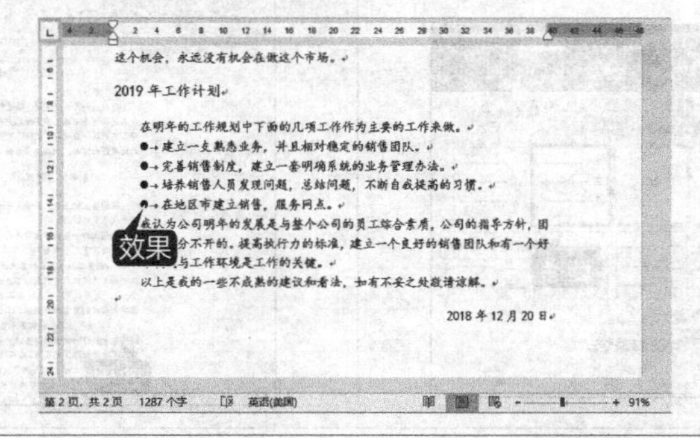

4 单击【符号】按钮

如果要自定义项目符号，可以在【项目符号】下拉列表中选择【定义新项目符号】选项，打开【定义新项目符号】对话框，单击【符号】按钮。

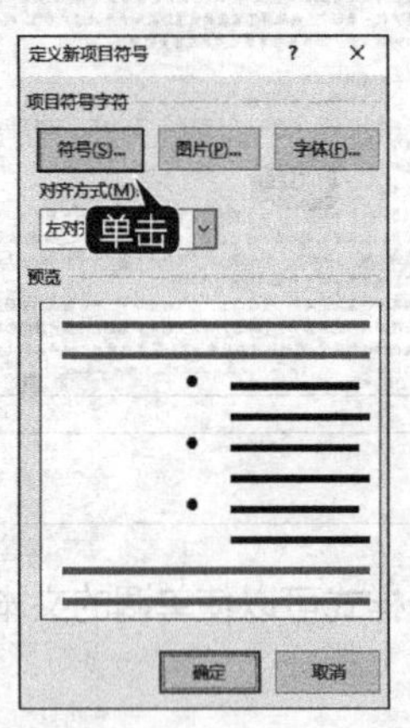

5 选择符号

打开【符号】对话框，选择要设置为项目符号的符号，单击【确定】按钮。返回至【定义新项目符号】对话框，再次单击【确定】按钮。

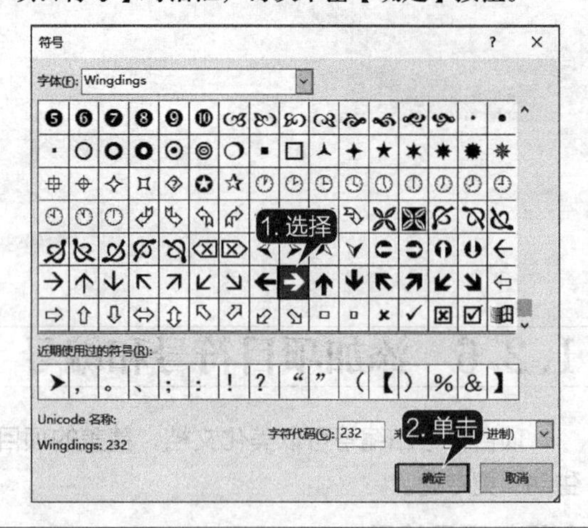

6 查看效果

此时即可看到自定义项目符号后的效果。

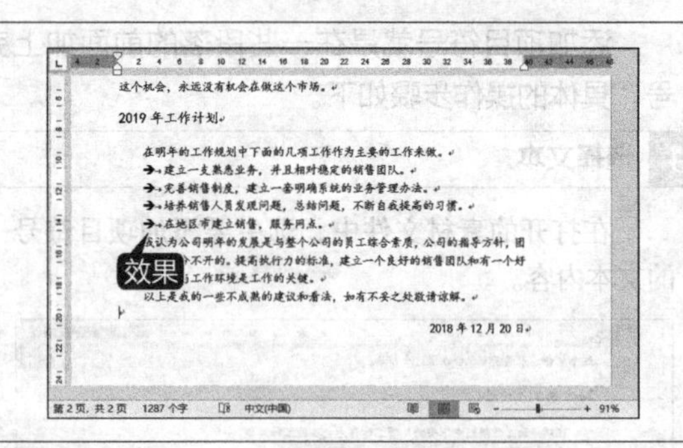

2. 添加编号

添加编号是按照大小顺序为文档中的行或段落编号。下面介绍如何在文档中添加编号，具体的操作步骤如下。

1 选择编号样式

在打开的素材文件中，选中要添加编号的文本内容，单击【开始】选项卡的【段落】组中的【编号】按钮右侧的下拉按钮，在弹出的下拉列表中选择编号的样式，即可看到添加编号后的预览效果。

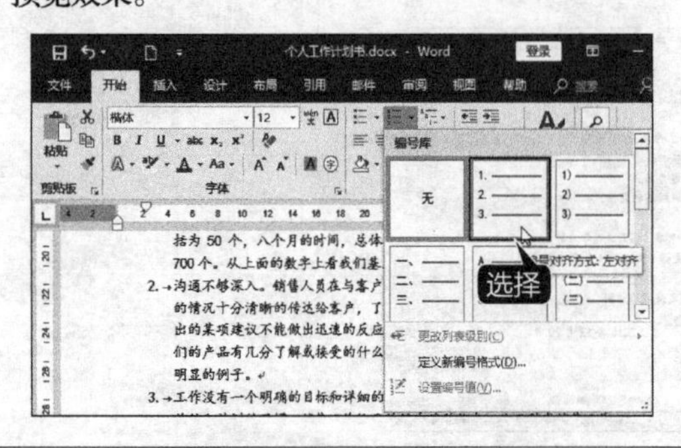

2 查看效果

添加编号后，根据情况调整段落缩进，并使用同样的方法，为其他需要添加编号的段落添加编号，效果如下图所示。

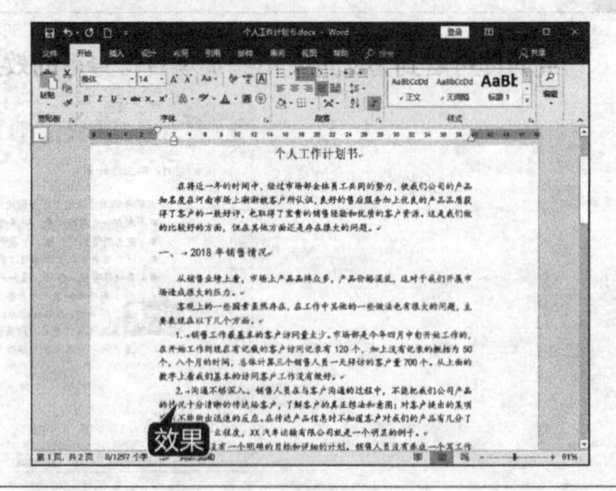

1.3 修改公司年度报告

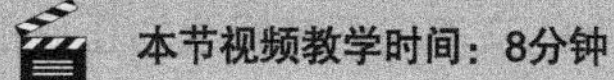

制作公司年度报告时，要求递交的内容必须是准确无误的。下面以修改公司年度报告为例，介绍删除与修改错误文本、查找与替换文本以及添加批注和修订文本的操作。

1.3.1 在沉浸模式下阅读报告

在Word 2019中，新增加了沉浸式学习功能，用户在该模式下，可以提高阅读体验。

1 单击【学习工具】按钮

打开 “素材\ch01\公司年度报告.docx”素材文件，单击【视图】选项卡下【沉浸式】组中的【学习工具】按钮。

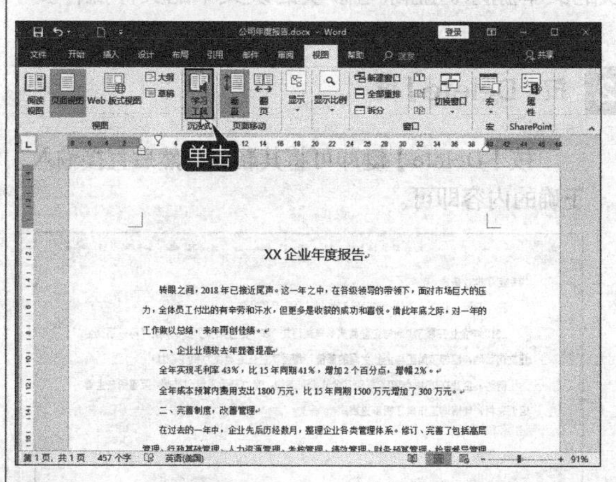

2 单击【文字间距】按钮

此时即可进入沉浸式学习工具页面。用户可以单击【文字间距】按钮，增加文字间的距离，同时还会增加行宽，以方便查看文字。

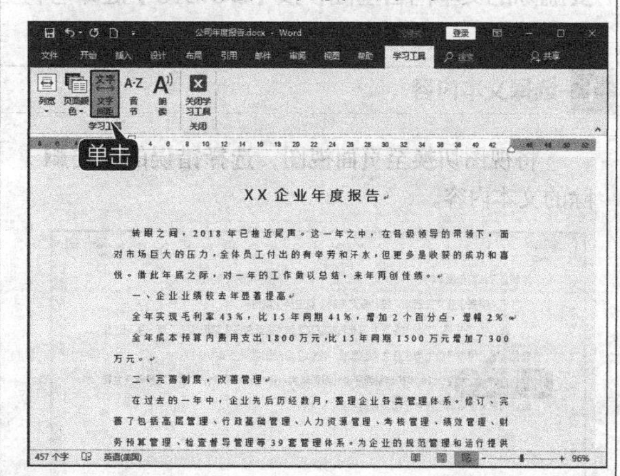

3 单击【设置】按钮

单击【朗读】按钮，可以朗读文档的内容，此时在文档的右上角会显示朗读的控制栏，单击【设置】按钮 。

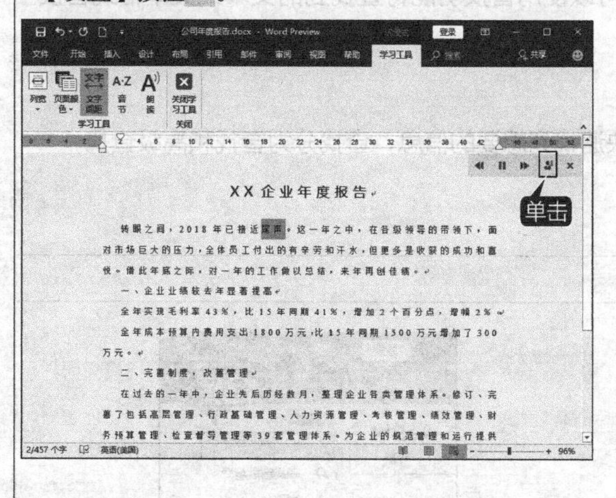

4 调整阅读速度

在弹出的下拉菜单中，可以拖动滑块调整阅读速度，也可以对阅读语音进行选择。单击【关闭学习工具】按钮，即可退出。

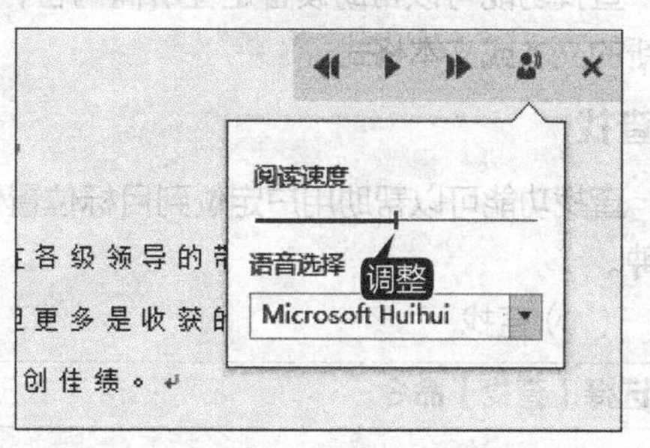

1.3.2 删除与修改错误的文本

删除错误的文本内容并修改为正确的文本内容，是文档编辑过程中的常用操作。删除文本的方法有多种。

在键盘中有两个删除键，分别为【Backspace】键和【Delete】键。【Backspace】键是退格键，它的作用是使光标左移一格，同时删除光标左边位置上的字符或删除选中的内容。【Delete】键是删除光标右侧的1个文字或选中的内容。

1. 使用【Backspace】键删除文本

将光标定位至要删除文本的后方或者选中要删除的文本，按键盘上的【Backspace】键即可退格将其删除。

2. 使用【Delete】键删除文本

当输入错误时，选中错误的文本，然后按键盘上的【Delete】键即可将其删除。或将光标定位在要删除的文本内容前面，按【Delete】键即可将错误的文本删除。删除与修改错误文本的具体操作步骤如下。

1 选择文本内容

将视图切换至页面视图，选择错误的或要删除的文本内容。

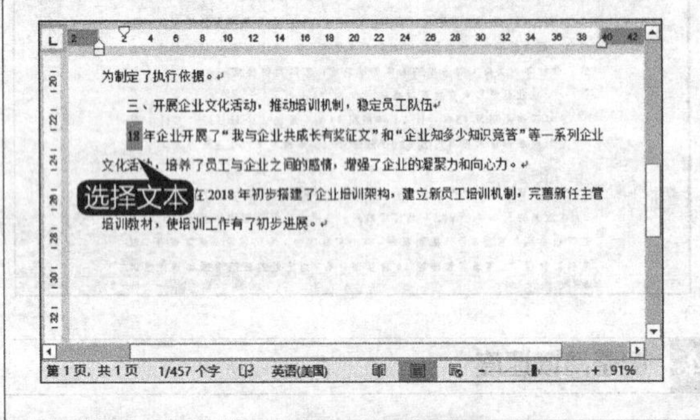

2 按【Delete】键

按【Delete】键即可将其删除，然后直接输入正确的内容即可。

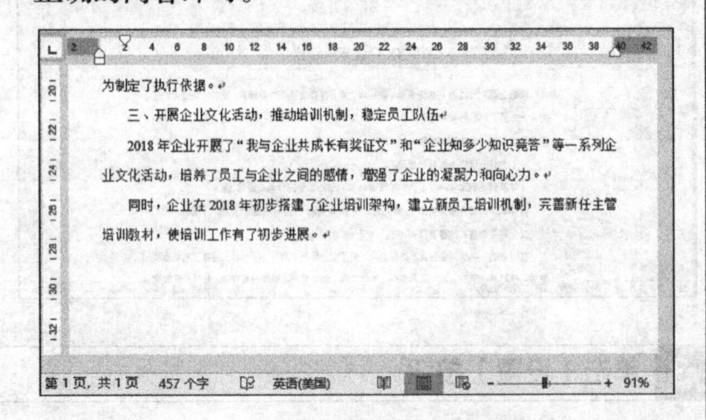

1.3.3 查找与替换文本

查找功能可以帮助读者定位所需内容，用户也可以使用替换功能将查找到的文本或文本格式替换为新的文本或文本格式。

1. 查找

查找功能可以帮助用户定位到目标位置，以便快速找到想要的信息，查找分为查找和高级查找两种。

（1）查找

1 选择【查找】命令

在打开的素材文件中，单击【开始】选项卡下【编辑】组中的【查找】按钮 查找 右侧的下拉按钮，在弹出的下拉菜单中选择【查找】命令。

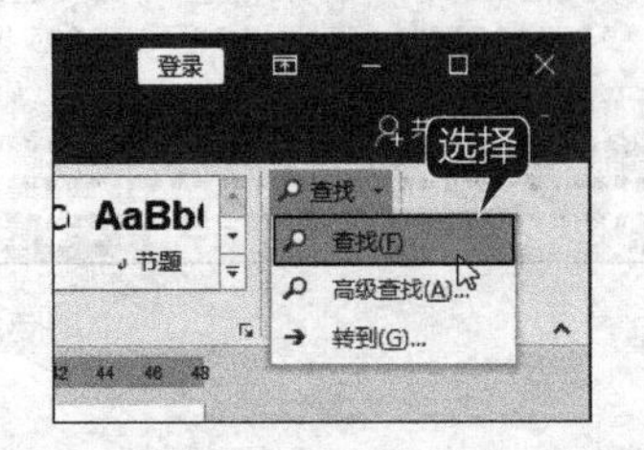

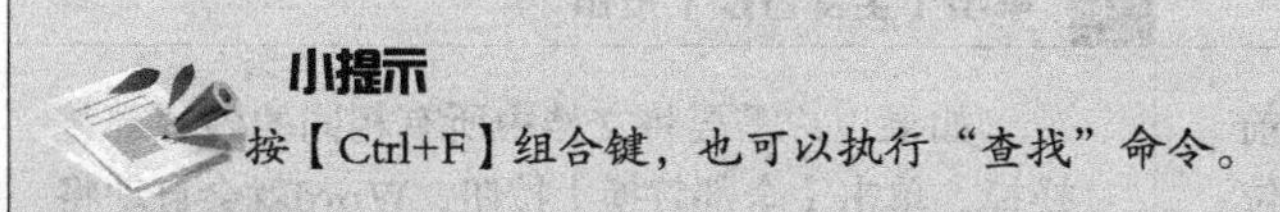

小提示

按【Ctrl+F】组合键，也可以执行“查找”命令。

2 显示查找的内容

在文档的左侧打开【导航】任务窗格，在下方的文本框中输入要查找的内容，这里输入“企业”，此时在文本框的下方提示“共14个结果”，并且在文档中查找到的内容都会以黄色背景显示。

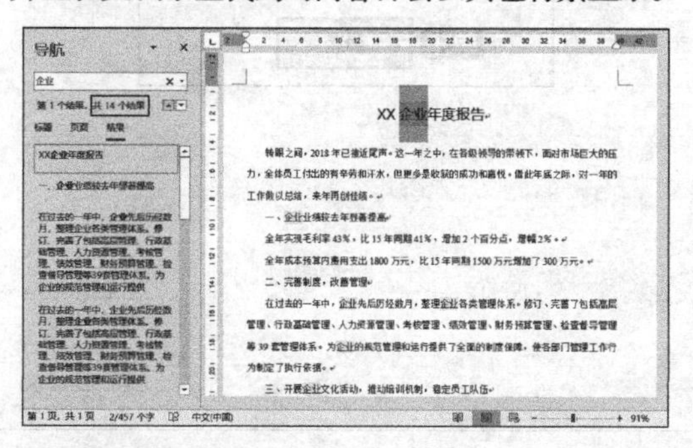

3 单击【下一条】按钮

单击任务窗格中的【下一条】按钮，定位至第2个匹配项。每次单击【下一条】按钮，都可快速查找到下一条符合的匹配项。

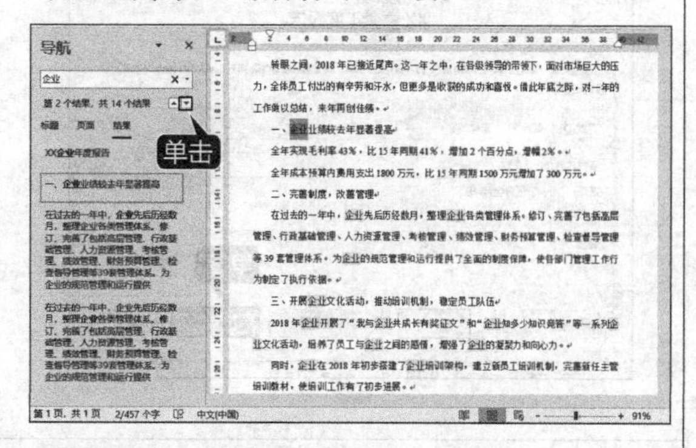

（2）高级查找

使用【高级查找】命令可以打开【查找和替换】对话框来查找内容。

单击【开始】选项卡下【编辑】组中的【查找】按钮 查找 右侧的下拉按钮，在弹出的下拉菜单中选择【高级查找】命令，弹出【查找和替换】对话框。

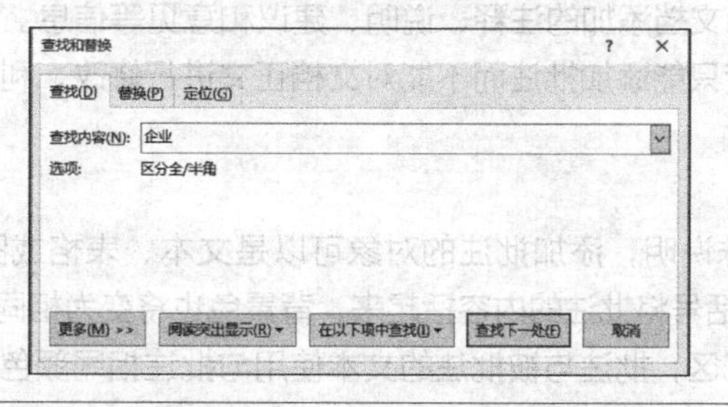

2. 替换

替换功能可以帮助用户快捷地更改查找到的文本或批量修改相同的内容。

1 单击【替换】按钮

在打开的素材文件中，单击【开始】选项卡下【编辑】组中的【替换】按钮 替换 或按【Ctrl+H】组合键，弹出【查找和替换】对话框。

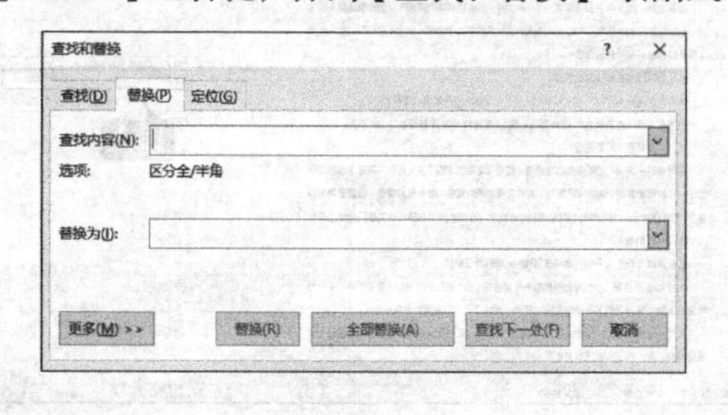

2 输入需要被替换的内容和替换后的新内容

在【替换】选项卡中的【查找内容】文本框中输入需要被替换的内容（这里输入“企业”），在【替换为】文本框中输入替换后的新内容（这里输入“公司”）。

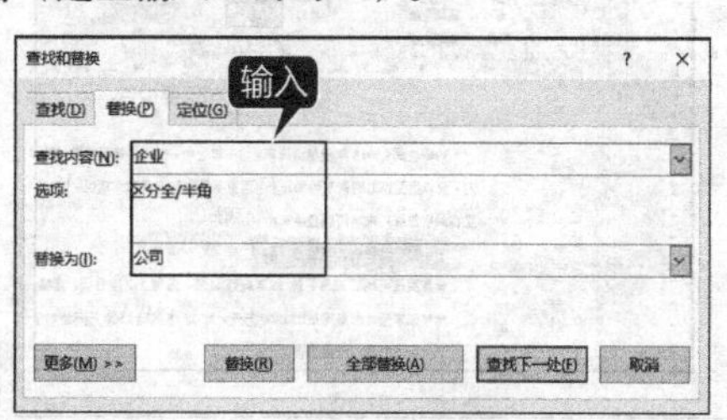

3 单击【查找下一处】按钮

单击【查找下一处】按钮，定位到从当前光标所在位置起，第一个满足查找条件的文本位置，并以灰色背景显示。单击【替换】按钮就可以将查找到的内容替换为新的内容，并跳转至第二个查找内容。

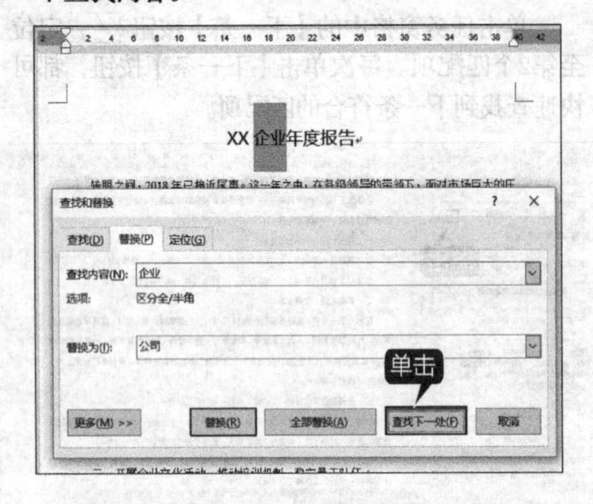

4 单击【全部替换】按钮

如果用户需要将文档中所有相同的内容都替换掉，单击【全部替换】按钮，Word就会自动将整个文档内所有查找到的内容替换为新的内容，并弹出相应的提示框显示完成替换的数量，单击【确定】按钮关闭提示框。

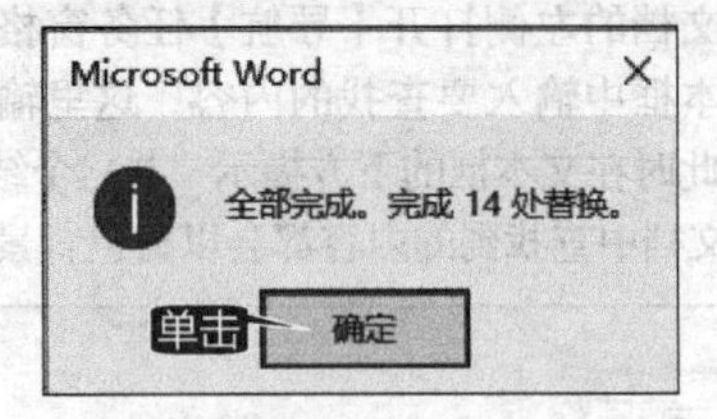

1.3.4 添加批注和修订

使用批注和修订可以方便文档制作者对文档进行修改，避免错误，从而使制作的文档更专业。

1. 批注文档

批注是文档的审阅者为文档添加的注释、说明、建议和意见等信息。在把文档分发给审阅者前设置文档保护，可以使审阅者只能添加批注而不能对文档正文进行修改，利用批注可以方便工作组的成员之间进行交流。

（1）添加批注

批注也是对文档的特殊说明，添加批注的对象可以是文本、表格或图片等文档内的所有内容。Word 2019将以有颜色的括号将批注的内容括起来，背景色也将变为相同的颜色。默认情况下，批注显示在文档页边距外的标记区，批注与被批注的文本使用与批注相同颜色的虚线连接。添加批注的具体操作步骤如下。

1 单击【新建批注】按钮

在打开的素材文件中选择要添加批注的文本，单击【审阅】选项卡下【批注】组中的【新建批注】按钮。

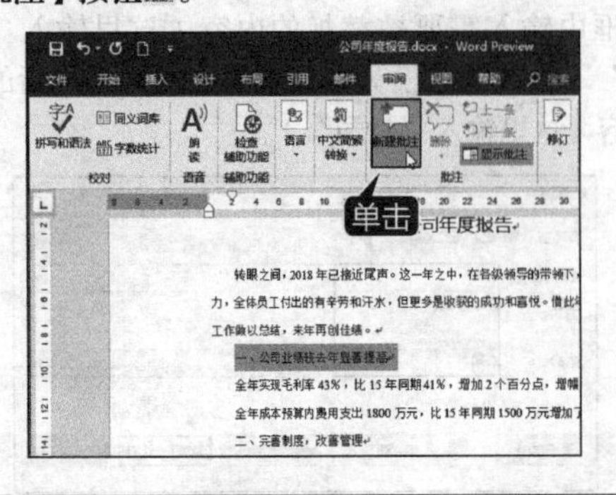

2 输入批注内容

显示批注框，在后方的批注框中输入批注的内容即可。单击【答复】按钮，可以答复批注；单击【解决】按钮，以显示批注完成。

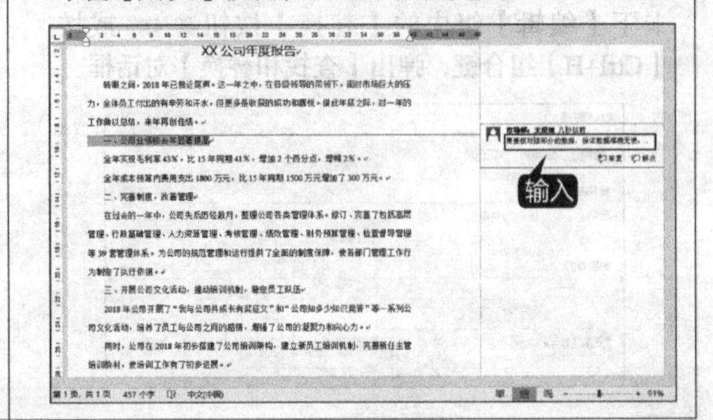

小提示

选择要添加批注的文本并单击鼠标右键，在弹出的快捷菜单中选择【新建批注】选项，也可以快速添加批注。此外，还可以将【新建批注】按钮添加至快速访问工具栏。

（2）编辑批注

如果对批注的内容不满意，可以直接单击需要修改的批注，即可进入编辑状态，编辑批注。

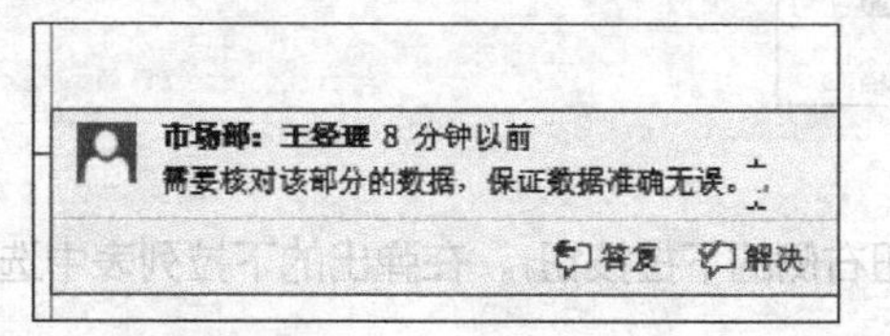

（3）删除批注

当不需要文档中的批注时，用户可以将其删除，删除批注常用的方法有两种。

方法一：选中要删除的批注，此时【审阅】选项卡下【批注】组中的【删除】按钮处于可用状态，单击该按钮即可将选中的批注删除。删除之后，【删除】按钮处于不可用状态。

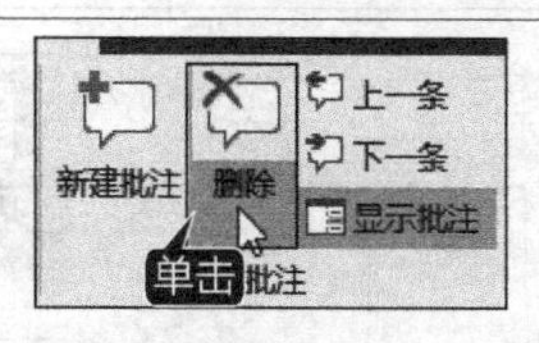

小提示

单击【批注】组中的【上一条】按钮和【下一条】按钮可快速地找到要删除的批注。

方法二：在需要删除的批注或批注文本上单击鼠标右键，在弹出的快捷菜单中选择【删除批注】菜单命令，也可删除选中的批注。

方法三：如果要删除所有批注，可以单击【审阅】选项卡下【批注】组中的【删除】按钮下方的下拉按钮，在弹出的下拉菜单中选择【删除文档中的所有批注】命令，即可删除所有的批注。

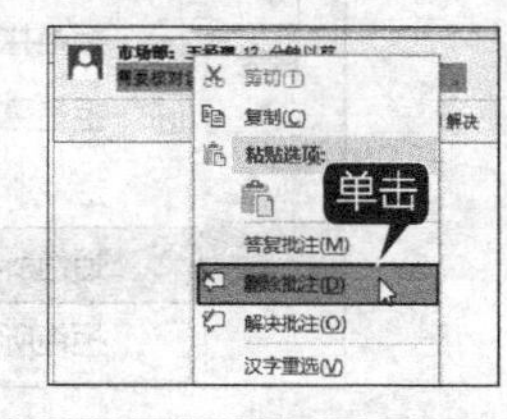

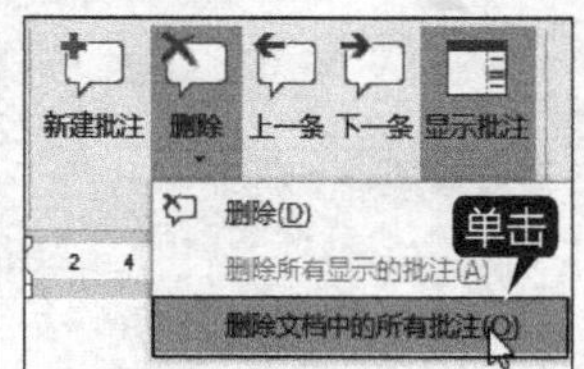

2. 使用修订

修订是显示文档中所做的诸如删除、插入或其他编辑更改的标记。启用修订功能，审阅者的每一次插入、删除或是格式更改都会被标记出来。这样能够让文档制作者跟踪多位审阅者对文档所做的修改，并接受或者拒绝这些修订。

（1）修订文档

修订文档首先需要使文档处于修订的状态。

1 单击【修订】按钮

在打开的素材文件中，单击【审阅】选项卡下【修订】组中的【修订】按钮，即可使文档处于修订状态。

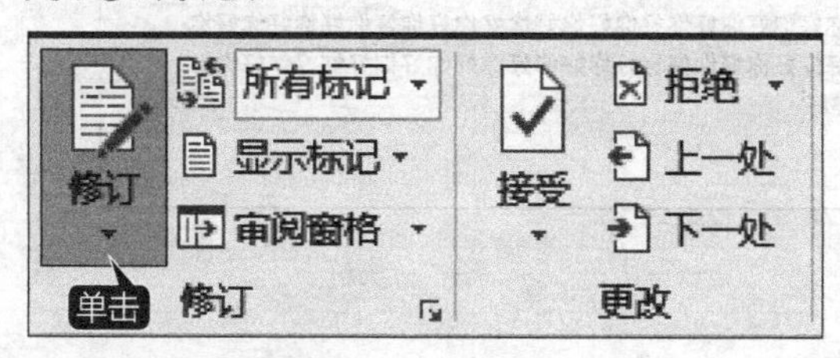

2 修订效果

此后，对文档所做的所有修改将会被记录下来。

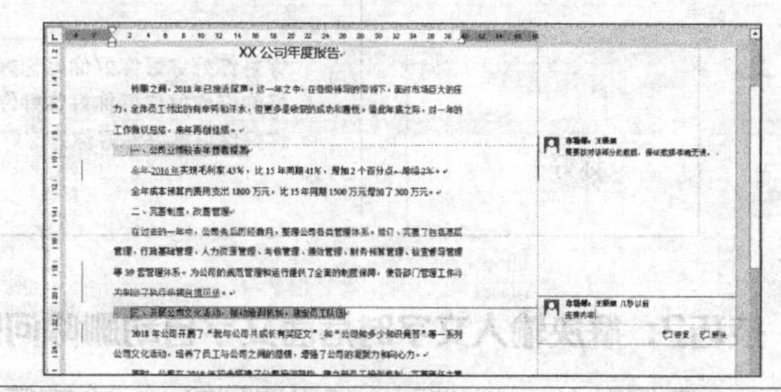

（2）接受修订

如果修订的内容是正确的，就可以接受修订。将光标放在需要接受修订的内容处，然后单击【审阅】选项卡下【更改】组中的【接受】按钮，即可接受文档中的修订。此时，系统将选中下一条修订。

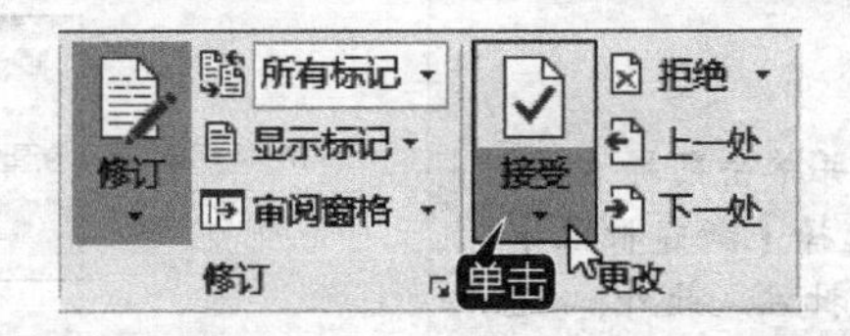

（3）拒绝修订

如果要拒绝修订，可以将光标放在需要拒绝修订的内容处，单击【审阅】选项卡下【更改】组中的【拒绝】按钮右侧的下拉按钮，在弹出的下拉列表中选择【拒绝更改】/【拒绝并移到下一处】命令，即可拒绝修订。此时，系统将选中下一条修订。

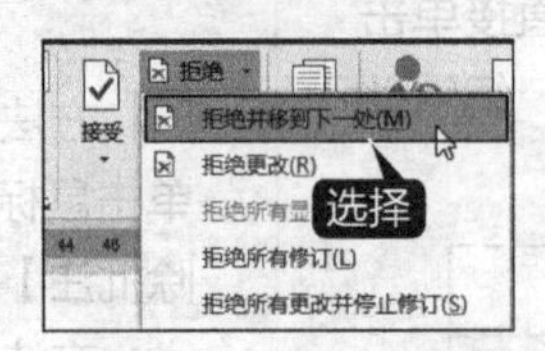

（4）删除修订

单击【审阅】选项卡下【更改】组中的【拒绝】按钮右侧的下拉按钮 ，在弹出的下拉列表中选择【拒绝所有修订】命令，即可删除文档中的所有修订。

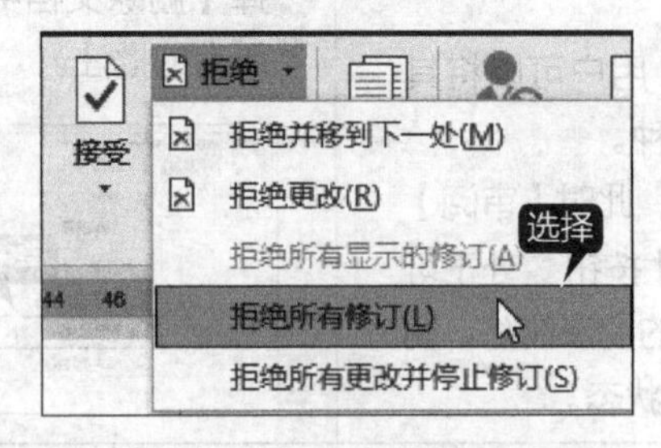

至此，就完成了修改公司年度报告的操作。最后只需要删除批注，并根据需要接受或拒绝修订即可。

高手私房菜

技巧1：快速输入重复内容

【F4】键具有重复上一步操作的作用。如果在文档中输入“你好”，然后按【F4】键，即可重复输入“你好”，连续按【F4】键，即可得到很多“你好”。

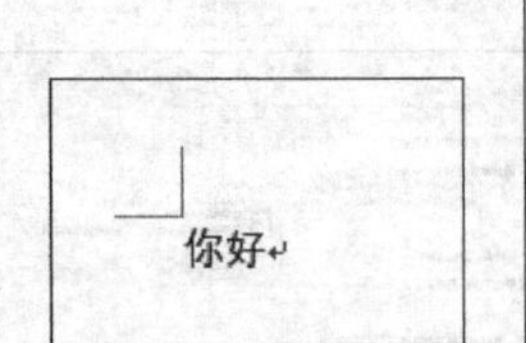

你好

技巧2：解决输入文字时后面文字自动删除问题

在编辑Word文档时，如果遇到输入一个字符，其后方的一个字符就会被自动删掉，连续输入多个字符，则会删除多个文字的情况，是由于当前文档处于“改写”模式造成的。可以按【Insert】键切换至输入模式，即可正常输入文本内容。

第 2 章

Word 文档的图文混排

本章视频教学时间：34 分钟

一篇图文并茂的文档，不仅看起来生动形象、充满活力，而且比较美观。本章介绍页面设置、插入艺术字、插入图片、插入形状、插入 SmartArt 图形以及插入图表等操作。

【学习目标】

- 通过本章的学习，读者可以掌握制作图文混排文档的操作。

【本章涉及知识点】

- 页面设置
- 插入艺术字
- 插入图片
- 插入图形
- 插入 SmartArt 图形
- 插入图表

2.1 制作公司宣传彩页

 本节视频教学时间：11分钟

公司宣传彩页要根据公司的性质确定主题色调和整体风格，这样更能突出主题，吸引消费者。

2.1.1 设置页边距

页边距有两个作用：一是便于装订；二是可形成更加美观的文档。设置页边距，包括上、下、左、右边距以及页眉和页脚距页边界的距离，使用该功能来设置页边距十分精确。

1 新建空白 Word 文档

新建空白Word文档，并将其另存为“公司宣传彩页.docx”。

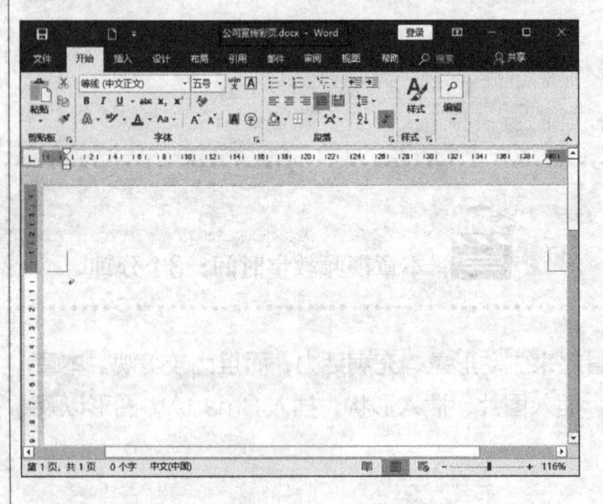

2 选择【自定义页边距】选项

单击【布局】选项卡下【页面设置】组中的【页边距】按钮，在弹出的下拉列表中选择一种页边距样式，即可快速设置页边距。如果要自定义页边距，可在弹出的下拉列表中选择【自定义页边距】选项。

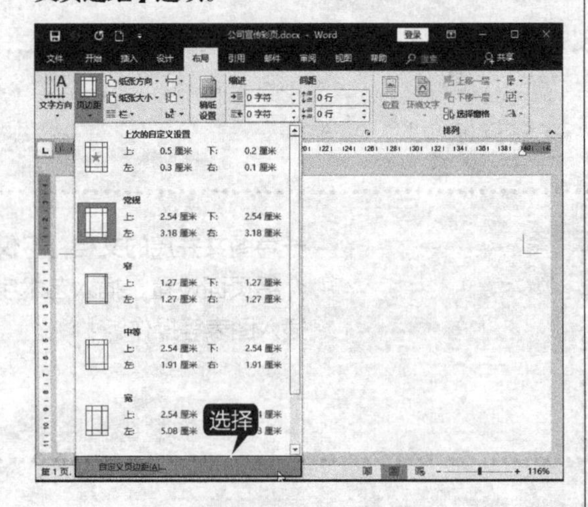

3 进行设置

弹出【页面设置】对话框，在【页边距】选项卡下【页边距】区域可以自定义设置“上”“下”“左”“右”页边距，如将【上】【下】页边距设置为“1.5厘米”，【左】【右】页边距设置为“1.8厘米”，在【预览】区域可以查看设置后的效果，单击【确定】按钮。

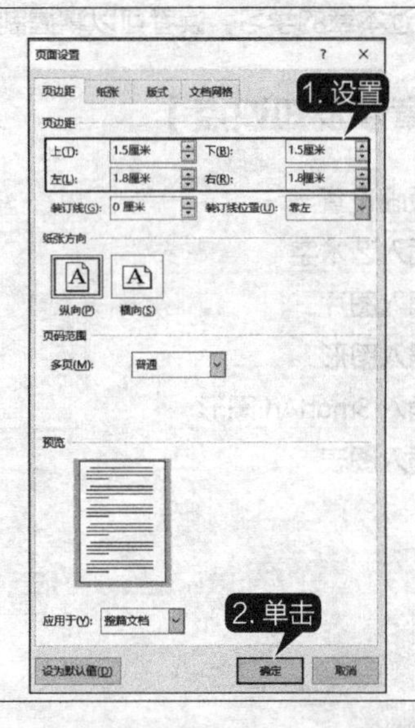

4 设置效果

此时，即可看到设置页边距后的页面效果。

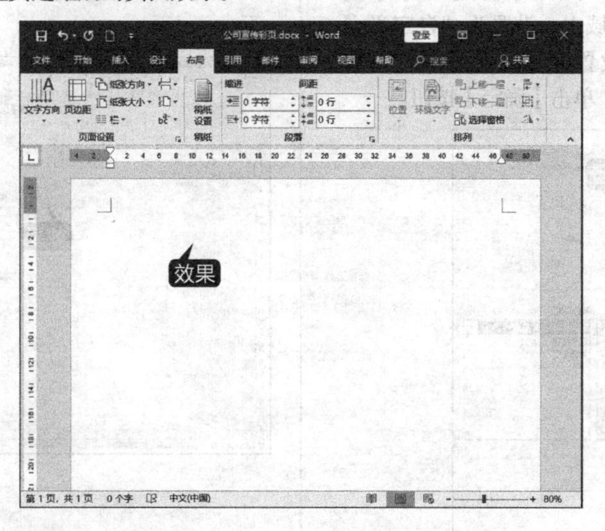

2.1.2 设置纸张的方向和大小

纸张的大小和方向也影响着文档的打印效果，因此设置合适的纸张在Word文档制作过程中也是非常重要的。设置纸张包括设置纸张的方向和大小，具体操作步骤如下。

1 设置纸张方向

单击【布局】选项卡下【页面设置】组中的【纸张方向】按钮，在弹出的下拉列表中可以设置纸张方向为“横向”或“纵向”，如单击【横向】选项。

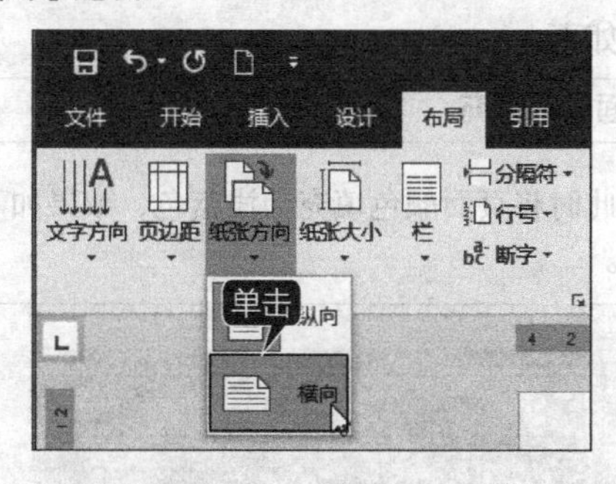

小提示

也可以在【页面设置】对话框【页边距】选项卡下的【纸张方向】区域设置纸张的方向。

2 选择【其他纸张大小】选项

单击【布局】选项卡下【页面设置】组中的【纸张大小】按钮，在弹出的下拉列表中可以选择纸张大小。如果要设置其他纸张大小，则可选择【其他纸张大小】选项。

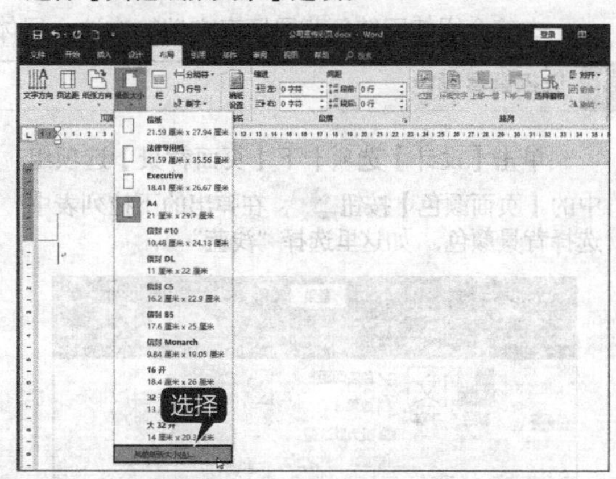

3 进行设置

弹出【页面设置】对话框，在【纸张】选项卡下【纸张大小】区域中，设置为“自定义大小”，并将【宽度】设置为“32厘米”，【高度】设置为“24厘米”，单击【确定】按钮。

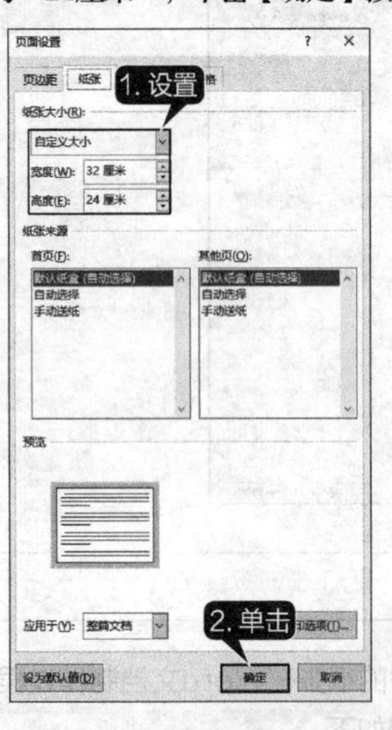

4 设置效果

此时即可完成纸张大小的设置，效果如下图所示。

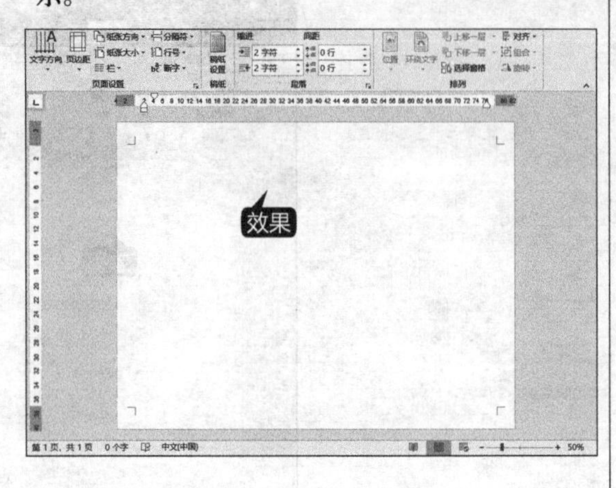

2.1.3 设置页面背景

在Word 2019中可以通过设置页面颜色来设置文档的背景，使文档更加美观。如设置纯色背景填充、填充效果、水印填充及图片填充等。

1. 纯色背景

本节介绍使用纯色背景填充文档的方法，具体操作步骤如下。

1 选择背景颜色

单击【设计】选项卡下【页面背景】选项组中的【页面颜色】按钮，在弹出的下拉列表中选择背景颜色，如这里选择“浅蓝”。

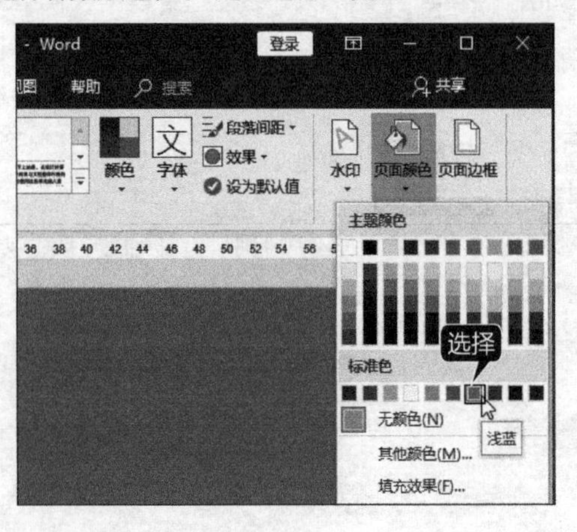

2 页面颜色填充

此时将页面颜色填充为浅蓝色，效果如下图所示。

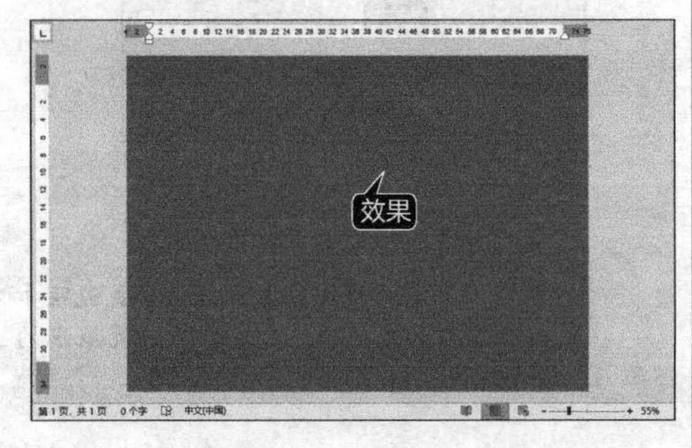

2. 填充背景

除了使用纯色填充以外，我们还可使用填充效果来填充文档的背景，包括渐变填充、纹理填充、图案填充和图片填充等。具体操作步骤如下。

1 选择【填充效果】选项

单击【设计】选项卡下【页面背景】选项组中的【页面颜色】按钮，在弹出的下拉列表中选择【填充效果】选项。

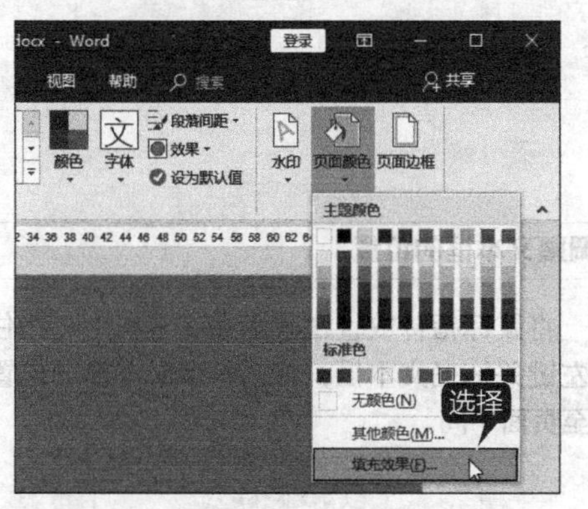

2 进行设置

弹出【填充效果】对话框，单击选中【双色】单选项，分别设置右侧的【颜色1】和【颜色2】的颜色。

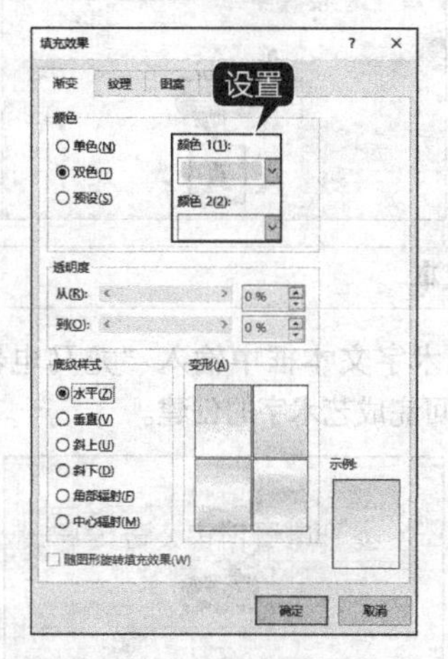

3 选中【角部辐射】单选项

在下方的【底纹样式】区域中，单击选中【角部辐射】单选项，然后单击【确定】按钮。

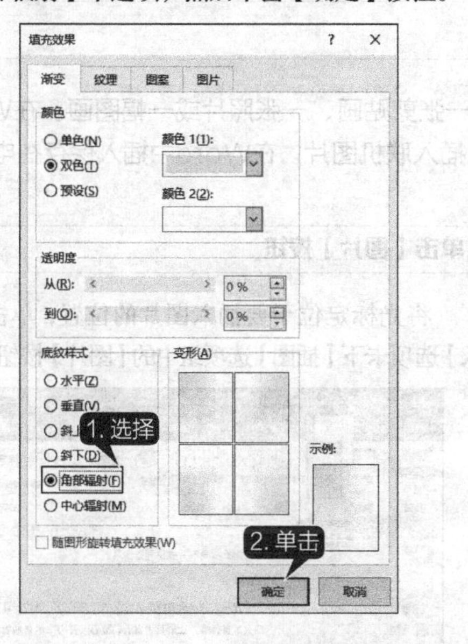

4 查看填充效果

此时即可看到设置渐变填充后的效果，如下图所示。

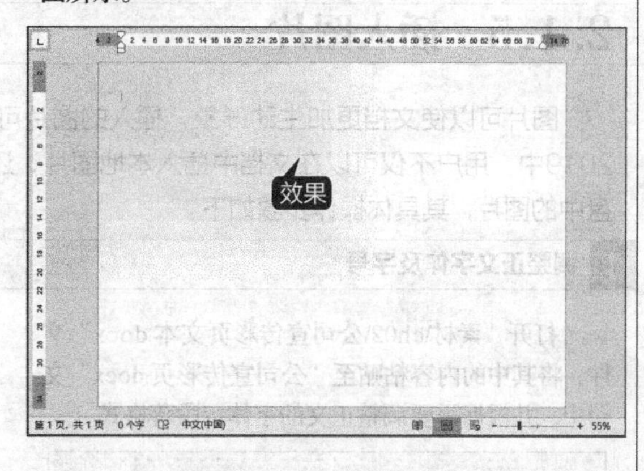

小提示

纹理填充、图案填充和图片填充的操作类似，这里不再赘述。

2.1.4 使用艺术字美化宣传彩页

艺术字是具有特殊效果的字体。艺术字不是普通的文字，而是图形对象，可以像处理其他的图形那样对其进行处理。利用Word 2019提供的插入艺术字功能，不仅可以制作出美观的艺术字，而且操作非常简单。

创建艺术字的具体操作步骤如下。

1 选择艺术字样式

单击【插入】选项卡下【文本】组中的【艺术字】按钮 艺术字 ，在弹出的下拉列表中选择一种艺术字样式。

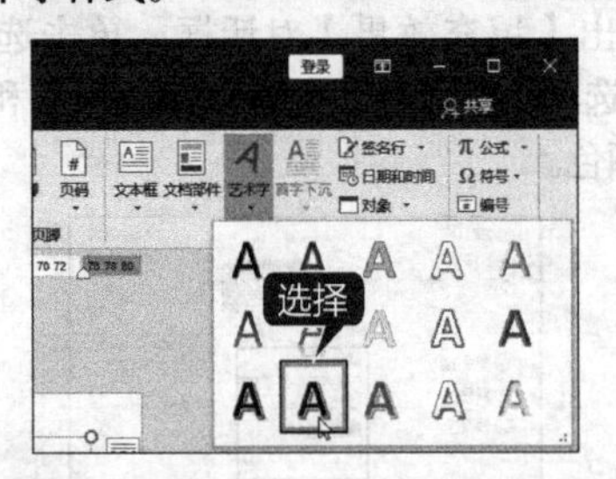

2 插入艺术字文本框

在文档中插入“请在此放置您的文字”艺术字文本框。

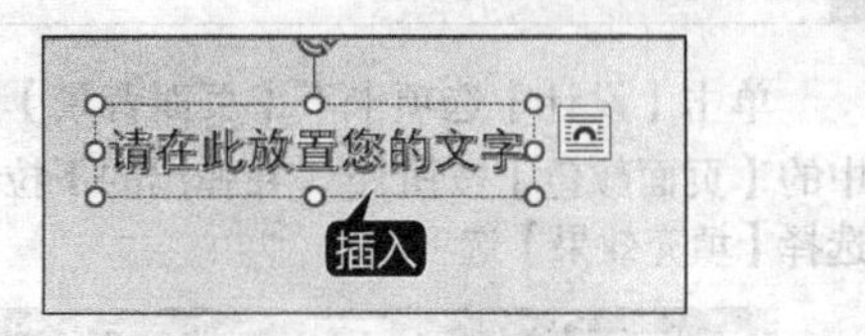

3 输入文本

在艺术字文本框中输入“龙马电器销售公司”，即可完成艺术字的创建。

4 调整文本框的位置

将鼠标指针放置在艺术字文本框上，按住鼠标左键并拖曳文本框，将艺术字文本框的位置调整至页面中间。

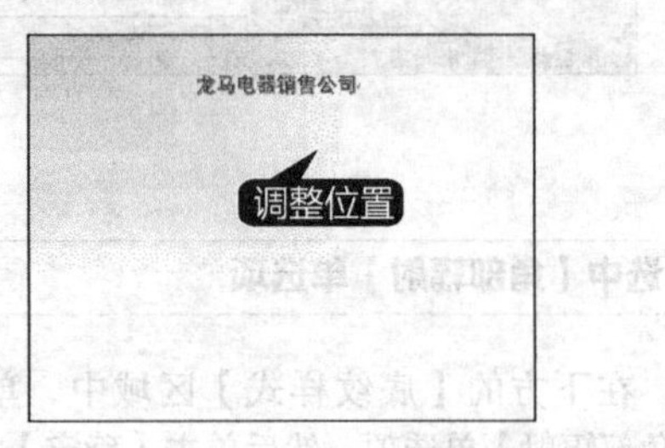

2.1.5 插入图片

图片可以使文档更加生动形象，插入的图片可以是一张剪贴画、一张照片或一幅图画。在Word 2019中，用户不仅可以在文档中插入本地图片，还可以插入联机图片。在Word中插入保存在电脑硬盘中的图片，其具体操作步骤如下。

1 调整正文字体及字号

打开“素材\ch02\公司宣传彩页文本.docx”文件，将其中的内容粘贴至“公司宣传彩页.docx”文档中，并根据需要调整正文的字体、段落格式。

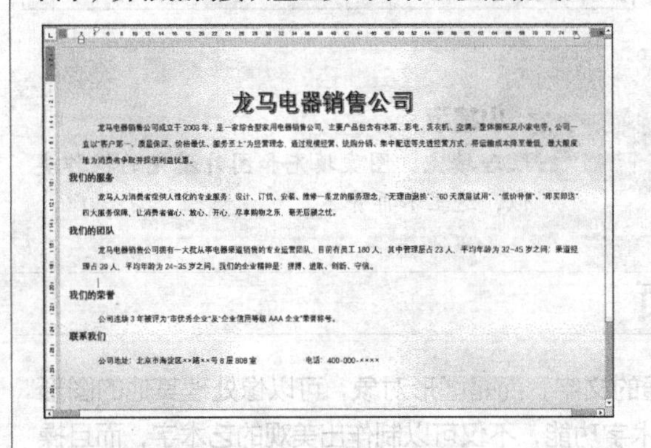

2 单击【图片】按钮

将光标定位于要插入图片的位置，单击【插入】选项卡下【插图】选项组中的【图片】按钮 。

3 选择图片

在弹出的【插入图片】对话框中选择需要插入的"素材\ch02\01.jpg"图片，单击【插入】按钮。

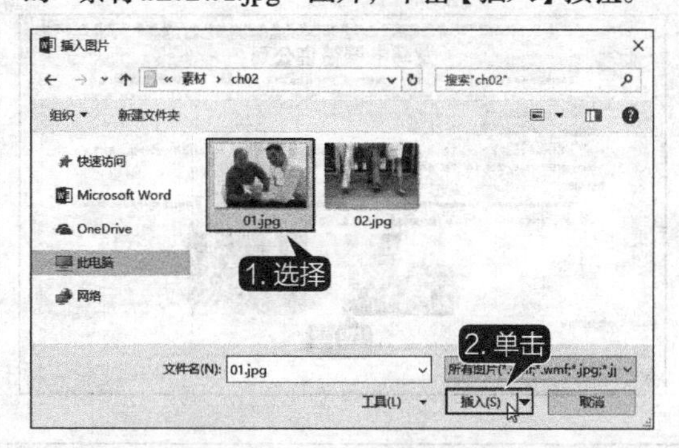

4 查看效果

此时就在文档中光标所在的位置插入了所选择的图片。

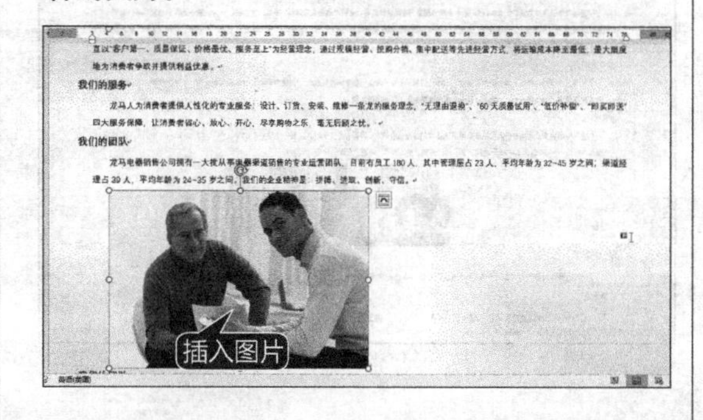

小提示

单击【插入】选项卡下【插图】选项组中的【联机图片】按钮，可以在打开的【插入图片】对话框中搜索联机图片并将其插入到文档中。

2.1.6 设置图片的格式

图片插入到文档中之后，格式不一定符合要求，这时就需要对图片进行适当的调整。

1. 调整图片的大小与位置

插入图片后可以根据需要调整图片的大小及位置，具体操作步骤如下。

1 调整图片大小

选择插入的图片，将鼠标指针放在图片四个角的控制点上，当鼠标指针变为⤡形状或⤢形状时，按住鼠标左键并拖曳鼠标，调整图片的大小，效果如下图所示。

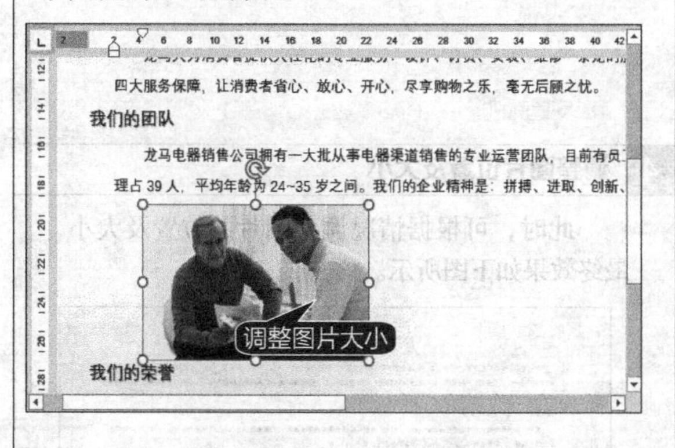

2 插入图片

将光标定位至该图片后面，插入"素材\ch02\02.jpg"图片，并根据步骤1的方法，调整图片的大小。

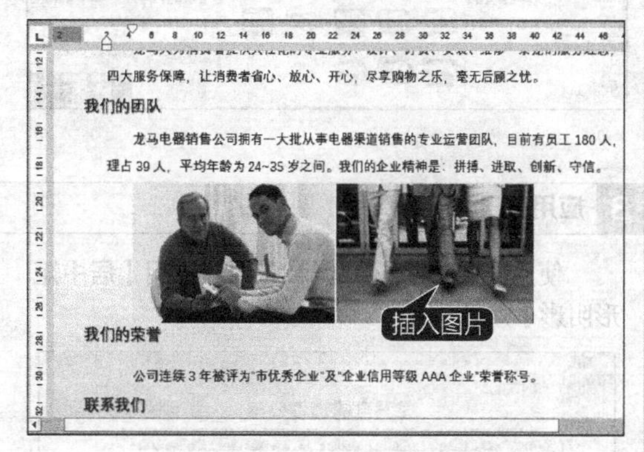

小提示

在【图片工具】➤【格式】选项卡下的【大小】组中可以精确调整图片的大小。

3 设置居中位置

选择插入的图片，将其设置为居中位置。

4 插入空格

在图片中间可以使用【空格】键的方式，使两张图片间留有空白。

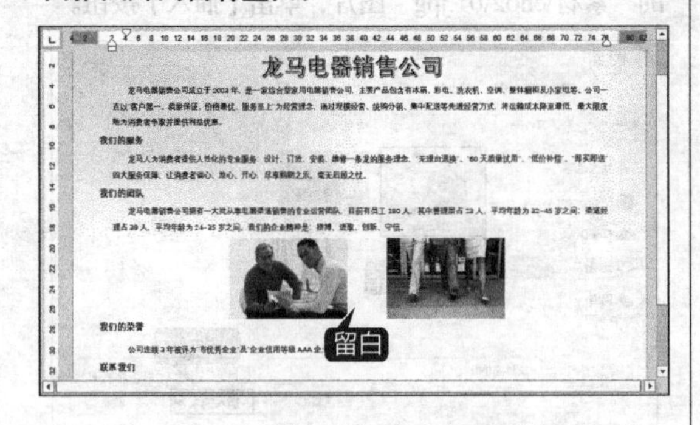

2. 美化图片

插入图片后，还可以调整图片的颜色、设置艺术效果、修改图片的样式，使图片更美观。美化图片的具体操作步骤如下。

1 选择图片样式

选择要编辑的图片，单击【图片工具】➤【格式】选项卡下【图片样式】组中的【其他】按钮▾，在弹出的下拉列表中选择任一选项，即可改变图片样式，如这里选择【居中矩形阴影】。

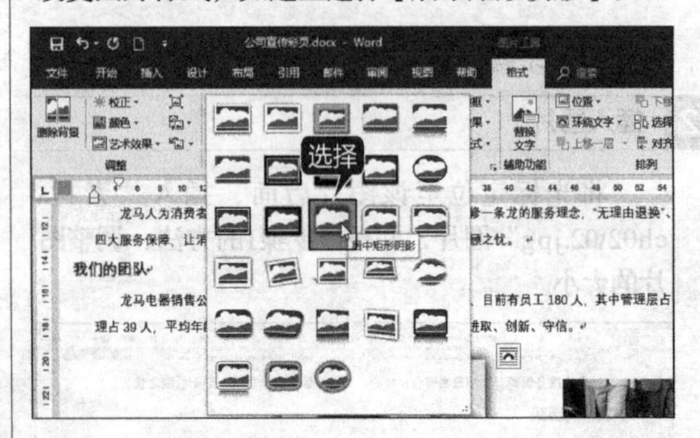

2 应用样式

此时即可应用图片样式，效果如下图所示。

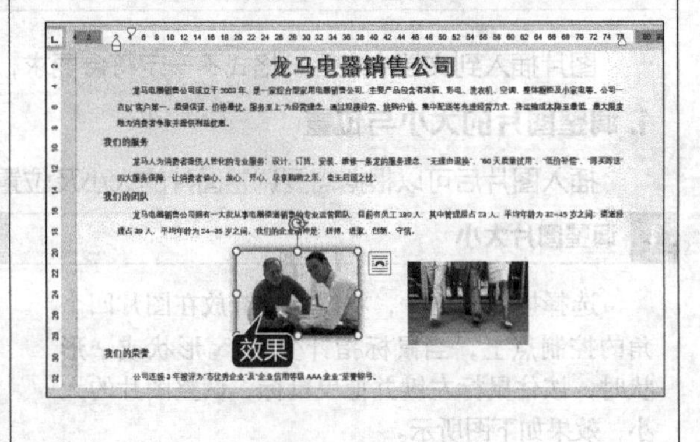

3 应用效果

使用同样的方法，为第2张图片应用【居中矩形阴影】效果。

4 调整图片位置及大小

此时，可根据情况调整图片的位置及大小，最终效果如下图所示。

2.1.7 插入图标

在Word 2019中增加了【图标】功能，用户可以根据需要插入系统中自带的图标。

1 单击【图标】按钮

将光标定位在标题前的位置，并单击【插入】选项卡下【插图】组中的【图标】按钮。

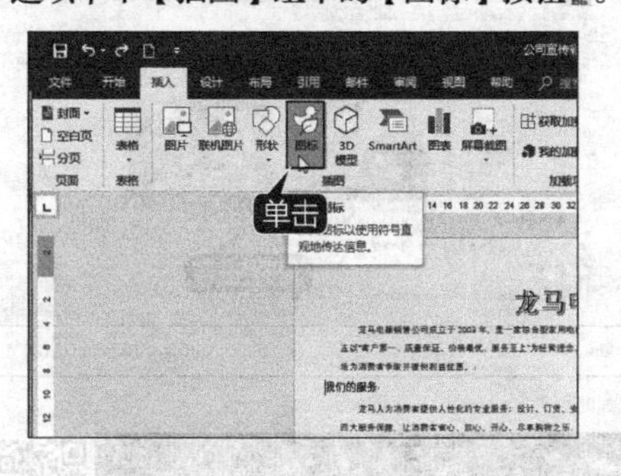

2 选择图标

弹出【插入图标】对话框，可以在左侧选择图标分类，右侧则显示了对应的图标，如这里选择"分析"类别下的图标，然后单击【插入】按钮。

3 插入图标

此时即可在光标位置插入所选图标，如下图所示。

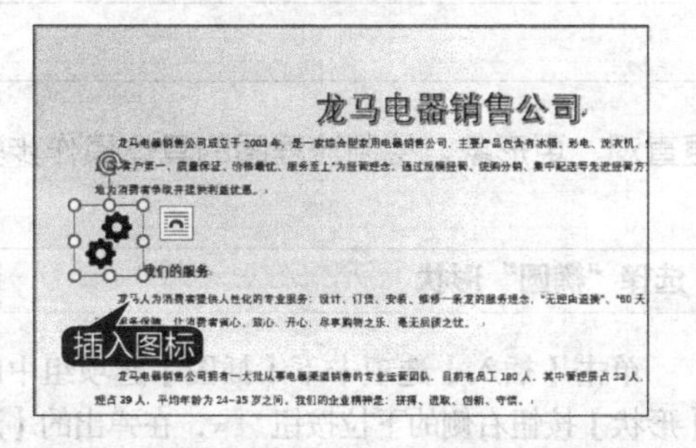

4 调整大小

选择插入的图标，将鼠标指针放置在图标的右下角，鼠标指针变为形状，按住鼠标左键并拖曳鼠标即可调整其大小。

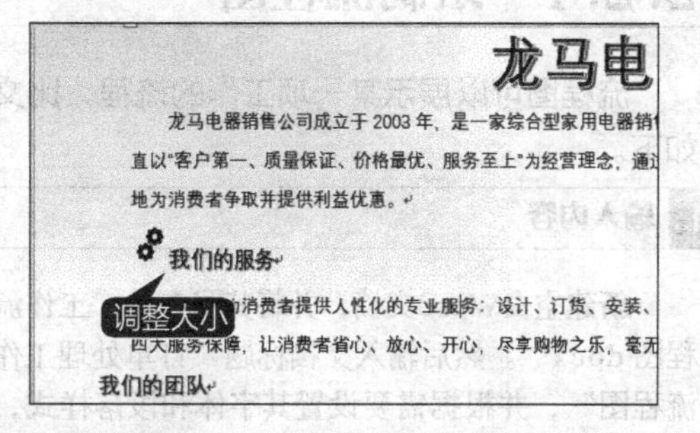

5 选择【浮于文字上方】选项

选择该图标，单击在图标右侧显示的【布局选项】按钮，在弹出的列表中，选择【浮于文字上方】选项。

6 调整文字缩进

设置图标布局后，根据情况调整文字的缩进，调整后的效果如下图所示。

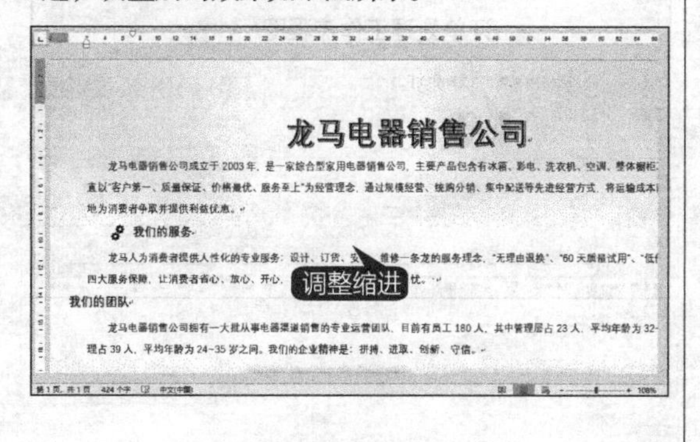

7 设置其他图标

使用同样的方法设置其他标题的图标，最终效果如下图所示。

8 调整细节

图标设置完成后，即可根据情况调整细节，并保存文档，最终效果如下图所示。

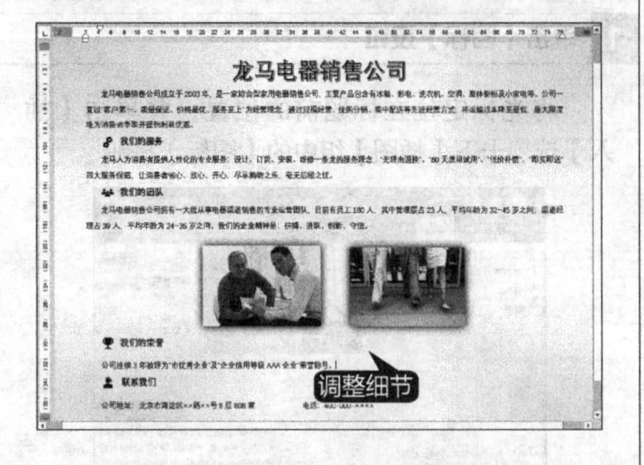

2.2 制作工作流程图

 **本节视频教学时间：8分钟**

Word 2019提供了线条、矩形、基本形状、箭头总汇、公式形状、流程图、星与旗帜和标注等多种自选图形，用户可以根据需要从中选择适当的图形美化文档。

2.2.1 绘制流程图

流程图可以展示某一项工作的流程，比文字描述更直观、更形象。绘制流程图的具体操作步骤如下。

1 输入内容

新建空白Word文档，并将其另存为"工作流程图.docx"。然后输入文档标题"订单处理工作流程图"，并根据需要设置其字体和段落样式，然后输入其他正文内容，效果如下图所示。

2 选择"椭圆"形状

单击【插入】选项卡下【插图】选项组中的【形状】按钮右侧的下拉按钮，在弹出的【形状】下拉列表中，选择"椭圆"形状。

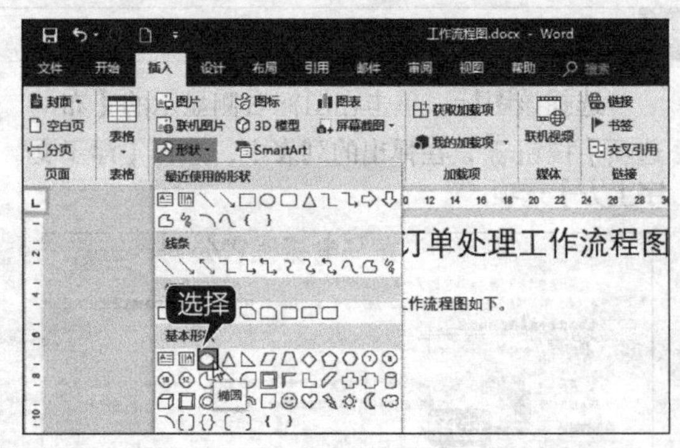

3 绘制椭圆形状

在文档中要绘制形状的起始位置，按住鼠标左键并拖曳至合适位置，松开鼠标左键，即可完成椭圆形状的绘制。

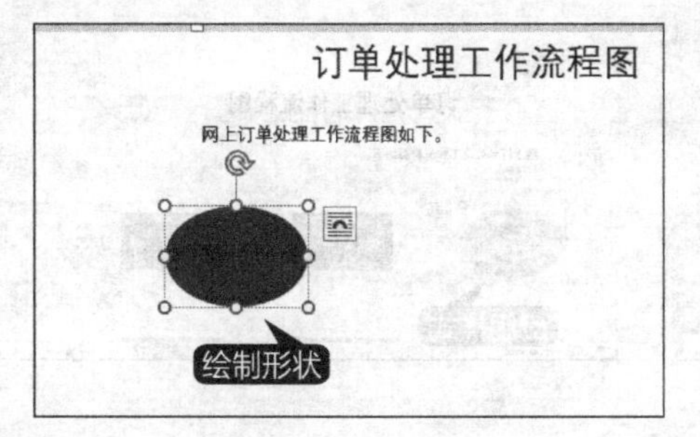

4 选择“流程图：过程”形状

单击【插入】选项卡下【插图】选项组中的【形状】按钮右侧的下拉按钮形状，在弹出的【形状】下拉列表中选择【流程图】组中的“流程图：过程”形状。

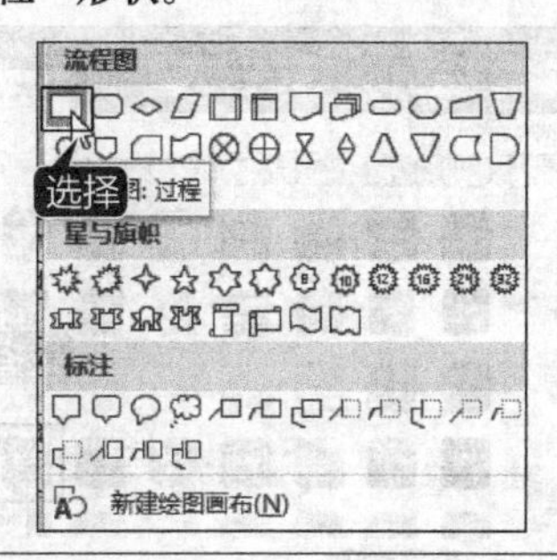

5 绘制过程形状

在文档中绘制“流程图：过程”形状后的效果如下图所示。

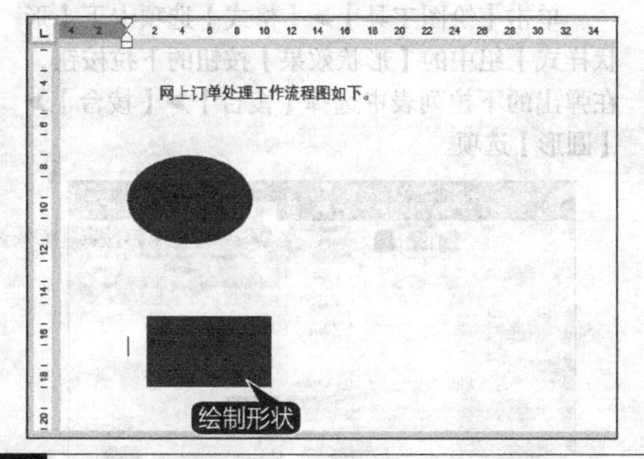

6 完成图形的粘贴

选择绘制的“流程图：过程”形状，按【Ctrl+C】组合键复制，然后按6次【Ctrl+V】组合键，完成图形的粘贴。

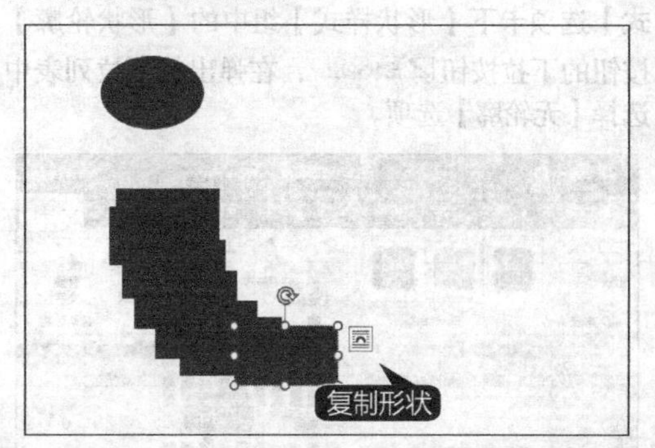

7 绘制终止形状

重复步骤4~步骤5的操作，绘制“流程图：终止”形状，效果如下图所示。

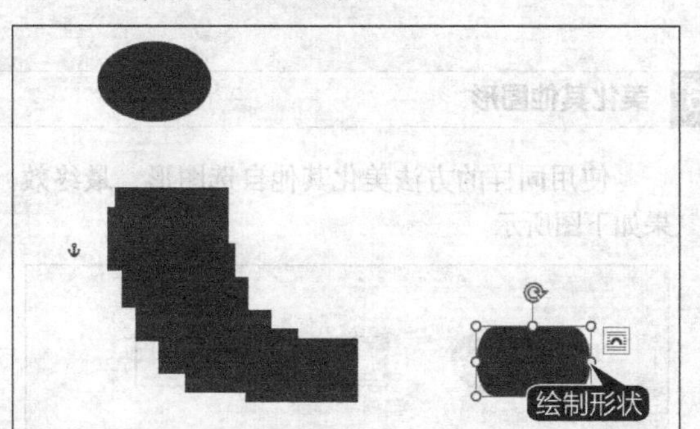

8 进行调整

依次选择绘制的图形，调整其位置和大小，使其合理地分布在文档中。调整自选图形大小及位置的操作与调整图片大小及位置操作相同，这里不再赘述。调整完成后，效果如下图所示。

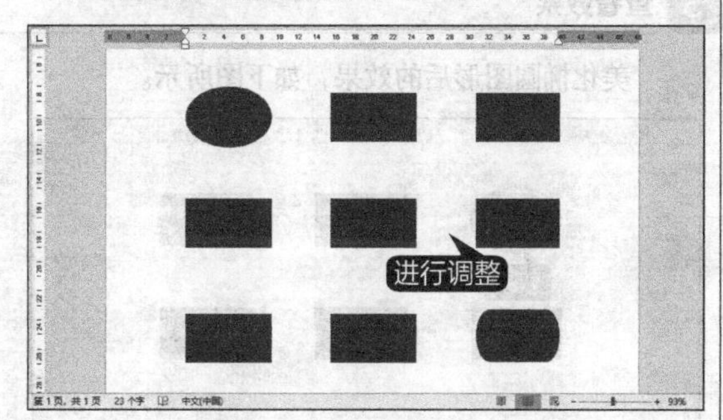

2.2.2 美化流程图

插入自选图形时，Word 2019为其应用了默认的图形效果，用户可以根据需要设置图形的显示效果，使其更美观。具体操作步骤如下。

1 选择样式

选择椭圆形状，单击【绘图工具】➤【格式】选项卡下【形状样式】组中的【其他】按钮 ▾，在弹出的下拉列表中选择【中等效果–绿色，强调颜色 6】样式。

2 应用样式

将选择的形状样式应用到椭圆形状中，效果如下图所示。

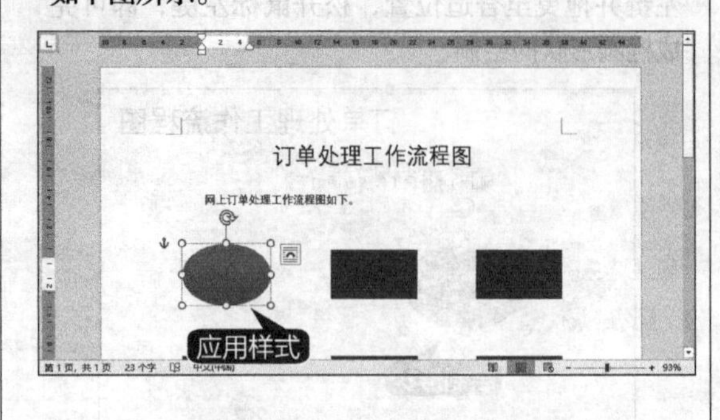

3 选择【无轮廓】选项

选择椭圆形状，单击【绘图工具】➤【格式】选项卡下【形状样式】组中的【形状轮廓】按钮的下拉按钮 形状轮廓，在弹出的下拉列表中选择【无轮廓】选项。

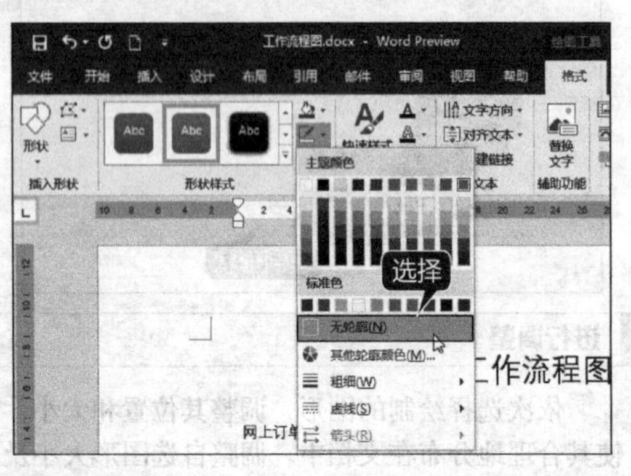

4 选择形状效果

单击【绘图工具】➤【格式】选项卡下【形状样式】组中的【形状效果】按钮的下拉按钮，在弹出的下拉列表中选择【棱台】➤【棱台】➤【圆形】选项。

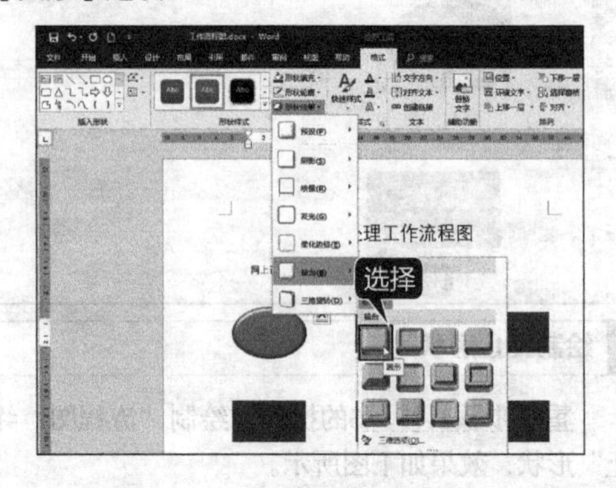

5 查看效果

美化椭圆图形后的效果，如下图所示。

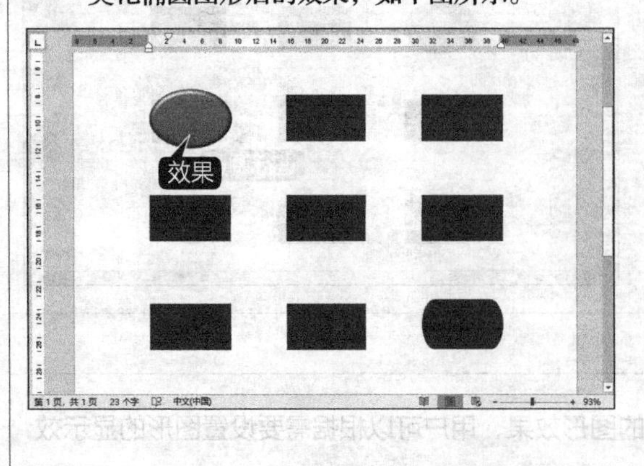

6 美化其他图形

使用同样的方法美化其他自选图形，最终效果如下图所示。

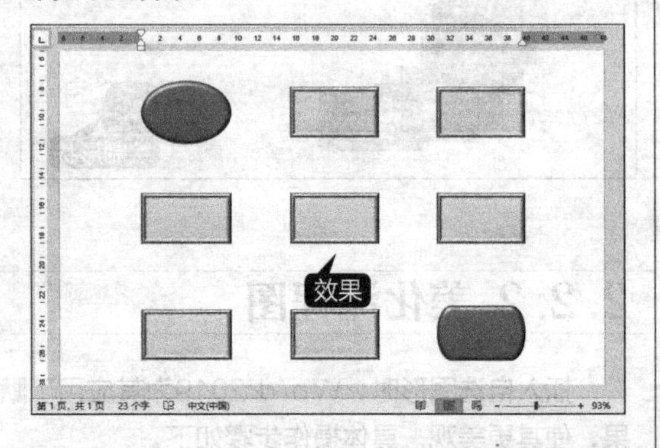

2.2.3 连接所有流程图形

绘制并美化流程图后，需要将绘制的图形连接起来，并输入流程描述文字，完成流程图的绘制。具体操作步骤如下。

1 选择“直线箭头”形状

单击【插入】选项卡下【插图】选项组中的【形状】按钮右侧的下拉按钮，在弹出的【形状】下拉列表中，选择“直线箭头”形状。

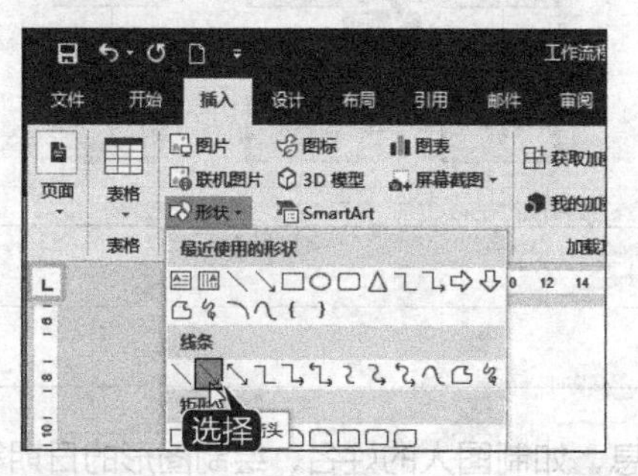

2 绘制直线箭头

按住【Shift】键，在文档中绘制直线箭头。

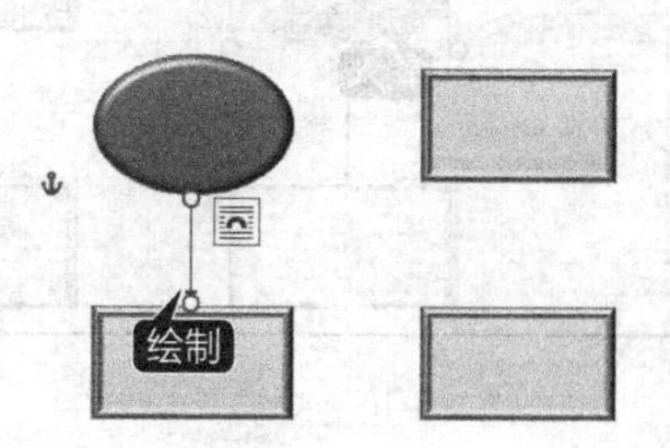

3 设置颜色

选择绘制的形状，单击【绘图工具】➤【格式】选项卡下【形状样式】组中的【形状轮廓】按钮，在弹出的下拉列表中选择【黑色】选项，将直线箭头颜色设置为“黑色”，并将【箭头】设置为“箭头样式2”。

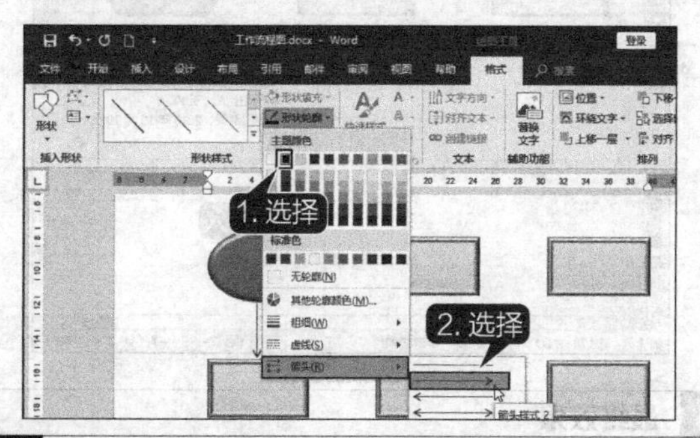

4 查看效果

此时即可绘制出直线箭头，效果如下图所示。

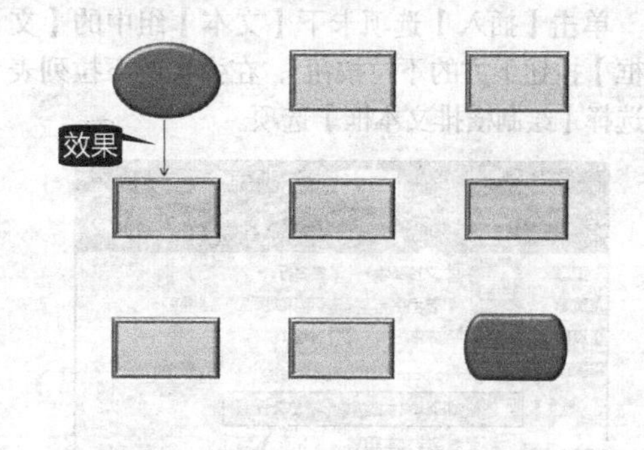

5 复制直线箭头

设置直线箭头的形状后，可以选择并复制绘制的直线箭头，调整箭头形状，并将其移动至合适的位置，最终效果如下图所示。

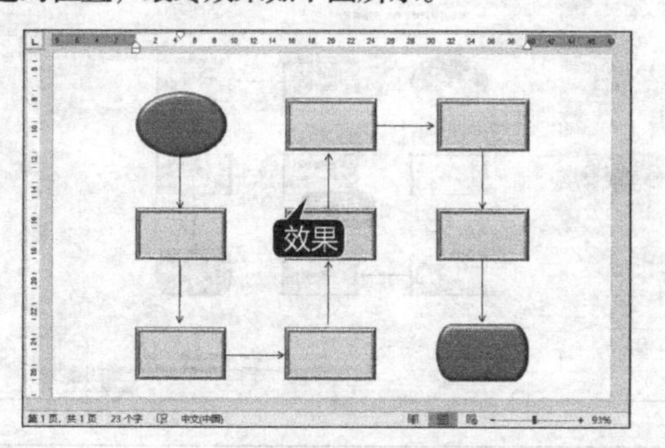

6 选择【编辑文字】选项

选择第一个形状，单击鼠标右键，在弹出的快捷菜单中选择【编辑文字】选项。

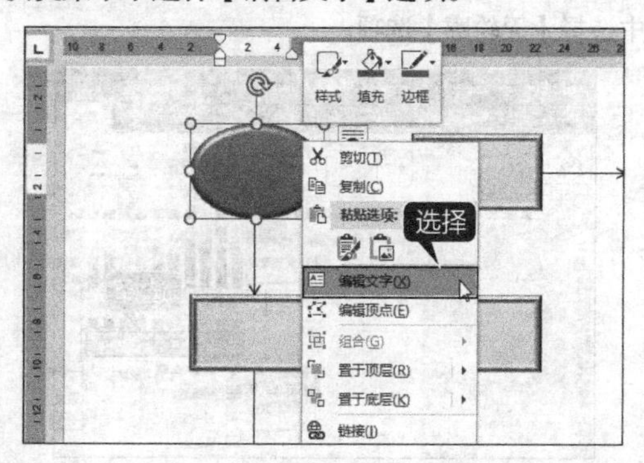

7 输入文本

图形中会显示光标，输入“提交订单”，并根据需要设置文字的字体样式，效果如下图所示。

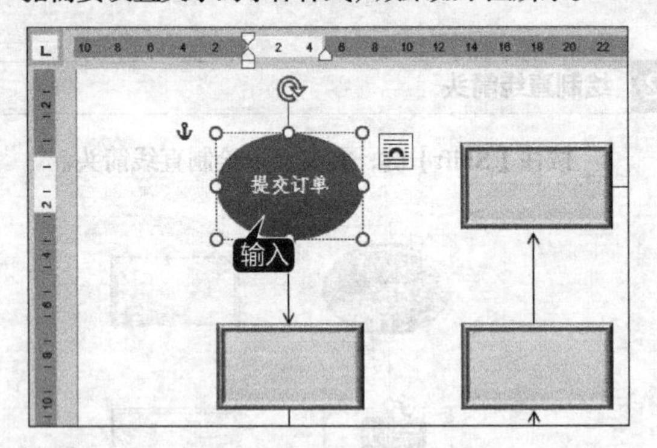

8 添加其他文字

使用同样的方法添加其他文字，就完成了流程图的制作，效果如下图所示。

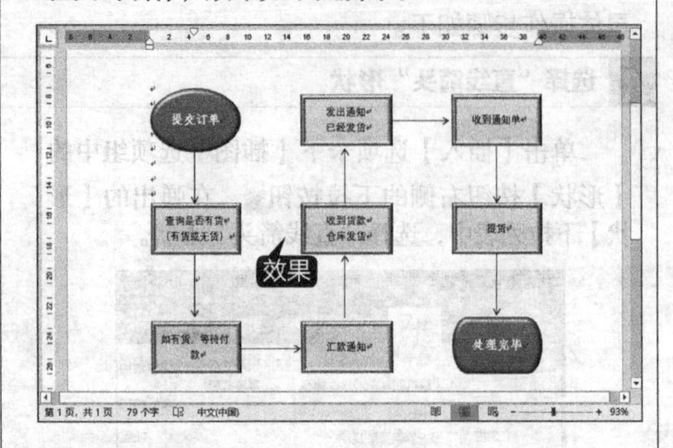

2.2.4 为流程图插入制图信息

流程图绘制完成后，可以根据需要在下方输入制图信息，如制图人的姓名、绘制图形的日期等。具体操作步骤如下。

1 选择【绘制横排文本框】选项

单击【插入】选项卡下【文本】组中的【文本框】按钮下方的下拉按钮，在弹出的下拉列表中选择【绘制横排文本框】选项。

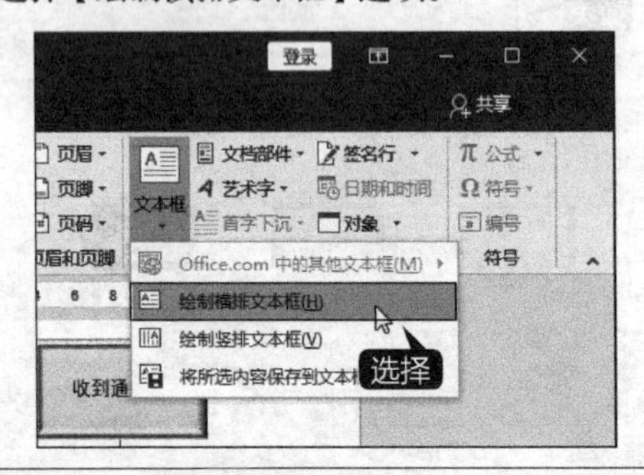

2 输入信息

在流程图下方绘制出文本框，并在文本框中输入制图信息，然后根据需要设置文字样式。

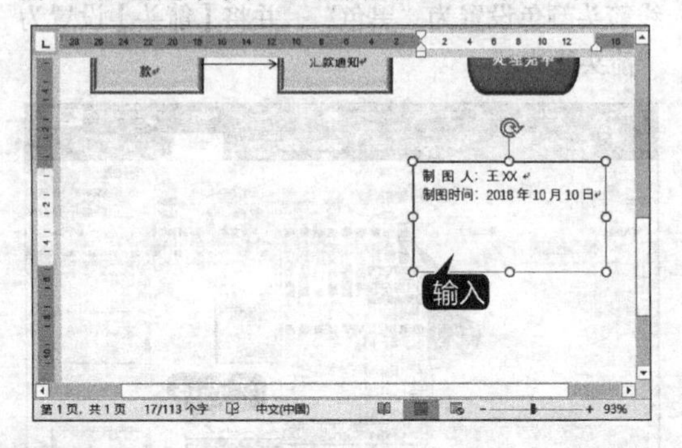

3 选择【无轮廓】选项

调整文本框的大小，并在【绘图工具】➤【格式】选项卡下【形状样式】组中单击【形状轮廓】按钮右侧的下拉按钮，在弹出的下拉列表中选择【无轮廓】选项。

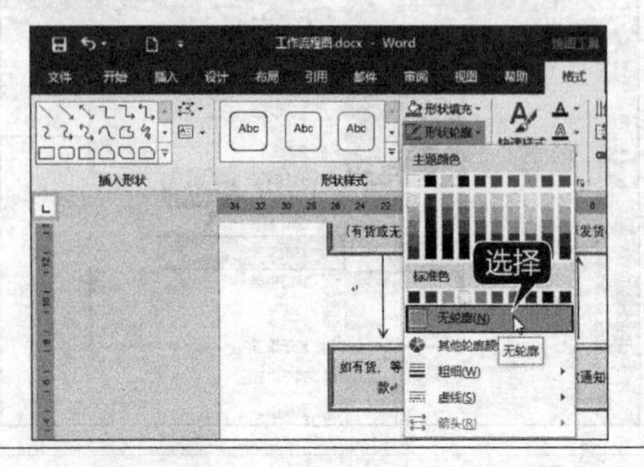

4 最终效果

至此，就完成了工作流程图的制作，最终效果如下图所示。

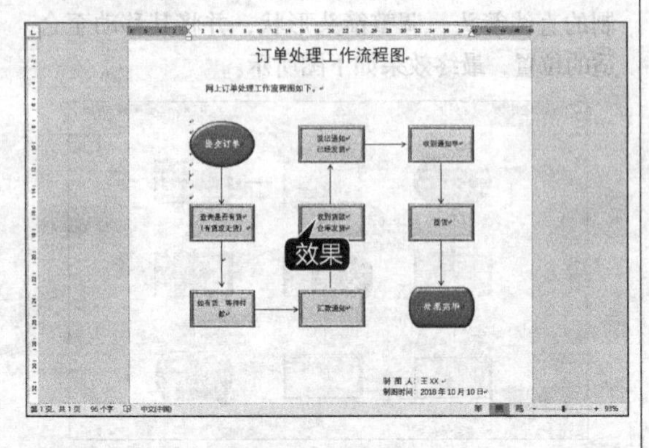

2.3 制作公司组织结构图

 本节视频教学时间：5分钟

SmartArt图形可以形象直观地展示重要的文本信息，吸引用户的眼球。下面就来使用SmartArt图形制作公司组织结构图。

2.3.1 插入组织结构图

Word 2019提供了列表、流程、循环、层次结构、关系、矩阵、棱锥图、图片等多种SmartArt图形样式，方便用户根据需要选择。插入组织结构图的具体操作步骤如下。

1 新建文档

新建空白Word文档，并将其另存为“公司组织结构图.docx”文件。单击【插入】选项卡下【插图】组中的【SmartArt】按钮 。

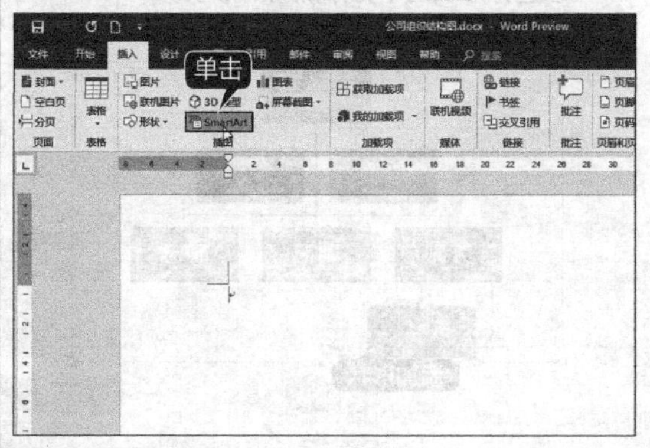

2 选择 SmartArt 图形

弹出【选择SmartArt图形】对话框，选择【层次结构】选项，在右侧列表框中选择【组织结构图】类型，单击【确定】按钮。

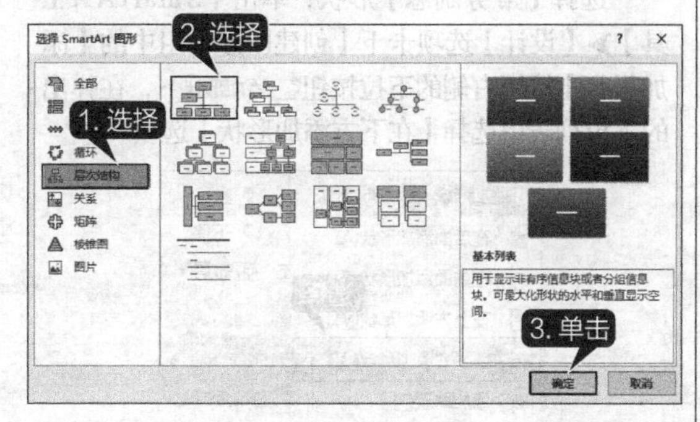

3 插入组织结构图

完成组织结构图图形的插入，效果如下图所示。

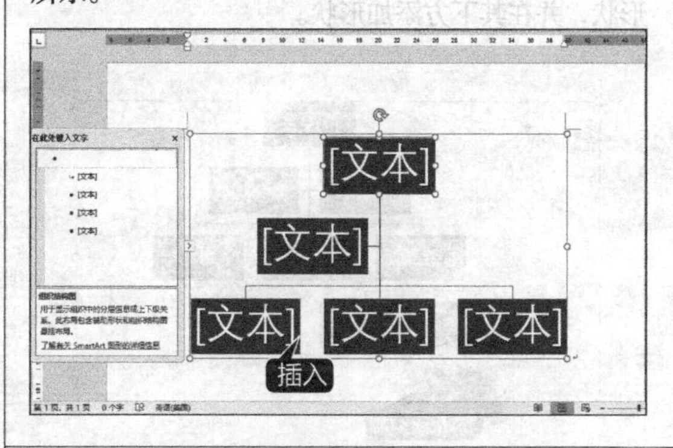

4 输入文字

在左侧的【在此处键入文字】窗格中输入文字，或者在图形中直接输入文字，就完成了插入公司组织结构图的操作。

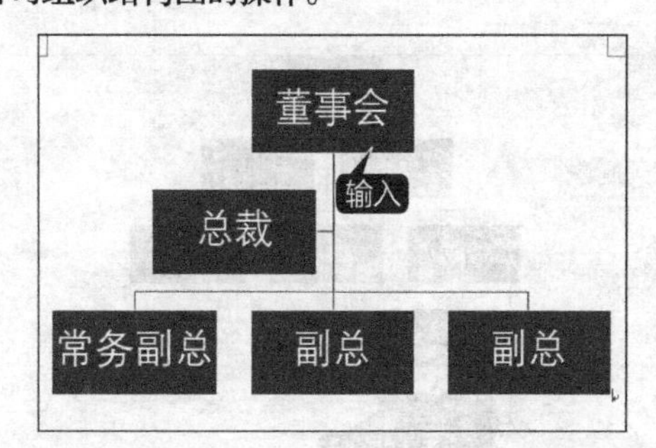

2.3.2 增加组织结构项目

插入组织结构图之后，如果图形不能完整显示公司的组织结构，还可以根据需要新增组织结构项目。具体操作步骤如下。

1 选择【添加助理】选项

选择【董事会】图形，单击【SmartArt工具】➤【设计】选项卡下【创建图形】组中的【添加形状】按钮右侧的下拉按钮，在弹出的下拉列表中选择【添加助理】选项。

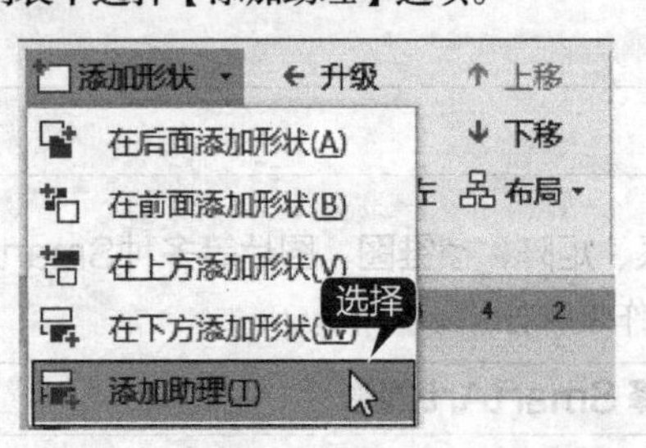

2 添加新的形状

在【董事会】图形下方添加新的形状，效果如下图所示。

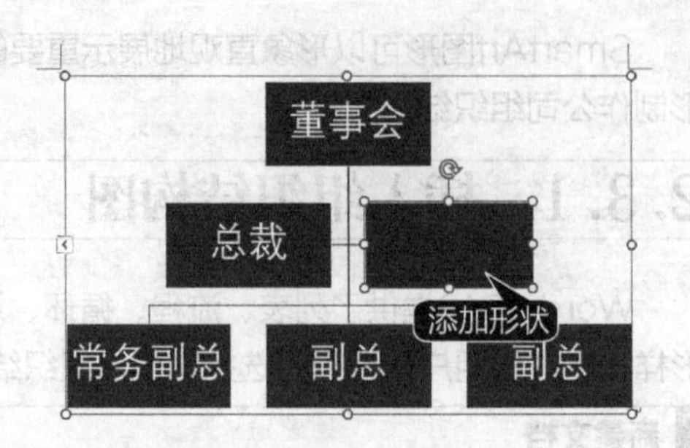

3 选择【在下方添加形状】选项

选择【常务副总】形状，单击【SmartArt工具】➤【设计】选项卡下【创建图形】组中的【添加形状】按钮右侧的下拉按钮，在弹出的下拉列表中选择【在下方添加形状】选项。

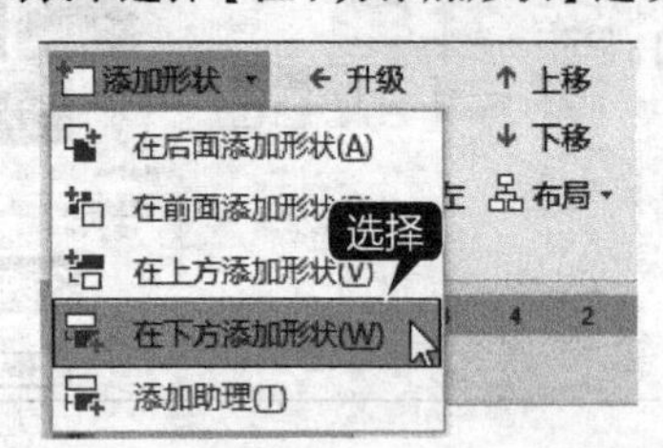

4 添加新的形状

在选择形状的下方添加新的形状。

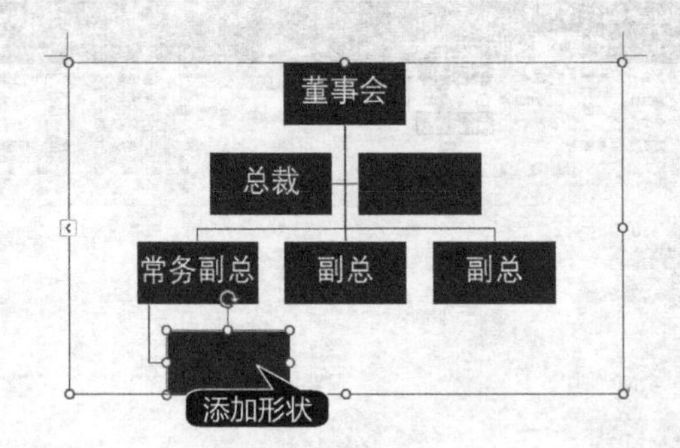

5 添加新形状

重复步骤3的操作，在【常务副总】形状下方再次添加新形状。

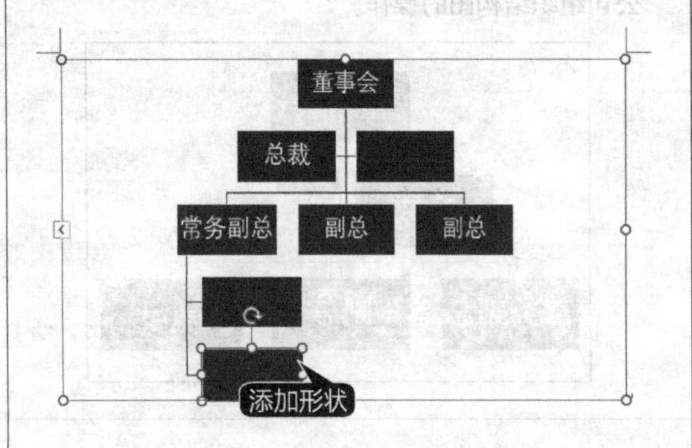

6 添加形状

选择【常务副总】形状下方添加的第一个新形状，并在其下方添加形状。

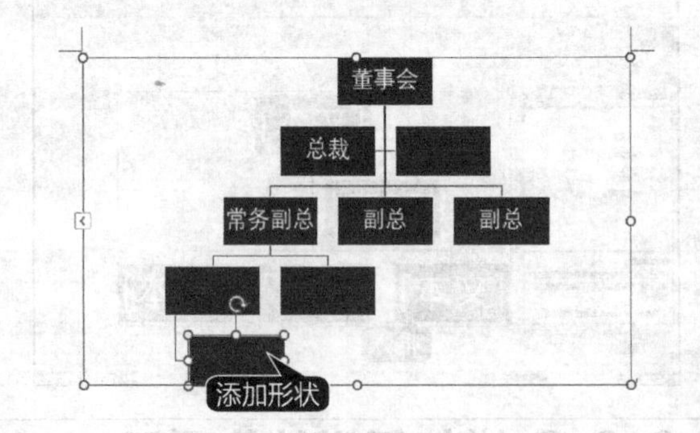

7 添加其他形状

重复上面的操作，添加其他形状，增加组织结构项目后的效果如下图所示。

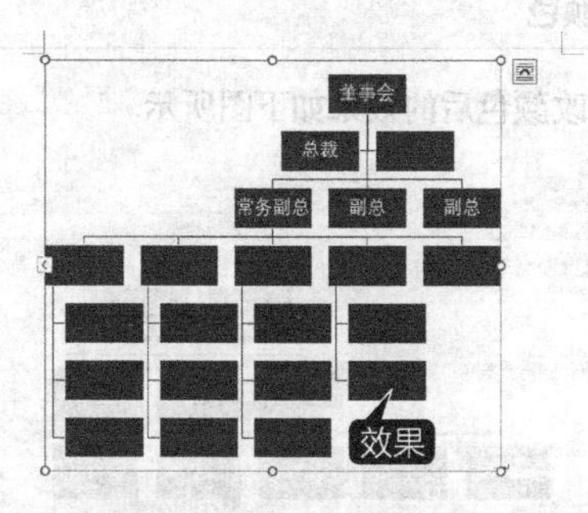

8 输入文字

根据需要在新添加的形状中输入相关文字内容。

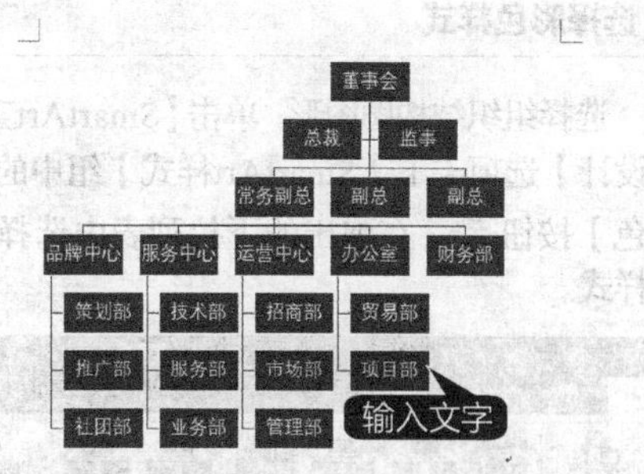

小提示

如果要删除形状，只需要选择要删除的形状，在键盘上按【Delete】键即可。

2.3.3 改变组织结构图的版式

创建公司组织结构图后，还可以根据需要更改组织结构图的版式，具体操作步骤如下。

1 调整结构图的大小

选择创建的组织结构图，将鼠标指针放在图形边框右下角的控制点上，当鼠标指针变为⤡形状时，按住鼠标左键并拖曳鼠标，即可调整组织结构图的大小。

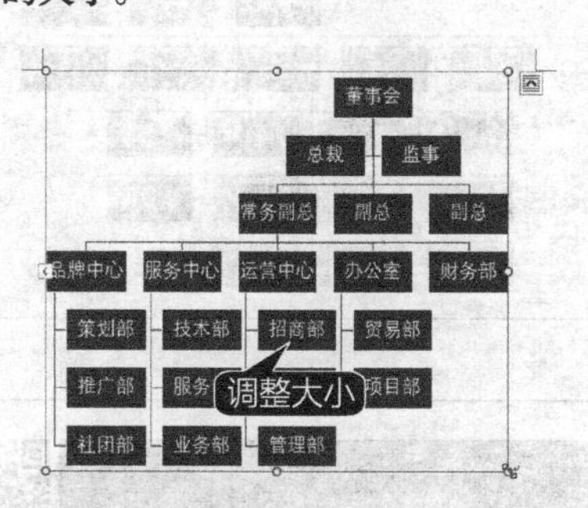

2 选择【半圆组织结构图】版式

单击【SmartArt工具】➤【设计】选项卡下【版式】组中的【其他】按钮，在弹出的下拉列表中选择【半圆组织结构图】版式。

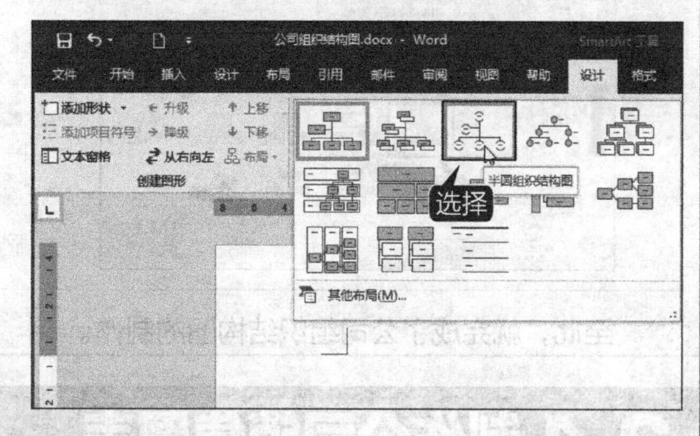

3 更改组织结构图版式

更改组织结构图版式后的效果如下图所示。

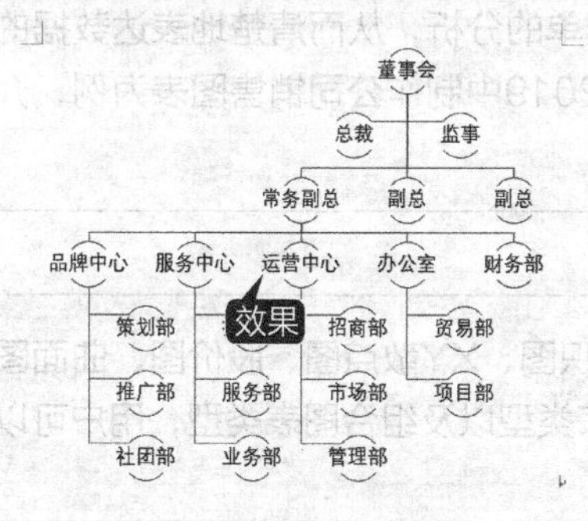

4 根据需要改变

如果对更改后的版式不满意，还可以根据需要再次改变组织结构图的版式。

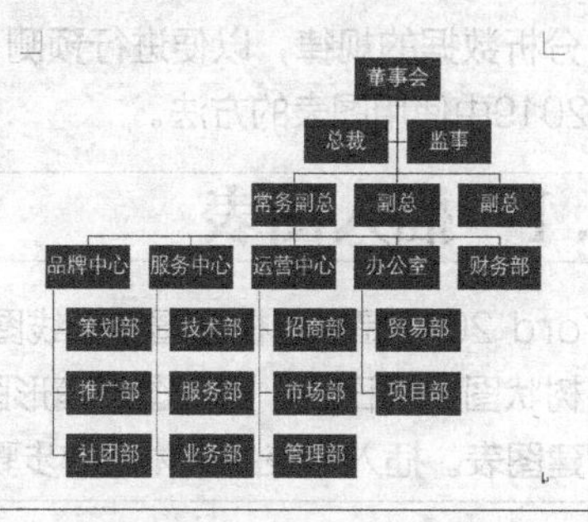

2.3.4 设置组织结构图的格式

绘制组织结构图并修改版式之后，就可以根据需要设置组织结构图的格式，使其更美观。

1 选择彩色样式

选择组织结构图图形，单击【SmartArt工具】➤【设计】选项卡下【SmartArt样式】组中的【更改颜色】按钮，在弹出的下拉列表中选择一种彩色样式。

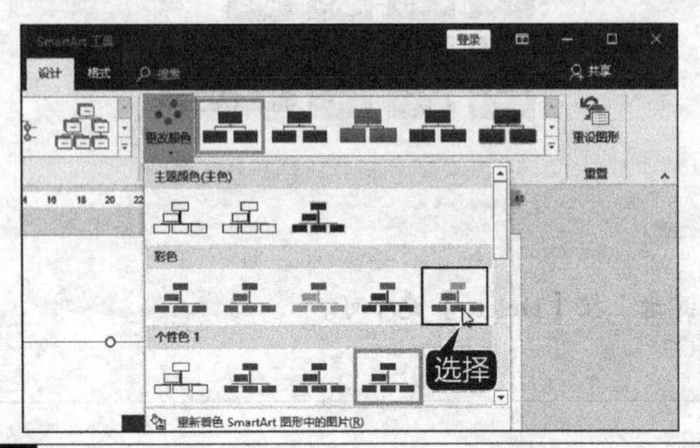

2 更改颜色

更改颜色后的效果如下图所示。

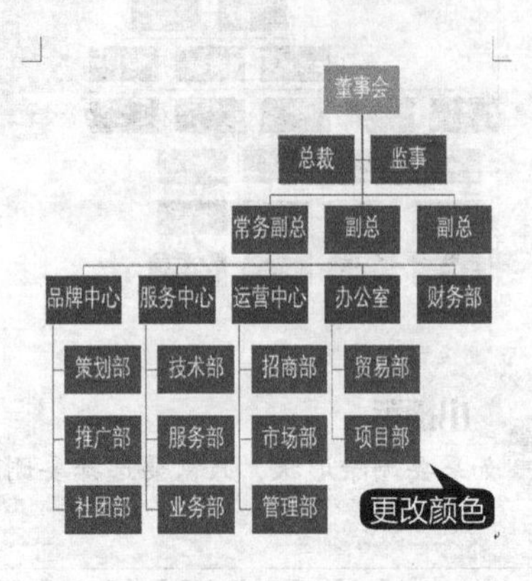

3 选择 SmartArt 样式

选择SmartArt图形，单击【SmartArt工具】➤【设计】选项卡下【SmartArt样式】组中的【其他】按钮，在弹出的下拉列表中选择一种SmartArt样式。

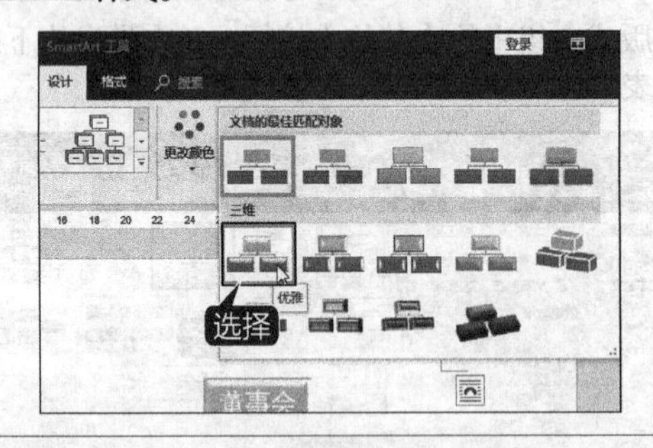

4 重新设置文字样式

更改SmartArt样式后，图形中文字的样式会随之发生改变，用户需要重新设置文字的样式，制作完成后，SmartArt图形的效果如下图所示。

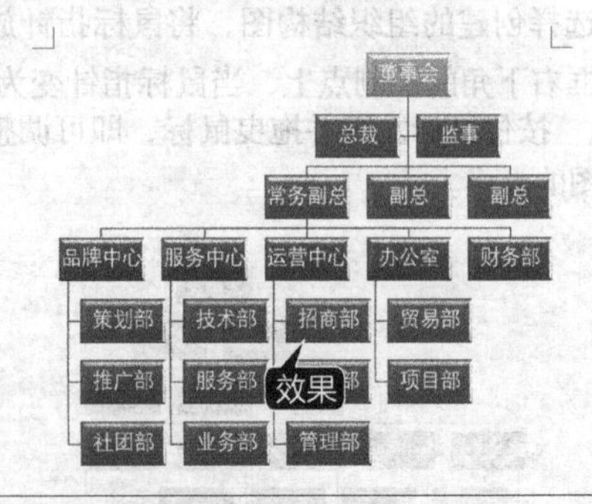

至此，就完成了公司组织结构图的制作。

2.4 制作公司销售图表

本节视频教学时间：7分钟

Word 2019提供了插入图表的功能，可以对数据进行简单的分析，从而清楚地表达数据的变化关系，分析数据的规律，以便进行预测。本节就以在Word 2019中制作公司销售图表为例，介绍在Word 2019中使用图表的方法。

2.4.1 插入图表

Word 2019提供了柱形图、折线图、饼图、条形图、面积图、XY散点图、股价图、曲面图、雷达图、树状图、旭日图、直方图、箱形图、瀑布图等14种图表类型以及组合图表类型，用户可以根据需要创建图表。插入图表的具体操作步骤如下。

1　单击【图表】按钮

打开“素材\ch02\公司销售图表.docx”素材文件，然后将光标定位至要插入图表的位置，并单击【插入】选项卡下【插图】组中的【图表】按钮。

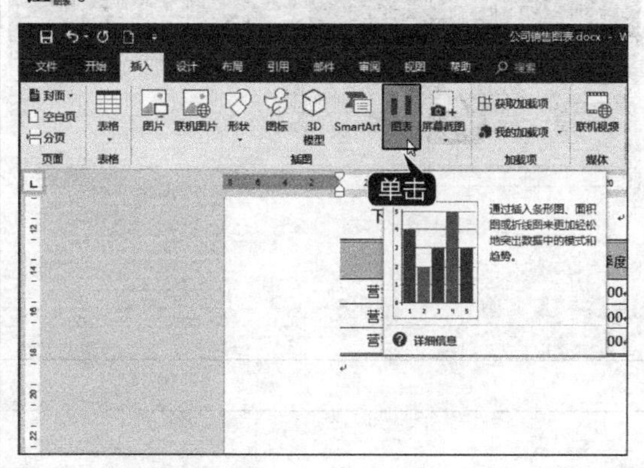

2　设置图表类型

弹出【插入图表】对话框，选择要创建的图表类型，这里选择【柱形图】下的【簇状柱形图】选项，单击【确定】按钮。

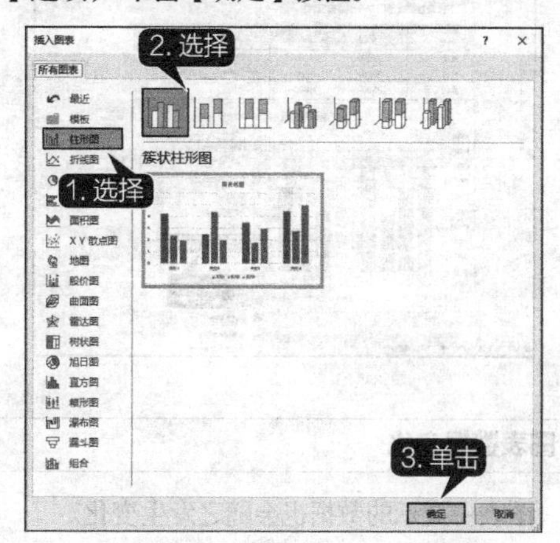

3　输入表格内容

弹出【Microsoft Word中的图表】工作表，将素材中的表格内容输入到【Microsoft Word中的图表】工作表中，然后关闭【Microsoft Word中的图表】工作表。

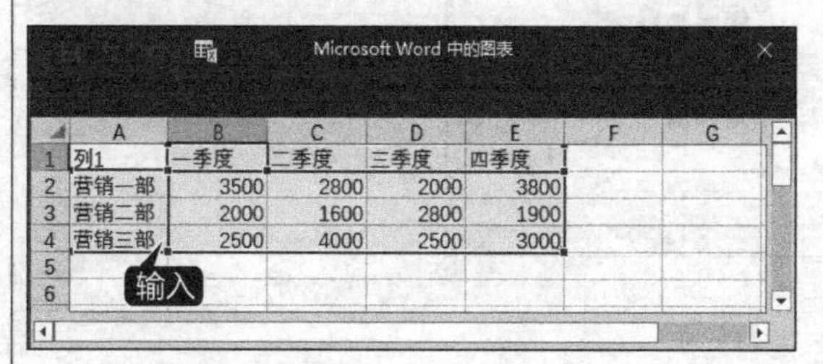

	A	B	C	D	E
1	列1	一季度	二季度	三季度	四季度
2	营销一部	3500	2800	2000	3800
3	营销二部	2000	1600	2800	1900
4	营销三部	2500	4000	2500	3000

4　完成创建图表

完成创建图表的操作，效果如下图所示。

下表是各销售部门季度销售情况表。

	一季度	二季度	三季度	四季度
营销一部	3500	2800	2000	3800
营销二部	2000	1600	2800	1900
营销三部	2500	4000	2500	3000

2.4.2　编辑图表中的数据

创建图表后，如果发现数据输入有误或者需要修改数据，只要对数据进行修改，图表的显示会自动发生变化。

将营销一部二季度的销量由“2800”更改为“3200”的具体操作步骤如下。

1　输入新数据

在打开的文件的表格中选择第2行第3列单元格中的数据，删除选择的数据并输入“3200”。

下表是各销售部门季度销售情况表。

	一季度	二季度
营销一部	3500	3200
营销二部	2000	
营销三部	2500	

2 选择【编辑数据】菜单命令

在下方创建的图表上单击鼠标右键，在弹出的快捷菜单中选择【编辑数据】菜单命令。

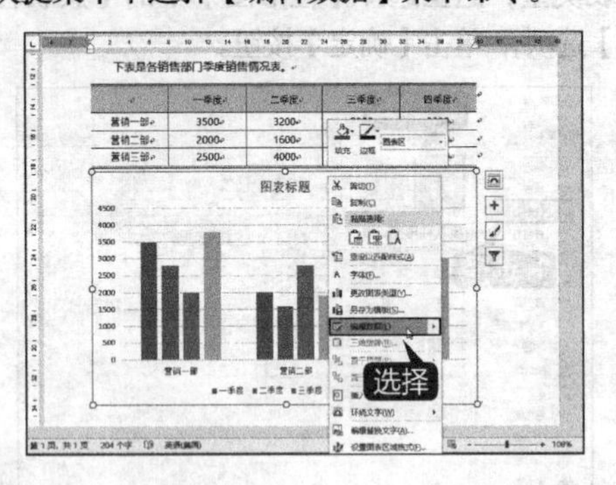

3 更改数据

弹出【Microsoft Word中的图表】工作表，将C2单元格的数据由“2800”更改为“3200”，并关闭【Microsoft Word中的图表】工作表。

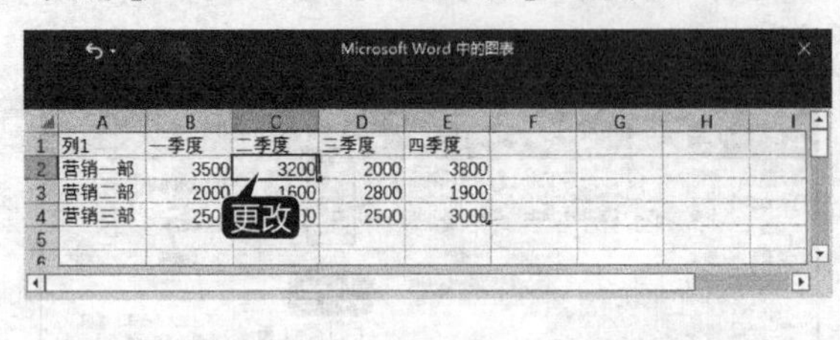

4 图表数据变化

图表中显示的数据也会随之发生变化。

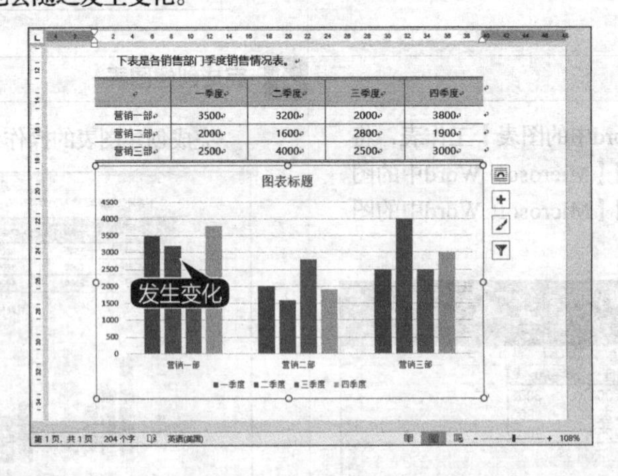

2.4.3 美化图表

完成图表的编辑后，用户可以对图表进行美化操作，如设置图表标题、更改图表布局、添加图表元素、更改图表样式等。

1. 设置图表标题

设置图表标题的具体操作步骤如下。

1 更改文本

选择图表中的【图表标题】文本框，删除文本框中的内容，将其修改为“各部门销售情况”。

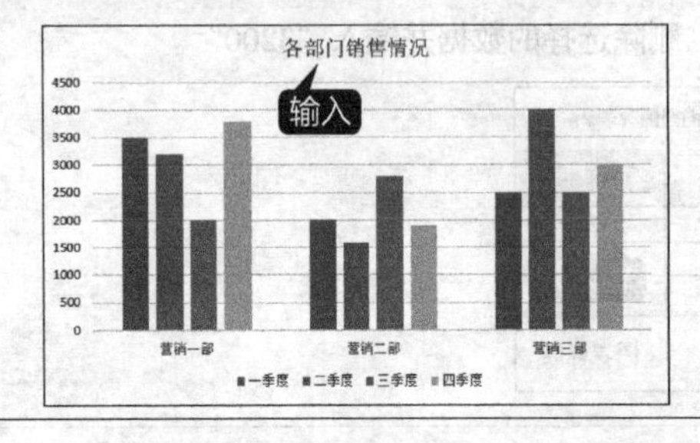

2 设置字体

选择输入的文本，根据需要设置其【字体】为“华文楷体”，效果如下图所示。

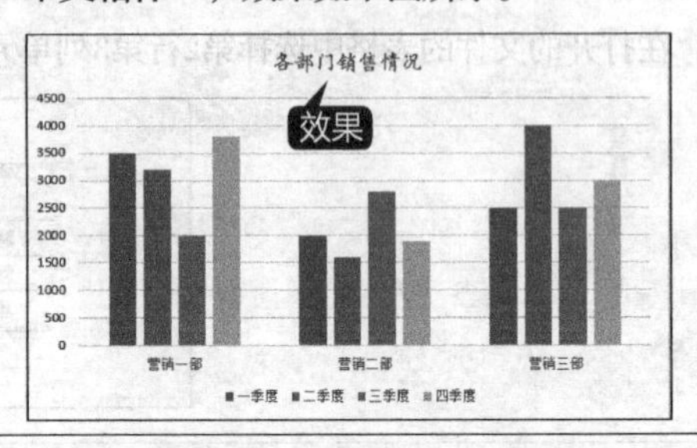

2. 添加图表元素

数据标签、数据表、图例、趋势线等图表元素均可添加至图表中，以便更直观地查看分析数据。

1 选择【数据标签外】选项

选择图表，单击【图表工具】➤【设计】选项卡下【图表布局】组中【添加图表元素】按钮的下拉按钮，在弹出的下拉列表中选择【数据标签】➤【数据标签外】选项。

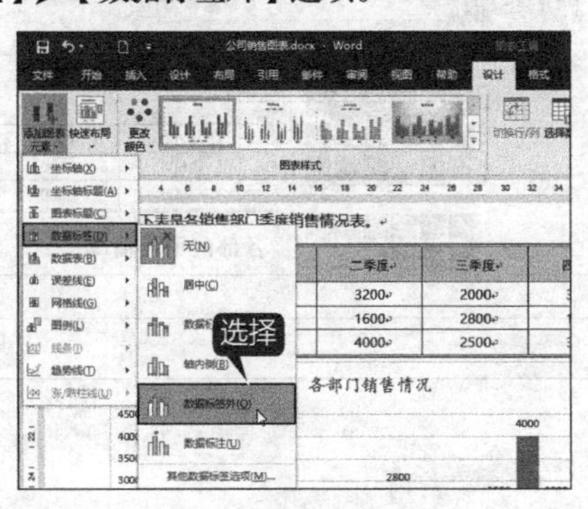

2 添加数据标签

在图表中添加数据标签图表元素，效果如下图所示。

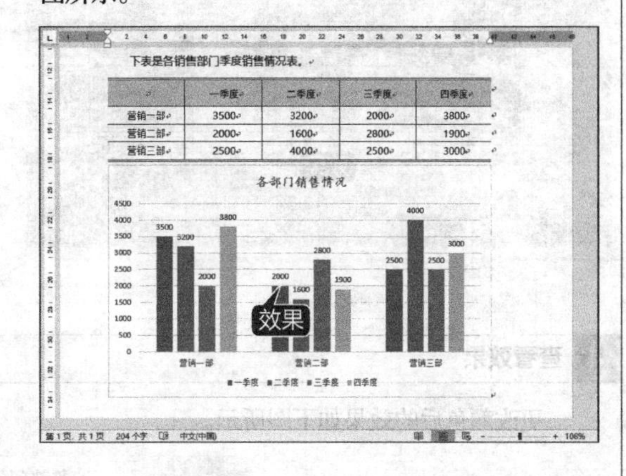

3 选择【显示图例项标示】选项

选择图表，单击【图表工具】➤【设计】选项卡下【图表布局】组中【添加图表元素】按钮的下拉按钮，在弹出的下拉列表中选择【数据表】➤【显示图例项标示】选项。

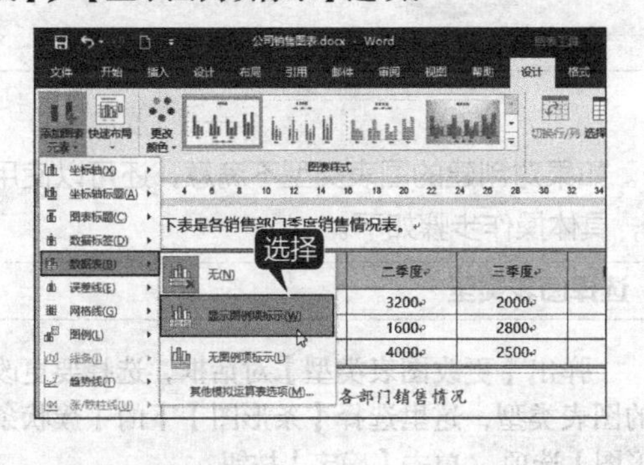

4 添加数据表

在图表中显示数据表图表元素，效果如下图所示。最后只需要根据需要调整图表的大小，即可完成添加图表元素的操作。

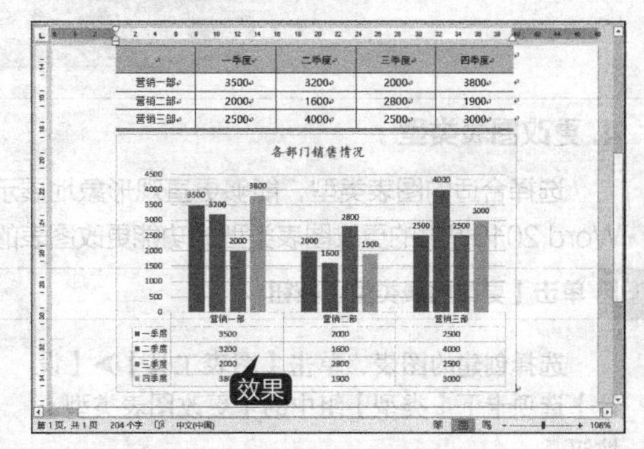

3. 更改图表样式

添加图表元素之后，就完成了创建并编辑图表的操作。如果对图表的样式不满意，还可以更改图表的样式，美化图表。

1 选择图表样式

选择创建的图表，单击【图表工具】➤【设计】选项卡下【图表样式】组中的【其他】按钮，在弹出的下拉列表中选择一种图表样式。

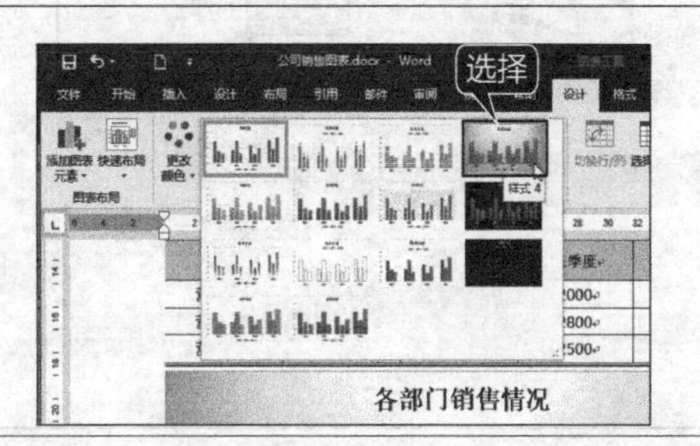

2 查看效果

更改图表样式后的效果如下图所示。

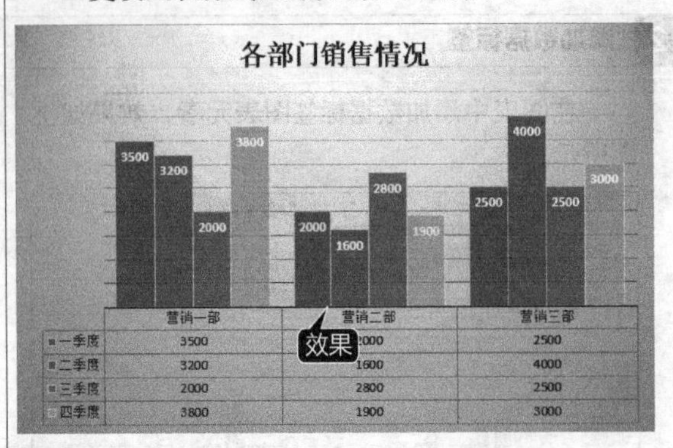

3 更改图表颜色

此外，还可以根据需要更改图表的颜色。选择图表，单击【图表工具】➤【设计】选项卡下【图表样式】组中【更改颜色】按钮的下拉按钮，在弹出的下拉列表中选择一种颜色样式。

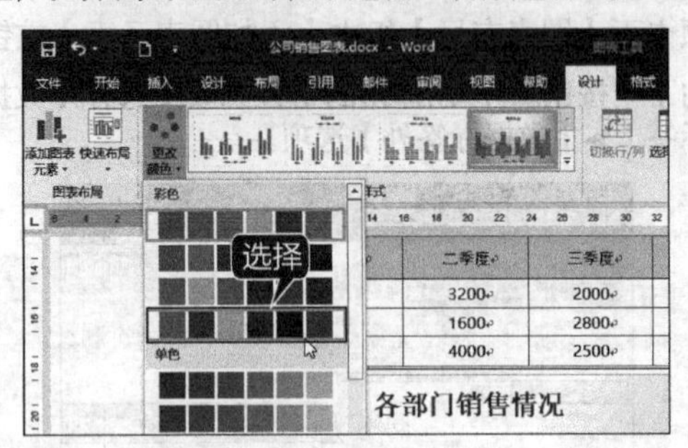

4 查看效果

更改颜色后的效果如下图所示。

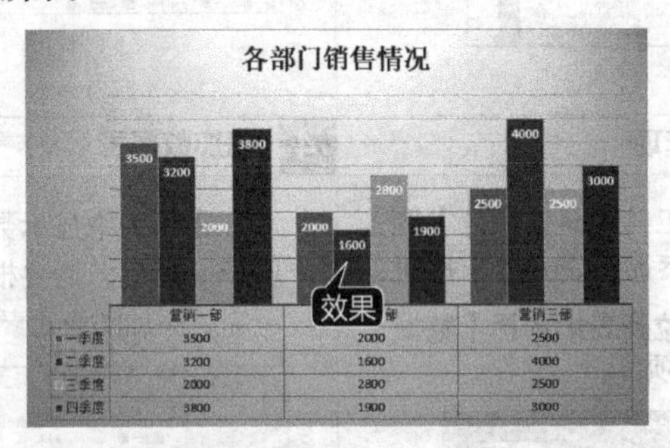

4. 更改图表类型

选择合适的图表类型，能够更直观形象地展示数据。如果对创建的图表类型不满意，还可以使用Word 2019提供的更改图表类型的功能更改图表的类型，具体操作步骤如下。

1 单击【更改图表类型】按钮

选择创建的图表，单击【图表工具】➤【设计】选项卡下【类型】组中的【更改图表类型】按钮。

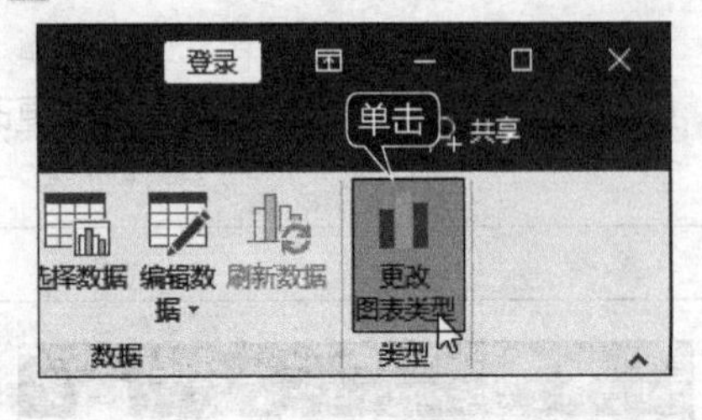

2 选择图表类型

弹出【更改图表类型】对话框，选择要更改的图表类型，这里选择【条形图】下的【簇状条形图】选项，单击【确定】按钮。

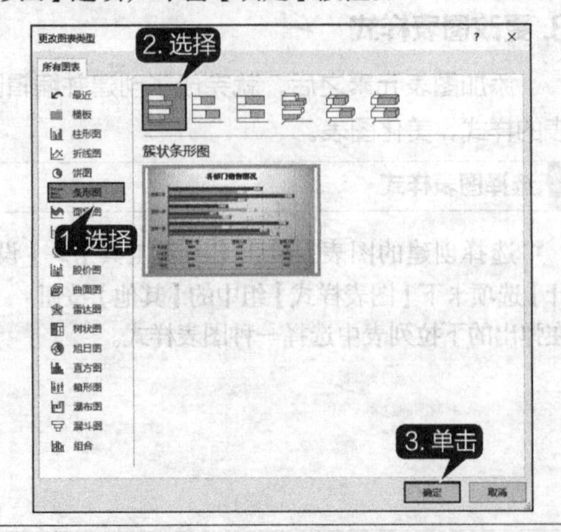

3 完成更改

完成更改图表类型的操作，效果如下图所示。

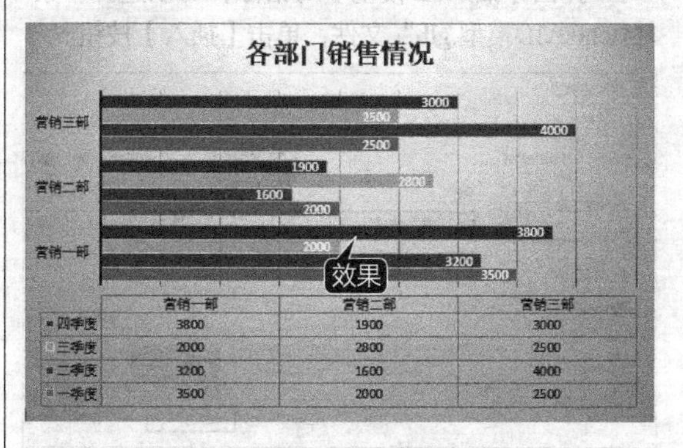

	营销一部	营销二部	营销三部
四季度	3800	1900	3000
三季度	2000	2800	2500
二季度	3200	1600	4000
一季度	3500	2000	2500

4 删除多余表格

删除文档中多余的表格，就完成了公司销售图表的制作，最终效果如下图所示。

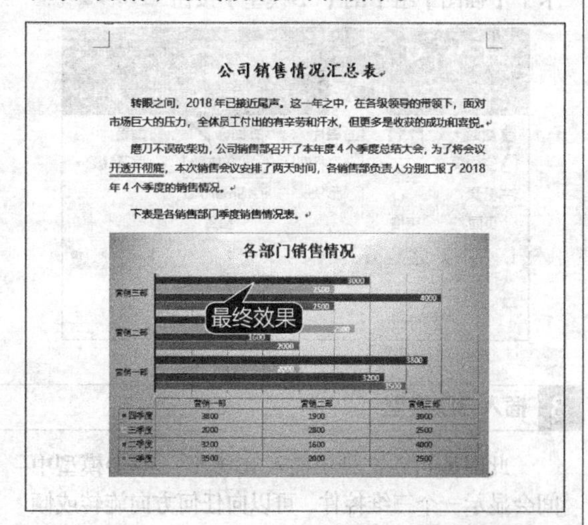
公司销售情况汇总表。

转眼之间，2018 年已接近尾声。这一年之中，在各级领导的带领下，面对市场巨大的压力，全体员工付出的有辛劳和汗水，但更多是收获的成功和喜悦。

磨刀不误砍柴功，公司销售部召开了本年度 4 个季度总结大会，为了将会议开透开彻底，本次销售会议安排了两天时间，各销售部负责人分别汇报了 2018 年 4 个季度的销售情况。

下表是各销售部门季度销售情况表。

	营销一部	营销二部	营销三部
四季度	3800	1900	3000
三季度	2000	2800	2500
二季度	3200	1600	4000
一季度	3500	2000	2500

高手私房菜

技巧1：快速导出文档中的图片

如果发现某一篇文档中的图片比较好，希望得到这些图片，具体操作步骤如下。

1 选择【另存为图片】菜单命令

在需要导出保存的图片上单击鼠标右键，在弹出的快捷菜单中选择【另存为图片】菜单命令。

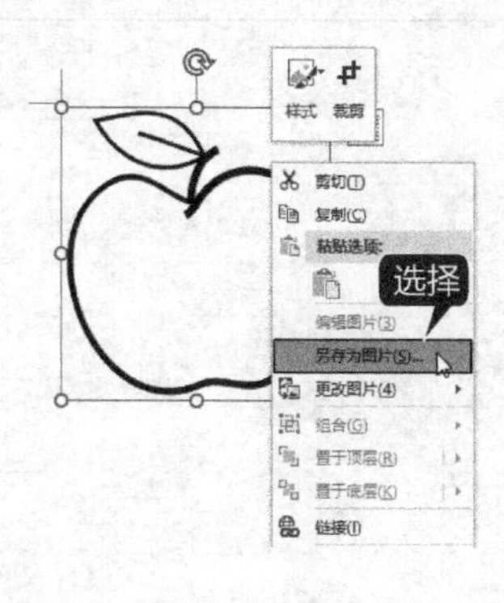

2 选择保存的路径和文件名

在弹出的【保存文件】对话框中选择保存的路径和文件名，单击【保存】按钮。在保存的文件夹中即可找到保存的图片文件。

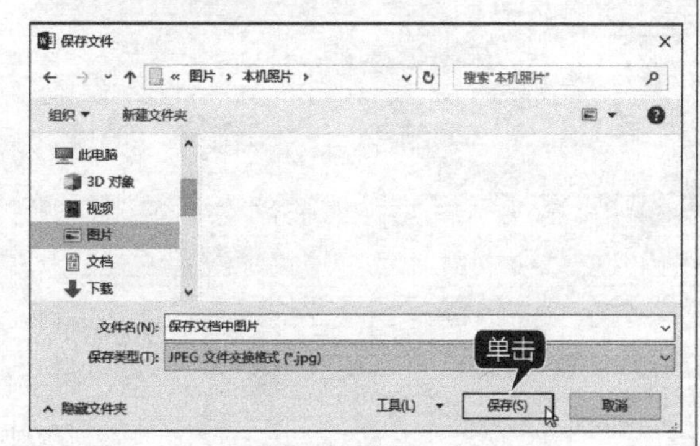

技巧2：插入3D模型

在Word 2019中，新增了3D模型功能，用户可以在文档中插入三维模型，并可将3D对象旋转，以方便在文档中阐述观点或显示对象的具体特性。

1 单击【3D 模型】按钮

新建一个Word空白文档，单击【插入】选项卡下【插图】组中的【3D模型】按钮 3D 模型 。

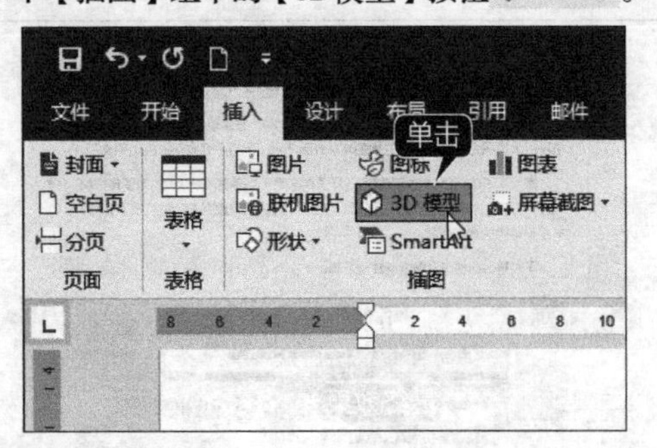

2 选择素材文件

弹出【插入3D模型】对话框，可以选择“素材\ch02\3D模型.glb”文件，单击【插入】按钮。

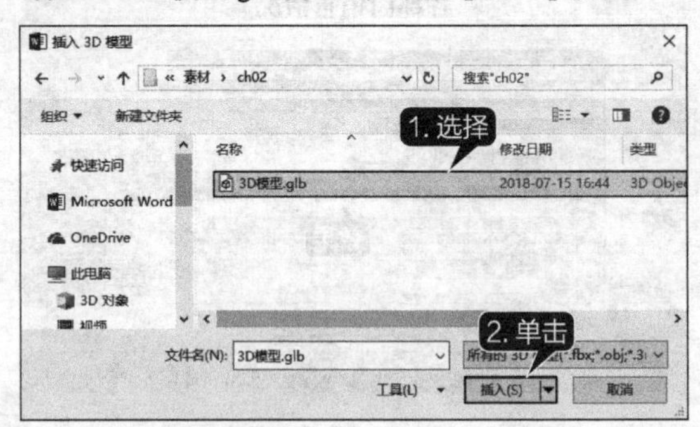

3 插入 3D 模型

此时即可在文档中插入3D模型。在3D模型中间会显示一个三维控件，可以向任何方向旋转或倾斜三维模型，只需按住鼠标左键并拖动鼠标即可。

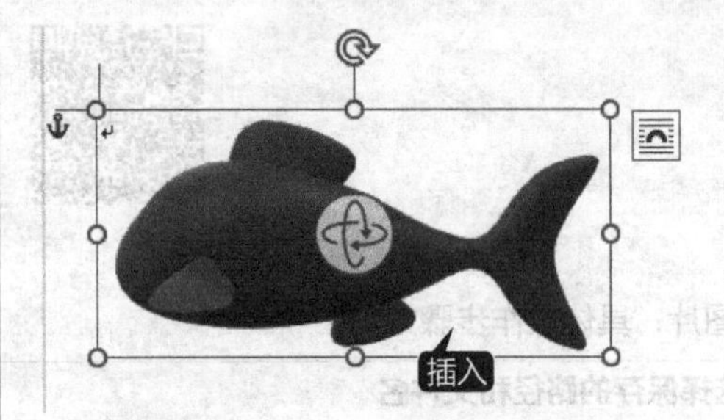

4 设置文件的显示视图

另外，单击【3D模型】➤【格式】选项卡下【3D模型视图】组中的【其他】按钮，可以设置文件的显示视图。

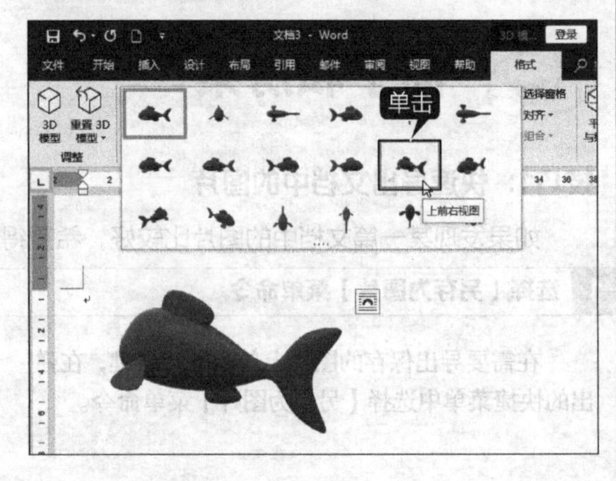

第 3 章

表格的绘制与应用

本章视频教学时间：22 分钟

在 Word 2019 中，使用表格展示数据，可以使文本结构化、数据清晰化。本章将通过制作个人简历及产品销量表，介绍在 Word 2019 中创建表格以及对表格进行编辑的相关操作。

【学习目标】

- 通过本章的学习，读者可以掌握在 Word 中使用表格的操作。

【本章涉及知识点】

- 插入表格
- 合并单元格
- 调整表格
- 应用表格样式
- 排序表格中数据
- 在表格中计算数据

3.1 制作个人求职简历

本节视频教学时间：10分钟

个人简历可以是表格的形式，也可以是其他形式。事实证明，简明扼要、切中要点、朴实无华、坦白真切的简历胜过投机取巧。在制作简历时，可以将所有介绍内容放置在一个表格中，也可以根据实际需要将基本信息分为不同的模块分别绘制表格。

3.1.1 快速插入表格

表格是由多个行或列的单元格组成的，用户可以在单元格中添加文字或图片。下面介绍快速插入表格的方法。

1. 快速插入10列8行以内的表格

在Word 2019的【表格】下拉列表中可以快速创建10列8行以内的表格，具体操作步骤如下。

1 新建 Word 文档

新建Word文档，并将其另存为“个人简历.docx”。

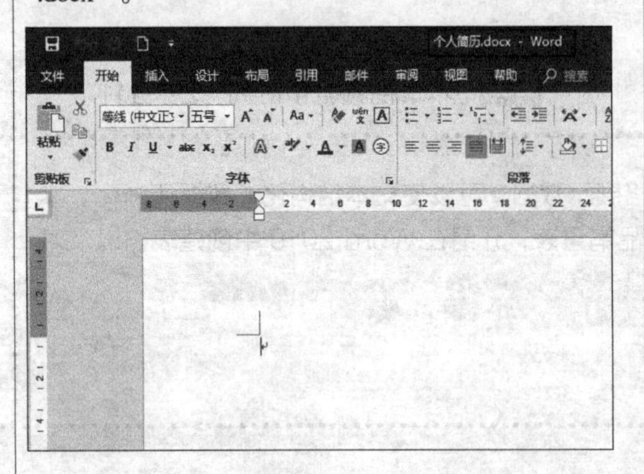

2 输入文字并设置

输入标题“个人简历”，设置其【字体】为“华文楷体”，【字号】为“小一”，并设置其“居中”对齐，然后按两次【Enter】键换行，并清除格式。

3 设置行数和列数

将文本插入点定位到需要插入表格的位置，单击【插入】选项卡下【表格】选项组中的【表格】按钮，在弹出的下拉列表中选择【插入表格】选项上方的网格显示框，将鼠标指针指向网格，向右下方拖曳鼠标，鼠标指针所掠过的单元格就会被全部选中并高亮显示。在网格顶部的提示栏中会显示被选中的表格的行数和列数，同时在鼠标指针所在区域也可以预览到所要插入的表格。

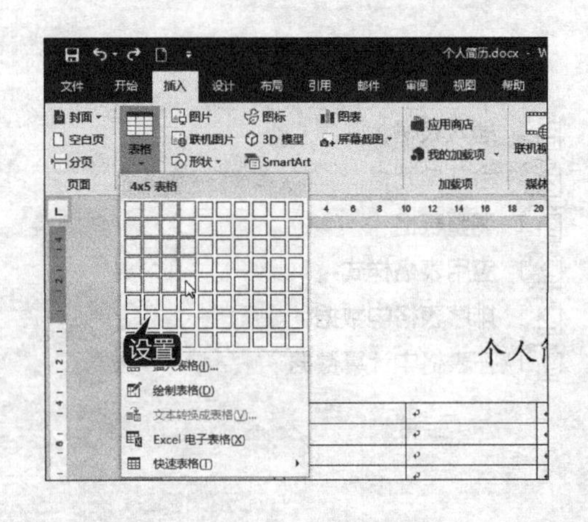

4 插入表格

单击即可确定所要插入表格的行数和列数。

2. 精确插入指定行列数的表格

使用上述方法，虽然可以快速创建表格，但是最大只能创建10列8行的表格，且不方便插入指定行列数的表格，而通过【插入表格】对话框，则可不受行数和列数的限制，并且可以对表格的宽度进行调整。

1 设置行数和列数

删除上一节创建的表格，将文本插入点定位到需要插入表格的位置，在【表格】下拉列表中选择【插入表格】选项。弹出【插入表格】对话框，在【表格尺寸】区域中设置【行数】为“9”、【列数】为“5”，其他为默认，然后单击【确定】按钮。

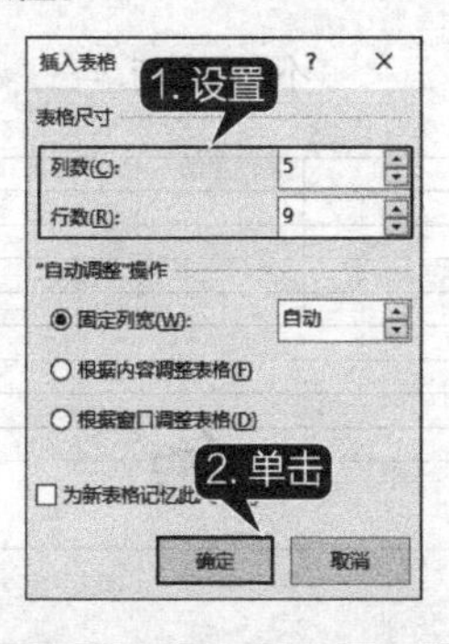

2 插入表格

在文档中插入一个9行5列的表格。

小提示

另外，当用户需要创建不规则的表格时，可以使用表格绘制工具来创建表格。单击【插入】选项卡下【表格】选项组中的【表格】按钮，在其下拉列表中选择【绘制表格】选项。鼠标指针变为铅笔形状时，在需要绘制表格的地方单击并拖曳鼠标绘制出表格的外边界，形状为矩形。在该矩形中绘制行线、列线和斜线，直至满意为止。按【Esc】键退出表格绘制模式。

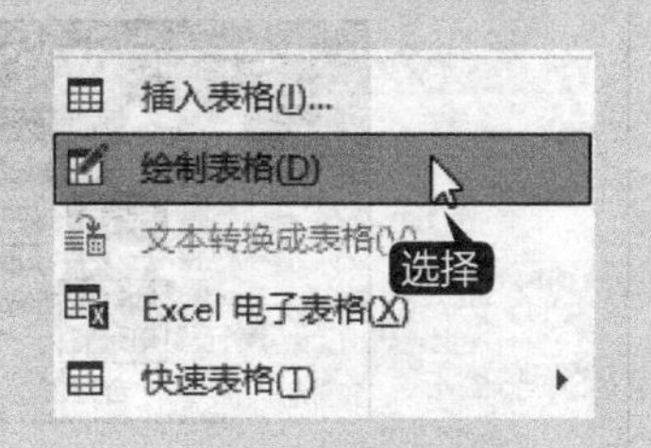

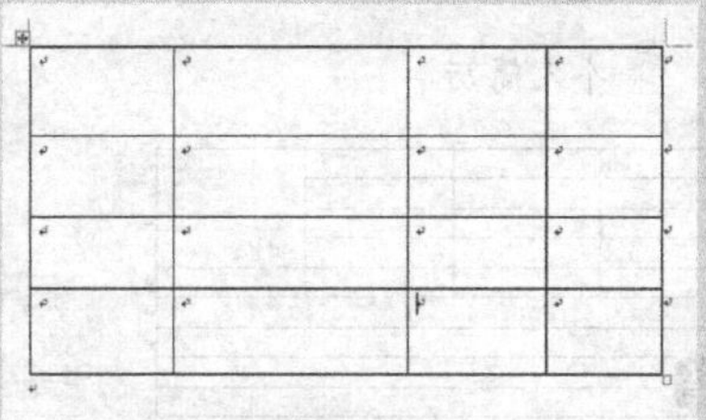

3.1.2 合并和拆分单元格

把相邻单元格之间的边线擦除，就可以将两个或多个单元格合并成一个大的单元格；而在一个单元格中添加一条或多条边线，就可以将一个单元格拆分成两个或多个小单元格。下面介绍如何合并与拆分单元格。

1. 合并单元格

实际操作中，有时需要将表格的某一行或某一列中的多个单元格合并为一个单元格。使用【合并单元格】选项可以快速地清除多余的线条，使多个单元格合并成一个单元格。

1 选择单元格

在创建的表格中，选择要合并的单元格。

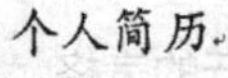

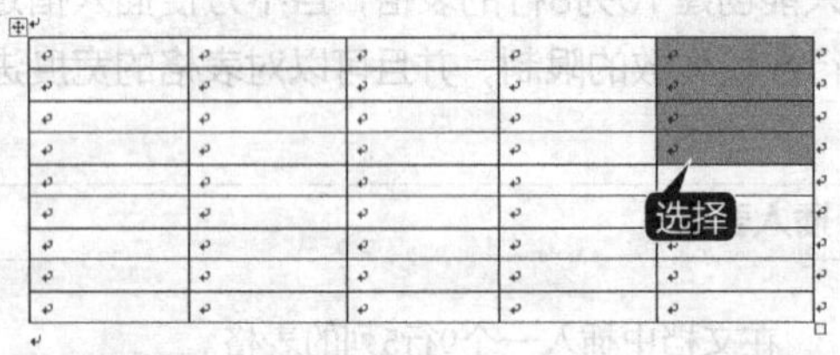

2 单击【合并单元格】按钮

单击【表格工具】➤【布局】选项卡下【合并】组中的【合并单元格】按钮。

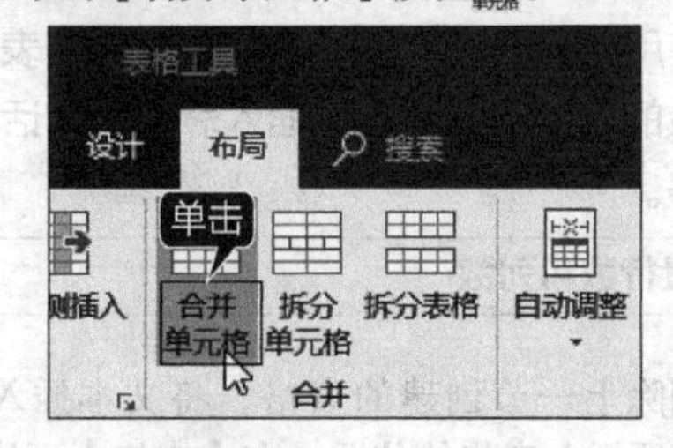

3 形成新的单元格

所选单元格区域合并，形成一个新的单元格。

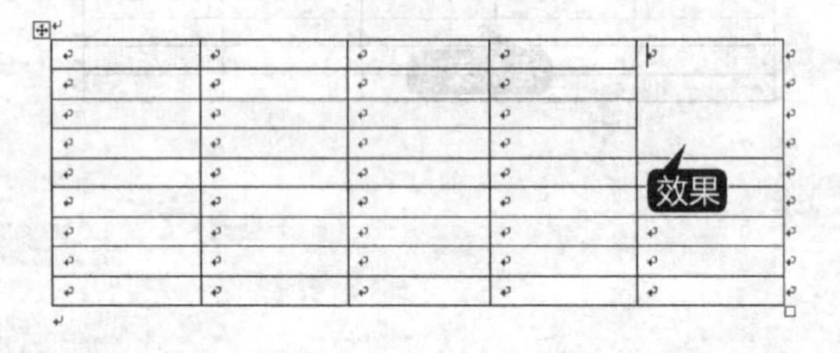

4 合并其他单元格区域

使用同样的方法，合并其他单元格区域，合并后的效果如下图所示。

2. 拆分单元格

拆分单元格就是将选中的单元格拆分成等宽的多个小单元格。另外，还可以同时对多个单元格进行拆分。

1 选择单元格

选中要拆分的单元格或者将光标移动到要拆分的单元格中，这里选择第6行第2列单元格。

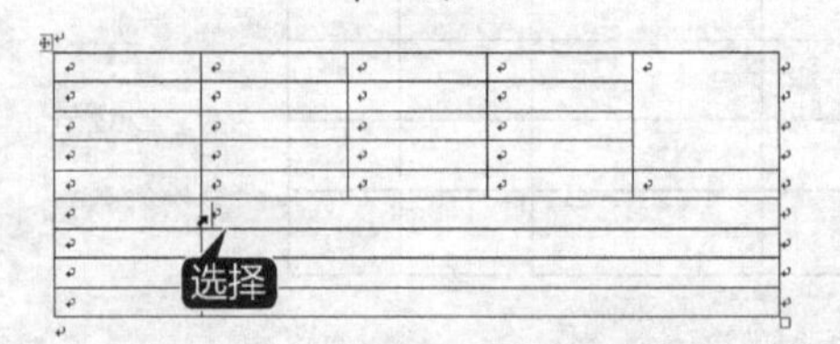

2 单击【拆分单元格】按钮

单击【表格工具】➤【布局】选项卡下【合并】组中的【拆分单元格】按钮。

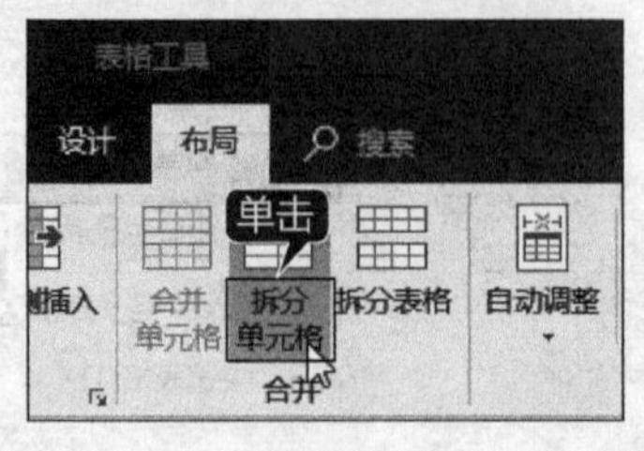

3 设置拆分的列数和行数

弹出【拆分单元格】对话框，单击【列数】和【行数】微调框右侧的上下按钮，分别调节单元格要拆分成的列数和行数，还可以直接在微调框中输入数值。这里设置【列数】为“2”、【行数】为“5”，单击【确定】按钮。

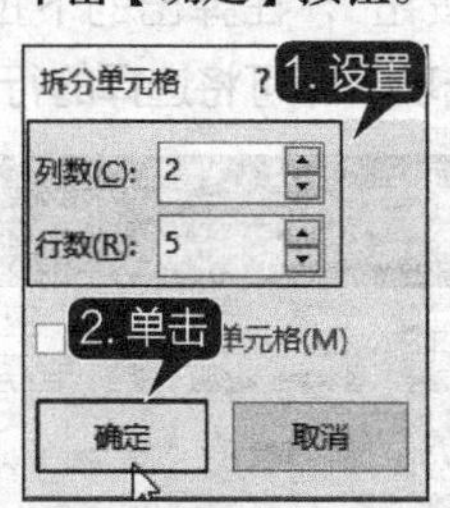

4 查看拆分后的结果

此时即可将选中的单元格拆分成5行2列的单元格。

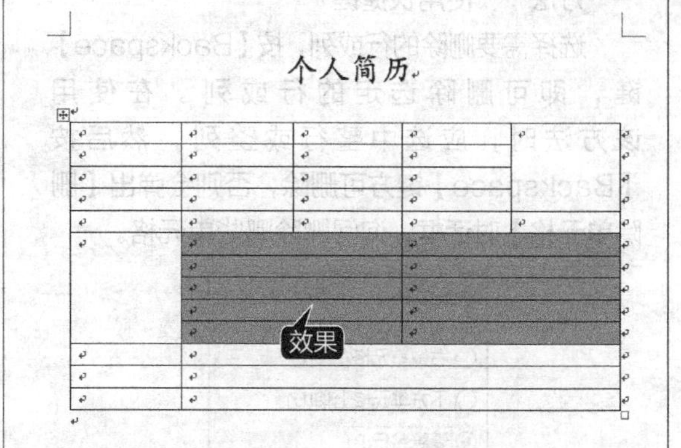

3.1.3 调整表格的行与列

在Word中插入表格后，还可以对表格进行编辑，如添加、删除行和列及设置行高和列宽等。

1. 添加、删除行和列

使用表格时，经常会出现行数、列数或单元格不够用或多余的情况。Word 2019提供了多种添加或删除行、列及单元格的方法。

（1）插入行

下面介绍如何在表格中插入整行。

1 单击【在上方插入】按钮

将文本插入点定位在某个单元格，切换到【表格工具】➤【布局】选项卡，在【行和列】选项组中，选择相对于当前单元格将要插入的新行的位置，这里单击【在上方插入】按钮。

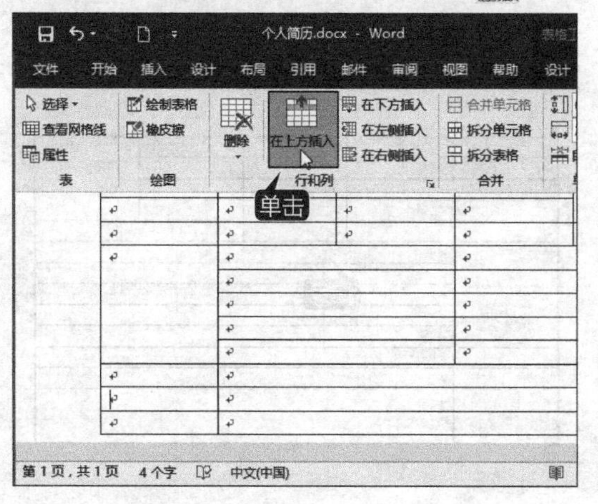

2 插入新行

此时即可在选择行的上方插入新行，效果如下图所示。插入列的操作与此类似。

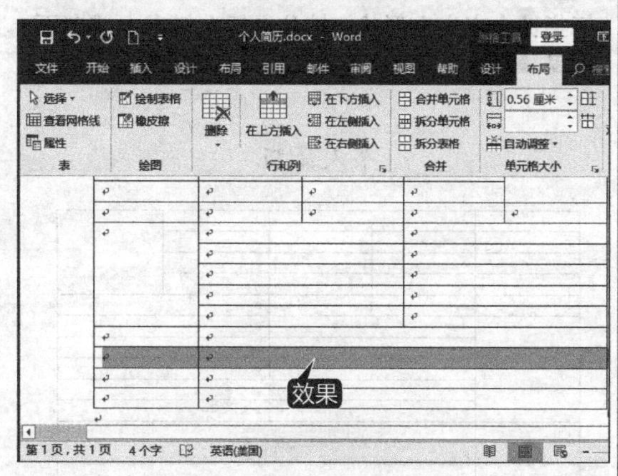

> **小提示**
>
> 将文本插入点定位在某行最后一个单元格的外边，按下【Enter】键，即可快速添加新行。另外，在表格的左侧或顶端，将鼠标指针指向行与行或列与列之间，将显示⊕标记，单击⊕标记，即可在该标记下方或右侧插入行或列。

（2）删除行或列

删除行或列有以下两种方法。

方法一：使用快捷键

选择需要删除的行或列，按【Backspace】键，即可删除选定的行或列。在使用该方法时，应选中整行或整列，然后按【Backspace】键方可删除，否则会弹出【删除单元格】对话框，询问删除哪些单元格。

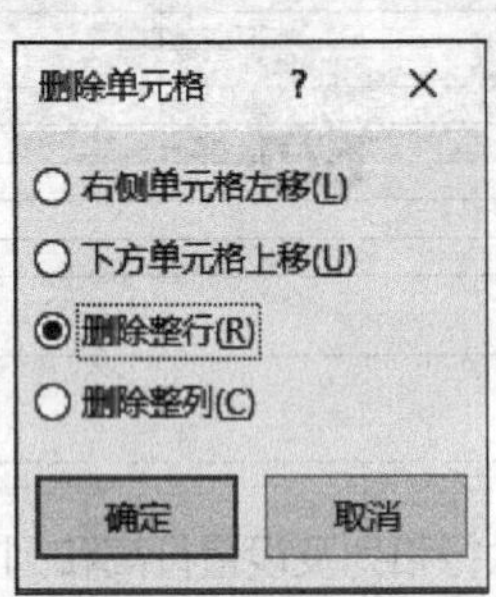

方法二：使用功能区

选择需要删除的行或列，单击【表格工具】➤【布局】选项卡下【行和列】选项组中的【删除】按钮，在弹出的下拉列表中选择【删除行】选项，即可将选择的行删除。

2. 设置行高和列宽

在Word中不同的行可以有不同的高度，但一行中的所有单元格必须具有相同的高度。一般情况下，向表格中输入文本时，Word 2019会自动调整行高以适应输入的内容。如果觉得列宽或行高太大或者太小，也可以手动进行调整。

拖曳鼠标手动调整表格的方法比较直观，但不够精确。

1 调整行高

将鼠标指针移动到要调整行高的行线上，鼠标指针会变为÷形状，按住鼠标左键向上或向下拖曳，此时会显示一条虚线来指示新的行高。

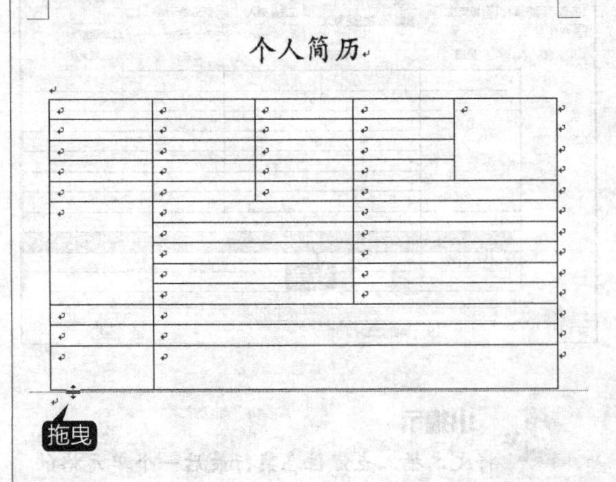

2 调整列宽

将鼠标指针放置在中间的列线上，鼠标指针将变为+||+形状，按住鼠标左键向左或向右拖曳鼠标，即可改变所选单元格区域的列宽。

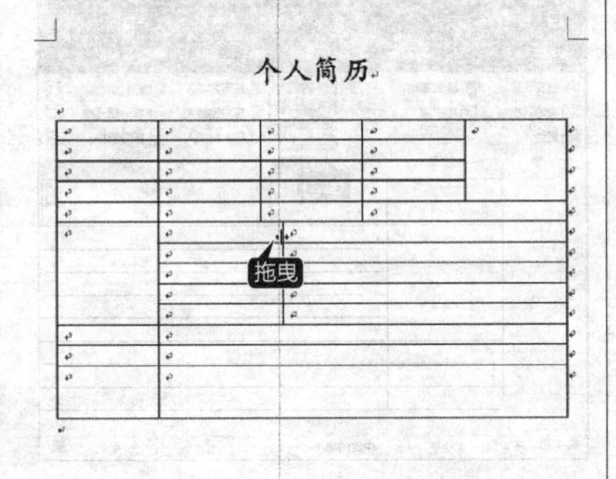

3 调整其他行高及列宽

使用同样的方法，根据需要调整文档中表格的行高及列宽，最终效果如下图所示。

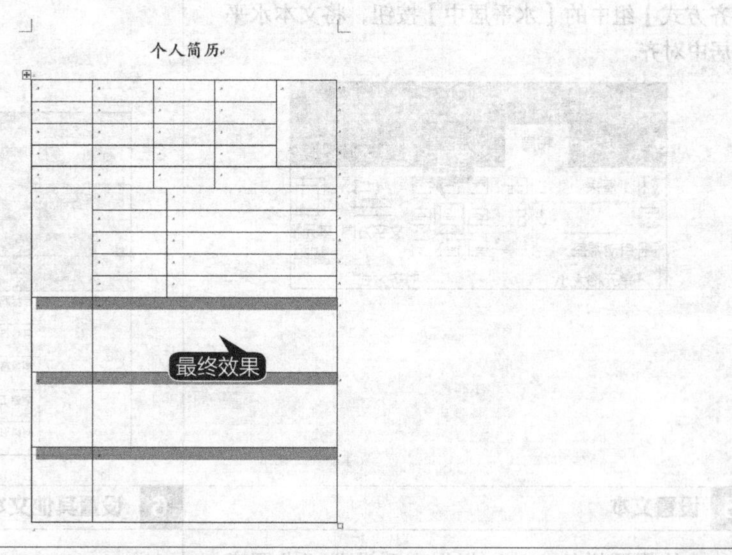

此外，在【表格工具】➤【布局】选项卡下【单元格大小】选项组中单击【表格行高】和【表格列宽】微调框后的微调按钮或者直接输入数据，即可精确调整行高及列宽。

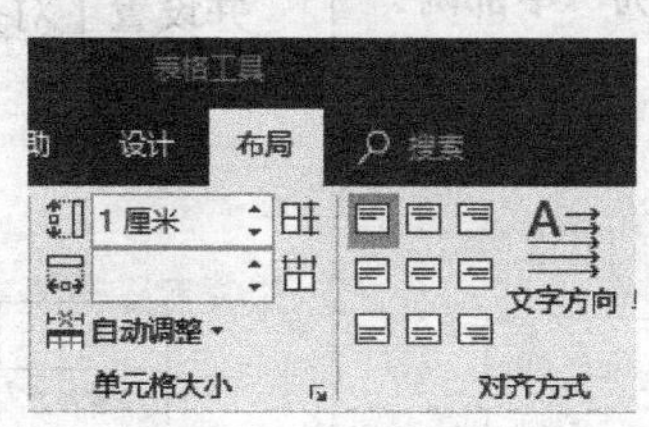

3.1.4 编辑表格内容格式

表格创建完成后，即可在表格中输入内容并设置内容的格式，具体操作步骤如下。

1 输入内容

根据需要在表格中输入内容，效果如下图所示。

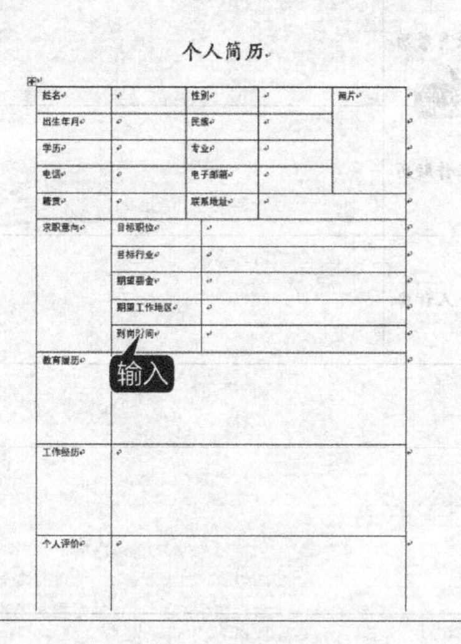

2 设置文本

选择前5行，设置文本【字体】为“楷体”，【字号】为“14”，效果如下图所示。

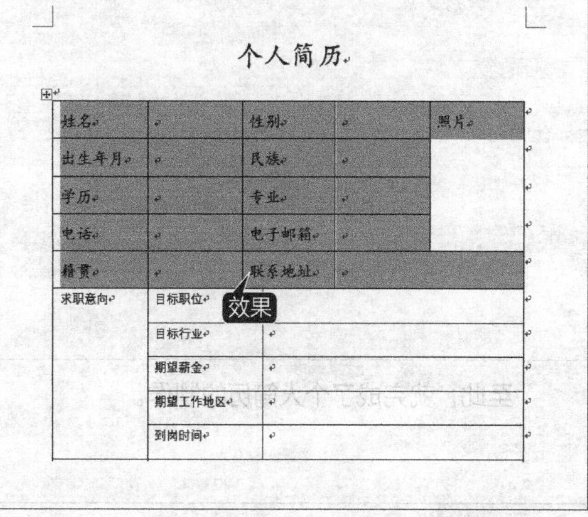

3 单击【水平居中】按钮

单击【表格工具】➤【布局】选项卡下【对齐方式】组中的【水平居中】按钮，将文本水平居中对齐。

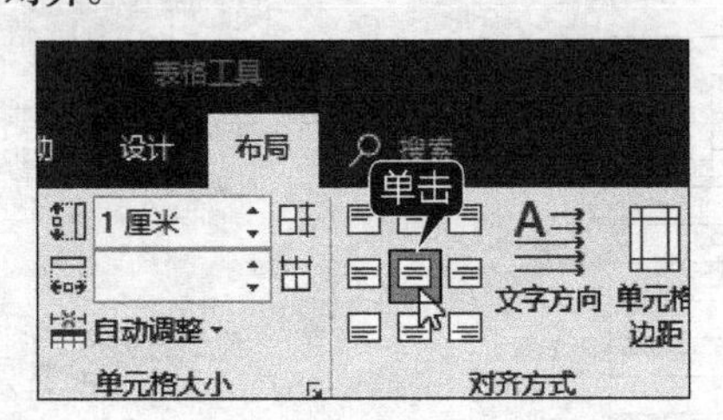

4 查看效果

设置对齐后的效果如下图所示。

个人简历

姓名		性别		照片
出生年月		民族		
学历		专业		
电话		电子邮箱		
籍贯		联系地址		
求职意向	目标职位			
	目标行业			
	期望薪金			
	期望工作地区			
	到岗时间			

效果

5 设置文本

使用同样的方法，根据需要设置“求职意向”后单元格文本的【字体】为“楷体”，【字号】为“14”，并设置【对齐方式】为“中部两端对齐”，效果如下图所示。

个人简历

姓名		性别		照片
出生年月		民族		
学历		专业		
电话		电子邮箱		
籍贯		联系地址		
求职意向	目标职位			
	目标行业			
	期望薪金			
	期望工作地区			
	到岗时间			

效果

6 设置其他文本

根据需要设置其他文本的【字体】为“楷体”，【字号】为“16”，添加【加粗】效果，并设置【对齐方式】为“水平居中”，效果如下图所示。

个人简历

姓名		性别		照片
出生年月		民族		
学历		专业		
电话		电子邮箱		
籍贯		联系地址		
	目标职位			
	目标行业			
求职意向	期望薪金			
	期望工作地区			
	到岗时间			
教育履历				
工作经历				
个人评价				

效果

至此，就完成了个人简历的制作。

3.2 制作产品销量表

 本节视频教学时间：10分钟

在Word 2019中可以使用表格制作产品销量表，还可以根据需要设置表格的样式并进行简单的计算。

3.2.1 设置表格边框线

设置表格的边框可以使表格看起来更加美观。在Word 2019中有两种方法可以设置表格边框线。

1. 使用【边框和底纹】对话框

使用【边框和底纹】对话框设置表格边框线的具体操作步骤如下。

1 单击【属性】按钮

打开“素材\ch03\产品销量表.docx”文件，选择整个表格，单击【表格工具】➤【布局】选项卡下【表】组中的【属性】按钮 属性。

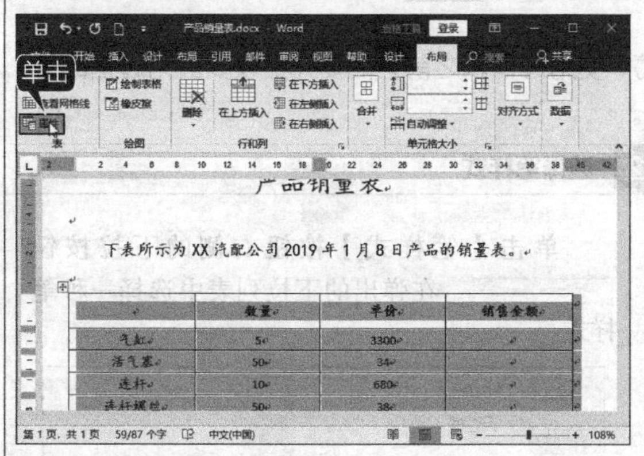

2 单击【边框和底纹】按钮

弹出【表格属性】对话框，选择【表格】选项卡，单击【边框和底纹】按钮。

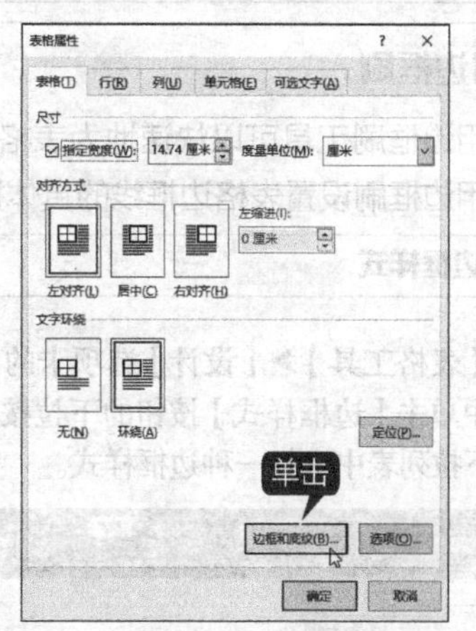

3 进行设置

弹出【边框和底纹】对话框，在【边框】选项卡下选择【设置】区域中的【自定义】选项，在【样式】列表框中任意选择一种线型，设置【颜色】为“蓝色”，设置【宽度】为“1.5磅”。

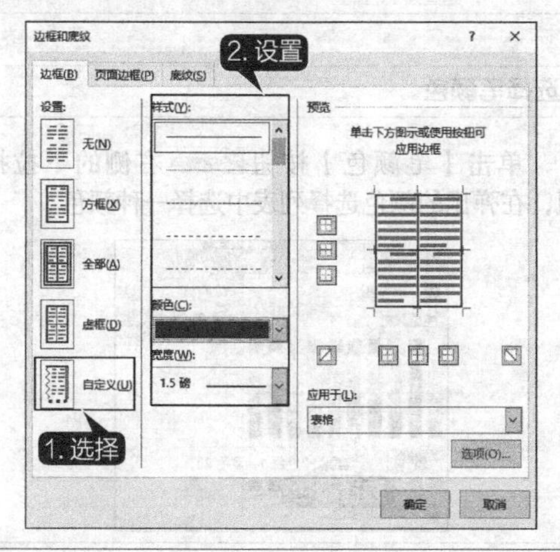

4 预览效果

在【预览】区域选择要设置的边框位置，即可看到预览效果。

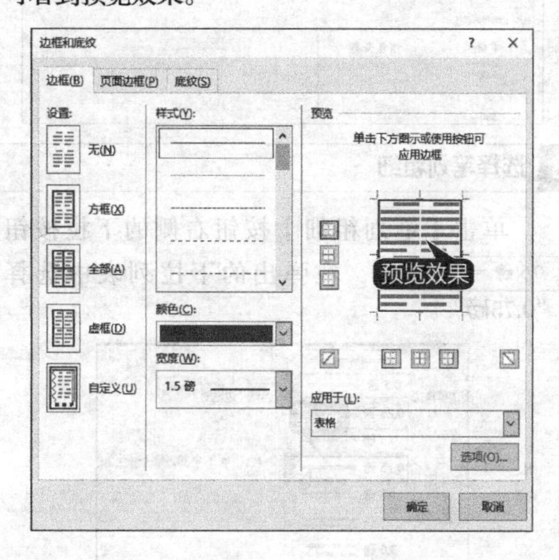

5 重复上面的操作步骤

重复上面的操作步骤，再次选择一种边框样式，并设置【颜色】为“蓝色，个性色1，淡色40%”，【宽度】为“1.0 磅”。在【预览】区域单击内部框线，单击【确定】按钮。

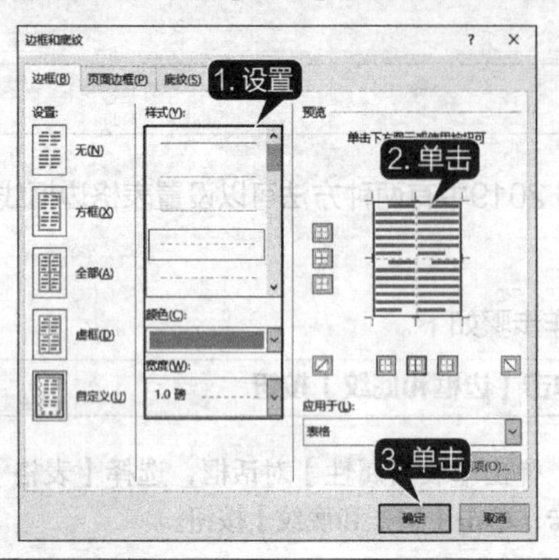

6 查看设置后的效果

返回【表格属性】对话框，单击【确定】按钮，即可看到设置表格边框线后的效果。

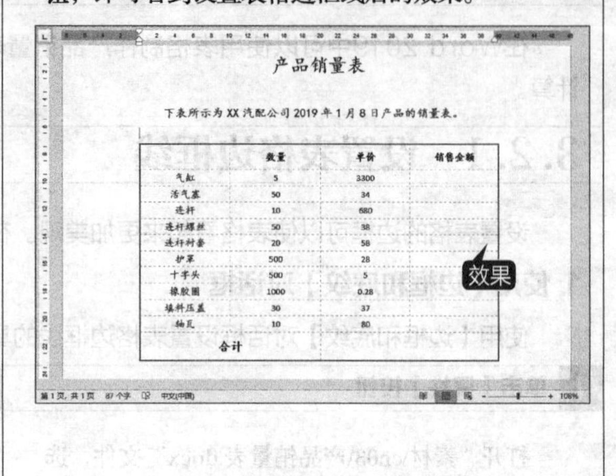

2. 使用边框刷

使用边框刷工具可以快速地为表格边框设置样式。使用边框刷之前，需要先更改要应用边框的外观。使用边框刷设置表格边框线的具体操作步骤如下。

1 选择边框样式

在【表格工具】➤【设计】选项卡的【边框】选项组中单击【边框样式】按钮的下拉按钮，在弹出的下拉列表中选择一种边框样式。

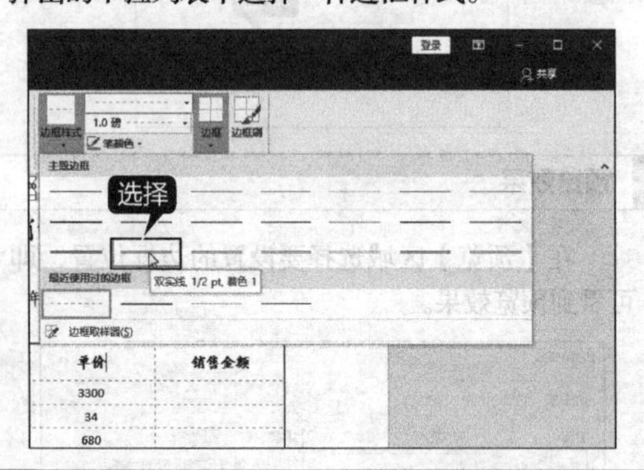

2 选择笔样式

单击【笔样式】按钮右侧的下拉按钮，在弹出的下拉列表中选择一种笔样式。

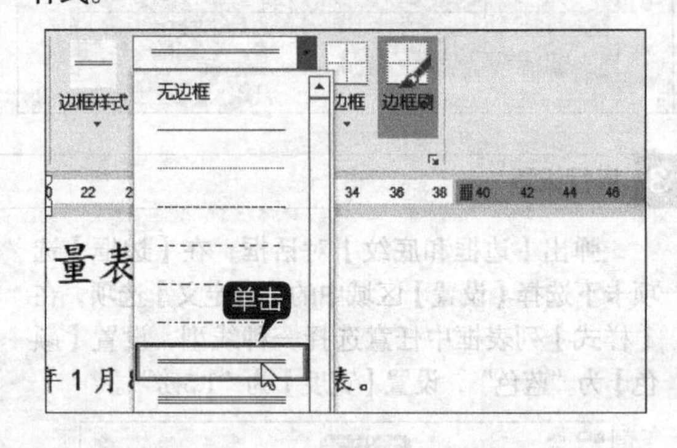

3 选择笔划粗细

单击【笔划粗细】按钮右侧的下拉按钮 0.5 磅，在弹出的下拉列表中选择“0.75磅”。

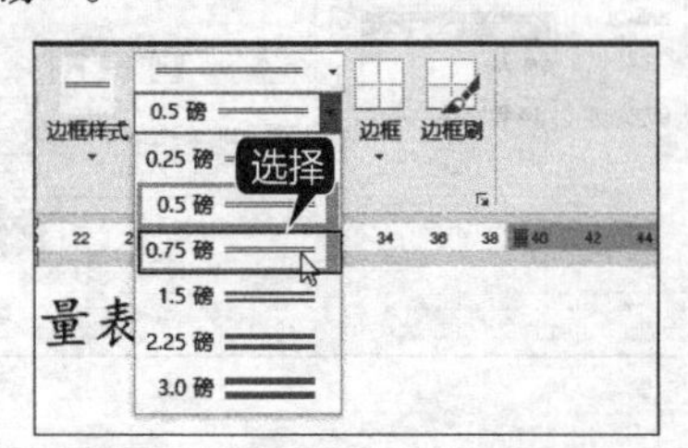

4 选择笔颜色

单击【笔颜色】按钮 笔颜色 右侧的下拉按钮，在弹出的颜色选择列表中选择一种颜色。

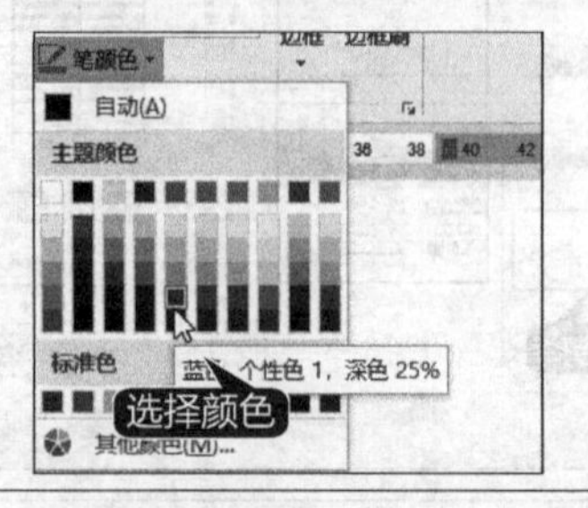

5 设置样式

设置完成后，鼠标指针将变为 ✎ 形状，在要设置边框的框线上拖曳绘制，即可将选择的框线设置为需要的样式。

下表所示为 XX 汽配公司 2019 年 1 月 8 日产品的销量表。

	数量	单价	销售金额
气缸	5	3300	
活气塞	50	34	
连杆	10	680	
连杆螺丝	50	38	
连杆衬套	20	58	
护罩	500	28	
十字头	500	5	
橡胶圈	1000	0.28	
填料压盖	30	37	
轴瓦	10	80	
合计			

6 查看效果

使用边框刷设置边框线样式后的效果如下图所示。

下表所示为 XX 汽配公司 2019 年 1 月 8 日产品的销量表。

	数量	单价	销售金额
气缸	5	3300	
活气塞	50	34	
连杆	10	680	
连杆螺丝	50	38	
连杆衬套	20	58	
护罩	500	28	
十字头	500	5	
橡胶圈	1000	0.28	
填料压盖	30	37	
轴瓦	10	80	
合计			

3.2.2 填充表格底纹

为了突出表格内的某些内容，可以为其填充底纹，以便查阅者能够清楚地看到要突出的数据。填充表格底纹的具体操作步骤如下。

1 选择单元格

在打开的素材文件中，选择要填充底纹的单元格，这里选择第1行。

下表所示为 XX 汽配公司 2019 年 1 月 8 日产品的销量表。

	数量	单价	销售金额
气缸	5	3300	
活气塞	50	34	
连杆	10	680	
连杆螺丝	50	38	
连杆衬套	20	58	
护罩	500	28	
十字头	500	5	
橡胶圈	1000	0.28	
填料压盖	30	37	
轴瓦	10	80	
合计			

2 选择底纹颜色

单击【表格工具】➤【设计】选项卡下【表格样式】选项组中的【底纹】按钮的下拉按钮，在弹出的下拉列表中选择一种底纹颜色。

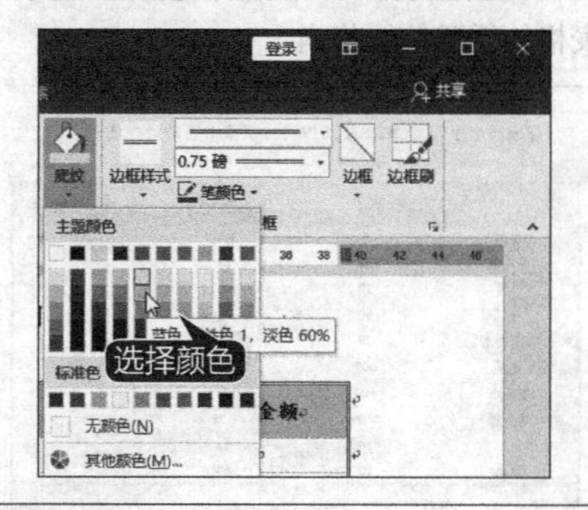

3 填充底纹

为第1行填充底纹后的效果如下图所示。

	数量	单价	销售金额
气缸	5	3300	
活气塞	50	34	
连杆	10	680	
连杆螺丝	50	38	
连杆衬套	20	58	
护罩	500	28	
十字头	500	5	
橡胶圈	1000	0.28	
填料压盖	30	37	
轴瓦	10	80	
合计			

4 选择底纹颜色

选择第1列除表头外的单元格，单击【表格工具】➤【设计】选项卡下【表格样式】组中【底纹】按钮的下拉按钮，在弹出的下拉列表中选择一种底纹颜色。

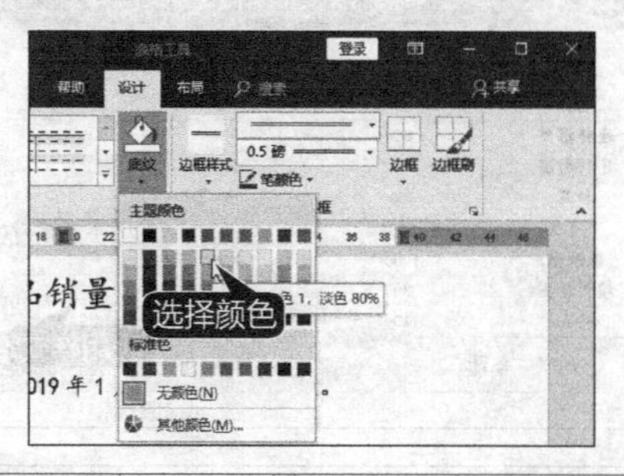

5 查看效果

设置底纹后的效果如下图所示。

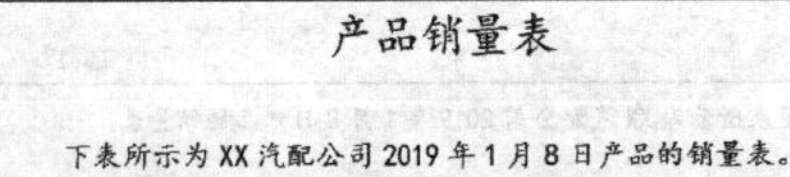
产品销量表

下表所示为 XX 汽配公司 2019 年 1 月 8 日产品的销量表。

	数量	单价	销售金额
气缸	5	3300	
活气塞	50	34	
连杆	10	680	
连杆螺丝	50	38	
连杆衬套	20	58	
护罩	500	28	
十字头	500	5	
橡胶圈	1000	0.28	
填料压盖	30	37	
轴瓦	10	80	
合计			

效果

小提示

此外，还可以通过【边框和底纹】对话框设置底纹样式。打开【边框和底纹】对话框后，在【底纹】选项卡下即可设置底纹的填充和图案样式。

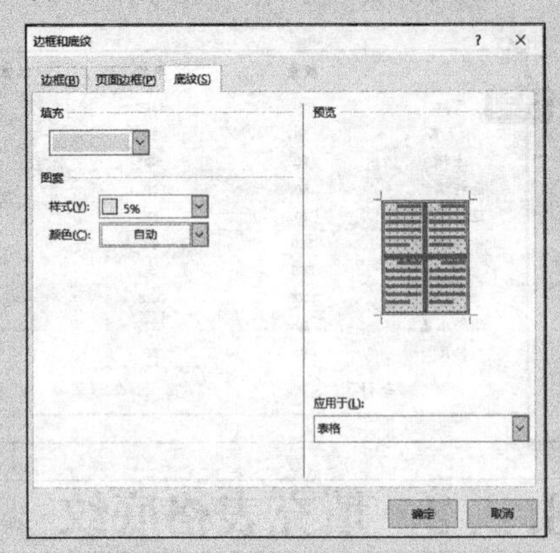

3.2.3 应用表格样式

Word 2019中内置了多种表格样式，用户可以根据需要选择要设置的表格样式，即可将其应用到表格中。快速应用表格样式的具体操作步骤如下。

1 放置光标

在打开的素材文件中，将光标置于要设置样式的表格的任意单元格内。

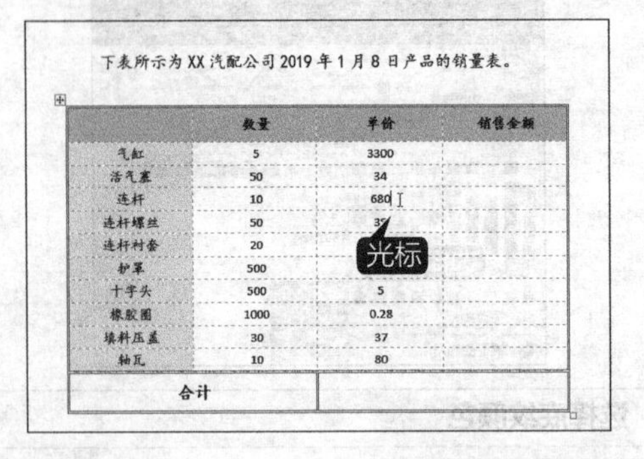
下表所示为 XX 汽配公司 2019 年 1 月 8 日产品的销量表。

	数量	单价	销售金额
气缸	5	3300	
活气塞	50	34	
连杆	10	680	
连杆螺丝	50	38	
连杆衬套	20	58	
护罩	500	28	
十字头	500	5	
橡胶圈	1000	0.28	
填料压盖	30	37	
轴瓦	10	80	
合计			

光标

2 选择表格样式

单击【表格工具】➤【设计】选项卡下【表格样式】选项组中的【其他】按钮，在弹出的下拉列表中选择一种表格样式并单击。

3 应用样式

将选择的表格样式应用到表格中。

	数量	单价	销售金额
气缸	5	3300	
活气塞	50	34	
连杆	10	680	
连杆螺丝	50	38	
连杆衬套	20	58	
护罩	500	28	
十字头	500	5	
橡胶圈	1000	0.28	
填料压盖	30	37	
轴瓦	10	80	
合计			

应用样式

4 重新设置字体

应用样式后，表格中的字体样式会发生变化，根据需要重新设置字体样式，并设置表格文本对齐方式为“水平居中”，最终效果如下图所示。

	数量	单价	销售金额
气缸	5	3300	
活气塞	50	34	
连杆	10	680	
连杆螺丝	50	38	
连杆衬套	20	58	
护罩	500	28	
十字头	500	5	
橡胶圈	1000	0.28	
填料压盖	30	37	
轴瓦	10	80	
合计			

效果

3.2.4 绘制斜线表头

在设计表格的过程中，有时会需要为表格添加斜线表头，将一个单元格分为两个。绘制斜线表头的具体操作步骤如下。

1 选择单元格

在打开的素材文件中，选择第一行的第一个单元格。

2 选择【斜下框线】选项

在【表格工具】➤【设计】选项卡的【边框】选项组中根据需要设置边框样式，也可以选择默认的样式，单击【边框】按钮的下拉按钮，在弹出的下拉列表中选择【斜下框线】选项。

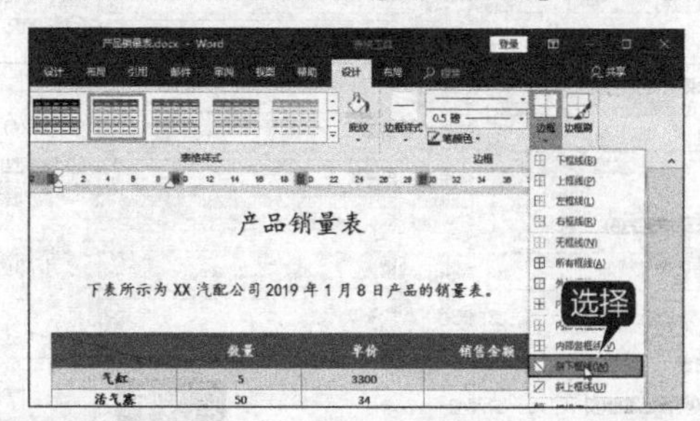

3 绘制斜线表头

在第一个单元格内绘制一条斜线表头。

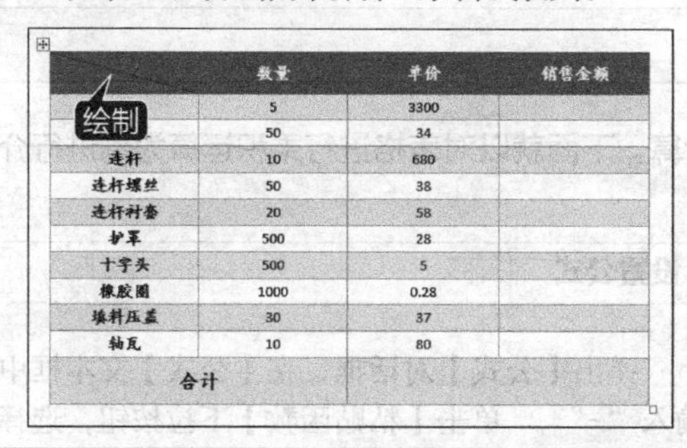

4 添加两行文字

根据需要在单元格内添加两行文字，设置第1行文字右对齐，设置第2行文本左对齐。

此外，还可以单击【表格工具】➤【布局】选项卡下【绘图】选项组中的【绘制表格】按钮，使用绘制表格的方法绘制斜线表头。

3.2.5 为表格中的数据排序

在Word中，可以按照笔画、数字、拼音及日期等把表格中的数据按照升序或降序排列。

1 放置光标

在打开的素材文件中，将光标移动到表格中的任意位置或者选中要排序的行或列。

2 单击【排序】按钮

单击【表格工具】➤【布局】选项卡的【数据】组中的【排序】按钮。

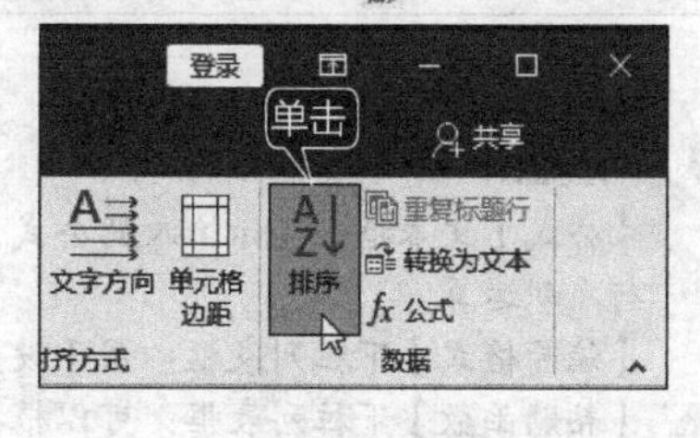

3 进行设置

弹出【排序】对话框，在【主要关键字】下拉列表框中选择排序依据，一般是标题行中某个单元格的内容，如这里选择“数量”。在【类型】下拉列表框中指定排序依据的值的类型，如选择“数字”。选中【升序】单选项，单击【确定】按钮。

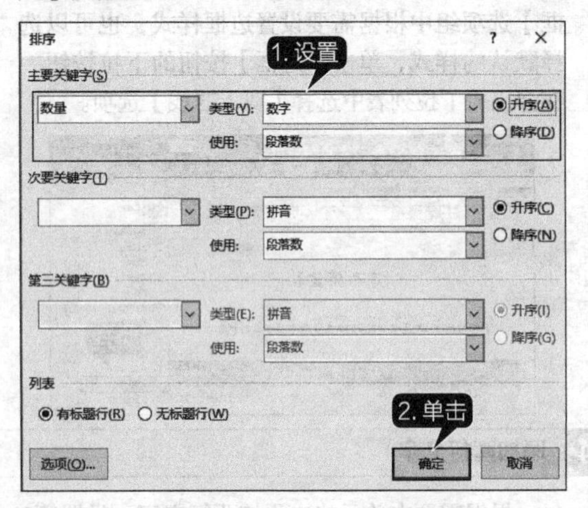

4 升序排列

表格中的数据就会按照“数量”由低到高进行升序排列。

产品销量表

下表所示为 XX 汽配公司 2019 年 1 月 8 日产品的销量表。

销售情况 产品名称	数量	单价	销售金额
气缸	5	3300	
连杆	10	680	
轴瓦	10	80	
连杆衬套	20	58	
填料压盖	30	37	
活气塞	50	34	
连杆螺丝	50	38	
护罩	500	28	
十字头	500	5	
橡胶圈	1000	0.28	
合计			

3.2.6 表格乘积运算

在Word 2019中可以对表格中的数据进行简单的计算。下面就以对表格进行乘积运算为例进行介绍，具体操作步骤如下。

1 单击【公式】按钮

选择第2行第4列的单元格，单击【表格工具】➤【布局】选项卡的【数据】组中的【公式】按钮 f_x 公式。

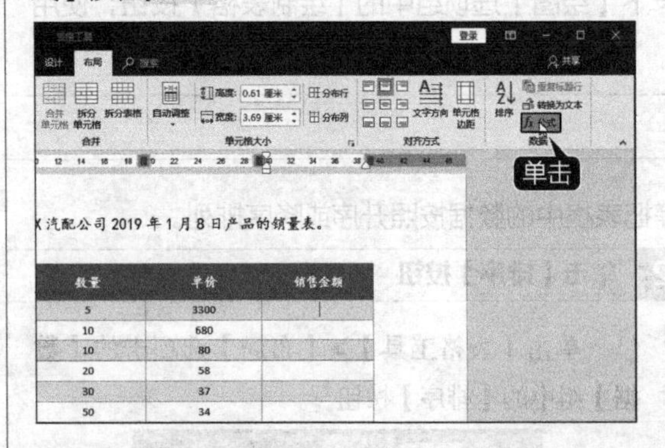

2 设置公式

弹出【公式】对话框，在【公式】文本框中输入“=”，单击【粘贴函数】下拉按钮，选择【PRODUCT】选项。然后在【公式】文本框中“=PRODUCT()”的括号内输入参数“LEFT”，在【编号格式】下拉列表框中选择【0】选项，单击【确定】按钮。

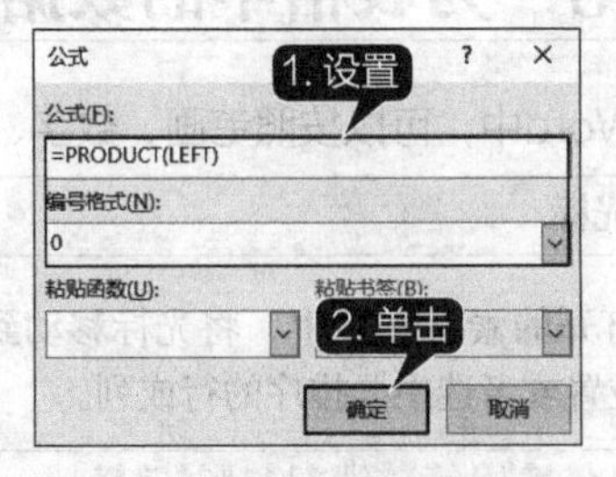

小提示

【公式】文本框：显示输入的公式，公式“=PRODUCT(LEFT)”，表示对左侧单元格中的数据进行乘积运算。

【编号格式】下拉列表框：用于设置计算结果的数字格式。

【粘贴函数】下拉列表框：可以根据需要选择函数类型。

3 计算销售金额

计算出“气缸”的销售金额，结果如下图所示。

下表所示为 XX 汽配公司 2019 年 1 月 8 日产品的销量表。

销售情况 产品名称	数量	单价	销售金额
气缸	5	3300	16500
连杆	10	680	
轴瓦	10	80	
连杆衬套	20	58	
填料压盖	30	37	
活气塞	50	34	
连杆螺丝	50	38	
护罩	500	28	
十字头	500	5	
橡胶圈	1000	0.28	
合计			

结果

4 计算其他产品的销售金额

使用同样的方法，分别计算其他产品的销售金额。

下表所示为 XX 汽配公司 2019 年 1 月 8 日产品的销量表。

销售情况 产品名称	数量	单价	销售金额
气缸	5	3300	16500
连杆	10	680	6800
轴瓦	10	80	800
连杆衬套	20	58	1160
填料压盖	30	37	1110
活气塞	50	34	1700
连杆螺丝	50	38	[illegible]
护罩	500	28	[illegible]
十字头	500	5	2500
橡胶圈	1000	0.28	280
合计			

结果

3.2.7 自动计算总和

如果需要计算所有产品的总销售额，可以使用求和公式自动计算，具体操作步骤如下。

1 进行设置

接上一节操作，将光标置于要放置计算结果的单元格中，这里选择最后一行最后一个单元格。单击【表格工具】➤【布局】选项卡的【数据】组中的【公式】按钮 *fx* 公式，在弹出的【公式】对话框中输入“=SUM(ABOVE)”，在【编号格式】下拉列表框中选择【0】选项，单击【确定】按钮。

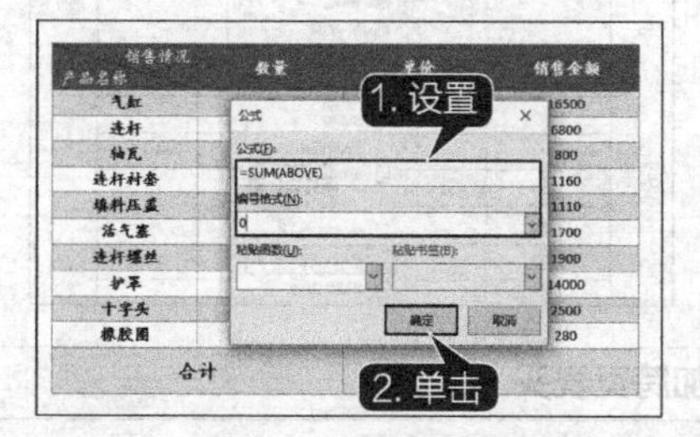

2 计算出结果

此时，便可计算出结果。

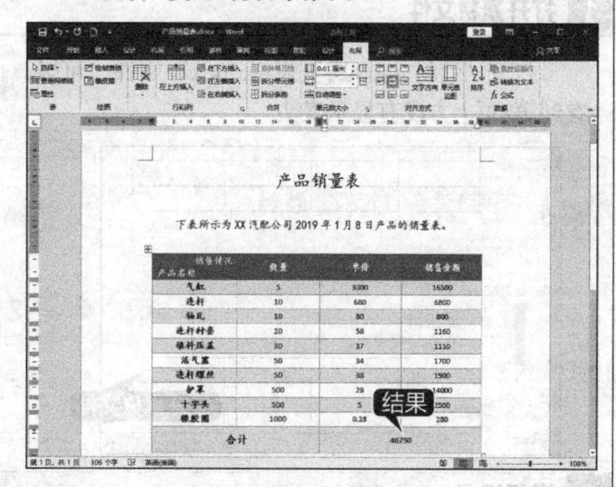

小提示

公式“=SUM(ABOVE)”，表示对表格中所选单元格上的数据求和。

至此，就完成了制作产品销量表的操作。

高手私房菜

技巧1：快速将表格一分为二

在Word 2019中可以将一个表格拆分为两个表格，具体操作步骤如下。

1 放置光标

打开“素材\ch03\拆分表格.docx”文件，如果需要从第6行截止将表格拆分为两个，将光标放置在第7行的任意单元格内。

年度票房统计（节选）		
序号	影片名	总票房（万）
1	红海行动	364727
2	唐人街探案 2	339666
3	捉妖记 2	223666
4	复仇者联盟 3：无限战争	216197
5	前任 3：再见前任	164544
6	头号玩家	139532
7	后来的我们	135364
8	狂暴巨兽	98938

2 表格拆分为两个

单击【表格工具】➤【布局】选项卡下【合并】组中的【拆分表格】按钮 拆分表格，即可将表格拆分为两个，如下图所示。

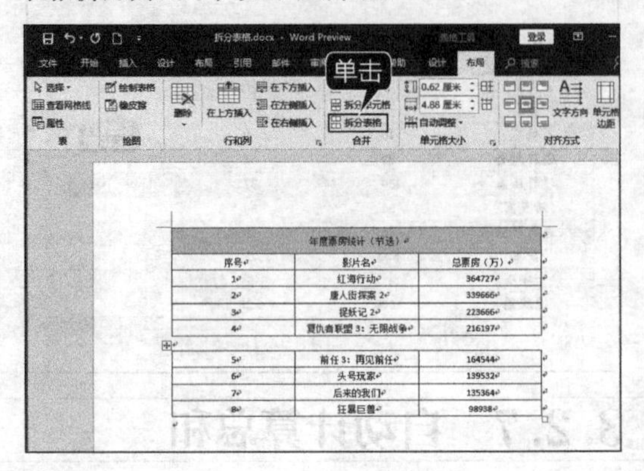

技巧2：为跨页表格自动添加表头

如果表格行较多，会自动显示在下一页中，默认情况下，下一页的表格是没有表头的。用户可以根据需要为跨页的表格自动添加表头，具体操作步骤如下。

1 打开素材文件

打开“素材\ch03\跨页表格.docx”文件，可以看到第2页上方没有显示表头。

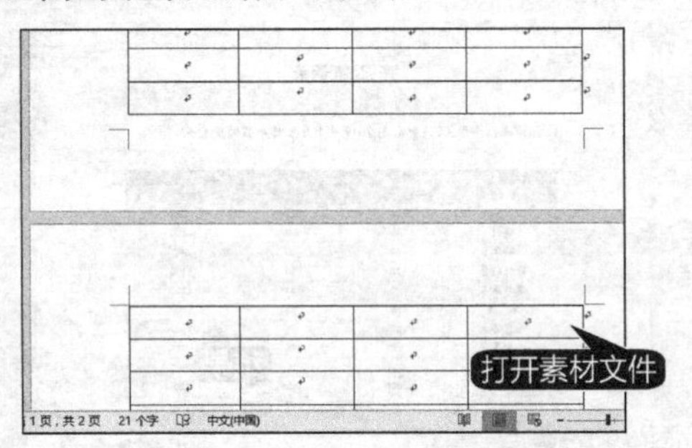

2 选择【表格属性】菜单命令

选择第1页的表头，并单击鼠标右键，在弹出的快捷菜单中选择【表格属性】菜单命令。

3 进行设置

打开【表格属性】对话框，单击选中【行】选项卡下【选项】区域中的【在各页顶端以标题行形式重复出现】复选框，单击【确定】按钮。

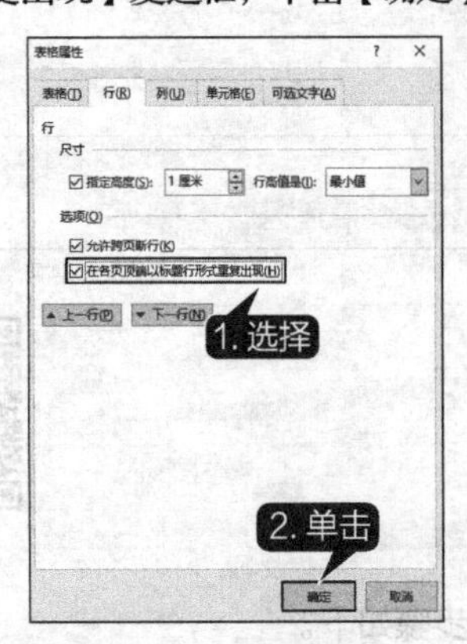

4 添加跨页表头

此时即可在下一页表格首行添加跨页表头，效果如下图所示。

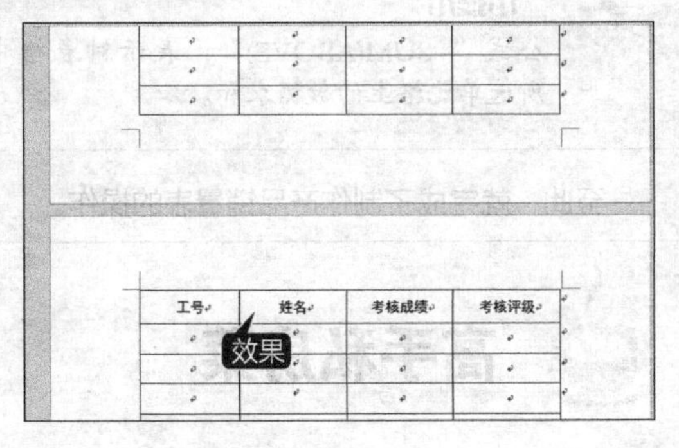

第 4 章

长文档的排版与处理

本章视频教学时间：29 分钟

Word 2019 具有强大的文字排版功能，对于一些长文档，为其设置高级版式，可以使文档看起来更专业。本章需要读者掌握样式、页眉和页脚、页码、分节符、目录以及打印文档的相关操作。

【学习目标】

- 通过本章的学习，读者可以掌握排版与处理长文档的方法。

【本章涉及知识点】

- 创建及应用样式
- 修改与删除样式
- 插入页眉和页脚
- 插入页码
- 创建目录
- 打印文档

4.1 制作商务办公模板

 本节视频教学时间：13分钟

在制作某一类格式统一的长文档时，可以先制作一份完整的文档，然后将其存储为模板形式。在制作其他文档时，就可以直接在该模板中制作，不仅节约时间，还能减少格式错误。

4.1.1 应用内置样式

样式包含字符样式和段落样式，字符样式的设置以单个字符为单位，段落样式的设置以段落为单位。样式是特定格式的集合，它规定了文本和段落的格式，并以不同的样式名称标记。通过样式可以简化操作、节约时间，还有助于保持整篇文档的一致性。Word 2019中内置了多种标题和正文样式，用户可以根据需要应用这些内置的样式。

1 打开素材文件

打开“素材\ch04\公司年度报告.docx”文件，选择要应用样式的文本，或者将光标定位至要应用样式的段落内，这里将光标定位至标题段落内。

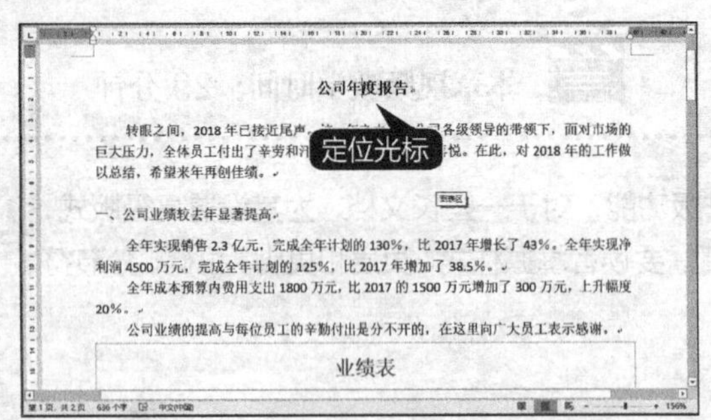

2 选择样式

单击【开始】选项卡下【样式】组右下角的【其他】按钮，从弹出的【样式】下拉列表中选择“标题”样式。

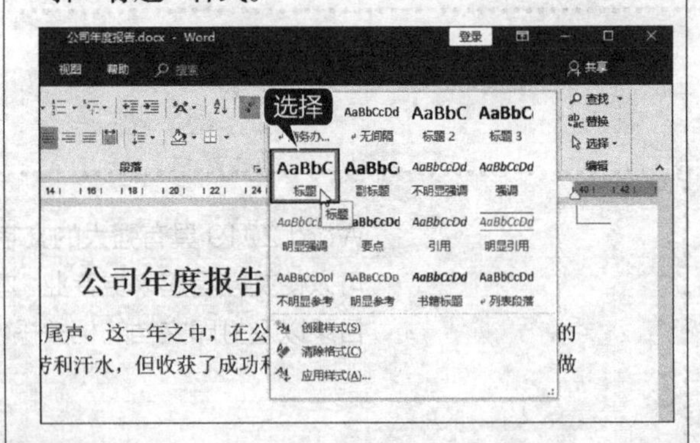

3 应用样式

此时即可将“标题”样式应用至所选的段落中。

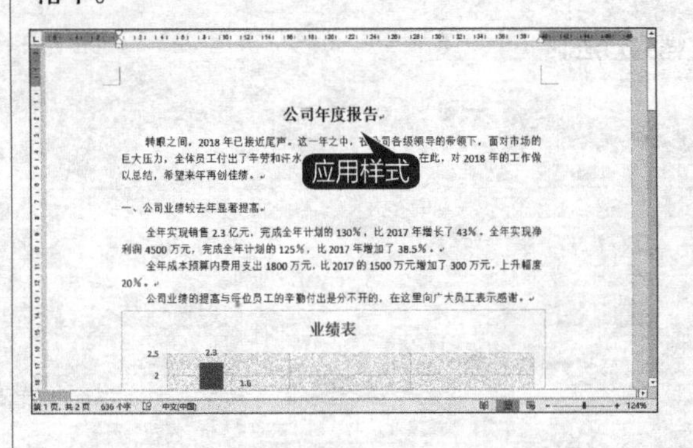

4 应用其他样式

使用同样的方法，还可以为“一、公司业绩较去年显著提高”段落应用“要点”样式，效果如下图所示。

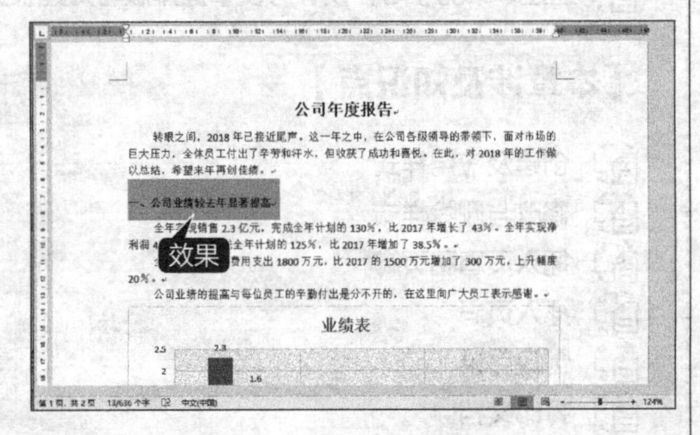

4.1.2 自定义样式

当系统内置的样式不能满足需求时，用户还可以自行创建样式，具体操作步骤如下。

1 单击【样式】按钮

在打开的素材文件中，选中“公司年度报告”文本，然后在【开始】选项卡的【样式】组中单击【样式】按钮，弹出【样式】窗格。

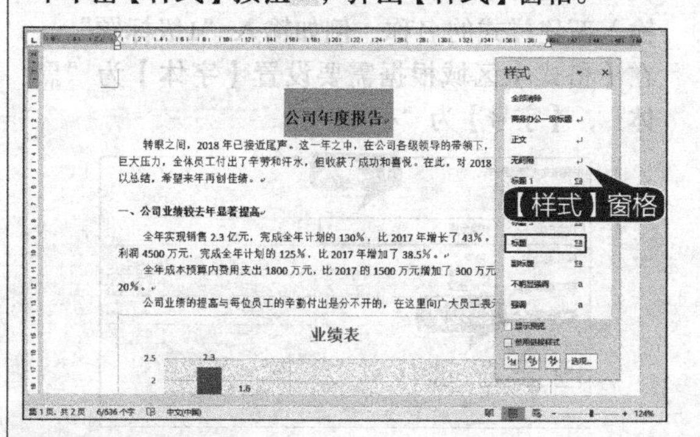

2 新建样式

单击【新建样式】按钮，弹出【根据格式化创建新样式】对话框。

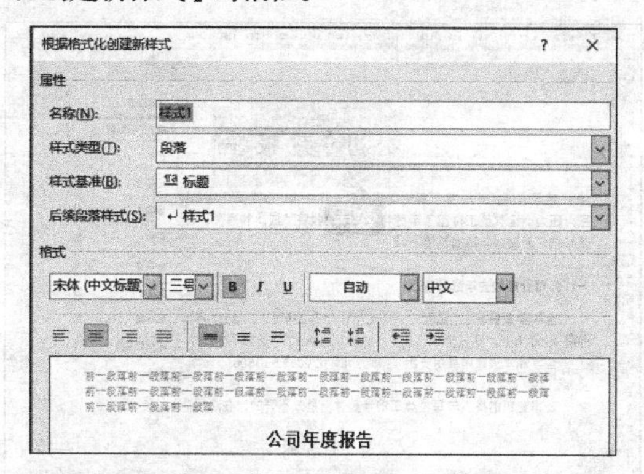

3 设置样式

在【名称】文本框中输入新建样式的名称，例如输入“商务办公标题”，设置【样式基准】为“（无样式）”，在【格式】区域根据需要设置【字体】为“楷体”，【字号】为“二号”。

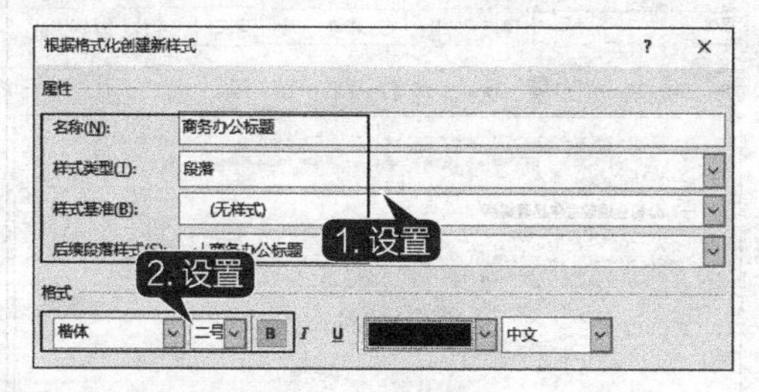

4 选择【段落】选项

单击左下角的【格式】按钮，在弹出的下拉列表中选择【段落】选项。

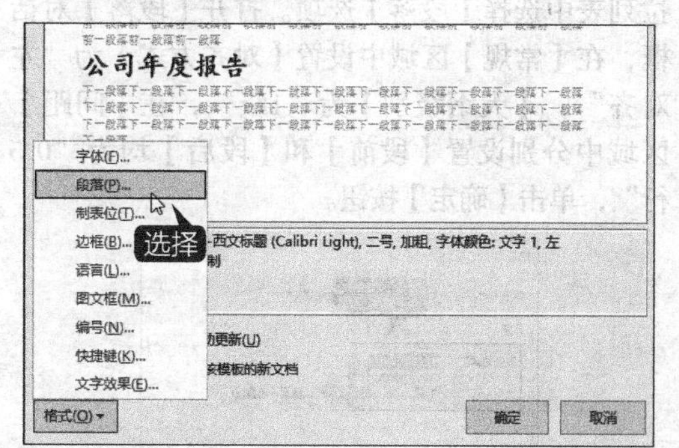

5 设置段落格式

弹出【段落】对话框，在【常规】区域中设置【对齐方式】为“居中”，在【间距】区域中分别设置【段前】和【段后】均为“1行”，单击【确定】按钮。

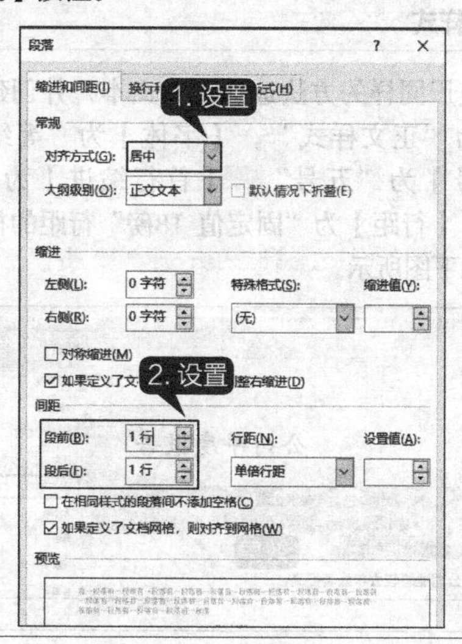

6 浏览效果

返回【根据格式化创建新样式】对话框，在中间区域浏览效果，单击【确定】按钮。

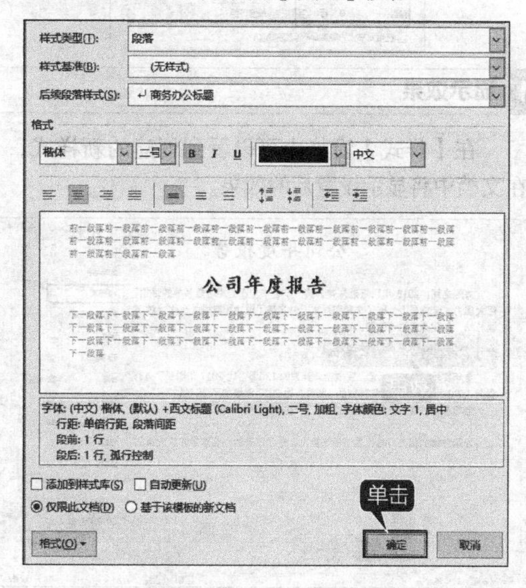

7 设置效果

在【样式】窗格中可以看到创建的新样式，在文档中显示设置后的效果。

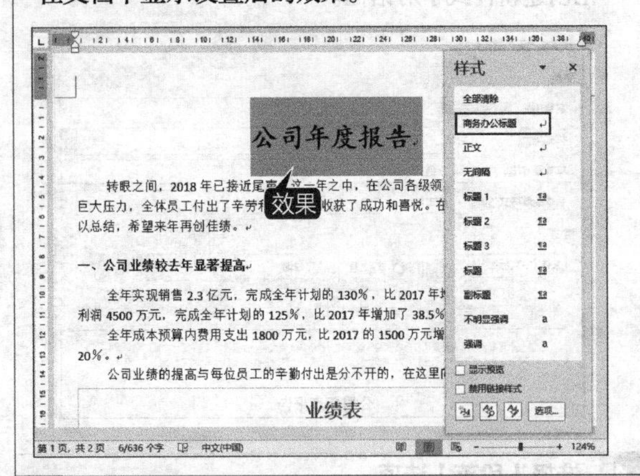

8 新建样式

选中“一、公司业绩较去年显著提高”文本，单击【新建样式】按钮，弹出【根据格式化创建新样式】对话框。在【名称】文本框中输入新建样式的名称，例如输入“1级标题”，在【格式】区域根据需要设置【字体】为“黑体”，【字号】为“小四”。

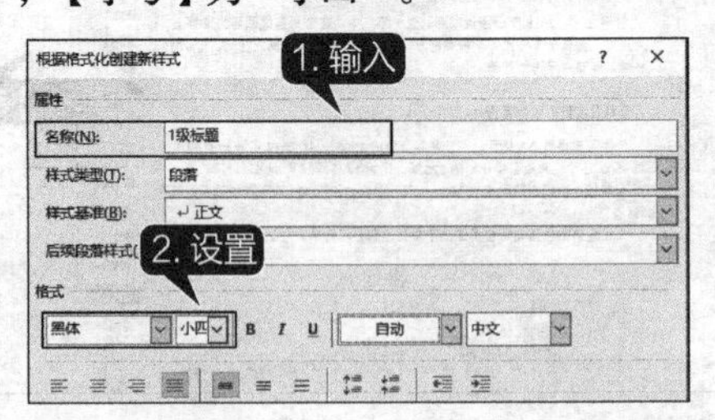

9 设置段落格式

单击左下角的【格式】按钮，在弹出的下拉列表中选择【段落】选项。打开【段落】对话框，在【常规】区域中设置【对齐方式】为“左对齐”，【大纲级别】为“1级”，在【间距】区域中分别设置【段前】和【段后】均为“0.5行”，单击【确定】按钮。

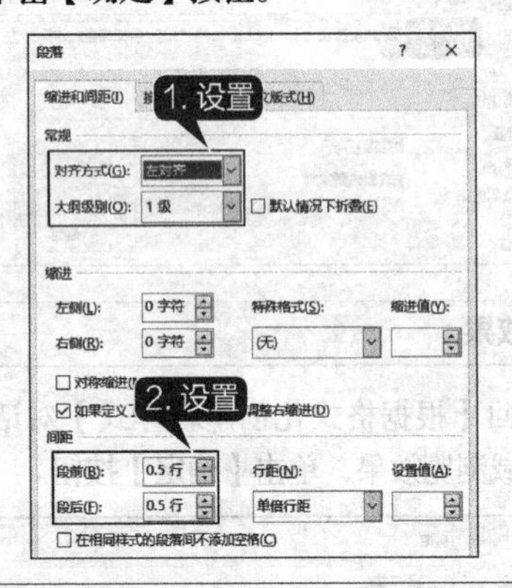

10 单击【确定】按钮

返回【根据格式化创建新样式】对话框，单击【确定】按钮。

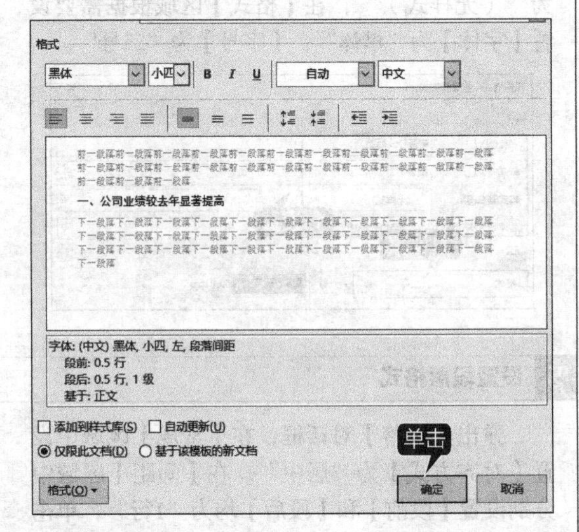

11 显示效果

在【样式】窗格中可以看到创建的新样式，在文档中将显示设置后的效果。

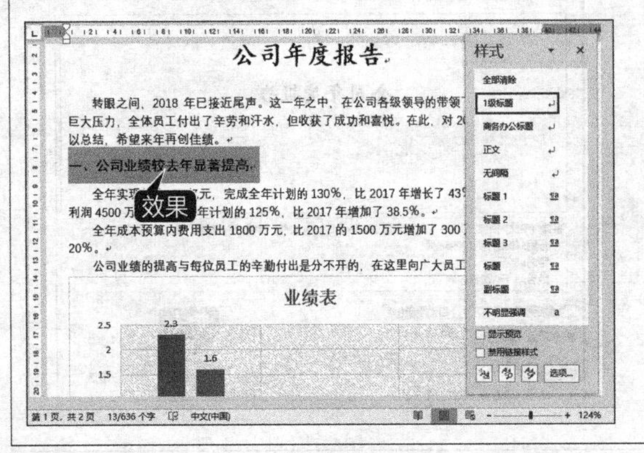

12 新建样式

使用同样的方法选择正文文本，并创建【名称】为“正文样式”，【字体】为“等线”，【字号】为“五号”，【首行缩进】为“2字符”，【行距】为“固定值 18磅”行距的样式，效果如下图所示。

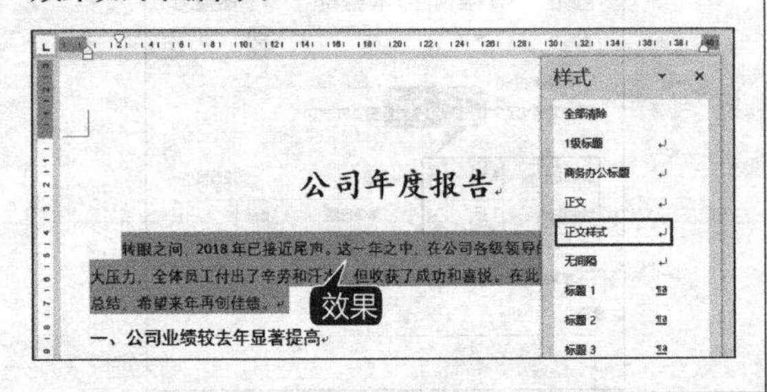

4.1.3 应用样式

创建自定义样式后，用户就可以根据需要将自定义的样式应用至其他段落中，具体操作步骤如下。

1 应用样式

选择“二、举办多次促销活动”文本，在【样式】窗格中单击“1级标题”样式，即可将自定义的样式应用至所选段落中。

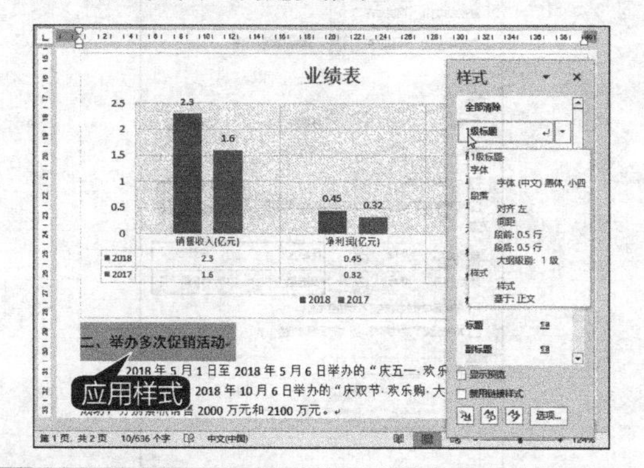

2 为其他段落应用样式

使用同样的方法，为其他需要应用“1级标题”样式的段落应用该样式。

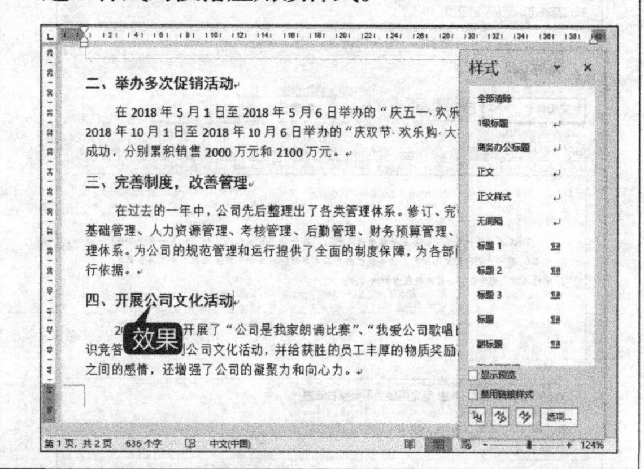

3 应用正文样式

选择其他正文内容，在【样式】窗格中单击“正文样式”，即可将自定义的样式应用至所选段落中。

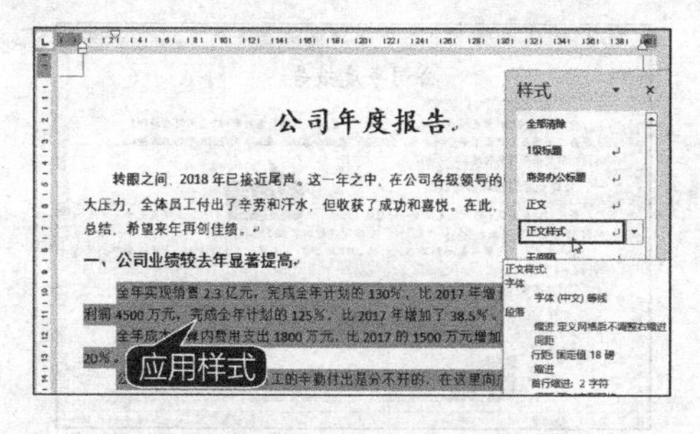

4 为其他正文应用样式

使用同样的方法，为其他正文应用该样式。

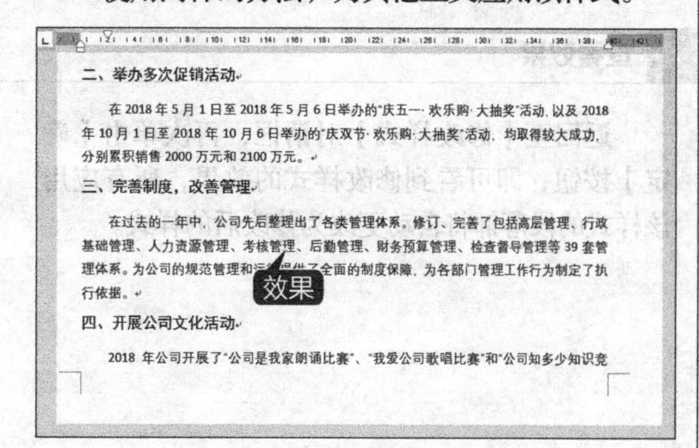

4.1.4 修改和删除样式

当样式不能满足编辑需求或者需要改变文档的样式时，则可以修改样式。如果不再需要某一个样式，可以将其删除。

1. 修改样式

修改样式的具体操作步骤如下。

1 选择【修改】选项

在【样式】窗格中单击所要修改样式右侧的下拉按钮，这里单击“正文样式”样式右侧的下拉按钮，在弹出的下拉列表中选择【修改】选项。

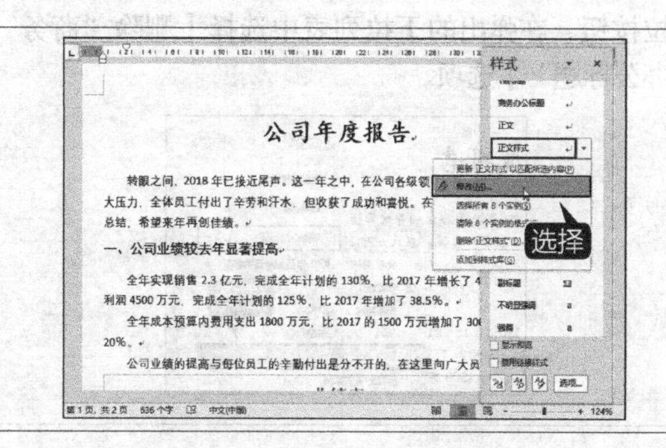

2 修改样式

弹出【修改样式】对话框，这里将【字体】更改为“华文楷体”。

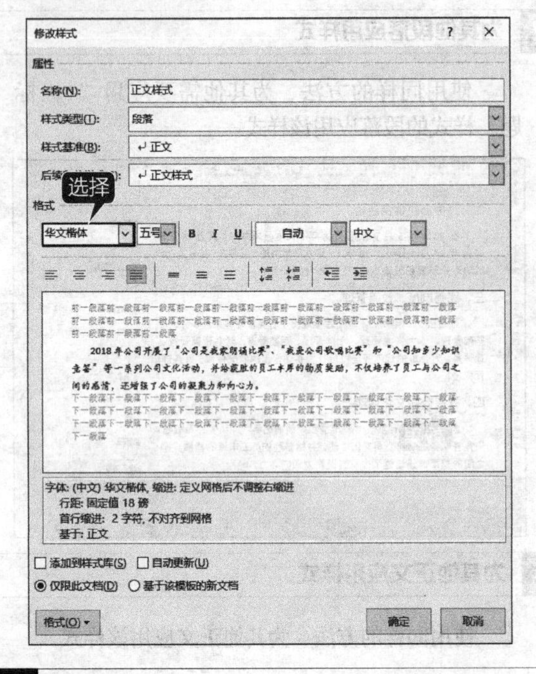

3 设置段落格式

单击左下角的【格式】按钮，在弹出的下拉列表中选择【段落】选项。打开【段落】对话框，在【间距】区域中更改【固定值】为“15磅”，单击【确定】按钮。

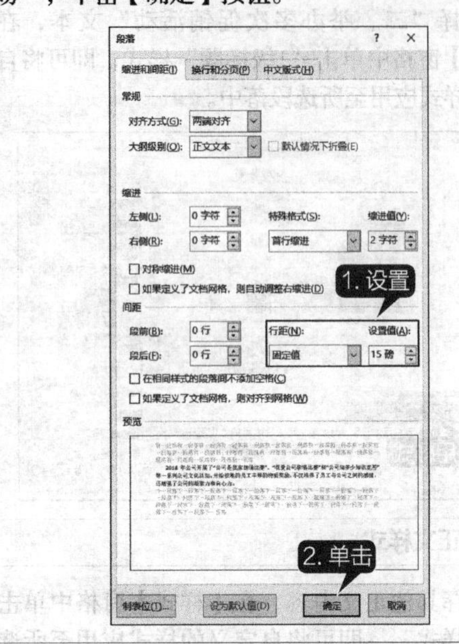

4 查看效果

返回至【修改样式】对话框，再次单击【确定】按钮，即可看到修改样式的效果，所有应用该样式的段落都将自动更改为修改后的样式。

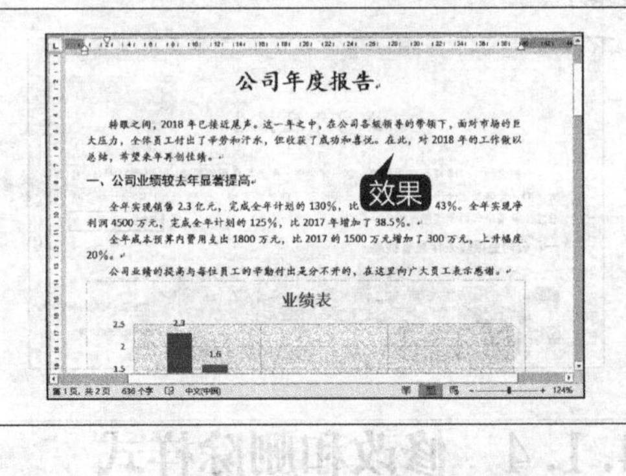

2. 删除样式

删除样式的具体操作步骤如下。

1 删除样式

根据需要新建一个名称为“商务办公标题”的样式，在【样式】窗格中单击该样式右侧的下拉按钮，在弹出的下拉列表中选择【删除“商务办公标题”】选项。

2 单击【是】按钮

弹出【Microsoft Word】对话框，单击【是】按钮，即可将选择的样式删除。

4.1.5 添加页眉和页脚

Word 2019提供了丰富的页眉和页脚模板，使插入页眉和页脚的操作变得更为快捷。

1. 插入页眉和页脚

在页眉和页脚中可以输入创建文档的基本信息，例如在页眉中输入文档名称、章节标题或者作者名称等信息，在页脚中输入文档的创建时间、页码等，这不仅能使文档更美观，还能向读者快速传递文档要表达的信息。在Word 2019中插入页眉和页脚的具体操作步骤如下。

（1）插入页眉

插入页眉的具体操作步骤如下。

1 选择页眉样式

在打开的素材文件中，单击【插入】选项卡【页眉和页脚】组中的【页眉】按钮，弹出【页眉】下拉列表，选择【边线型】页眉样式。

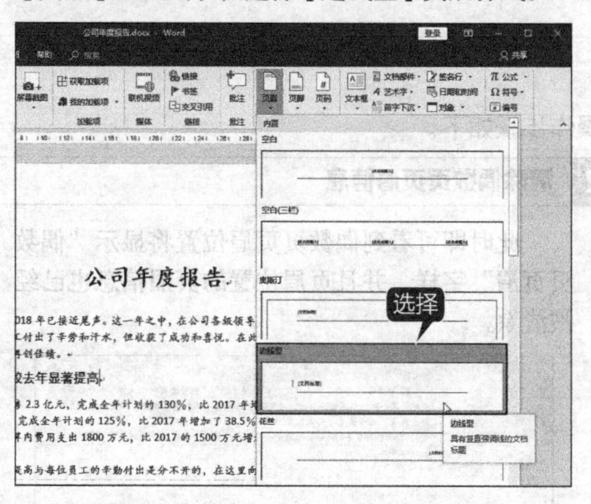

2 插入页眉

Word 2019会在文档每一页的顶部插入页眉，并显示【文档标题】文本域。

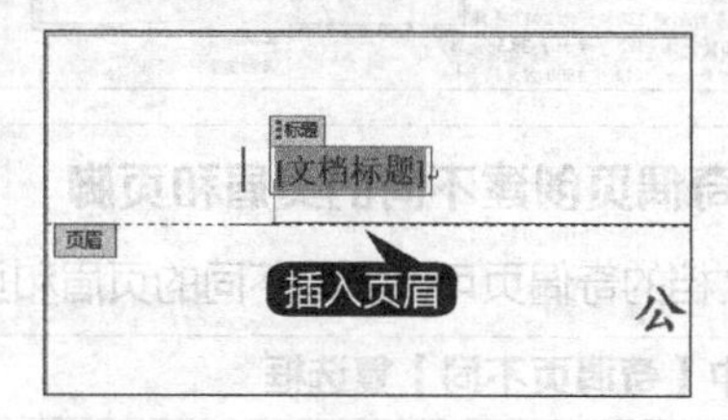

3 设置字体

在页眉的【文档标题】文本域中输入文档的标题，选择输入的标题，设置其【字体】为“等线”，【字号】为“13”。

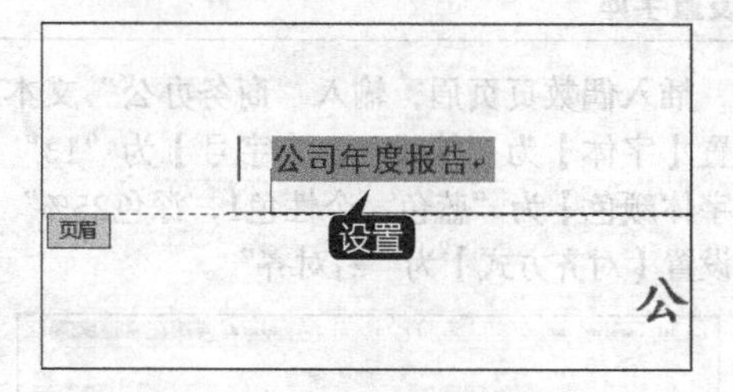

4 查看效果

单击【页眉和页脚工具】➤【设计】选项卡下【关闭】选项组中的【关闭页眉和页脚】按钮，即可看到插入页眉的效果。

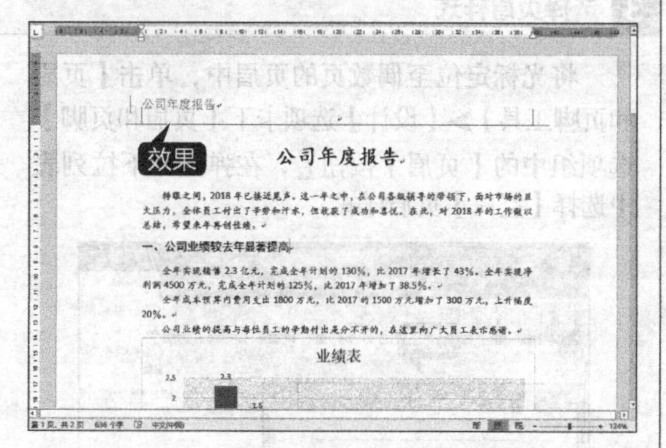

（2）插入页脚

插入页脚的具体操作步骤如下。

1 选择页脚样式

在【插入】选项卡中单击【页眉和页脚】组中的【页脚】按钮，弹出【页脚】下拉列表，这里选择【边线型】选项。

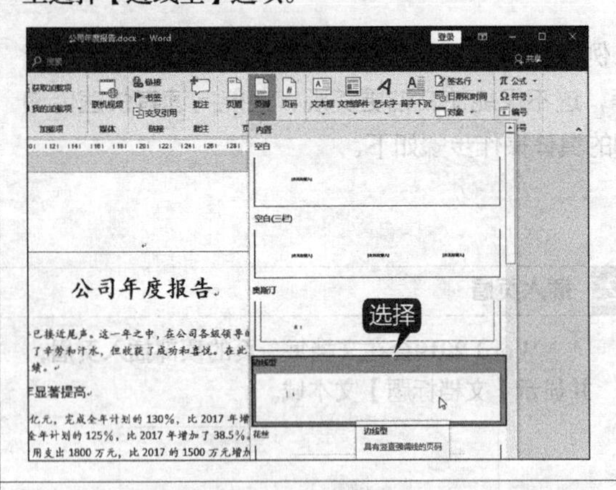

2 插入页脚

文档自动跳转至页脚编辑状态，可以根据需要输入页脚内容。单击【页眉和页脚工具】➤【设计】选项卡下【关闭】选项组中的【关闭页眉和页脚】按钮，即可看到插入页脚的效果。

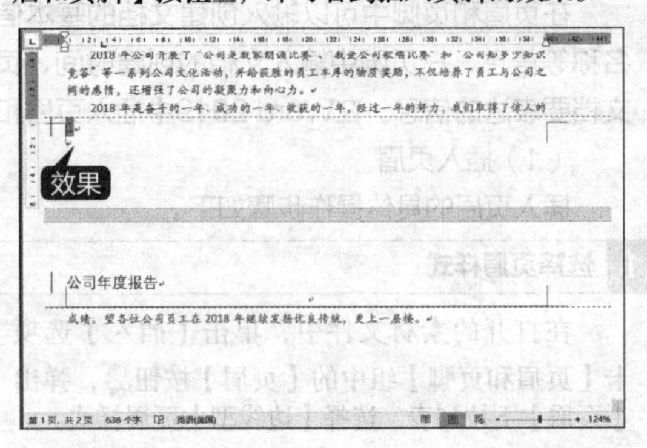

2. 为奇偶页创建不同的页眉和页脚

文档的奇偶页可以创建不同的页眉和页脚，具体操作步骤如下。

1 选中【奇偶页不同】复选框

双击任意页眉位置，进入页眉和页脚编辑状态，单击选中【页眉和页脚工具】➤【设计】选项卡下【选项】组中的【奇偶页不同】复选框。

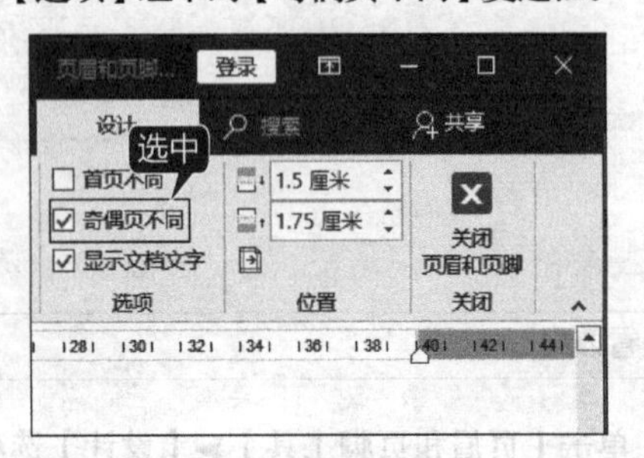

2 清除偶数页页眉信息

此时即可看到偶数页页眉位置将显示“偶数页页眉”字样，并且页眉位置的页眉信息也已经被清除。

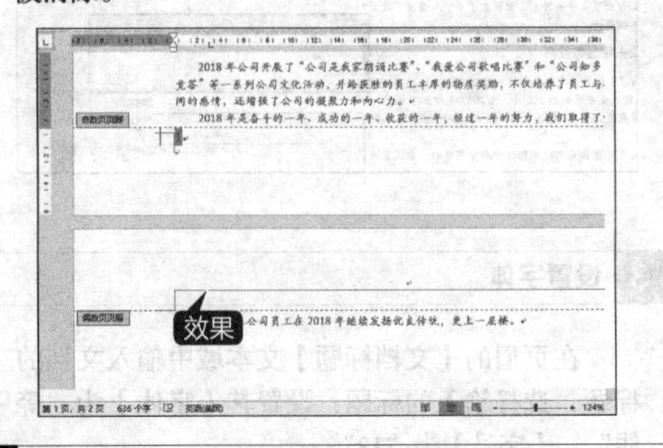

3 选择页眉样式

将光标定位至偶数页的页眉中，单击【页眉和页脚工具】➤【设计】选项卡下【页眉和页脚】选项组中的【页眉】按钮，在弹出的下拉列表中选择【空白】页眉样式。

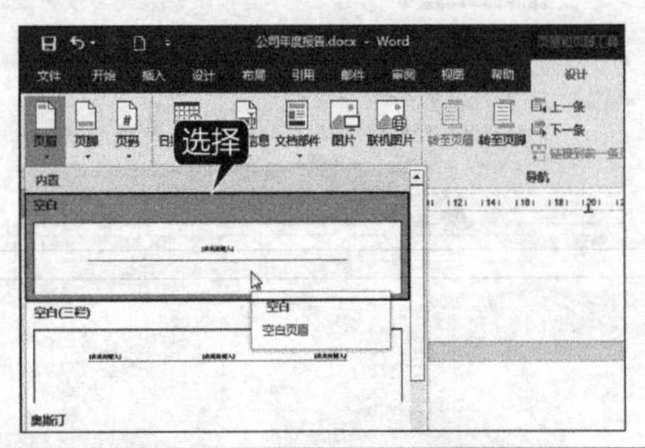

4 设置字体

插入偶数页页眉，输入“商务办公”文本。设置【字体】为“等线”，【字号】为“13”，【字体颜色】为“蓝色，个性色1，深色25%”，并设置【对齐方式】为“右对齐”。

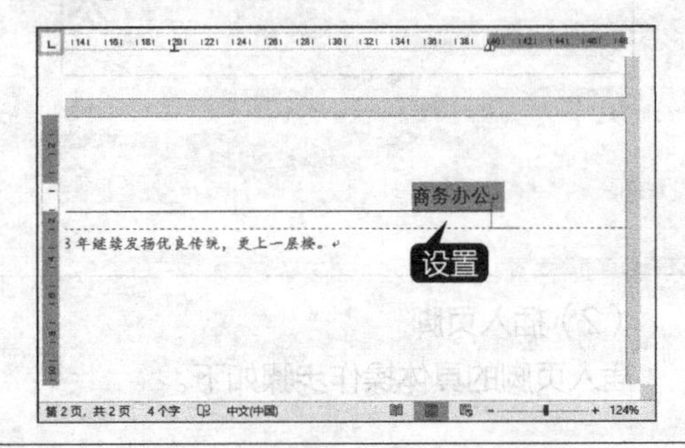

5 插入页码

单击【页眉和页脚工具】➤【设计】选项卡下【导航】选项组中的【转至页脚】按钮，切换至偶数页的页脚位置，在页脚位置插入页码，并进行相应的设置。

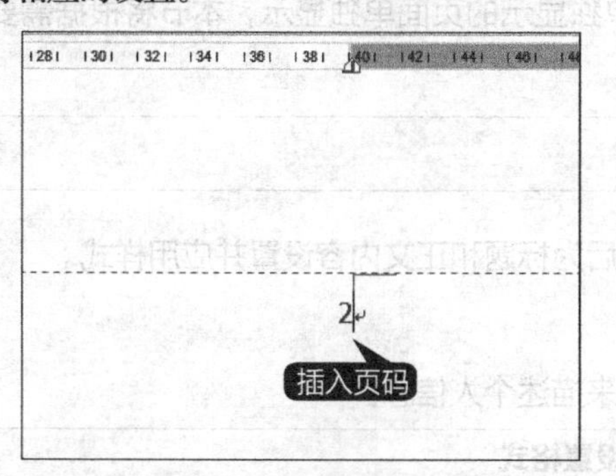

6 关闭页眉和页脚

单击【关闭页眉和页脚】按钮，就完成了创建奇偶页不同页眉和页脚的操作。

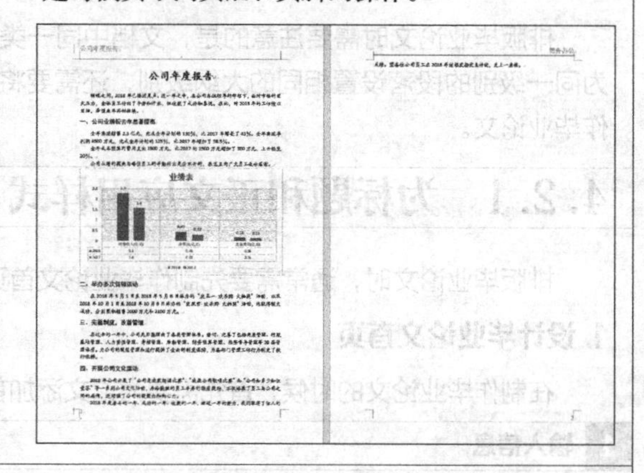

4.1.6 保存模板文档

文档制作完成之后，可以将其另存为模板格式。制作同类的文档时，直接打开模板并编辑文本即可，以便节约时间，提高工作效率。保存模板文档的具体操作步骤如下。

1 单击【浏览】按钮

选择【文件】选项卡，在【文件】选项卡下选择【另存为】选项，在右侧【另存为】区域单击【浏览】按钮。

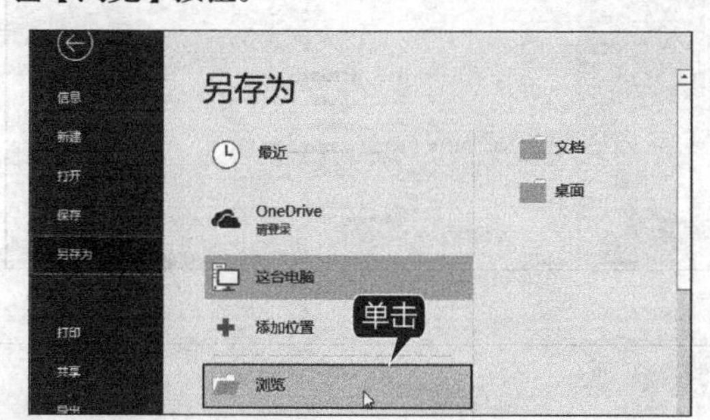

2 选择保存类型

弹出【另存为】对话框，单击【保存类型】右侧的下拉按钮，选择【Word模板（*.dotx）】选项。

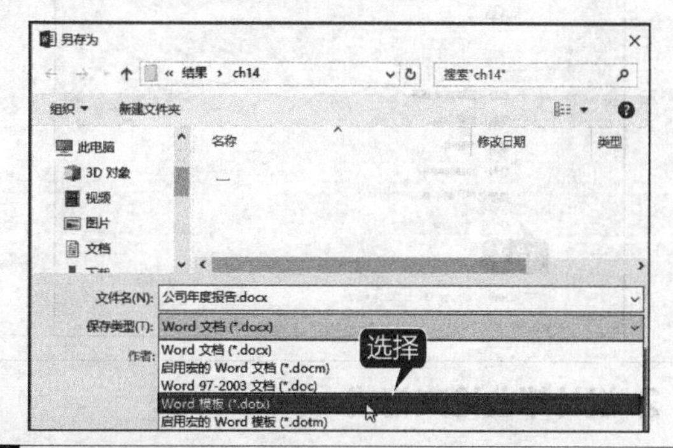

3 完成模板的存储

选择模板存储的位置，单击【保存】按钮，即可完成模板的存储。

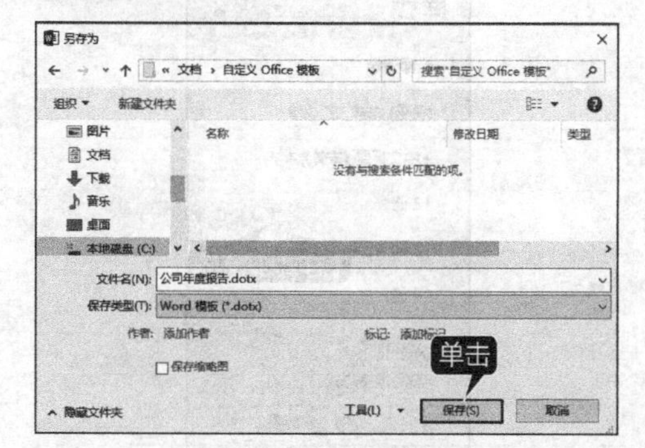

4 查看模板格式

此时，即可看到文档的标题已经更改为“公司年度报告.dotx”，表明此时的文档格式为模板格式。

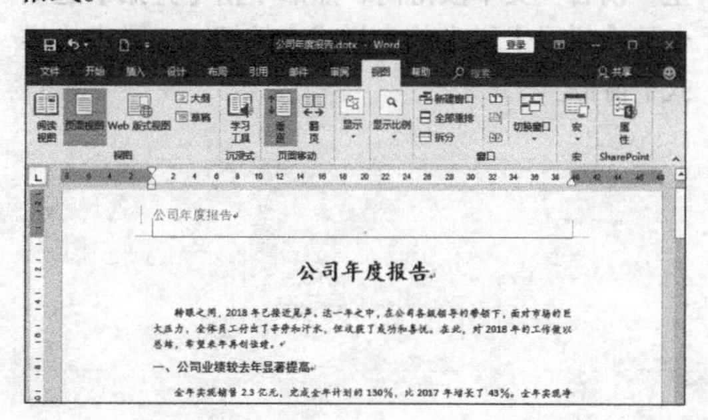

至此，就完成了制作商务办公模板的操作。

4.2 排版毕业论文

 本节视频教学时间：13分钟

排版毕业论文时需要注意的是，文档中同一类别的文本的格式要统一，层次要有明显的区分，要为同一级别的段落设置相同的大纲级别，还需要将需要单独显示的页面单独显示，本节将根据需要制作毕业论文。

4.2.1 为标题和正文应用样式

排版毕业论文时，通常需要先制作毕业论文首页，然后为标题和正文内容设置并应用样式。

1. 设计毕业论文首页

在制作毕业论文的时候，首先需要为论文添加首页，来描述个人信息。

1 输入信息

打开“素材\ch04\毕业论文.docx”文档，将光标定位至文档最前的位置，按【Ctrl+Enter】组合键，插入空白页面。选择新创建的空白页，在其中输入学校信息、个人介绍信息和指导教师姓名等信息。

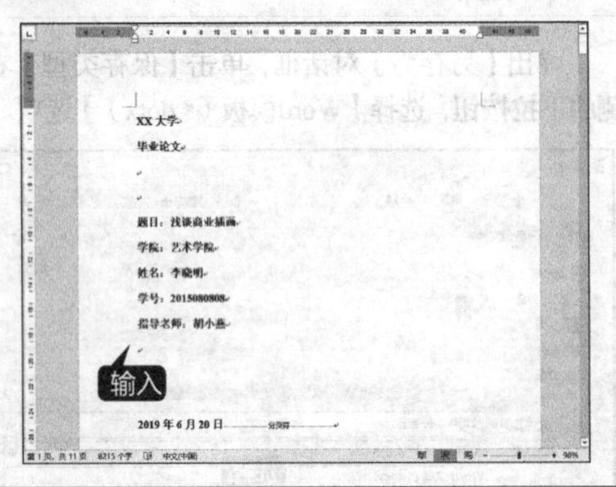

2 设置格式

分别选择不同的信息，并根据需要为不同的信息设置不同的格式，使所有的信息占满论文首页。

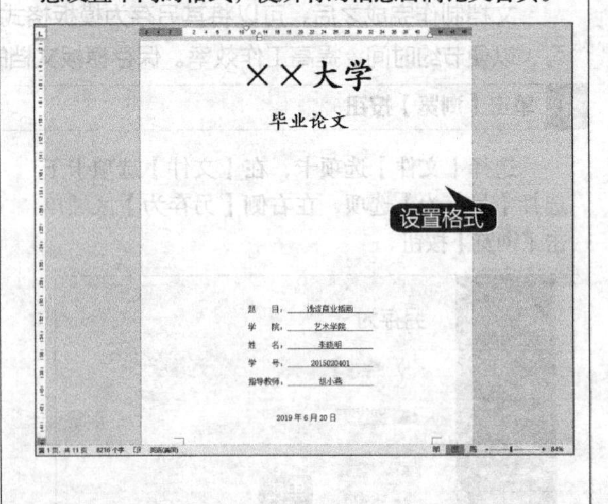

2. 设计毕业论文格式

毕业论文通常会统一要求格式，需要根据提供的格式统一样式。

1 打开【样式】窗格

选中需要应用样式的文本，或者将插入符移至“前言”文本段落内，然后单击【开始】选项卡的【样式】组中的【样式】按钮，弹出【样式】窗格。

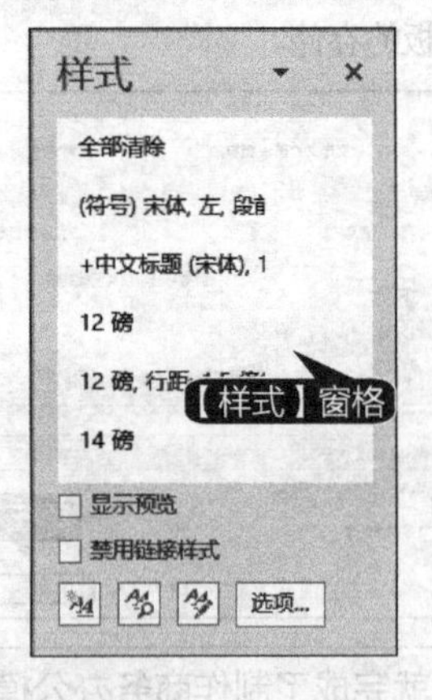

2 新建样式

单击【新建样式】按钮，弹出【根据格式化创建新样式】窗口，在【名称】文本框中输入新建样式的名称，例如输入“论文标题1”，在【格式】区域分别根据规定设置字体样式。

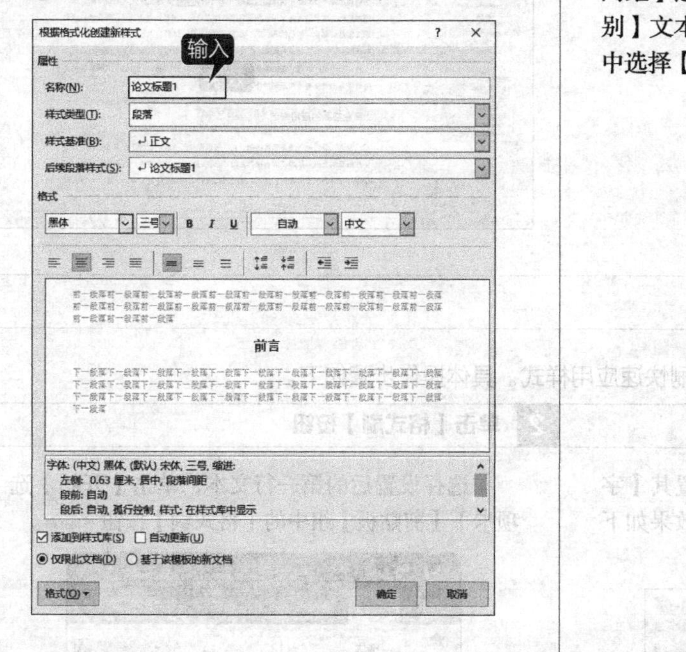

3 设置段落样式

单击左下角的【格式】按钮，在弹出的下拉列表中选择【段落】选项，即可打开【段落】对话框，根据要求设置段落样式。在【缩进和间距】选项卡下的【常规】区域中单击【大纲级别】文本框右侧的下拉按钮，在弹出的下拉列表中选择【1级】选项，单击【确定】按钮。

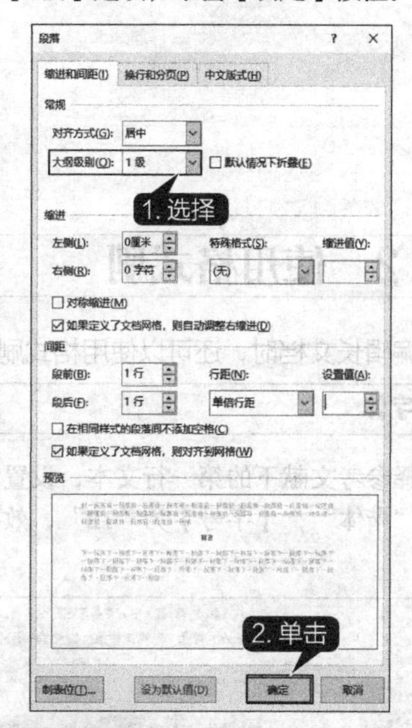

4 浏览效果

返回【根据格式化创建新样式】对话框，在中间区域浏览效果，单击【确定】按钮。

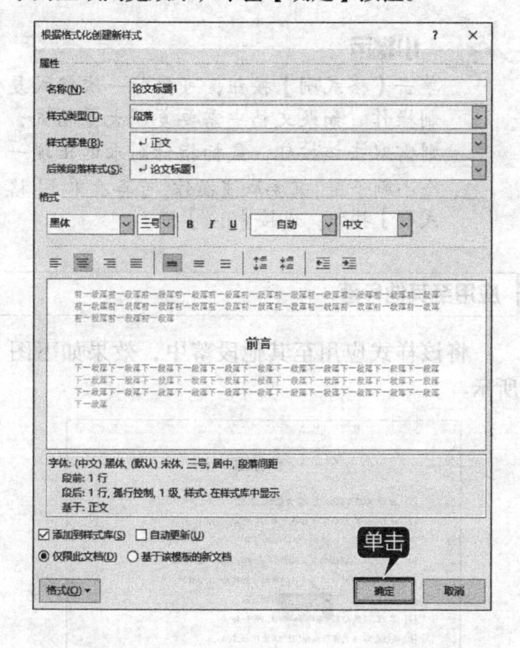

5 显示设置后的效果

在【样式】窗格中可以看到创建的新样式，在文档中显示设置后的效果。

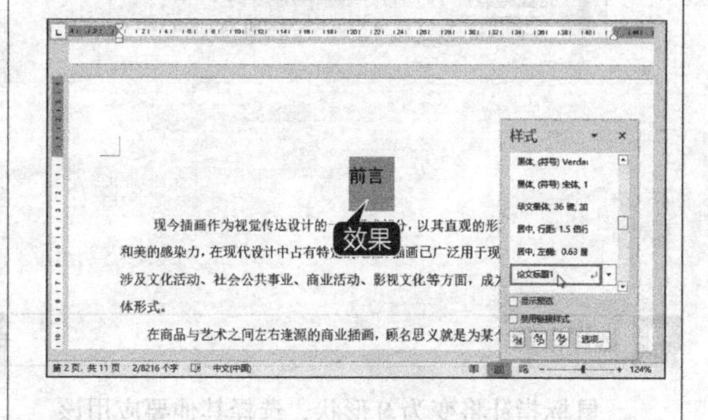

6 最终效果

选择其他需要应用该样式的段落，单击【样式】窗格中的“论文标题1”样式，即可将该样式应用到新选择的段落。使用同样的方法为其他标题及正文设计样式，最终效果如下图所示。

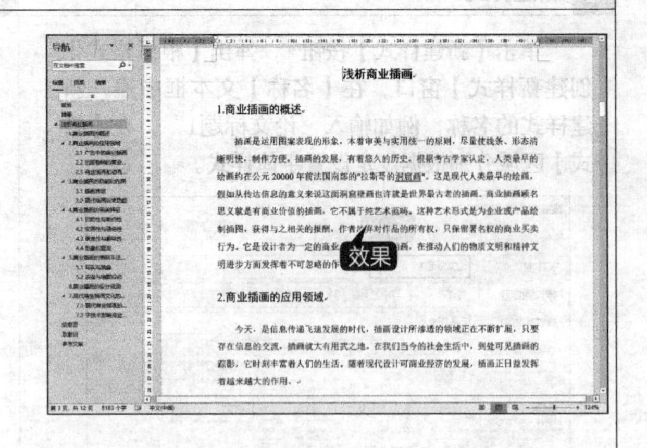

4.2.2 使用格式刷

在编辑长文档时，还可以使用格式刷快速应用样式。具体操作步骤如下。

1 设置字体

选择参考文献下的第一行文本，设置其【字体】为“楷体”，【字号】为“12”，效果如下图所示。

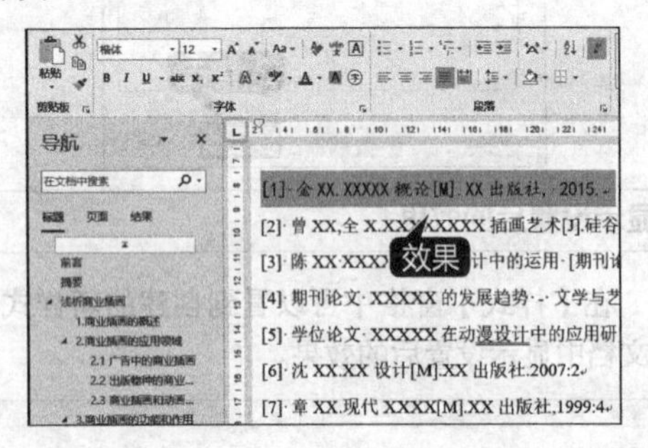

2 单击【格式刷】按钮

选择设置后的第一行文本，单击【开始】选项卡下【剪贴板】组中的【格式刷】按钮 格式刷。

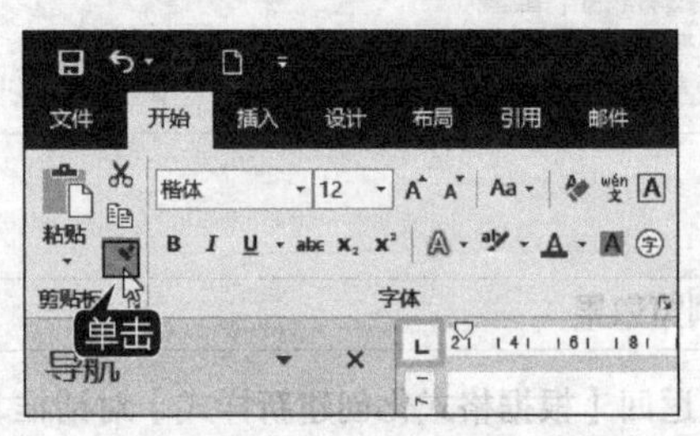

小提示

单击【格式刷】按钮，可执行一次格式复制操作。如果文档中需要复制大量格式，则需双击该按钮，鼠标指针则永远出现一个小刷子，若要取消操作，可再次单击【格式刷】按钮，或按【Esc】键。

3 选择段落

鼠标指针将变为形状，选择其他要应用该样式的段落。

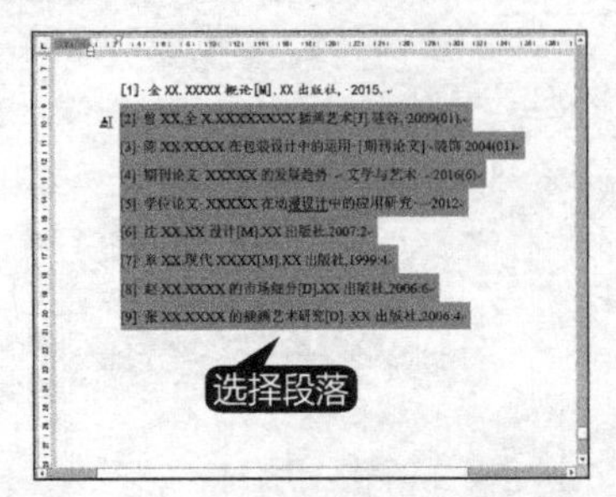

4 应用至其他段落

将该样式应用至其他段落中，效果如下图所示。

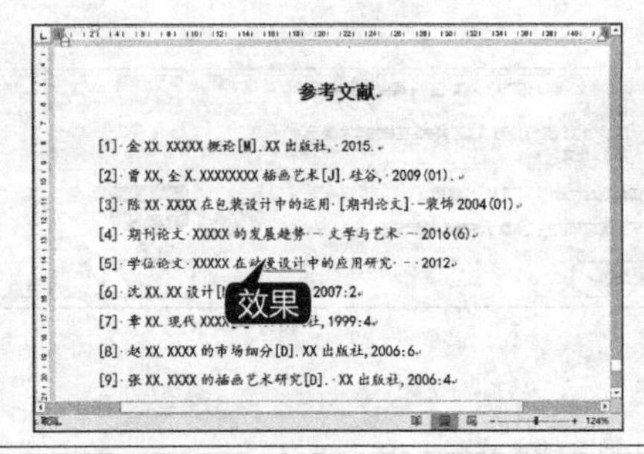

4.2.3 插入分页符

在排版毕业论文时，有些内容需要另起一页显示，如前言、内容提要、结束语、致谢词、参考文献等。可以通过插入分页符的方法实现，具体操作步骤如下。

1 放置光标

将光标放在“参考文献”文本前。

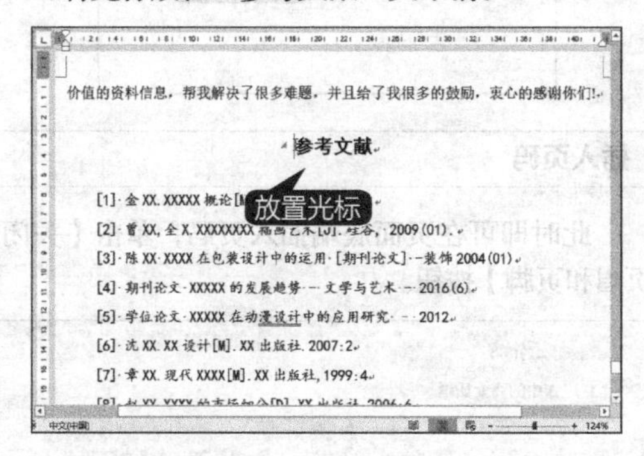

2 选择【分页符】选项

单击【布局】选项卡下【页面设置】组中【分隔符】按钮的下拉按钮，在弹出的下拉列表中选择【分页符】➤【分页符】选项。

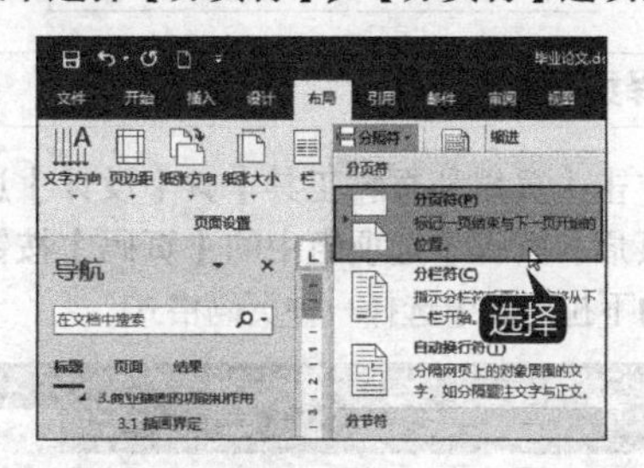

3 将内容另起一页

将“参考文献”及其下方的内容另起一页显示。

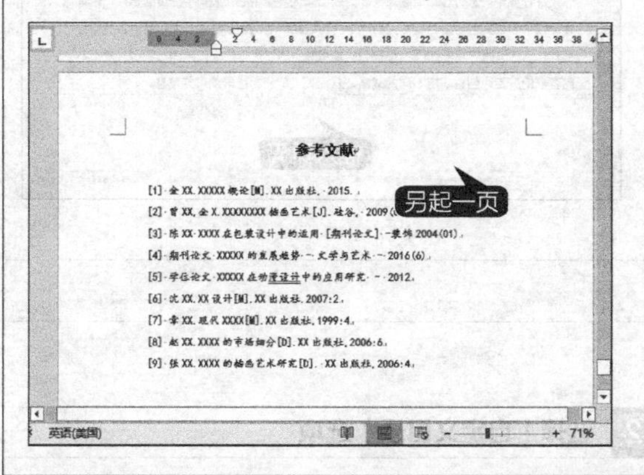

4 设置其他内容另起一页

使用同样的方法，为其他需要另起一页显示的内容另起一页显示。

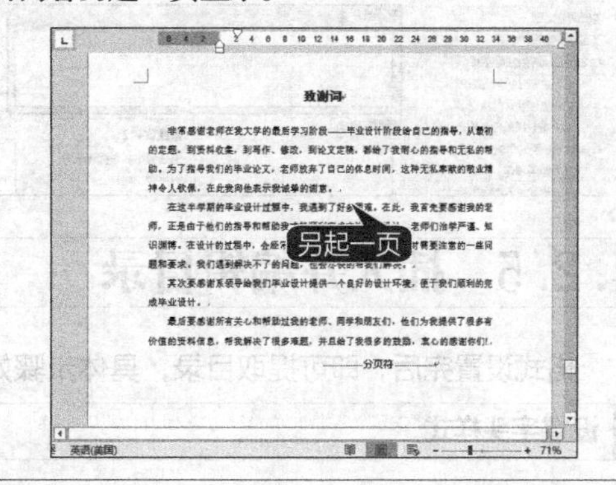

4.2.4 为论文设置页眉和页码

在毕业论文中可能需要插入页眉，使文档看起来更美观。如果要提取目录，还需要在文档中插入页码。为论文设置页眉和页码的具体操作步骤如下。

1 选择页眉样式

单击【插入】选项卡【页眉和页脚】组中的【页眉】按钮，在弹出的【页眉】下拉列表中选择【空白】页眉样式。

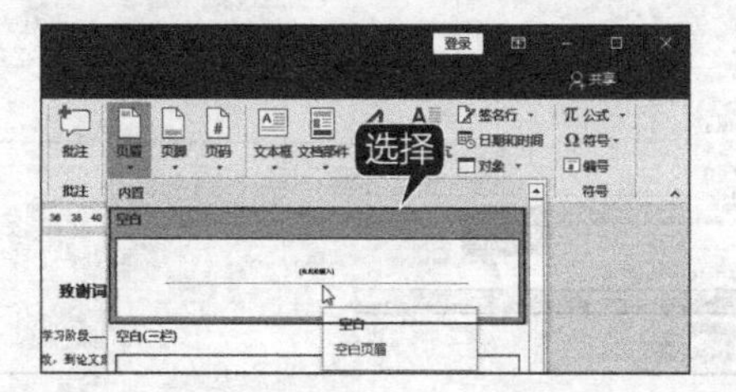

2 设置首页不同和奇偶页不同

在【页眉和页脚工具】➤【设计】选项卡的【选项】选项组中单击选中【首页不同】和【奇偶页不同】复选框。

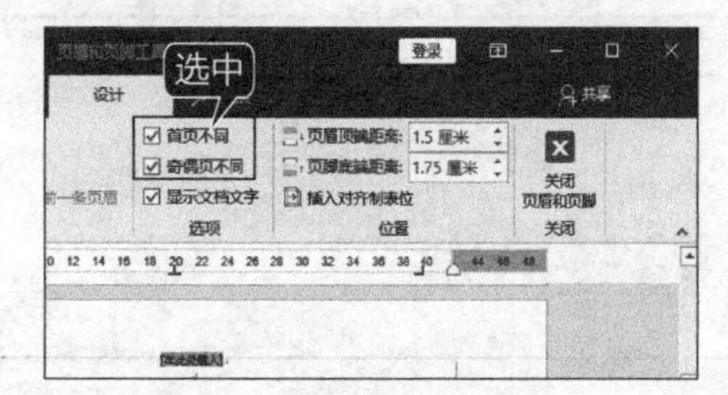

3 输入内容

在奇数页页眉中输入内容，并根据需要设置字体样式。

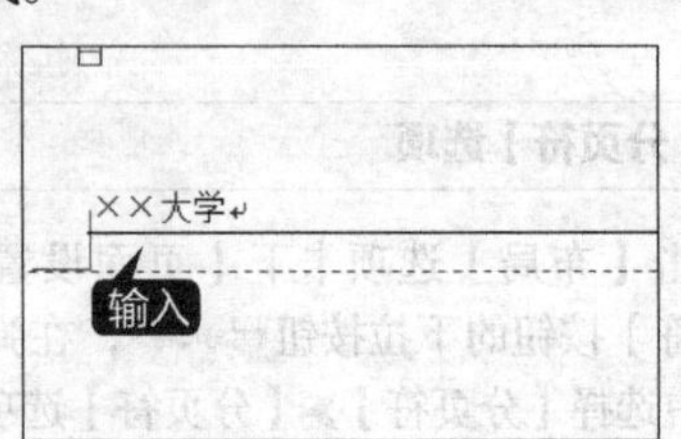

4 创建偶数页页眉

创建偶数页页眉，并设置字体样式。

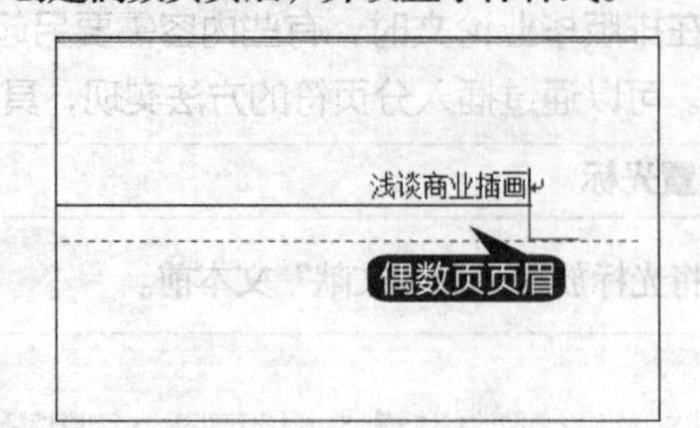

5 选择页码格式

单击【页眉和页脚工具】➤【设计】选项卡下【页眉和页脚】选项组中的【页码】按钮，在弹出的下拉列表中选择一种页码格式。

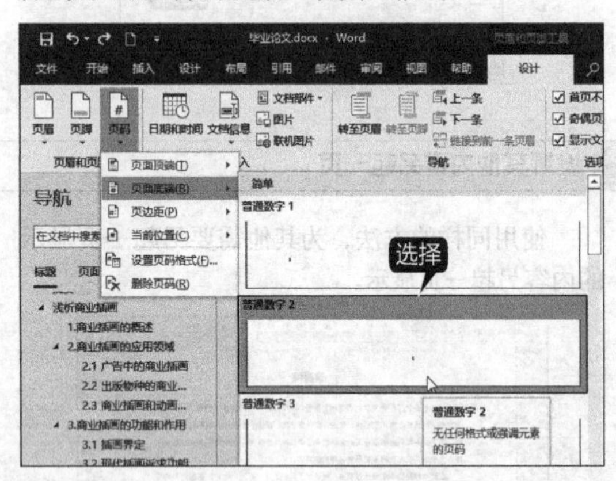

6 插入页码

此时即可在页面底端插入页码，单击【关闭页眉和页脚】按钮。

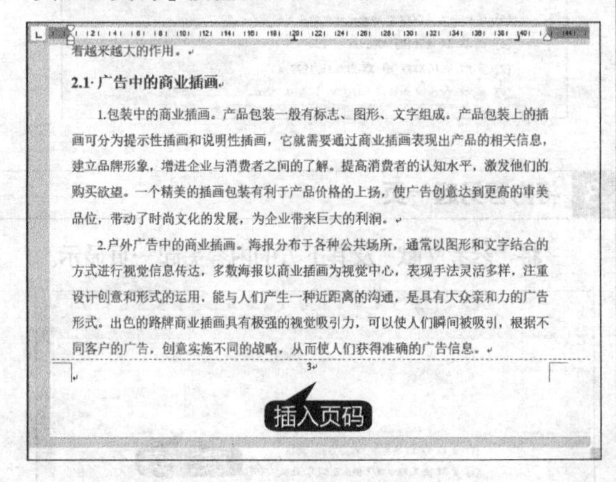

4.2.5 插入并编辑目录

格式设置完后，即可提取目录，具体步骤如下。

1 设置字头样式

将光标定位至文档第2页面最前的位置，单击【布局】➤【页面设置】➤【分隔符】按钮，在弹出的列表中选择【分节符】➤【下一页】选项。添加一个空白页，在空白页中输入“目录”文本，并根据需要设置字头样式。

2 选择【自定义目录】选项

单击【引用】选项卡的【目录】组中的【目录】按钮，在弹出的下拉列表中选择【自定义目录】选项。

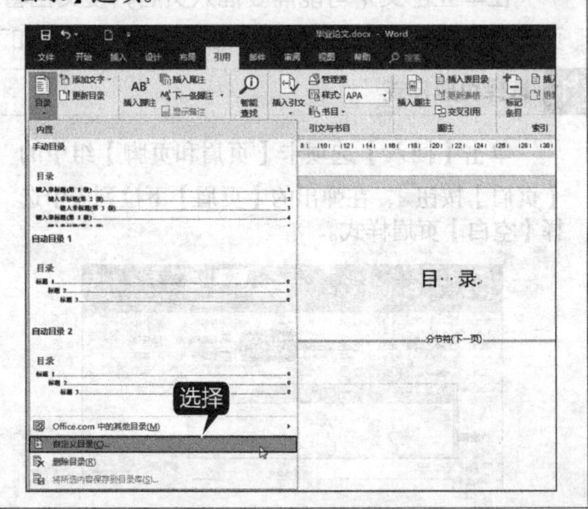

3 设置【目录】对话框

在弹出的【目录】对话框中，在【格式】下拉列表中选择【正式】选项，在【显示级别】微调框中输入或者选择显示级别为“3”，在预览区域可以看到设置后的效果,各选项设置完成后单击【确定】按钮。

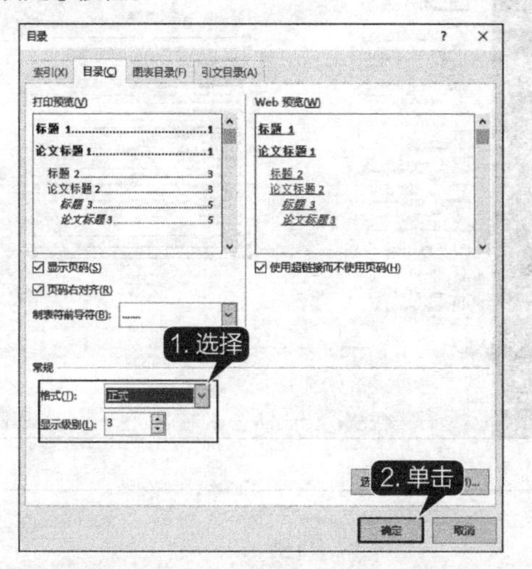

4 建立目录

此时，就会在指定的位置建立目录。

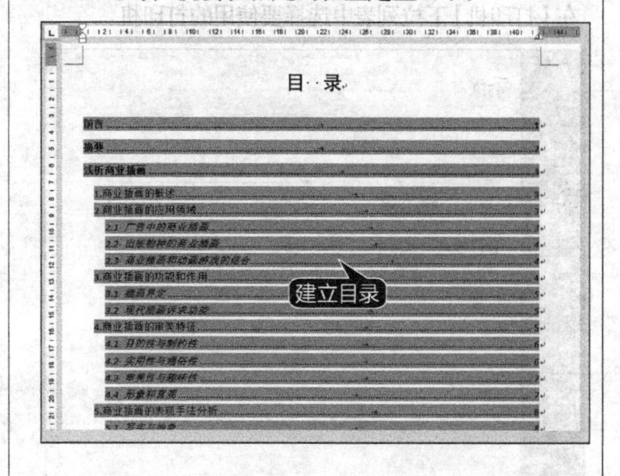

5 设置字体格式

选择目录文本，根据需要设置目录的字体格式，效果如下图所示。

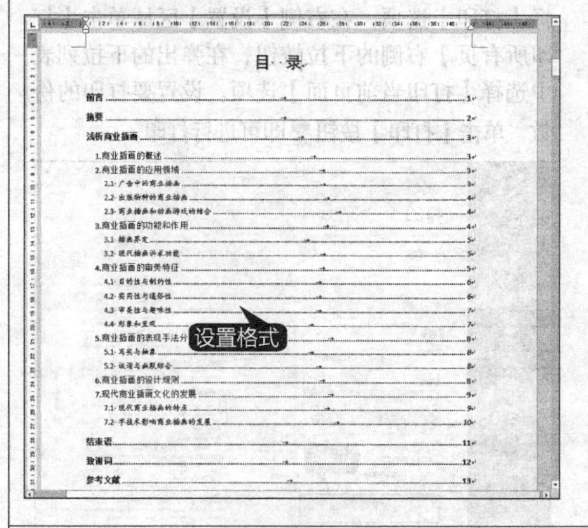

6 完成操作

至此，就完成了排版毕业论文的操作。

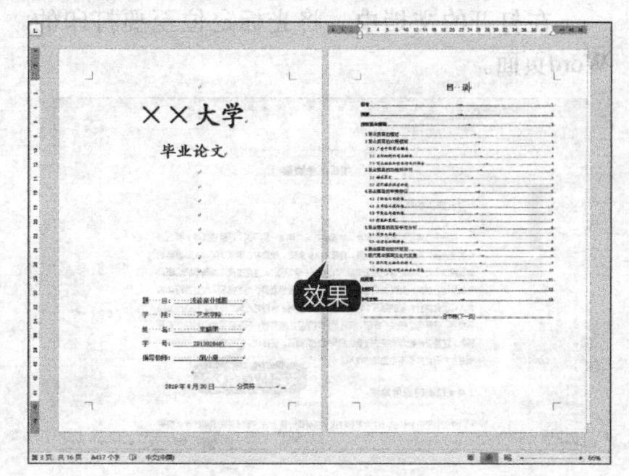

4.2.6 打印论文

论文排版完成后，可以将其打印出来。本节主要介绍Word文档的打印技巧。

1.直接打印文档

确保文档没有问题后，就可以直接打印文档。

1 选择打印机

单击【文件】选项卡下列表中的【打印】选项，在【打印机】下拉列表中选择要使用的打印机。

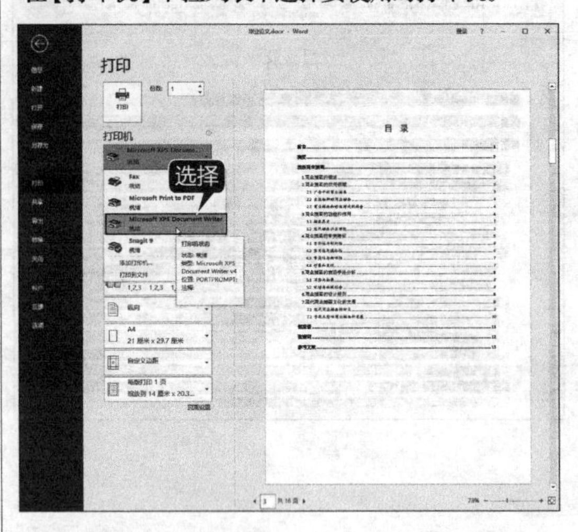

2 设置打印份数

用户可以在【份数】微调框中输入打印的份数，单击【打印】按钮，即可开始打印文档。

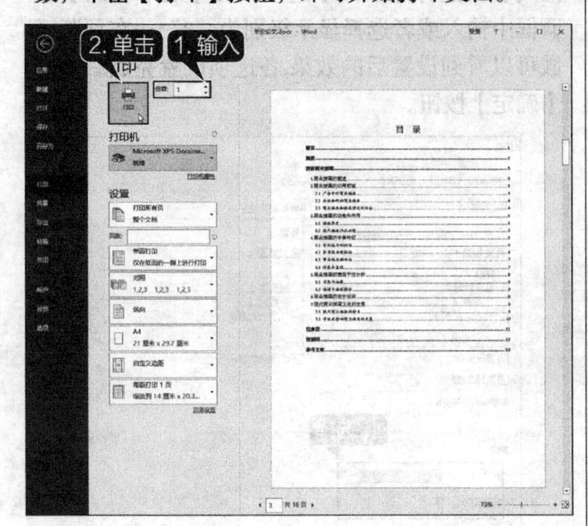

2. 打印当前页面

如果需要打印当前页面，可以使用以下步骤。

1 定位光标

在打开的文档中，将光标定位至要打印的Word页面。

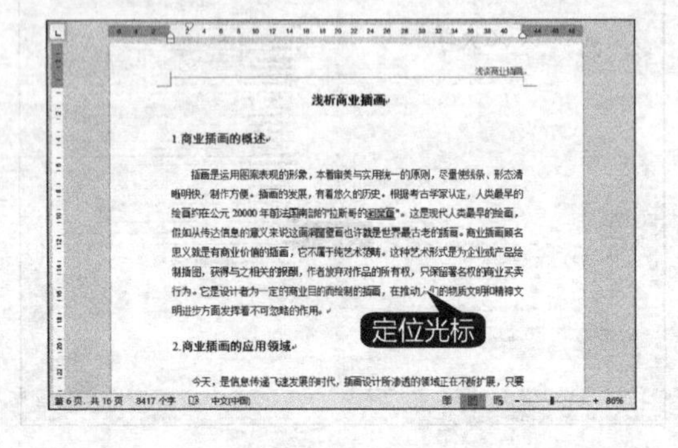

2 设置打印选项

选择【文件】选项卡，在弹出的列表中选择【打印】选项，在右侧【设置】区域单击【打印所有页】右侧的下拉按钮，在弹出的下拉列表中选择【打印当前页面】选项。设置要打印的份数，单击【打印】按钮即可进行打印。

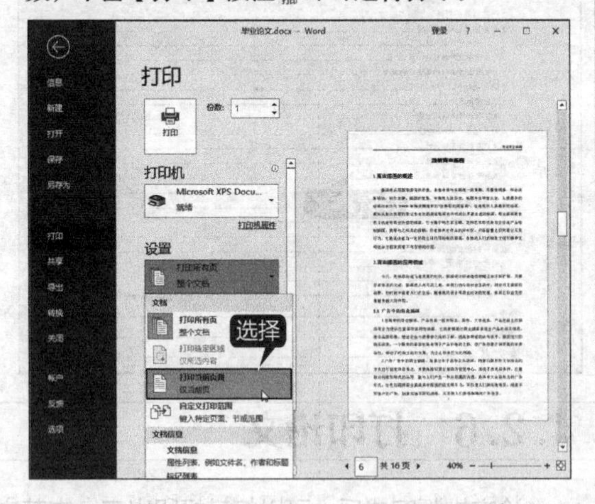

3. 打印连续或不连续页面

打印连续或不连续页面的具体操作步骤如下。

1 选择【自定义打印范围】选项

在打开的文档中，选择【文件】选项卡，在弹出的列表中选择【打印】选项，在右侧【设置】区域单击【打印所有页】后的下拉按钮，在弹出的下拉列表中选择【自定义打印范围】选项。

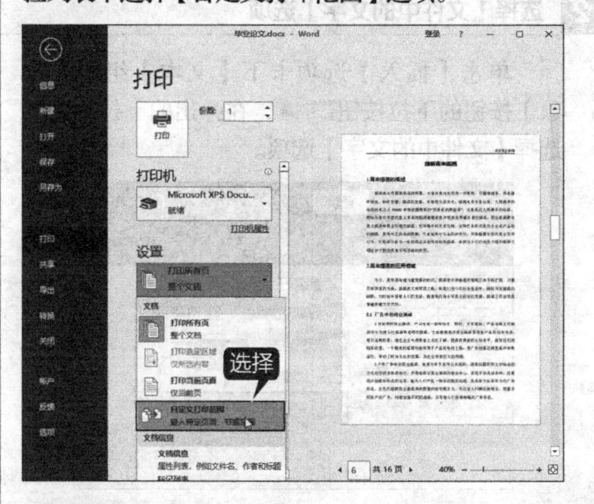

2 输入页码

在下方的【页数】文本框中输入要打印的页码，并设置要打印的份数，单击【打印】按钮即可进行打印。

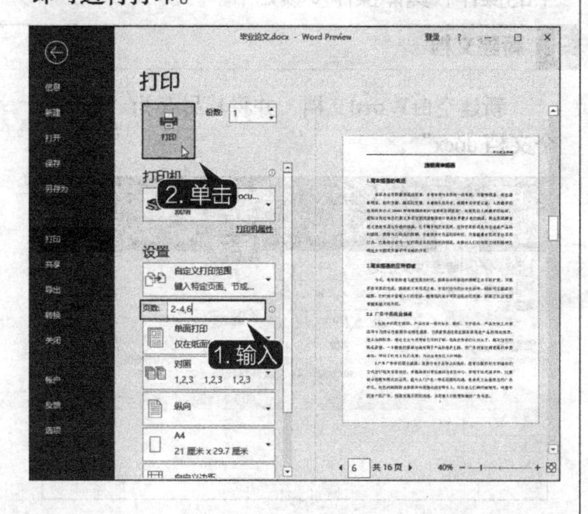

小提示

连续页码可以使用英文半角连接符，不连续的页码可以使用英文半角逗号分隔。

高手私房菜

技巧1：去除页眉中的横线

在添加页眉时，经常会看到自动添加的分割线，该分割线可以删除。

1 选择【清除格式】选项

双击页眉位置，进入页眉编辑状态，将光标定位在页眉处，并单击【开始】➤【样式】➤【其他】按钮，在弹出的下拉列表中，选择【清除格式】选项。

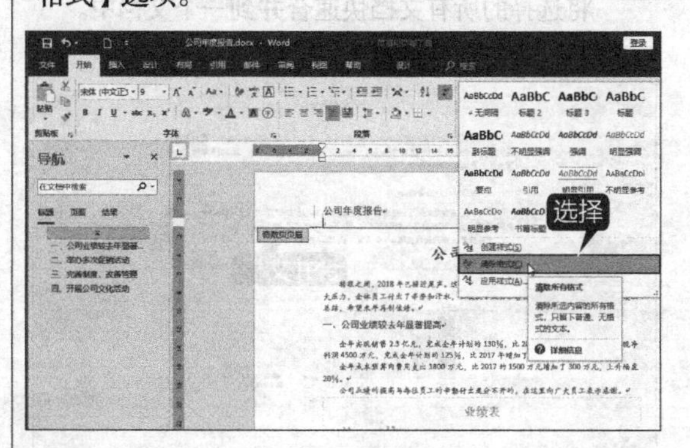

2 删除分割线

页眉中的分割线即被删除。

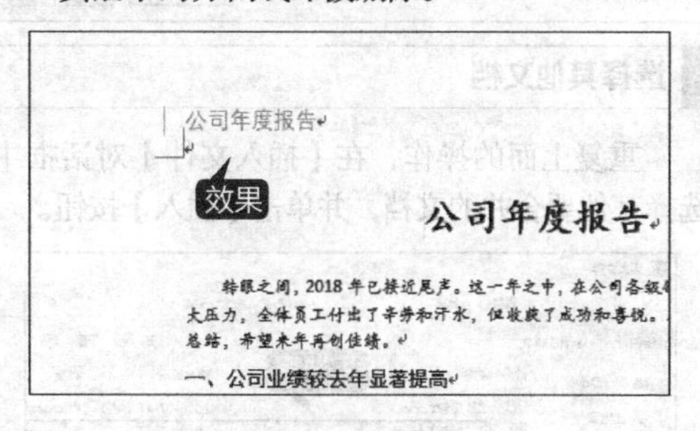

技巧2：合并多个文档

如果要将多个文档合并到一个文档中，使用复制、粘贴功能一篇一篇地合并，不仅费时，还容易出错。而使用Word 2019提供的插入文件中的文字功能，就可以快速实现将多个文档合并到一个文档中的操作，具体操作步骤如下。

1 新建文档

新建空白Word文档，并将其另存为“合并多个文档.docx”。

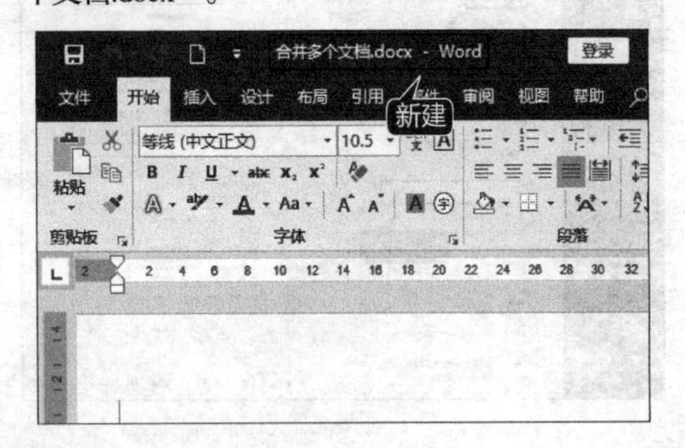

2 选择【文件中的文字】选项

单击【插入】选项卡下【文本】组中【对象】按钮的下拉按钮，在弹出的下拉列表中选择【文件中的文字】选项。

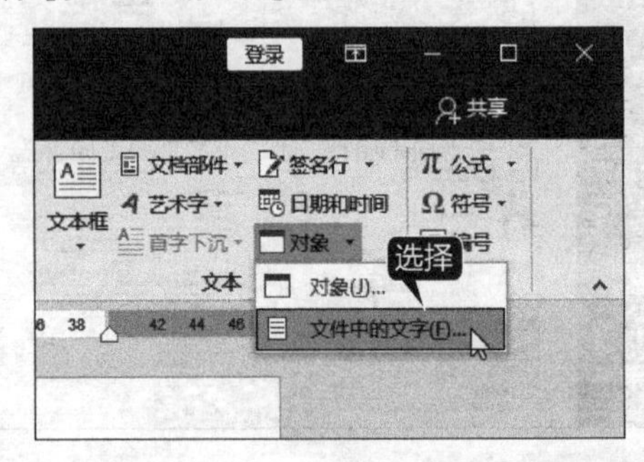

3 选择要合并的文档

打开【插入文件】对话框，选择要合并的文档，这里选择“素材\ch04\报告1.docx”文件，单击【插入】按钮。

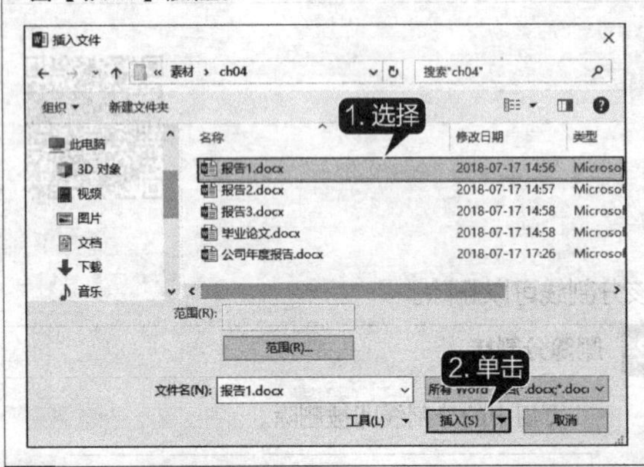

4 合并文档

此时，就可以将选择的文档合并到新建的文档中，效果如下图所示。

5 选择其他文档

重复上面的操作，在【插入文件】对话框中选择其他要合并的文档，并单击【插入】按钮。

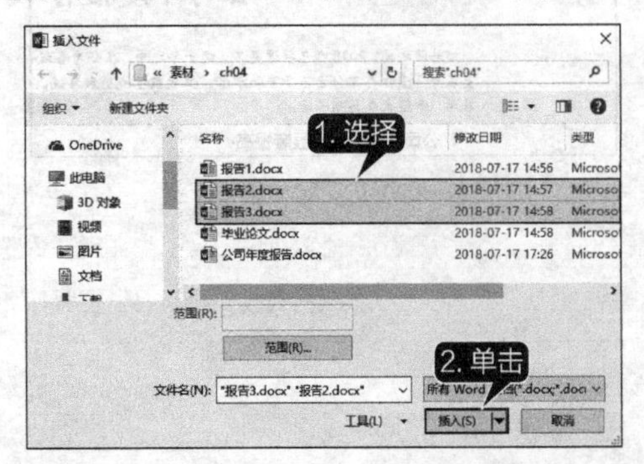

6 合并完成

将选择的所有文档快速合并到一个文档中。

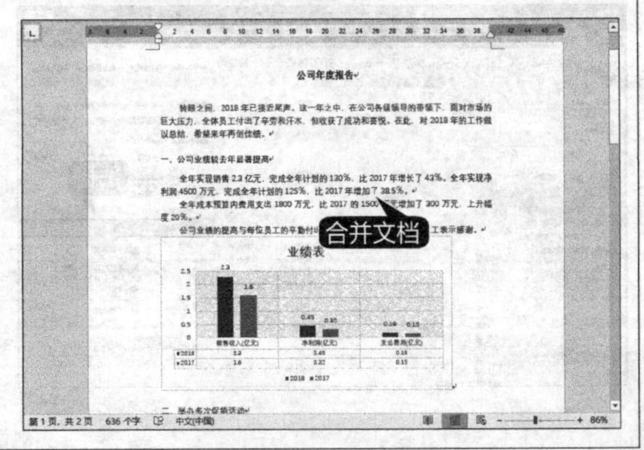

第 5 章

Excel 工作簿和工作表的基本操作

本章视频教学时间：25 分钟

Excel 2019 主要用于电子表格的处理，可以进行复杂的数据运算。本章主要介绍工作簿和工作表的基本操作，如创建工作簿、工作表的常用操作、单元格的基本操作以及输入文本等内容。

【学习目标】

- 通过本章的学习，读者可以掌握工作簿和工作表的基本操作。

【本章涉及知识点】

- 创建、保存工作簿
- 移动、复制、重命名及删除工作表
- 单元格的选择、合并及拆分
- 行和列的插入和删除
- 输入文本内容

5.1 创建支出趋势预算表

本节视频教学时间：8分钟

本节通过创建支出趋势预算表介绍工作簿及工作表的基本操作。

5.1.1 创建空白工作簿

工作簿是指在Excel中用来存储并处理工作数据的文件，在Excel 2019 中，其扩展名是.xlsx。通常所说的Excel文件指的就是工作簿文件。使用Excel创建支出趋势预算表之前，首先要创建一个工作簿。

1. 启动Excel时创建空白工作簿

1 新建空白工作簿

启动Excel 2019时，在打开的界面中单击右侧的【空白工作簿】选项。

2 自动创建

系统会自动创建一个名称为“工作簿1”的工作簿。

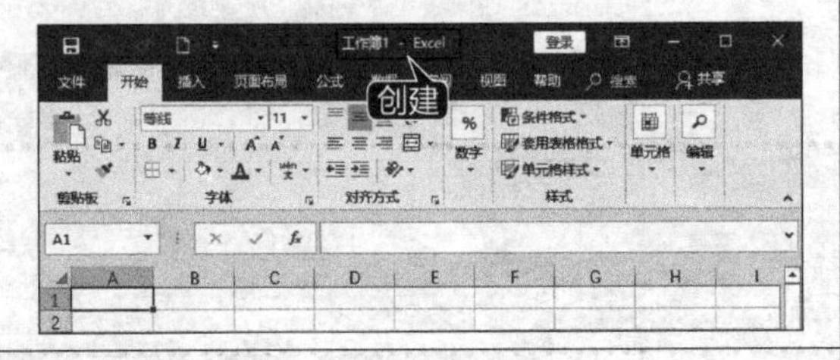

2. 启动Excel后创建空白工作簿

启动Excel 2019后可以通过以下3种方法创建空白工作簿。

（1）启动Excel 2019后，选择【文件】➤【新建】➤【空白工作簿】选项，即可创建空白工作簿。

（2）单击快速访问工具栏中的【新建】按钮。

（3）按【Ctrl+N】组合键也可以快速创建空白工作簿。

5.1.2 使用模板创建工作簿

用户可以使用系统自带的模板或搜索联机模板，在模板上进行修改以创建工作簿。例如，可以通过Excel模板，创建一个支出趋势预算表，具体的操作步骤如下。

1 搜索联机模板

单击【文件】选项卡，在弹出的下拉列表中选择【新建】选项，然后在【搜索联机模板】文本框中输入“支出趋势预算”，单击【开始搜索】按钮。

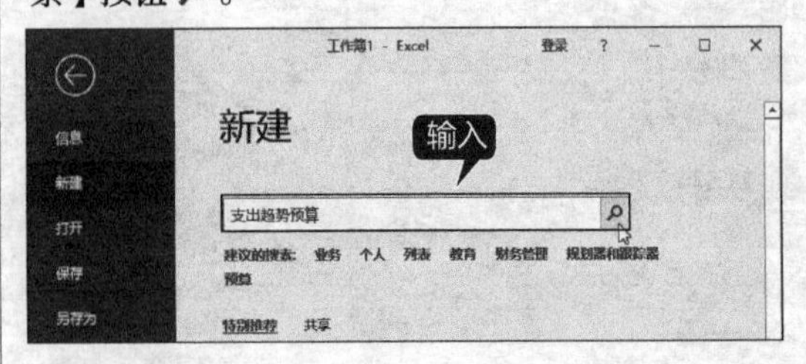

2 选择模板

在下方会显示搜索结果，单击搜索到的“支出趋势预算”选项。

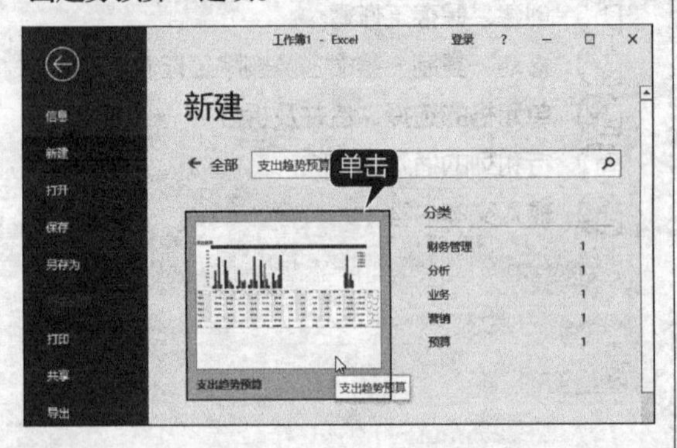

3 下载模板

弹出“支出趋势预算”预览界面，单击【创建】按钮，即可下载该模板。

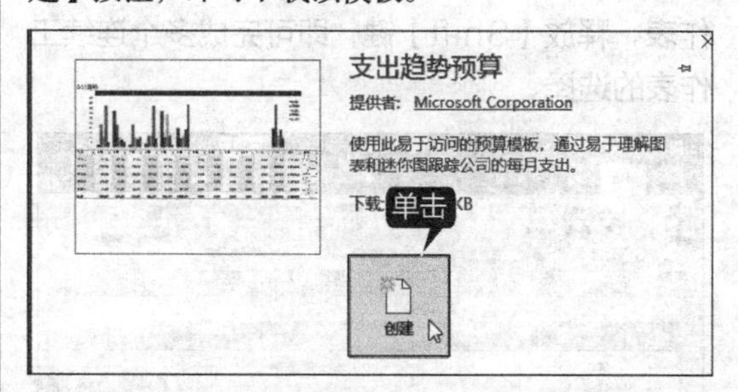

4 自动打开模板

下载完成后，系统会自动打开该模板，此时用户只需在表格中输入或修改相应的数据即可。

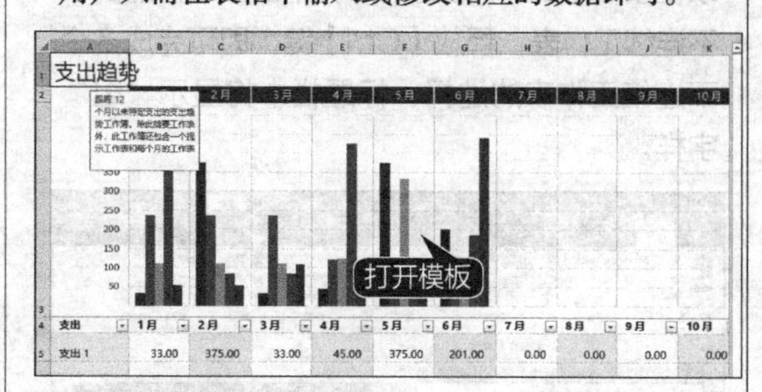

5.1.3 选择单个或多个工作表

在使用模板创建的工作簿中可以看到其中包含多个工作表，在编辑工作表之前首先要选择工作表，选择工作表有多种方法。

1. 选择单个工作表

选择单个工作表时只需要在要选择的工作表标签上单击，即可选择该工作表。例如，在“5月”工作表标签上单击，即可选择“5月”工作表。

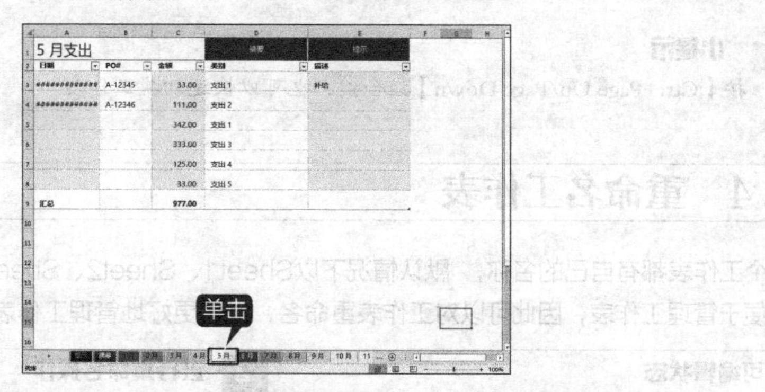

如果工作表太多，显示不完整，可以使用下面的方法快速选择工作表。具体操作步骤如下。

1 选择工作表

在工作表导航栏最左侧区域单击鼠标右键，将会弹出【激活】对话框，在【活动文档】列表框中选择要激活的工作表，这里选择【3月】选项，单击【确定】按钮。

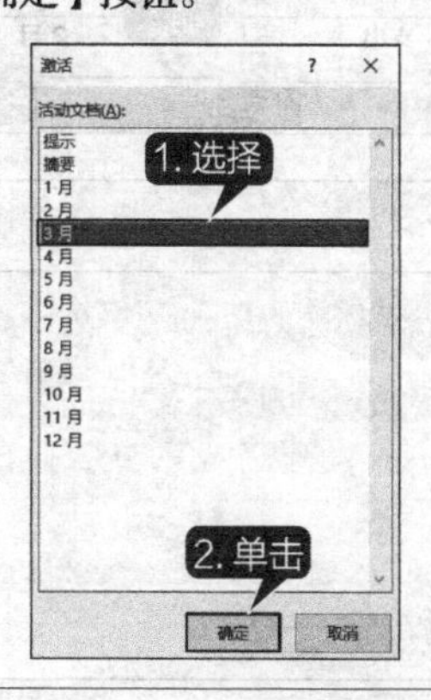

2 完成操作

此时即可快速选择“3月”工作表。

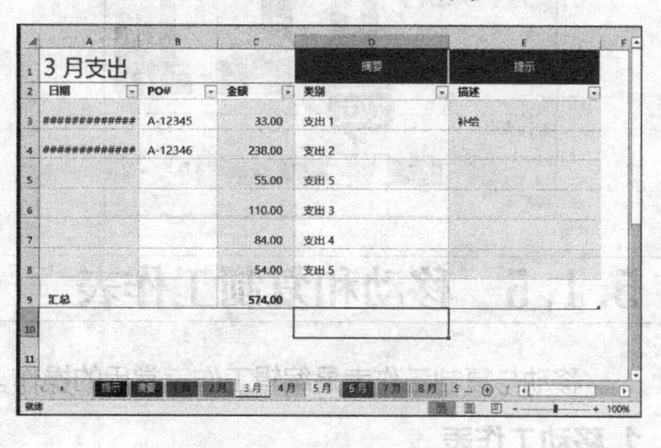

2. 选择不连续的多个工作表

如果要同时编辑多个不连续的工作表，可以在按住【Ctrl】键的同时，单击要选择的多个不连续工作表，释放【Ctrl】键，即可完成多个不连续工作表的选择。标题栏中将显示“组”字样。

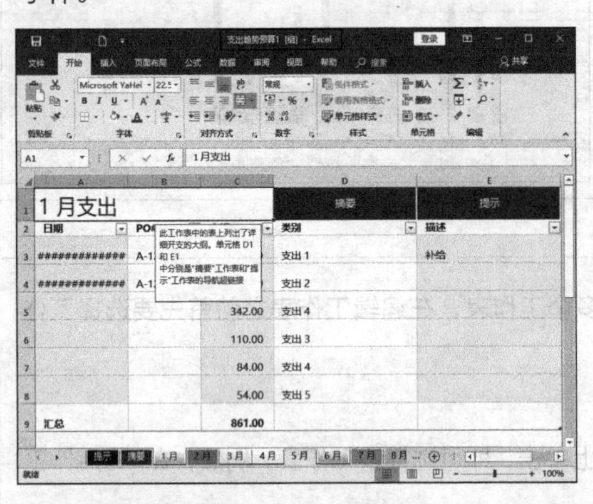

3. 选择连续的多个工作表

在按住【Shift】键的同时，单击要选择的多个连续工作表的第一个工作表和最后一个工作表，释放【Shift】键，即可完成多个连续工作表的选择。

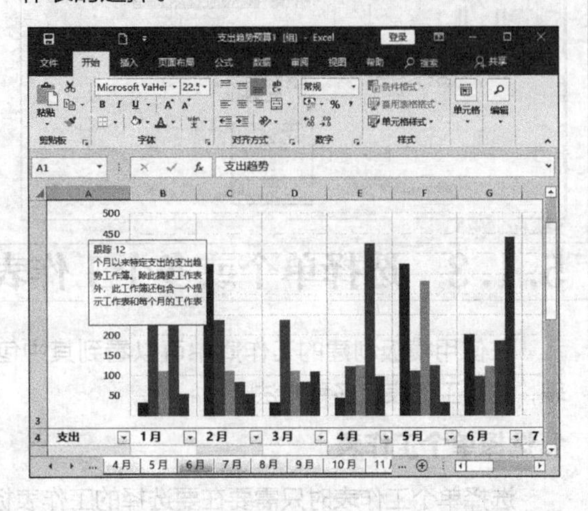

小提示

按【Ctrl+Page Up/Page Down】组合键，也可以快速切换工作表。

5.1.4 重命名工作表

每个工作表都有自己的名称，默认情况下以Sheet1、Sheet2、Sheet3...命名工作表。这种命名方式不便于管理工作表，因此可以对工作表重命名，以便更好地管理工作表。

1 进入可编辑状态

双击要重命名的工作表的标签“摘要”，进入可编辑状态。

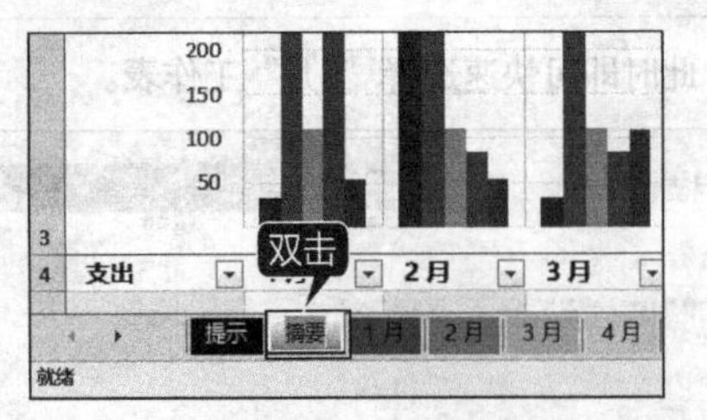

2 进行重命名操作

输入新的标签名后，按【Enter】键，即可完成对该工作表标签进行的重命名操作。

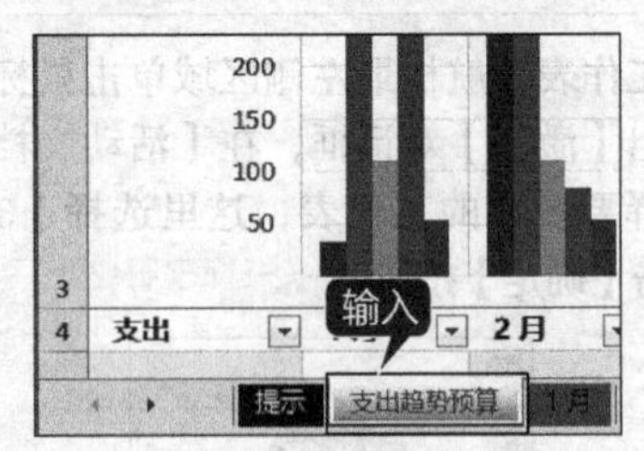

5.1.5 移动和复制工作表

移动与复制工作表是编辑工作表常用的操作。

1. 移动工作表

可以将工作表移动到同一个工作簿的指定位置。

1 选择【移动或复制】菜单命令

在要移动的工作表标签上单击鼠标右键，在弹出的快捷菜单中选择【移动或复制】菜单命令。

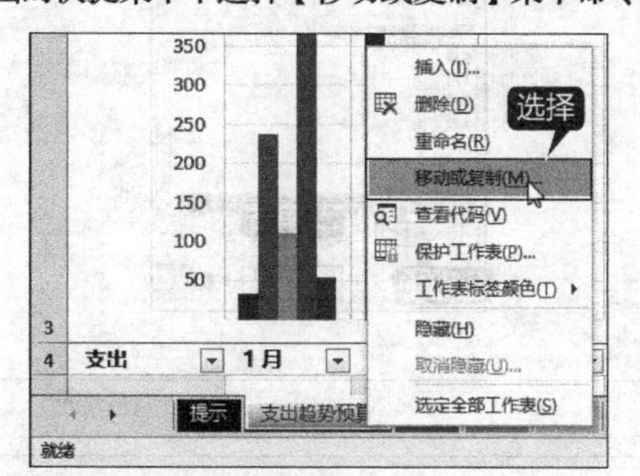

2 选择要移动到的位置

在弹出的【移动或复制工作表】对话框中选择要移动到的位置，单击【确定】按钮。

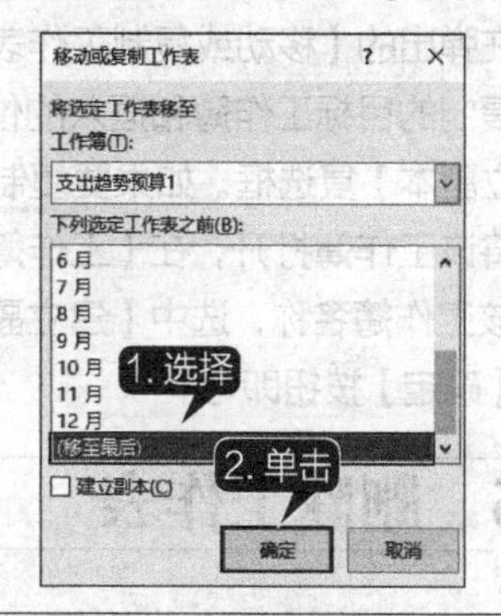

3 移动到指定位置

将当前工作表移动到指定的位置。

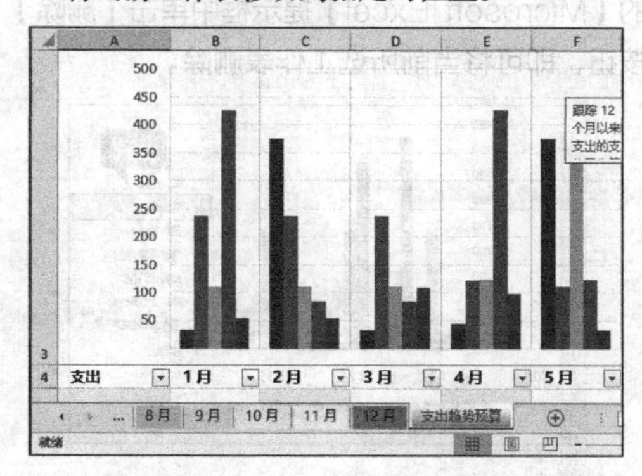

小提示

选择要移动的工作表标签，按住鼠标左键不放，拖曳鼠标，可看到一个黑色倒三角随鼠标指针移动而移动。移动黑色倒三角到目标位置，释放鼠标左键，工作表即可被移动到新的位置。

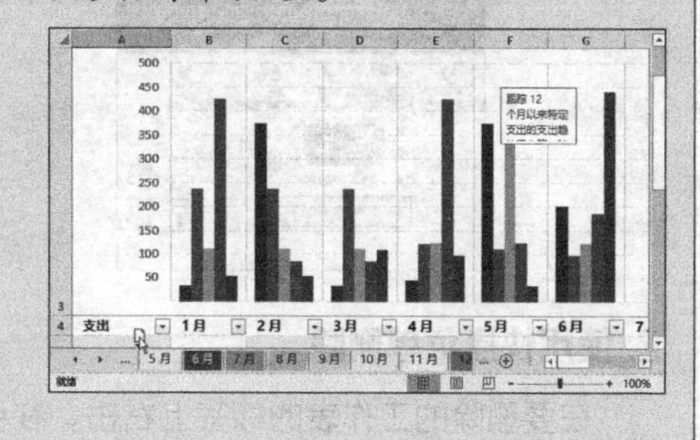

2. 复制工作表

用户可以在一个或多个Excel工作簿中复制工作表，有以下两种方法。

（1）使用鼠标复制

用鼠标复制工作表的步骤与移动工作表的步骤相似，只是在拖动鼠标的同时按住【Ctrl】键即可。

1 选择工作表

选择要复制的工作表，按住【Ctrl】键的同时单击该工作表。

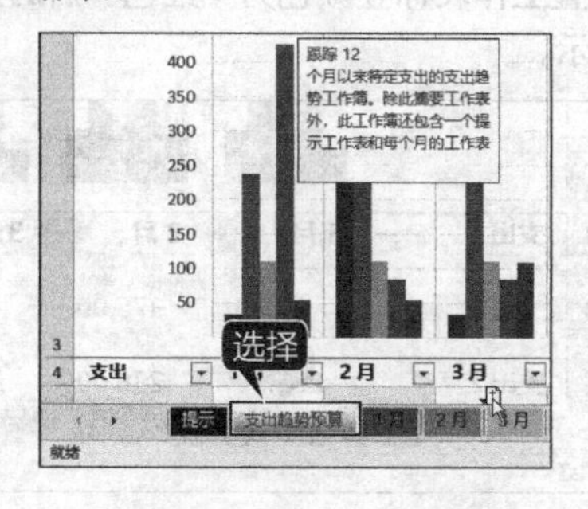

2 复制工作表

拖曳鼠标指针到工作表的新位置，黑色倒三角会随鼠标指针移动，释放鼠标左键，工作表即被复制到新的位置。

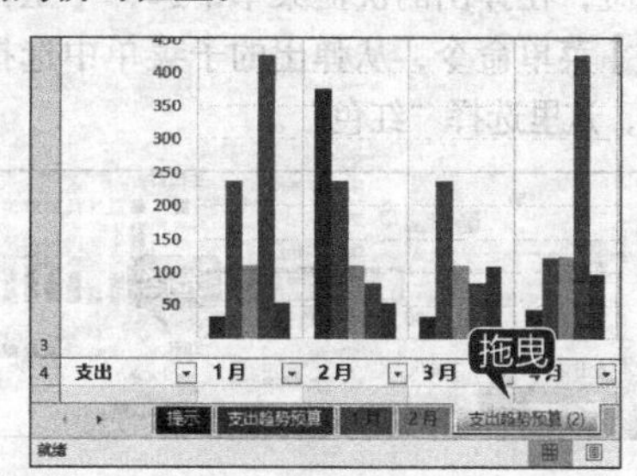

（2）使用快捷菜单复制

选择要复制的工作表，在工作表标签上右击，在弹出的快捷菜单中选择【移动或复制】菜单命令。在弹出的【移动或复制工作表】对话框中选择要复制的目标工作簿和插入的位置，然后选中【建立副本】复选框。如果要复制到其他工作簿中，将该工作簿打开，在【工作簿】下拉列表中选择该工作簿名称，选中【建立副本】复选框，单击【确定】按钮即可。

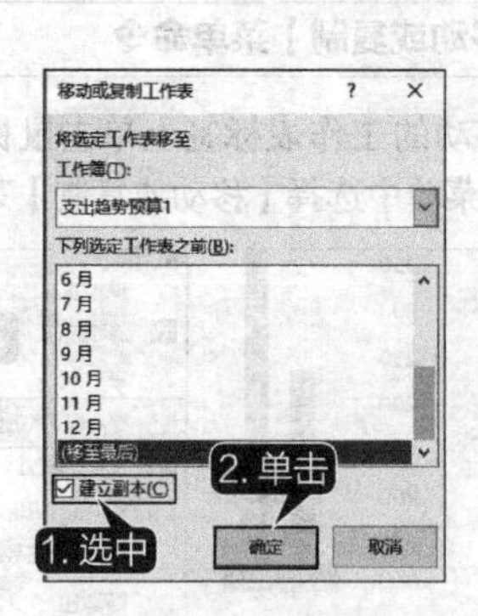

5.1.6 删除工作表

为了便于对Excel表格进行管理，对无用的Excel表格可以删除，以节省存储空间。删除Excel表格的方法主要有以下两种。

1. 使用【删除工作表】命令删除

选择要删除的工作表，单击【开始】选项卡【单元格】选项组中的【删除】按钮，在弹出的下拉菜单中选择【删除工作表】命令。

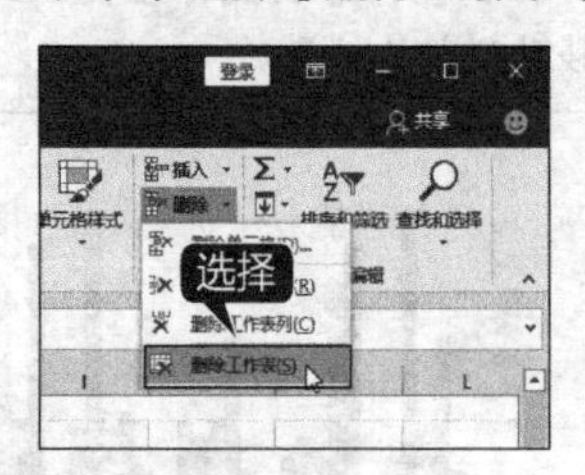

2. 使用快捷菜单删除

在要删除的工作表的标签上右击，在弹出的快捷菜单中选择【删除】菜单命令，在弹出的【Microsoft Excel】提示框中单击【删除】按钮，即可将当前所选工作表删除。

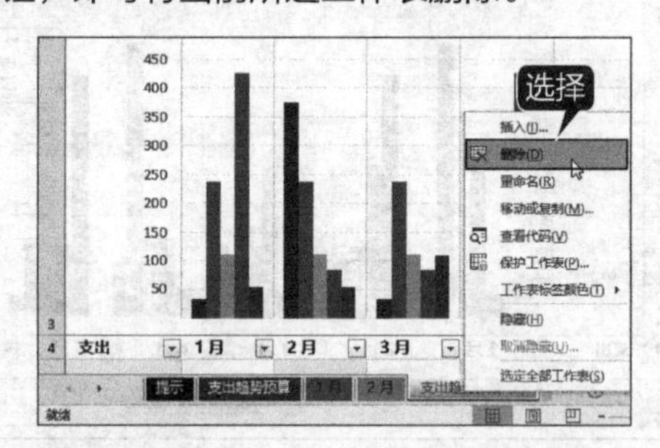

> **小提示**
>
> 选择【删除】菜单命令，工作表即被永久删除，该命令的效果不能被撤销。

5.1.7 设置工作表标签颜色

Excel系统提供有工作表标签的美化功能，用户可以根据需要对标签的颜色进行设置，以便于区分不同的工作表。

1 选择颜色

右键单击要设置颜色的“支出趋势预算”工作表标签，在弹出的快捷菜单中选择【工作表标签颜色】菜单命令，从弹出的子菜单中选择需要的颜色，这里选择“红色”。

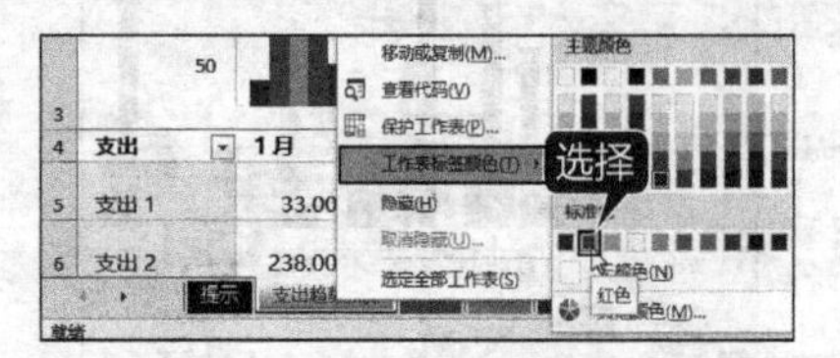

2 查看效果

设置工作表标签颜色为“红色”后的效果如下图所示。

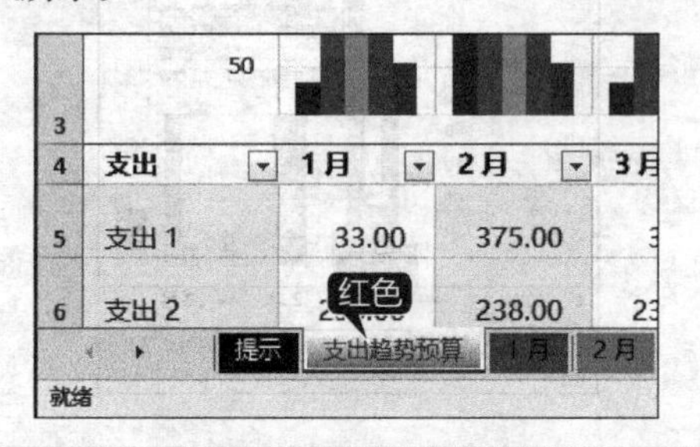

5.1.8 保存工作簿

工作表编辑完成后，就可以将工作簿保存，具体操作步骤如下。

1 单击【浏览】按钮

单击【文件】选项卡，选择【保存】命令，在右侧【另存为】区域中单击【浏览】按钮。

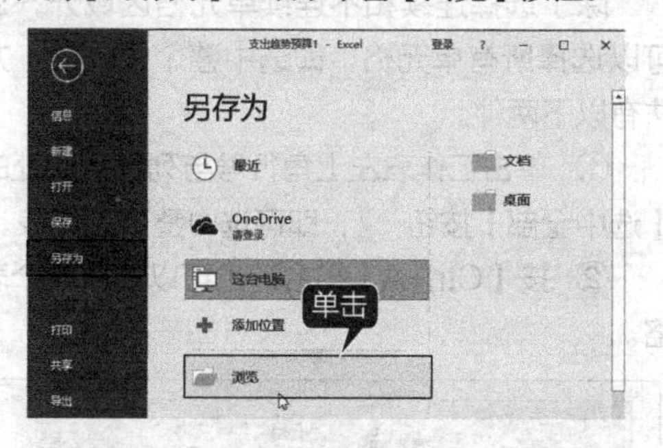

小提示

首次保存文档时，执行【保存】命令，将会打开【另存为】区域。

2 输入文件名称

弹出【另存为】对话框，选择文件存储的位置，在【文件名】文本框中输入要保存的文件名称“支出趋势预算.xlsx”，单击【保存】按钮。此时，就完成了保存工作簿的操作。

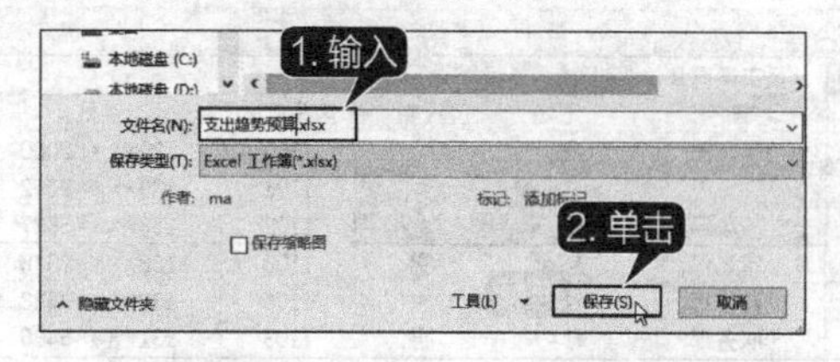

小提示

对已保存过的工作簿再次编辑后，可以通过以下方法保存文档。

（1）按【Ctrl+S】组合键。

（2）单击快速访问工具栏中的【保存】按钮。

（3）单击【文件】选项卡下的【保存】命令。

5.2 修改员工信息表

本节视频教学时间：9分钟

员工信息表主要记录了企业员工的基本信息。本节以修改员工信息表为例，介绍工作表中单元格及行与列的基本操作。

5.2.1 选择单元格或单元格区域

对单元格进行编辑操作，首先要选择单元格或单元格区域。默认情况下，启动Excel并创建新的工作簿时，单元格A1处于自动选中状态。

1. 选择单元格

打开“素材\ch05\员工信息表.xlsx”工作簿，单击某一单元格，若单元格的边框线变成绿色矩形边框，则此单元格处于选中状态。当前单元格的地址显示在名称框中，在工作表格区内，鼠标指针会呈白色“✚”字形状。

	A	B	C	D
1	员工通讯录			
2	部门	姓名	性别	内线电话
3	市场部	张××	女	1100
4	市场部	王××	女	1101
5	市场部	李××	女	1102
6	市场部	赵××	男	1105

在名称框中输入目标单元格的地址，如“B2”，按【Enter】键即可选中第B列和第2行交汇处的单元格。

2. 选择单元格区域

单元格区域是多个单元格组成的区域。根据单元格组成区域的相互联系情况，分为连续区域和不连续区域。

（1）选择连续的单元格区域

在连续区域中，多个单元格之间是相互连续、紧密衔接的，连接的区域形状呈规则的矩形。连续区域的单元格地址标识一般使用“左上角单元格地址：右下角单元格地址”表示，下图即为一个连续区域，单元格地址为A1:C5,包含了从A1单元格到C5单元格共15个单元格。

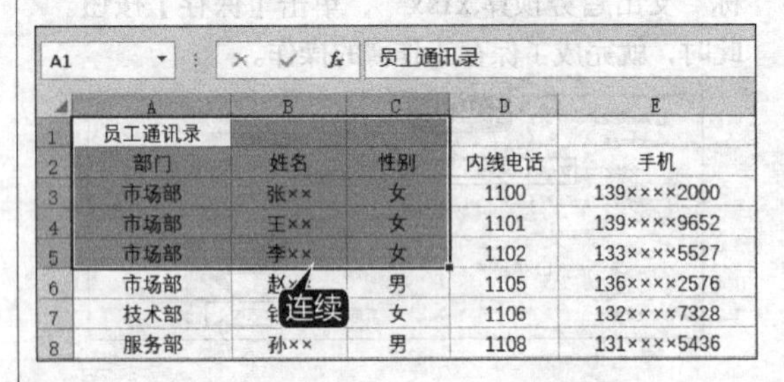

（2）选择不连续的单元格区域

不连续单元格区域是指不相邻的单元格或单元格区域，不连续区域的单元格地址主要由单元格或单元格区域的地址组成，以“，”分隔。例如“A1:B4,C7:C9,G10”即为一个不连续区域的单元格地址，表示该不连续区域包含了A1:B4、C7:C9两个连续区域和一个G10单元格，如下图所示。

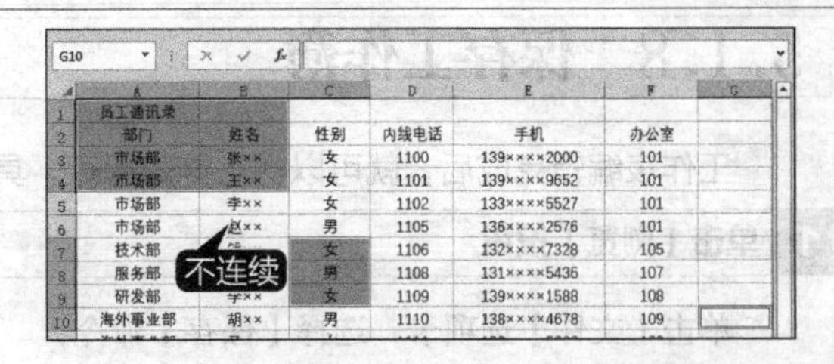

除了选择连续和不连续单元格区域外，还可以选择所有单元格，即选中整个工作表，方法有以下两种。

① 单击工作表左上角行号与列标相交处的【选中全部】按钮，即可选中整个工作表。

② 按【Ctrl+A】组合键也可以选中整个表格。

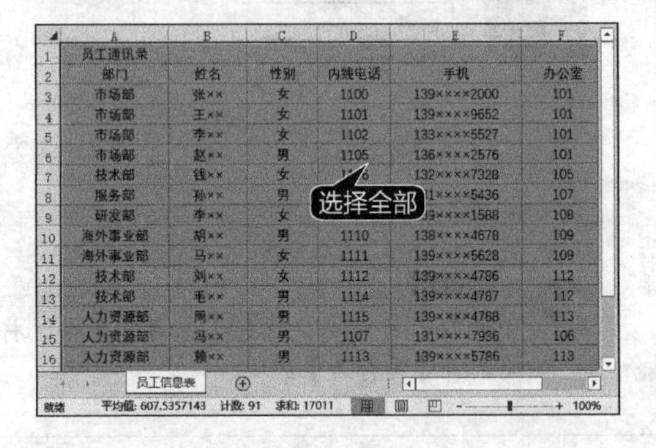

5.2.2 合并与拆分单元格

合并与拆分单元格是最常用的单元格操作，它不仅可以满足用户编辑表格中数据的需求，也可以使工作表整体更加美观。

1. 合并单元格

合并单元格是指在Excel工作表中，将两个或多个选定的相邻单元格合并成一个单元格。

1 选择【合并后居中】选项

在打开的素材文件中选择A1:F1单元格区域，单击【开始】选项卡下【对齐方式】选项组中的【合并后居中】按钮 合并后居中，在弹出的下拉列表中选择【合并后居中】选项。

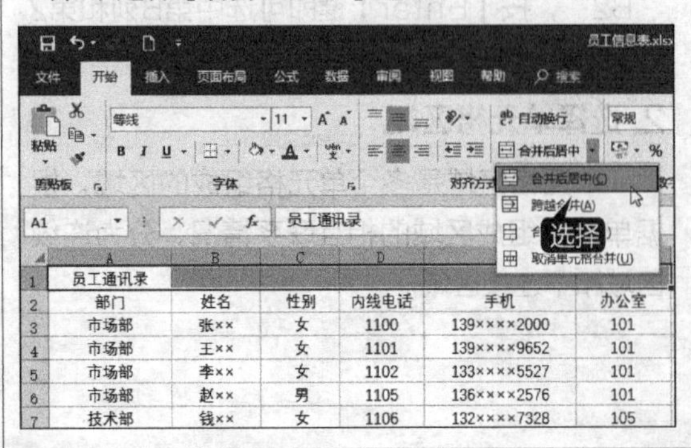

2 设置效果

将选择的单元格区域合并，且居中显示单元格内的文本，如下图所示。

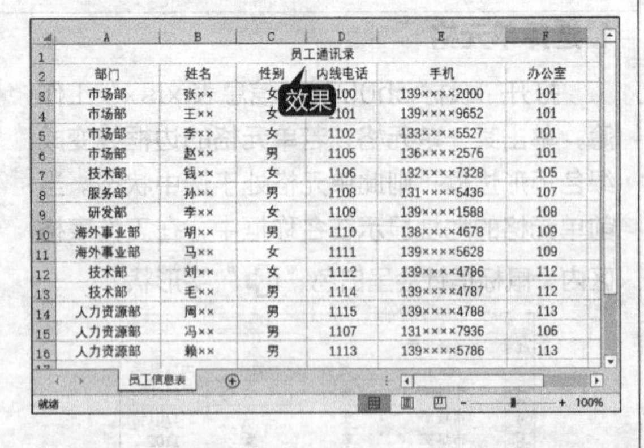

2. 拆分单元格

在Excel工作表中，还可以将合并后的单元格拆分成多个单元格。

选择合并后的单元格，单击【开始】选项卡下【对齐方式】选项组中的【合并后居中】按钮 合并后居中 右侧的下拉按钮，在弹出的下拉列表中选择【取消单元格合并】选项，该单元格即被取消合并，恢复成合并前的单元格。

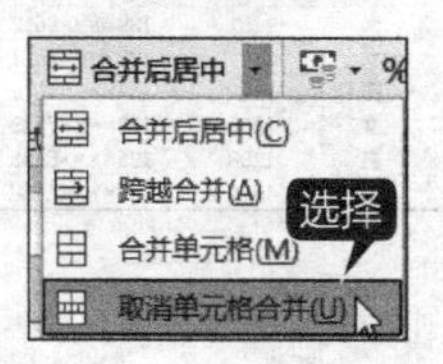

小提示

在合并后的单元格上单击鼠标右键，在弹出的快捷菜单中选择【设置单元格格式】命令，弹出【设置单元格格式】对话框，在【对齐】选项卡下撤销选中【合并单元格】复选框，然后单击【确定】按钮，也可拆分合并后的单元格。

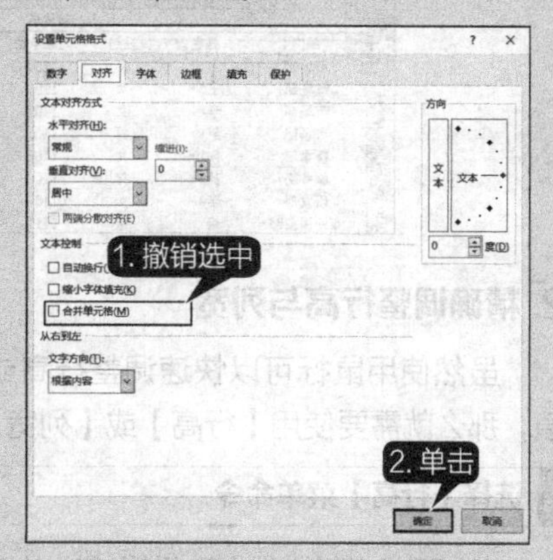

5.2.3 插入或删除行与列

在Excel工作表中，用户可以根据需要插入或删除行和列，其具体步骤如下。

1. 插入行与列

在工作表中插入新行，当前行则向下移动；而插入新列，当前列则向右移动。如选中某行或某列后，单击鼠标右键，在弹出的快捷菜单中选择【插入】菜单命令，即可插入行或列。

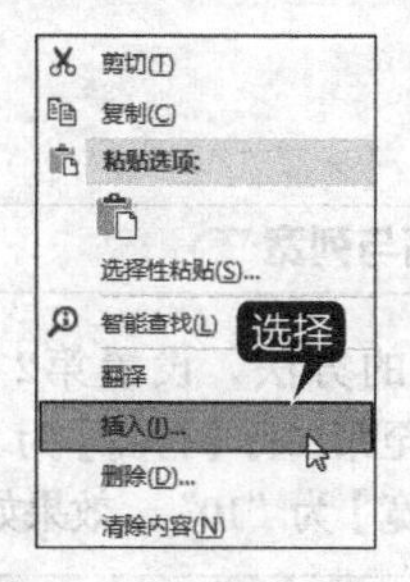

2. 删除行与列

工作表中多余的行或列，可以将其删除。删除行或列的方法有多种，最常用的有以下3种。

（1）选择要删除的行或列，单击鼠标右键，在弹出的快捷菜单中选择【删除】菜单命令，即可将其删除。

（2）选择要删除的行或列，单击【开始】选项卡下【单元格】组中的【删除】按钮右侧的下拉按钮，在弹出的下拉列表中选择【删除单元格】选项，即可将选中的行或列删除。

（3）选择要删除的行或列中的一个单元格，单击鼠标右键，在弹出的快捷菜单中选择【删除】菜单命令，在弹出的【删除】对话框中选中【整行】或【整列】单选项，然后单击【确定】按钮即可。

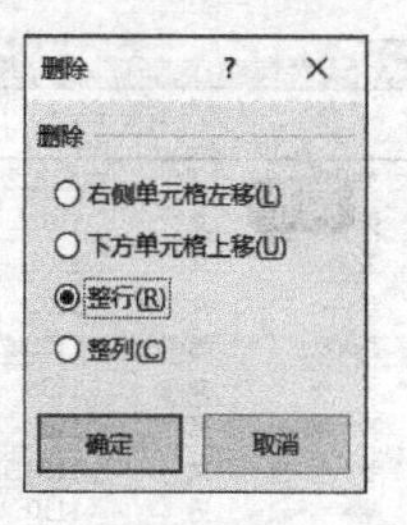

5.2.4 设置行高与列宽

在Excel工作表中，当单元格的高度或宽度不足时，会导致数据显示不完整，这时就需要调整行高与列宽。

1. 手动调整行高与列宽

如果要调整行高，将鼠标指针移动到两行的行号之间，当鼠标指针变成✛形状时，按住鼠标左键向上拖动可以使行变矮，向下拖动则可使行变高。拖动时将显示出以点和像素为单位的高度工具提示。如果要调整列宽，将鼠标指针移动到两列的列标之间，当鼠标指针变成✛形状时，按住鼠标左键向左拖动可以使列变窄，向右拖动则可使列变宽。

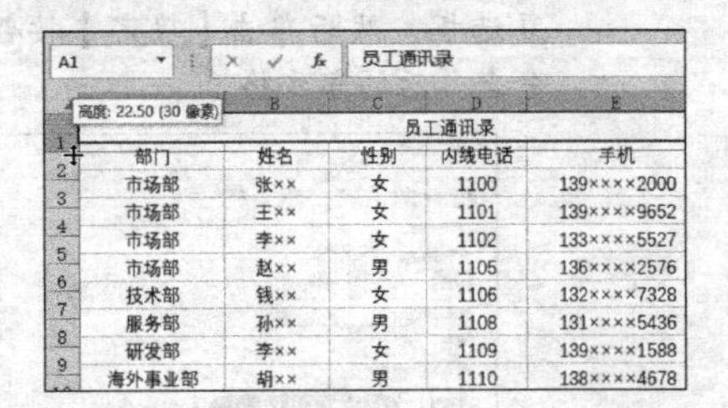

2. 精确调整行高与列宽

虽然使用鼠标可以快速调整行高或列宽，但是其精确度不高，如果需要调整行高或列宽为固定值，那么就需要使用【行高】或【列宽】命令进行调整。

1 选择【行高】菜单命令

在打开的素材文件中选择第1行，在行号上单击鼠标右键，在弹出的快捷菜单中选择【行高】菜单命令。

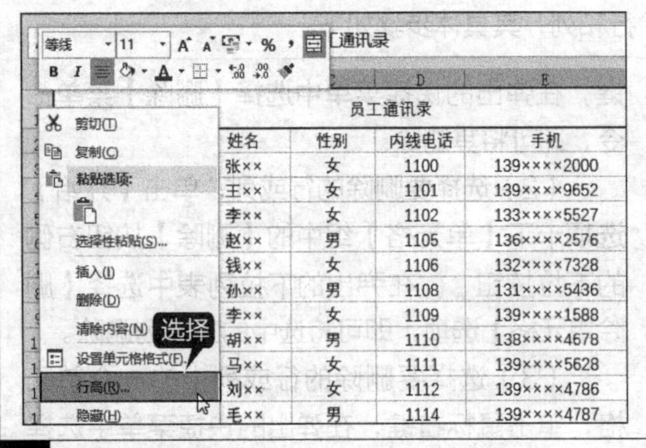

2 输入行高

弹出【行高】对话框，在【行高】文本框中输入“28”，单击【确定】按钮。

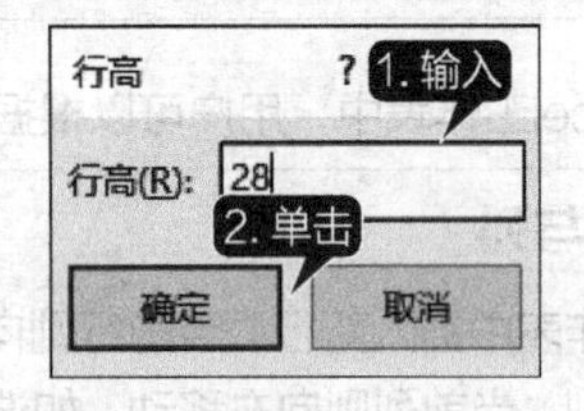

3 调整后的效果

调整后，第1行的行高被精确调整为“28”，效果如下图所示。

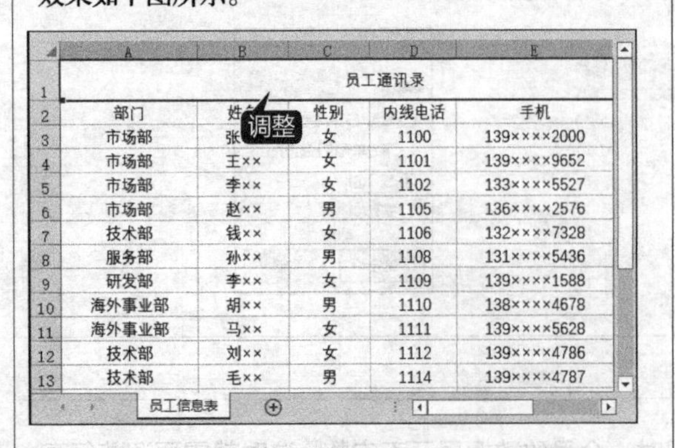

4 设置其他行高与列宽

使用同样的方法，设置第2行【行高】为“20”，第3行至第16行【行高】为“18”，并设置B列至D列【列宽】为“10”，效果如下图所示。

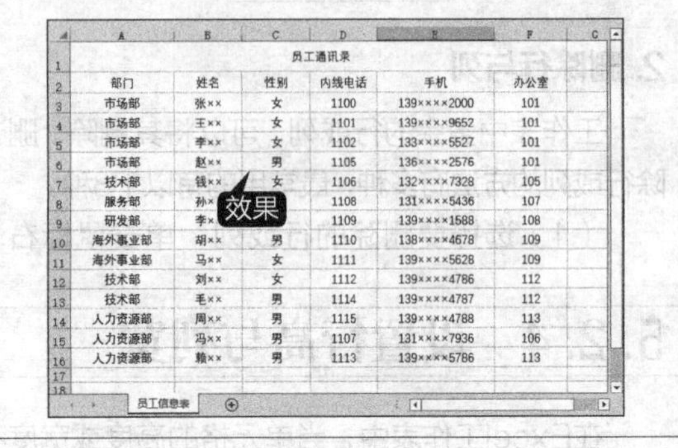

至此，就完成了修改员工信息表的操作。

5.3 制作员工基本资料表

本节视频教学时间：6分钟

员工基本资料表中通常需要容纳文本、数值、日期等多种类型的数据。本节以制作员工基本资料表为例，介绍在Excel 2019 中输入和编辑数据的方法。

5.3.1 输入文本内容

对于单元格中输入的数据，Excel会自动地根据数据的特征进行处理并显示出来。

1 输入文本

新建空白工作簿，并将其另存为“员工基本资料表.xlsx”，选择A1单元格，输入文本“员工基本资料表”，效果如下图所示。

	A	B	C	D
1	员工基本资料表			
2				
3				
4				
5				
6				
7				

输入

2 打开素材

选择A2单元格，输入“员工编号”，然后根据需要在其他单元格中输入文本内容（为了节约时间，可以打开“素材\ch05\员工基本资料.xlsx”工作簿，复制其中的内容），效果如下图所示。

	A	B	C	D	E	F	G	H
1	员工基本资料表							
2	员工编号	姓名	性别	出生日期	部门	人员级别	入职时间	基本工资
3		陈××	女	######	市场部	部门经理	#######	8800
4		田××	男	######	研发部	部门经理	#######	7500
5		柳××	女	######	研发部	研发人员	#######	4500
6		李××	女	######	研发部	研发人员	#######	5100
7		蔡××	男	######	研发部	研发人员	#######	4800
8		王××	男	######	研发部	研发人员	#######	5400
9		高××	男	######	研发部	部门经理	#######	5400
10		胡××	女	######	办公室	普通员工	#######	4500
11		张××	男	######	办公室	部门经理	#######	5100
12		谢××	男	######	[illegible]	普通员工	#######	5700
13		刘××	女	######	办	普通员工	#######	6300
14		冯××	男	######	测试部	测试人员	#######	6900
15		郑××	男	######	测试部	部门经理	#######	7500
16		马××	男	######	测试部	测试人员	#######	4500
17		赵××	女	######	技术支持部	部门经理	#######	5100
18		朱××	男	######	技术支持部	技术人员	#######	4800
19		章××	男	######	技术支持部	技术人员	#######	5400
20		周××	男	######	技术支持部	技术人员	#######	3800
21		林××	女	######	技术支持部	技术人员	#######	4500
22		巴××	女	######	市场部	技术人员	#######	5100
23		白××	女	######	市场部	技术人员	#######	4800
24		林××	女	######	市场部	公关人员	#######	5400

输入

3 合并后居中

选择A1:H1单元格区域，单击【开始】选项卡下【对齐方式】选项组中的【合并后居中】按钮，在弹出的下拉列表中选择【合并后居中】选项。

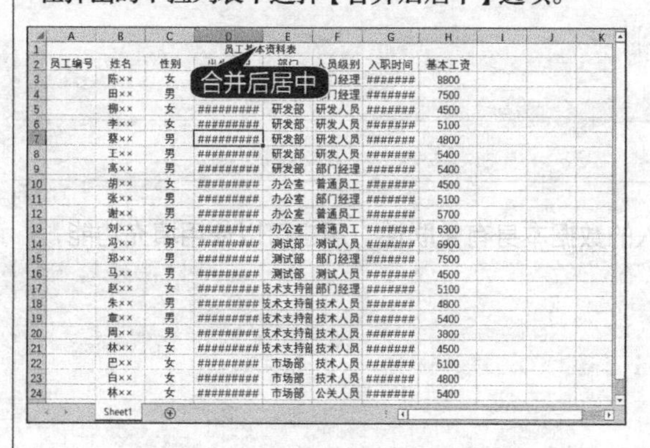

	A	B	C	D	E	F	G	H
1	员工基本资料表							
2	员工编号	姓名	性别	出生日期	部门	人员级别	入职时间	基本工资
3		陈××	女	[illegible]	[illegible]	部门经理	#######	8800
4		田××	男	[illegible]	[illegible]	部门经理	#######	7500
5		柳××	女	#########	研发部	研发人员	#######	4500
6		李××	女	#########	研发部	研发人员	#######	5100
7		蔡××	男	#########	研发部	研发人员	#######	4800
8		王××	男	#########	研发部	研发人员	#######	5400
9		高××	男	#########	研发部	部门经理	#######	5400
10		胡××	女	#########	办公室	普通员工	#######	4500
11		张××	男	#########	办公室	部门经理	#######	5100
12		谢××	男	#########	办公室	普通员工	#######	5700
13		刘××	女	#########	办公室	普通员工	#######	6300
14		冯××	男	#########	测试部	测试人员	#######	6900
15		郑××	男	#########	测试部	部门经理	#######	7500
16		马××	男	#########	测试部	测试人员	#######	4500
17		赵××	女	#########	技术支持部	部门经理	#######	5100
18		朱××	男	#########	技术支持部	技术人员	#######	4800
19		章××	男	#########	技术支持部	技术人员	#######	5400
20		周××	男	#########	技术支持部	技术人员	#######	3800
21		林××	女	#########	技术支持部	技术人员	#######	4500
22		巴××	女	#########	市场部	技术人员	#######	5100
23		白××	女	#########	市场部	技术人员	#######	4800
24		林××	女	#########	市场部	公关人员	#######	5400

4 调整行高及列宽

根据需要调整行高及列宽，效果如下图所示。

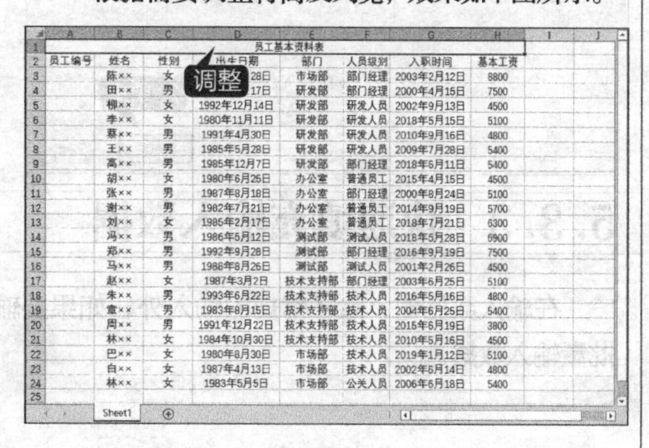

	A	B	C	D	E	F	G	H
1	员工基本资料表							
2	员工编号	姓名	性别	出生日期	部门	人员级别	入职时间	基本工资
3		陈××	女	28日	市场部	部门经理	2003年2月12日	8800
4		田××	男	17日	研发部	部门经理	2000年4月15日	7500
5		柳××	女	1992年12月14日	研发部	研发人员	2002年9月13日	4500
6		李××	女	1980年11月11日	研发部	研发人员	2018年5月15日	5100
7		蔡××	男	1991年4月30日	研发部	研发人员	2010年9月16日	4800
8		王××	男	1985年5月28日	研发部	研发人员	2009年7月28日	5400
9		高××	男	1985年12月7日	研发部	部门经理	2018年6月11日	5400
10		胡××	女	1980年6月25日	办公室	普通员工	2015年4月15日	4500
11		张××	男	1987年8月18日	办公室	部门经理	2000年8月24日	5100
12		谢××	男	1982年7月21日	办公室	普通员工	2014年9月19日	5700
13		刘××	女	1985年2月17日	办公室	普通员工	2018年7月21日	6300
14		冯××	男	1986年5月12日	测试部	测试人员	2018年5月28日	6900
15		郑××	男	1992年9月28日	测试部	部门经理	2016年9月19日	7500
16		马××	男	1988年8月26日	测试部	测试人员	2001年2月26日	4500
17		赵××	女	1987年3月2日	技术支持部	部门经理	2003年6月25日	5100
18		朱××	男	1993年6月22日	技术支持部	技术人员	2016年5月16日	4800
19		章××	男	1983年8月15日	技术支持部	技术人员	2004年6月25日	5400
20		周××	男	1991年12月22日	技术支持部	技术人员	2015年6月19日	3800
21		林××	女	1984年10月30日	技术支持部	技术人员	2010年5月16日	4500
22		巴××	女	1980年8月30日	市场部	技术人员	2019年1月12日	5100
23		白××	女	1987年4月13日	市场部	技术人员	2002年6月14日	4800
24		林××	女	1983年5月5日	市场部	公关人员	2006年6月18日	5400

5.3.2 输入以“0”开头的员工编号

在输入以数字0开头的数字串时，Excel将自动省略0。可以使用下面的操作输入以“0”开头的员工编号，具体操作步骤如下。

1 输入半角单引号

选择A3单元格，输入一个英文半角单引号“'”。

	A	B	C	D
1				员工基
2	员工编号	姓名	性别	出生日期
3	'	陈××	女	1983年8月28日
4		田××	男	1994年7月17日
5		柳××	女	1992年12月14日
6		李××	女	1980年11月11日
7		蔡××	男	1991年4月30日
8		王××	男	1985年5月28日

输入

2 输入数字

然后输入以“0”开头的数字，按【Enter】键确认，即可看到输入的以“0”开头的数字。

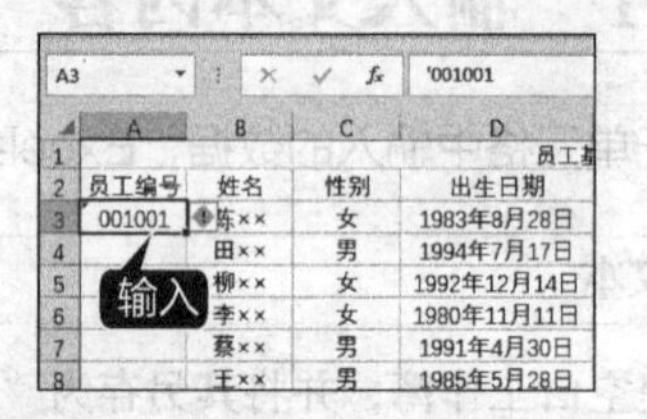

3 设置单元格格式

选择A4单元格，并单击鼠标右键，在弹出的快捷菜单中选择【设置单元格格式】菜单命令。弹出【设置单元格格式】对话框，选择【数字】选项卡，在【分类】列表框中选择【文本】选项，单击【确定】按钮。

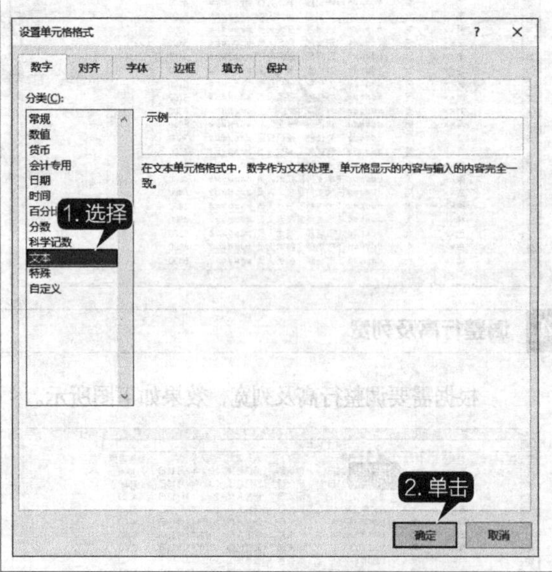

4 输入其他数字

此时，在A4单元格中输入以“0”开头的数字“001002”，按【Enter】键确认，也可以输入以“0”开头的数字。

	A	B	C	D
1				员工基
2	员工编号	姓名	性别	出生日期
3	001001	陈××	女	1983年8月28日
4	001002	田××	男	1994年7月17日
5		柳××	女	1992年12月14日
6		李××	女	1980年11月11日
7		蔡××	男	1991年4月30日
8		王××	男	1985年5月28日

输入

5.3.3 快速填充输入数据

在输入数据时，除了常规的输入外，如果要输入的数据本身有关联性，用户可以使用填充功能，批量输入数据。

1 选中 A3:A4 单元格区域

选中A3:A4单元格区域，将鼠标指针放在该单元格右下角的填充柄上，可以看到鼠标指针变为黑色的+形状。

	A	B	C	D	E
1					员工基本资料表
2	员工编号	姓名	性别	出生日期	部门
3	001001	陈××	女	1983年8月28日	市场部
4	001002	田××	男	1994年7月17日	研发部
5		柳××	女	1992年12月14日	研发部
6		李××	女	1980年11月11日	研发部
7		蔡××	男	1991年4月30日	研发部
8		王××	男	1985年5月28日	研发部
9		高××	男	1985年12月7日	研发部
10		胡××	女	1980年6月25日	办公室
11		张××	男	1987年8月18日	办公室
12		谢××	男	1982年7月21日	办公室

形状

2 快速填充数据

按住鼠标左键，并向下拖曳至A24单元格，即可完成快速填充数据的操作。

	A	B	C	D	E	F	G	H
1	员工基本资料表							
2	员工编号	姓名	性别	出生日期	部门	人员级别	入职时间	基本工资
3	001001	陈××	女	1983年8月28日	市场部	部门经理	2003年2月12日	8800
4	001002	田××	男	1994年7月17日	研发部	部门经理	2000年4月15日	7500
5	001003	柳××	女	1992年12月14日	研发部	研发人员	2002年9月13日	4500
6	001004	李××	女	1980年11月11日	研发部	研发人员	2018年5月15日	5100
7	001005	蔡××	男	1991年4月30日	研发部	研发人员	2010年9月16日	4800
8	001006	王××	男	1985年5月28日	研发部	研发人员	2009年7月28日	5400
9	001007	高××	男	1985年12月7日	研发部	部门经理	2018年6月11日	5400
10	001008	胡××	女	1980年6月25日	办公室	普通员工	2015年4月15日	4500
11	001009	张××	男	1987年8月18日	办公室	部门经理	2000年8月24日	5100
12	001010	谢××	男	1982年7月21日	办公室	普通员工	2014年9月19日	5700
13	001011	刘××	女	1985年2月17日	办公室	普通员工	2018年7月21日	6300
14	001012	冯××	男	1986年5月12日	测试部	测试人员	2018年5月28日	6900
15	001013	郑××	男	1992年9月28日	测试部	部门经理	2016年9月19日	7500
16	001014	马××	男	1988年8月26日	测试部	测试人员	2001年2月26日	4500
17	001015	赵××	女	1987年3月2日	技术支持部	部门经理	2003年6月25日	5100
18	001016	朱××	男	1993年6月22日	技术支持部	技术人员	2016年5月16日	4800
19	001017	章××	男	1983年8月15日	技术支持部	技术人员	2004年6月25日	5400
20	[illegible]	周××	男	1991年12月22日	技术支持部	技术人员	2015年6月19日	3800
21	[illegible]	林××	女	1984年10月30日	技术支持部	技术人员	2010年5月16日	4500
22	[illegible]	巴××	女	1980年8月30日	市场部	技术人员	2019年1月12日	5100
23	001021	白××	女	1987年4月13日	市场部	技术人员	2002年6月14日	4800
24	001022	林××	女	1983年5月5日	市场部	公关人员	2006年6月18日	5400

拖曳

5.3.4 设置员工出生日期格式

在工作表中输入日期或时间时，需要用特定的格式定义。日期和时间也可以参加运算。Excel内置了一些日期与时间的格式，当输入的数据与这些格式相匹配时，Excel会自动将它们识别为日期或时间数据。设置员工出生日期格式的具体操作步骤如下。

1 选择【设置单元格格式】命令

选择D3:D24单元格区域，并单击鼠标右键，在弹出的快捷菜单中选择【设置单元格格式】命令。

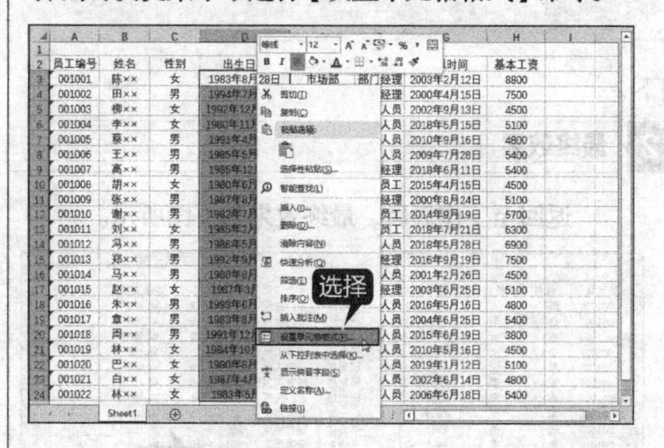

2 选择日期类型

弹出【设置单元格格式】对话框，选择【数字】选项卡，在【分类】列表框中选择【日期】选项，在右侧【类型】列表框中选择一种日期类型，单击【确定】按钮。

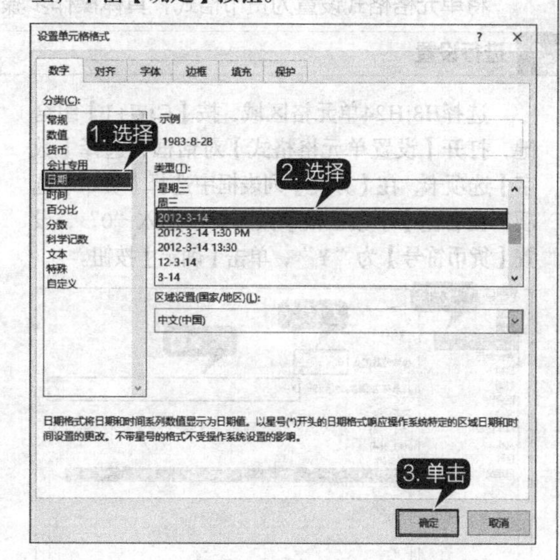

3 设置效果

返回至工作表后，即可将D3:D24单元格区域的数据设置为选定的日期类型。

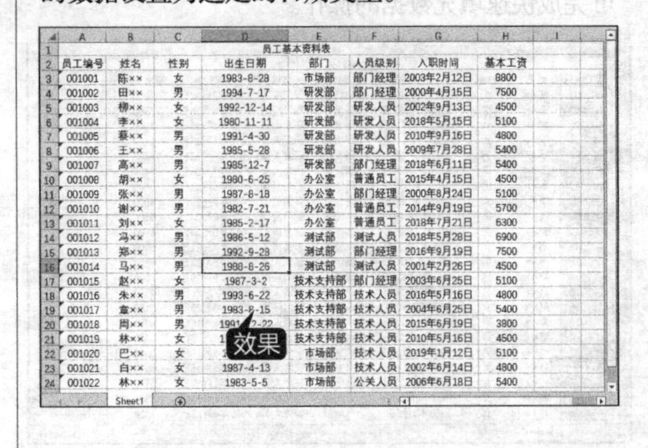

	A	B	C	D	E	F	G	H
1	员工基本资料表							
2	员工编号	姓名	性别	出生日期	部门	人员级别	入职时间	基本工资
3	001001	陈××	女	1983-8-28	市场部	部门经理	2003年2月12日	8800
4	001002	田××	男	1994-7-17	研发部	部门经理	2000年4月15日	7500
5	001003	柳××	女	1992-12-14	研发部	研发人员	2002年9月13日	4500
6	001004	李××	女	1980-11-11	研发部	研发人员	2018年5月15日	5100
7	001005	蔡××	男	1991-4-30	研发部	研发人员	2010年9月16日	4800
8	001006	王××	男	1985-5-28	研发部	研发人员	2009年7月28日	5400
9	001007	高××	男	1985-12-7	研发部	部门经理	2018年6月11日	5400
10	001008	胡××	女	1980-6-25	办公室	普通员工	2015年4月15日	4500
11	001009	张××	男	1987-8-18	办公室	部门经理	2000年8月24日	5100
12	001010	谢××	男	1982-7-21	办公室	普通员工	2014年9月19日	5700
13	001011	刘××	女	1985-2-17	办公室	普通员工	2018年7月21日	6300
14	001012	冯××	男	1986-5-12	测试部	测试人员	2018年5月28日	6900
15	001013	郑××	男	1992-9-28	测试部	部门经理	2016年9月19日	7500
16	001014	马××	男	1988-8-26	测试部	测试人员	2001年2月26日	4500
17	001015	赵××	女	1987-3-2	技术支持部	部门经理	2003年6月25日	5100
18	001016	朱××	男	1993-6-22	技术支持部	技术人员	2016年5月16日	4800
19	001017	章××	男	1983-[illegible]-15	技术支持部	技术人员	2004年6月25日	5400
20	001018	周××	男	1991[illegible]2-22	技术支持部	技术人员	2015年6月19日	3800
21	001019	林××	女	1[illegible]	技术支持部	技术人员	2010年5月16日	4500
22	001020	巴××	女	[illegible]	市场部	技术人员	2019年1月12日	5100
23	001021	白××	女	1987-4-13	市场部	技术人员	2002年6月14日	4800
24	001022	林××	女	1983-5-5	市场部	公关人员	2006年6月18日	5400

4 设置其他日期格式

使用同样的方法，也可以将G3:G24单元格区域数据设置为选择的日期格式，如下图所示。

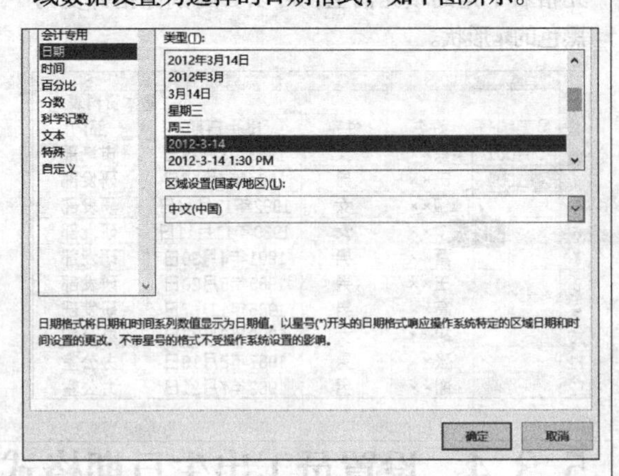

5.3.5 设置单元格的货币格式

当输入的数据为金额时，需要设置单元格格式为“货币”。

如果输入的数据不多，可以直接按【Shift+4】组合键在单元格中输入带货币符号的金额。

小提示

这里的数字“4”为键盘中字母上方的数字键，而并非小键盘中的数字键。在英文输入法下，按下【Shift+4】组合键，会出现“$”符号；在中文输入法下，则出现“¥”符号。

将单元格格式设置为货币格式，具体操作步骤如下。

1 进行设置

选择H3:H24单元格区域，按【Ctrl+1】组合键，打开【设置单元格格式】对话框，选择【数字】选项卡，在【分类】列表框中选择【货币】选项，在右侧【小数位数】微调框中输入“0”，设置【货币符号】为“¥”，单击【确定】按钮。

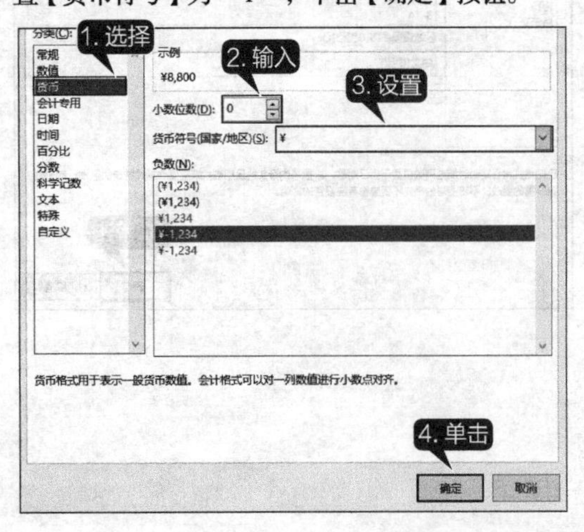

2 最终效果

返回至工作表后，最终效果如下图所示。

	A	B	C	D	E	F	G	H
1	员工基本资料表							
2	员工编号	姓名	性别	出生日期	部门	人员级别	入职时间	基本工资
3	001001	陈××	女	1983-8-28	市场部	部门经理	2003-2-12	¥8,800
4	001002	田××	男	1994-7-17	研发部	部门经理	2000-4-15	¥7,500
5	001003	柳××	女	1992-12-14	研发部	研发人员	2002-9-13	¥4,500
6	001004	李××	女	1980-11-11	研发部	研发人员	2018-5-15	¥5,100
7	001005	蔡××	男	1991-4-30	研发部	研发人员	2010-9-16	¥4,800
8	001006	王××	男	1985-5-28	研发部	研发人员	2009-7-28	¥5,400
9	001007	高××	男	1985-12-7	研发部	部门经理	2018-6-11	¥5,400
10	001008	胡××	女	1980-6-25	办公室	普通员工	2015-4-15	¥4,500
11	001009	张××	男	1987-8-18	办公室	部门经理	2000-8-24	¥5,100
12	001010	谢××	男	1982-7-21	办公室	普通员工	2014-9-1[illegible]	[illegible]
13	001011	刘××	女	1985-2-17	办公室	普通员工	2018-7-2[illegible]	[illegible]
14	001012	冯××	男	1986-5-12	测试部	测试人员	2018-5-2[illegible]	[illegible]
15	001013	郑××	男	1992-9-28	测试部	部门经理	2016-9-19	¥7,500
16	001014	马××	男	1988-8-26	测试部	测试人员	2001-2-26	¥4,500
17	001015	赵××	女	1987-3-2	技术支持部	部门经理	2003-6-25	¥5,100
18	001016	朱××	男	1993-6-22	技术支持部	技术人员	2016-5-16	¥4,800
19	001017	章××	男	1983-8-15	技术支持部	技术人员	2004-6-25	¥5,400
20	001018	周××	男	1991-12-22	技术支持部	技术人员	2015-6-19	¥3,800
21	001019	林××	女	1984-10-30	技术支持部	技术人员	2010-5-16	¥4,500
22	001020	巴××	女	1980-8-30	市场部	技术人员	2019-1-12	¥5,100
23	001021	白××	女	1987-4-13	市场部	技术人员	2002-6-14	¥4,800
24	001022	林××	女	1983-5-5	市场部	公关人员	2006-6-18	¥5,400

效果

5.3.6 修改单元格中的数据

在表格中输入数据错误或者格式不正确时，就需要对数据进行修改。修改单元格中数据的具体操作步骤如下。

1 选择【清除内容】命令

选择H24单元格并单击鼠标右键，在弹出的快捷菜单中选择【清除内容】命令。

2 重新输入

将单元格中的数据清除，重新输入正确的数据即可。

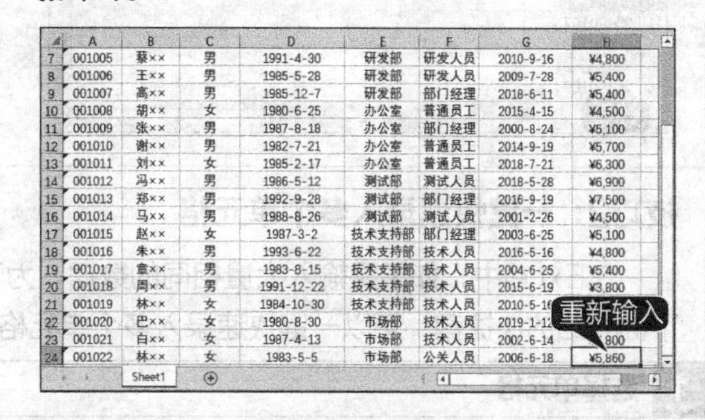

小提示

也可以按【Delete】键清除单元格内容。

小提示

选择包含错误数据的单元格，直接输入正确的数据，也可以完成修改数据的操作。

至此，就完成了制作员工基本资料表的操作。

高手私房菜

技巧1：删除表格中的空行

在Excel工作表中，如果表格中混杂了不规则的空行，逐个删除就比较麻烦。此时，用户可以采用下述方法，快速删除表格中的空行。

1 单击【定位条件】按钮

打开“素材\ch05\删除空行.xlsx”工作簿，选择A列。按【Ctrl+G】组合键，打开【定位】对话框，并单击【定位条件】按钮。

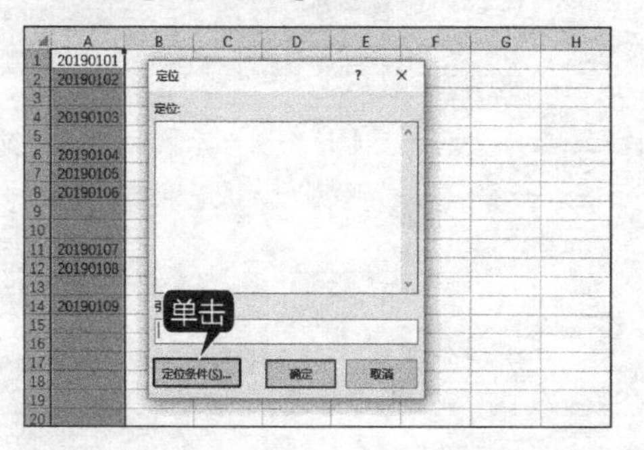

2 选择【空值】单选项

在弹出的【定位条件】对话框中，选择【空值】单选项，并单击【确定】按钮。

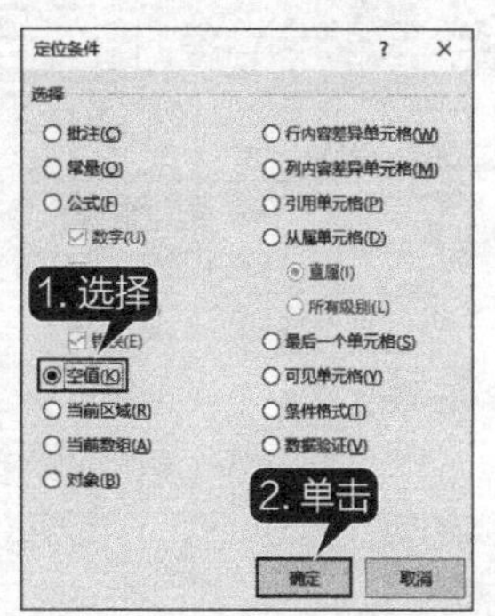

3 选中空值单元格

返回Excel界面，即可看到空值单元格被选中。

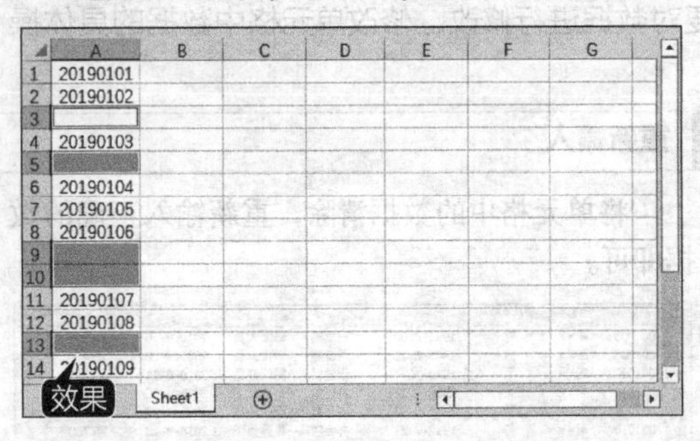

4 删除工作表行

单击【开始】➤【单元格】➤【删除】➤【删除工作表行】选项，空白行被删除，效果如下图所示。

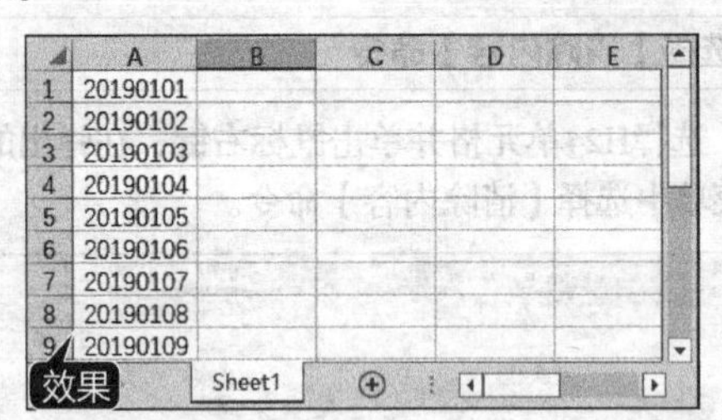

技巧2：一键快速录入多个单元格

在Excel中，如果要输入大量相同的数据，为了提高输入效率，除了使用填充功能外，还可以使用下面介绍的快捷键，可以一键快速录入多个单元格。

1 选择单元格

在Excel中，选择要输入数据的单元格，并在任选单元格中输入数据。

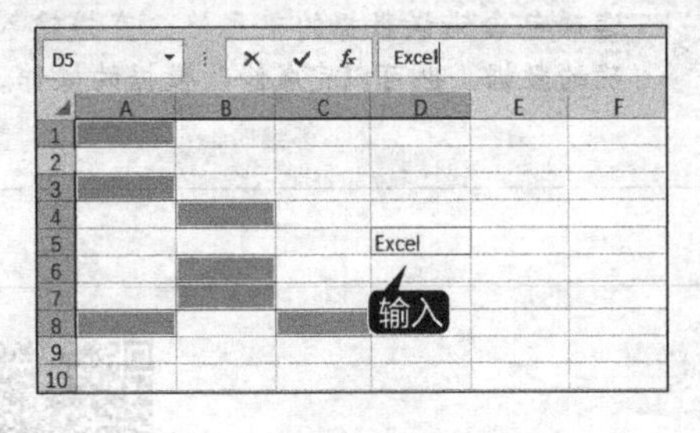

2 输入同一数据

按【Ctrl+Enter】组合键，即可在所选单元格区域输入同一数据。

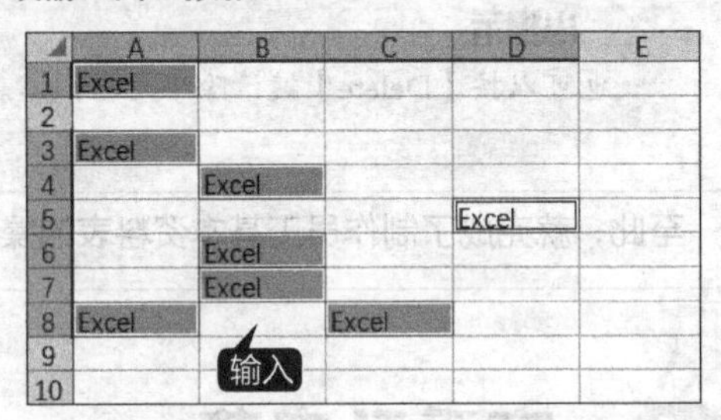

第6章

管理和美化工作表

本章视频教学时间：28 分钟

工作表的管理和美化操作，可以设置表格文本的样式，并且使表格层次分明、结构清晰、重点突出。本章就来介绍设置对齐方式、设置字体、设置边框、设置表格样式、套用单元格样式以及突出显示单元格效果等的操作。

【学习目标】

- 通过本章的学习，读者可以掌握管理和美化工作表的基本操作。

【本章涉及知识点】

- 设置字体样式
- 设置边框
- 插入图片
- 设置表格和套用单元格样式
- 条件格式的使用
- 打印报表

6.1 美化物资采购登记表

本节视频教学时间：5分钟

在Excel 2019中通常通过字体格式、对齐方式、添加边框及插入图片等操作来美化表格。本节以美化物资采购登记表为例介绍工作表的美化方法。

6.1.1 设置字体

在Excel 2019中，用户可以根据需要设置输入数据的字体、字号等，具体操作步骤如下。

1 合并单元格

打开“素材\ch06\物资采购登记表.xlsx”工作簿，选择A2:K2单元格区域，单击【开始】选项卡下【对齐方式】组中【合并后居中】按钮右侧的下拉按钮，在弹出的下拉列表中选择【合并单元格】选项，将选择的单元格区域合并。

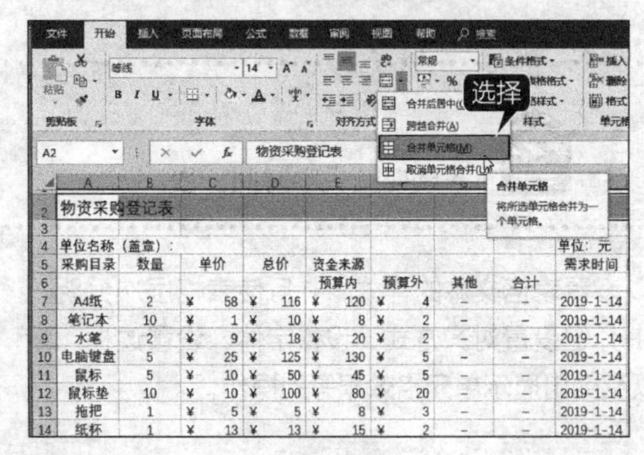

2 设置字体

选择A2单元格，单击【开始】选项卡下【字体】选项组中【字体】按钮的下拉按钮，在弹出的下拉列表中，选择需要的字体，这里选择【华文楷体】选项。

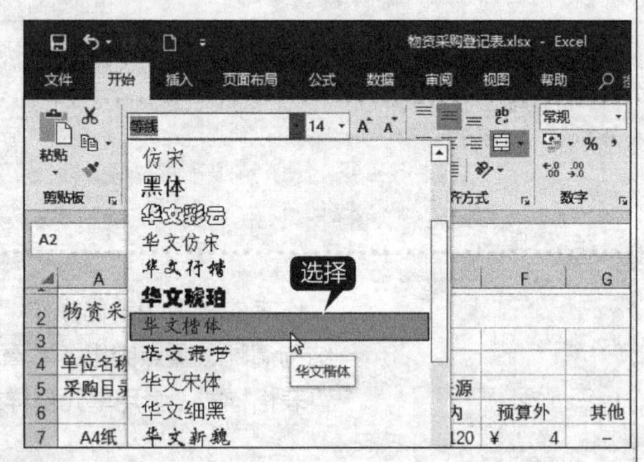

3 设置后的效果

设置字体后的效果如下图所示。

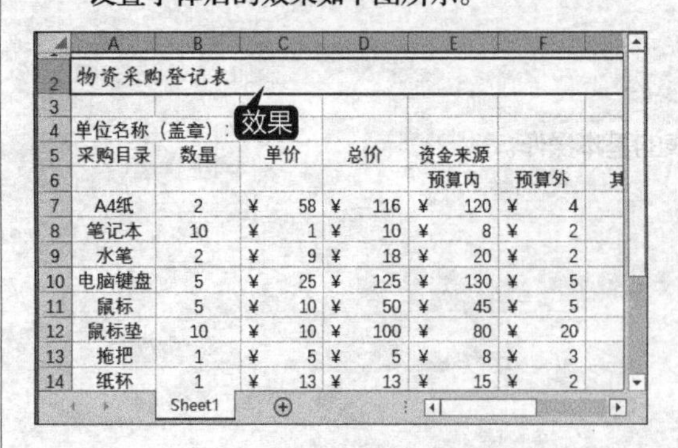

4 设置字号

选择A2单元格，单击【开始】选项卡下【字体】选项组中【字号】按钮的下拉按钮，在弹出的下拉列表中选择【18】选项。

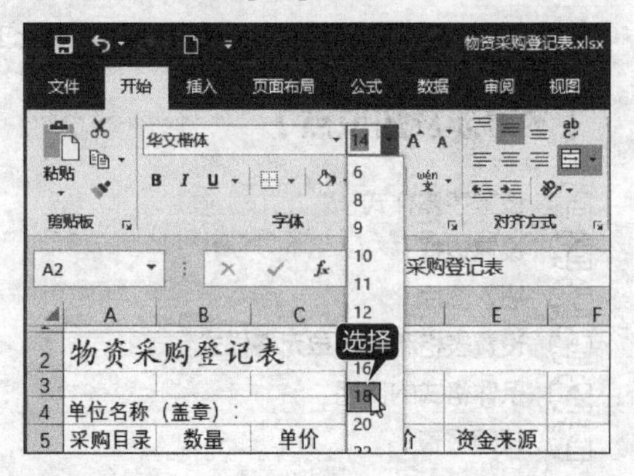

5 完成设置

完成字号的设置，效果如下图所示。

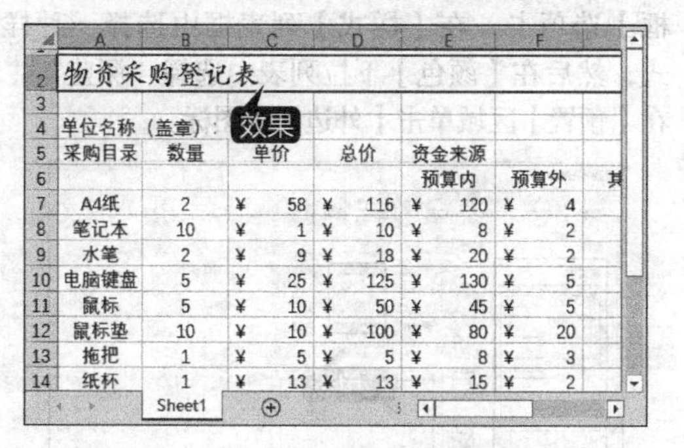

6 最终效果

根据需要设置其他单元格中的字体和字号，最终效果如下图所示。

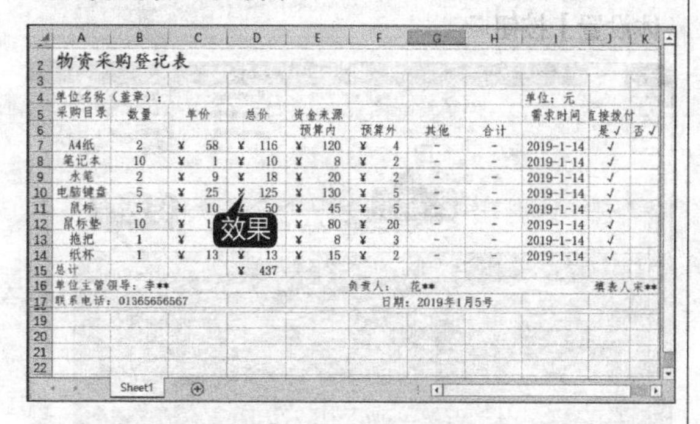

6.1.2 设置对齐方式

Excel 2019允许为单元格数据设置的对齐方式有左对齐、右对齐和合并居中对齐等。使用功能区中的按钮设置数据对齐方式的具体步骤如下。

1 居中数据

在打开的素材文件中，选择A2单元格，单击【开始】选项卡下【对齐方式】组中的【垂直居中】按钮和【居中】按钮，则选择的区域中的数据将被居中显示，如下图所示。

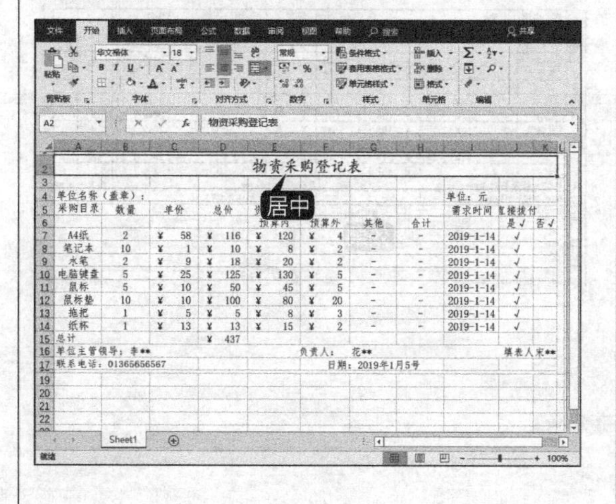

2 设置单元格格式

另外，还可以通过【设置单元格格式】对话框设置对齐方式。选择要设置对齐方式的其他单元格区域，在【开始】选项卡中单击【对齐方式】选项组右下角的【对齐设置】按钮，在弹出的【设置单元格格式】对话框中选择【对齐】选项卡，在【文本对齐方式】区域下的【水平对齐】下拉列表框中选择【居中】选项，在【垂直对齐】下拉列表框中选择【居中】选项，单击【确定】按钮即可。

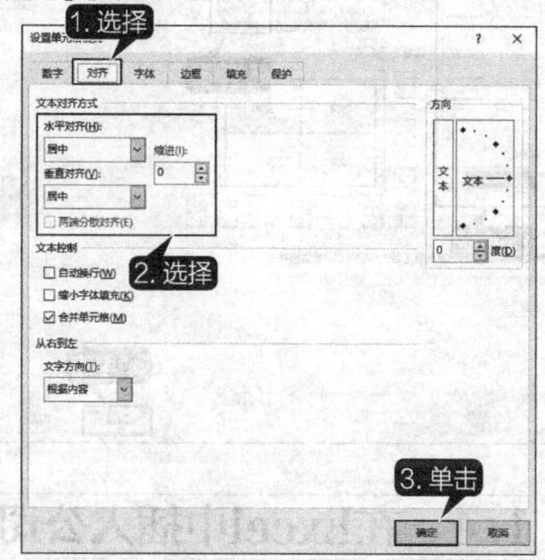

6.1.3 添加边框

在Excel 2019中，单元格四周的灰色网格线默认是不能被打印出来的。为了使表格更加规范、美观，可以为表格设置边框。使用对话框设置边框的具体操作步骤如下。

1 单击【字体设置】按钮

选中要添加边框的单元格区域A4:K17，单击【开始】选项卡下【字体】选项组右下角的【字体设置】按钮。

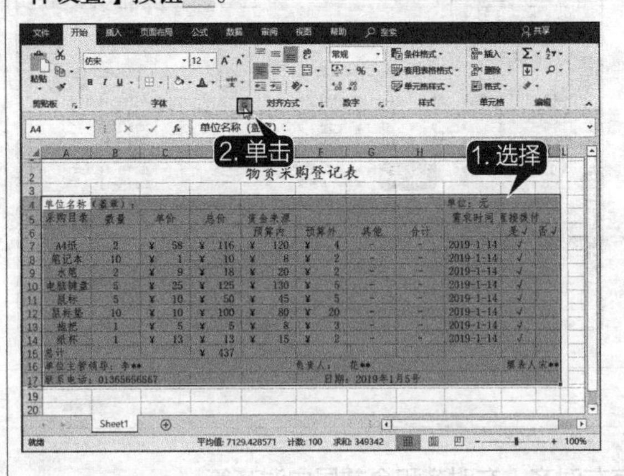

2 进行设置

弹出【设置单元格格式】对话框，选择【边框】选项卡，在【样式】列表框中选择一种样式，然后在【颜色】下拉列表中选择“深蓝”，在【预置】区域单击【外边框】图标。

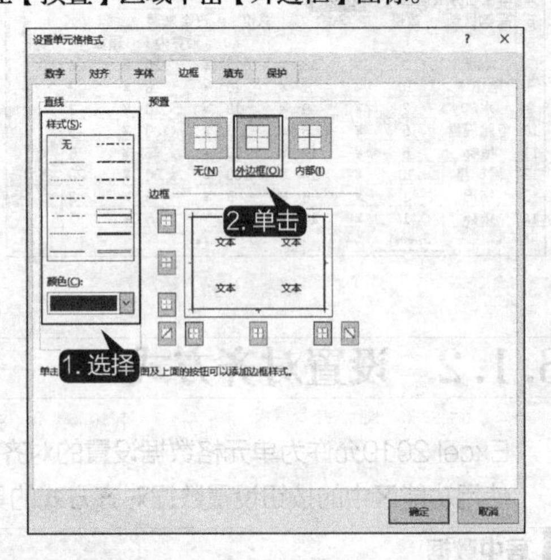

3 进行设置

再次在【样式】列表框中选择一种样式，然后在【颜色】下拉列表中选择“蓝色”，在【预置】区域单击【内部】图标，单击【确定】按钮。

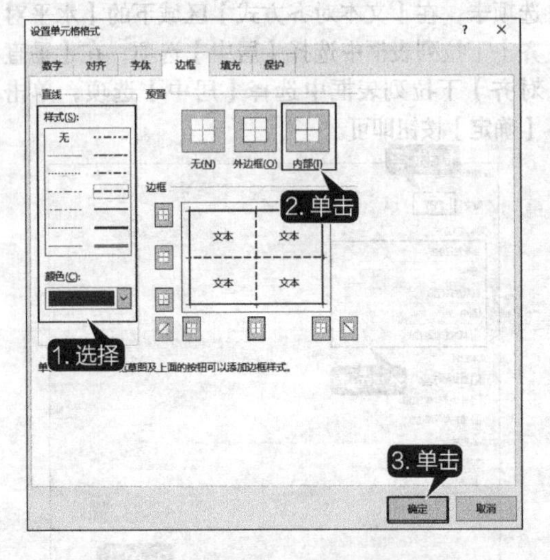

4 最终效果

添加边框后，最终效果如下图所示。

6.1.4 在Excel中插入公司Logo

在Excel工作表中插入图片可以使工作表更美观。下面以插入公司Logo为例，介绍插入图片的方法，具体操作步骤如下。

1 单击【图片】按钮

在打开的素材文件中，单击【插入】选项卡下【插图】组中的【图片】按钮。

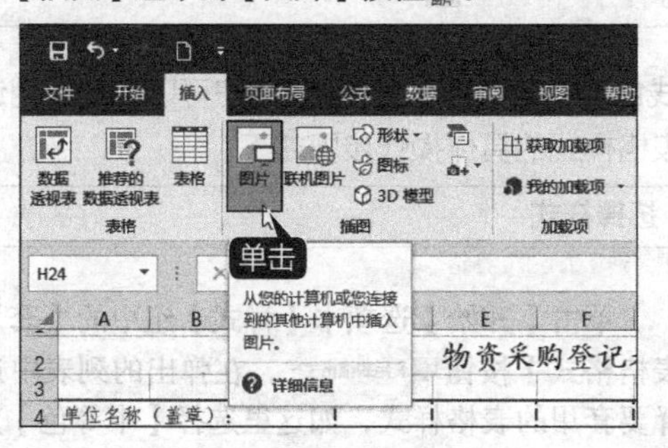

2 选择图片

弹出【插入图片】对话框，选择插入图片存储的位置，并选择要插入的公司Logo图片，单击【插入】按钮。

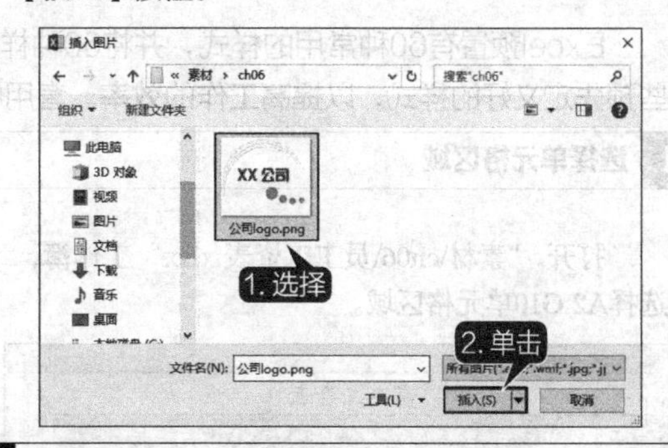

3 插入图片

将选择的图片插入到工作表中。

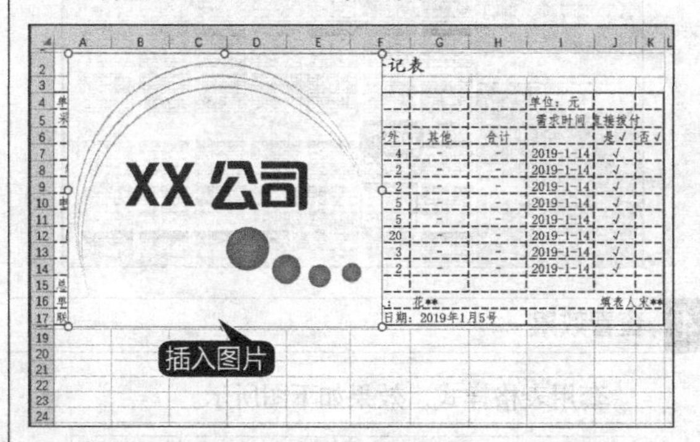

4 调整大小

将鼠标指针放在图片4个角的控制点上，当鼠标指针变为↘形状时，按住鼠标左键并拖曳鼠标，至合适大小后释放鼠标左键，即可调整插入的公司Logo图片的大小。

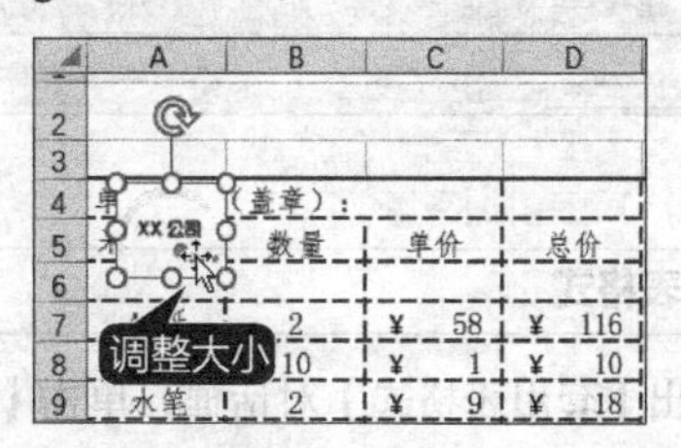

5 调整图片位置

将鼠标指针放置在图片上，当鼠标指针变为✥形状时，按住鼠标左键并拖曳鼠标，至合适位置处释放鼠标左键，就可以调整图片的位置。

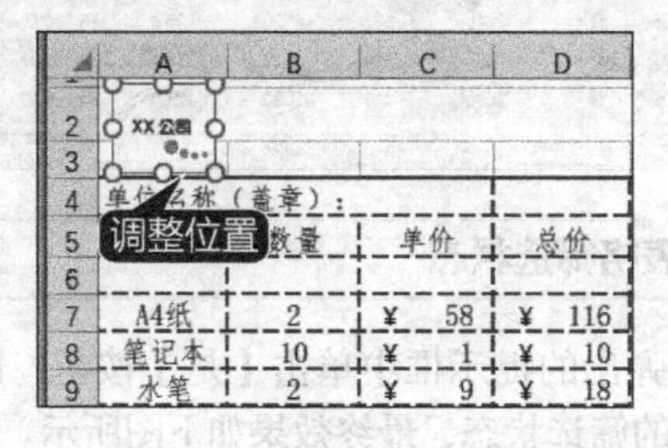

6 最终效果

选择插入的图片，在【图片工具】➤【格式】选项卡下【调整】和【图片样式】组中还可以根据需要调整图片的样式，最终效果如下图所示。

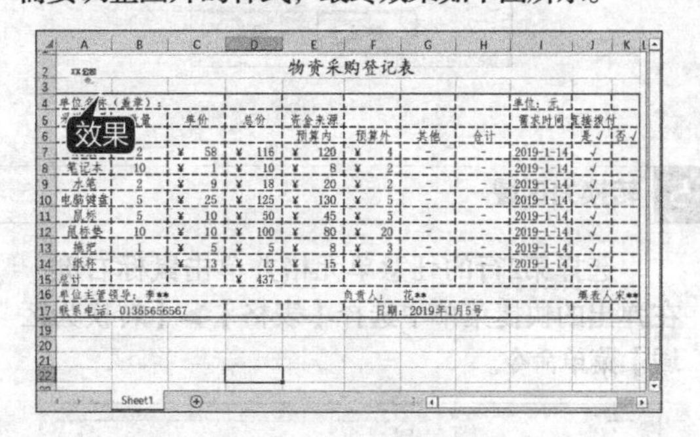

至此，就完成了美化物资采购登记表的操作。

6.2 美化员工工资表

 本节视频教学时间：8分钟

Excel 2019提供了自动套用表格样式和单元格样式的功能，便于用户从众多预设好的表格样式和

单元格样式中选择一种样式，快速地套用到某一个工作表或单元格中。本节以美化员工工资表为例介绍套用表格样式和单元格样式的操作。

6.2.1 快速设置表格样式

Excel预置有60种常用的样式，并将60种样式分为浅色、中等色和深色3组。用户可以自动套用这些预先定义好的样式，以提高工作的效率。套用中等色表格样式的具体操作步骤如下。

1 选择单元格区域

打开“素材\ch06\员工工资表.xlsx”工作簿，选择A2:G10单元格区域。

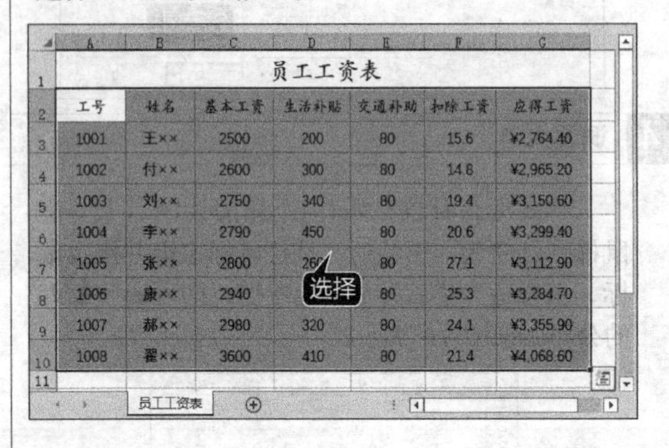

2 选择样式

单击【开始】选项卡【样式】组中的【套用表格格式】按钮 套用表格格式，在弹出的列表中选择要套用的表格样式，如这里选择【中等色】➤【蓝色,表样式中等深浅 9】样式。

3 套用表格式

弹出【套用表格式】对话框，单击【确定】按钮。

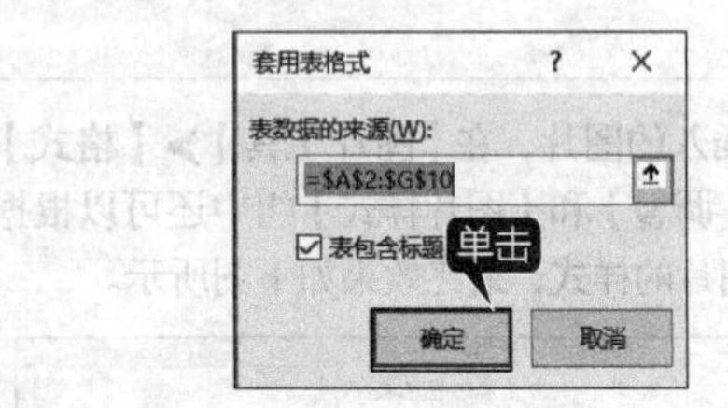

4 查看效果

套用表格样式，效果如下图所示。

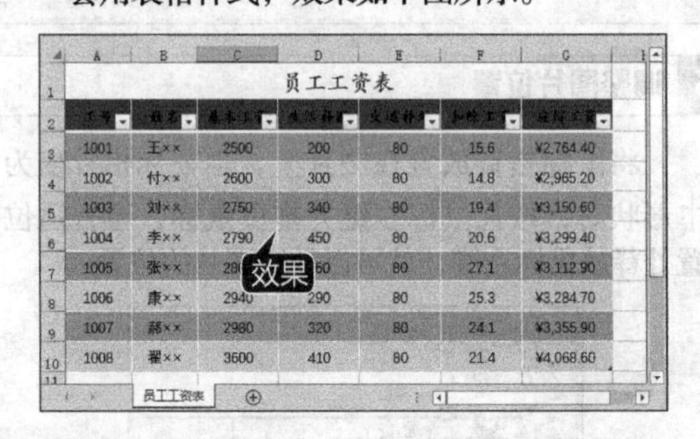

5 转换为区域

选择第2行的任意单元格并单击鼠标右键，在弹出的快捷菜单中选择【表格】➤【转换为区域】菜单命令。

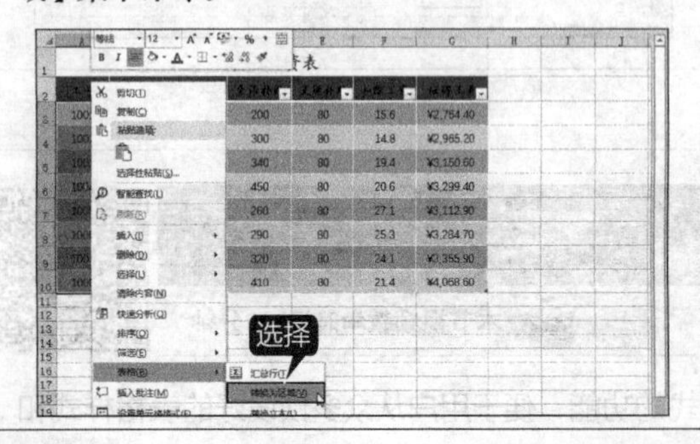

6 取消表格筛选状态

在弹出的提示框中单击【是】按钮，即可取消表格的筛选状态，最终效果如下图所示。

6.2.2 套用单元格样式

Excel 2019中内置了“好、差和适中”“数据和模型”“标题”“主单元格样式”“数字格式”等多种单元格样式，用户可以根据需要选择要套用的单元格样式，具体操作步骤如下。

1 选择【标题】选项

在打开的素材文件中，选择A1单元格，单击【开始】选项卡【样式】组中的【单元格样式】按钮，在弹出的列表中选择要套用的单元格样式，如这里选择【标题】➤【标题】选项。

2 套用单元格样式

套用单元格样式后，最终效果如下图所示。

员工工资表						
[illegible]	[illegible]	[illegible]	[illegible]	[illegible]	[illegible]	[illegible]
1001	王××	2500	200	80	15.6	¥2,764.40
1002	付××	2600	300	80	14.8	¥2,965.20
1003	刘××	2750	[illegible]40	80	19.4	¥3,150.60
1004	李××	2790	[illegible]	80	20.6	¥3,299.40
1005	张××	2800	260	80	27.1	¥3,112.90
1006	康××	2940	290	80	25.3	¥3,284.70
1007	郝××	2980	320	80	24.1	¥3,355.90
1008	翟××	3600	410	80	21.4	¥4,068.60

至此，就完成了美化员工工资表的操作。

6.3 分析产品销售表

本节视频教学时间：6分钟

条件格式是指当条件为真时，自动应用于所选单元格的格式（如单元格的底纹或字体颜色）。即在所选的单元格中符合条件的以一种格式显示，不符合条件的以另一种格式显示。下面就以产品销售表为例，介绍条件格式的使用。

6.3.1 突出显示单元格效果

使用突出显示单元格效果可以突出显示大于、小于、介于、等于、文本包含和发生日期在某一值或者值区间的单元格，也可以突出显示重复值。在产品销售表中突出显示销售数量大于“10”的单元格的具体操作步骤如下。

1 选择单元格区域

打开“素材\ch06\分析产品销售表.xlsx”工作簿，选择D3:D17单元格区域。

产品销售表					
月份	日期	产品名称	销售数量	单价	销售额
1月份	3	产品A	6	¥ 1,050	¥ 6,300
1月份	11	产品B	18	¥ 900	¥ 16,200
1月份	15	产品C	5	¥ 1,100	¥ 5,500
1月份	23	产品D	10	¥ 1,200	¥ 12,000
1月份	26	产品E	7	¥ 1,500	¥ 10,500
2月份	3	产品A	15	¥ 1,050	¥ 15,750
2月份	9	产品B	7	¥ 900	¥ 6,300
2月份	15	产品C	8	¥ 1,100	¥ 8,800
2月份	21	产品D	8	¥ 1,200	¥ 9,600
2月份	27	产品E	[illegible]	¥ 1,500	¥ 13,500
3月份	3	产品A	[illegible]	¥ 1,050	¥ 5,250
3月份	9	产品B	[illegible]	¥ 900	¥ 8,100
3月份	15	产品C	11	¥ 1,100	¥ 12,100
3月份	21	产品D	7	¥ 1,200	¥ 8,400
3月份	27	产品E	8	¥ 1,500	¥ 12,000

2 选择【大于】选项

单击【开始】选项卡下【样式】选项组中的【条件格式】按钮，在弹出的下拉列表中选择【突出显示单元格规则】➤【大于】选项。

3 进行设置

在弹出的【大于】对话框的文本框中输入“10”，在【设置为】下拉列表中选择【绿填充色深绿色文本】选项，单击【确定】按钮。

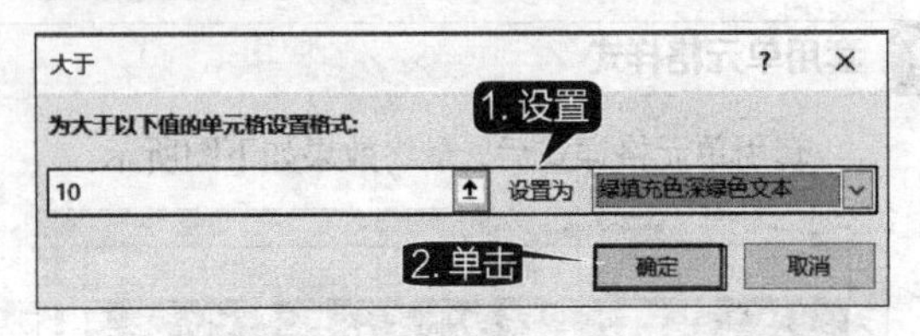

4 突出显示

突出显示销售数量大于“10”的产品，效果如下图所示。

产品销售表

月份	日期	产品名称	销售数量	单价	销售额
1月份	3	产品A	6	¥ 1,050	¥ 6,300
1月份	11	产品B	18	¥ 900	¥ 16,200
1月份	15	产品C	5	¥ 1,100	¥ 5,500
1月份	23	产品D	10	¥ 1,200	¥ 12,000
1月份	26	产品E	7	¥ 1,500	¥ 10,500
2月份	3	产品A	15	¥ 1,050	¥ 15,750
2月份	9	[illegible]	[illegible]	¥ 900	¥ 6,300
2月份	15	[illegible]	[illegible]	¥ 1,100	¥ 8,800
2月份	21	产品D	8	¥ 1,200	¥ 9,600
2月份	27	产品E	9	¥ 1,500	¥ 13,500
3月份	3	产品A	5	¥ 1,050	¥ 5,250
3月份	9	产品B	9	¥ 900	¥ 8,100
3月份	15	产品C	11	¥ 1,100	¥ 12,100
3月份	21	产品D	7	¥ 1,200	¥ 8,400
3月份	27	产品E	8	¥ 1,500	¥ 12,000

突出显示

产品销售表

6.3.2 使用小图标显示销售业绩

使用图标集，可以对数据进行注释，并且可以按阈值将数据分为3~5个类别。每个图标代表一个值的范围。使用“五向箭头”显示销售额的具体操作步骤如下。

1 选择【五向箭头（彩色）】选项

在打开的素材文件中，选择F3:F17单元格区域。单击【开始】选项卡下【样式】选项组中的【条件格式】按钮，在弹出的下拉列表中选择【图标集】➤【方向】➤【五向箭头（彩色）】选项。

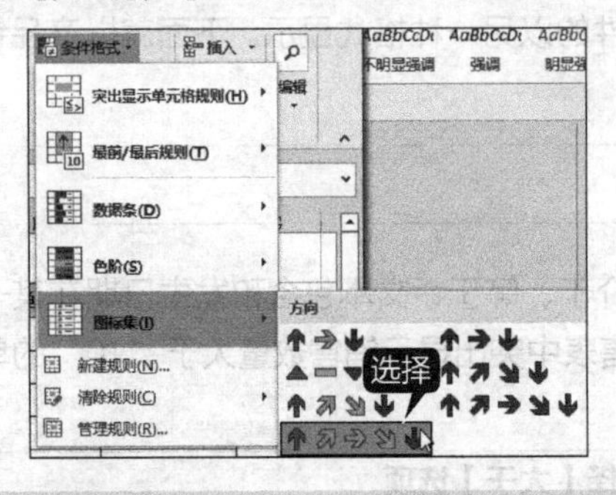

2 使用小图标格式

使用小图标显示销售业绩，效果如下图所示。

产品销售表

月份	日期	产品名称	销售数量	单价	销售额
1月份	3	产品A	6	¥ 1,050	¥ 6,300
1月份	11	产品B	18	¥ 900	¥ 16,200
1月份	15	产品C	5	¥ 1,100	¥ 5,500
1月份	23	产品D	10	¥ 1,200	¥ 12,000
1月份	26	产品E	7	¥ 1,500	¥ 10,500
2月份	3	产品A	15	¥ 1,050	¥ 15,750
2月份	9	产品B	7	¥ 900	¥ 6,300
2月份	15	产品C	8	[illegible]	¥ 8,800
2月份	21	产品D	8	[illegible]	¥ 9,600
2月份	27	产品E	9	¥ 1,500	¥ 13,500
3月份	3	产品A	5	¥ 1,050	¥ 5,250
3月份	9	产品B	9	¥ 900	¥ 8,100
3月份	15	产品C	11	¥ 1,100	¥ 12,100
3月份	21	产品D	7	¥ 1,200	¥ 8,400
3月份	27	产品E	8	¥ 1,500	¥ 12,000

图标

产品销售表

小提示

此外，还可以使用项目选取规则、数据条和色阶等突出显示数据，操作方法类似，这里就不再赘述了。

6.3.3 使用自定义格式

使用自定义格式分析产品销售表的具体操作步骤如下。

1 选择单元格区域

在打开的素材文件中，选择E3:E17单元格区域。

产品销售表

月份	日期	产品名称	销售数量	单价	销售额
1月份	3	产品A	6	¥ 1,050	¥ 6,300
1月份	11	产品B	18	¥ 900	¥ 16,200
1月份	15	产品C	5	¥ 1,100	¥ 5,500
1月份	23	产品D	10	¥ 1,200	¥ 12,000
1月份	26	产品E	7	¥ 1,500	¥ 10,500
2月份	3	产品A	15	¥ 1,050	¥ 15,750
2月份	9	产品B	7	¥ 900	¥ 6,300
2月份	15	产品C	8	¥ 1,100	¥ 8,800
2月份	21	产品D	8	¥ 1,200	¥ 9,600
2月份	27	产品E	9	¥ 1,500	¥ 13,500
3月份	3	产品A	5	¥ 1,050	¥ 5,250
3月份	9	产品B	9	¥ 900	¥ 8,100
3月份	15	产品C	11	¥ 1,100	¥ 12,100
3月份	21	产品D	7	¥ 1,200	¥ 8,400
3月份	27	产品E	8	¥ 1,500	¥ 12,000

选择

2 选择【新建规则】选项

单击【开始】选项卡下【样式】选项组中的【条件格式】按钮，在弹出的下拉列表中选择【新建规则】选项。

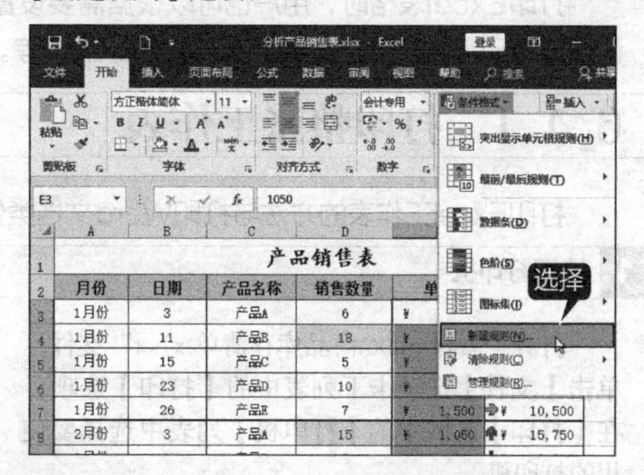

3 进行设置

弹出【新建格式规则】对话框，在【选择规则类型】列表框中选择【仅对高于或低于平均值的数值设置格式】选项，在下方【编辑规则说明】区域的【为满足以下条件的值设置格式】下拉列表中选择【高于】选项，单击【格式】按钮。

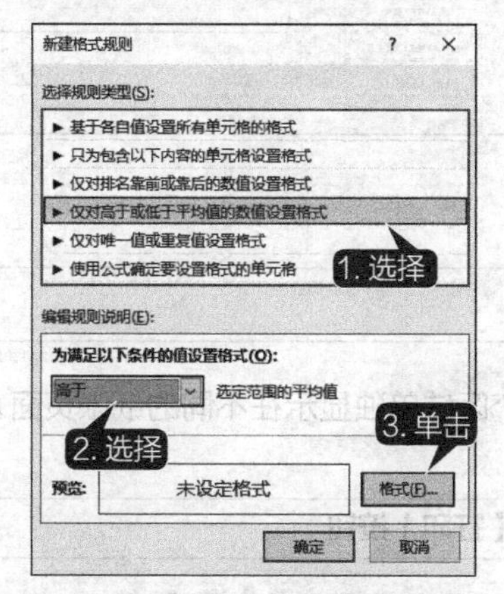

4 选择颜色

弹出【设置单元格格式】对话框，选择【字体】选项卡，设置【字体颜色】为“红色”；选择【填充】选项卡，选择一种背景颜色，单击【确定】按钮。

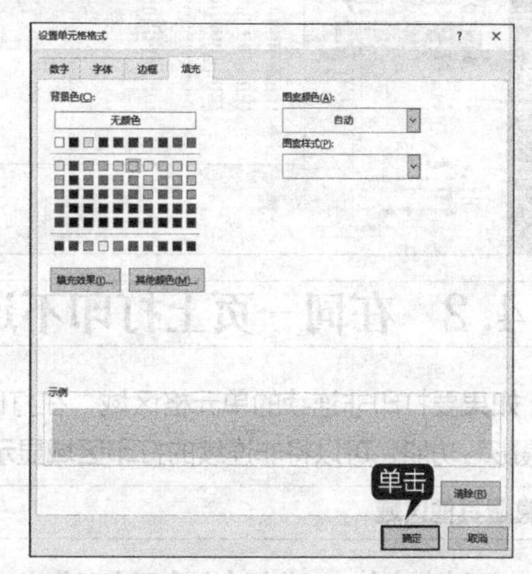

5 预览效果

返回至【编辑格式规则】对话框，在【预览】区域即可看到预览效果，单击【确定】按钮。

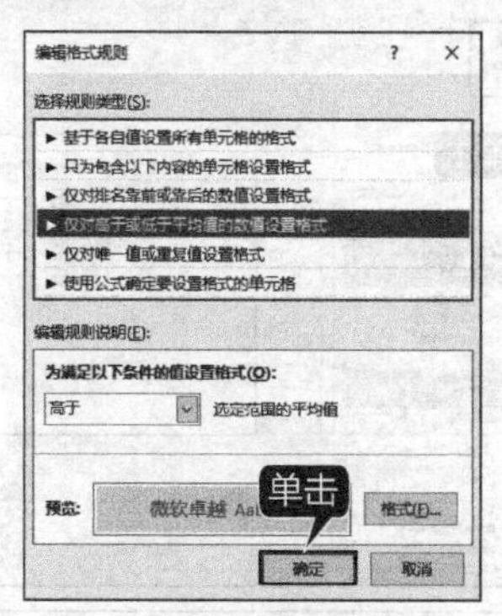

6 完成操作

完成自定义格式的操作，最终效果如下图所示。

产品销售表

月份	日期	产品名称	销售数量	单价	销售额
1月份	3	产品A	6	¥ 1,050	¥ 6,300
1月份	11	产品B	18	¥ 900	¥ 16,200
1月份	15	产品C	5	¥ 1,100	¥ 5,500
1月份	23	产品D	10	¥ 1,200	¥ 12,000
1月份	26	产品E	7	¥ 1,500	¥ 10,500
2月份	3	产品A	15	¥ 1,050	¥ 15,750
2月份	9	产品B	7	¥ 900	¥ 6,300
2月份	15	产品C	8	¥ 1,100	¥ 8,800
2月份	21	产品D	8	¥ 1,200	¥ 9,600
2月份	27	产品E	9	¥ 1,500	¥ 13,500
3月份	3	产品A	5	¥ 1,050	¥ 5,250
3月份	9	产品B	9	¥ 900	¥ 8,100
3月份	15	产品C	11	¥ 1,100	¥ 12,100
3月份	21	产品D	7	¥ 1,200	¥ 8,400
3月份	27	产品E	8	¥ 1,500	¥ 12,000

效果

6.4 打印商品库存清单

本节视频教学时间：6分钟

打印Excel表格时，用户也可以根据需要设置Excel表格的打印方法，如在同一页面打印不连续的区域、打印行号、列标或者每页都打印标题行等。

6.4.1 打印整张工作表

打印Excel工作表的方法与打印Word文档类似，需要选择打印机并设置打印份数。

1 选择打印机

打开“素材\ch06\商品库存清单.xlsx”文件，单击【文件】选项卡下列表中的【打印】选项，在【打印】区域中的【打印机】列表中选择要使用的打印机。

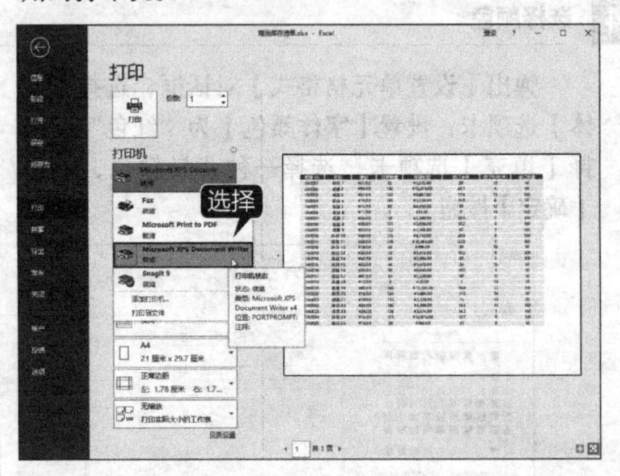

2 输入打印份数

在【份数】微调框中输入“3”，打印3份，单击【打印】按钮，即可开始打印Excel工作表。

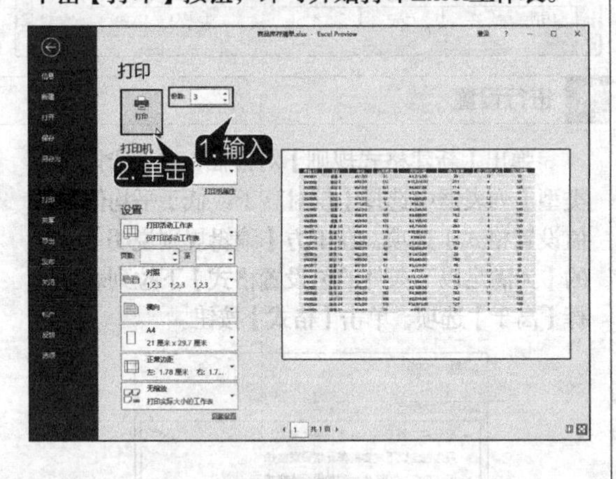

6.4.2 在同一页上打印不连续区域

如果要打印非连续的单元格区域，在打印输出时会将每个区域单独显示在不同的纸张页面。借助“摄影”功能，可以将非连续的打印区域显示在一张纸上。

1 隐藏其他区域

打开素材文件，工作簿中包含两个工作表，如希望将工作表中的A1:H8和A15:H22单元格区域打印在同一张纸上，首先可以将其他区域进行隐藏，如将A9:H14和A23:H26单元格区域进行隐藏。

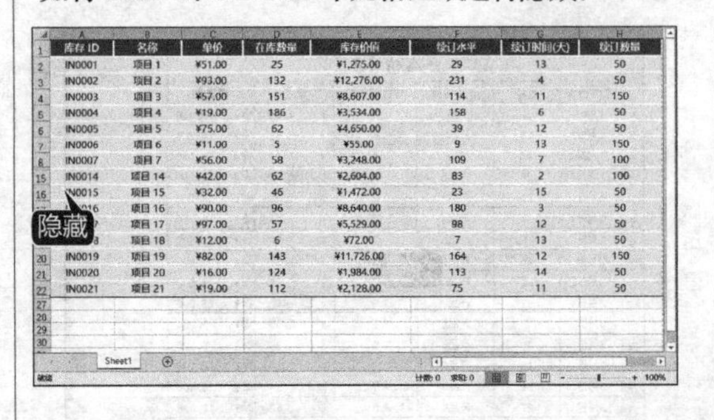

库存 ID	名称	单价	在库数量	库存价值	续订水平	续订时间(天)	续订数量
IN0001	项目 1	¥51.00	25	¥1,275.00	29	13	50
IN0002	项目 2	¥93.00	132	¥12,276.00	231	4	50
IN0003	项目 3	¥57.00	151	¥8,607.00	114	11	150
IN0004	项目 4	¥19.00	186	¥3,534.00	158	6	50
IN0005	项目 5	¥75.00	62	¥4,650.00	39	12	50
IN0006	项目 6	¥11.00	5	¥55.00	9	13	150
IN0007	项目 7	¥56.00	58	¥3,248.00	109	7	100
IN0014	项目 14	¥42.00	62	¥2,604.00	83	2	100
IN0015	项目 15	¥32.00	46	¥1,472.00	23	15	50
[illegible]	项目 16	¥90.00	96	¥8,640.00	180	3	50
[illegible]	项目 17	¥97.00	57	¥5,529.00	98	12	50
[illegible]	项目 18	¥12.00	6	¥72.00	7	13	50
IN0019	项目 19	¥82.00	143	¥11,726.00	164	12	150
IN0020	项目 20	¥16.00	124	¥1,984.00	113	14	50
IN0021	项目 21	¥19.00	112	¥2,128.00	75	11	50

2 单击【打印】按钮

单击【文件】➤【打印】选项，单击【打印】按钮，即可打印。

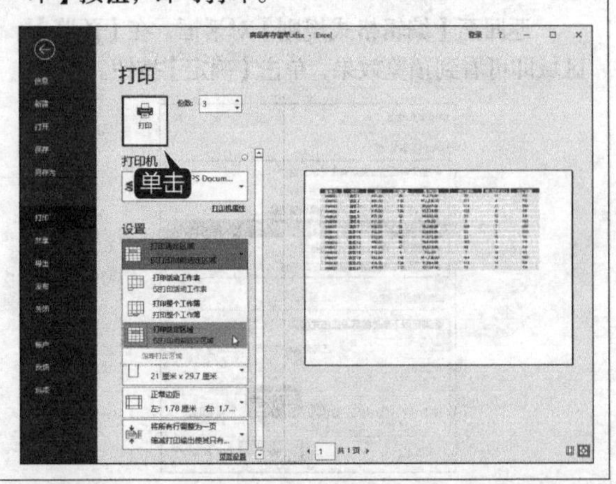

6.4.3 打印行号、列标

在打印Excel表格时可以根据需要将行号和列标打印出来，具体操作步骤如下。

1 进行设置

打开素材文件，单击【页面布局】选项卡下【页面设置】组中的【打印标题】按钮，弹出【页面设置】对话框。在【工作表】选项卡下【打印】区域中单击选中【行和列标题】复选框，单击【打印预览】按钮。

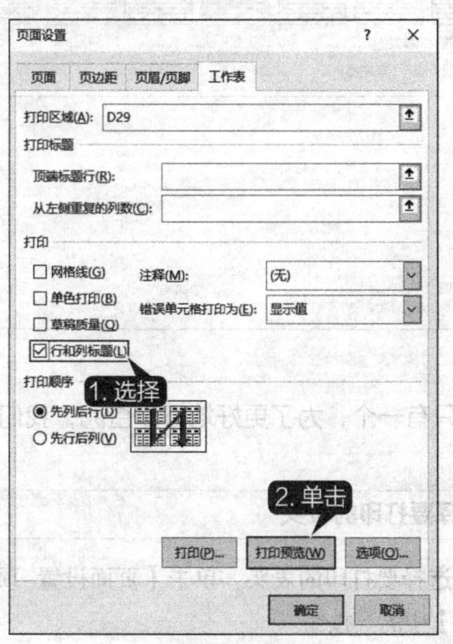

2 预览效果

查看显示行号、列标后的打印预览效果。

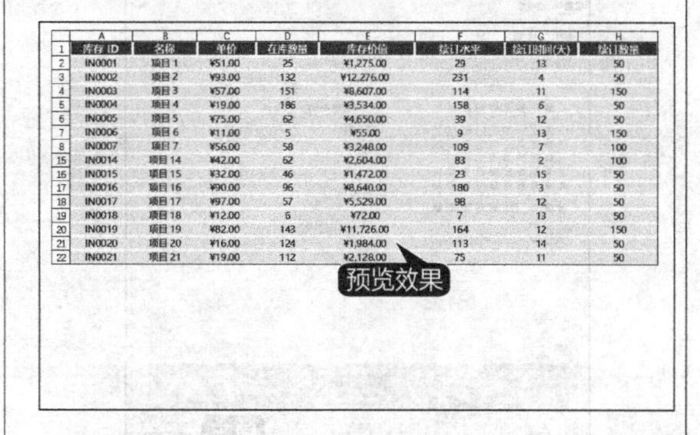

	A	B	C	D	E	F	G	H
1	库存 ID	名称	单价	在库数量	库存价值	续订水平	续订时间(天)	续订数量
2	IN0001	项目 1	¥51.00	25	¥1,275.00	29	13	50
3	IN0002	项目 2	¥93.00	132	¥12,276.00	231	4	50
4	IN0003	项目 3	¥57.00	151	¥8,607.00	114	11	150
5	IN0004	项目 4	¥19.00	186	¥3,534.00	158	6	50
6	IN0005	项目 5	¥75.00	62	¥4,650.00	39	12	50
7	IN0006	项目 6	¥11.00	5	¥55.00	9	13	150
8	IN0007	项目 7	¥56.00	58	¥3,248.00	109	7	100
15	IN0014	项目 14	¥42.00	62	¥2,604.00	83	2	100
16	IN0015	项目 15	¥32.00	46	¥1,472.00	23	15	50
17	IN0016	项目 16	¥90.00	96	¥8,640.00	180	3	50
18	IN0017	项目 17	¥97.00	57	¥5,529.00	98	12	50
19	IN0018	项目 18	¥12.00	6	¥72.00	7	13	50
20	IN0019	项目 19	¥82.00	143	¥11,726.00	164	12	150
21	IN0020	项目 20	¥16.00	124	¥1,984.00	113	14	50
22	IN0021	项目 21	¥19.00	112	¥2,128.00	75	11	50

小提示

在【打印】区域中单击选中【网格线】复选框可以在打印预览界面查看网格线。单击选中【单色打印】复选框可以以灰度的形式打印工作表。单击选中【草稿质量】复选框可以节约耗材、提高打印速度，但打印质量会降低。

高手私房菜

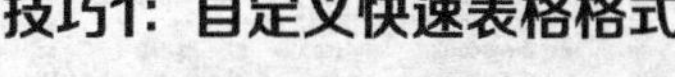

技巧1：自定义快速表格格式

自定义快速表格格式的操作和自定义快速单元格样式类似。

1 选择【新建表格样式】选项

在【开始】选项卡中，单击【样式】选项组中的【套用表格格式】按钮，在弹出的下拉列表中选择【新建表格样式】选项。

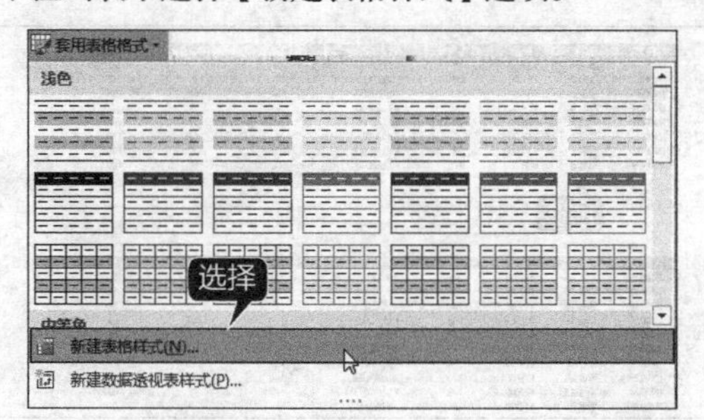

2 选择表元素

弹出【新建表样式】对话框，选择要设置的表元素，单击【格式】按钮。

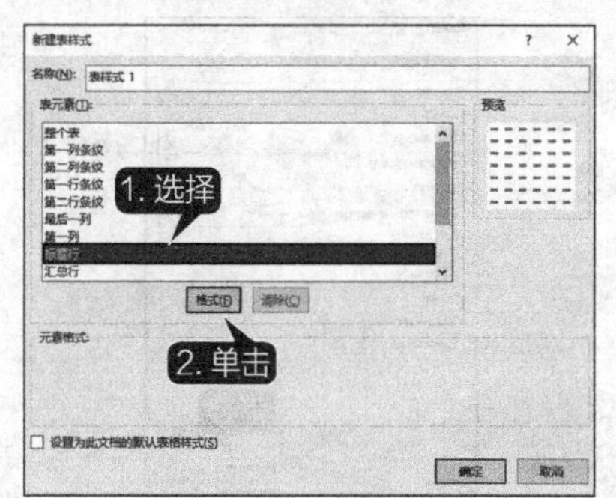

3 进行设置

在弹出的对话框中根据需要进行设置，然后单击【确定】按钮，返回至【新建表样式】对话框后，选择其他要设置的表元素并进行设置，设置完成后单击【确定】按钮。

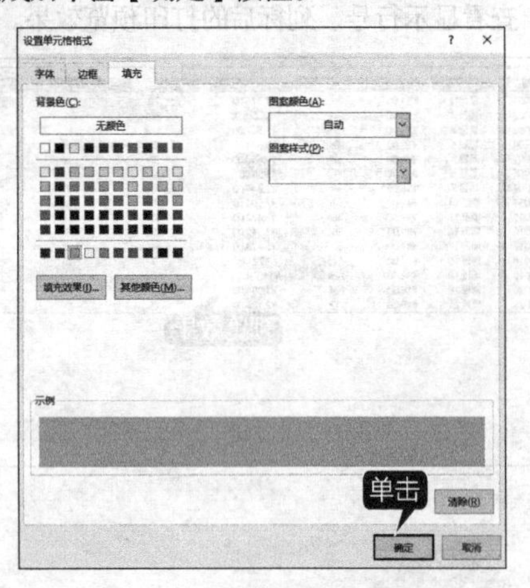

4 显示在下拉列表中

此样式即显示在【套用表格格式】下拉列表中。

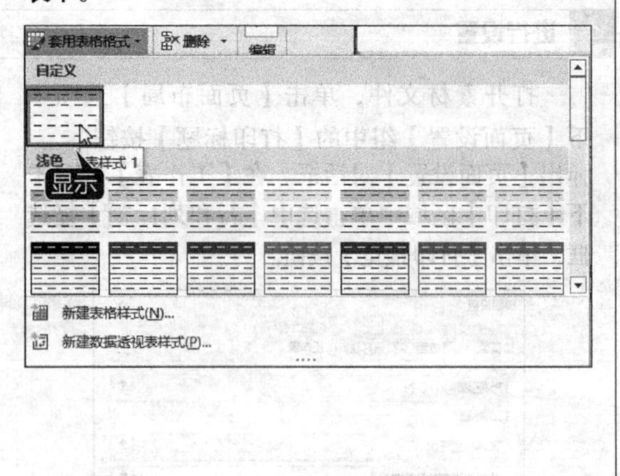

技巧2：打印每页都有表头标题

在使用Excel表格时，可能会遇到超长表格，但是表头只有一个，为了更好地打印查阅，我们就需要将每页都能打印表头标题，可以使用以下方法。

1 页面设置

单击【页面布局】选项卡下【页面设置】组中的【打印标题】按钮，弹出【页面设置】对话框，单击【工作表】选项卡【打印标题】区域中【顶端标题行】右侧的按钮。

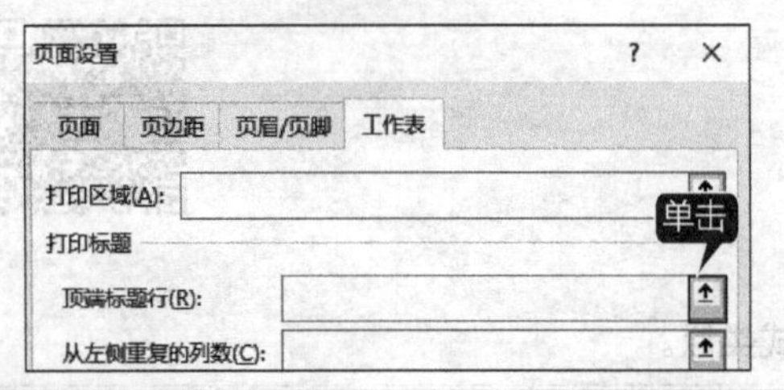

2 选择要打印的表头

选择要打印的表头，单击【页面设置-顶端标题行】中的按钮。

库存 ID	名称	单价	在库数量	库存价值	续订水平	续订时间(天)	续订数量
IN0001	项目 1	¥51.00	25	¥1,275.00	29	13	50
IN0002	项目 2	¥93.00	132				50
IN0003	项目 3	¥57.00	151				150
IN0004	项目 4	¥19.00	186				50
IN0005	项目 5	¥75.00	62	¥4,650.00	39	12	50
IN0006	项目 6	¥11.00	5	¥55.00	9		150
IN0007	项目 7	¥56.00	58	¥3,248.00	109		100
IN0008	项目 8	¥38.00	101	¥3,838.00	162	3	100
IN0009	项目 9	¥59.00	122	¥7,198.00	82	3	150
IN0010	项目 10	¥50.00	175	¥8,750.00	283	8	150
IN0011	项目 11	¥59.00	176	¥10,384.00	229	1	100
IN0012	项目 12	¥18.00	22	¥396.00	36	12	50
IN0013	项目 13	¥26.00	72	¥1,872.00	102	9	100
IN0014	项目 14	¥42.00	62	¥2,604.00	83	2	100
IN0015	项目 15	¥32.00	46	¥1,472.00	23	15	50
IN0016	项目 16	¥90.00	96	¥8,640.00	180	3	50
IN0017	项目 17	¥97.00	57	¥5,529.00	98	12	50
IN0018	项目 18	¥12.00	6	¥72.00	7	13	50
IN0019	项目 19	¥82.00	143	¥11,726.00	164	12	150

页面设置 - 顶端标题行:

$1:$1

单击

3 单击【确定】按钮

返回到【页面设置】对话框，单击【确定】按钮。

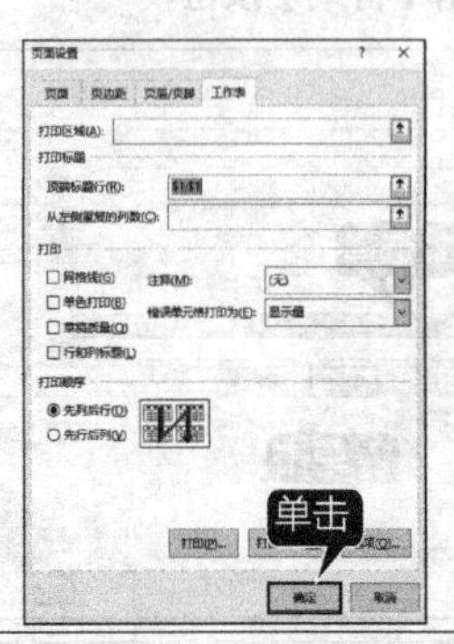

4 预览打印效果

例如本表，选择要打印的两部分工作表区域，并按【Ctrl+P】组合键，在预览区域可以看到要打印的效果。

库存 ID	名称	单价	在库数量	库存价值	续订水平	续订时间(天)	续订数量
IN0001	项目 1	¥51.00	25	¥1,275.00	29	13	50
IN0002	项目 2	¥93.00	132	¥12,276.00	231	4	50
IN0003	项目 3	¥57.00	151	¥8,607.00	114	11	150
IN0004	项目 4	¥19.00	186	¥3,534.00	158	6	50
IN0005	项目 5	¥75.00	62	¥4,650.00	39	12	50
IN0006	项目 6	¥11.00	5	¥55.00	9	13	150
IN0007	项目 7	¥56.00	58	¥3,248.00	109	7	100
IN0008	项目 8	¥38.00	101	¥3,838.00	162	3	100

预览

库存 ID	名称	单价	在库数量	库存价值	续订水平	续订时间(天)	续订数量
IN0016	项目 16	¥90.00	96	¥8,640.00	180	3	50
IN0017	项目 17	¥97.00	57	¥5,529.00	98	12	50
IN0018	项目 18	¥12.00	6	¥72.00	7	13	50
IN0019	项目 19	¥82.00	143	¥11,726.00	164	12	150
IN0020	项目 20	¥16.00	124	¥1,984.00	113	14	50
IN0021	项目 21	¥19.00	112	¥2,128.00	75	11	50
IN0022	项目 22	¥24.00	182	¥4,368.00	132	15	150
IN0023	项目 23	¥29.00	106	¥3,074.00	142	1	150
IN0024	项目 24	¥75.00	173	¥12,975.00	127	9	100
IN0025	项目 25	¥14.00	28	¥392.00	21	8	50

第7章

Excel 公式和函数的应用

本章视频教学时间：36 分钟

公式和函数是 Excel 的重要组成部分，它们使 Excel 拥有了强大的计算能力，为用户分析和处理工作表中的数据提供了很大的方便。使用公式和函数可以节省处理数据的时间，降低在处理大量数据时的出错率。用好公式和函数，是在 Excel 中高效、便捷地处理数据的保证。

【学习目标】

- 通过本章的学习，读者可以掌握公式和函数的使用方法。

【本章涉及知识点】

- 输入公式
- 自动求和
- 单元格引用
- 输入函数
- 其他常用函数的使用

7.1 制作公司利润表

本节视频教学时间：7分钟

公司利润表通常需要计算公司的季度或年利润。在Excel 2019中，公式可以帮助用户分析工作表中的数据，例如对数值进行加、减、乘、除等运算。本节以制作公司年度利润表为例介绍公式的使用方法。

7.1.1 认识公式

公式就是一个等式，是由一组数据和运算符组成的序列。使用公式时必须以等号“=”开头，后面紧接数据和运算符。下图为应用公式的几个例子。

=2018+1

=SUM（A1:A9）

=现金收入-支出

上面的例子体现了Excel公式的语法，即公式以等号“=”开头，后面紧接着运算数和运算符，运算数可以是常数、单元格引用、单元格名称和工作表函数等。

在单元格中输入公式，可以进行计算，然后返回结果。公式使用数学运算符来处理数值、文本、工作表函数及其他函数，在一个单元格中计算出一个数值。数值和文本可以位于其他的单元格中，这样可以方便地更改数据，赋予工作表动态特征。在更改工作表中数据的同时让公式来做这个工作，用户可以快速地查看多种结果。

小提示

函数是Excel软件内置的一段程序，完成预定的计算功能，或者说是一种内置的公式。公式是用户根据数据统计、处理和分析的实际需要，利用函数式、引用、常量等参数，通过运算符号连接起来，完成用户需求的计算功能的一种表达式。

输入单元格中的数据由下列几个元素组成。

（1）运算符，如“+”（相加）或“*”（相乘）。

（2）单元格引用（包含了定义名称的单元格和区域）。

（3）数值和文本。

（4）工作表函数（如SUM函数或AVERAGE函数）。

在单元格中输入公式后，单元格中会显示公式计算的结果。当选中单元格的时候，公式本身会出现在编辑栏里。下表给出了几个公式的例子。

=2019*0.5	公式只使用了数值且不是很有用
=A1+A2	把单元格 A1 和 A2 中的值相加
=Income−Expenses	用单元格 Income（收入）的值减去单元格 Expenses（支出）的值
=SUM(A1:A12)	单元格区域 A1:A12 相加
=A1=C12	比较单元格 A1 和 C12。如果相等，公式返回值为 TRUE；反之，则为 FALSE

7.1.2 输入公式

在单元格中输入公式的方法可分为手动输入和单击输入两种。

1. 手动输入

在选定的单元格中输入“=3+5”。输入时字符会同时出现在单元格和编辑栏中，按【Enter】键后该单元格会显示出运算结果“8”。

2. 单击输入

单击输入公式更简单快捷，也不容易出错。

例如，在单元格F3中输入公式“=B3+C3+D3+E3”，可以按照以下步骤进行单击输入。

1 输入“=”

打开“素材\ch07\公司利润表.xlsx”工作簿，选择F3单元格，输入“=”。

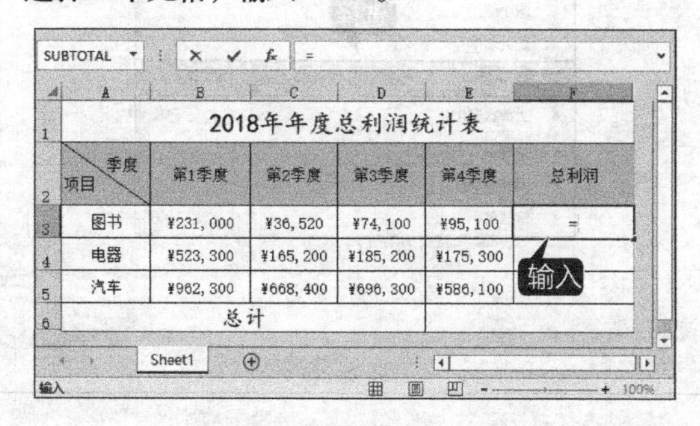

2 单击单元格 B3

单击单元格B3，单元格周围会显示一个活动虚框，同时单元格引用会出现在单元格F3和编辑栏中。

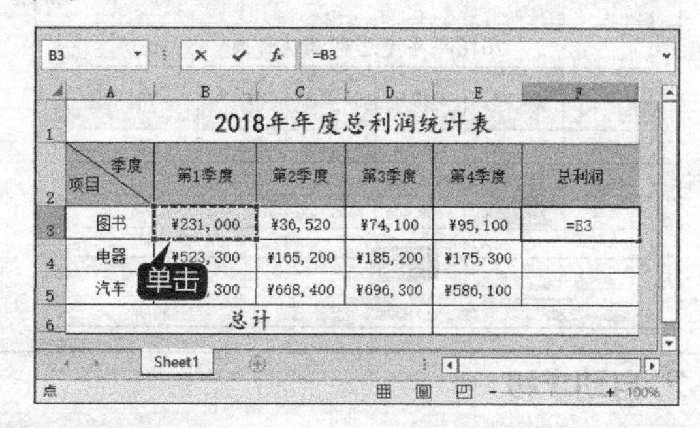

3 单击单元格 C3

输入“加号（+）”，单击单元格C3。单元格B3的虚线边框会变为实线边框。

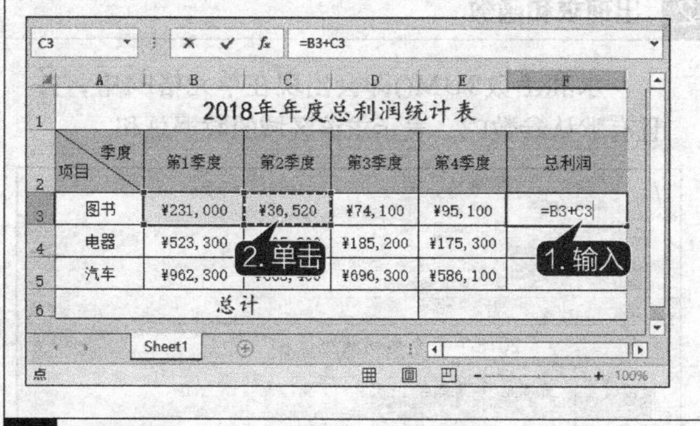

4 重复步骤 3

重复步骤3，依次选择D3和E3单元格，效果如下图所示。

5 计算结果

按【Enter】键或单击【输入】按钮✔，即可计算出结果。

7.1.3 自动求和

在Excel 2019中不使用功能区中的选项也可以快速地完成单元格的计算。

1. 自动显示计算结果

自动计算的功能就是对选定的单元格区域查看各种汇总数值，包括平均值、包含数据的单元格计数、求和、最大值和最小值等。如在打开的素材文件中，选择单元格区域B3:B5，在状态栏中即可看到计算结果。

如果未显示计算结果，则可在状态栏上右击，在弹出的快捷菜单中选择要计算的菜单命令，如求和、平均值等。

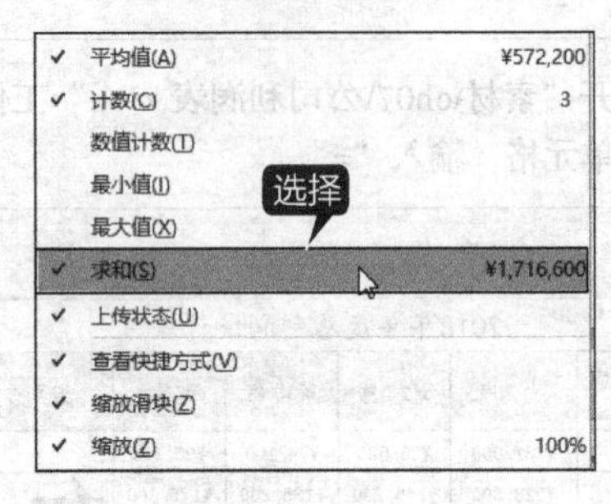

2. 自动求和

在日常工作中，最常用的计算是求和，Excel将它设定成工具按钮Σ，位于【开始】选项卡的【编辑】选项组中，该按钮可以自动设定对应的单元格区域的引用地址。另外，在【公式】选项卡下的【函数库】选项组中，也集成了【自动求和】按钮Σ。自动求和的具体操作步骤如下。

1 单击【自动求和】按钮

在打开的素材文件中，选择单元格F4，在【公式】选项卡中，单击【函数库】选项组中的【自动求和】按钮。

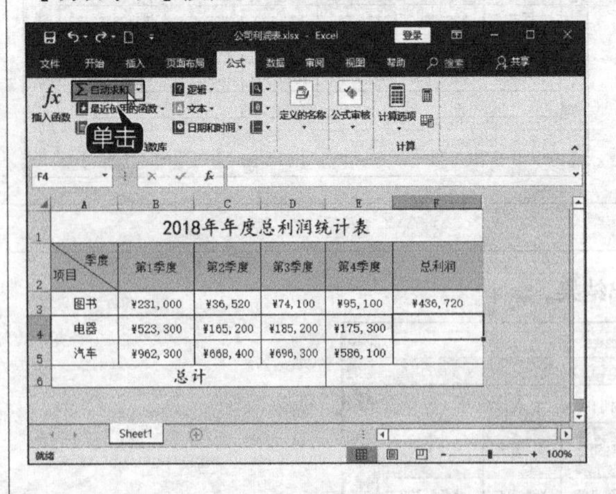

2 出现求和函数

求和函数SUM()即会出现在单元格F4中，并且有默认参数F3，表示求该区域的数据总和。

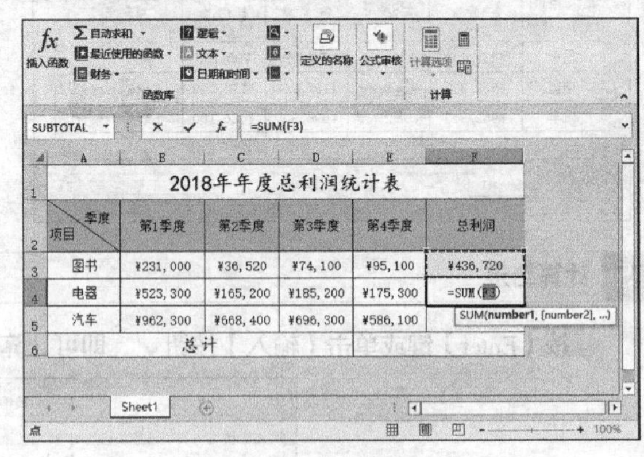

小提示

如果要求和，按【Alt+=】组合键，可快速执行求和操作。

3 更改参数

更改参数为单元格区域B4:E4，单元格区域B4:E4被闪烁的虚线框包围，在此函数的下方会自动显示有关该函数的格式及参数。

4 计算出数值的和

单击编辑栏上的【输入】按钮✓，或者按【Enter】键，即可在F4单元格中计算出B4:E4单元格区域中数值的和。

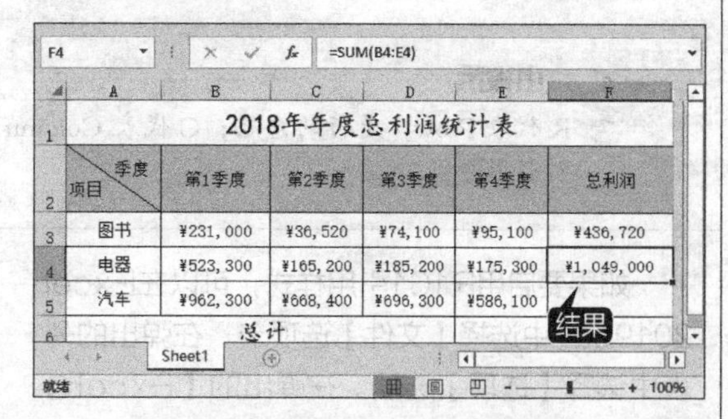

小提示

使用【自动求和】按钮Σ，不仅可以一次求出一组数据的总和，而且可以在多组数据中自动求出每组的总和。

7.1.4 使用单元格引用计算公司利润

单元格的引用就是引用单元格的地址，即把单元格的数据和公式联系起来。

1.单元格引用与引用样式

单元格引用有不同的表示方法，既可以直接使用相应的地址表示，也可以用单元格的名字表示。用地址来表示单元格引用有两种样式，一种是A1引用样式，另一种是R1C1引用样式。

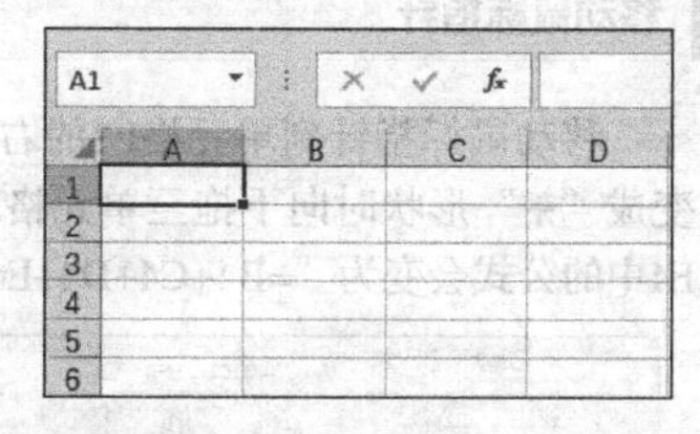

（1）A1引用样式

A1引用样式是Excel的默认引用类型。这种类型的引用是用字母表示列（从A到XFD，共16 384列），用数字表示行（从1到1 048 576）。引用的时候先写列字母，再写行数字。若要引用单元格，输入列标和行号即可。例如，B2引用了B列和2行交叉处的单元格。

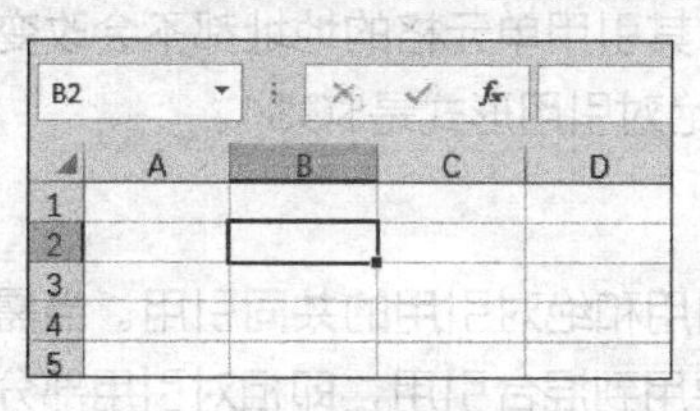

如果要引用单元格区域，可以输入该区域左上角单元格的地址、比例号（:）和该区域右下角单元格的地址。例如在“公司利润表.xlsx”工作簿中，在单元格F4公式中引用了单元格区域B4:E4。

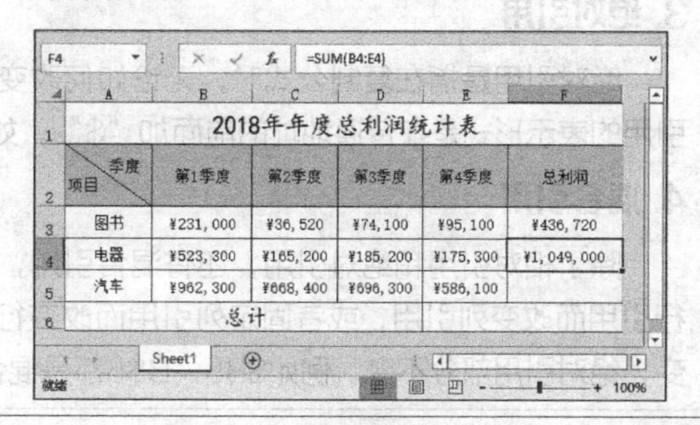

（2）R1C1引用样式

在R1C1引用样式中，用R加行数字和C加列数字来表示单元格的位置。若表示相对引用，行数字和列数字都用中括号“[]”括起来；如果不加中括号，则表示绝对引用。如当前单元格是A1，则单元格引用为R1C1；加中括号R[1]C[1]则表示引用下面一行和右边一列的单元格，即B2。

小提示

R 代表 Row，是行的意思；C 代表 Column，是列的意思。R1C1 引用样式与 A1 引用样式中的绝对引用等价。

如果要启用R1C1引用样式，可以在Excel 2019软件中选择【文件】选项卡，在弹出的列表中选择【选项】选项。在弹出的【Excel选项】对话框的左侧选择【公式】选项，在右侧的【使用公式】栏中选中【R1C1引用样式】复选框，单击【确定】按钮即可。

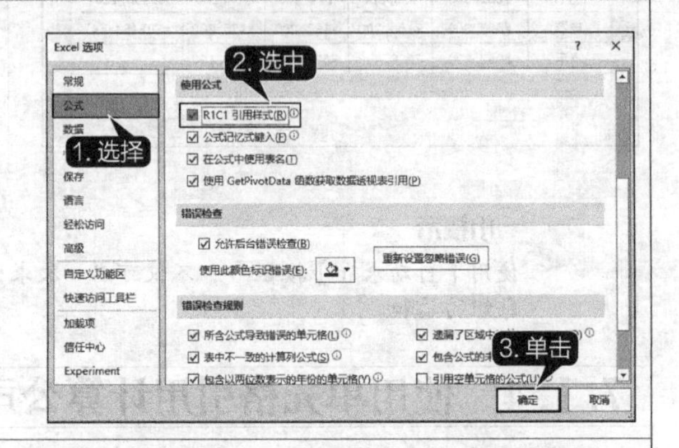

2. 相对引用

相对引用是指单元格的引用会随公式所在单元格的位置的变更而改变。复制公式时，系统不是把原来的单元格地址原样照搬，而是根据公式原来的位置和复制的目标位置来推算出公式中单元格地址相对原来位置的变化。默认的情况下，公式使用的是相对引用。

1 选择单元格 F3

在打开的素材文件中，删除F4单元格中的值，选择单元格F3，可以看到公式为“=B3+C3+D3+E3”。

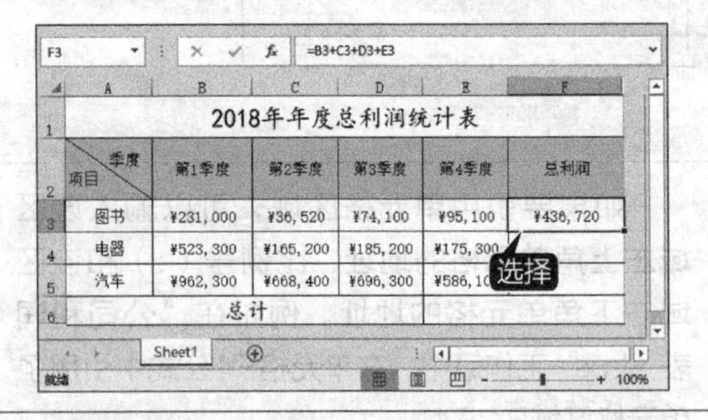

2 移动鼠标指针

移动鼠标指针到单元格F3的右下角，当指针变成“+”形状时向下拖至单元格F4，则单元格F4中的公式会变为“=B4+C4+D4+E4”。

3. 绝对引用

绝对引用是指在复制公式时，无论如何改变公式的位置，其引用单元格的地址都不会改变。绝对引用的表示形式是在普通地址的前面加“$”，如C1单元格的绝对引用形式是$C$1。

4. 混合引用

除了相对引用和绝对引用，还有混合引用，也就是相对引用和绝对引用的共同引用。当需要固定行引用而改变列引用，或者固定列引用而改变行引用时，就要用到混合引用，即相对引用部分发生改变，绝对引用部分不变。例如$B5、B$5都是混合引用。

1 修改公式

在打开的素材文件中，选择单元格F4，修改公式为“=$B4+$C4+$D4+$E4”，按【Enter】键。

2 填充单元格

填充至F5单元格，即可看到公式显示为“=$B5+$C5+$D5+$E5”，此时的引用即为混合引用。

5. 三维引用

三维引用是对跨工作表或工作簿中的两个工作表或者多个工作表中的单元格或单元格区域的引用。三维引用的形式为“[工作簿名]工作表名!单元格地址”。

小提示

跨工作簿引用单元格或单元格区域时，引用对象的前面必须用“!”作为工作表分隔符，用中括号作为工作簿分隔符，其一般形式为“[工作簿名] 工作表名 ! 单元格地址”。

6. 循环引用

当一个单元格内的公式直接或间接地应用了这个公式本身所在的单元格时，就称为循环引用。在工作簿中使用循环引用时，在状态栏中会显示“循环引用”字样，并显示循环引用的单元格地址。

下面就使用单元格引用的形式计算公司利润，具体操作步骤如下。

1 输入函数公式

在打开的素材文件中选择单元格E6，在编辑栏中输入函数公式“=SUM(F3:F5)”。

2 计算总利润

然后单击【输入】按钮 ✓ 或者按【Enter】键，即可使用相对引用的方法计算出总利润。

3 修改函数公式

选择单元格E6，在编辑栏中修改函数公式“=SUM($F$3:$F$5)”后单击【输入】按钮，也可计算出结果，此时的引用为绝对引用。

4 修改函数公式

再次选择单元格E6，在编辑栏中修改函数公式“=$F$3+F4+$F5”后单击【输入】按钮，即可计算出总利润，此时的引用方式为混合引用。

7.2 制作员工薪资管理系统

本节视频教学时间：15分钟

员工薪资管理系统由工资表、员工基本信息表、销售奖金表、业绩奖金标准和税率表组成，每个工作表里的数据都需要经过大量的运算，各个工作表之间也需要使用函数相互调用，最后由各个工作表共同组成一个员工薪资管理系统工作簿。

7.2.1 输入公式

输入公式的方法很多，可以根据需要进行选择，但要做到准确快速输入。具体操作步骤如下。

1 输入“=”

打开“素材\ch07\员工薪资管理系统.xlsx”工作簿，选择“员工基本信息”工作表，并选中E3单元格，输入“=”。

员工基本信息表

员工编号	员工姓名	入职日期	基本工资	五险一金
101001	刘一	2009-1-20	¥6,500.00	=
101002	陈二	2010-5-10	¥5,800.00	
101003	张三	2010-6-25	¥5,800.00	
101004	李四	2011-2-13	¥5,000.00	
101005	王五	2013-8-15	¥4,800.00	
101006	赵六	2015-4-20	¥4,200.00	
101007	孙七	2016-10-2	¥4,000.00	
101008	周八	2017-6-15	¥3,800.00	
101009	吴九	2018-5-20	¥3,600.00	
101010	郑十	2018-11-2	¥3,200.00	

输入

2 单击 D3 单元格

单击D3单元格，单元格周围会显示活动的虚线框，同时编辑栏中会显示“D3”，这就表示单元格已被引用。

=D3

员工基本信息表

员工编号	员工姓名	入职日期	基本工资	五险一金
101001	刘一	2009-1-20	¥6,500.00	=D3
101002	陈二	2010-5-10	¥5,800.00	
101003	张三	2010-6-25	¥5,800.00	
101004	李四	2011-2-13	¥5,000.00	
101005	王五	2013-8-15	¥4,800.00	
101006	赵六	2015-4-20	¥4,200.00	
101007	孙七	2016-10-2	¥4,000.00	
101008	周八	2017-6-15	¥3,800.00	
101009	吴九	2018-5-20	¥3,600.00	
101010	郑十	2018-11-2	¥3,200.00	

单击

3 完成公式的输入

输入乘号“*”，并输入“12%”。按【Enter】键确认，即可完成公式的输入并得出结果，效果如下图所示。

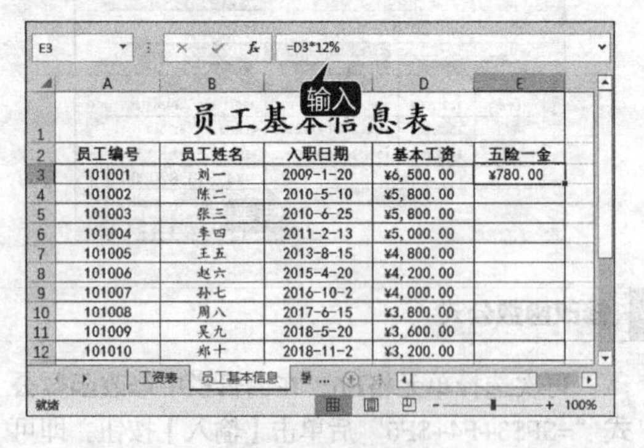

=D3*12%

输入

员工基本信息表

员工编号	员工姓名	入职日期	基本工资	五险一金
101001	刘一	2009-1-20	¥6,500.00	¥780.00
101002	陈二	2010-5-10	¥5,800.00	
101003	张三	2010-6-25	¥5,800.00	
101004	李四	2011-2-13	¥5,000.00	
101005	王五	2013-8-15	¥4,800.00	
101006	赵六	2015-4-20	¥4,200.00	
101007	孙七	2016-10-2	¥4,000.00	
101008	周八	2017-6-15	¥3,800.00	
101009	吴九	2018-5-20	¥3,600.00	
101010	郑十	2018-11-2	¥3,200.00	

4 使用填充功能

使用填充功能，填充至E12单元格，计算出所有员工的五险一金金额。

员工基本信息表

员工编号	员工姓名	入职日期	基本工资	五险一金
101001	刘一	2009-1-20	¥6,500.00	¥780.00
101002	陈二	2010-5-10	¥5,800.00	¥696.00
101003	张三	2010-6-25	¥5,800.00	¥696.00
101004	李四	2011-2-13	¥5,000.00	¥600.00
101005	王五	2013-8-15	¥4,800.00	¥576.00
101006	赵六	2015-4-20	¥4,200.00	¥504.00
101007	孙七	2016-10-2	¥4,000.00	¥480.00
101008	周八	2017-6-15	¥3,800.00	¥456.00
101009	吴九	2018-5-20	¥3,600.00	¥432.00
101010	郑十	2018-11-2	¥3,200.00	¥384.00

填充

7.2.2 自动更新员工基本信息

薪资管理系统中的最终数据都将显示在“工资表”工作表中，如果“员工基本信息”工作表中的基本信息发生改变，则“工资表”工作表中的相应数据也要随之改变。自动更新员工基本信息的具体操作步骤如下。

1 输入公式

选择“工资表”工作表，选中A3单元格，在编辑栏中输入公式“=TEXT(员工基本信息!A3,0)”。

2 引用单元格

按【Enter】键确认，即可将“员工基本信息”工作表相应单元格的工号引用在A3单元格。

A3 =TEXT(员工基本信息!A3,0)

员工薪资管理系统				
员工编号	员工姓名	应发工资	个人所得税	实发工资
101001				

工资表 员工基本信息 就绪

小提示

公式“=TEXT(员工基本信息 !A3,0)”用于显示“员工基本信息”工作表中 A3 单元格的工号。

3 公式填充

使用快速填充功能可以将公式填充在A4至A12单元格中，效果如下图所示。

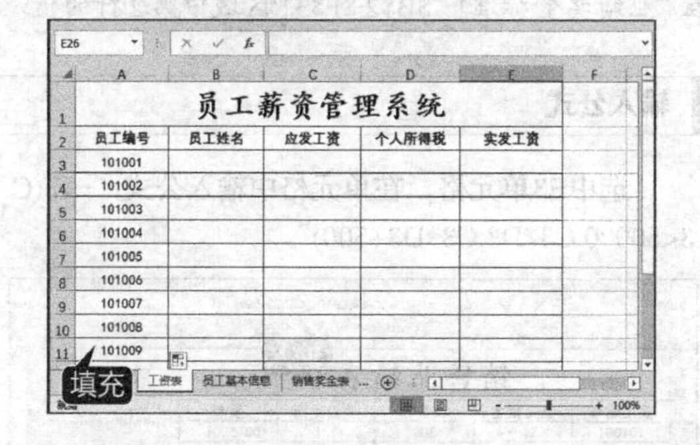

4 输入公式

选中B3单元格，在编辑栏中输入“=TEXT(员工基本信息!B3,0)”。

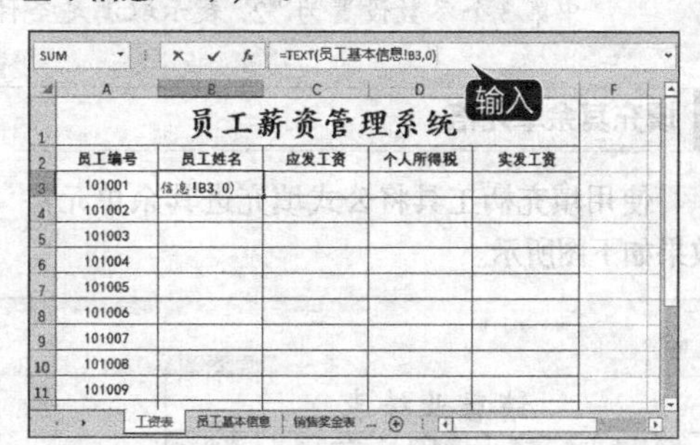

小提示

公式“=TEXT(员工基本信息 !B3,0)”用于显示“员工基本信息”工作表中 B3 单元格的员工姓名。

5 显示员工姓名

按【Enter】键确认，即可在B3单元格中显示员工姓名。

B3 =TEXT(员工基本信息!B3,0)

员工薪资管理系统				
员工编号	员工姓名	应发工资	个人所得税	实发工资
101001	刘一			
101002				
101003				
101004				
101005				
101006				
101007				
101008				
101009				

显示

工资表 员工基本信息 销售奖金表

6 公式填充

使用快速填充功能可以将公式填充在B4至B12单元格中，效果如下图所示。

员工薪资管理系统				
员工编号	员工姓名	应发工资	个人所得税	实发工资
101001	刘一			
101002	陈二			
101003	张三			
101004	李四			
101005	王五			
101006	赵六			
101007	孙七			
101008	周八			
101009	吴九			
101010				

填充

员工基本信息 销售奖金表

7.2.3 计算奖金

业绩奖金是企业员工工资的重要构成部分，业绩奖金根据员工的业绩划分为几个等级，每个等级奖金的奖金比例也不同。具体操作步骤如下。

1 输入公式

切换至“销售奖金表”工作表，选中D3单元格，在单元格中输入公式“=HLOOKUP(C3,业绩奖金标准!$B$2:$F$3,2)”。

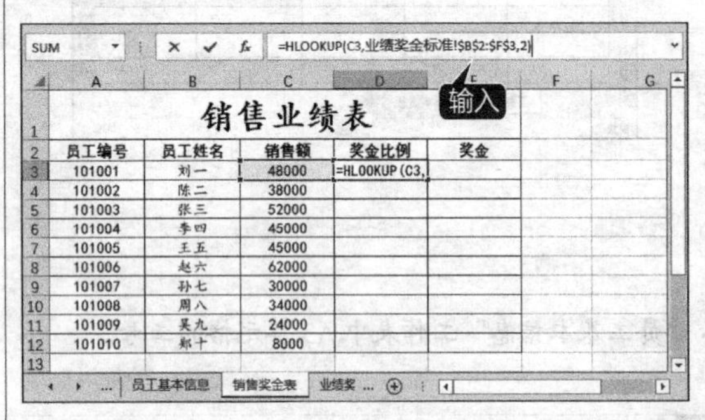

2 得出结果

按【Enter】键确认，即可得出奖金比例。

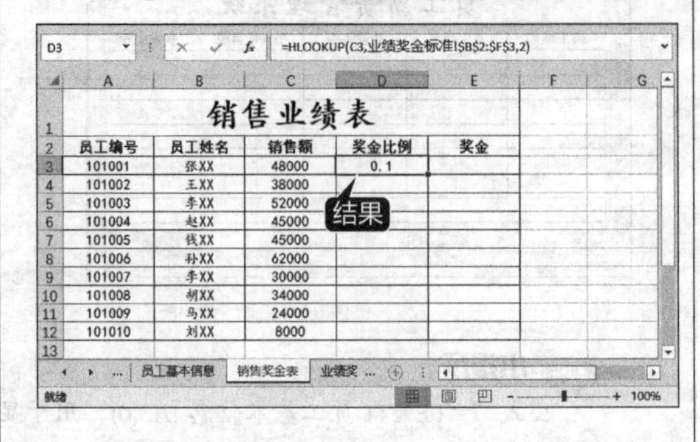

小提示

HLOOKUP 函数是 Excel 中的横向查找函数，公式“=HLOOKUP(C3, 业绩奖金标准 !$B$2:$F$3,2)”中第 3 个参数设置为“2”表示取满足条件的记录在“业绩奖金标准！ $B$2:$F$3”区域中第 2 行的值。

3 填充其余单元格

使用填充柄工具将公式填充进其余单元格，效果如下图所示。

4 输入公式

选中E3单元格，在单元格中输入公式“=IF(C3<50000,C3*D3,C3*D3+500)”。

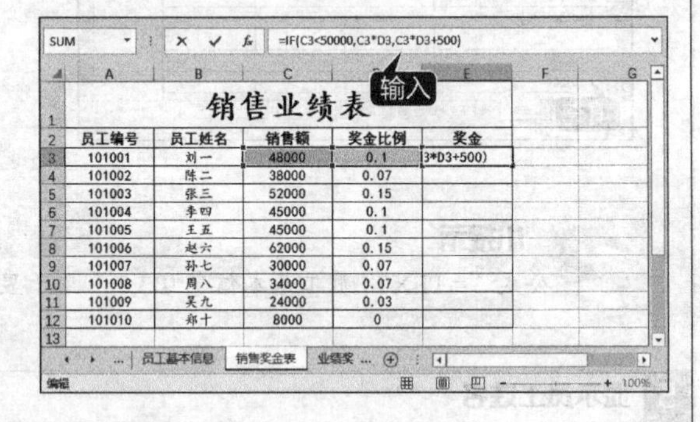

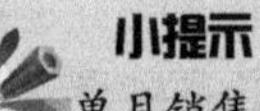

小提示

单月销售额大于或等于 50 000，额外给予 500 元奖励。

5 计算奖金数目

按【Enter】键确认，即可计算出该员工奖金数目。

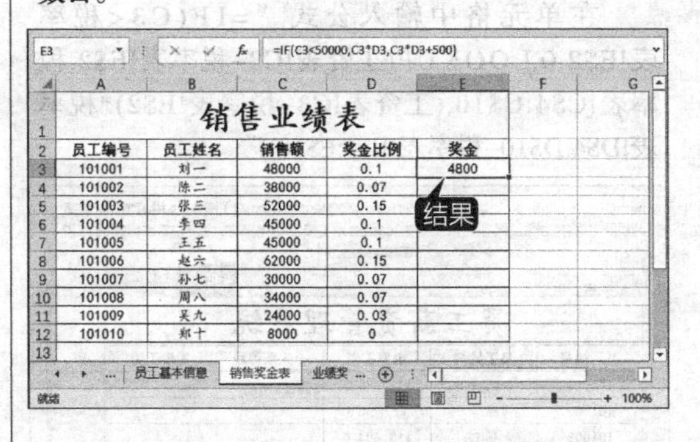

6 得出其余员工奖金数目

使用快速填充功能得出其余员工奖金数目，效果如下图所示。

销售业绩表

员工编号	员工姓名	销售额	奖金比例	奖金
101001	刘一	48000	0.1	4800
101002	陈二	38000	0.07	2660
101003	张三	52000	0.15	8300
101004	李四	45000	0.1	4500
101005	王五	45000	0.1	4500
101006	赵六	62000	0.15	9800
101007	孙七	30000	0.07	2100
101008	周八	34000	0.07	2380
101009	吴九	24000	0.03	720
101010	郑十	8000	0	0

填充

7.2.4 计算个人所得税

个人所得税根据个人收入的不同实行阶梯形式的征收方式，因此直接计算起来比较复杂。而在Excel中，这类问题可以使用查找和引用函数来解决，具体操作步骤如下。

1. 计算应发工资

1 切换工作表

切换至“工资表”工作表，选中C3单元格。

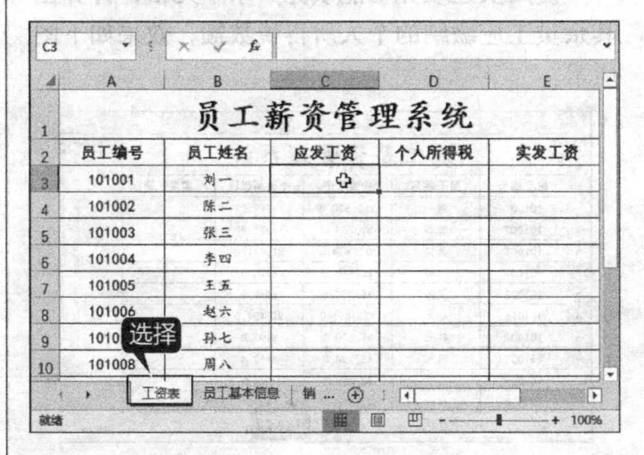

2 输入公式

在单元格中输入公式“=员工基本信息!D3-员工基本信息!E3+销售奖金表!E3”。

=员工基本信息!D3-员工基本信息!E3+销售奖金表!E3

输入

3 计算应发工资数目

按【Enter】键确认，即可计算出应发工资数目。

4 快速填充

使用快速填充功能得出其余员工应发工资数目，效果如下图所示。

员工薪资管理系统

员工编号	员工姓名	应发工资	个人所得税	实发工资
101001	刘一	¥10,520.0		
101002	陈二	¥7,764.0		
101003	张三	¥13,404.0		
101004	李四	¥8,900.0		
101005	王五	¥8,724.0		
101006	赵六	¥13,496.0		
101007	孙七	¥5,620.0		
101008	周八	¥5,724.0		
101009	吴九	¥3,888.0		
101010	郑十	[illegible]816.0		

填充

2. 计算个人所得税数额

1 选中 D3 单元格

计算员工“刘一”的个人所得税数目，选中D3单元格。

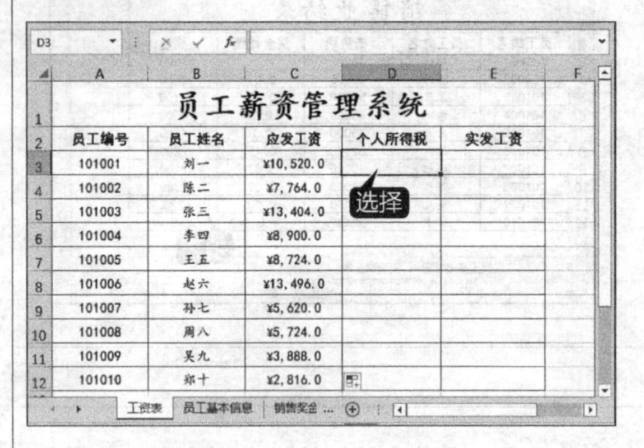

2 输入公式

在单元格中输入公式“=IF(C3<税率表!E$2,0,LOOKUP(工资表!C3-税率表!E$2,税率表!C$4:C$10,(工资表!C3-税率表!E$2)*税率表!D$4:D$10-税率表!E$4:E$10))”。

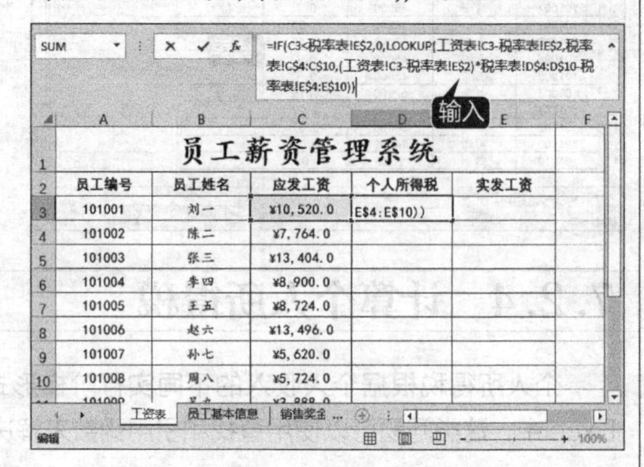

3 计算结果

按【Enter】键即可得出员工“刘一”应缴纳的个人所得税数目。

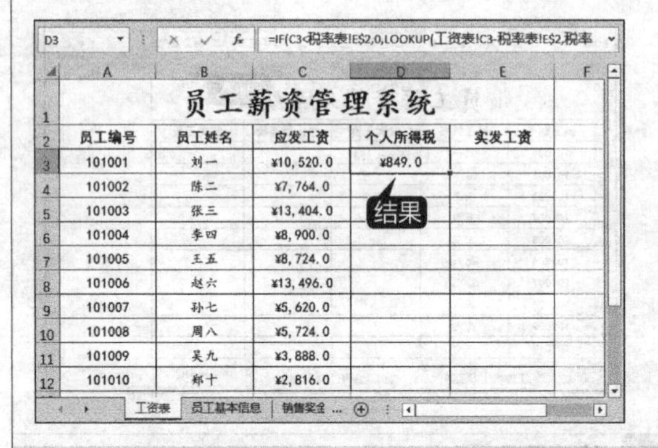

4 使用快速填充功能

使用快速填充功能填充其余单元格，计算出其余员工应缴纳的个人所得税数额，效果如下图所示。

员工薪资管理系统

员工编号	员工姓名	应发工资	个人所得税	实发工资
101001	刘一	¥10,520.0	¥849.0	
101002	陈二	¥7,764.0	¥321.4	
101003	张三	¥13,404.0	¥1,471.0	
101004	李四	¥8,900.0	¥525.0	
101005	王五	¥8,724.0	¥489.8	
101006	赵六	¥13,496.0	¥1,494.0	
101007	孙七	¥5,620.0	¥107.0	
101008	周八	¥5,724.0	¥117.4	
101009	吴九	¥3,888.0	¥11.6	
101010	郑十	¥2,816.0	¥0.0	

填充

小提示

LOOKUP 函数根据税率表查找对应的个人所得税，使用 IF 函数可以返回低于起征点员工所缴纳的个人所得税为 0。

7.2.5 计算个人实发工资

实发工资由基本工资、五险一金扣除、绩效奖金、加班奖励、其他扣除等组成，在“工资表”工作表中计算实发工资的具体操作步骤如下。

1 切换工作表

切换至“奖励扣除表”工作表，选择E3单元格。

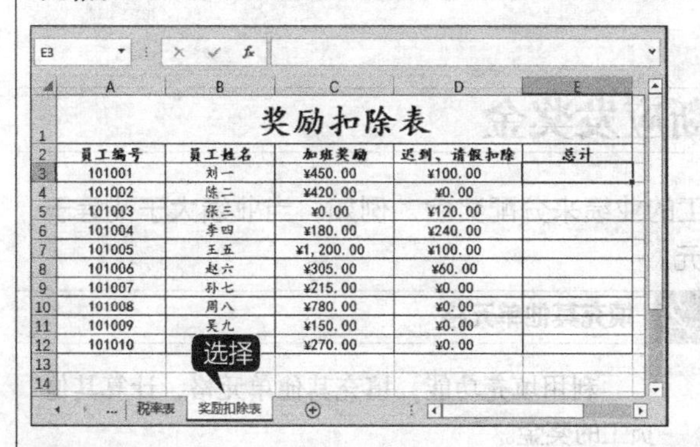

2 输入公式

输入公式“=C3-D3”。

SUM　=C3-D3

奖励扣除表

员工编号	员工姓名	加班奖励	迟到、请假扣除	总计
101001	刘一	¥450.00	¥100.00	=C3-D3
101002	陈二	¥420.00	¥0.00	
101003	张三	¥0.00	¥120.00	
101004	李四	¥180.00	¥240.00	
101005	王五	¥1,200.00	¥100.00	
101006	赵六	¥305.00	¥60.00	
101007	孙七	¥215.00	¥0.00	
101008	周八	¥780.00	¥0.00	
101009	吴九	¥150.00	¥0.00	
101010	郑十	¥270.00	¥0.00	

输入

3 得出结果

按【Enter】键确认，即可得出员工“刘一”的应奖励或扣除数目。

E3　=C3-D3

奖励扣除表

员工编号	员工姓名	加班奖励	迟到、请假扣除	总计
101001	刘一	¥450.00	¥100.00	¥350.00
101002	陈二	¥420.00	¥0.00	
101003	张三	¥0.00	¥120.00	
101004	李四	¥180.00	¥240.00	
101005	王五	¥1,200.00	¥100.00	
101006	赵六	¥305.00	¥60.00	
101007	孙七	¥215.00	¥0.00	
101008	周八	¥780.00	¥0.00	
101009	吴九	¥150.00	¥0.00	
101010	郑十	¥270.00	¥0.00	

结果

4 使用填充功能

使用填充功能，填充至E12单元格，计算出每位员工的奖励或扣除数目，如果结果中用括号包括数值，则表示为负值，应扣除。

奖励扣除表

员工编号	员工姓名	加班奖励	迟到、请假扣除	总计
101001	刘一	¥450.00	¥100.00	¥350.00
101002	陈二	¥420.00	¥0.00	¥420.00
101003	张三	¥0.00	¥120.00	(¥120.00)
101004	李四	¥180.00	¥240.00	(¥60.00)
101005	王五	¥1,200.00	¥100.00	¥1,100.00
101006	赵六	¥305.00	¥60.00	¥245.00
101007	孙七	¥215.00	¥0.00	¥215.00
101008	周八	¥780.00	¥0.00	¥780.00
101009	吴九	¥150.00	¥0.00	¥150.00
101010	郑十	¥270.00	¥0.00	¥270.00

填充

5 计算实发工资

返回至“工资表”工作表，单击E3单元格，输入公式“=C3-D3+奖励扣除表!E3”。按【Enter】键确认，即可得出员工“刘一”的实发工资数目。

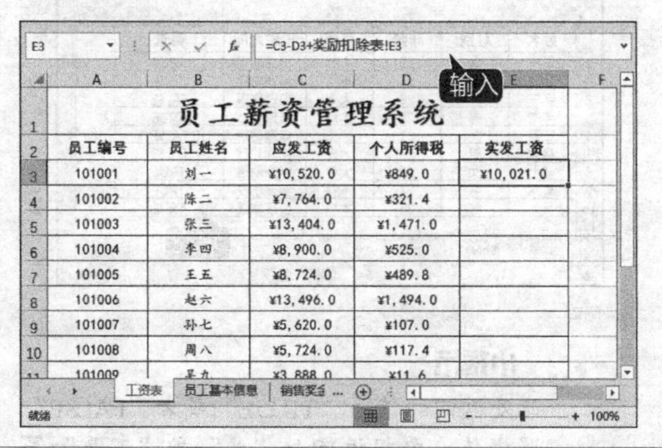

6 得出其余结果

使用填充柄工具将公式填充进其余单元格，得出其余员工实发工资数目，效果如下图所示。

员工薪资管理系统

员工编号	员工姓名	应发工资	个人所得税	实发工资
101001	刘一	¥10,520.0	¥849.0	¥10,021.0
101002	陈二	¥7,764.0	¥321.4	¥7,862.6
101003	张三	¥13,404.0	¥1,471.0	¥11,813.0
101004	李四	¥8,900.0	¥525.0	¥8,315.0
101005	王五	¥8,724.0	¥489.8	¥9,334.2
101006	赵六	¥13,496.0	¥1,494.0	¥12,247.0
101007	孙七	¥5,620.0	¥107.0	¥5,728.0
101008	周八	¥5,724.0	¥117.4	¥6,386.6
101009	吴九	¥3,888.0	¥11.6	¥4,026.4
101010	郑十	¥2,816.0	¥0.0	086.0

填充

至此，就完成了员工薪资管理系统的制作。

7.3 其他常用函数的使用

本节视频教学时间：12分钟

本节介绍几种常用函数的使用方法。

7.3.1 使用IF函数根据绩效判断应发奖金

在对员工进行绩效考核评定时，可以根据员工的业绩来分配奖金。例如，当业绩大于或等于10 000 时，给予奖金2000元，否则给予奖金1000元。

1 输入公式

打开“素材\ch07\员工业绩表.xlsx”工作簿，在单元格C2中输入公式“=IF(B2>=10000,2000,1000)”，按【Enter】键即可计算出该员工的奖金。

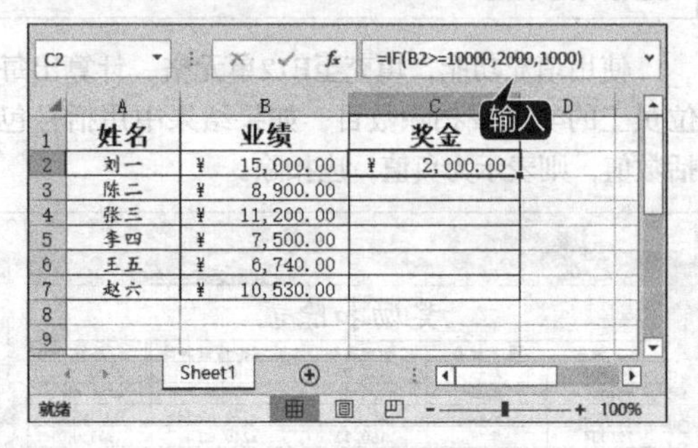

C2 =IF(B2>=10000,2000,1000)

姓名	业绩	奖金
刘一	¥ 15,000.00	¥ 2,000.00
陈二	¥ 8,900.00	
张三	¥ 11,200.00	
李四	¥ 7,500.00	
王五	¥ 6,740.00	
赵六	¥ 10,530.00	

2 填充其他单元格

利用填充功能，填充其他单元格，计算其他员工的奖金。

姓名	业绩	奖金
刘一	¥ 15,000.00	¥ 2,000.00
陈二	¥ 8,900.00	¥ 1,000.00
张三	¥ 11,200.00	¥ 2,000.00
李四	¥ 7,500.00	¥ 1,000.00
王五	¥ 6,740.00	¥ 1,000.00
赵六	¥ 10,530.00	¥ 2,000.00

填充

7.3.2 使用NOT函数筛选应聘职工信息

要从应聘职工信息中筛选掉“25岁以上”的应聘人员，可以利用NOT函数来进行判断。

1 输入公式

打开“素材\ch07\应聘人员信息表.xlsx”工作簿，在F2单元格中输入公式“=NOT(C2>25)”，按【Enter】键，如果是“25岁以上”的应聘人员，显示为“FALSE”；反之，显示为“TRUE”。

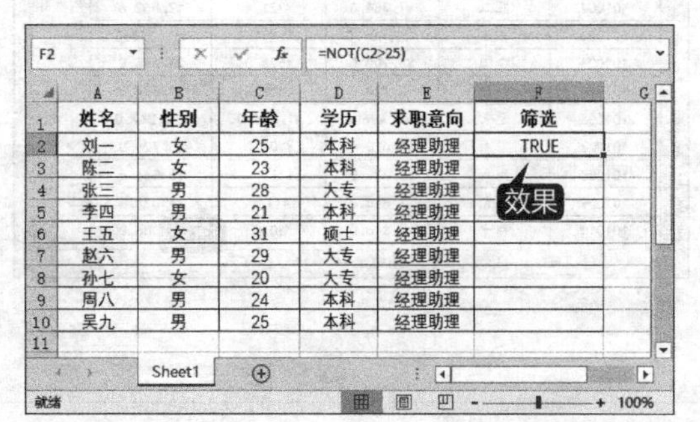

F2 =NOT(C2>25)

姓名	性别	年龄	学历	求职意向	筛选
刘一	女	25	本科	经理助理	TRUE
陈二	女	23	本科	经理助理	
张三	男	28	大专	经理助理	
李四	男	21	本科	经理助理	
王五	女	31	硕士	经理助理	
赵六	男	29	大专	经理助理	
孙七	女	20	大专	经理助理	
周八	男	24	本科	经理助理	
吴九	男	25	本科	经理助理	

2 填充其他单元格

利用填充功能，填充其他单元格，筛选出其他复试人员是否满足条件。

姓名	性别	年龄	学历	求职意向	筛选
刘一	女	25	本科	经理助理	TRUE
陈二	女	23	本科	经理助理	TRUE
张三	男	28	大专	经理助理	FALSE
李四	男	21	本科	经理助理	TRUE
王五	女	31	硕士	经理助理	FALSE
赵六	男	29	大专	经理助理	FALSE
孙七	女	20	大专	经理助理	TRUE
周八	男	24	本科	经理助理	TRUE
吴九	男	25	本科	经理助理	TRUE

填充

小提示

此处返回的值为“TRUE”或者“FALSE”逻辑值，要想返回如“是”或“不是”等这样的文字，需要配合IF函数来实现，公式为“=IF(NOT(C2>25),"不是","是")”。

7.3.3 使用HOUR函数计算员工当日工资

员工上班的工资是15元/小时，可以使用HOUR函数计算员工一天的工资，具体操作步骤如下。

1 输入公式

打开“素材\ch07\员工工资表.xlsx”工作簿，设置D2:D7单元格区域格式为“常规”，在D2单元格中输入公式“=HOUR(C2-B2)*15”，按【Enter】键，得出计算结果。

2 快速填充

利用快速填充功能，完成其他员工的工时工资计算。

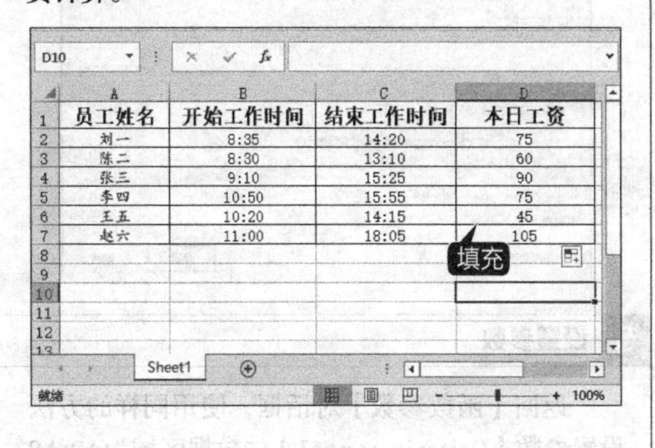

7.3.4 使用SUMIFS函数统计某日期区域的销售金额

如果想要在销售统计表中统计出一定日期区域内的销售金额，可以使用SUMIFS函数来实现。例如，想要计算2019年2月1日到2019年2月10日期间的销售金额，具体操作步骤如下。

1 单击【插入函数】按钮

打开“素材\ch07\统计某日期区域的销售金额.xlsx”工作簿，选择B10单元格，单击【插入函数】按钮 *fx*。

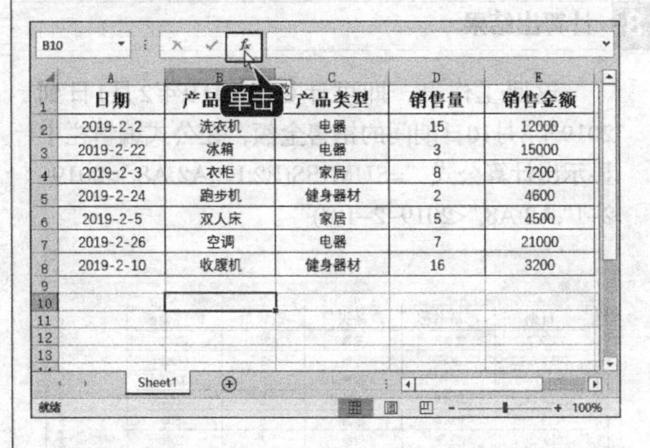

2 选择函数

弹出【插入函数】对话框，单击【或选择类别】文本框右侧的下拉按钮，在弹出的下拉列表中选择【数学与三角函数】选项，在【选择函数】列表框中选择【SUMIFS】函数，单击【确定】按钮。

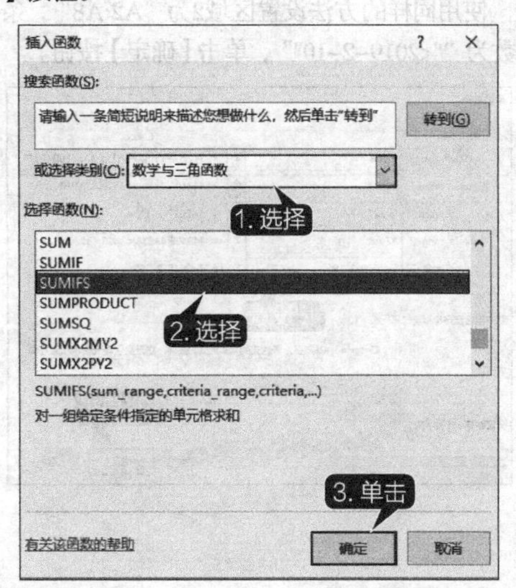

3 弹出【函数参数】对话框

弹出【函数参数】对话框，单击【Sum_range】文本框右侧的按钮。

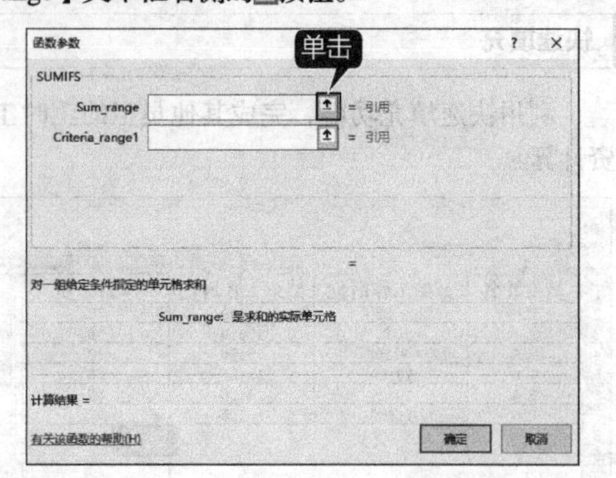

4 选择单元格区域

返回到工作表，选择E2:E8单元格区域，单击【函数参数】文本框右侧的按钮。

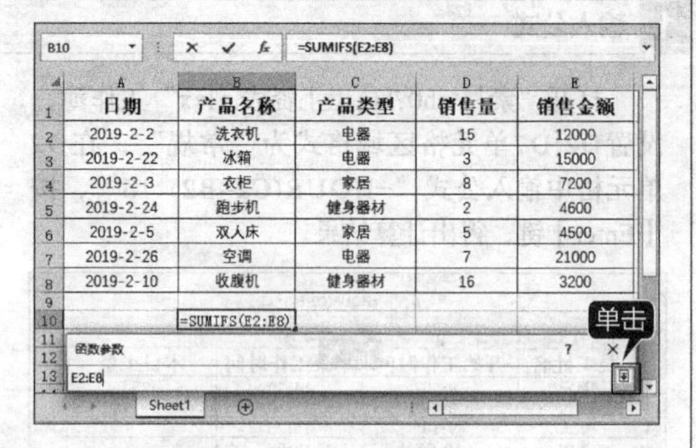

5 设置参数

返回【函数参数】对话框，使用同样的方法设置参数【Criteria_range1】的数据区域为A2:A8单元格区域。

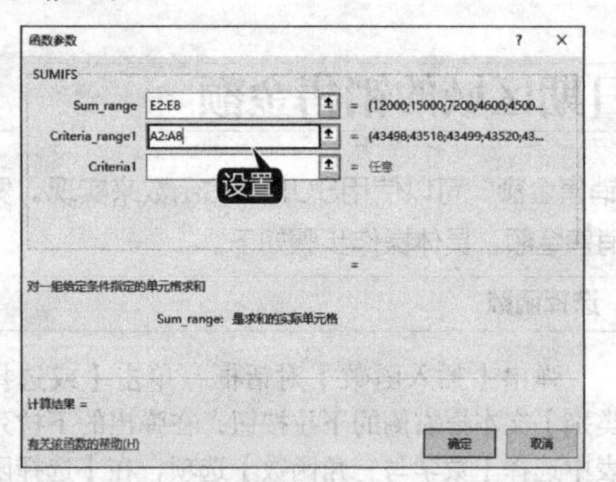

6 设置条件参数

在【Criteria1】文本框中输入""＞2019-2-1""，设置区域1的条件参数为"＞2019-2-1"。

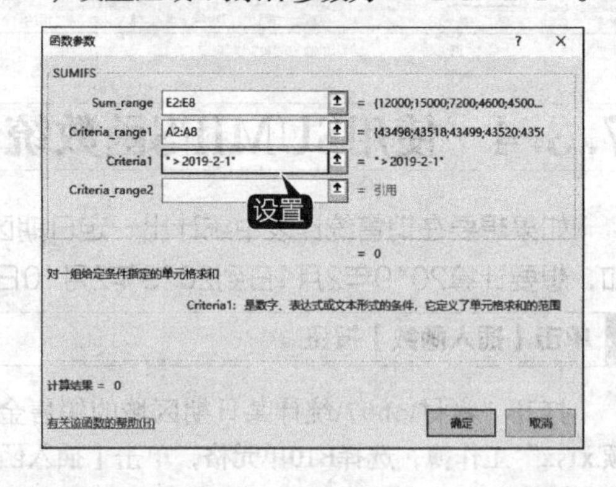

7 进行设置

使用同样的方法设置区域2为"A2:A8"，条件参数为""<2019-2-10""，单击【确定】按钮。

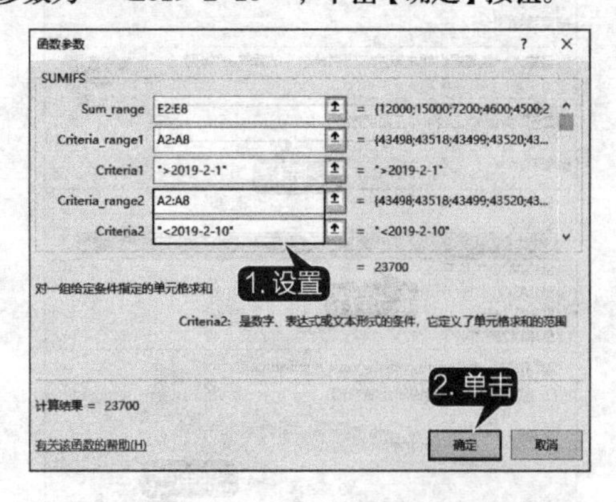

8 计算出结果

返回工作表，即可计算出2019年2月1日到2019年2月10日期间的销售金额，在公式编辑栏中显示出计算公式"=SUMIFS(E2:E8,A2:A8,">2019-2-1",A2:A8,"<2019-2-10")"。

7.3.5 使用PRODUCT函数计算每件商品的金额

一些公司的商品会不定时做促销活动，需要根据商品的单价、数量以及折扣来计算每件商品的金额，使用PRODUCT函数可以实现这一操作。

1 输入公式

打开“素材\ch07\计算每件商品的金额.xlsx”工作簿，选择单元格E2，在编辑栏中输入公式“=PRODUCT(B2,C2,D2)”，按【Enter】键，即可计算出该产品的金额。

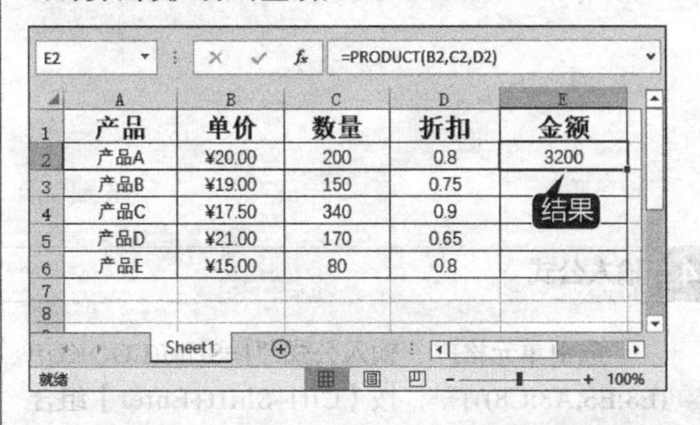
E2 =PRODUCT(B2,C2,D2)

产品	单价	数量	折扣	金额
产品A	¥20.00	200	0.8	3200
产品B	¥19.00	150	0.75	
产品C	¥17.50	340	0.9	
产品D	¥21.00	170	0.65	
产品E	¥15.00	80	0.8	

2 填充其他单元格

使用填充功能填充其他单元格，计算其他产品的金额。

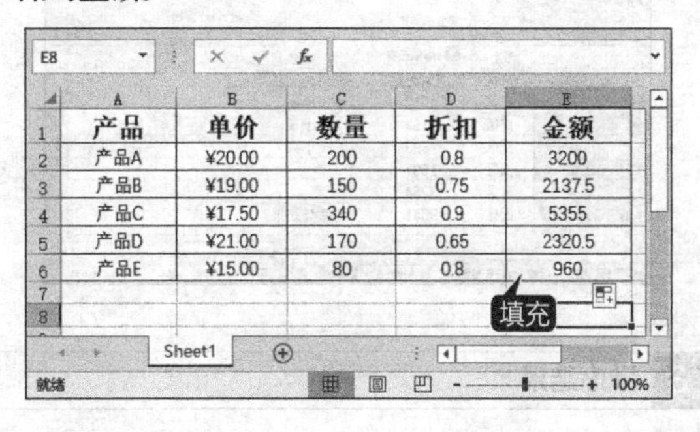

产品	单价	数量	折扣	金额
产品A	¥20.00	200	0.8	3200
产品B	¥19.00	150	0.75	2137.5
产品C	¥17.50	340	0.9	5355
产品D	¥21.00	170	0.65	2320.5
产品E	¥15.00	80	0.8	960

7.3.6 使用FIND函数判断商品的类型

仓库中有两种商品，假设商品编号以A开头的为生活用品，以B开头的为办公用品。使用FIND函数可以判断商品的类型，商品编号以A开头的商品显示为“生活用品”，否则显示为“办公用品”。下面通过FIND函数来判断商品的类型。

1 输入公式

打开“素材\ch07\判断商品的类型.xlsx”工作簿，选择单元格B2，在其中输入公式“=IF(ISERROR(FIND("A",A2)),IF(ISERROR(FIND("B", A2)),"","办公用品"),"生活用品")”，按【Enter】键，即可显示该商品的类型。

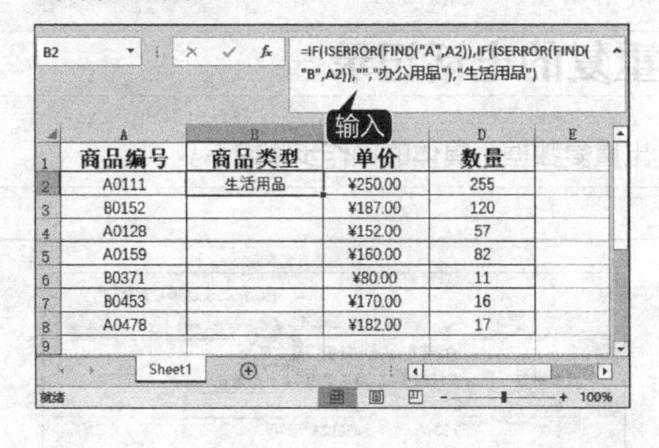
B2 =IF(ISERROR(FIND("A",A2)),IF(ISERROR(FIND("B",A2)),"","办公用品"),"生活用品")

商品编号	商品类型	单价	数量
A0111	生活用品	¥250.00	255
B0152		¥187.00	120
A0128		¥152.00	57
A0159		¥160.00	82
B0371		¥80.00	11
B0453		¥170.00	16
A0478		¥182.00	17

2 填充其他单元格

利用快速填充功能，完成其他单元格的操作。

商品编号	商品类型	单价	数量
A0111	生活用品	¥250.00	255
B0152	办公用品	¥187.00	120
A0128	生活用品	¥152.00	57
A0159	生活用品	¥160.00	82
B0371	办公用品	¥80.00	11
B0453	办公用品	¥170.00	16
A0478	生活用品	¥182.00	17

填充

7.3.7 使用LOOKUP函数计算多人的销售业绩总和

使用LOOKUP函数，在选中区域处于升序条件下可查找多个值。

1 单击【升序】按钮

打开“素材\ch07\销售业绩总和.xlsx”文件，选中A3:A8单元格区域，单击【数据】选项卡下【排序和筛选】组中的【升序】按钮进行排序。

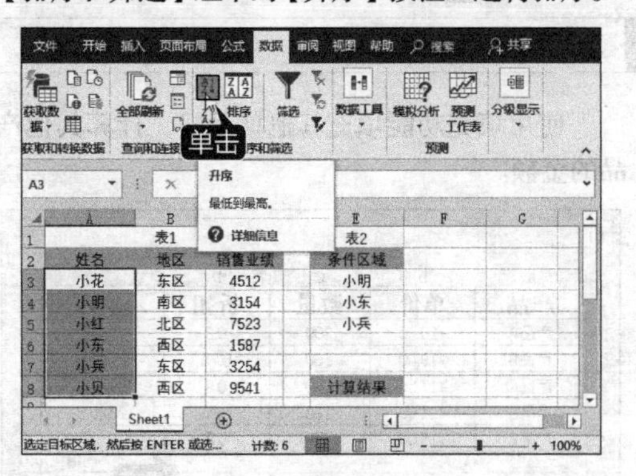

2 选择【扩展选定区域】单选项

弹出【排序提醒】对话框，选择【扩展选定区域】单选项，单击【排序】按钮。

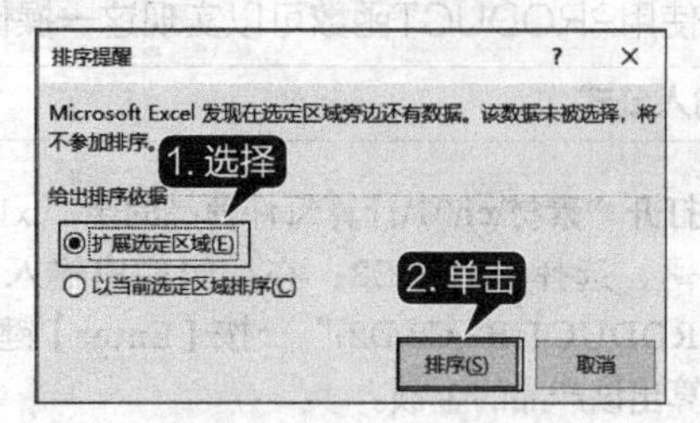

3 排序结果

排序结果如下图所示。

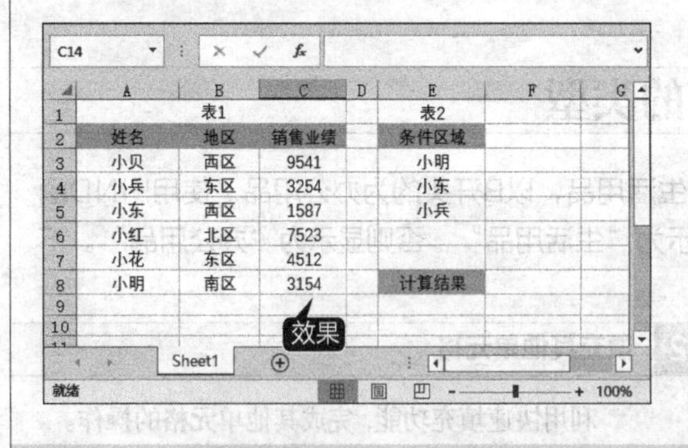

4 输入公式

选中单元格F8，输入公式“{=SUM(LOOKUP(E3:E5,A3:C8))}”，按【Ctrl+Shift+Enter】组合键，即可计算出结果。

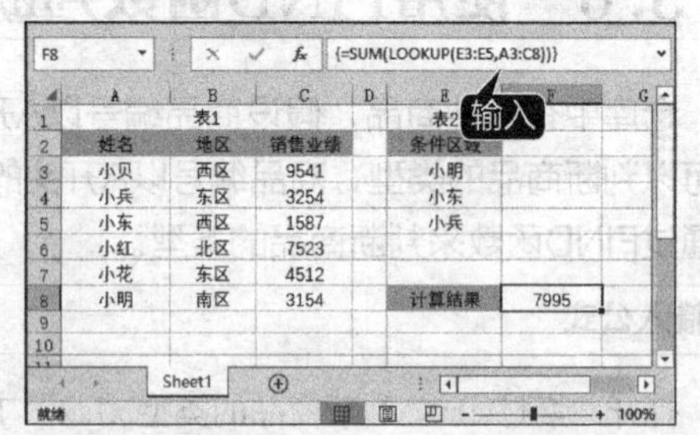

小提示

“LOOKUP(E3:E5,A3:C8)”为数组公式，需要按【Ctrl+Shift+Enter】组合键计算结果。

7.3.8 使用COUNTIF函数查询重复的电话记录

通过使用IF函数和COUNTIF函数，可以轻松统计出重复数据，具体的操作步骤如下。

1 输入公式

打开“素材\ch07\来电记录表.xlsx”工作簿，在D3单元格中输入公式“=IF((COUNTIF($C$3:$C$10,C3))>1,"重复","")”，按【Enter】键，即可计算出是否存在重复。

2 快速填充

使用填充柄快速填充单元格区域D3:D10，最终计算结果如右图所示。

高手私房菜

技巧1：同时计算多个单元格数值

在Excel 2019中，如果对某行或某列进行相同公式计算时，除了计算某个单元格值，然后对其他单元格进行填充外，下面介绍一种快捷的计算方法，可以同时计算多个单元格数值。

1 输入公式

打开“素材\ch07\公司利润表.xlsx”文件，选择要计算的单元格区域F3:F5，然后输入公式“=SUM(B3:E3)”。

2 计算出数值

按【Ctrl+Enter】组合键，即可计算出所选单元格区域的数值，如下图所示。

技巧2：分步查询复杂公式

Excel中不乏复杂公式，在使用复杂公式计算数据时如果对计算结果产生怀疑，可以分步查询公式。

1 单击【公式求值】按钮

打开“素材\ch07\住房贷款速查表.xlsx”工作簿，选择单元格D5，单击【公式】选项卡下【公式审核】选项组中的【公式求值】按钮。

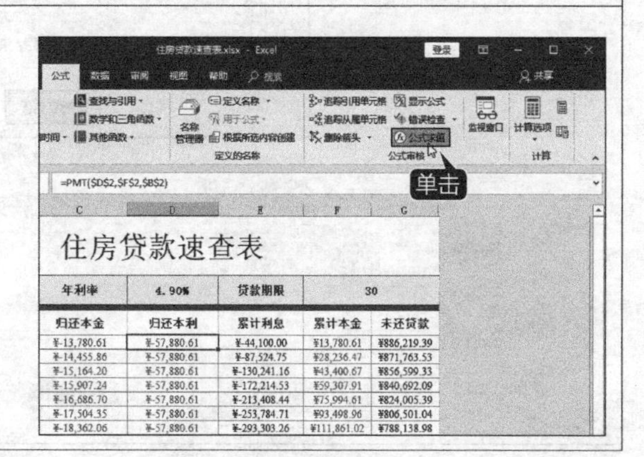

2 单击【求值】按钮

弹出【公式求值】对话框，在【求值】文本框中可以看到函数的公式，单击【求值】按钮。

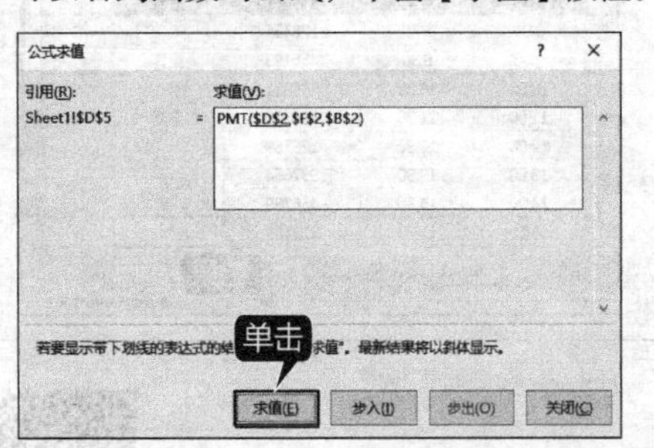

3 得出计算结果

此时即可得出第一步计算结果，如下图所示。

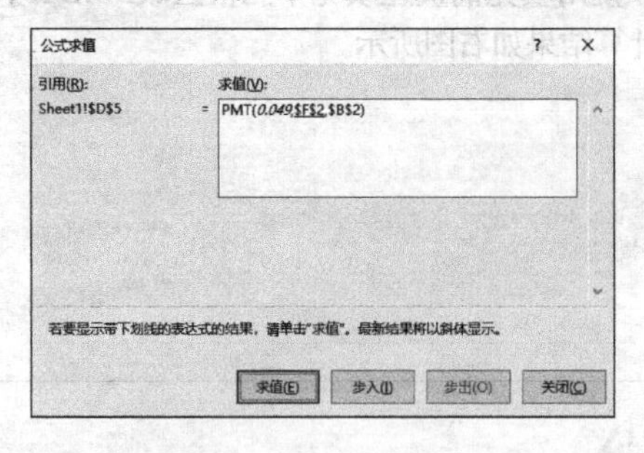

4 计算第二步结果

再次单击【求值】按钮，即可计算第二步计算结果。

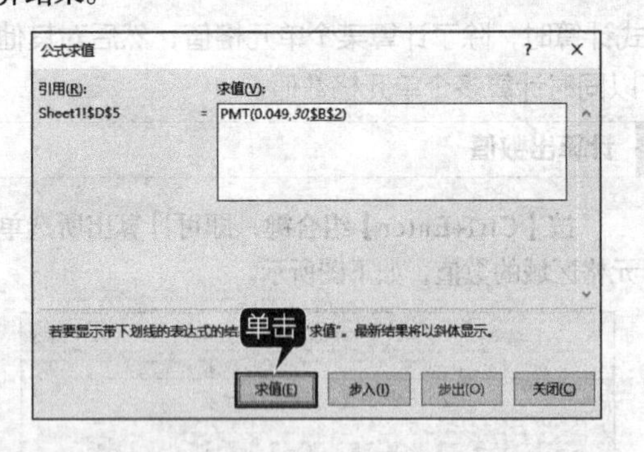

5 计算第三步结果

重复单击【求值】按钮，即可计算第三步计算结果。

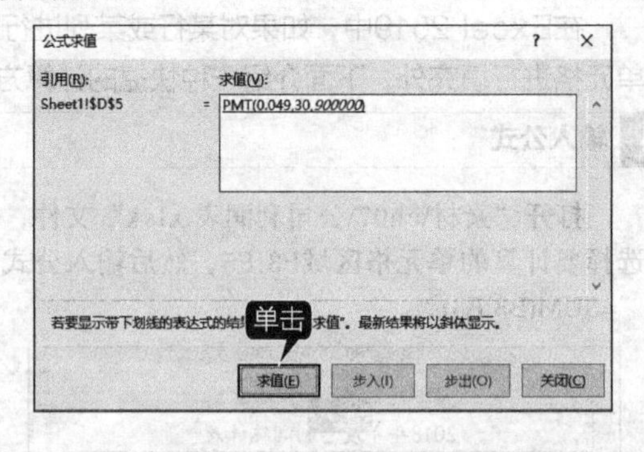

6 最终的公式结果

当再次单击【求值】按钮时，即可得出最终的公式结果。若要再次查看计算过程，单击【重新启动】按钮即可；若要结束求值，单击【关闭】按钮即可。

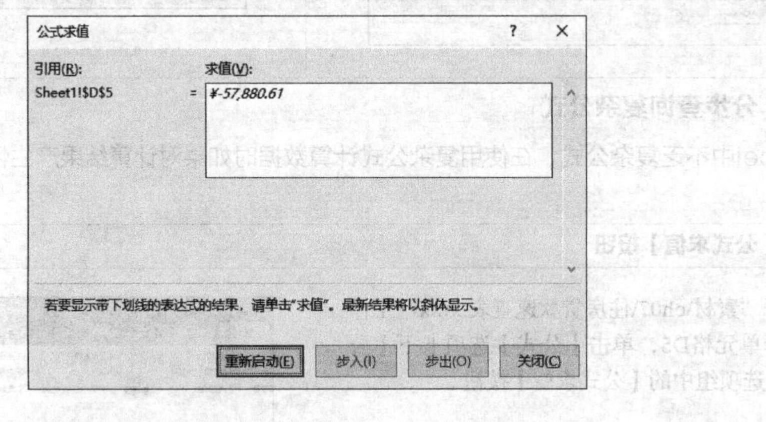

第 8 章

数据的基本分析

本章视频教学时间：21 分钟

数据分析是 Excel 的重要功能。通过 Excel 的排序功能可以将数据表中的内容按照特定的规则排序，便于用户观察数据之间的规律；使用筛选功能可以对数据进行“过滤”，将满足用户条件的数据单独显示；使用分类显示和分类汇总功能可以对数据进行分类；使用合并计算功能可以汇总单独区域中的数据，在单个输出区域中合并计算结果等。

【学习目标】

通过本章的学习，读者可以掌握数据的排序与汇总操作。

【本章涉及知识点】

- 设置数据的有效性
- 排序数据和筛选数据
- 建立分类显示
- 创建分类汇总
- 分级显示数据
- 清除分类汇总
- 合并计算

8.1 制作员工销售业绩表

 本节视频教学时间：8分钟

制作员工销售业绩表通常需要使用Excel表格计算公司员工的销售业绩情况。在Excel 2019中，设置数据的有效性可以帮助分析工作表中的数据，例如对数值进行有效性的设置、排序、筛选等。本节以制作员工销售业绩表为例介绍数据的基本分析方法。

8.1.1 设置数据的有效性

在向工作表中输入数据时，为了防止输入错误的数据，可以为单元格设置有效的数据范围，限制用户只能输入指定范围内的数据，这样可以极大地减小数据处理操作的复杂性。具体操作步骤如下。

1 设置数据验证

打开“素材\ch08\员工销售业绩表.xlsx”工作簿,选择A3:A13单元格区域。在【数据】选项卡中，单击【数据工具】选项组中的【数据验证】按钮，弹出【数据验证】对话框，选择【设置】选项卡，在【允许】下拉列表中选择【文本长度】，在【数据】下拉列表中选择【等于】，在【长度】文本框中输入“5”。

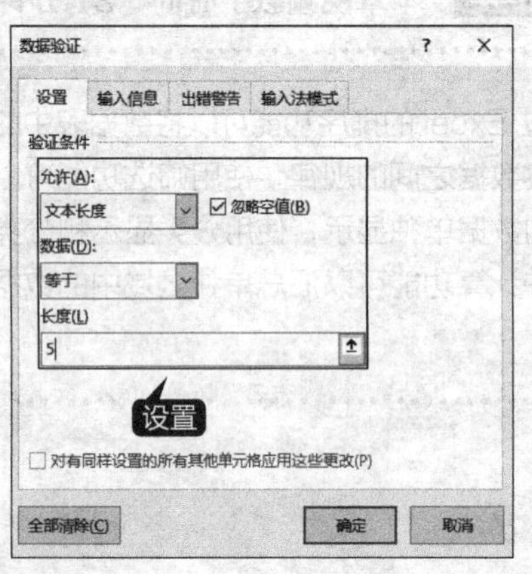

2 输入警告信息

选择【出错警告】选项卡，在【样式】下拉列表中选择【警告】选项，在【标题】和【错误信息】文本框中输入警告信息，单击【确定】按钮，如下图所示。

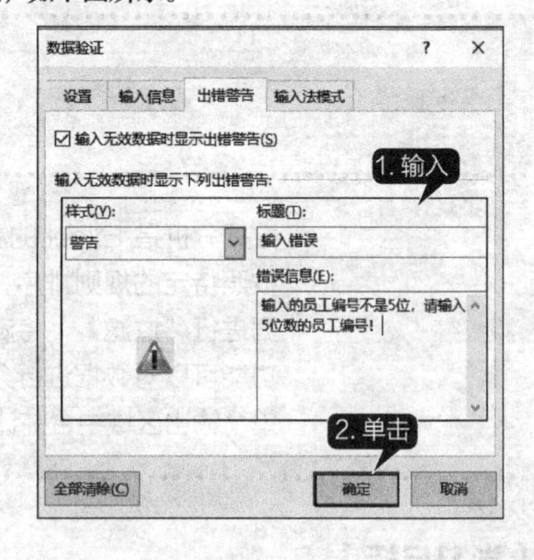

3 提示警告信息

返回工作表，在A3:A13单元格中输入不符合要求的数字时，会提示如下警告信息，单击【否】按钮。

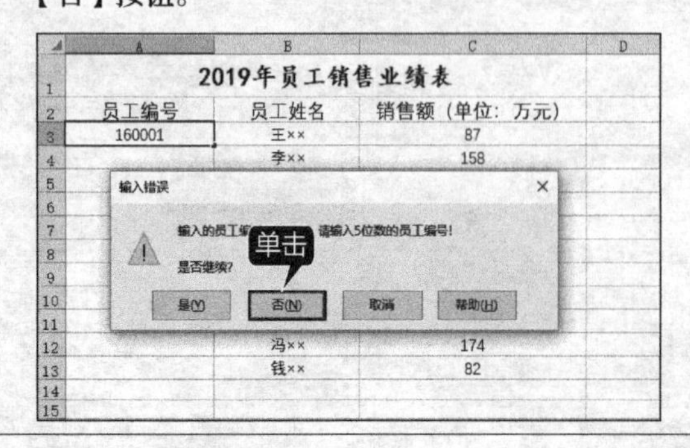

4 输入正确信息

返回到工作簿中，并填充正确的员工编号。

2019年员工销售业绩表		
员工编号	员工姓名	销售额（单位：万元）
16001	王××	87
16002	李××	158
16003	胡××	58
16004	马××	224
16005	刘××	86
84520	陈××	90
16007	张××	110
16008	于××	342
58456	金××	69
16010	冯××	174
16011	钱××	82

8.1.2 对销售业绩进行排序

用户可以对销售业绩进行排序，下面介绍自动排序和自定义排序的操作。

1. 自动排序

Excel 2019提供了多种排序方法，用户可以在员工销售业绩表中根据销售业绩进行单条件排序。具体操作步骤如下。

1 选择任意一个单元格

接上节的操作，如果要按照销售业绩由高到低进行排序，选择销售业绩所在的C列的任意一个单元格。

2019年员工销售业绩表

员工编号	员工姓名	销售额（单位：万元）
16001	王××	87
16002	李××	158
16003	胡××	58
16004	马××	224
16005	刘××	86
84520	陈××	90
16007	张××	110
16008	于××	342
58456	金××	69
16010	冯××	174
16011	钱××	82

选择

2 单击【降序】按钮

单击【数据】选项卡下【排序和筛选】组中的【降序】按钮。

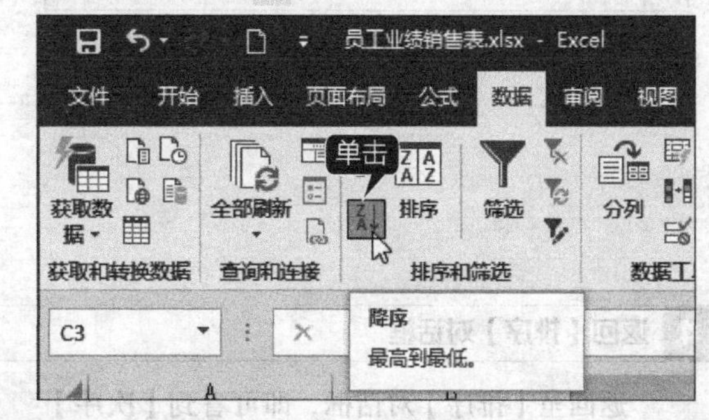

3 按顺序显示数据

按照员工销售业绩由高到低的顺序显示数据。

2019年员工销售业绩表

员工编号	员工姓名	销售额（单位：万元）
16008	于××	342
16004	马××	224
16010	冯××	174
16002	李××	158
16007	张××	110
84520	陈××	90
16001	王××	87
16005	刘××	86
16011	钱××	82
58456	金××	69
16003	胡××	58

4 按顺序显示数据

单击【数据】选项卡下【排序和筛选】组中的【升序】按钮，即可按照员工销售业绩由低到高的顺序显示数据。

2019年员工销售业绩表

员工编号	员工姓名	销售额（单位：万元）
16003	胡××	58
58456	金××	69
16011	钱××	82
16005	刘××	86
16001	王××	87
84520	陈××	90
16007	张××	110
16002	李××	158
16010	冯××	174
16004	马××	224
16008	于××	342

排序

2. 自定义排序

在“员工业绩销售表.xlsx”工作簿中，用户可以根据需要设置自定义排序，如按照员工的姓名进行排序时就可以使用自定义排序的方式，具体操作步骤如下。

1 单击【排序】按钮

接上节的操作，按照员工的姓名进行排序。选择B列的任意一个单元格，单击【数据】选项卡下【排序和筛选】组中的【排序】按钮。

2 选择【自定义序列】选项

弹出【排序】对话框，在【主要关键字】下拉列表中选择【员工姓名】选项，在【次序】下拉列表中选择【自定义序列】选项。

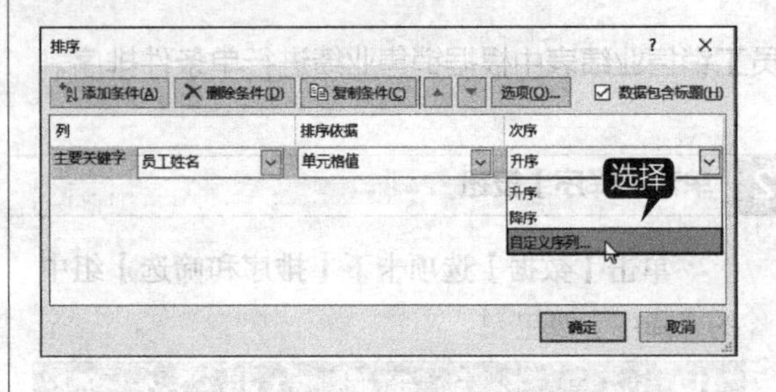

3 添加自定义序列

弹出【自定义序列】对话框，在【输入序列】列表框中输入排序文本，单击【添加】按钮，将自定义序列添加至【自定义序列】列表框，单击【确定】按钮。

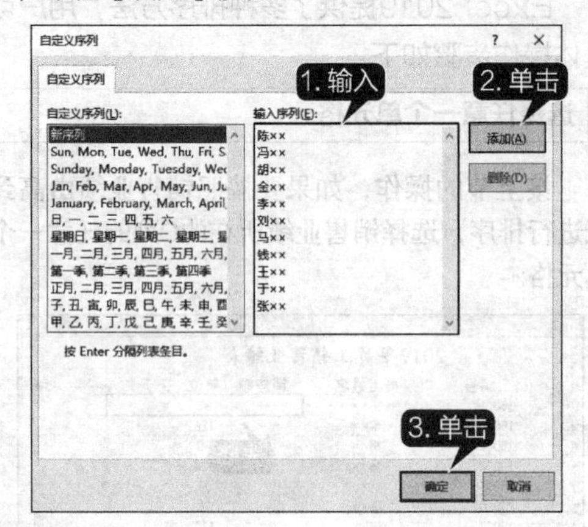

4 返回【排序】对话框

返回至【排序】对话框，即可看到【次序】文本框中显示的为自定义的序列，单击【确定】按钮。

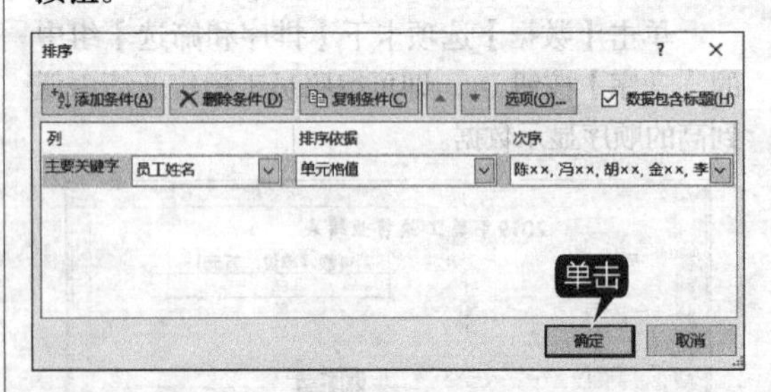

5 查看结果

此时，即可看到自定义排序后的结果。

2019年员工销售业绩表		
员工编号	员工姓名	销售额（单位：万元）
84520	陈××	90
16010	冯××	174
16003	胡××	58
58456	金××	69
16002	李××	158
16005	刘××	86
16004	马××	224
16011	钱××	82
16001	王××	87
16008	于××	342
16007	张××	110

8.1.3 对数据进行筛选

Excel提供了数据的筛选功能，可以准确、方便地找出符合要求的数据。

1. 单条件筛选

Excel 2019中的单条件筛选，就是将符合一种条件的数据筛选出来，具体操作步骤如下。

1 选择任一单元格

接上节的操作，在打开的“员工业绩销售表.xlsx”工作簿中，选择数据区域内的任一单元格。

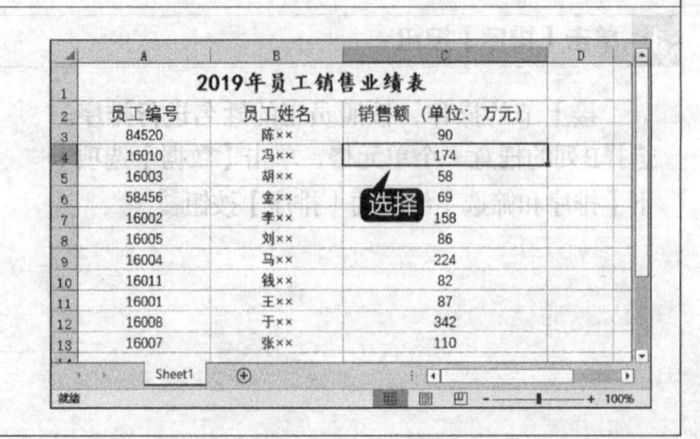

2019年员工销售业绩表		
员工编号	员工姓名	销售额（单位：万元）
84520	陈××	90
16010	冯××	174
16003	胡××	58
58456	金××	69
16002	李××	158
16005	刘××	86
16004	马××	224
16011	钱××	82
16001	王××	87
16008	于××	342
16007	张××	110

2 进入【自动筛选】状态

在【数据】选项卡中，单击【排序和筛选】选项组中的【筛选】按钮，进入【自动筛选】状态，此时在标题行每列的右侧出现一个下拉箭头。

3 选择复选框

单击【员工姓名】列右侧的下拉箭头▾，在弹出的下拉列表中取消【全选】复选框，选择【李××】和【张××】复选框，单击【确定】按钮。

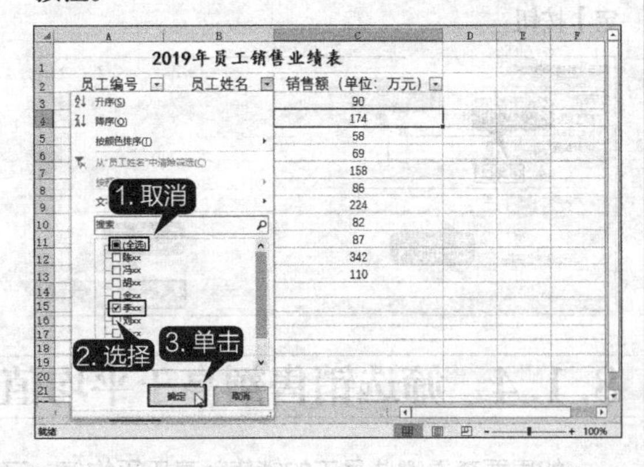

4 筛选后的数据清单

经过筛选后的数据清单如右图所示，可以看出仅显示了“李××”“张××”的员工销售情况，其他记录被隐藏。

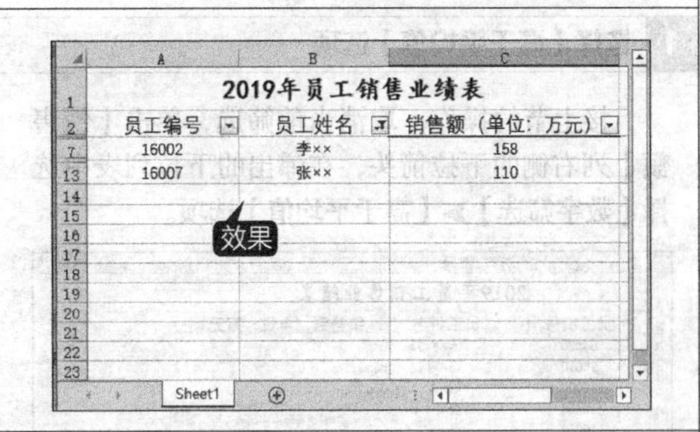

2. 按文本筛选

在工作簿中，可以根据文本进行筛选，如在上面的工作簿中筛选出姓“冯”和姓“金”的员工的销售情况，具体操作步骤如下。

1 显示所有员工的销售业绩

接上节的操作，单击【员工姓名】列右侧的筛选按钮，在弹出的下拉列表中单击选中【全选】复选框，单击【确定】按钮，使所有员工的销售业绩显示出来。

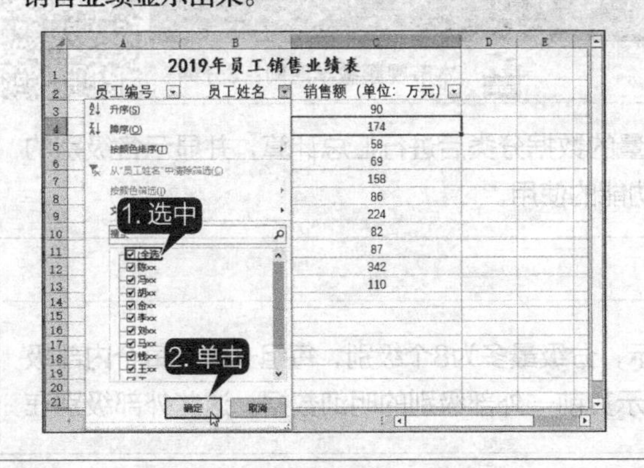

2 选择【开头是】选项

单击【员工姓名】列右侧的下拉箭头，在弹出的下拉列表中选择【文本筛选】➤【开头是】选项。

3 进行设置

弹出【自定义自动筛选方式】对话框，在【开头是】后面的文本框中输入“冯”，单击选中【或】单选项，并在下方的选择框中选择【开头是】选项，在文本框中输入“金”，单击【确定】按钮。

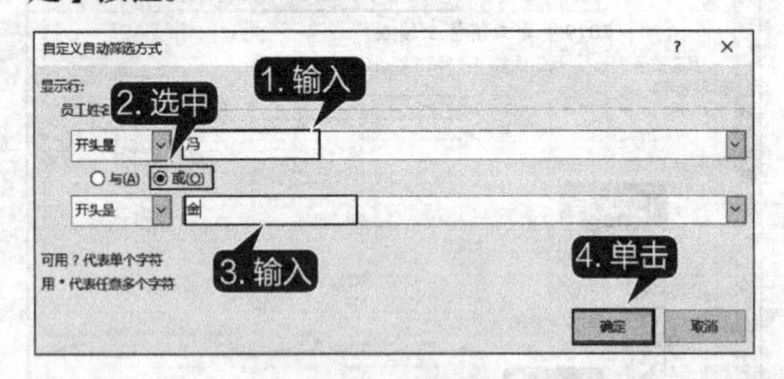

4 筛选结果

筛选出姓“冯”和姓“金”员工的销售情况。

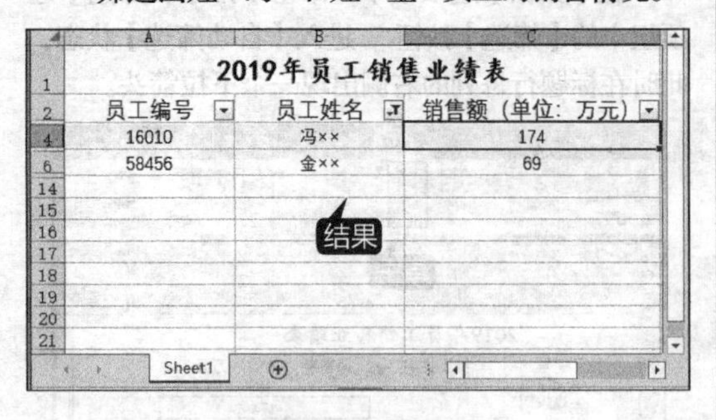

8.1.4 筛选销售额高于平均值的员工

如果要查看哪些员工的销售额高于平均值，可以使用Excel 2019的自动筛选功能，不用计算平均值，即可筛选出高于平均销售额的员工。

1 选择【高于平均值】选项

接上节的操作，取消当前筛选，单击【销售额】列右侧的下拉箭头，在弹出的下拉列表中选择【数字筛选】➤【高于平均值】选项。

2 筛选结果

筛选出高于平均销售额的员工。

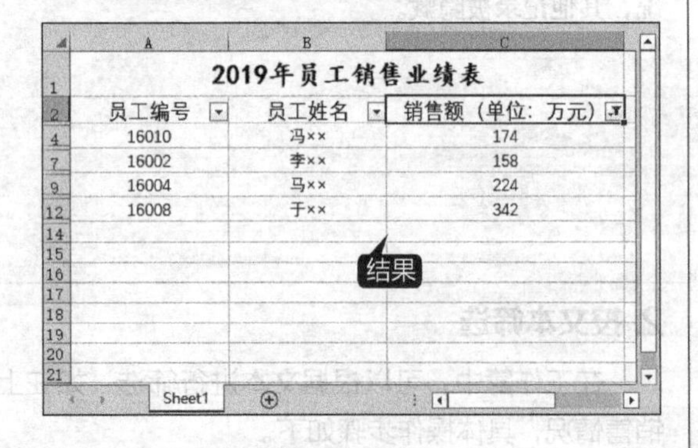

8.2 制作汇总销售记录表

本节视频教学时间：6分钟

汇总销售记录表主要是使用分类汇总功能，将大量的数据分类后进行汇总计算，并显示各级别的汇总信息。本节以制作汇总销售记录表为例介绍汇总功能的使用。

8.2.1 建立分级显示

为了便于管理Excel中的数据，可以建立分级显示，分级最多为8个级别，每组一级。每个内部级别在分级显示符号中由较大的数字表示，它们分别显示其前一外部级别的明细数据，这些外部级别在分级显示符号中均由较小的数字表示。使用分级显示可以对数据分组并快速显示汇总行或汇总列，或者显示每组的明细数据。可创建行的分级显示（如本节示例所示）、列的分级显示或者行和列的分级显示。具体操作步骤如下。

1 选择单元格区域

打开“素材\ch08\汇总销售记录表.xlsx”工作簿，选择A1:F2单元格区域。

2 选择【组合】选项

单击【数据】选项卡下【分级显示】选项组中的【组合】按钮组合，在弹出的下拉列表中选择【组合】选项。

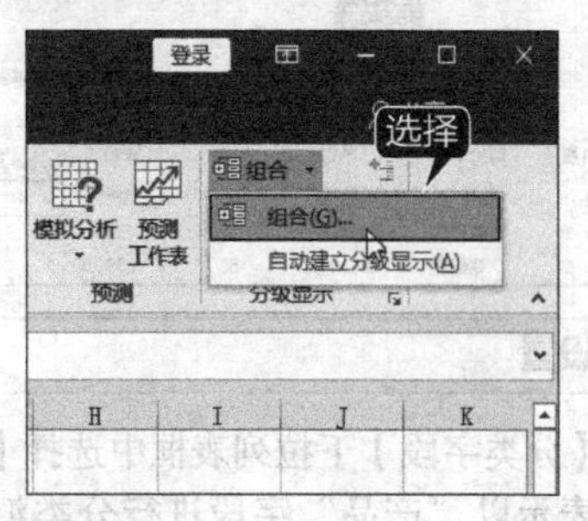

3 选中【行】单选项

弹出【组合】对话框，单击选中【行】单选项，单击【确定】按钮。

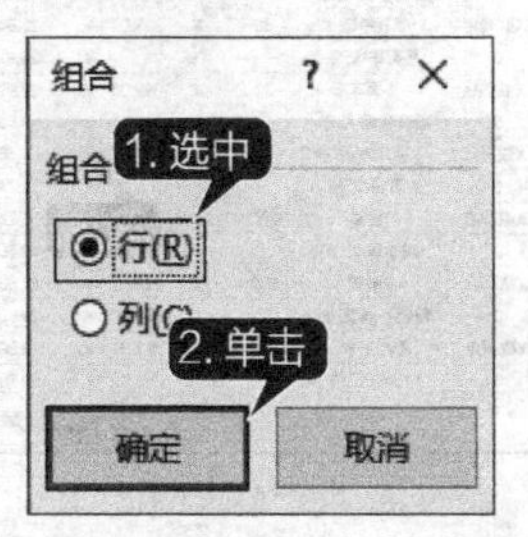

4 设置为一个组类

将单元格区域A1:F2设置为一个组类。

5 设置单元格区域

使用同样的方法，设置单元格区域A3:F13。

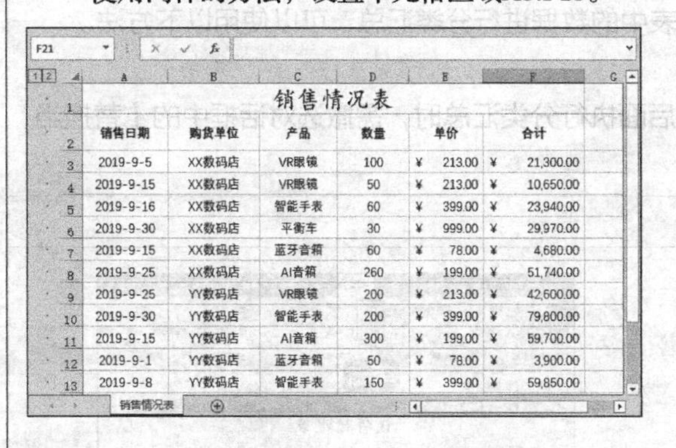

6 区域折叠显示

单击1图标，即可将分组后的区域折叠显示。

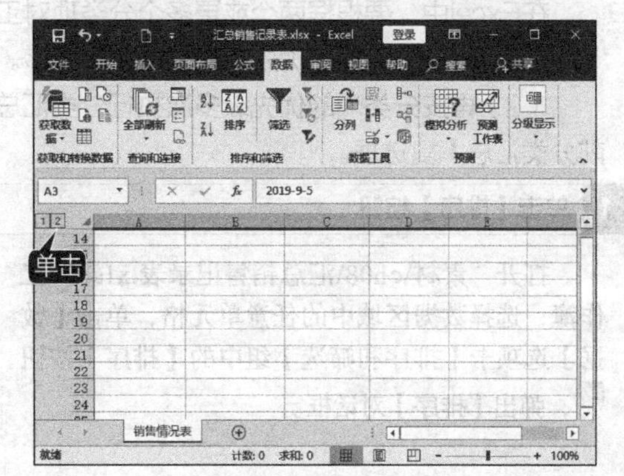

8.2.2 创建简单分类汇总

使用分类汇总的数据列表，每一列数据都要有列标题。Excel使用列标题来决定如何创建数据组以及如何计算总和。在销售记录表中，创建简单分类汇总的具体操作步骤如下。

1 单击【降序】按钮

打开"素材\ch08\汇总销售记录表.xlsx"工作簿，单击F列数据区域内任一单元格，单击【数据】选项卡中的【降序】按钮进行排序。

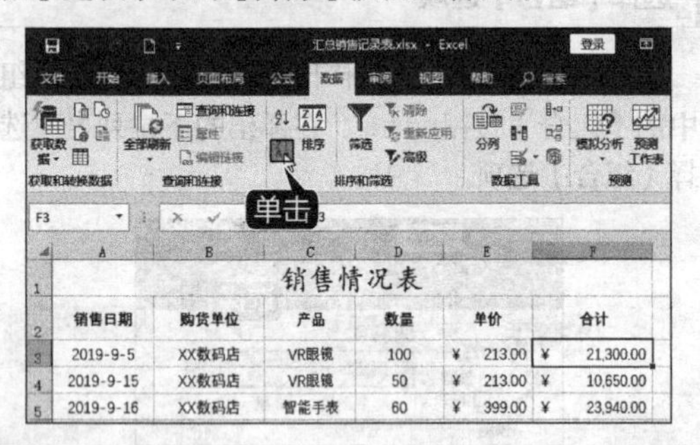

2 单击【分类汇总】按钮

在【数据】选项卡中，单击【分级显示】选项组中的【分类汇总】按钮，弹出【分类汇总】对话框。

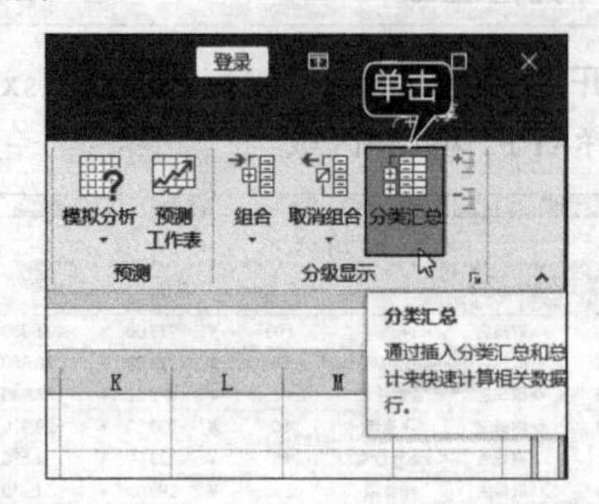

3 进行设置

在【分类字段】下拉列表框中选择【产品】选项，表示以"产品"字段进行分类汇总，在【汇总方式】下拉列表框中选择【求和】选项，在【选定汇总项】列表框中选择【合计】复选框，单击【确定】按钮。

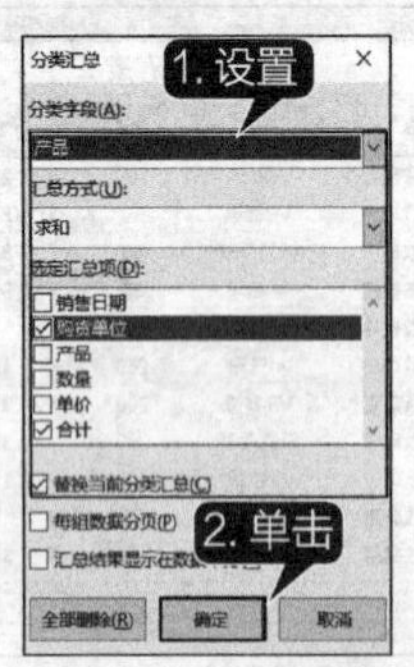

4 查看效果

进行分类汇总后的效果如下图所示。

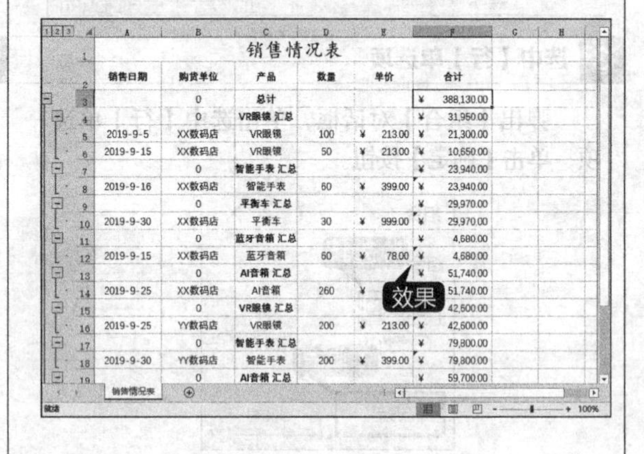

8.2.3 创建多重分类汇总

在Excel中，要根据两个或更多个分类项对工作表中的数据进行分类汇总，可以使用以下方法。

（1）先按分类项的优先级对相关字段排序。

（2）再按分类项的优先级多次执行分类汇总，后面执行分类汇总时，需撤选对话框中的【替换当前分类汇总】复选框。

1 单击【排序】按钮

打开"素材\ch08\汇总销售记录表.xlsx"工作簿，选择数据区域中的任意单元格，单击【数据】选项卡【排序和筛选】组中的【排序】按钮，弹出【排序】对话框。

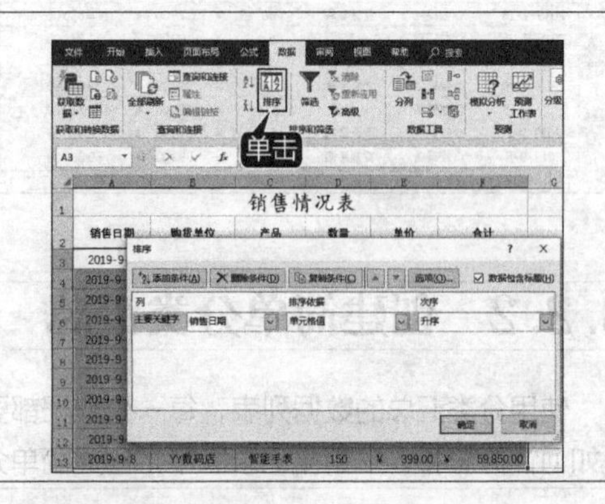

2 进行设置

设置【主要关键字】为“购货单位”，【次序】为“升序”，单击【添加条件】按钮，设置【次要关键字】为“产品”，【次序】为“升序”，单击【确定】按钮。

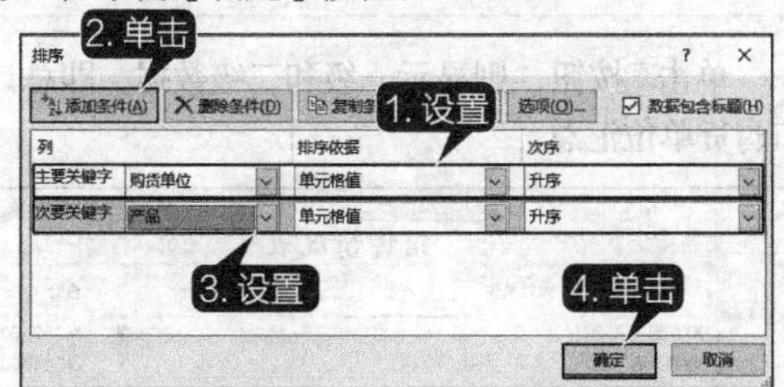

3 进行设置

单击【分级显示】选项组中的【分类汇总】按钮，弹出【分类汇总】对话框。在【分类字段】下拉列表框中选择【购货单位】选项，在【汇总方式】下拉列表框中选择【求和】选项，在【选定汇总项】列表框中选择【合计】复选框，并选择【汇总结果显示在数据下方】复选框。

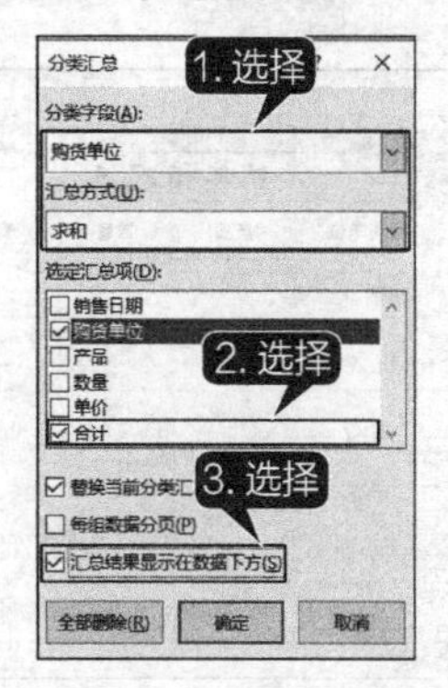

4 查看结果

单击【确定】按钮，分类汇总后的工作表如下图所示。

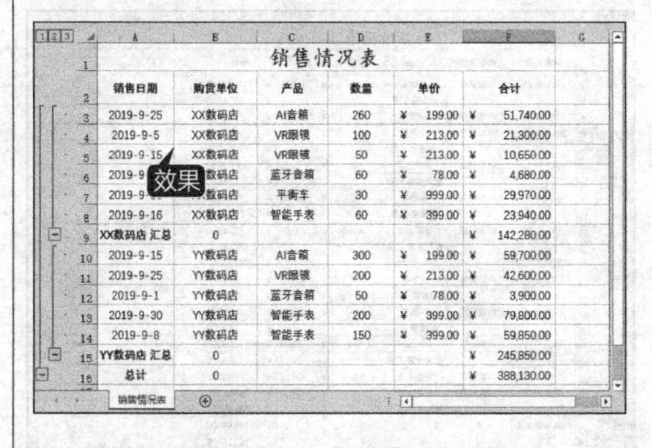

销售情况表					
销售日期	购货单位	产品	数量	单价	合计
2019-9-25	XX数码店	AI音箱	260	¥ 199.00	¥ 51,740.00
2019-9-5	XX数码店	VR眼镜	100	¥ 213.00	¥ 21,300.00
2019-9-15	XX数码店	VR眼镜	50	¥ 213.00	¥ 10,650.00
2019-9[illegible]	[illegible]数码店	蓝牙音箱	60	¥ 78.00	¥ 4,680.00
2019-9[illegible]	[illegible]数码店	平衡车	30	¥ 999.00	¥ 29,970.00
2019-9-16	XX数码店	智能手表	60	¥ 399.00	¥ 23,940.00
XX数码店 汇总	0				¥ 142,280.00
2019-9-15	YY数码店	AI音箱	300	¥ 199.00	¥ 59,700.00
2019-9-25	YY数码店	VR眼镜	200	¥ 213.00	¥ 42,600.00
2019-9-1	YY数码店	蓝牙音箱	50	¥ 78.00	¥ 3,900.00
2019-9-30	YY数码店	智能手表	200	¥ 399.00	¥ 79,800.00
2019-9-8	YY数码店	智能手表	150	¥ 399.00	¥ 59,850.00
YY数码店 汇总	0				¥ 245,850.00
总计	0				¥ 388,130.00

5 进行设置

再次单击【分类汇总】按钮，弹出【分类汇总】对话框，在【分类字段】下拉列表框中选择【产品】选项，在【汇总方式】下拉列表框中选择【求和】选项，在【选定汇总项】列表框中选择【合计】复选框，取消【替换当前分类汇总】复选框。

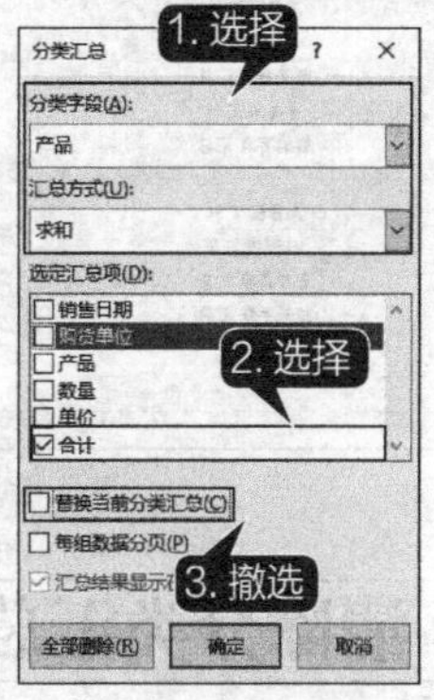

6 建立两重分类汇总

单击【确定】按钮，此时即建立了两重分类汇总。

销售情况表					
销售日期	购货单位	产品	数量	单价	合计
2019-9-25	XX数码店	AI音箱	260	¥ 199.00	¥ 51,740.00
		AI音箱 汇总			¥ 51,740.00
2019-9-5	XX数码店	VR眼镜	100	¥ 213.00	¥ 21,300.00
2019-9-15	XX数码店	VR眼镜	50	¥ 213.00	¥ 10,650.00
		VR眼镜 汇总			¥ 31,950.00
2019-9-[illegible]	XX数码店	蓝牙音箱	60	¥ 78.00	¥ 4,680.00
		蓝牙音箱 汇总			¥ 4,680.00
2019-[illegible]	[illegible]X数码店	平衡车	30	¥ 999.00	¥ 29,970.00
		平衡车 汇总			¥ 29,970.00
2019-9-16	XX数码店	智能手表	60	¥ 399.00	¥ 23,940.00
		智能手表 汇总			¥ 23,940.00
XX数码店 汇总	0				¥ 142,280.00
2019-9-15	YY数码店	AI音箱	300	¥ 199.00	¥ 59,700.00
		AI音箱 汇总			¥ 59,700.00

8.2.4 分级显示数据

在建立的分类汇总工作表中，数据是分级显示的，并在左侧显示级别。如多重分类汇总后的汇总销售记录表的左侧列表中就显示了4级分类。

1 显示一级数据

单击 1 按钮，则显示一级数据，即汇总项的总和。

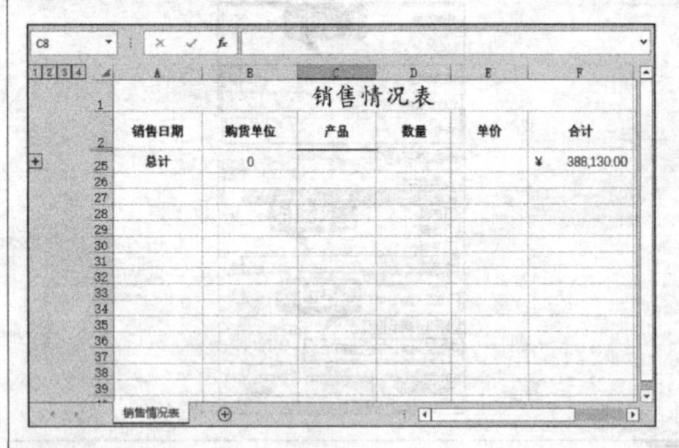

2 显示一级和二级数据

单击 2 按钮，则显示一级和二级数据，即总计和购货单位汇总。

3 显示一、二、三级数据

单击 3 按钮，则显示一、二、三级数据，即总计、购货单位和产品汇总。

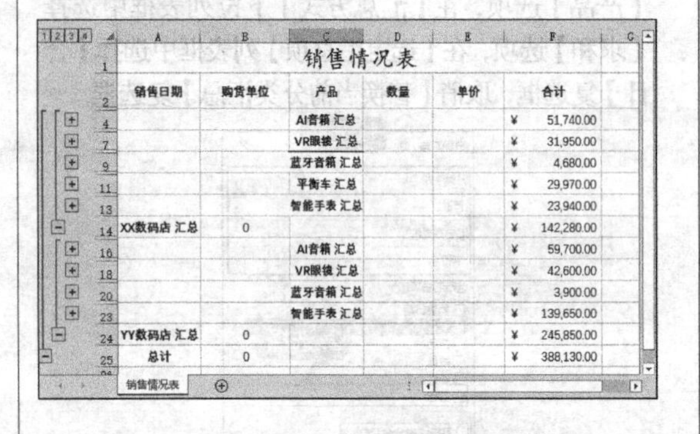

4 显示所有汇总

单击 4 按钮，则显示所有汇总的详细信息。

8.2.5 清除分类汇总

如果不再需要分类汇总，可以将其清除，其操作步骤如下。

1 单击【分类汇总】按钮

接上节的操作，选择分类汇总后工作表数据区域内的任一单元格。在【数据】选项卡中，单击【分级显示】选项组中的【分类汇总】按钮，弹出【分类汇总】对话框。

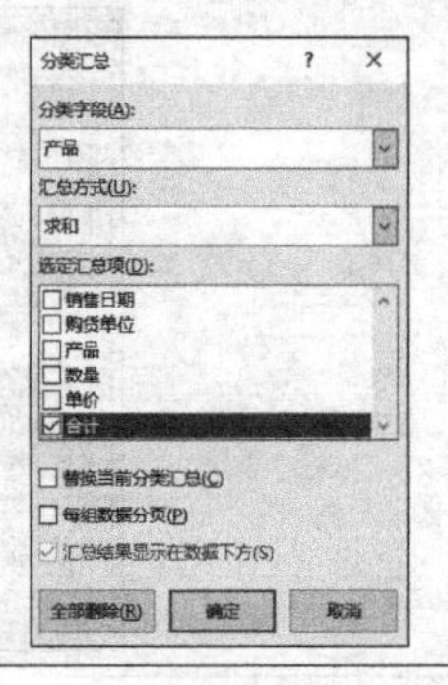

2 单击【全部删除】按钮

在【分类汇总】对话框中，单击【全部删除】按钮即可清除分类汇总。

销售情况表

销售日期	购货单位	产品	数量	单价	合计
2019-9-25	XX数码店	AI音箱	260	¥ 199.00	¥ 51,740.00
2019-9-5	XX数码店	VR眼镜	100	¥ 213.00	¥ 21,300.00
2019-9-15	XX数码店	VR眼镜	50	¥ 213.00	¥ 10,650.00
2019-9-15	X数码店	蓝牙音箱	60	¥ 78.00	¥ 4,680.00
2019-9-30	[illegible]码店	平衡车	30	¥ 999.00	¥ 29,970.00
2019-9-16	XX数码店	智能手表	60	¥ 399.00	¥ 23,940.00
2019-9-15	YY数码店	AI音箱	300	¥ 199.00	¥ 59,700.00
2019-9-25	YY数码店	VR眼镜	200	¥ 213.00	¥ 42,600.00
2019-9-1	YY数码店	蓝牙音箱	50	¥ 78.00	¥ 3,900.00
2019-9-30	YY数码店	智能手表	200	¥ 399.00	¥ 79,800.00
2019-9-8	YY数码店	智能手表	150	¥ 399.00	¥ 59,850.00

8.3 制作销售情况总表

本节视频教学时间：3分钟

制作销售情况总表主要是使用合并计算生成汇总表，使公司领导能够快速浏览多个表格中的重要内容。本节以制作销售情况总表为例介绍合并计算的使用。

8.3.1 按照位置合并计算

按位置进行合并计算就是按同样的顺序排列所有工作表中的数据，将它们放在同一位置中。

1 打开素材

打开“素材\ch08\销售情况总表.xlsx”工作簿。

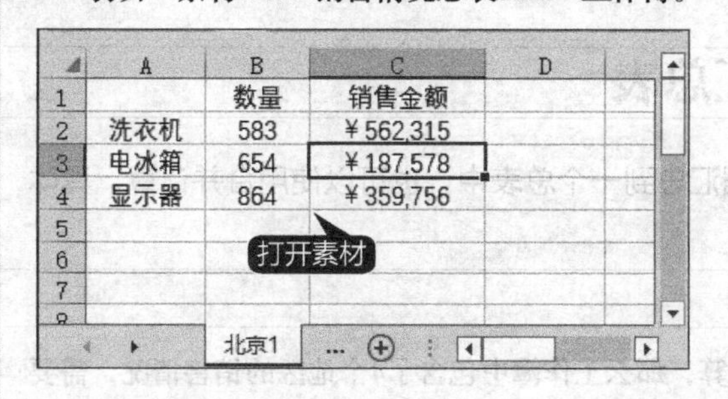

	数量	销售金额
洗衣机	583	¥562,315
电冰箱	654	¥187,578
显示器	864	¥359,756

2 进行设置

选择“北京1”工作表的A1:C4区域，在【公式】选项卡中，单击【定义的名称】选项组中的【定义名称】按钮 定义名称，弹出【新建名称】对话框，在【名称】文本框中输入“北京1”，单击【确定】按钮。

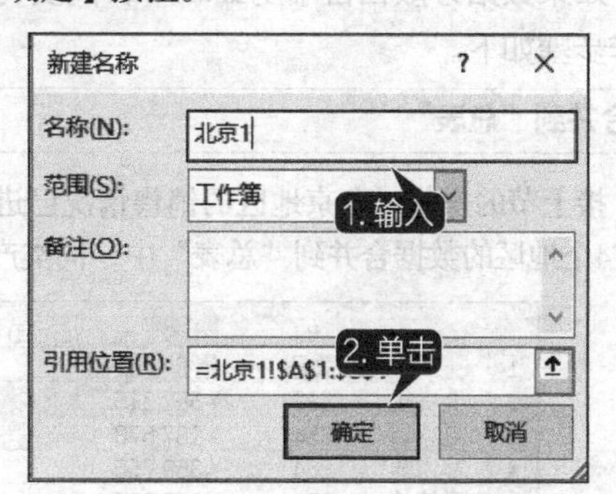

3 输入“北京 2”

选择“北京2”工作表的单元格区域A1:C3，使用同样的方法打开【新建名称】对话框，在【名称】文本框中输入“北京2”，单击【确定】按钮。

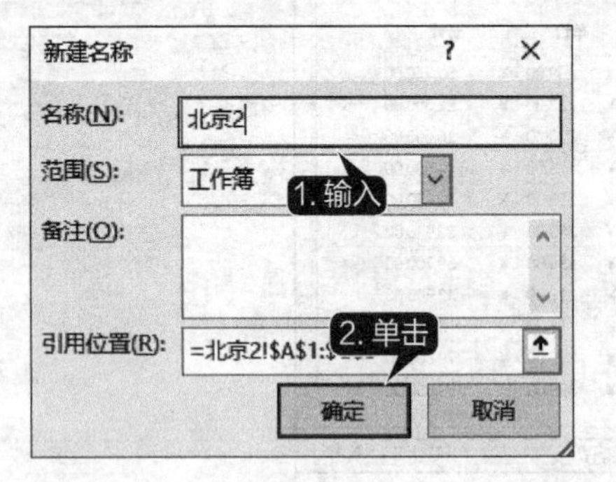

4 添加“北京 2”

选择“北京1”工作表中的单元格E1，在【数据】选项卡中，单击【数据工具】选项组中的【合并计算】按钮，在弹出的【合并计算】对话框的【引用位置】文本框中输入“北京2”，单击【添加】按钮，把“北京2”添加到【所有引用位置】列表框中，单击【确定】按钮。

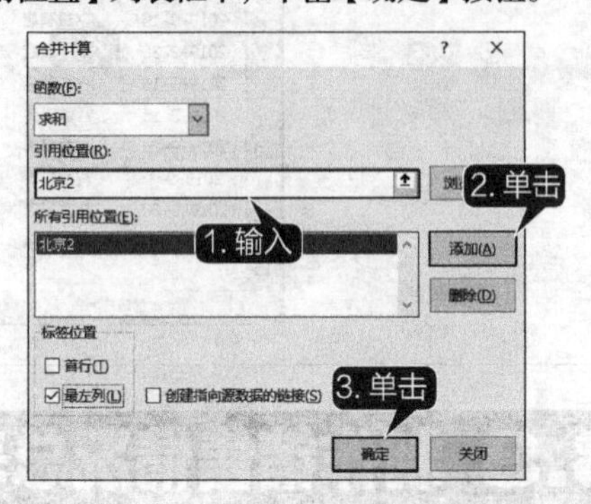

5 合并效果

此时即可将名称为“北京2”的区域合并到“北京1”区域中，根据需要调整列宽后，效果如下图所示。

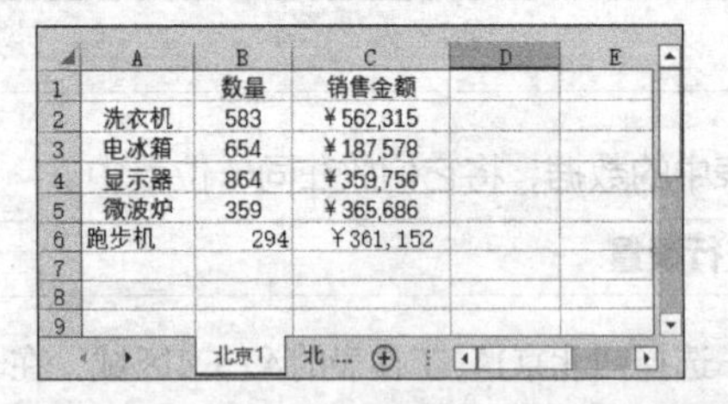

	A	B	C
1		数量	销售金额
2	洗衣机	583	￥562,315
3	电冰箱	654	￥187,578
4	显示器	864	￥359,756
5	微波炉	359	￥365,686
6	跑步机	294	￥361,152

小提示

合并前要确保每个数据区域都采用列表格式，第一行中的每列都具有标签，同一列中包含相似的数据，并且在列表中没有空行或空列。

8.3.2 由多个明细表快速生成汇总表

如果数据分散在各个明细表中，需要将这些数据汇总到一个总表中，也可以使用合并计算。具体操作步骤如下。

1 合并到“总表”

接上节的操作，北京地区的销售情况已进行合并计算，那么工作簿中包含了4个地区的销售情况，需要将这4个地区的数据合并到“总表”中，同类产品的数量和销售金额相加。

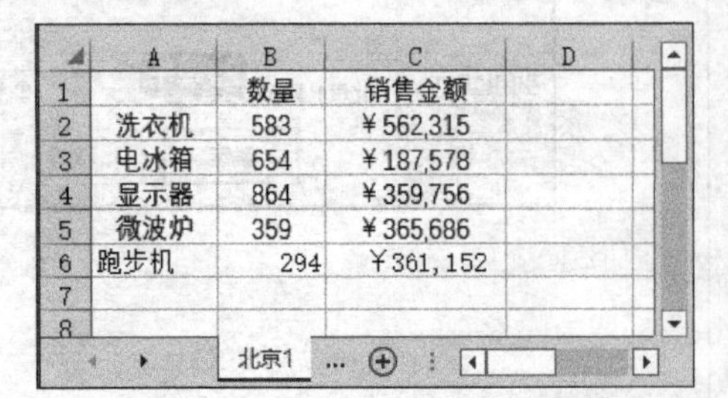

	A	B	C
1		数量	销售金额
2	洗衣机	583	￥562,315
3	电冰箱	654	￥187,578
4	显示器	864	￥359,756
5	微波炉	359	￥365,686
6	跑步机	294	￥361,152

	A	B	C
1		数量	销售金额
2	电冰箱	123	￥659,765
3	微波炉	352	￥185,641
4	显示器	103	￥262,154
5	液晶电视	231	￥324,565

	A	B	C	D
1		数量	销售金额	
2	跑步机	52	￥56,423	
3	按摩椅	385	￥231,654	
4	空调	312	￥125,423	
5	抽油烟机	124	￥154,123	

广州

	A	B	C	D
1		数量	销售金额	
2	电冰箱	305	￥67,100	
3	显示器	196	￥108,500	
4	液晶电视	274	￥495,682	
5	跑步机	80	￥456,230	

重庆

2 新建一个工作表

在“重庆”工作表后单击【新工作表】按钮⊕，新建一个工作表，并命名为“总表”。

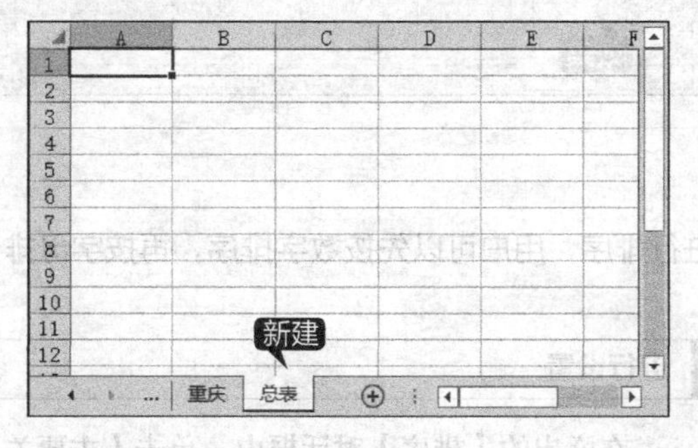

3 进行设置

在“总表”工作表中，选择单元格A1，在【数据】选项卡中，单击【数据工具】选项组中的【合并计算】按钮 合并计算，弹出【合并计算】对话框，将光标定位在【引用位置】文本框中，然后选择“北京1”工作表中的A1:C6，单击【添加】按钮。

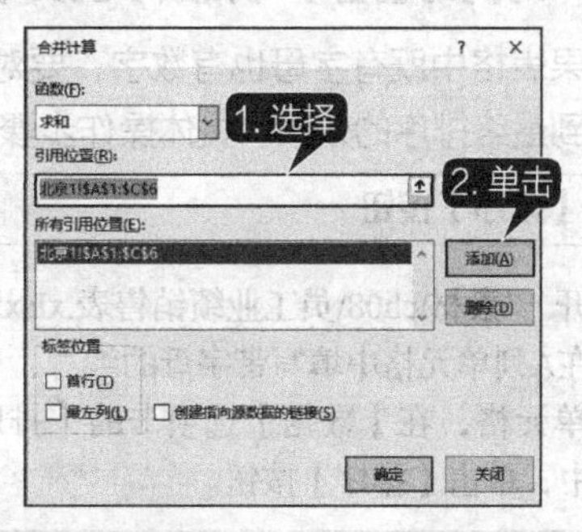

4 添加数据区域

重复此操作，依次添加上海、广州、重庆工作表中的数据区域，并选择【首行】、【最左列】复选框。

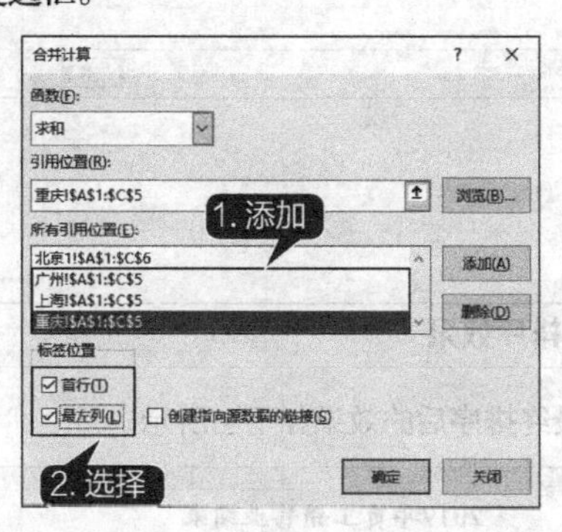

5 合并计算后的数据

单击【确定】按钮，合并计算后的数据如下图所示。

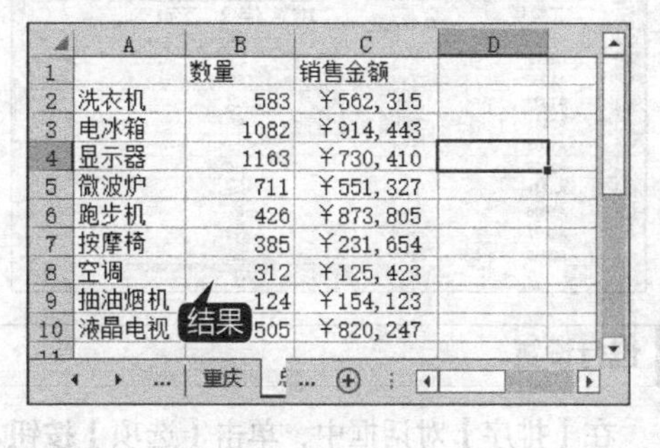

	A	B	C	D
1		数量	销售金额	
2	洗衣机	583	￥562, 315	
3	电冰箱	1082	￥914, 443	
4	显示器	1163	￥730, 410	
5	微波炉	711	￥551, 327	
6	跑步机	426	￥873, 805	
7	按摩椅	385	￥231, 654	
8	空调	312	￥125, 423	
9	抽油烟机	124	￥154, 123	
10	液晶电视	505	￥820, 247	

高手私房菜

技巧1：通过辅助列返回排序前的状态

对表格中的数据进行排序后，表格的顺序将被打乱。使用撤销功能虽然可以方便地取消最近操作，但是这个操作在执行某些功能后会失效。此时，就可以借助辅助列来记录原有的数据次序。

1 添加空白列

在表格的左侧或右侧添加一空白列，并填充一组连续的数字。

2019年员工销售业绩表

辅助列	员工编号	员工姓名	销售额（单位：万元）
1		王××	87
2		李××	158
3		胡××	58
4		马××	224
5		刘××	86
6		陈××	90
7		张××	110
8		于××	342
9		金××	69
10		冯××	174
11		钱××	82

2 辅助列序号也会发生变化

当对数据进行排序后，辅助列序号也会发生变化，如果需要恢复排序前状态，对辅助列进行再次排序即可。

2019年员工销售业绩表

辅助列	员工编号	员工姓名	销售额（单位：万元）
8		于××	342
4		马××	224
10		冯××	174
2		李××	158
7		张××	110
6		陈××	90
1		王××	87
5		刘××	86
11		钱××	82
9		金××	69
3		胡××	58

效果

技巧2：对同时包含字母和数字的文本进行排序

如果表格中既有字母也有数字，要对该表格区域进行排序，用户可以先按数字排序，再按字母排序，达到最终排序的效果。具体操作步骤如下。

1 单击【排序】按钮

打开“素材\ch08\员工业绩销售表.xlsx”工作簿，并在A列单元格中填写带字母的编号，选择A列任一单元格，在【数据】选项卡的【排序和筛选】组中，单击【排序】按钮。

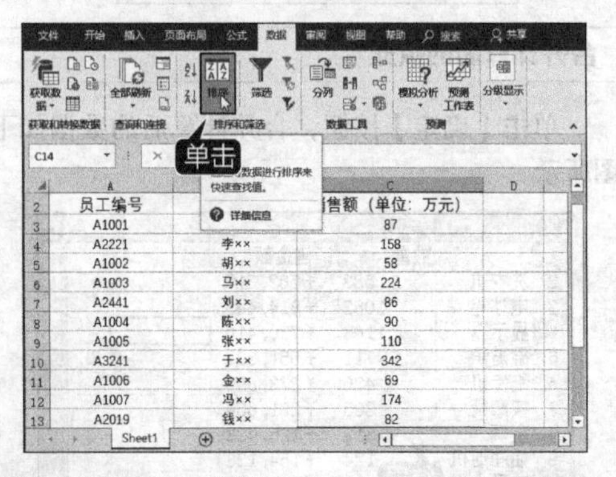

员工编号	员工姓名	销售额（单位：万元）
A1001		87
A2221	李××	158
A1002	胡××	58
A1003	马××	224
A2441	刘××	86
A1004	陈××	90
A1005	张××	110
A3241	于××	342
A1006	金××	69
A1007	冯××	174
A2019	钱××	82

2 进行设置

在弹出的【排序】对话框中，单击【主要关键字】右侧的下拉按钮，在下拉列表中选择【员工编号】选项，设置【排序依据】为【单元格值】，设置【次序】为【升序】。

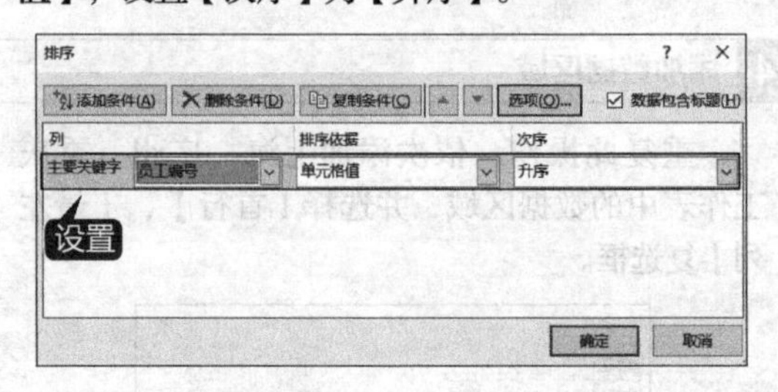

3 进行设置

在【排序】对话框中，单击【选项】按钮，打开【排序选项】对话框，选择【字母排序】单选项，然后单击【确定】按钮，返回【排序】对话框，再单击【确定】按钮，即可对“员工编号”进行排序。

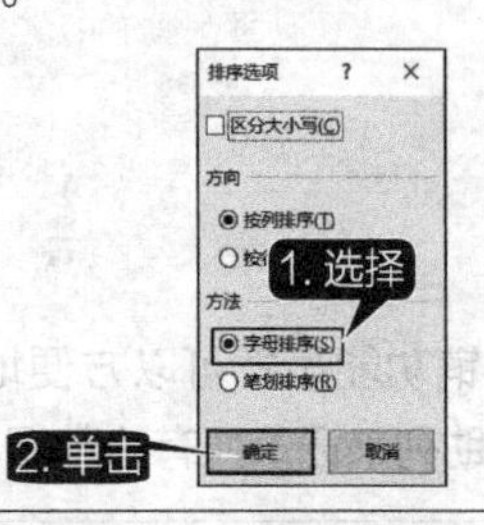

4 最终排序效果

最终排序后的效果如下图所示。

2019年员工销售业绩表

员工编号	员工姓名	销售额（单位：万元）
A1001	王××	87
A1002	胡××	58
A1003	马××	224
A1004	陈××	90
A1005	张×	110
A1006	金	69
A1007	冯××	174
A2019	钱××	82
A2221	李××	158
A2441	刘××	86
A3241	于××	342

效果

第 9 章

数据的高级分析

本章视频教学时间：19 分钟

数据透视表和数据透视图可以清晰地展示出数据的汇总情况，对于数据的分析、决策起到至关重要的作用。

【学习目标】

通过本章的学习，读者可以掌握数据透视表与数据透视图的使用方法。

【本章涉及知识点】

- 创建和编辑图表
- 美化图表
- 创建和编辑迷你图
- 创建和修改数据透视表
- 设置数据透视表选项
- 改变数据透视表的布局
- 设置数据透视表的格式
- 创建数据透视图

9.1 制作年度销售情况统计表

本节视频教学时间：8分钟

制作年度销售情况统计表主要是计算公司的年利润。在Excel 2019中，创建图表可以帮助分析工作表中的数据。本节以制作年度销售情况统计表为例介绍图表的创建。

9.1.1 认识图表的构成元素

图表主要由图表区、绘图区、图表标题、数据标签、坐标轴、图例、数据表和背景等组成。

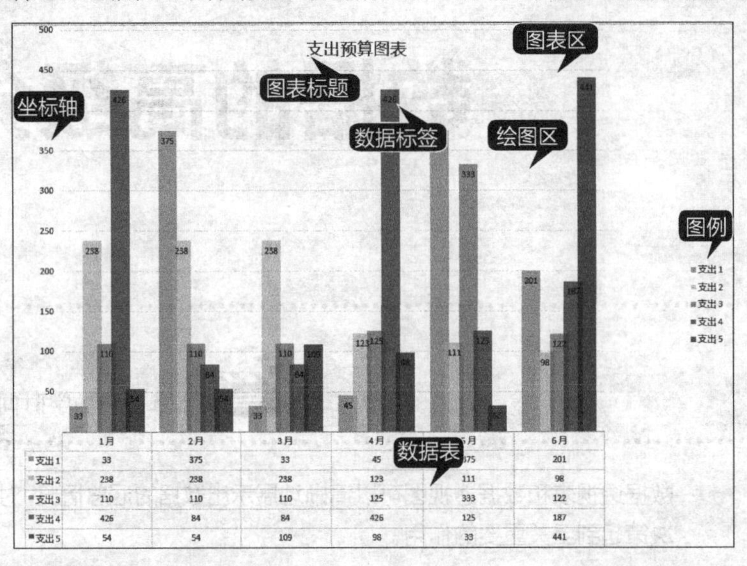

（1）图表区

整个图表以及图表中的数据称为图表区。在图表区中，当鼠标指针停留在图表元素上方时，Excel会显示元素的名称，从而方便用户查找图表元素。

（2）绘图区

绘图区主要显示数据表中的数据，数据随着工作表中数据的更新而更新。

（3）图表标题

创建图表完成后，图表中会自动创建标题文本框，只需在文本框中输入标题即可。

（4）数据标签

图表中绘制的相关数据点的数据来自数据表的行和列。如果要快速标识图表中的数据，可以为图表的数据添加数据标签，在数据标签中可以显示系列名称、类别名称和百分比。

（5）坐标轴

默认情况下，Excel会自动确定图表坐标轴中图表的刻度值，也可以自定义刻度，以满足使用需要。当在图表中绘制的数值涵盖范围较大时，可以将垂直坐标轴改为对数刻度。

（6）图例

图例用方框表示，用于标识图表中的数据系列所指定的颜色或图案。创建图表后，图例以默认的颜色来显示图表中的数据系列。

（7）数据表

数据表是反映图表中源数据的表格，默认的图表一般都不显示数据表。单击【图表工具】➤【设计】选项卡下【图表布局】组中的【添加图表元素】按钮，在弹出的下拉列表中选择【数据表】选项，在其子菜单中选择相应的选项即可显示数据表。

（8）背景

背景主要用于衬托图表，可以使图表更加美观。

9.1.2 创建图表的3种方法

创建图表的方法有3种，分别是使用快捷键创建图表、使用功能区创建图表和使用图表向导创建图表。

1. 使用快捷键创建图表

按【Alt+F1】组合键或者按【F11】键可以快速创建图表。按【Alt+F1】组合键可以创建嵌入式图表；按【F11】键可以创建工作表图表。使用快捷键创建工作表图表的具体操作步骤如下。

1 打开素材

打开“素材\ch09\年度销售情况统计表.xlsx”文件。

2019年销售情况统计表				
	第一季度	第二季度	第三季度	第四季度
刘一	¥ 102,301	¥ 165,803	¥ 139,840	¥ 149,600
陈二	¥ 123,590	¥ 145,302	¥ 156,410	¥ 125,604
张三	¥ [illegible]	[illegible]9,530	¥ 106,280	¥ 122,459
李四	¥ 140,371	¥ 136,820	¥ 132,840	¥ 149,504
王五	¥ 119,030	¥ 125,306	¥ 146,840	¥ 125,614

打开素材

2 插入工作表图表

选中单元格区域A2:E7，按【F11】键，即可插入一个名为“Chart1”的工作表图表，并根据所选区域的数据创建图表。

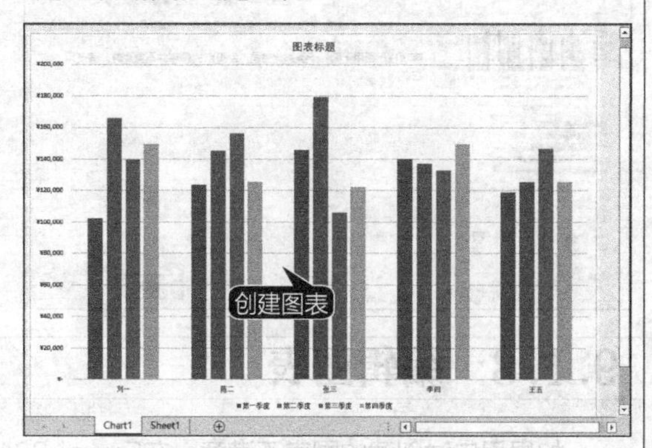

2. 使用功能区创建图表

使用功能区创建图表的具体操作步骤如下。

1 插入簇状柱形图

打开素材文件，选中单元格区域A2:E7，单击【插入】选项卡【图表】组中的【插入柱形图或条形图】按钮，从弹出的下拉菜单中选择【二维柱形图】区域内的【簇状柱形图】选项。

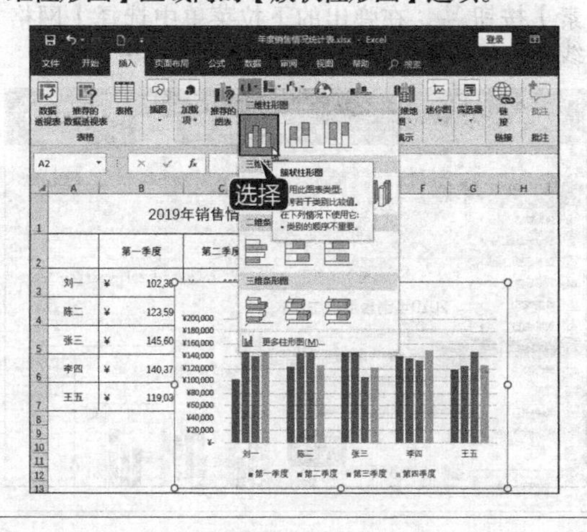

2 生成柱形图表

在该工作表中生成一个柱形图表。

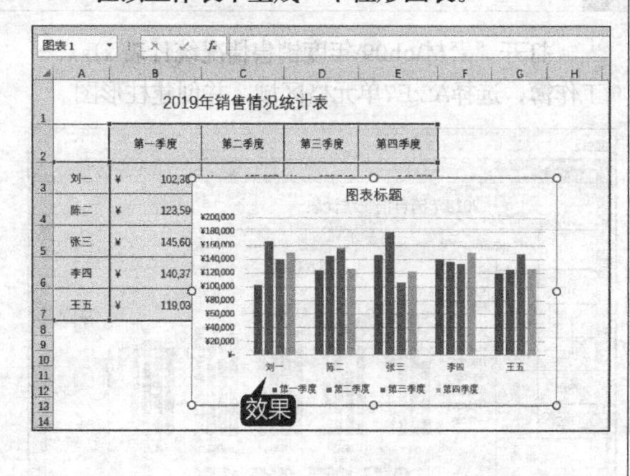

3. 使用图表向导创建图表

使用图表向导也可以创建图表，具体操作步骤如下。

1 选择【簇状柱形图】选项

打开素材文件，单击【插入】选项卡【图表】组中的【查看所有图表】按钮，打开【插入图表】对话框，默认显示为【推荐的图表】选项卡，选择【簇状柱形图】选项。

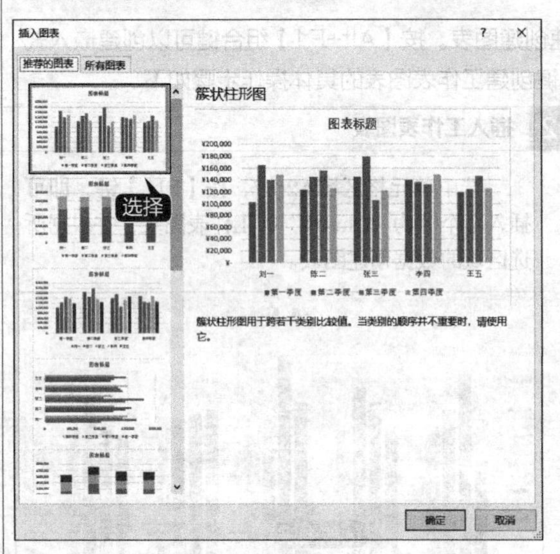

2 完成图表创建

单击【确定】按钮，调整图表的位置即可完成图表的创建。

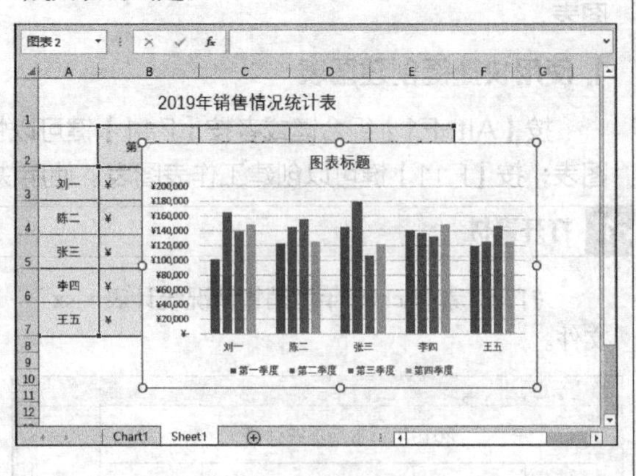

9.1.3 编辑图表

如果用户对创建的图表不满意，在Excel 2019中还可以对图表进行相应的修改。本节介绍编辑图表的方法。

1. 在图表中插入对象

要为创建的图表添加标题或数据系列，具体的操作步骤如下。

1 创建柱形图

打开“素材\ch09\年度销售情况统计表.xlsx”工作簿，选择A2:E7单元格区域，并创建柱形图。

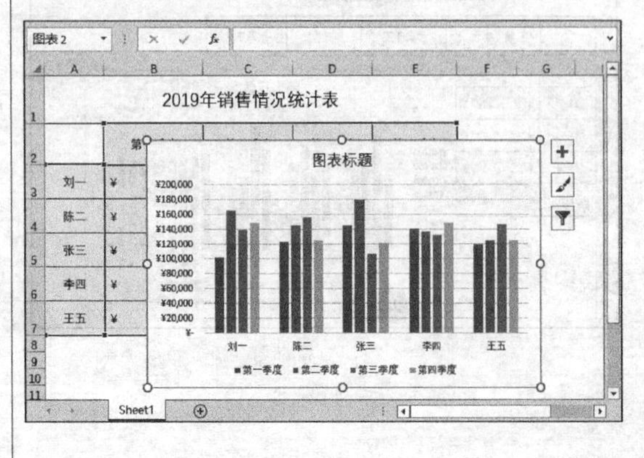

2 选择【主轴主要垂直网格线】菜单命令

选择图表，在【图表工具】➤【设计】选项卡中，单击【图表布局】组中的【添加图表元素】按钮，在弹出的下拉菜单中选择【网格线】➤【主轴主要垂直网格线】菜单命令。

3 插入网格线

在图表中插入网格线，在“图表标题”文本处将标题命名为“2019年销售情况统计表”。

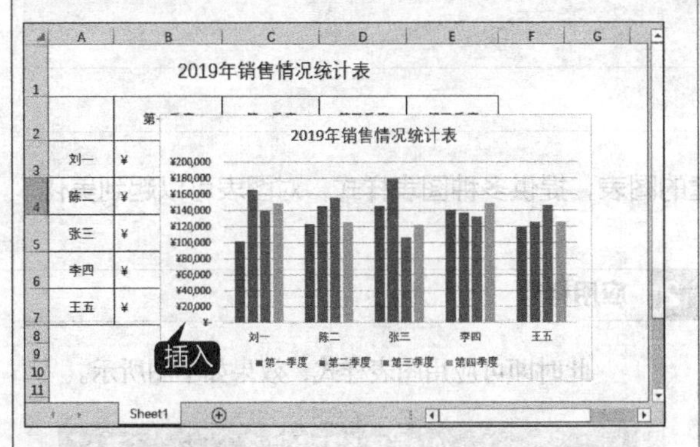

4 选择【显示图例项标示】菜单命令

再次单击【图表布局】组中的【添加图表元素】按钮，在弹出的下拉菜单中选择【数据表】➤【显示图例项标示】菜单命令。

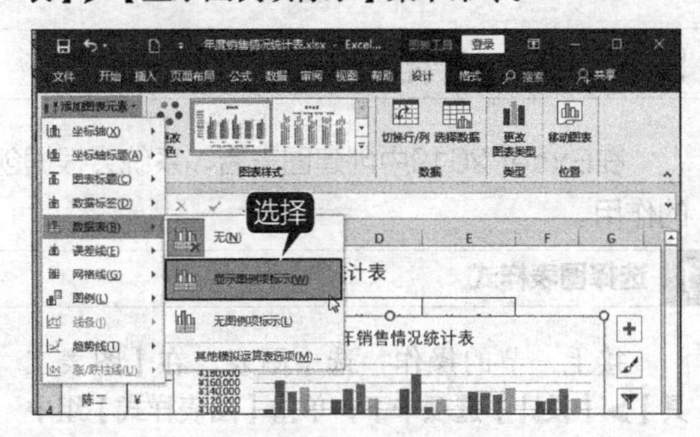

5 调整图表大小

调整图表大小后，最终效果如下图所示。

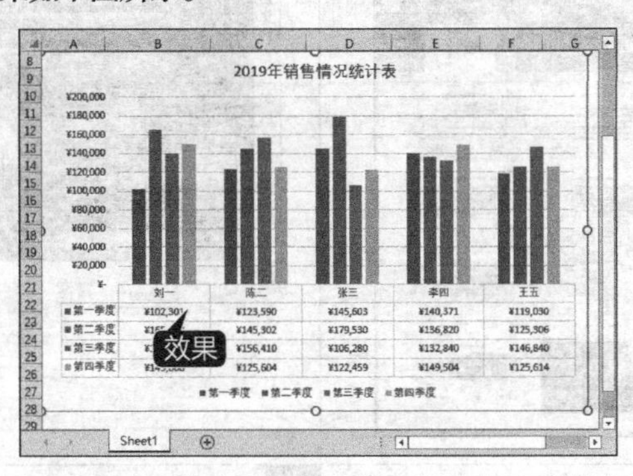

2. 更改图表的类型

如果创建图表时选择的图表类型不能直观地表达工作表中的数据，则可更改图表的类型。具体的操作步骤如下。

1 选择【条形图】中的一种

接上一节操作，选择图表，在【图表工具】➤【设计】选项卡中，单击【类型】选项组中的【更改图表类型】按钮，弹出【更改图表类型】对话框，在其中选择【条形图】中的一种。

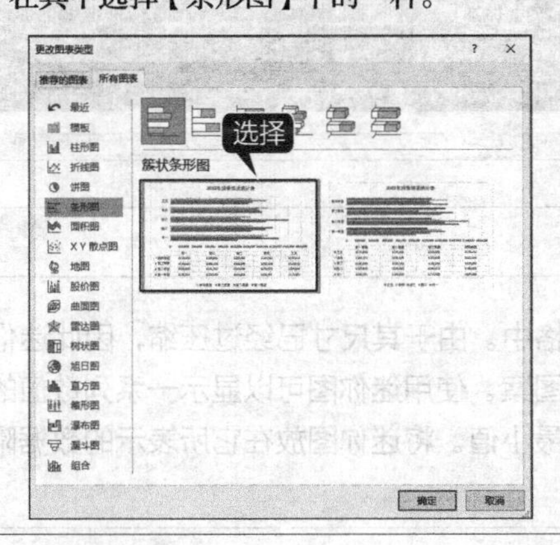

2 改为条形图表

单击【确定】按钮，即可将柱形图表更改为条形图表。

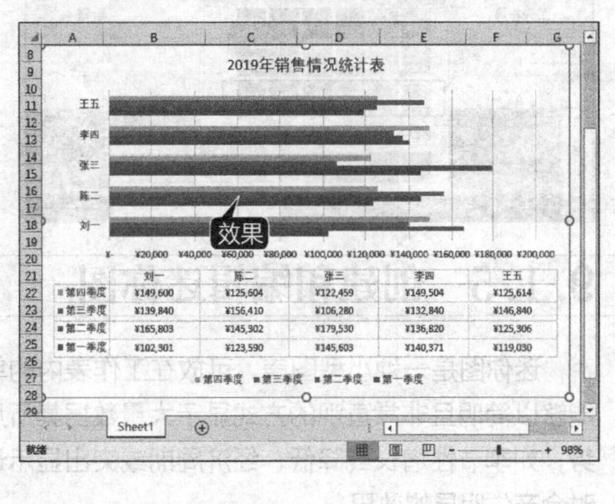

小提示

在需要更改类型的图表上右击，在弹出的快捷菜单中选择【更改图表类型】菜单命令，在弹出的【更改图表类型】对话框中也可以更改图表的类型。

9.1.4 美化图表

在Excel 2019中创建图表后，系统会根据创建的图表，提供多种图表样式，对图表可以起到美化的作用。

1 选择图表样式

接上一节的操作，选中图表，在【图表工具】➤【设计】选项卡下，单击【图表样式】组中的【其他】按钮，在弹出的图表样式中，单击任一个样式即可套用，如这里选择“样式7”。

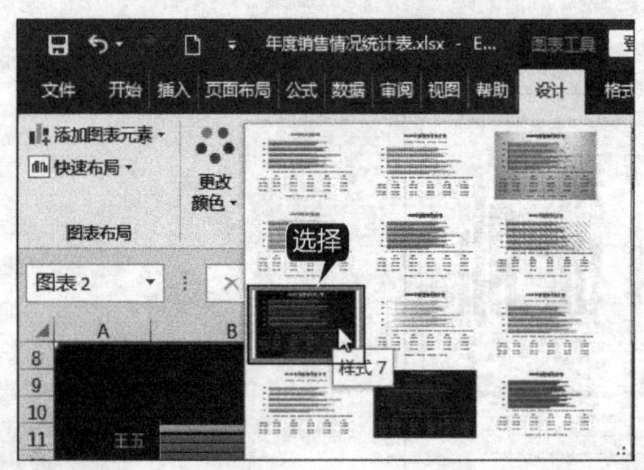

2 应用样式

此时即可应用图表样式，效果如下图所示。

3 更改颜色

单击【更改颜色】按钮，可以为图表应用不同的颜色。

4 最终结果

最终修改后的图表如下图所示。

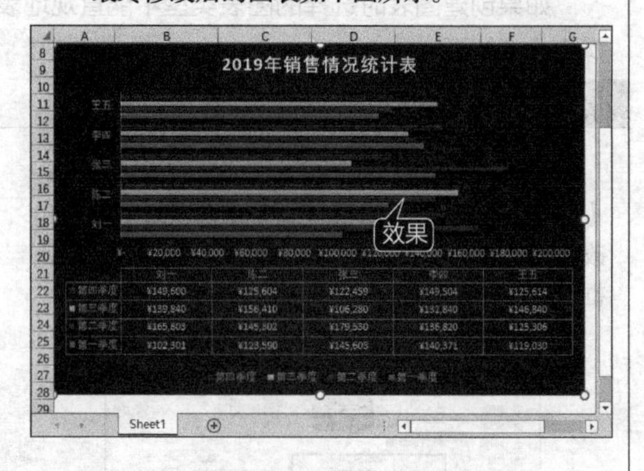

9.1.5 创建和编辑迷你图

迷你图是一种小型图表，可放在工作表内的单个单元格中。由于其尺寸已经过压缩，因此迷你图能够以简明且非常直观的方式显示大量数据集所反映出的图案。使用迷你图可以显示一系列数值的趋势，如季节性增长或降低、经济周期或突出显示最大值和最小值。将迷你图放在它所表示的数据附近时会产生明显的效果。

1. 创建迷你图

在单元格中创建折线迷你图的具体步骤如下。

1 创建折线迷你图

在打开的素材文件中，在单元格F2中输入“迷你图”，并选择单元格F3，单击【插入】选项卡【迷你图】组中的【折线】按钮，弹出【创建迷你图】对话框，在【数据范围】文本框中选择引用数据单元格，在【位置范围】文本框中选择插入折线迷你图目标位置单元格，然后单击【确定】按钮。

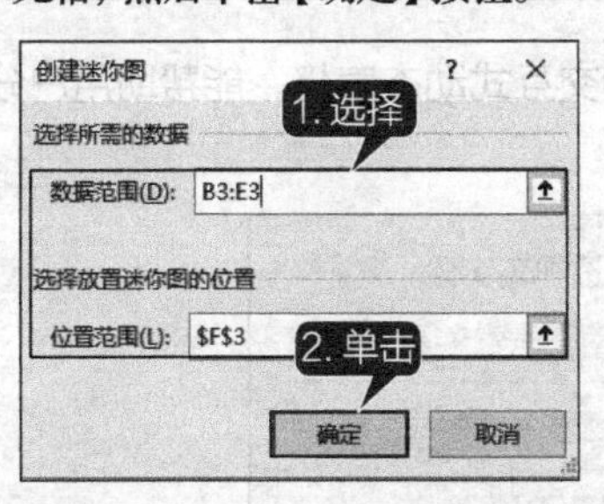

2 创建其他折线迷你图

此时即可创建折线迷你图。使用同样的方法，创建其他折线迷你图。另外，也可以把鼠标指针放在创建好的折线迷你图的单元格右下角，待鼠标指针变为十形状时，拖曳鼠标创建其他折线迷你图。

小提示

如果使用填充方式创建迷你图，修改其中一个迷你图时，其他也随之改变。

2. 编辑迷你图

创建迷你图后还可以对迷你图进行编辑，具体操作步骤如下。

1 单击【柱形】按钮

更改迷你图类型。接上一节操作，选中插入的迷你图，单击【迷你图工具】➤【设计】选项卡下【类型】组中的【柱形】按钮，即可快速更改为柱形图。

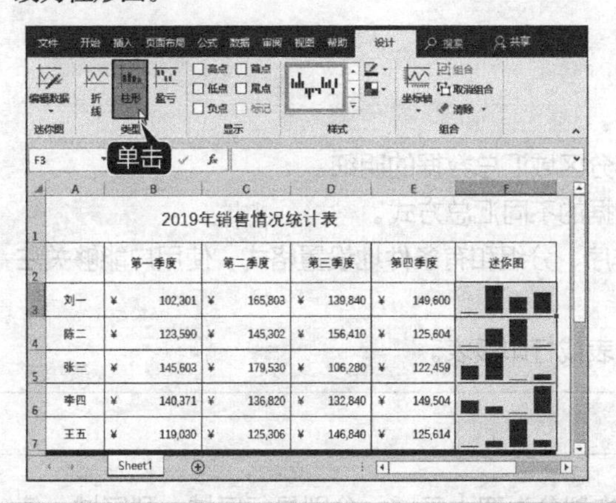

2 突出显示最高点

标注显示迷你图。选中插入的迷你图，在【迷你图工具】➤【设计】选项卡的【显示】组中，勾选要突出显示的点，如单击勾选【高点】复选框，则以红色突出显示迷你图的最高点。

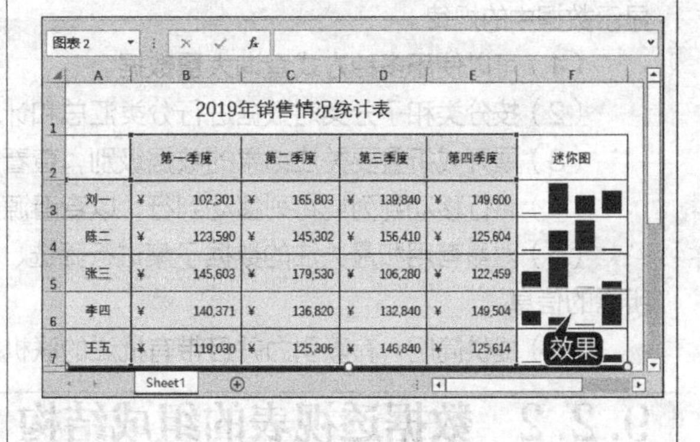

小提示

用户也可以单击 标记颜色 按钮，在弹出的下拉菜单中，设置标记的颜色。

9.2 制作销售业绩透视表

本节视频教学时间：6分钟

销售业绩透视表可以清晰地展示出数据的汇总情况，对于数据的分析、决策起到至关重要的作用。在Excel 2019中，使用数据透视表可以深入分析数值数据。创建数据透视表以后，就可以对它进行编辑了，对数据透视表的编辑包括修改布局、添加或删除字段、格式化表中的数据，以及对透视表进行复制和删除等操作。本节以制作销售业绩透视表为例介绍透视表的相关操作。

9.2.1 认识数据透视表

数据透视表是一种对大量数据快速汇总和建立交叉列表的交互式动态表格，能帮助用户分析、组织既有数据，是Excel中的数据分析利器。如下图即为透视表。

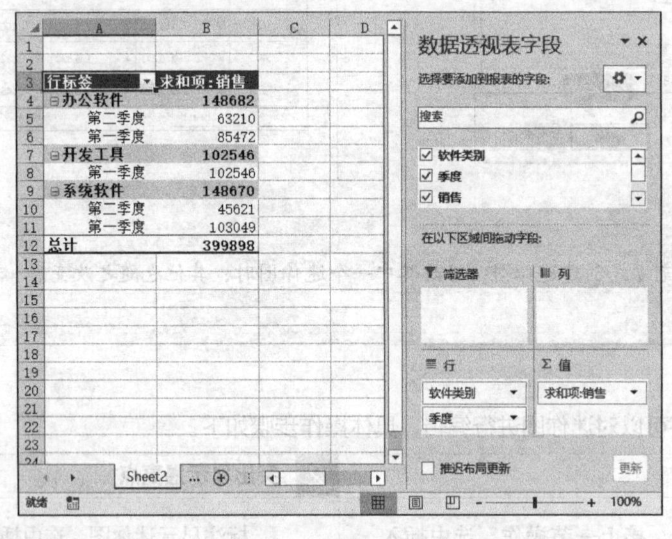

数据透视表的主要用途是从数据库的大量数据中生成动态的数据报告，对数据进行分类汇总和聚合，帮助用户分析和组织数据。

另外，还可以对记录数量较多、结构复杂的工作表进行筛选、排序、分组和有条件地设置格式，显示数据中的规律。

（1）可以使用多种方式查询大量数据。

（2）按分类和子分类对数据进行分类汇总和计算。

（3）展开或折叠要关注结果的数据级别，查看部分区域汇总数据的明细。

（4）将行移动到列或将列移动到行，以查看源数据的不同汇总方式。

（5）对最有用和最关注的数据子集进行筛选、排序、分组和有条件地设置格式，使用户能够关注所需的信息。

（6）提供简明、有吸引力并且带有批注的联机报表或打印报表。

9.2.2 数据透视表的组成结构

对于任何一个数据透视表来说，可以将其整体结构划分为四大区域，分别是行区域、列区域、值区域和筛选器。

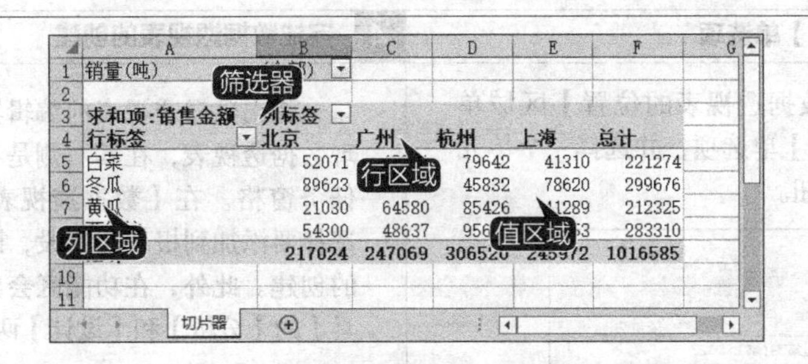

（1）行区域

行区域位于数据透视表的左侧，每个字段中的每一项显示在行区域的每一行中。通常在行区域中放置一些可用于进行分组或分类的内容，例如办公软件、开发工具及系统软件等。

（2）列区域

列区域由数据透视表各列顶端的标题组成，每个字段中的每一项显示在列区域的每一列中。通常在列区域中放置一些可以随时间变化的内容，例如第一季度和第二季度等，可以很明显地看出数据随时间变化的趋势。

（3）值区域

在数据透视表中，包含数值的大面积区域就是值区域。值区域中的数据是对数据透视表中行字段和列字段数据的计算和汇总，该区域中的数据一般都是可以进行运算的。默认情况下，Excel对数值区域中的数值型数据进行求和，对文本型数据进行计数。

（4）筛选器

筛选器位于数据透视表的最上方，由一个或多个下拉列表组成，通过选择下拉列表中的选项，可以一次性对整个数据透视表中的数据进行筛选。

9.2.3 创建数据透视表

创建数据透视表的具体操作步骤如下。

1 单击【数据透视表】按钮

打开“素材\ch09\销售业绩透视表.xlsx”工作簿，单击【插入】选项卡下【表格】选项组中的【数据透视表】按钮。

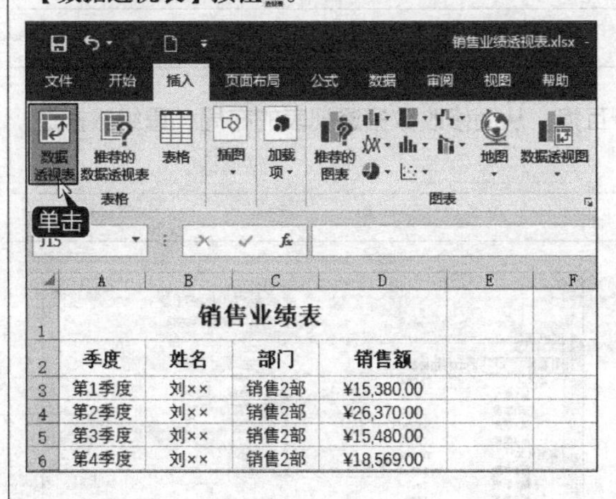

2 进行设置

弹出【创建数据透视表】对话框，在【请选择要分析的数据】区域单击选中【选择一个表或区域】单选项，在【表/区域】文本框中设置数据透视表的数据源，单击其后的按钮，然后用鼠标拖曳选择A2:D22单元格区域，单击按钮返回到【创建数据透视表】对话框。

3 选中【现有工作表】单选项

在【选择放置数据透视表的位置】区域单击选中【现有工作表】单选项，并选择一个单元格，单击【确定】按钮。

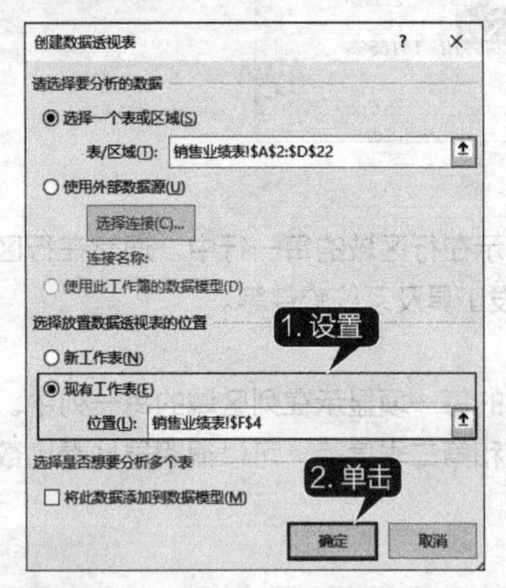

4 完成数据透视表的创建

弹出数据透视表的编辑界面，工作表中会出现数据透视表，在其右侧是【数据透视表字段】任务窗格。在【数据透视表字段】任务窗格中选择要添加到报表的字段，即可完成数据透视表的创建。此外，在功能区会出现【数据透视表工具】的【分析】和【设计】两个选项卡。

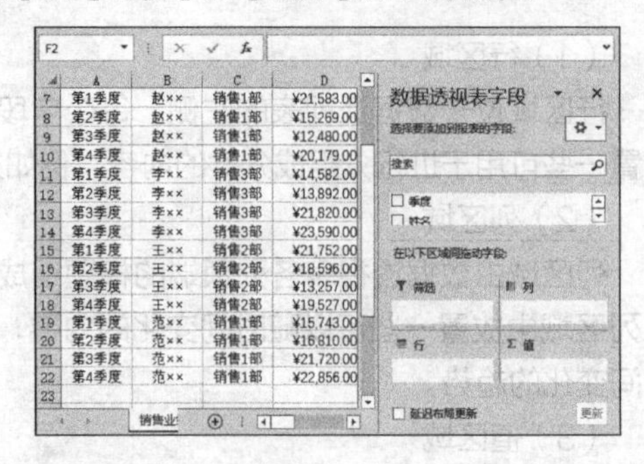

5 进行设置

将“销售额”字段拖曳到【Σ值】区域中，将“季度”拖曳至【列】区域中，将“姓名”拖曳至【行】区域中，将“部门”拖曳至【筛选】区域中，如下图所示。

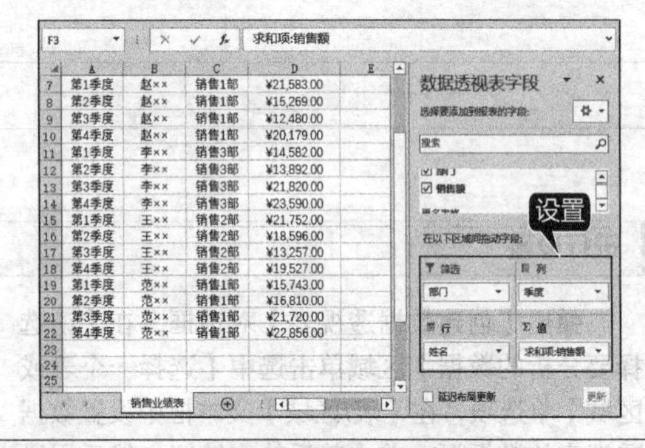

6 查看效果

创建的数据透视表效果如下图所示。

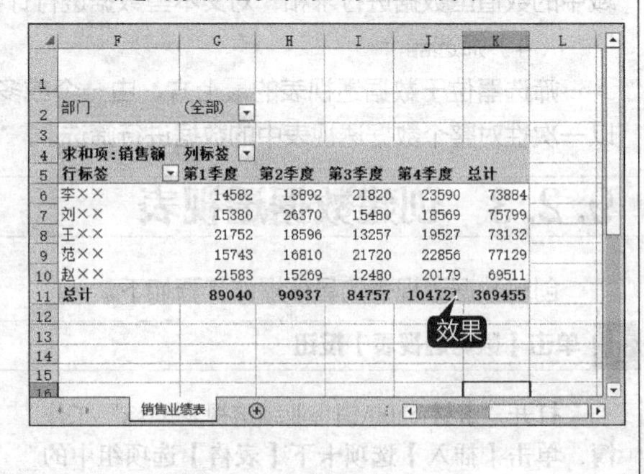

部门	(全部)				
求和项:销售额	列标签				
行标签	第1季度	第2季度	第3季度	第4季度	总计
李××	14582	13892	21820	23590	73884
刘××	15380	26370	15480	18569	75799
王××	21752	18596	13257	19527	73132
范××	15743	16810	21720	22856	77129
赵××	21583	15269	12480	20179	69511
总计	89040	90937	84757	10472[illegible]	369455

9.2.4 修改数据透视表

创建数据透视表后，可以对透视表的行和列进行互换，从而修改数据透视表的布局，重组数据透视表。

1 拖曳“季度”

打开【字段列表】，单击“季度”并将其拖曳到【行】区域中。

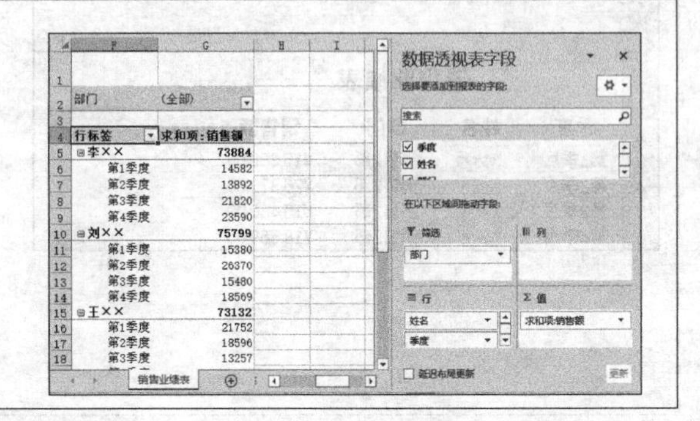

2 查看结果

此时左侧的透视表如下图所示。

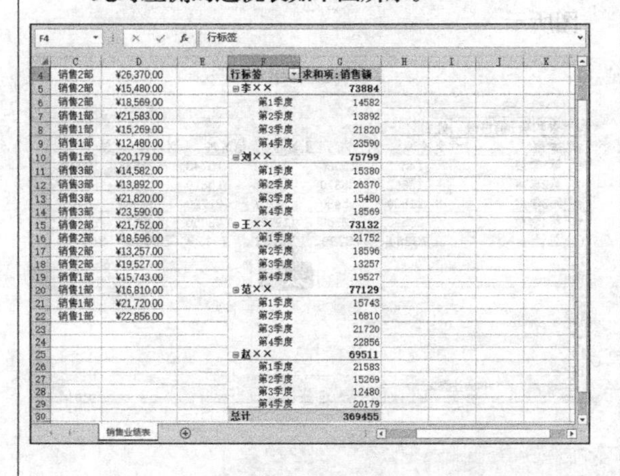

3 拖曳“姓名”

将“姓名”拖曳到【列】区域中，此时左侧的透视表如下图所示。

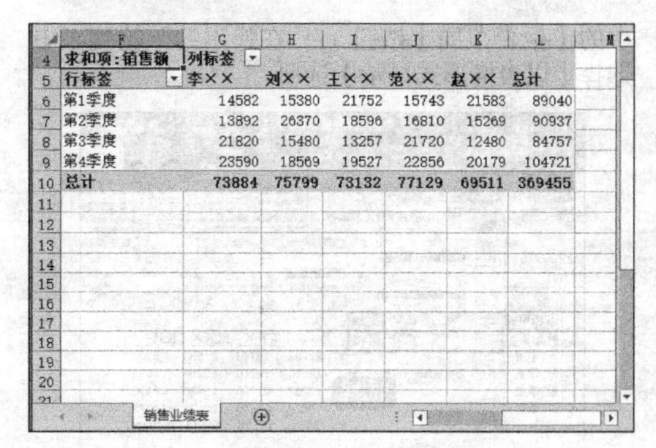

9.2.5 设置数据透视表选项

选择创建的数据透视表，在功能区将自动激活【数据透视表工具】➤【分析】选项卡，用户可以在该选项卡中设置数据透视表选项，具体操作步骤如下。

1 选择【选项】菜单命令

接上一节的操作，单击【数据透视表工具】➤【分析】选项卡下【数据透视表】组中的【选项】按钮右侧的下拉按钮，在弹出的下拉菜单中，选择【选项】菜单命令。

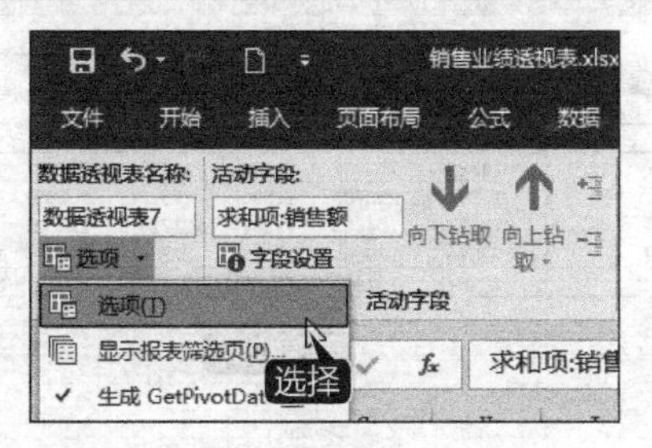

2 进行设置

弹出【数据透视表选项】对话框，在该对话框中可以设置数据透视表的布局和格式、汇总和筛选、显示等。设置完成，单击【确定】按钮即可。

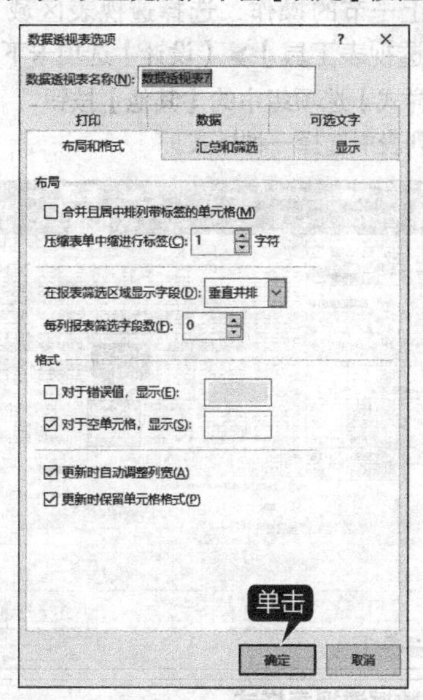

9.2.6 改变数据透视表的布局

改变数据透视表的布局包括设置分类汇总、总计、报表布局和空行等，具体操作步骤如下。

1 以表格形式显示

选择上节创建的数据透视表，单击【数据透视表工具】➤【设计】选项卡下【布局】选项组中的【报表布局】按钮，在弹出的下拉列表中选择【以表格形式显示】选项。

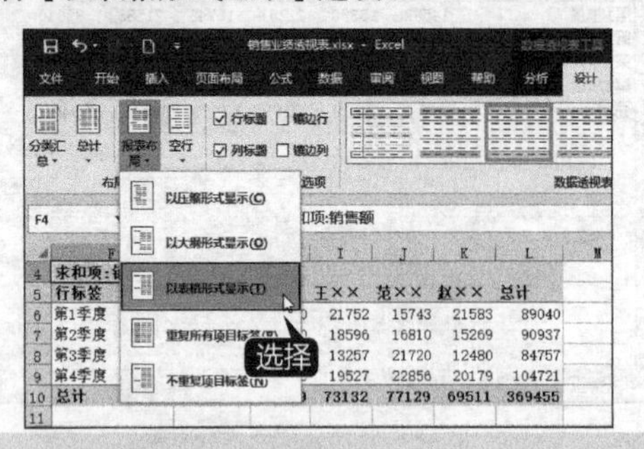

2 查看效果

该数据透视表即以表格形式显示，效果如下图所示。

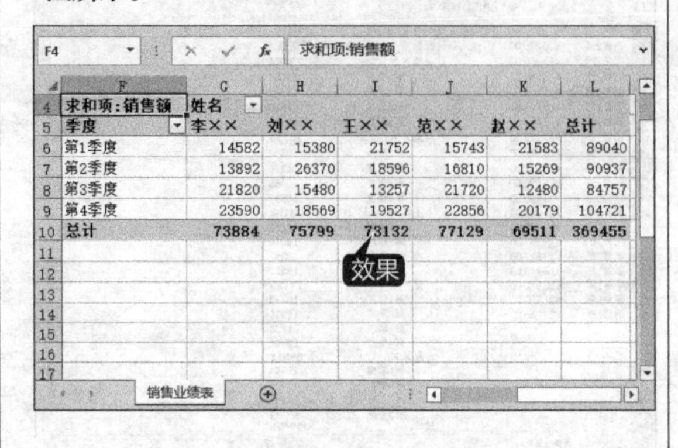

小提示

此外，还可以在下拉列表中选择以压缩形式显示、以大纲形式显示、重复所有项目标签和不重复项目标签等选项。

9.2.7 设置数据透视表的格式

创建数据透视表后，还可以对其格式进行设置，使数据透视表更加美观。

1 选择样式

接上一节的操作，选择透视表区域，单击【数据透视表工具】➤【设计】选项卡下【数据透视表样式】选项组中的【其他】按钮，在弹出的下拉列表中选择一种样式。

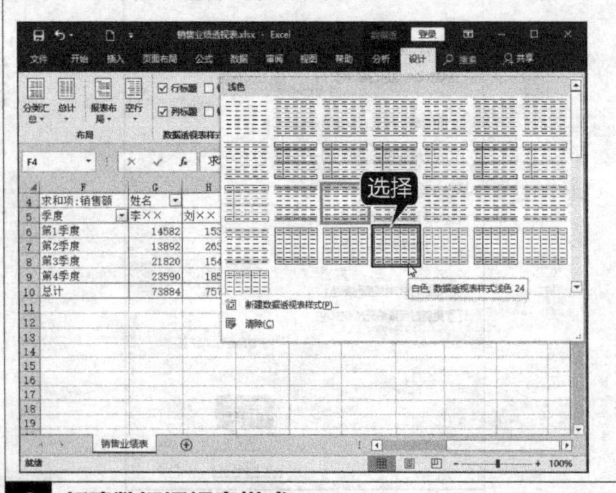

2 更改样式

更改数据透视表的样式。

3 新建数据透视表样式

此外，还可以自定义数据透视表样式。选择透视表区域，单击【数据透视表工具】➤【设计】选项卡下【数据透视表样式】选项组中的【其他】按钮，在弹出的下拉列表中选择【新建数据透视表样式】选项。

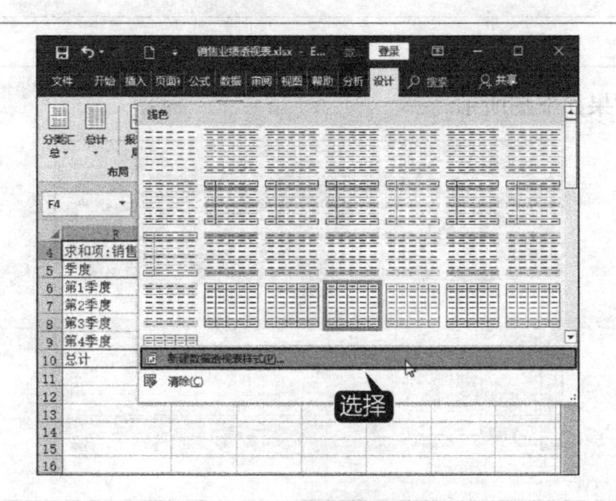

4 进行设置

弹出【新建数据透视表样式】对话框，在【名称】文本框中输入样式的名称，在【表元素】列表框中选择【整个表】选项，单击【格式】按钮。

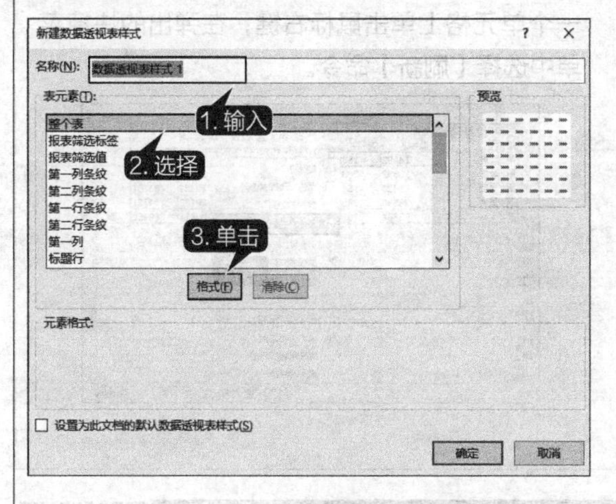

5 进行设置

弹出【设置单元格格式】对话框，选择【边框】选项卡，在【样式】列表框中选择一种边框样式，设置边框的颜色为“紫色”，单击【外边框】选项。

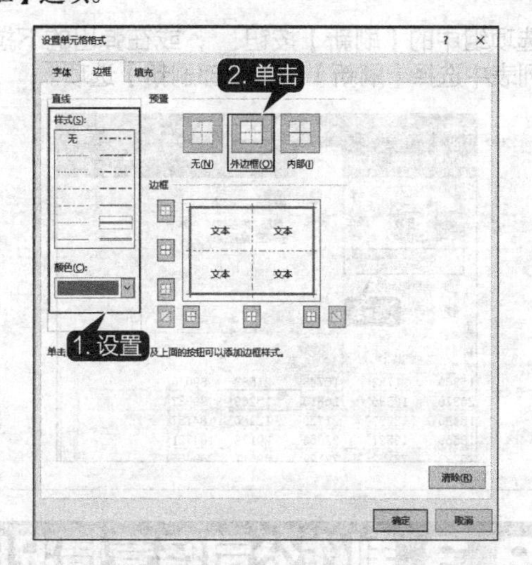

6 设置其他样式

使用同样的方法，设置数据透视表其他元素的样式，设置完成后单击【确定】按钮，返回【新建数据透视表样式】对话框中，单击【确定】按钮。

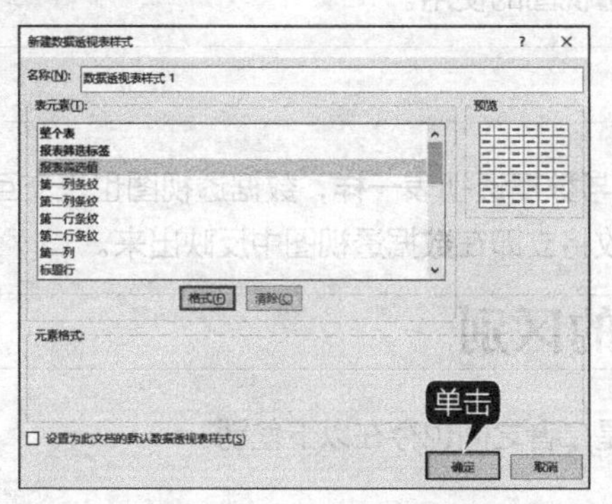

7 选择【自定义】样式

再次单击【设计】选项卡下【数据透视表样式】选项组中的【其他】按钮，在弹出的下拉列表中选择【自定义】中的【数据透视表样式1】选项。

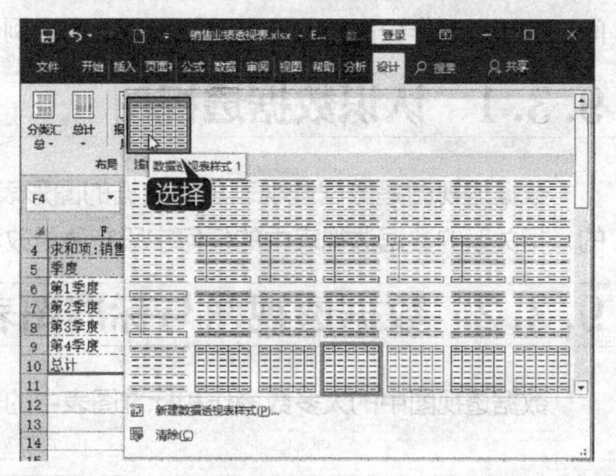

8 应用效果

应用自定义样式后的效果如下图所示。

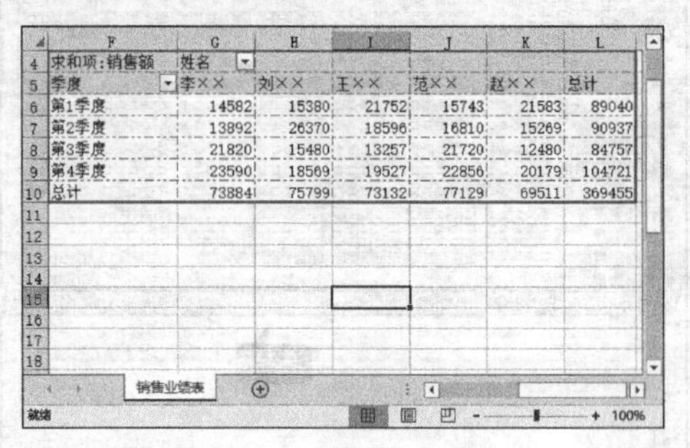

求和项:销售额	姓名					
季度	李××	刘××	王××	范××	赵××	总计
第1季度	14582	15380	21752	15743	21583	89040
第2季度	13892	26370	18596	16810	15269	90937
第3季度	21820	15480	13257	21720	12480	84757
第4季度	23590	18569	19527	22856	20179	104721
总计	73884	75799	73132	77129	69511	369455

9.2.8 数据透视表中的数据操作

用户修改数据源中的数据时，数据透视表不会自动更新，用户需要执行数据操作才能刷新数据透视表。刷新数据透视表有以下两种方法。

方法一：单击【分析】选项卡下【数据】选项组中的【刷新】按钮，或在弹出的下拉列表中选择【刷新】或【全部刷新】选项。

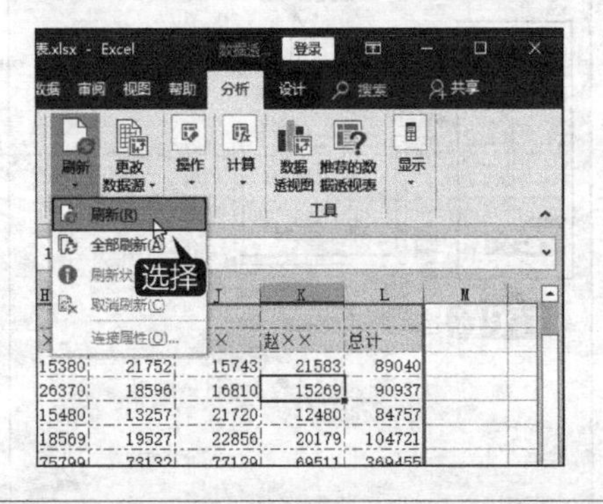

方法二：在数据透视表数据区域中的任意一个单元格上单击鼠标右键，在弹出的快捷菜单中选择【刷新】命令。

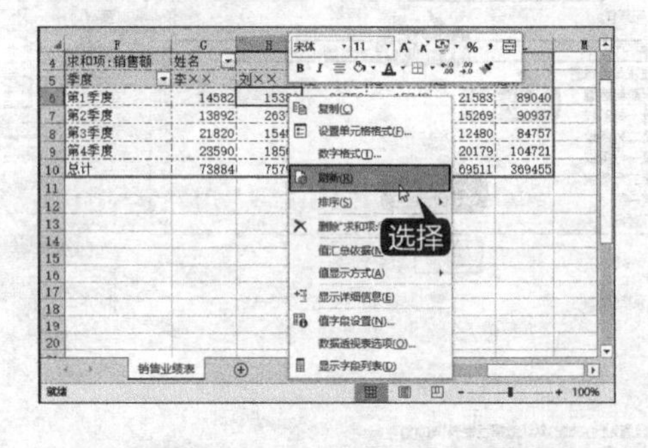

9.3 制作公司经营情况明细表透视图

本节视频教学时间：3分钟

制作公司经营情况明细表主要是列举计算公司的经营情况明细。在Excel 2019中，制作透视图可以帮助分析工作表中的明细对比，让公司领导对公司的经营收支情况一目了然，减少查看表格的时间。本节以制作公司经营情况明细表透视图为例介绍数据透视图的使用。

9.3.1 认识数据透视图

数据透视图是数据透视表中的数据的图形表示形式。与数据透视表一样，数据透视图也是交互式的。相关联的数据透视表中的任何字段布局更改和数据更改将立即在数据透视图中反映出来。

9.3.2 数据透视图与标准图表之间的区别

数据透视图中的大多数操作和标准图表中的一样，但是二者之间也存在以下差别。

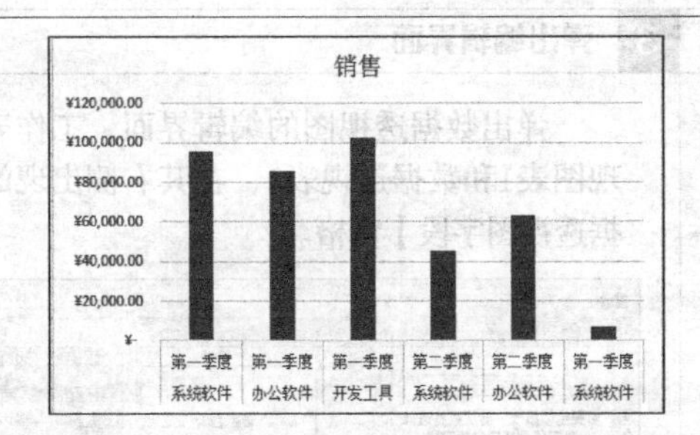

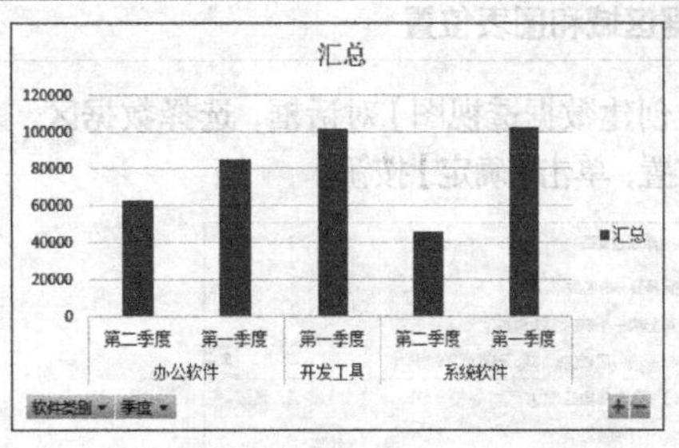

（1）交互：对于标准图表，需要为查看的每个数据视图创建一张图表，它们不交互；而对于数据透视图，只要创建单张图表就可通过更改报表布局或显示的明细数据以不同的方式交互查看数据。

（2）源数据：标准图表可直接链接到工作表单元格中，数据透视图可以基于相关联的数据透视表中的几种不同数据类型创建。

（3）图表元素：数据透视图除包含与标准图表相同的元素外，还包括字段和项，可以添加、旋转或删除字段和项来显示数据的不同视图；标准图表中的分类、系列和数据分别对应于数据透视图中的分类字段、系列字段和值字段；数据透视图中还可包含报表筛选；而这些字段中都包含项，这些项在标准图表中显示为图例中的分类标签或系列名称。

（4）图表类型：标准图表的默认图表类型为簇状柱形图，它按分类比较值；数据透视图的默认图表类型为堆积柱形图，它比较各个值在整个分类总计中所占的比例；用户可以将数据透视图类型更改为柱形图、折线图、饼图、条形图、面积图和雷达图。

（5）格式：刷新数据透视图时，会保留大多数格式（包括元素、布局和样式），但是不保留趋势线、数据标签、误差线及对数据系列的其他更改；标准图表只要应用了这些格式，就不会消失。

（6）移动或调整项的大小：在数据透视图中，即使可为图例选择一个预设位置并可更改标题的字体大小，也无法移动或重新调整绘图区、图例、图表标题或坐标轴标题的大小；而在标准图表中，可移动或重新调整这些元素的大小。

（7）图表位置：默认情况下，标准图表是嵌入在工作表中的；而数据透视图默认情况下是创建在图表工作表上的；数据透视图创建后，还可将其重新定位到工作表上。

9.3.3 创建数据透视图

在工作簿中，用户可以使用两种方法创建数据透视图：一种是直接通过数据表中的数据创建数据透视图，另一种是通过已有的数据透视表创建数据透视图。

1. 通过数据区域创建数据透视图

在工作表中，通过数据区域创建数据透视图的具体操作步骤如下。

1 选择【数据透视图】选项

打开“素材\ch09\公司经营情况明细表.xlsx”工作簿，选择数据区域中的一个单元格，单击【插入】选项卡下【图表】选项组中的【数据透视图】按钮，在弹出的下拉列表中选择【数据透视图】选项。

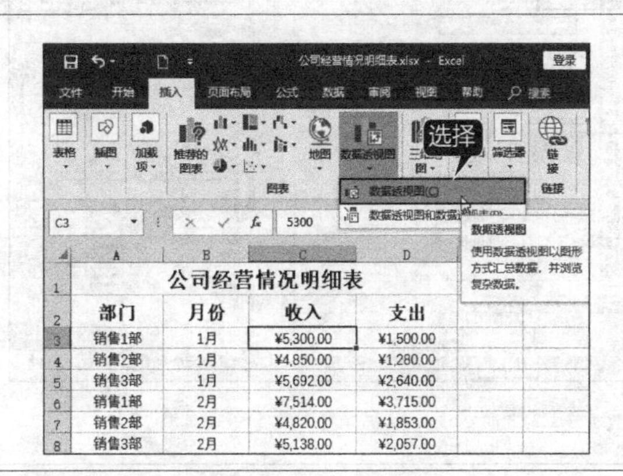

2 选择数据区域和图表位置

弹出【创建数据透视图】对话框，选择数据区域和图表位置，单击【确定】按钮。

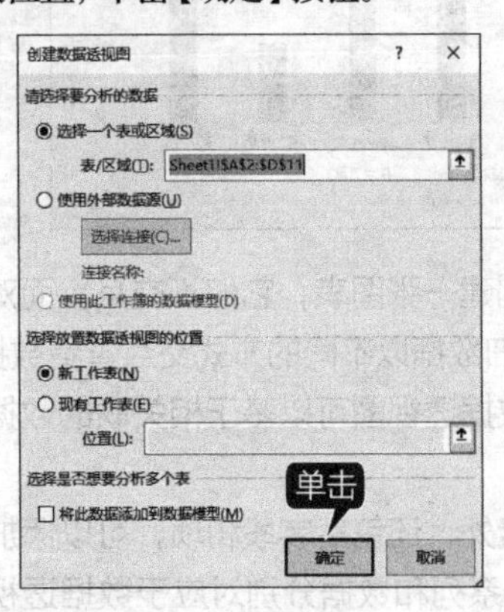

3 弹出编辑界面

弹出数据透视图的编辑界面，工作表中会出现图表1和数据透视表1，在其右侧出现的是【数据透视图字段】窗格。

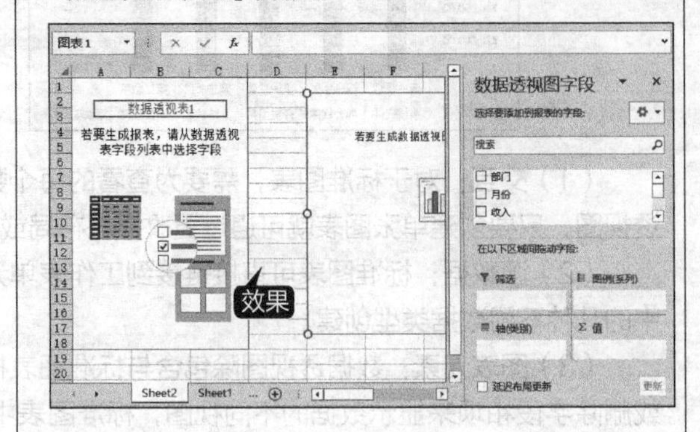

4 选择要添加的字段

在【数据透视图字段】窗格中选择要添加到视图的字段，即可完成数据透视图的创建。

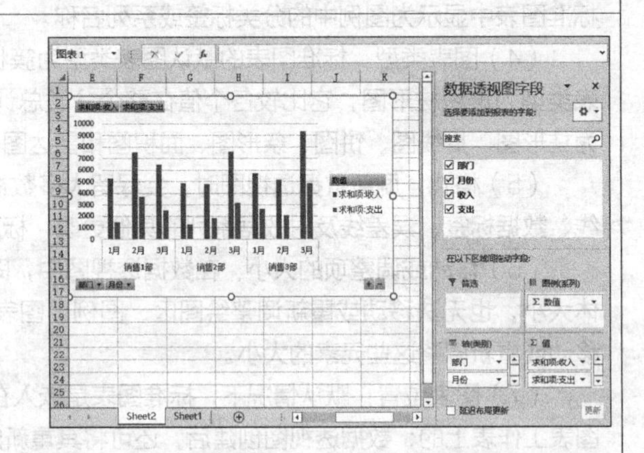

2. 通过数据透视表创建数据透视图

用户可以先创建数据透视表，再根据数据透视表创建数据透视图，具体操作步骤如下。

1 创建一个数据透视表

打开“素材\ch09\公司经营情况明细表.xlsx”工作簿，并根据9.2.3节的内容创建一个数据透视表。

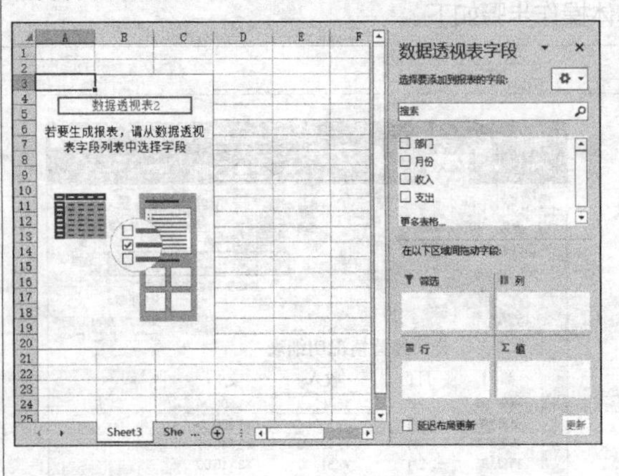

2 单击【数据透视图】按钮

单击【分析】选项卡下【工具】选项组中的【数据透视图】按钮。

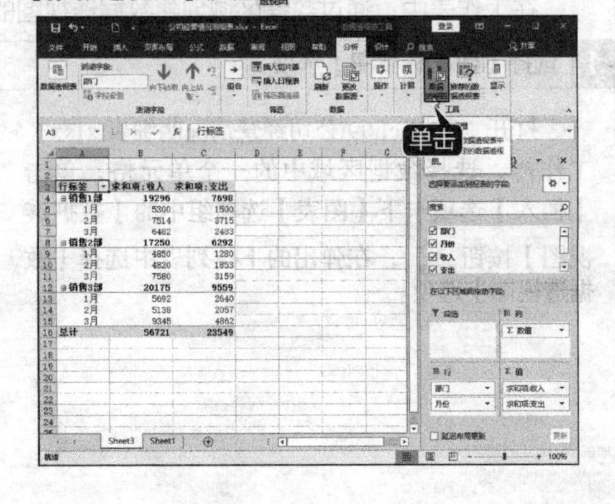

3 选择图表类型

弹出【插入图表】对话框，选择一种图表类型，单击【确定】按钮。

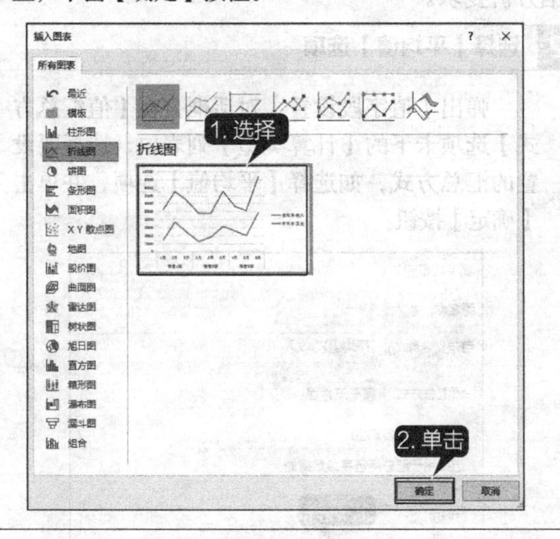

4 完成创建

完成数据透视图的创建。

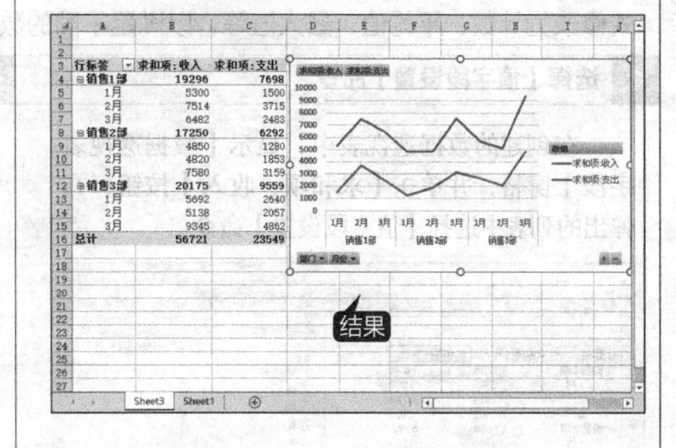

高手私房菜

技巧1：将数据透视表转换为静态图片

将数据透视表变为图片，在某些情况下可以发挥特有的作用，例如发布到网页上或者粘贴到PPT中。

1 复制图表

选择整个数据透视表，按【Ctrl+C】组合键复制图表。

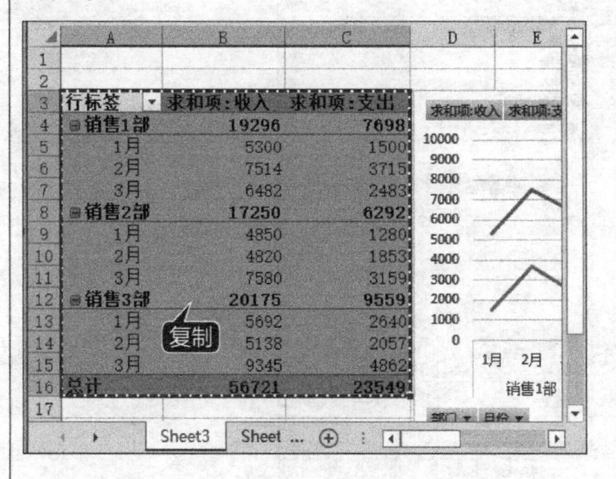

2 选择【图片】选项

单击【开始】选项卡下【剪贴板】选项组中的【粘贴】按钮的下拉按钮，在弹出的列表中选择【图片】选项，将图表以图片的形式粘贴到工作表中，效果如下图所示。

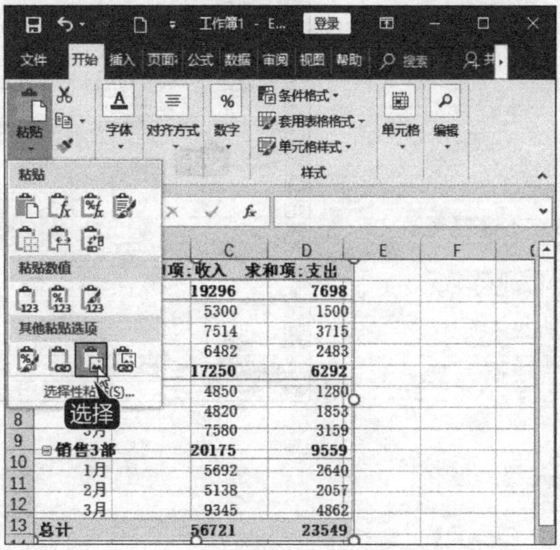

技巧2：更改数据透视表的汇总方式

在Excel数据透视表中，默认的值的汇总方式是“求和”，不过用户可以根据需求，将值的汇总方式修改为计数、平均值、最大值等，以满足不同的数据分析要求。

1 选择【值字段设置】命令

在创建的数据透视表中，显示【数据透视表字段】窗格，并单击【求和项：收入】按钮，在弹出的列表中选择【值字段设置】命令。

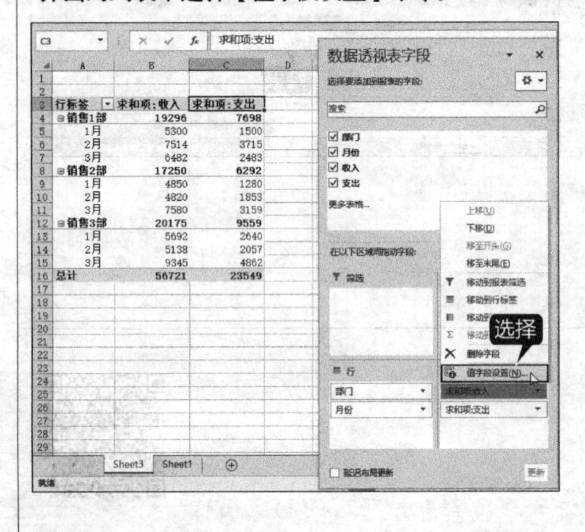

2 选择【平均值】选项

弹出【值字段设置】对话框，在【值汇总方式】选项卡下的【计算类型】列表中，选择要设置的汇总方式，如选择【平均值】选项，并单击【确定】按钮。

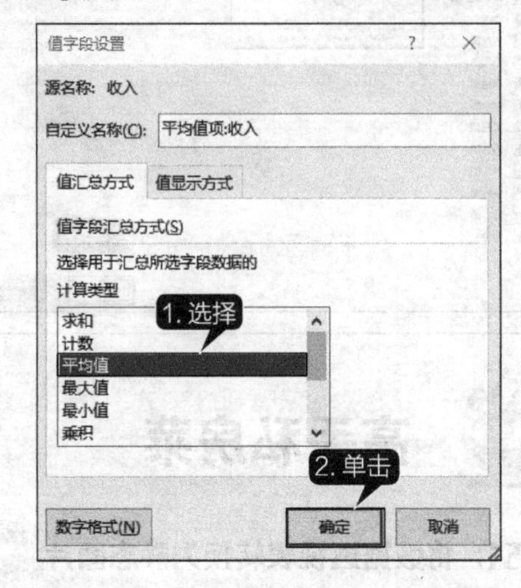

3 更改汇总方式

此时即可更改数据透视表值的汇总方式，效果如下图所示。

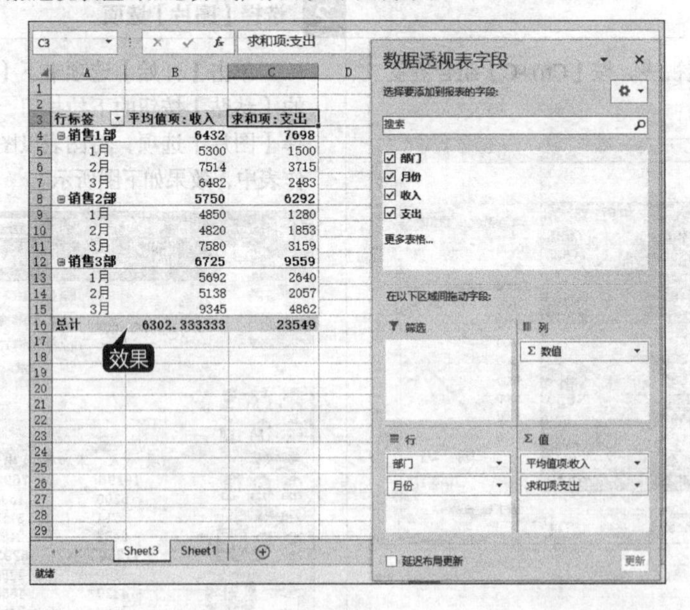

第 10 章

PowerPoint 基本幻灯片的制作

本章视频教学时间：20 分钟

在 PowerPoint 2019 中制作幻灯片，可以使演示文稿有声有色、图文并茂，提升报告的现场效果。此外， 文字与图片的适当编辑也可以突出报告的重点内容，使公司同事和领导快速浏览报告或策划文稿中的优点与不足，提高工作效率。

【学习目标】

- 通过本章的学习，读者可以掌握幻灯片的基本制作方法。

【本章涉及知识点】

- 创建演示文稿
- 幻灯片主题、母版的编辑
- 制作幻灯片首页
- 新建幻灯片
- 为内容页添加和编辑文本
- 复制和移动幻灯片
- 字体和段落格式的设置

10.1 制作销售策划演示文稿模板

本节视频教学时间：5分钟

销售策划演示文稿主要用于展示公司的销售策划方案。在PowerPoint 2019中，可以使用多种方法创建演示文稿，还可以修改幻灯片的主题并编辑幻灯片的母版等。本节以制作销售策划演示文稿为例介绍基本幻灯片的制作方法。

10.1.1 使用联机模板创建演示文稿

PowerPoint 2019中内置有大量的联机模板，可在设计不同类别的演示文稿时选择使用，既美观漂亮，又节省了大量时间。

1 显示联机模板

在【文件】选项卡下，单击【新建】选项，在右侧【新建】区域显示了多种PowerPoint 2019的联机模板样式。

小提示

在【新建】区域的文本框中输入联机模板或主题名称，然后单击【搜索】按钮即可快速找到需要的模板或主题。

2 单击【创建】按钮

选择相应的联机模板，即可弹出模板预览界面。如单击【视差】命令，弹出【视差】模板的预览界面，选择模板类型，在左侧预览框中可查看预览效果，单击【创建】按钮。

3 使用模板

使用联机模板创建演示文稿的效果如下图所示。

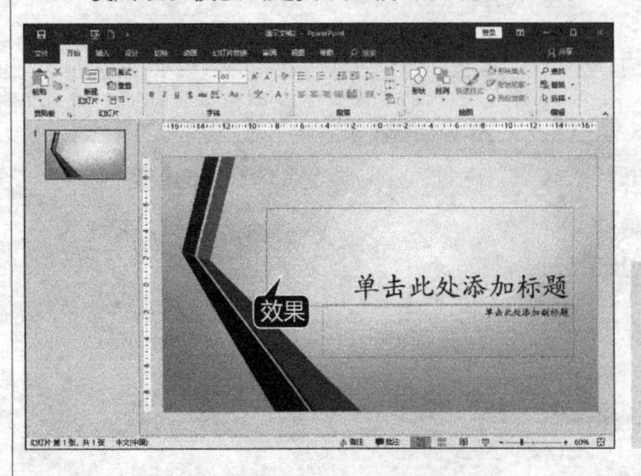

小提示

也可以从网络中下载模板或者使用本书赠送资源中的模板创建演示文稿。

10.1.2 修改幻灯片的主题

创建演示文稿后，用户可以对幻灯片的主题进行修改。具体操作步骤如下。

1 修改主题

使用模板创建演示文稿后，单击【设计】选项卡下【主题】组中的【其他】按钮，可以对幻灯片的主题进行修改。

2 更换主题

在【设计】选项卡下【变体】组中，可以直接更换不同颜色效果的主题。

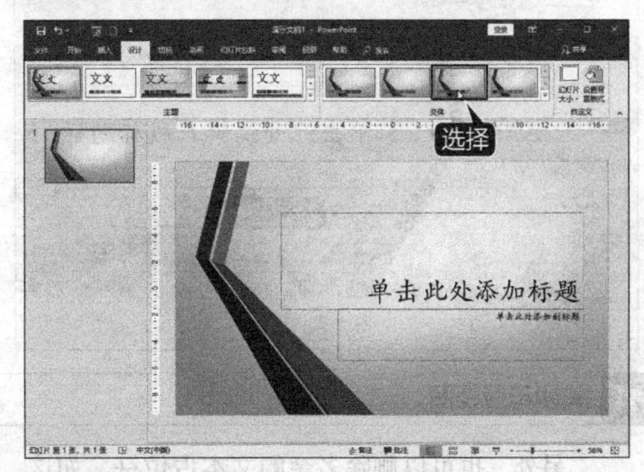

3 选择字幕

也可以单击【变体】组中的【其他】按钮，在弹出的下拉列表中选择【颜色】➤【字幕】选项。

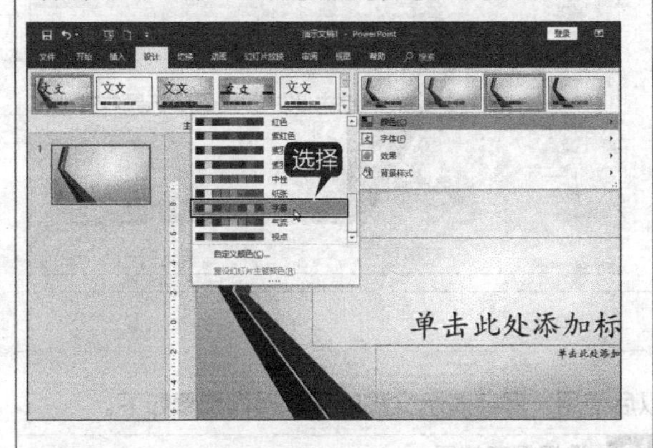

4 选择样式

再次单击【变体】组中的【其他】按钮，在弹出的下拉列表中选择【背景样式】➤【样式7】选项，修改幻灯片的主题效果如下图所示。

10.1.3 编辑母版

在幻灯片母版视图下可以为整个演示文稿设置相同的颜色、字体、背景和效果等。具体操作步骤如下。

1 单击【幻灯片母版】按钮

接上一节的操作，单击【视图】选项卡下【母版视图】组中的【幻灯片母版】按钮。

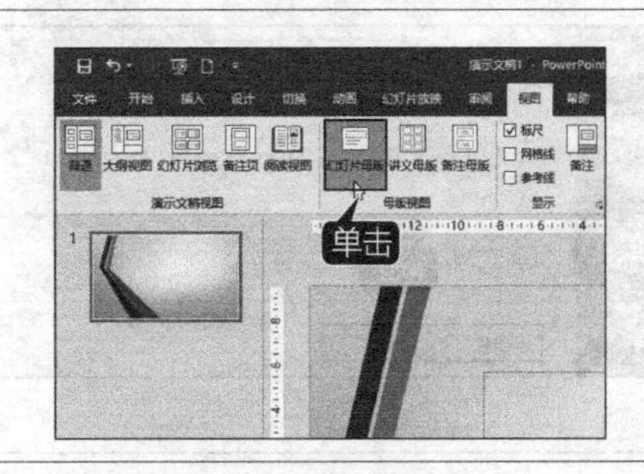

2 设置文本格式

打开一个新的【幻灯片母版】选项卡，选择幻灯片中的文本占位符，设置文本格式。

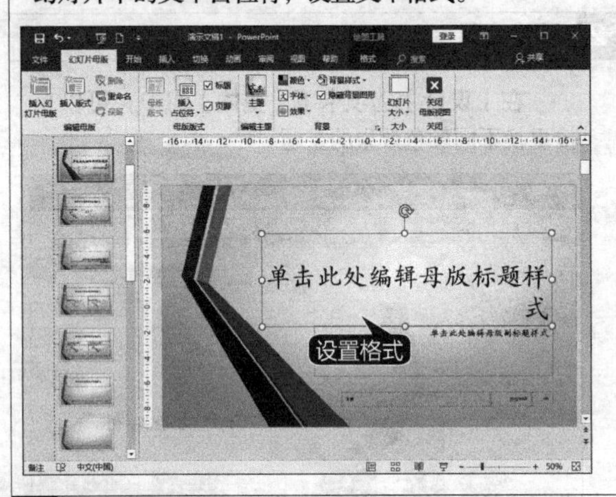

3 设置后的效果

设置文本格式的效果如下图所示。

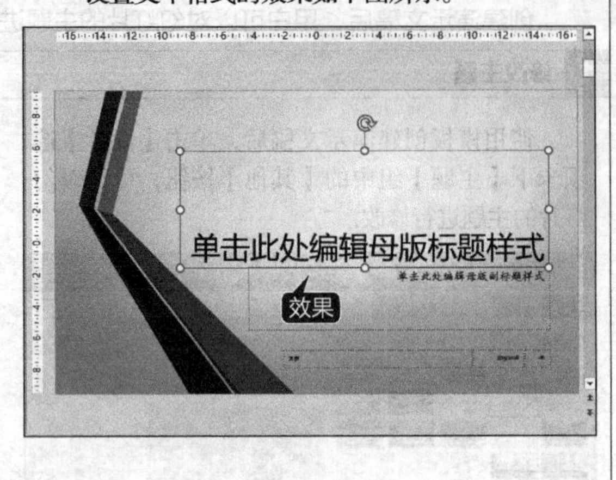

4 关闭母版视图

另外，也可以删除多余的文本占位符，如这里删除页脚的占位符，编辑完成后，单击【幻灯片母版】选项卡下【关闭】组中的【关闭母版视图】按钮，关闭母版视图。

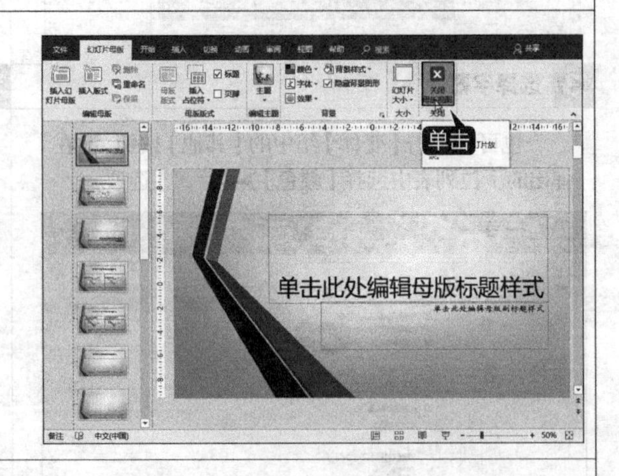

10.1.4 保存演示文稿

编辑完成后，需要将演示文稿保存起来，以便以后使用。保存演示文稿的具体操作步骤如下。

1 单击【浏览】按钮

编辑母版视图后，制作销售策划演示文稿，单击快速访问工具栏上的【保存】按钮，或单击【文件】选项卡，在打开的列表中选择【保存】选项，在右侧的【另存为】区域中，单击【浏览】按钮。

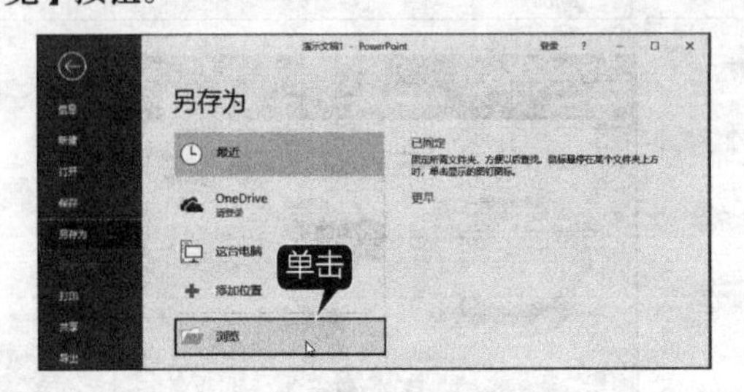

2 选择保存位置

弹出【另存为】对话框，选择演示文稿的保存位置，在【文件名】文本框中输入演示文稿的名称，单击【保存】按钮即可。

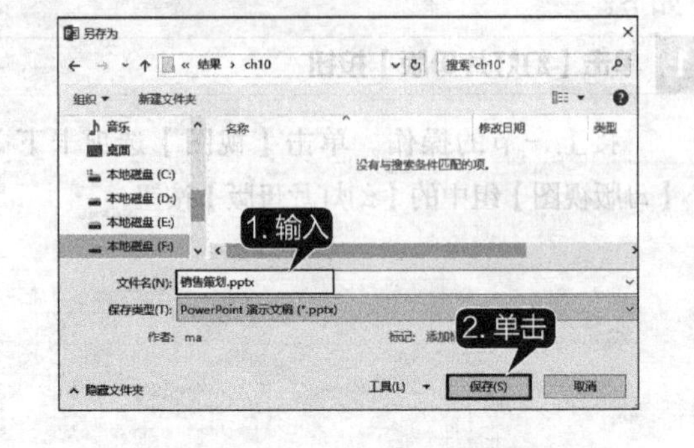

小提示

如果用户需要为当前演示文稿重命名、更换保存位置或改变演示文稿类型，则可以选择【文件】➤【另存为】选项，在【另存为】设置界面中单击【浏览】按钮，将弹出【另存为】对话框。在【另存为】对话框中选择演示文稿的保存位置、文件名和保存类型后，单击【保存】按钮即可另存演示文稿。

10.2 制作会议简报

本节视频教学时间：12分钟

会议简报主要是会议期间为反映会议进展情况、会议发言中的意见和建议、会议议决事项等内容而编写的文档。在PowerPoint 2019中，制作会议简报主要涉及制作幻灯片、应用幻灯片的布局、编辑文本并设置字体和段落格式、添加项目编号等操作。本节以制作会议简报为例介绍幻灯片的制作方法。

10.2.1 制作幻灯片首页

制作会议简报演示文稿时，首先要制作幻灯片首页。首页上主要显示演示文稿的标题与制作单位、时间等，具体操作步骤如下。

1 选择主题样式

打开PowerPoint 2019，新建一个演示文稿。单击【设计】选项卡下【主题】组中的【其他】按钮，在弹出的下拉列表中选择一种主题样式。

2 查看效果

为幻灯片设计主题的效果如下图所示。

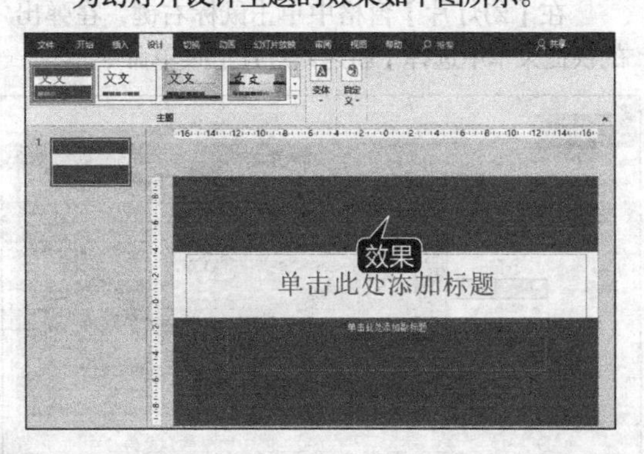

3 设置字体字号

单击幻灯片中的文本占位符，添加幻灯片标题“销售部总结会议简报”，在【开始】选项卡下【字体】选项组中设置标题文本的【字体】为“楷体”，【字号】为“66”号，并调整标题文本框的位置。

4 输入文本

重复上面的操作步骤，在副标题文本框中输入“销售部 2019年1月20日”文本，并设置文本格式，调整文本框的位置，最终效果如下图所示。

10.2.2 新建幻灯片

幻灯片首页制作完成后，需要新建幻灯片完成会议简报的主要内容，具体操作步骤如下。

1 选择【空白】选项

单击【开始】选项卡【幻灯片】选项组中的【新建幻灯片】按钮，在弹出的下拉列表中选择【空白】选项。

2 显示新建的幻灯片

新建的幻灯片即显示在左侧的【幻灯片】窗格中。

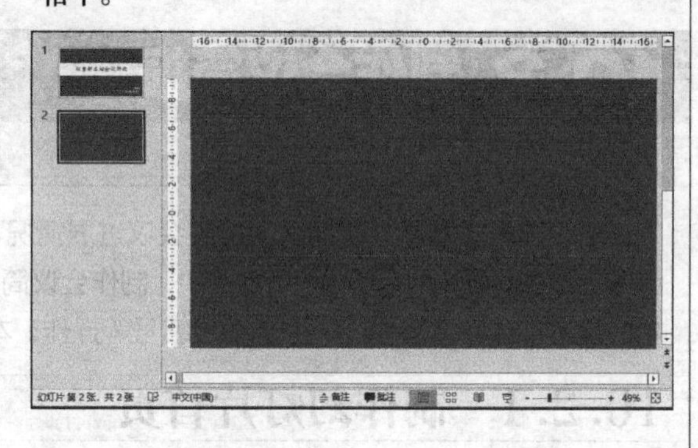

3 选择【新建幻灯片】菜单命令

在【幻灯片】窗格中单击鼠标右键，在弹出的快捷菜单中选择【新建幻灯片】菜单命令。

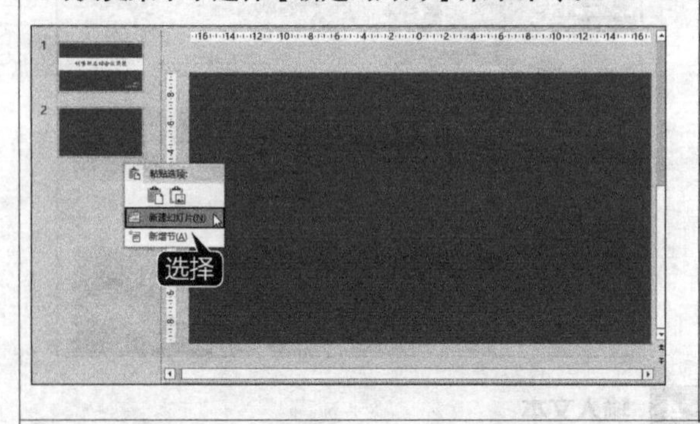

4 新建幻灯片

也可以快速新建幻灯片。

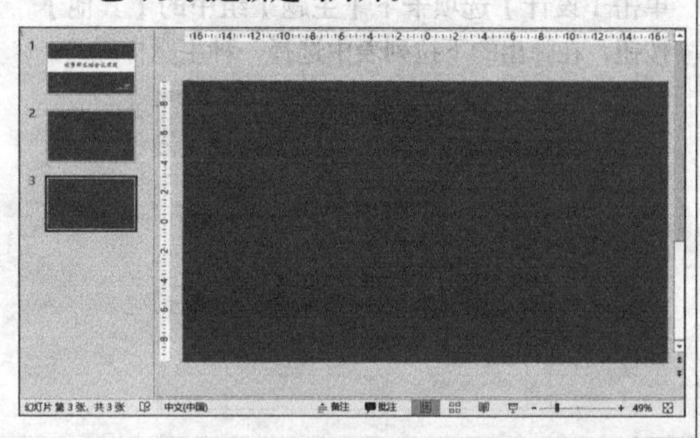

10.2.3 为内容页添加和编辑文本

本节主要介绍在PowerPoint中输入和编辑文本内容的方法。

1. 使用文本框添加文本

幻灯片中【文本占位符】的位置是固定的，如果想在幻灯片的其他位置输入文本，可以通过绘制一个新的文本框来实现。在插入和设置文本框后，就可以在文本框中进行文本的输入了，在文本框中输入文本的具体操作方法如下。

1 单击【文本框】按钮

在幻灯片中单击【插入】选项卡下【文本】组中的【文本框】按钮 文本框。

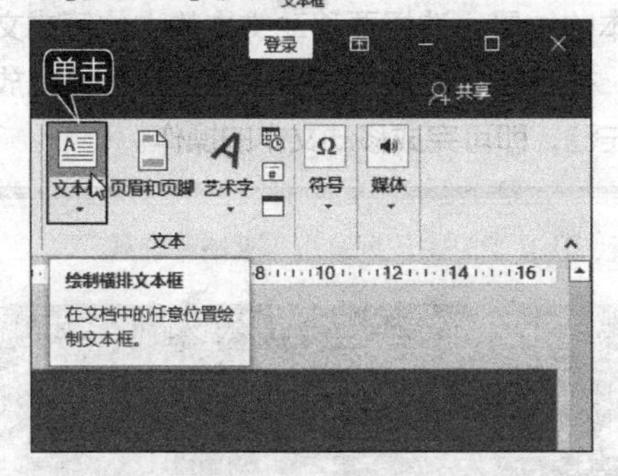

2 输入文本

拖曳鼠标，在幻灯片中绘制出文本框，在文本框内输入文本内容。

2. 使用占位符添加文本

在普通视图中，幻灯片会出现“单击此处添加标题”或“单击此处添加副标题”等提示文本框。这种文本框统称为【文本占位符】。

在文本占位符中输入文本是最基本、最方便的一种输入方式。在文本占位符上单击即可输入文本。同时，输入的文本会自动替换文本占位符中的提示性文字。

1 新建幻灯片

新建一个【标题和内容】幻灯片，如下图所示。

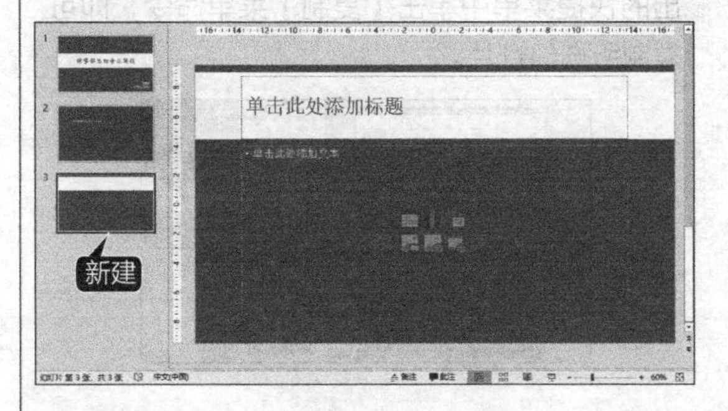

2 输入标题

如在标题文本框中输入标题“一、会议概况”。

3 复制内容

在【单击此处添加文本】中单击，可直接输入文字，例如将“素材\ch10\会议简报.txt”中的内容复制到幻灯片中。

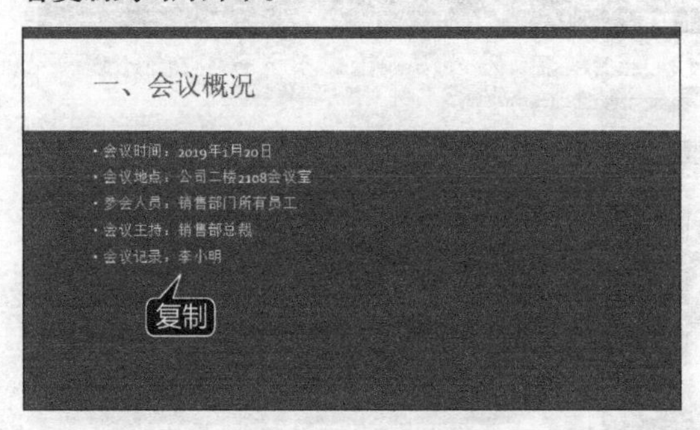

4 复制内容

使用同样的方法，新建幻灯片，把“素材\ch10\会议简报.txt”中的内容，复制到幻灯片中。

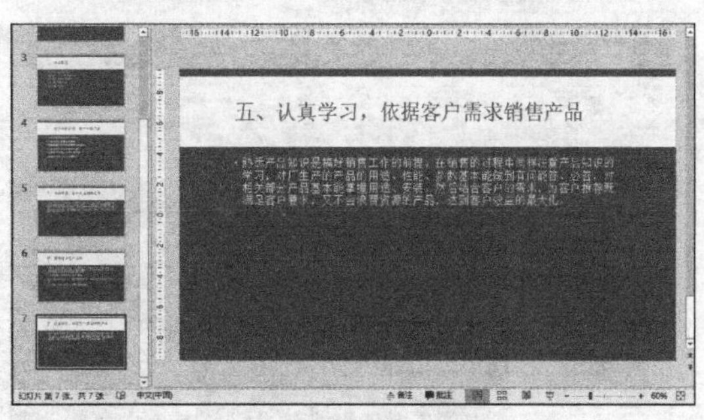

3. 选择文本

如果要更改文本或者设置文本的字体样式，可以选择文本。将光标定位至要选择文本的起始位置，按住鼠标左键并拖曳鼠标，选择结束，释放鼠标左键即可选择文本。

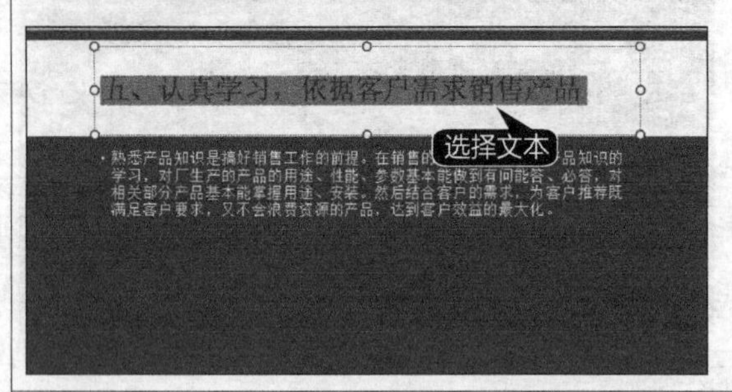

4. 移动文本

在PowerPoint 2019中的文本都是在占位符或者文本框中显示的，可以根据需要移动文本的位置。选择要移动文本的占位符或文本框，按住鼠标左键并拖曳，至合适位置释放鼠标左键，即可完成移动文本的操作。

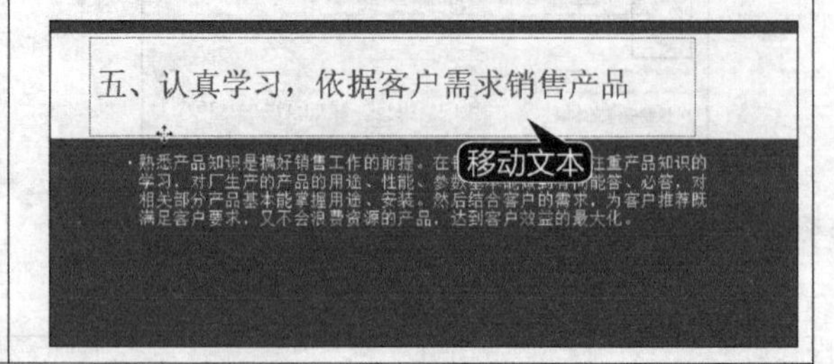

10.2.4 复制和移动幻灯片

用户可以在演示文稿中复制和移动幻灯片，复制和移动幻灯片的具体操作步骤如下。

1. 复制幻灯片

方法一

选中幻灯片，单击【开始】选项卡下【剪贴板】组中【复制】按钮右侧的下拉按钮，在弹出的下拉列表中单击【复制】选项，即可复制所选幻灯片。

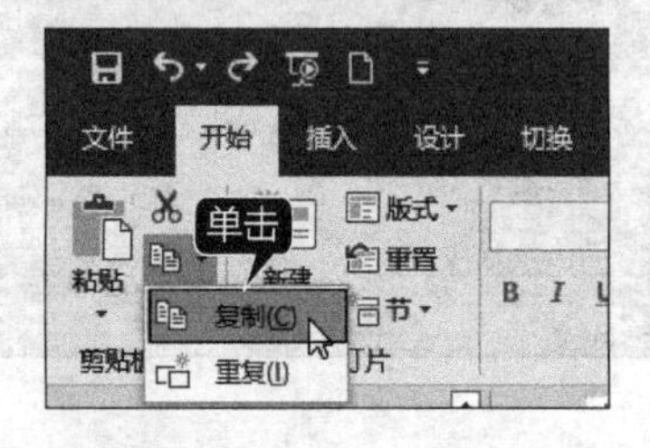

方法二

在要复制的幻灯片上单击鼠标右键，在弹出的快捷菜单中单击【复制】菜单命令，即可复制所选幻灯片。

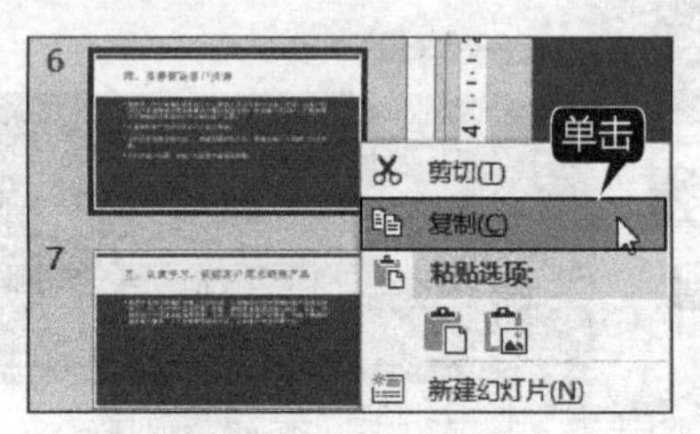

2. 移动幻灯片

单击选择需要移动的幻灯片并按住鼠标左键，拖曳幻灯片至目标位置,松开鼠标左键即可。此外,通过剪切并粘贴的方式也可以移动幻灯片。

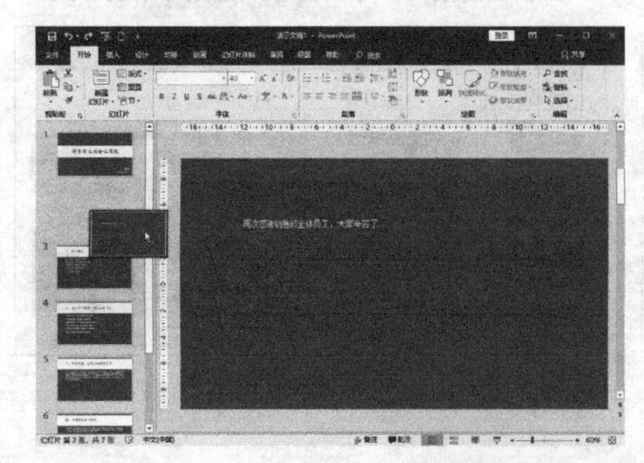

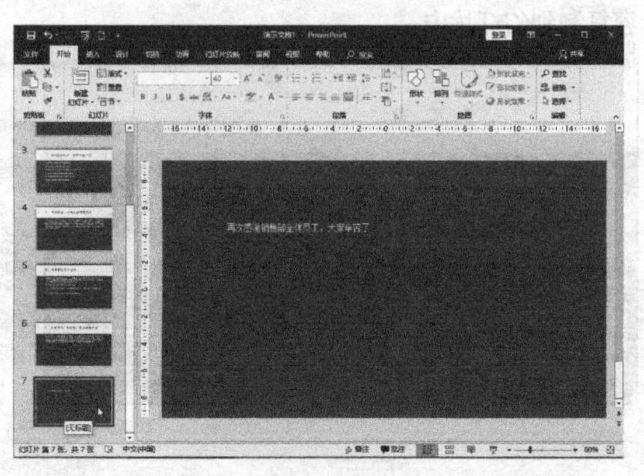

10.2.5 设置字体和段落格式

本节主要介绍字体和段落格式的设置方法。

1. 设置字体格式

用户可以根据需要设置字体的样式及大小。

1 选择文本

选择第7张幻灯片中要设置字体样式的文本。

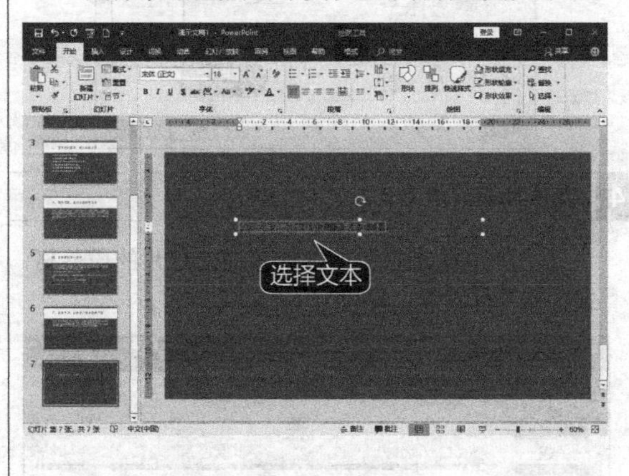

2 设置字体

单击【开始】选项卡下【字体】选项组中的【字体】按钮，打开【字体】对话框，在【西文字体】下拉列表中选择一种字体，在【中文字体】下拉列表中选择“楷体”。

3 设置字体

在【字体样式】下拉列表中设置字体样式，如常规、倾斜、加粗、倾斜加粗等，根据需要选择相应选项，在【大小】微调框中可以设置字体的字号，可以直接输入字体字号，也可以单击微调按钮调整。

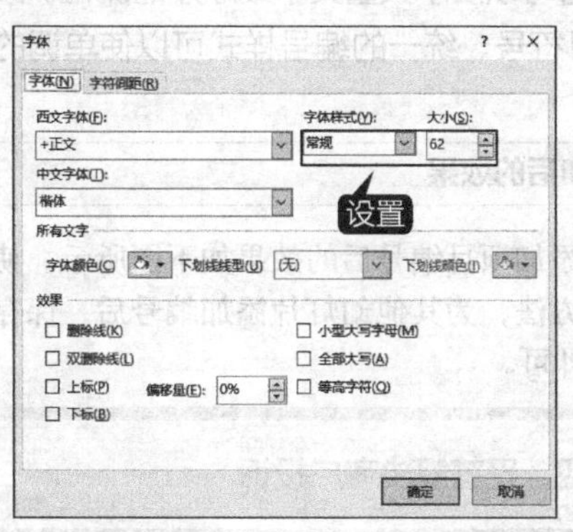

4 设置后的效果

为选中的文字设置字体的效果如下图所示。同样，可以使用上述操作方法，对其他幻灯片页面进行字体格式设置。

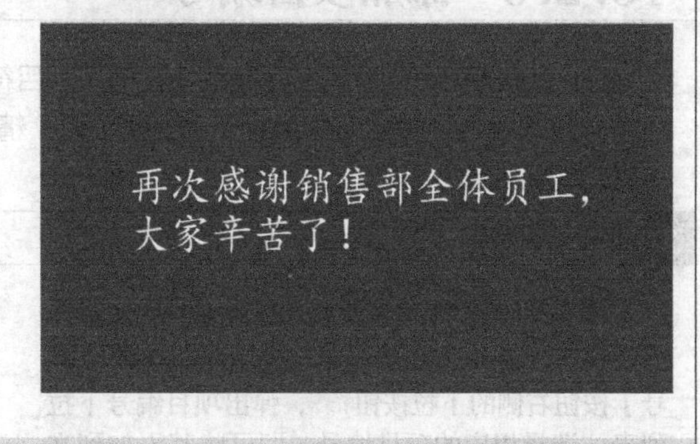

> **小提示**
>
> 在【开始】选项卡下的【字体】选项组中也可以直接设置字体样式。

2. 设置段落格式

段落格式主要包括缩进、间距与行距等。对段落的设置主要是通过【开始】选项卡【段落】组中的各命令按钮来进行的。

1 单击【段落】按钮

选择第4张幻灯片，选中要设置的段落，单击【开始】选项卡【段落】选项组右下角的【段落】按钮。

2 进行设置

在弹出的【段落】对话框的【缩进和间距】选项卡中，设置【首行缩进】为“1.8厘米”，行距【固定值】为“40磅”，单击【确定】按钮。

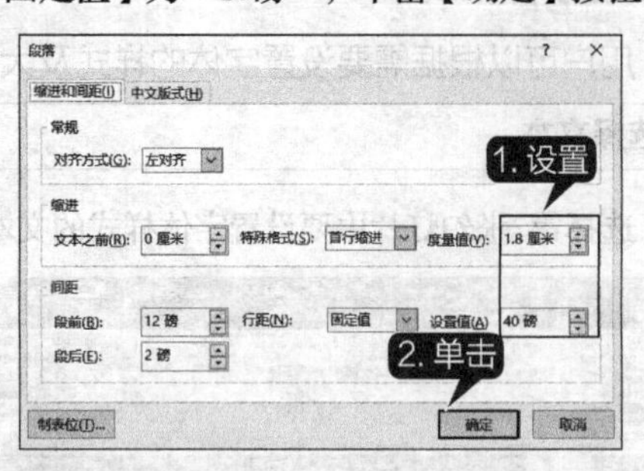

3 设置后的效果

设置后的效果如下图所示。

4 设置其他段落格式

使用同样的方法，设置其他幻灯片的段落格式，如首行缩进、段间距及居中方式等。

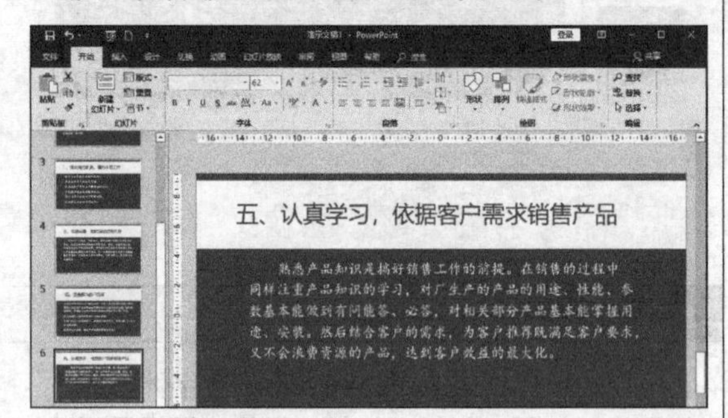

10.2.6 添加项目编号

在PowerPoint 2019演示文稿中，使用项目符号或编号可以演示大量文本或顺序的流程。添加项目符号或编号也是美化幻灯片的一个重要手段，精美的项目符号、统一的编号样式可以使单调的文本内容变得更生动、更专业。

1 选择项目编号

选中第5张幻灯片需要添加项目编号的文本内容，单击【开始】选项卡下【段落】组中的【编号】按钮右侧的下拉按钮，弹出项目编号下拉列表，选择相应的项目编号，即可将其添加到文本中。

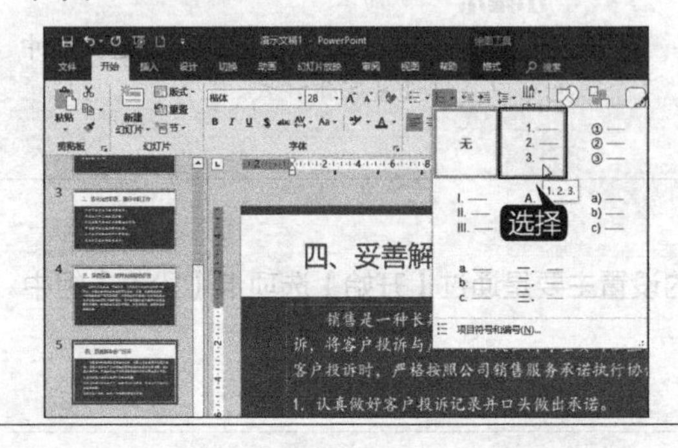

2 添加后的效果

添加项目编号后的效果如下图所示。使用同样的方法，为其他幻灯片添加编号后，保存演示文稿即可。

高手私房菜

技巧1：使用取色器为PPT配色

PowerPoint 2019可以对图片的任何颜色进行取色，以更好地搭配文稿颜色。具体操作步骤如下。

1 应用主题

打开PowerPoint 2019软件，并应用任一种主题。

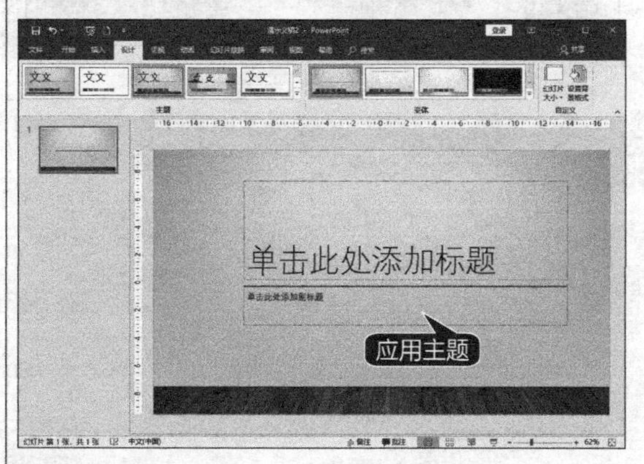

2 选择【取色器】选项

在标题文本框，输入任意文字，然后单击【开始】➤【字体】组中的【字体颜色】按钮，在弹出的【字体颜色】面板中选择【取色器】选项。

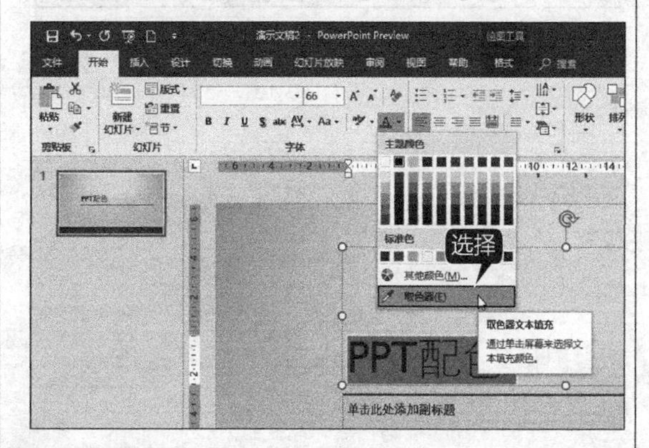

3 拾取颜色

在幻灯片上任意一点单击，即可拾取颜色，并显示其颜色值。

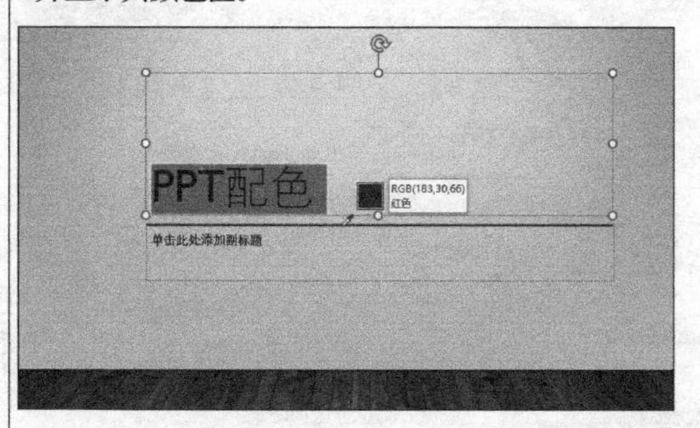

4 应用颜色

单击即可应用选中的颜色。

另外，在PPT制作中，幻灯片的背景、图形的填充也可以使用取色器进行配色。

技巧2：同时复制多张幻灯片

在同一演示文稿中不仅可以复制一张幻灯片，还可以一次复制多张幻灯片，其具体操作步骤如下。

1 选中前 3 张连续的幻灯片

在左侧的【幻灯片】窗格中单击第1张幻灯片，按住【Shift】键的同时单击第3张幻灯片，即可将前3张连续的幻灯片选中。

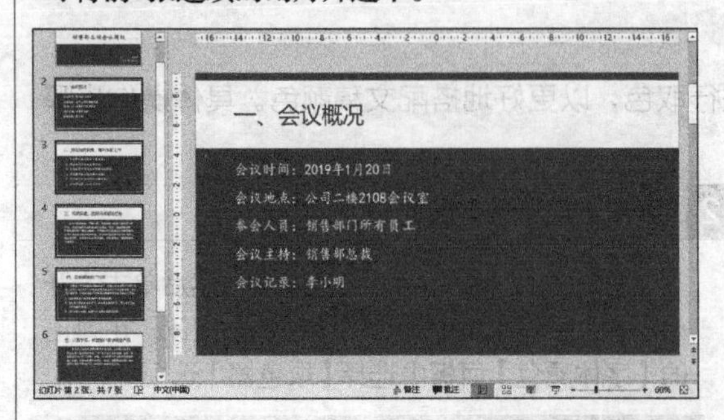

2 选择【复制幻灯片】菜单命令

在【幻灯片】窗格中选中的幻灯片缩略图上单击鼠标右键，在弹出的快捷菜单中选择【复制幻灯片】菜单命令，即可执行复制多张幻灯片的操作。

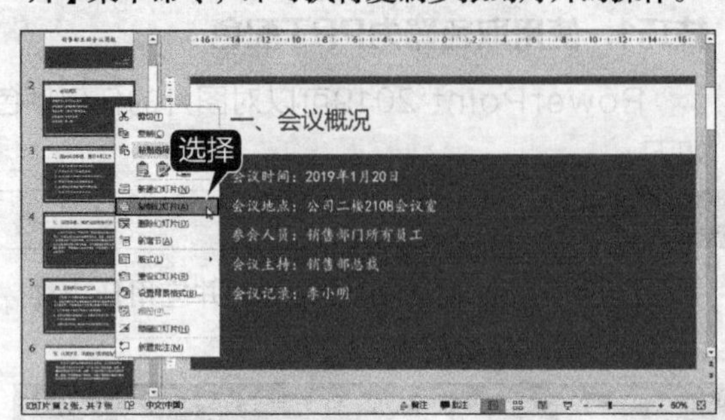

第11章

设计图文并茂的PPT

本章视频教学时间：24分钟

美化幻灯片是PowerPoint 2019的重要功能，图文并茂的PPT可以使演示的内容更加具有吸引力。本章介绍创建表格，以及插入图片、形状、SmartArt图形、绘制形状等操作的方法。

【学习目标】

通过本章的学习，读者可以掌握在PPT中应用图形图像的方法。

【本章涉及知识点】

- 创建表格
- 插入图片
- 插入形状与SmartArt图形
- 插入图表
- 绘制形状

11.1 制作公司文化宣传PPT

本节视频教学时间：7分钟

公司文化宣传PPT主要用于介绍企业的主营业务、产品、规模及人文历史，用于提高企业知名度。本节以制作公司文化宣传PPT为例介绍在PPT中插入表格与图片的方法。

11.1.1 创建表格

在PowerPoint 2019中可以通过表格来组织幻灯片的内容。

1 输入标题

打开“素材\ch11\公司文化宣传.pptx”演示文稿，新建【标题和内容】幻灯片，然后输入该幻灯片的标题“1月份各渠道销售情况表”，并设置标题字体格式，如下图所示。

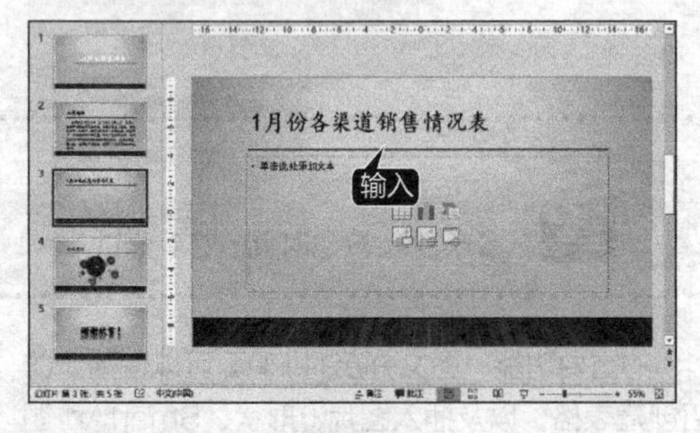

2 单击【插入表格】按钮

单击幻灯片中的【插入表格】按钮。

3 输入行数和列数

弹出【插入表格】对话框，分别在【行数】和【列数】微调框中输入行数和列数，单击【确定】按钮。

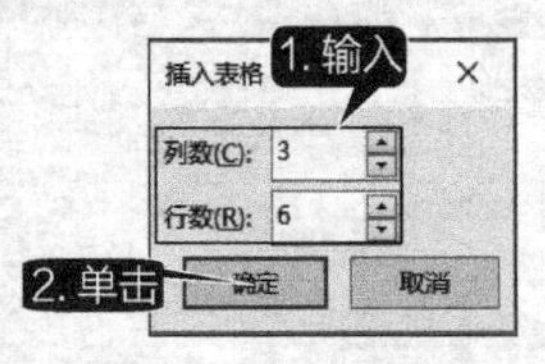

4 创建表格

此时即可创建一个表格，如下图所示。

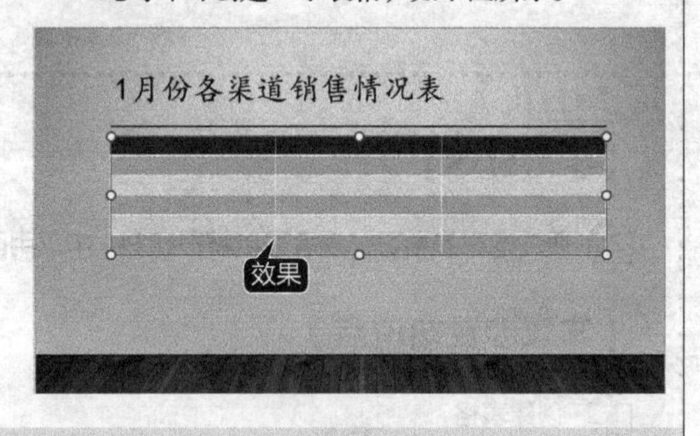

小提示

除了上述方法外，还可以使用【插入】➤【表格】➤【表格】按钮，其方法和Word中创建表格的方法一致，在此不一一赘述。

11.1.2 在表格中输入文字

创建表格后，需要在表格中填充文字，具体操作步骤如下。

1 输入内容

选中要输入文字的单元格，在表格中输入相应的内容。

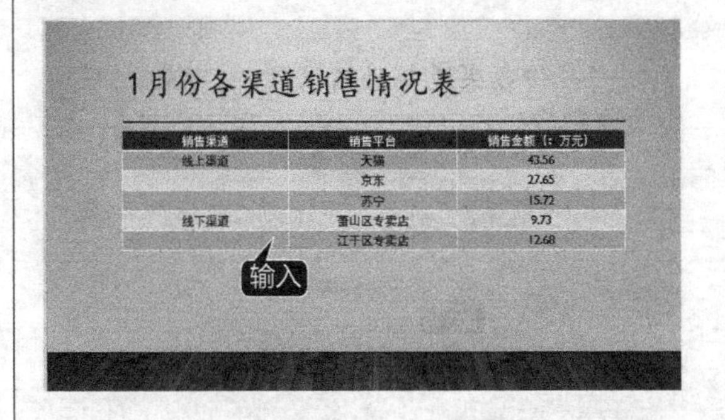

2 合并单元格

用鼠标拖曳选中第一列第二到第四行的单元格，并右击，在弹出的快捷菜单中，选择【合并单元格】命令。

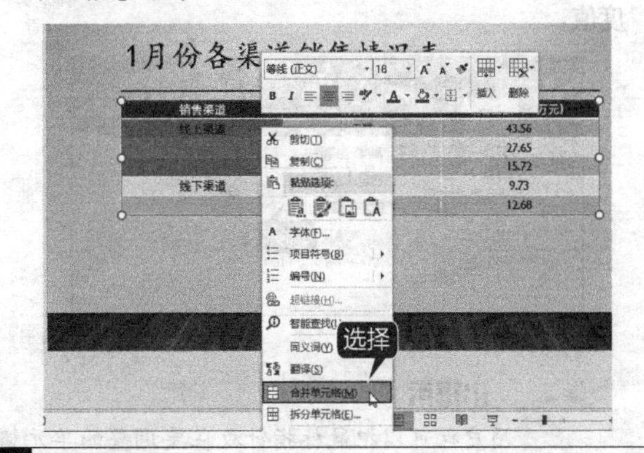

3 垂直居中

此时即可合并选中的单元格，并将其设置为“垂直居中”显示，效果如下图所示。

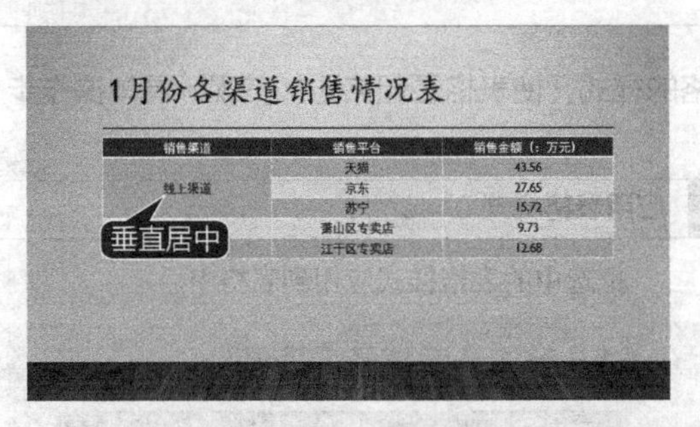

4 重复步骤

重复上面的操作步骤，合并其他需要合并的单元格。最终效果如下图所示。

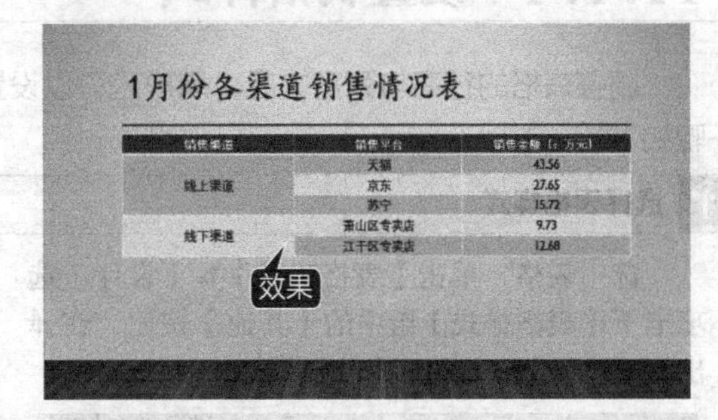

11.1.3 调整表格的行高与列宽

在表格中输入文字后，我们可以调整表格的行高与列宽，来满足表格中文字的需要，具体操作步骤如下。

1 输入新的高度值

选择表格，单击【表格工具】➤【布局】选项卡下【表格尺寸】选项组中的【高度】文本框后的调整按钮，或直接在【高度】文本框中输入新的高度值。

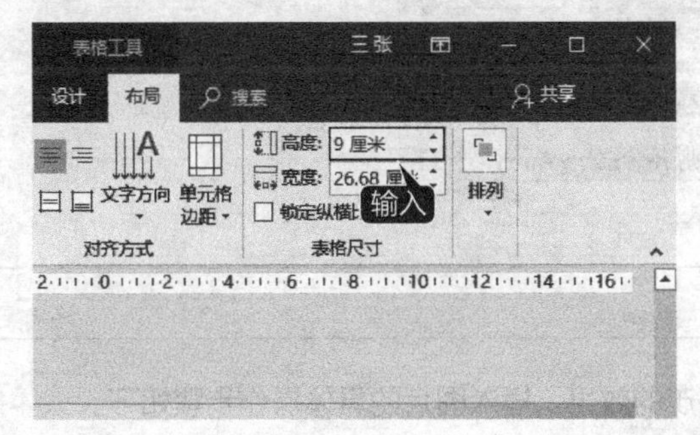

2 调整行高

调整表格行高的效果如下图所示。

3 输入新的宽度值

再次单击【表格工具】➤【布局】选项卡下【表格尺寸】选项组中的【宽度】文本框后的调整按钮，或直接在【宽度】文本框中输入新的宽度值。

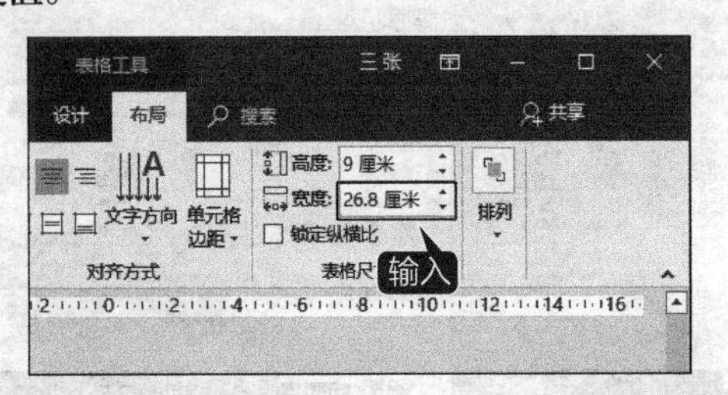

4 设置字体和段落格式

此时即可调整表格列宽，然后根据当前的行高与列宽，设置字体和段落格式，效果如下图所示。

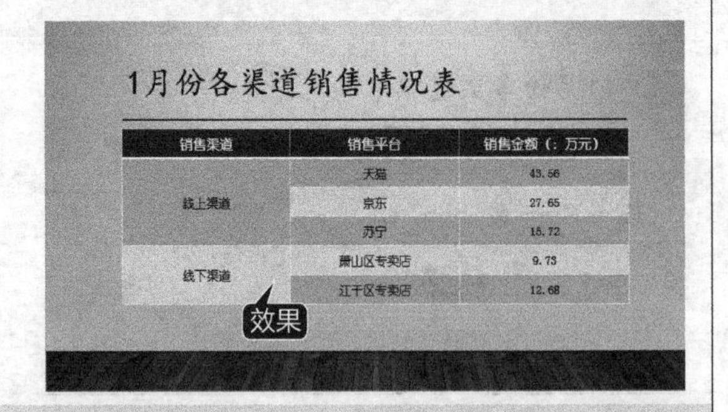

> **小提示**
>
> 用户也可以把鼠标指针放在要调整的单元格边框线上，当鼠标指针变成 形状时，按住鼠标左键并拖曳，即可调整表格的行高与列宽。

11.1.4 设置表格样式

调整表格的行高与列宽之后，用户还可以设置表格的样式，使表格看起来更加美观。具体操作步骤如下。

1 选择表格样式

选中表格，单击【表格工具】➤【设计】选项卡下【表格样式】组中的【其他】按钮，在弹出的下拉列表中选择一种表格样式。

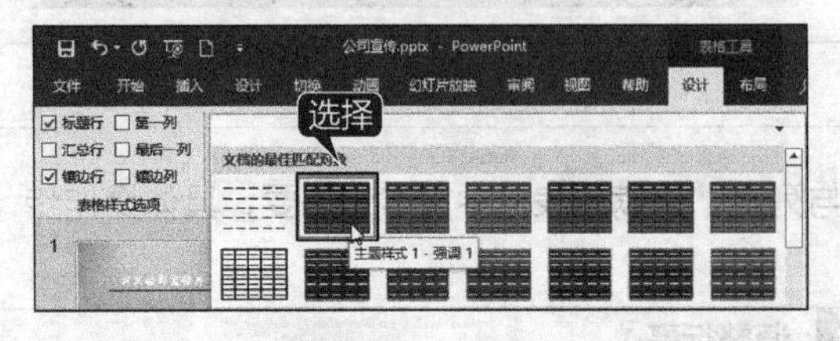

2 应用表格样式

把选中的表格样式应用到表格中。

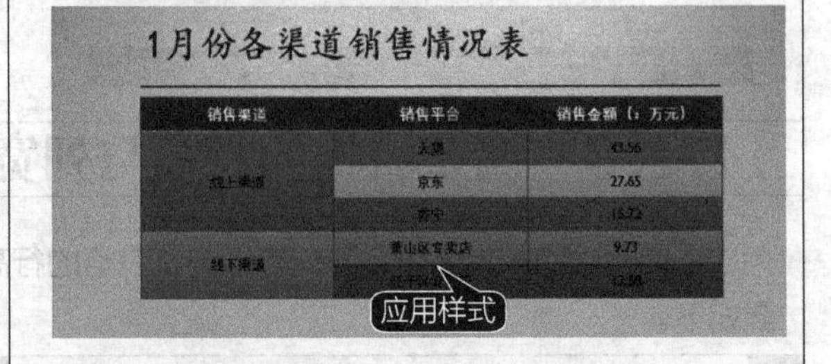

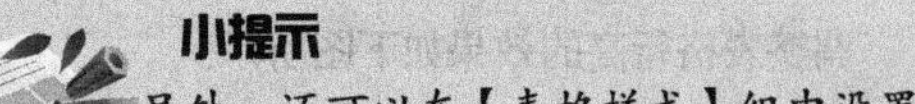

> **小提示**
>
> 另外，还可以在【表格样式】组中设置表格的效果样式。如选择【映像】➤【映像变体】➤【紧密映像，8pt 偏移量】选项后的效果如下图所示。

销售渠道	销售平台	销售金额（：万元）
线上渠道	天猫	43.56
	京东	27.65
	苏宁	15.72
线下渠道	萧山区专卖店	9.73
	江干区专卖店	12.68

11.1.5 插入图片

在制作幻灯片时插入适当的图片，可以达到图文并茂的效果。插入图片的具体操作步骤如下。

1 单击【图片】按钮

在第3张幻灯片后，新建【标题和内容】幻灯片页面，输入并设置标题后，单击幻灯片中的【图片】按钮。

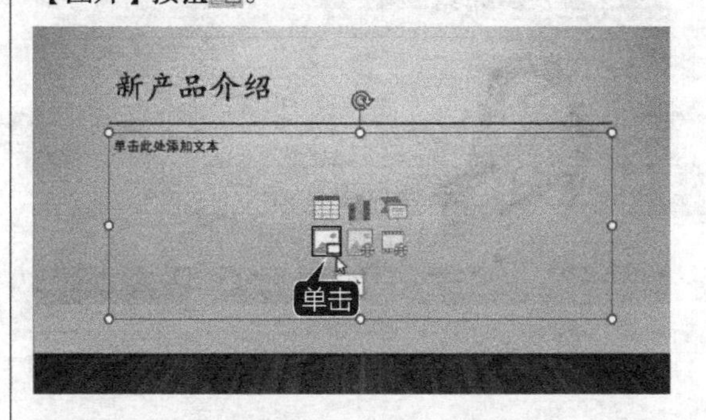

2 选择图片

弹出【插入图片】对话框，在【查找范围】下拉列表中选择图片所在的位置，选择要插入到幻灯片的图片，单击【插入】按钮。

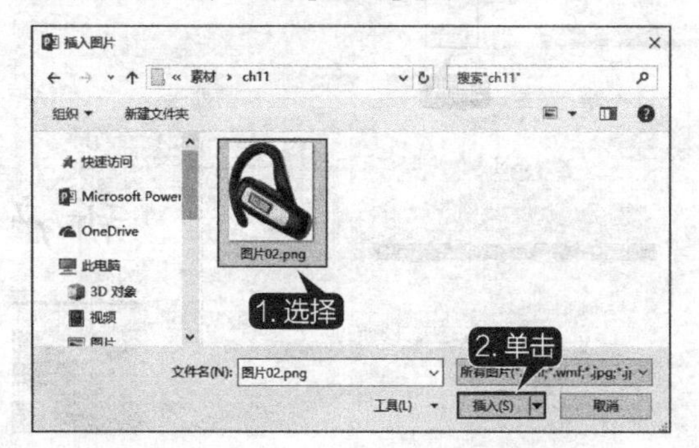

3 插入到幻灯片

将图片插入到幻灯片中，效果如下图所示。

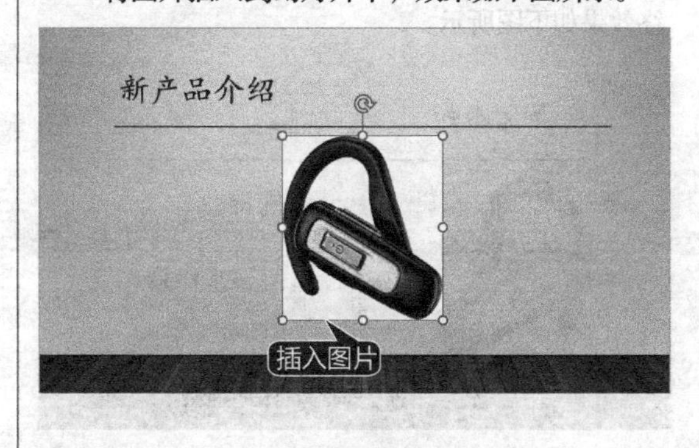

4 移动图片

单击图片，并移动图片到合适位置，如下图所示。

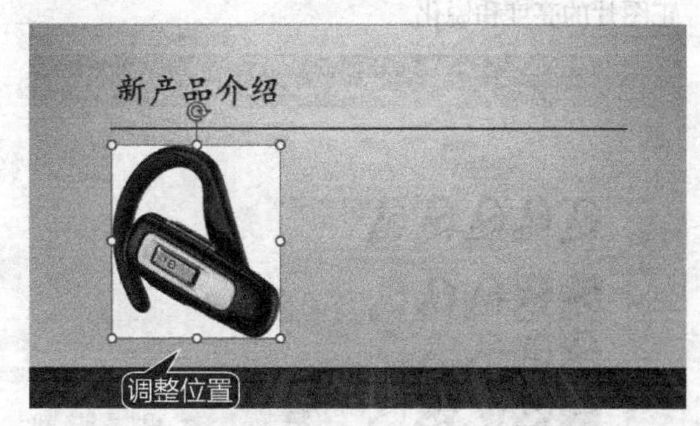

11.1.6 编辑图片

插入图片后，用户可以对图片进行编辑，使图片满足相应的需要，具体操作步骤如下。

1 删除背景

选中插入的图片，单击【图片工具】➤【格式】➤【调整】➤【删除背景】按钮。

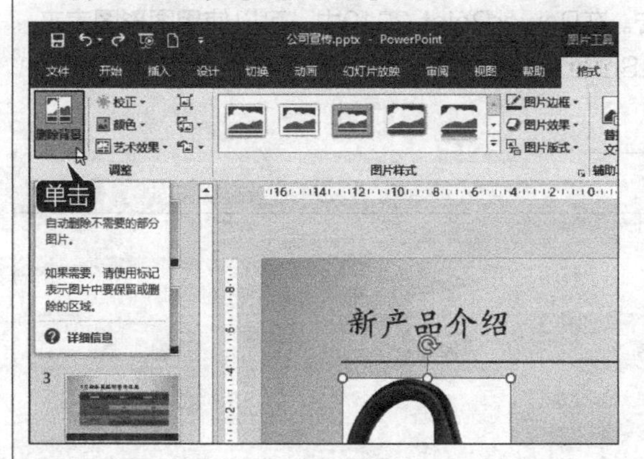

2 进行修改

进入【背景消除】页面，单击【标记要保留的区域】按钮和【标记要删除的区域】按钮，对要删除的区域和保留的区域进行修改。

3 保留更改

修改完成后，单击【保留更改】按钮。

4 查看效果

此时即可删除背景，效果如下图所示。

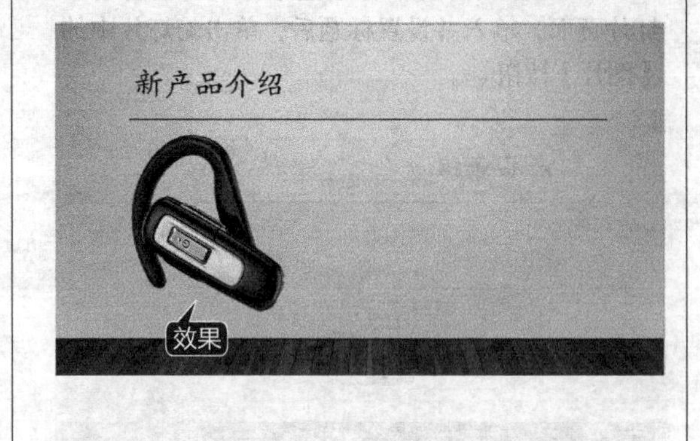

5 校正图片

单击【图片工具】➤【格式】➤【调整】组中的【校正】按钮，在弹出的下拉列表中，可以校正图片的亮度和锐化。

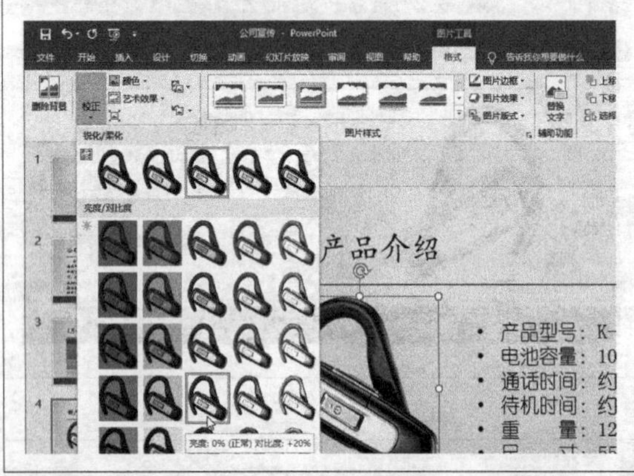

6 添加文字

调整后，根据需求在图片右侧添加文字，最终效果如下图所示。

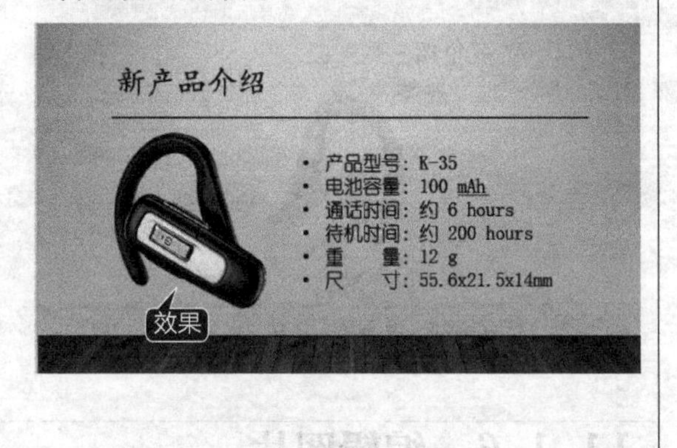

11.2 制作销售业绩PPT

 本节视频教学时间：14分钟

销售业绩PPT主要用于展示公司的销售业绩报告。在PowerPoint 2019中，可以使用图形图表来表达公司的销售业绩，例如在演示文稿中插入图形、SmartArt图形等。本节以制作销售业绩PPT为例介绍各种图形的使用方法。

11.2.1 插入形状

在幻灯片中插入形状的具体操作步骤如下。

1 选择【椭圆】形状

打开"素材\ch11\销售业绩.pptx"演示文稿，单击选择第2张幻灯片。单击【插入】选项卡【插图】组中的【形状】按钮，在弹出的下拉菜单中选择【基本形状】区域的【椭圆】形状。

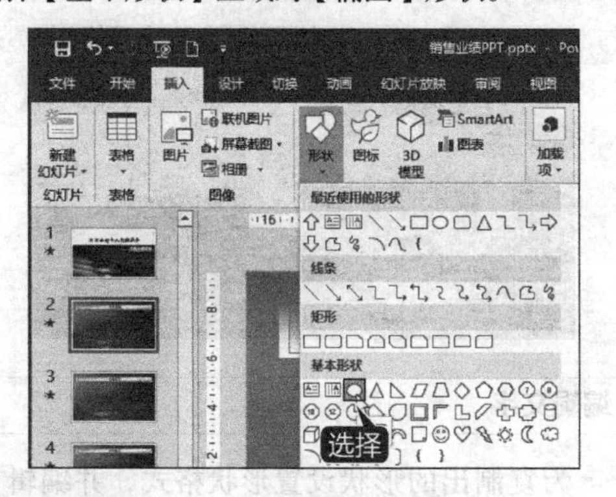

2 绘制圆形形状

此时鼠标指针在幻灯片中的形状显示为 ＋，按住【Shift】键，按住鼠标左键不放并拖动到适当位置处释放鼠标左键，绘制的圆形形状如下图所示。

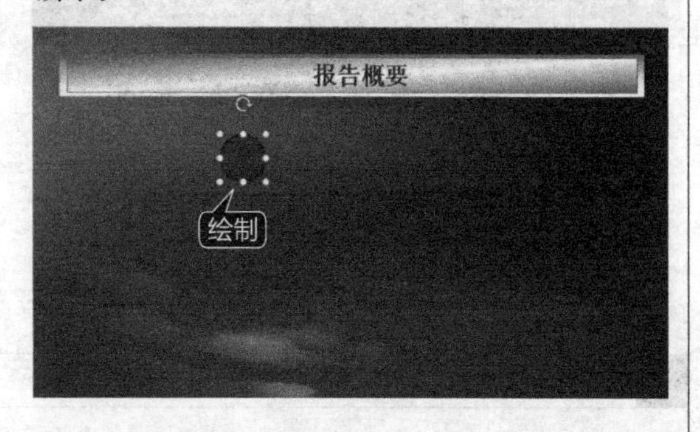

3 选择颜色

单击【绘图工具】➤【格式】选项卡下【形状样式】组中的【形状填充】下拉按钮，在弹出的下拉列表中选择一种颜色。

4 选择轮廓颜色

再次单击【形状样式】选项组中的【形状轮廓】按钮，在弹出的下拉列表中选择一种轮廓颜色。

5 选择粗细

再次单击【形状轮廓】按钮，在弹出的下拉列表中选择【粗细】➤【3 磅】选项。

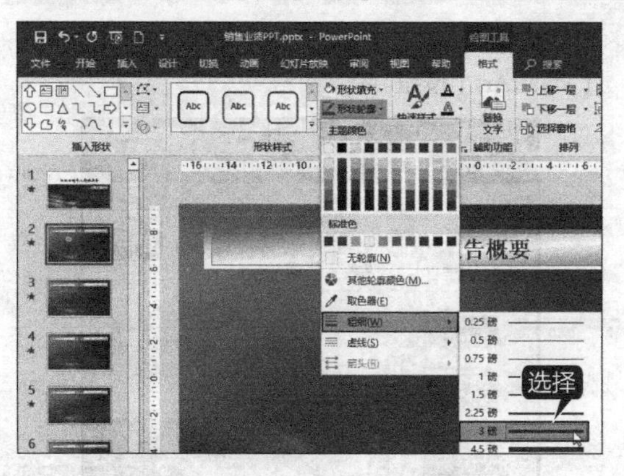

6 设置效果

为形状设置形状样式的效果如下图所示。

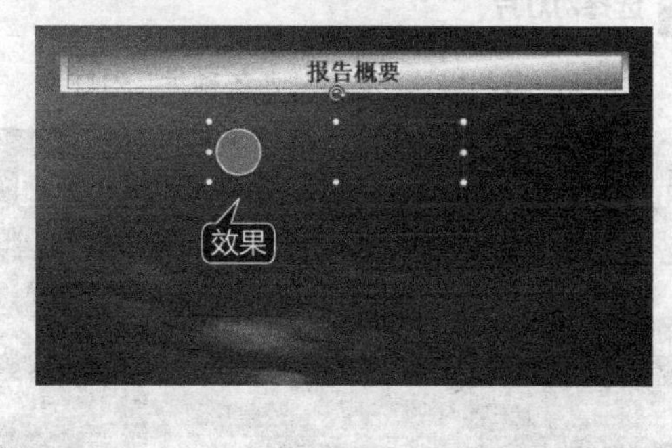

7 插入【直线】形状

重复上面的操作步骤，插入一个【直线】形状，并设置形状样式，效果如下图所示。

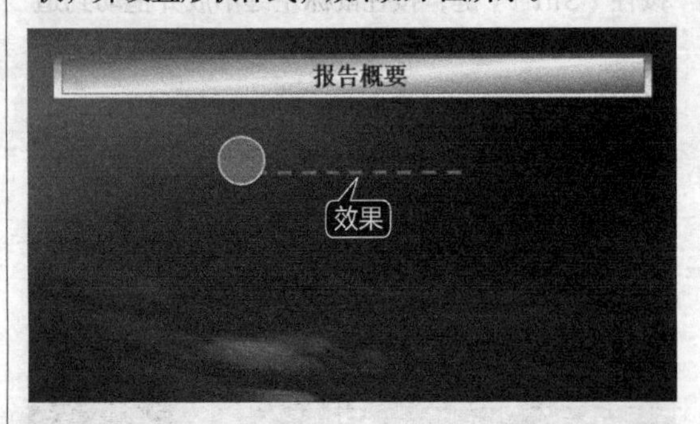

8 输入文本

单击【插入】选项卡下【文本】组中的【文本框】按钮，在幻灯片中拖曳出文本框的位置，在其中输入文本“业绩综述”并调整文本与形状的大小，然后在圆形形状中输入数字“1”。

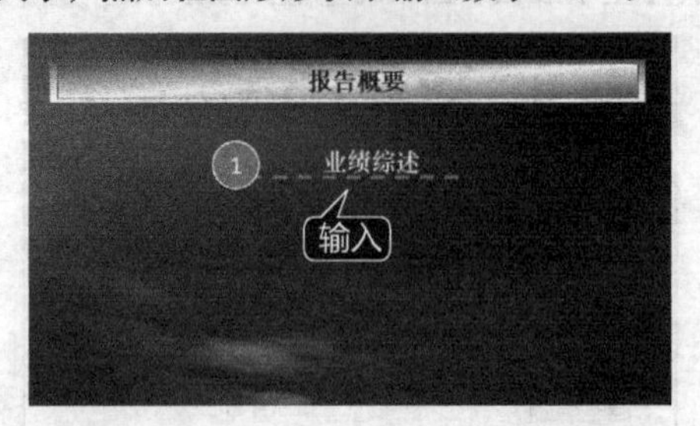

9 复制图形

选择插入的3个图形，按键盘上的【Ctrl+C】组合键复制选择的图形，并按键盘上的【Ctrl+V】组合键，复制3组图形。

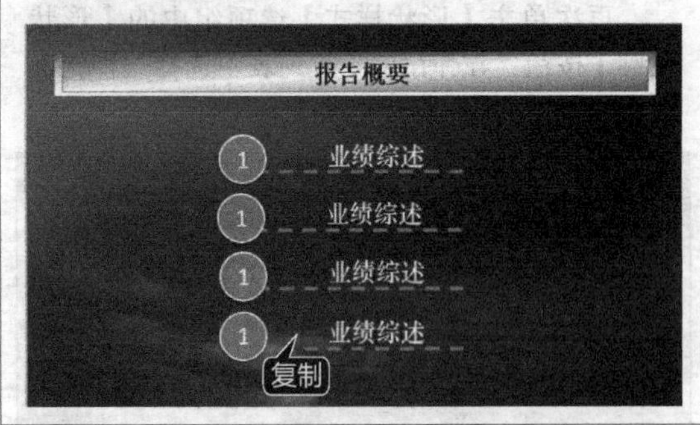

10 编辑文字

为复制出的形状设置形状格式，并编辑文字，最终效果如下图所示。

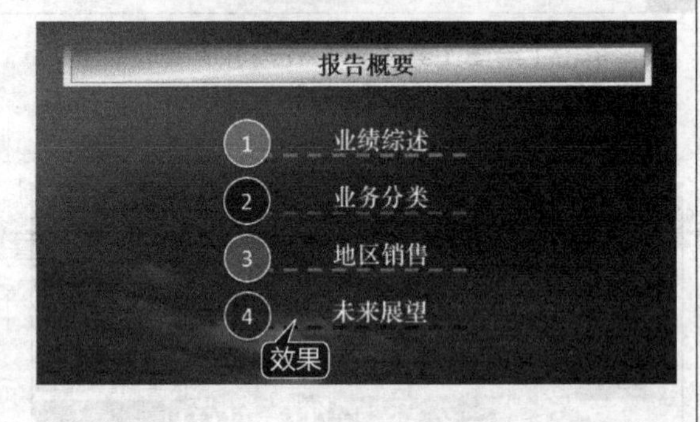

11.2.2 插入SmartArt图形

SmartArt图形是信息和观点的视觉表示形式。用户可以选择多种不同布局来创建SmartArt图形，从而快速、轻松和有效地传达信息。

1. 创建SmartArt图形

利用SmartArt图形，可以创建具有设计师水准的插图。创建SmartArt图形的具体操作步骤如下。

1 选择幻灯片

接上一节的操作，选择“业务种类”幻灯片。

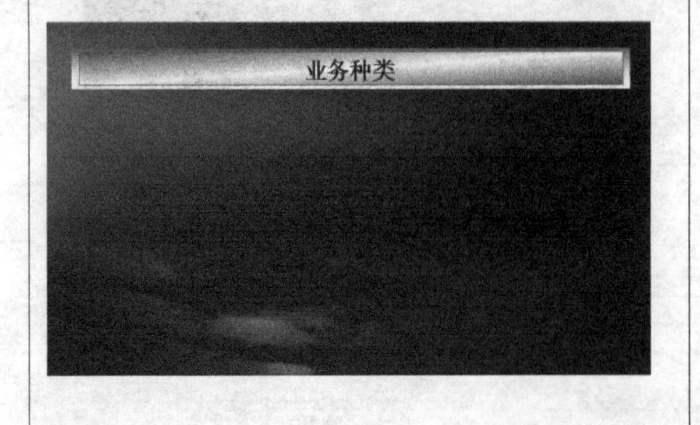

2 单击【SmartArt】按钮

单击【插入】选项卡下【插图】组中的【SmartArt】按钮。

3 选择【梯形列表】图样

弹出【选择SmartArt图形】对话框，选择【列表】区域的【梯形列表】图样，然后单击【确定】按钮。

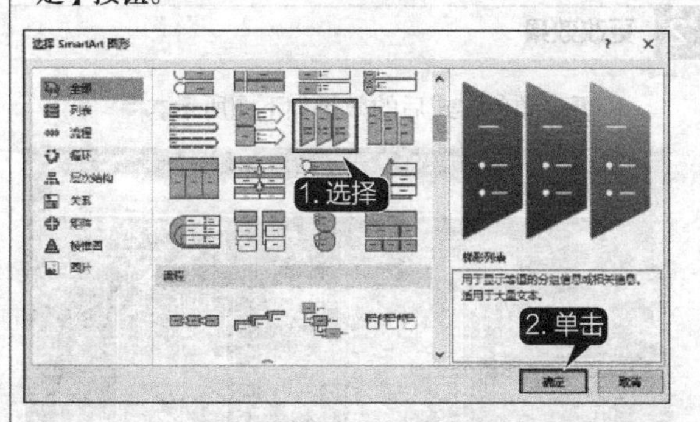

4 创建列表图

在幻灯片中创建一个列表图。

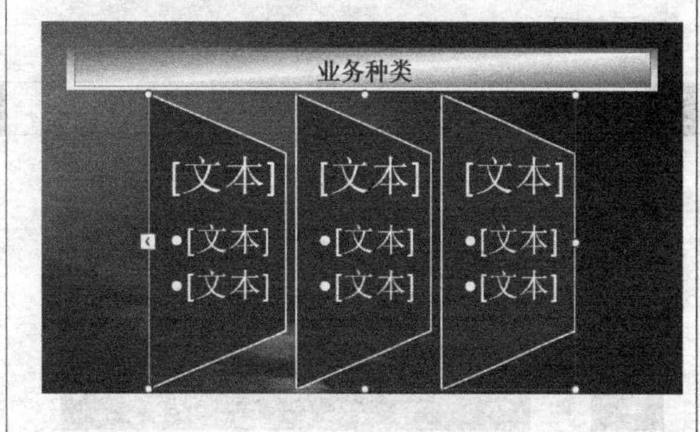

5 输入文字内容

SmartArt图形创建完成后，单击图形中的“文本”字样可直接输入文字内容。

6 选择【在后面添加形状】选项

单击【SmartArt工具】➤【设计】选项卡下【创建图形】组中的【添加形状】按钮 添加形状 右侧的下拉按钮，在弹出的下拉列表中选择【在后面添加形状】选项。

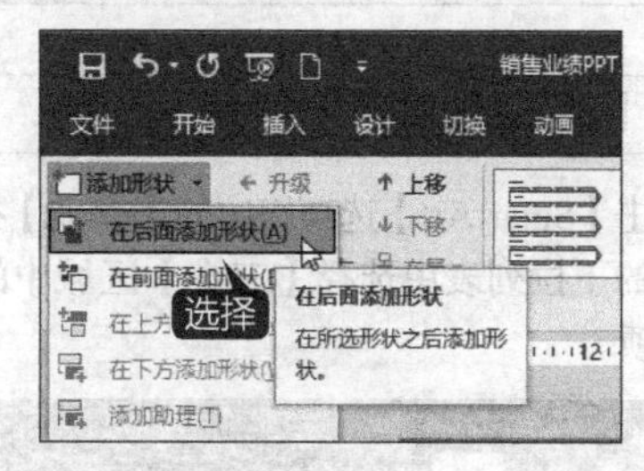

7 添加形状

在插入的SmartArt图形中添加一个形状。

8 添加文字

单击【SmartArt工具】➤【设计】选项卡下【创建图形】组中的【文本窗格】按钮 文本窗格 来添加文字。

2. 美化SmartArt图形

创建SmartArt图形后，可以更改图形中的一个或多个形状的颜色和轮廓等，使SmartArt图形看起来更美观。

1 选择颜色

单击选择SmartArt图形边框，然后单击【SmartArt工具】➤【设计】选项卡下【SmartArt样式】组中的【更改颜色】按钮，在弹出的下拉菜单中选择【彩色】区域中的【彩色–个性色】选项。

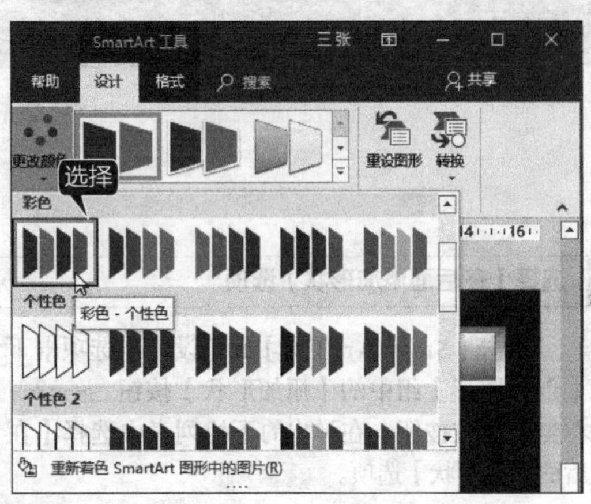

2 更改效果

更改颜色样式后的效果如下图所示。

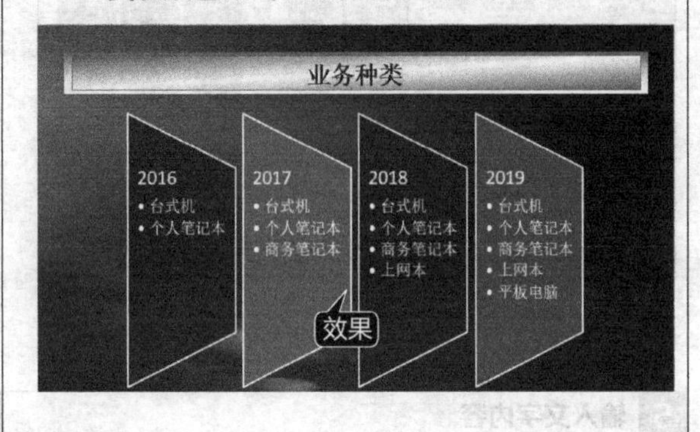

3 选择【嵌入】选项

单击【SmartArt】选项组中的【其他】按钮，在弹出的下拉列表中选择【三维】区域中的【嵌入】选项。

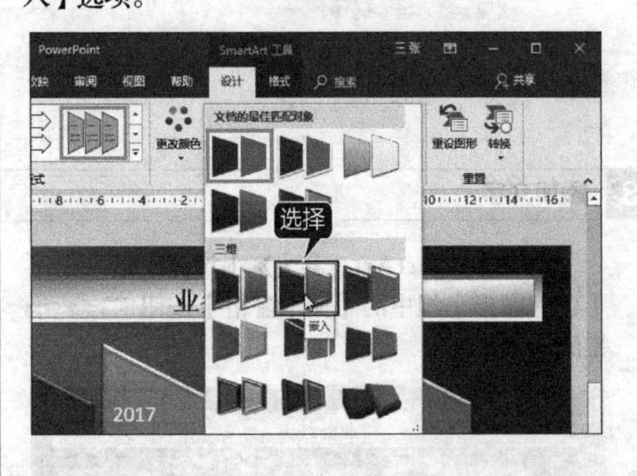

4 美化效果

美化SmartArt图形的效果如下图所示。

11.2.3 使用图表设计业绩综述和地区销售幻灯片

在幻灯片中加入图表或图形，可以使幻灯片的内容更为丰富。与文字和数据相比，形象直观的图表更容易让人理解，也可以使幻灯片的显示效果更加清晰。

1 选择幻灯片

选择“业绩综述”幻灯片。

2 单击【图表】按钮

单击【插入】选项卡下【插图】组中的【图表】按钮 图表 。

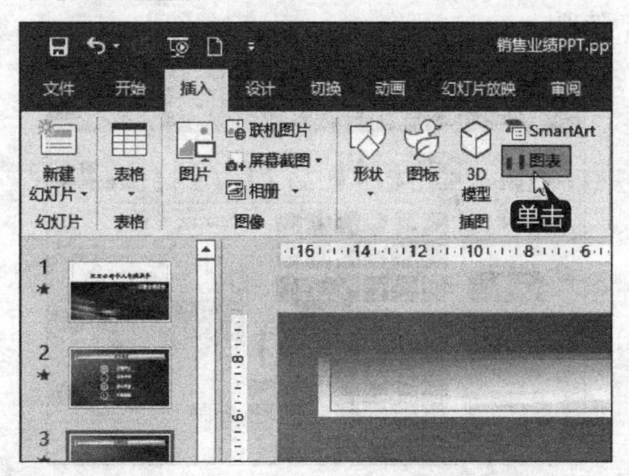

3 选择【簇状柱形图】选项

弹出【插入图表】对话框，在【所有图表】区域选择【柱形图】中的【簇状柱形图】选项，单击【确定】按钮。

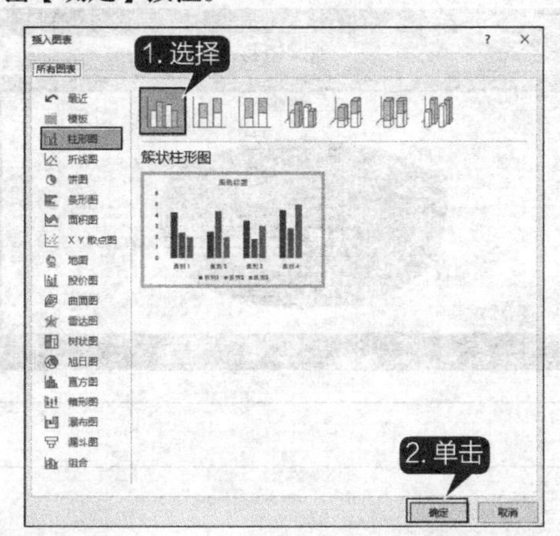

4 输入数据

PowerPoint会自动弹出Excel工作表，在表格中输入需要显示的数据，输入完毕后关闭Excel表格。

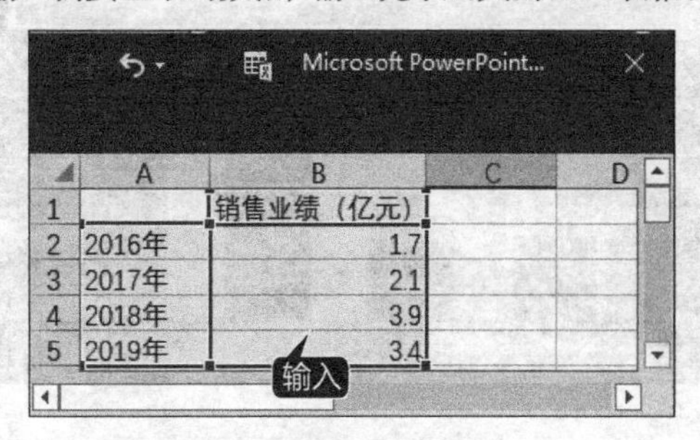

5 插入图表

在演示文稿中插入一个图表。

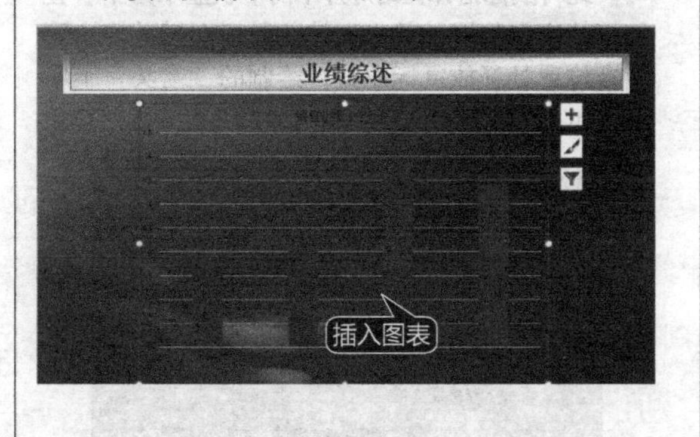

6 选择样式

选择插入的图表，单击【图表工具】➤【设计】选项卡下【图表样式】组中的【其他】按钮 ，在弹出的下拉列表中选择【样式5】选项。

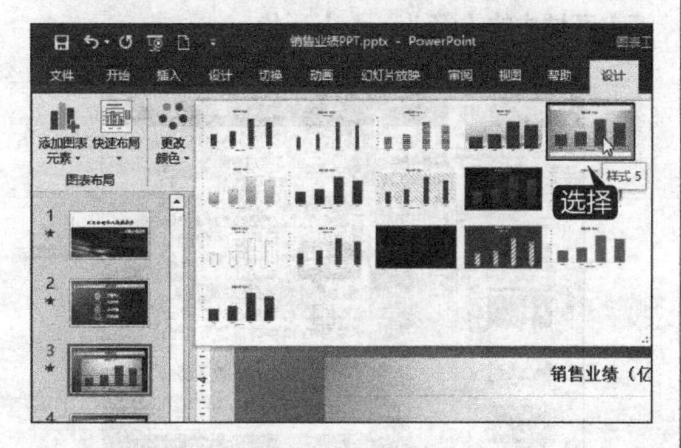

7 选择颜色

单击【图表样式】选项组中的【更改颜色】按钮，在弹出的下拉列表中选择【单色调色板1】选项。

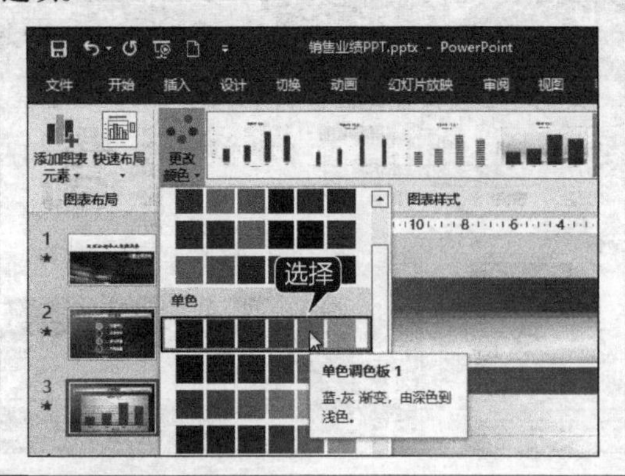

8 选择【数据标签外】选项

单击【图表工具】➤【设计】选项卡下【图表布局】组中的【添加图表元素】按钮，在弹出的下拉列表中选择【数据标签】➤【数据标签外】选项。

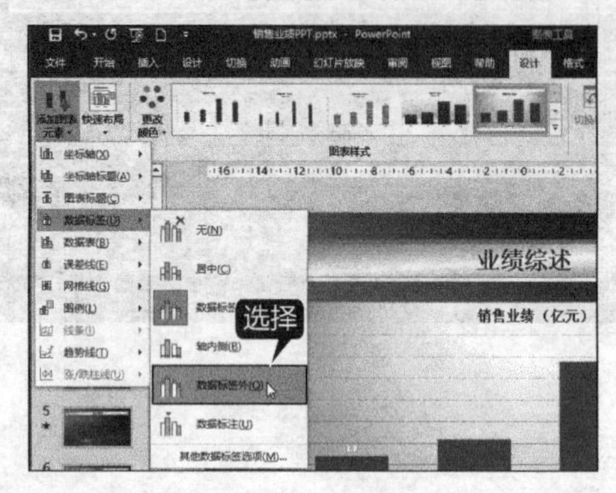

9 最终效果

调整数据标签字体后，最终效果如下图所示。

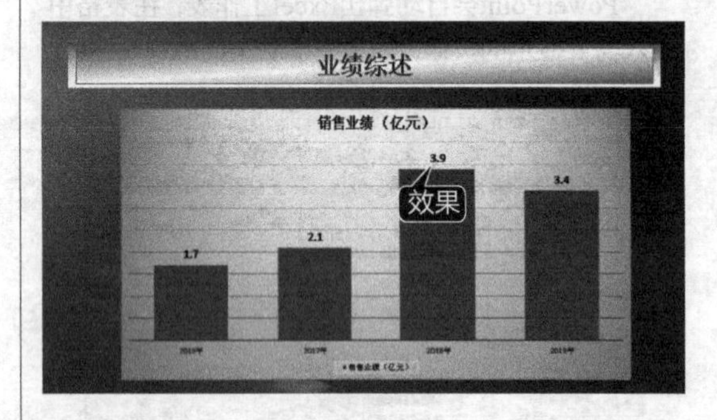

10 插入图表

使用同样的方法，在“地区销售”幻灯片中插入图表，并根据需要设置图表样式，最终效果如下图所示。

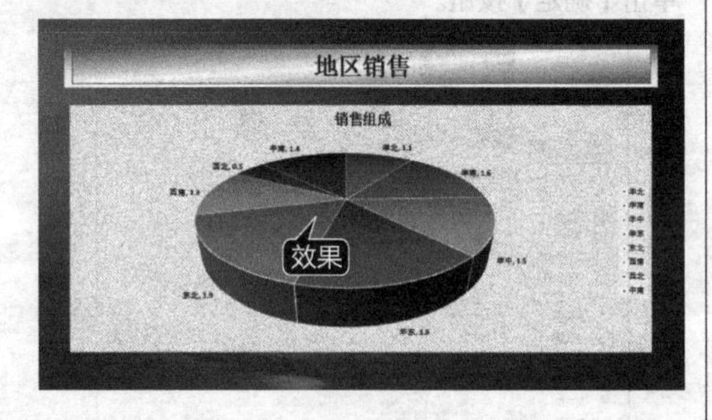

11.2.4 设计未来展望幻灯片

设计未来展望幻灯片的具体操作步骤如下。

1 选择形状

接上一节的操作，选择“未来展望”幻灯片，单击【插入】选项卡下【插图】组中的【形状】按钮，在弹出的下拉列表中选择【箭头总汇】区域中的【箭头：上】形状。

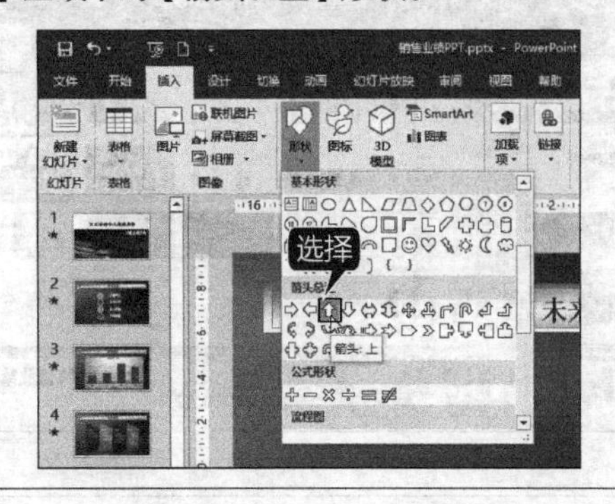

2 绘制上箭头形状

此时鼠标指针在幻灯片中的形状显示为+，在幻灯片空白位置处单击，按住鼠标左键并拖曳到适当位置处释放鼠标左键，绘制的“箭头：上”形状如下图所示。

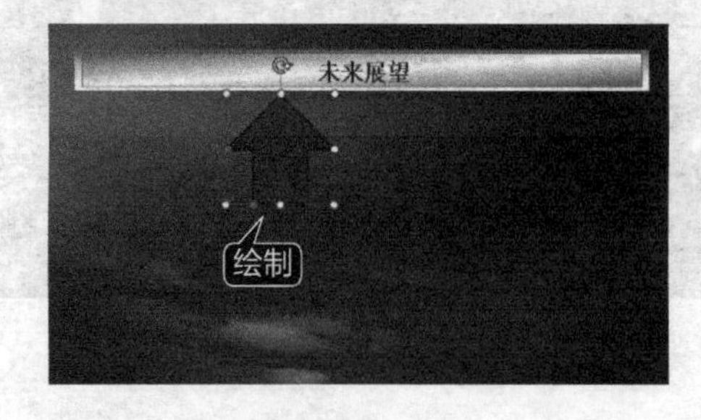

3 选择主题

单击【绘图工具】➤【格式】选项卡下【形状样式】组中的【其他】按钮，在弹出的下拉列表中选择一种主题填充，即可应用该样式。

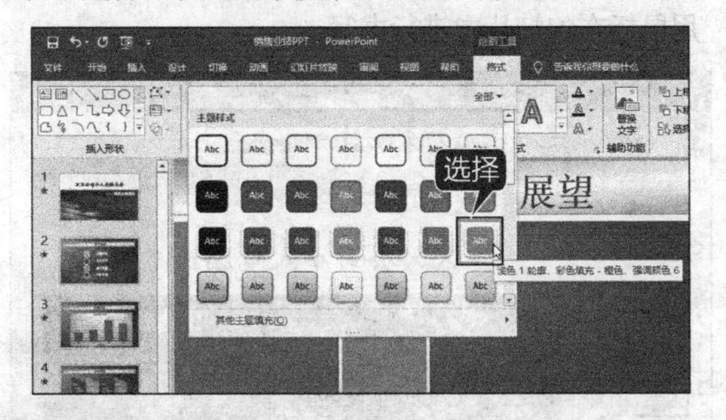

4 插入矩形形状

重复上面的操作步骤，插入矩形形状，并设置形状格式。

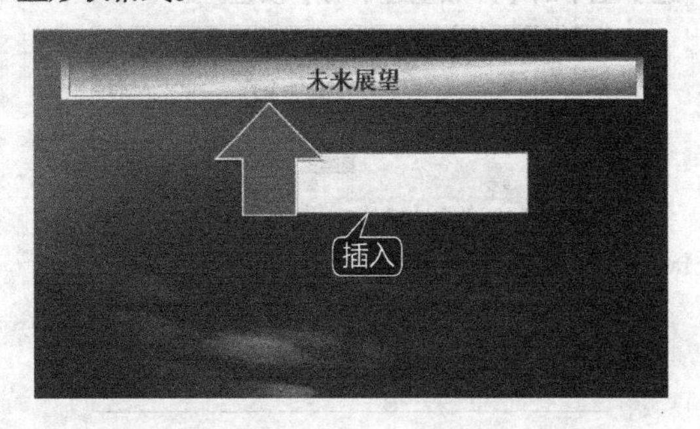

5 复制图形

选择插入的图形并复制粘贴2次，然后调整图形的位置，重复上面的操作步骤，设置图形的格式。

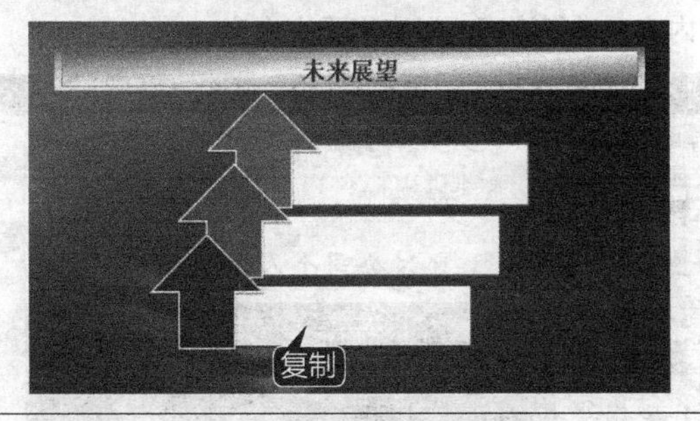

6 输入文字

在图形中输入文字，并根据需要设置文字样式即可，最终效果如下图所示。

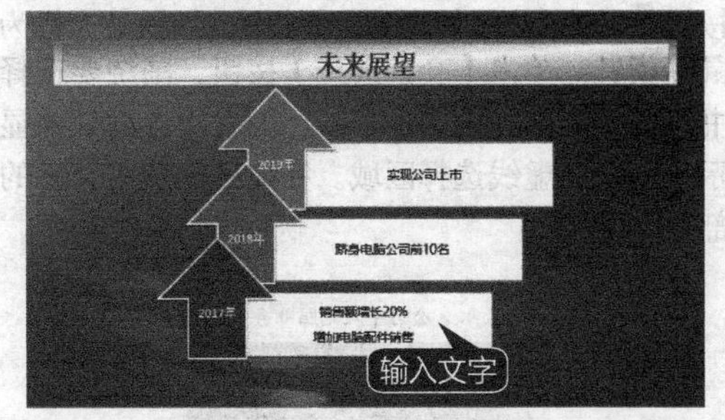

高手私房菜

技巧1：统一替换幻灯片中使用的字体

1 选择【替换字体】选项

单击【开始】选项卡下【编辑】选项组中的【替换】按钮右侧的下拉按钮，在弹出的下拉列表中选择【替换字体】选项。

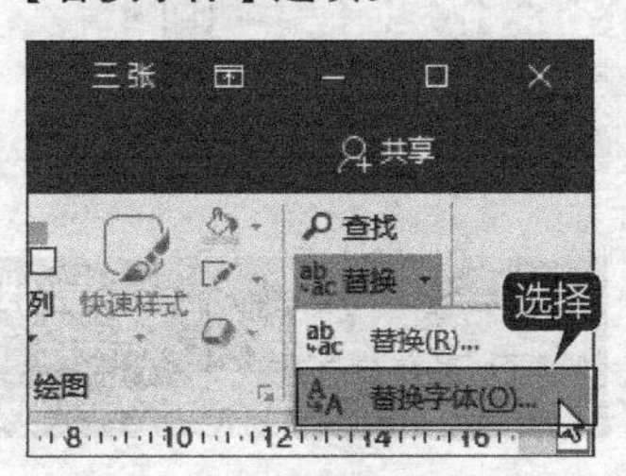

2 替换字体

弹出【替换字体】对话框，在【替换】文本框中选择要替换掉的字体，在【替换为】文本框的下拉列表中选择要替换为的字体，单击【替换】按钮，即可将演示文稿中的所有“微软雅黑”字体替换为“等线”。

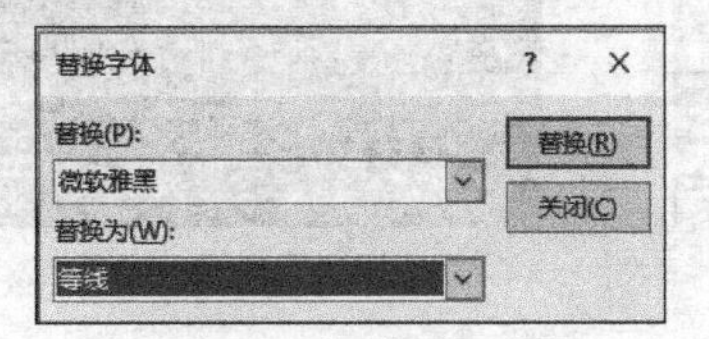

技巧2：巧用墨迹功能书写、绘制和突出显示文本

PowerPoint 2019提供了墨迹功能，用户可以使用鼠标绘制，方便添加注释、突出显示文本，也可以用于快速绘制形状。

1 开始墨迹书写

任意打开一个PPT素材，单击【审阅】➤【墨迹】组中的【开始墨迹书写】按钮。

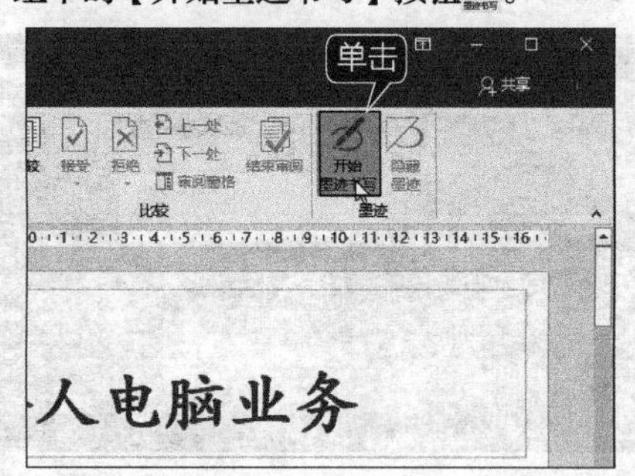

2 进行书写

在显示的【墨迹书写工具】➤【笔】选项卡下，单击【写入】组中的【笔】按钮，并在【笔】组中选择笔样式、颜色和粗细等，即可使用鼠标在幻灯片中进行书写。

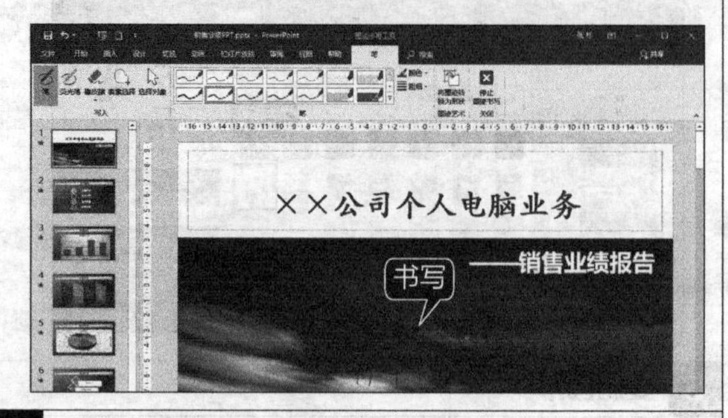

3 套索选择

当书写完成后，可以单击【停止墨迹书写】按钮或按【Esc】键，停止书写，切换笔光标为鼠标指针。单击【套索选择】按钮，围绕要选择书写或绘图部分绘制一个圆，围绕所选部分会显示一个淡色虚线选择区域。完成后，选中套索的部分即可移动。

4 进行涂画

单击【荧光笔】按钮，可以在文字或重点内容上进行涂画，以突出重点内容。

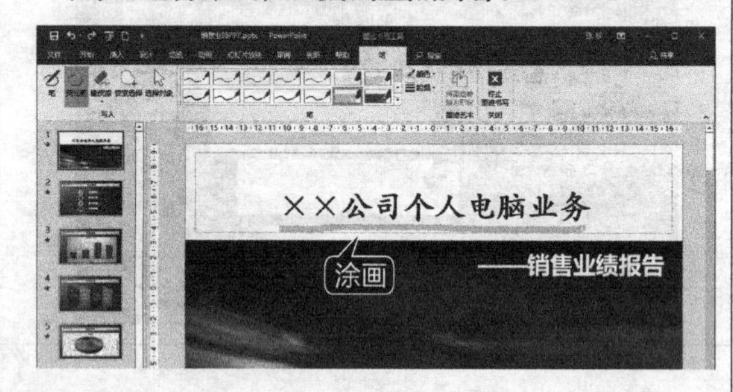

5 选择橡皮擦尺寸

如果要删除书写的墨迹，可以单击【橡皮擦】按钮，在弹出的列表中，选择橡皮擦的尺寸，用鼠标选择要清除的墨迹即可。

6 将墨迹转换为形状

另外，在【墨迹书写工具】➤【笔】选项卡下，单击【将墨迹转换为形状】按钮，在幻灯片上绘制形状，PowerPoint会自动将绘图转换为最相似的形状，例如绘制一个长方形，绘制后即可转换为长方形图形，如下图所示。如果要停止转换形状，再次单击【将墨迹转换为形状】按钮即可。

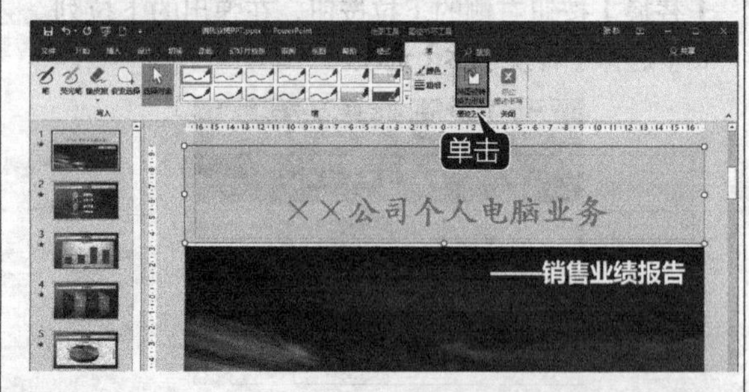

小提示

将墨迹转换为形状功能，在绘制形状或流程图时是极其方便的，可以快速绘制基本图形。另外，如果要隐藏幻灯片中的墨迹，可以单击【审阅】➤【墨迹】组中的【隐藏墨迹】按钮。

第 12 章

PPT 动画及放映的设置

本章视频教学时间：27 分钟

动画及放映效果设置是 PowerPoint 2019 的重要功能，可以使幻灯片的过渡和显示都能给观众绚丽多彩的视觉享受。

【学习目标】

通过本章的学习，读者可以掌握动画及切换效果的设置方法。

【本章涉及知识点】

- 创建及设置动画
- 设置页面切换效果
- 添加和编辑超链接
- 设置按钮的交互效果
- 幻灯片的放映方式
- 放映幻灯片
- 为幻灯片添加注释
- 打印幻灯片

12.1 修饰活动推广计划书

 本节视频教学时间：8分钟

修饰活动推广计划书主要工作是对公司的活动推广内容PPT进行动画修饰。在PowerPoint 2019中，创建并设置动画可以有效加深观众对幻灯片的印象。本节以修饰活动推广计划书为例介绍动画的创建和设置方法。

12.1.1 创建动画

在幻灯片中，可以为对象创建进入动画。例如，可以使对象逐渐淡入焦点、从边缘飞入幻灯片或者跳入视图中。创建进入动画的具体操作方法如下。

1 选择文字

打开“素材\ch12\活动推广方案.pptx”演示文稿，选择幻灯片中要创建进入动画效果的文字。

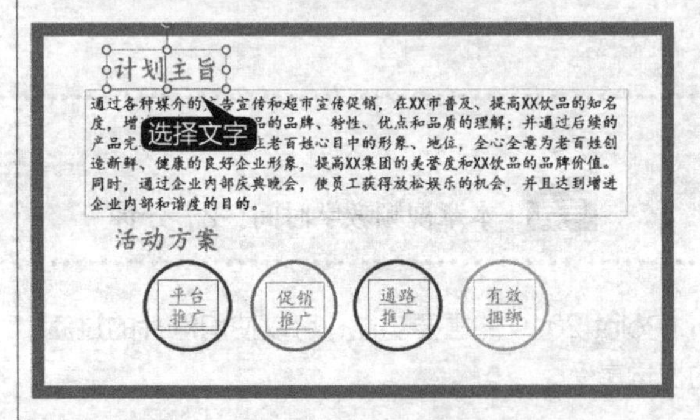

2 创建动画效果

单击【动画】选项卡下【动画】组中的【其他】按钮，在下拉列表的【进入】区域中选择【劈裂】选项，创建动画效果。

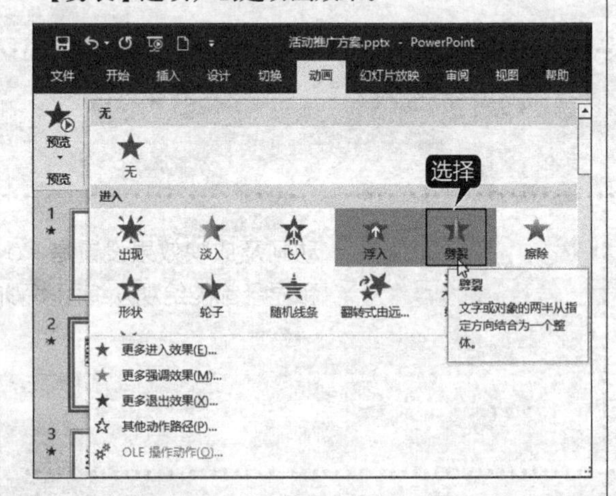

3 显示动画编号

添加动画效果后，文字对象前面将显示一个动画编号标记 。

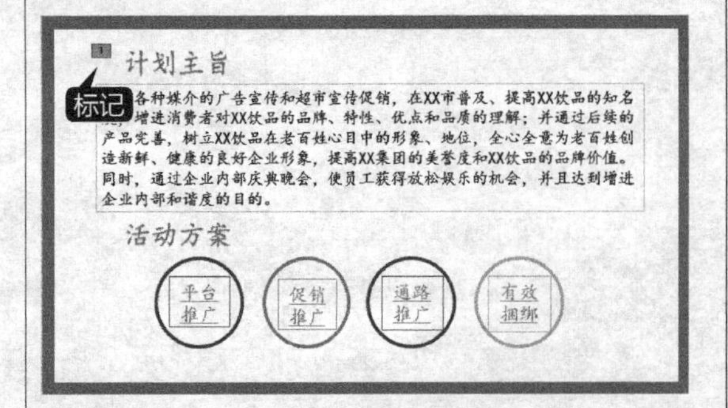

4 创建其他动画

重复上面的操作步骤，为幻灯片中其他需要设置动画的页面创建动画。

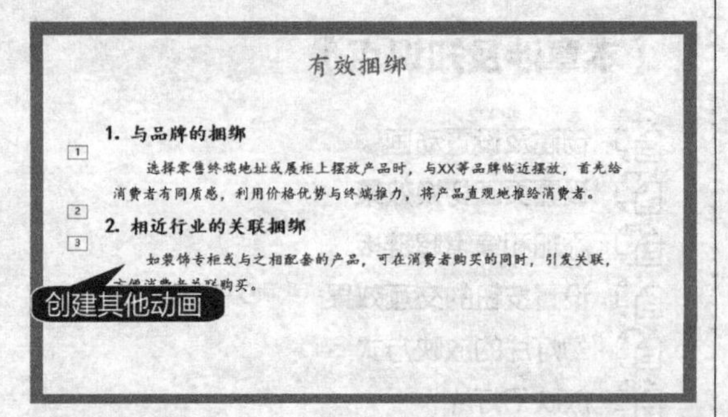

小提示

创建动画后，幻灯片中的动画编号标记在打印时不会被打印出来。

12.1.2 设置动画

在幻灯片中创建动画后，可以对动画进行设置，包括调整动画顺序、为动画计时、使用动画刷等。

1. 调整动画顺序

在放映过程中，可以对幻灯片播放的顺序进行调整。

1 查看动画序号

选择创建动画的幻灯片，可以看到设置的动画序号。

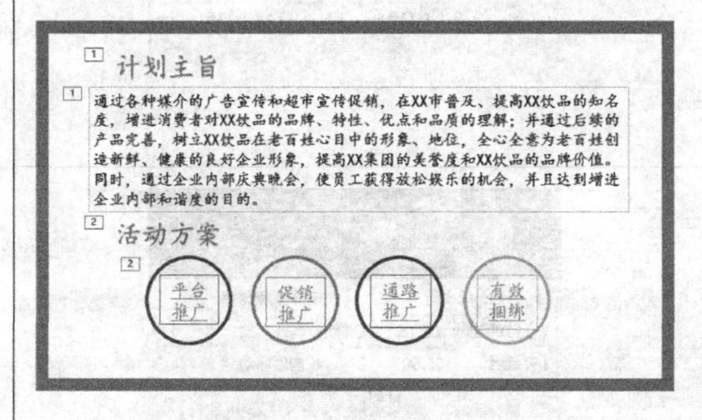

2 弹出【动画窗格】窗口

单击【动画】选项卡下【高级动画】组中的【动画窗格】按钮，弹出【动画窗格】窗口。

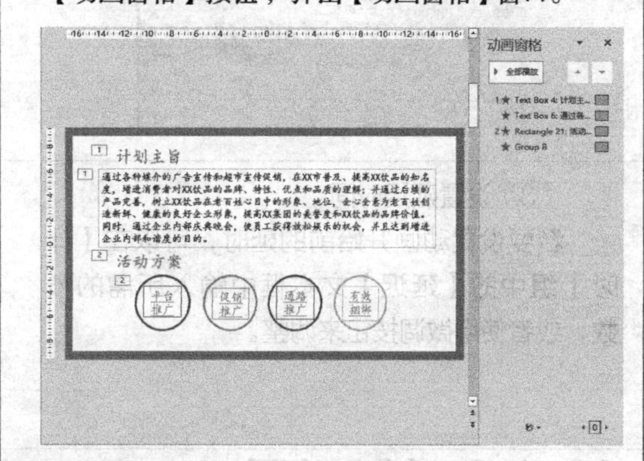

3 调整动画顺序

选择【动画窗格】窗口中需要调整顺序的动画，如选择动画2，然后单击【动画窗格】窗口中右侧的向上按钮或向下按钮进行调整。

4 调整效果

调整后的效果如下图所示。

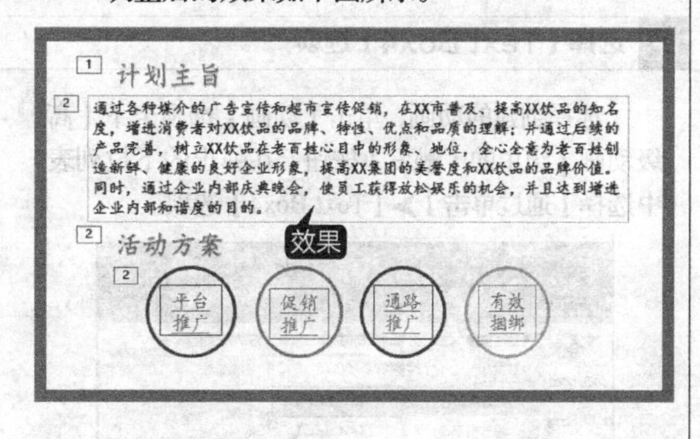

小提示

也可以先选中要调整顺序的动画，然后按住鼠标左键不放并拖动到适当位置，再释放鼠标左键即可把动画重新排序。此外，也可以通过【动画】选项卡调整动画顺序。

2. 设置动画计时

创建动画之后，可以在【动画】选项卡上为动画指定开始、持续时间或者延迟计时。

（1）设置开始时间

若要为动画设置开始计时，可以在【动画】选项卡下【计时】组中单击【开始】文本框右侧的下拉按钮，然后从弹出的下拉列表中选择所需的计时。该下拉列表包括【单击时】、【与上一动画同时】和【上一动画之后】3个选项。

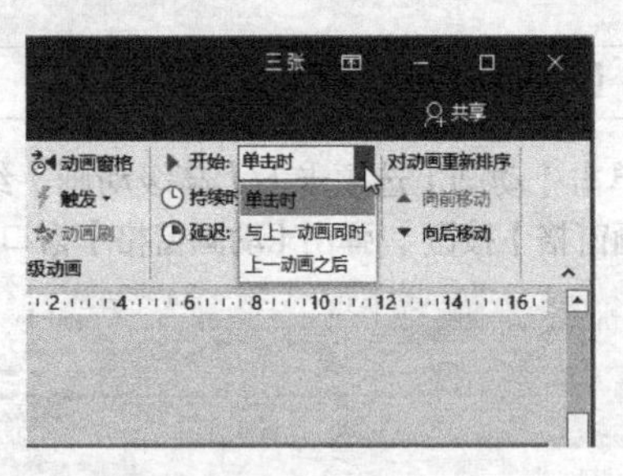

（2）设置持续时间

若要设置动画将要运行的持续时间，可以在【计时】组中的【持续时间】文本框中输入所需的秒数，或者单击【持续时间】文本框后面的微调按钮来调整动画要运行的持续时间。

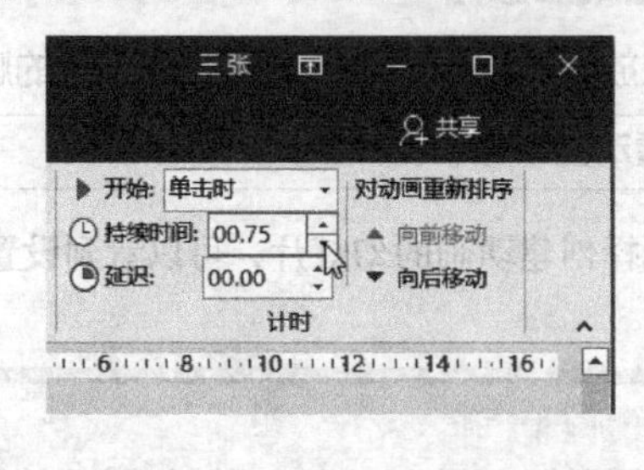

（3）设置延迟时间

若要设置动画开始前的延时，可以在【计时】组中的【延迟】文本框中输入所需的秒数，或者使用微调按钮来调整。

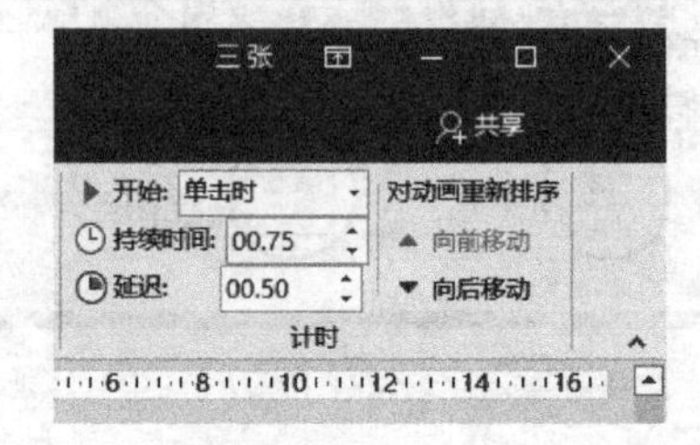

12.1.3 触发动画

创建并设置动画后，用户可以设置动画的触发方式，具体操作步骤如下。

1 选择【Text Box4】选项

选择创建的动画，单击【动画】选项卡下【高级动画】组中的【触发】按钮，在弹出的下拉列表中选择【通过单击】➤【Text Box4】选项。

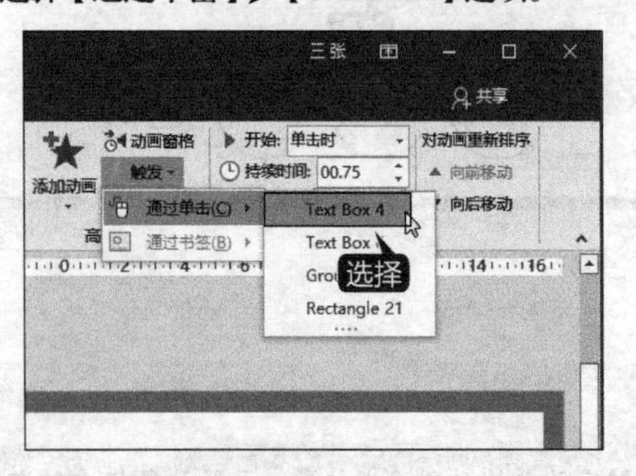

2 测试预览

单击【动画】选项卡下【预览】组中的【预览】按钮，即可对动画的播放进行测试预览。

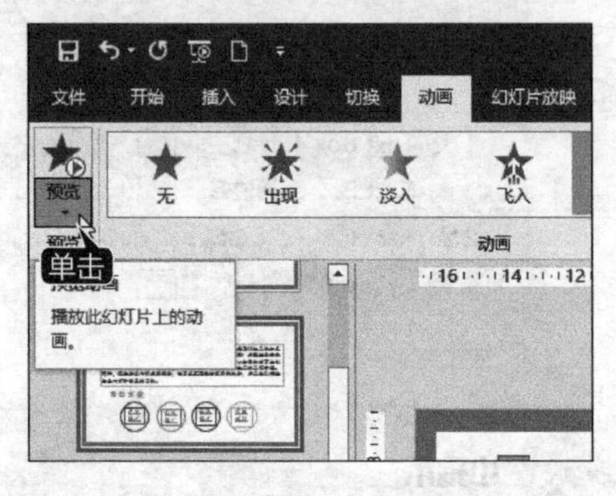

此外，单击【动画】选项卡下【计时】组中的【开始】文本框右侧的下拉按钮，在弹出的下拉列表中也可以选择动画的触发方式。

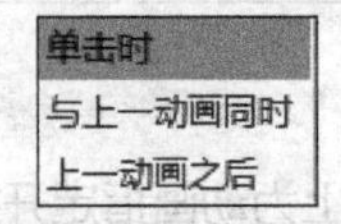

12.1.4 删除动画

为对象创建动画效果后，也可以根据需要删除动画。删除动画的方法有以下3种。

（1）单击【动画】选项卡下【动画】组中的【其他】按钮 ，在弹出的下拉列表的【无】区域中选择【无】选项。

（2）单击【动画】选项卡下【高级动画】组中的【动画窗格】按钮，在弹出的【动画窗格】窗口中选择要移除动画的选项，然后单击菜单图标（向下箭头），在弹出的下拉列表中选择【删除】选项即可。

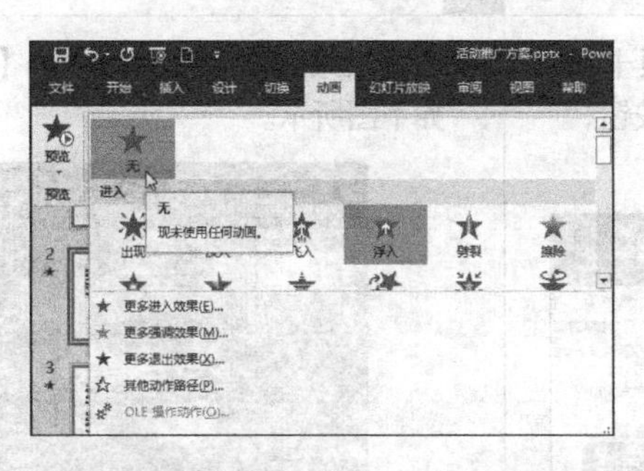

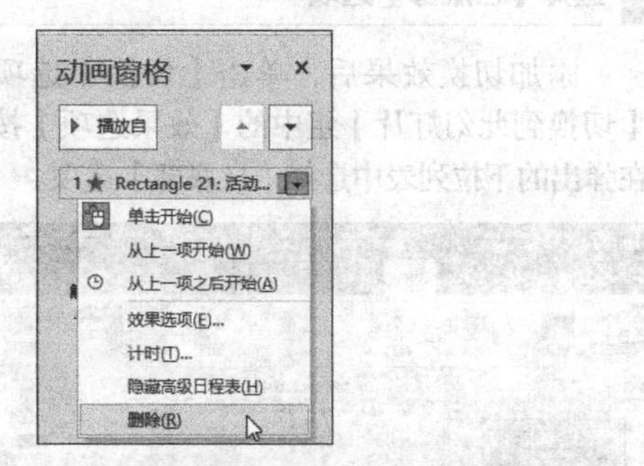

（3）选择添加动画的对象前的图标，按【Delete】键，也可删除添加的动画效果。

12.2 制作食品营养报告PPT

本节视频教学时间：6分钟

食品营养报告主要用于介绍食品中包含的营养。在PowerPoint 2019中，可以为幻灯片设置切换效果、添加超链接、添加多媒体文件、设置按钮的交互效果，从而使幻灯片更加绚丽多彩。本节以制作食品营养报告PPT为例介绍幻灯片的切换效果。

12.2.1 设置页面切换效果

幻灯片切换时产生的类似动画的效果，可以使幻灯片在放映时更加生动形象。

1. 添加切换效果

幻灯片切换效果是在演示期间从一张幻灯片移到下一张幻灯片时，在【幻灯片放映】视图中出现的动画效果。添加切换效果的具体操作步骤如下。

1 选择【覆盖】切换效果

打开“素材\ch12\食品营养报告PPT.pptx”演示文稿，选择要设置切换效果的幻灯片，这里选择文件中的第1张幻灯片。单击【切换】选项卡下【切换到此幻灯片】选项组中的【其他】按钮，在弹出的下拉列表中选择【细微】区域下的【覆盖】切换效果。

2 显示切换效果

添加过细微型效果的幻灯片在放映时即可显示此切换效果，下面是切换效果时的部分截图。

小提示

使用同样的方法，可以为其他幻灯片页面添加切换效果。

2. 设置切换效果的属性

PowerPoint 2019中的部分切换效果具有可自定义的属性，我们可以对这些属性进行自定义设置。

1 选择【自底部】选项

添加切换效果后，单击【切换】选项卡下【切换到此幻灯片】组中的【效果选项】按钮，在弹出的下拉列表中选择【自底部】选项。

2 预览效果

效果属性更改后，单击【预览】按钮，显示如下图所示。

小提示

幻灯片添加的切换效果不同，【效果选项】的下拉列表中的选项是不相同的。

12.2.2 添加和编辑超链接

在PowerPoint中，超链接可以是从一张幻灯片到同一演示文稿中另一张幻灯片的链接，也可以是从一张幻灯片到不同演示文稿中另一张幻灯片、电子邮件地址、网页或文件的链接等。可以为文本或对象创建超链接。

1. 为文本创建超链接

在幻灯片中为文本创建超链接的具体步骤如下。

1 单击【链接】按钮

选择第2张幻灯片中的“植物性食品”文本，单击【插入】➤【链接】➤【链接】按钮 。

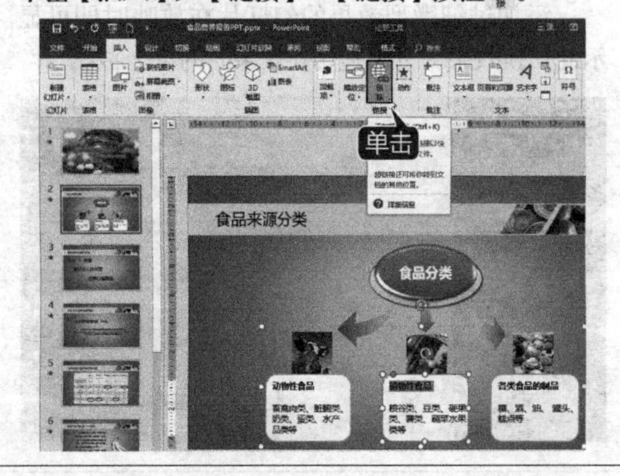

2 选择链接到的位置

在弹出的【插入超链接】对话框左侧的【链接到】列表框中选择【本文档中的位置】选项，在右侧的【请选择文档中的位置】列表框中选择【6.水果的营养价值——香蕉】选项。

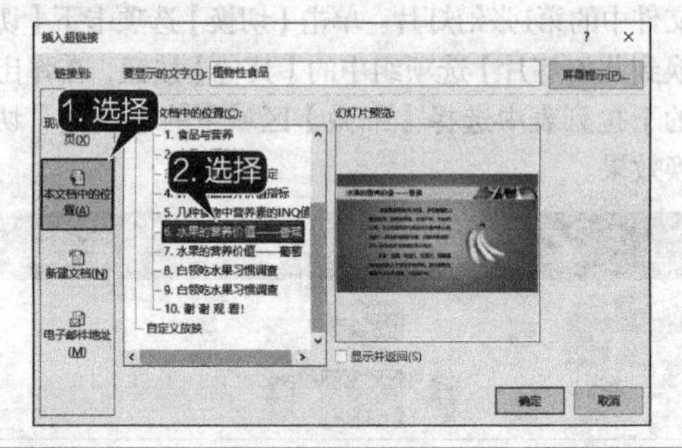

3 添加超链接

单击【确定】按钮，即可将选中的文本链接到同一演示文稿中的最后一张幻灯片。添加超链接后的文本以红色、下划线字显示。

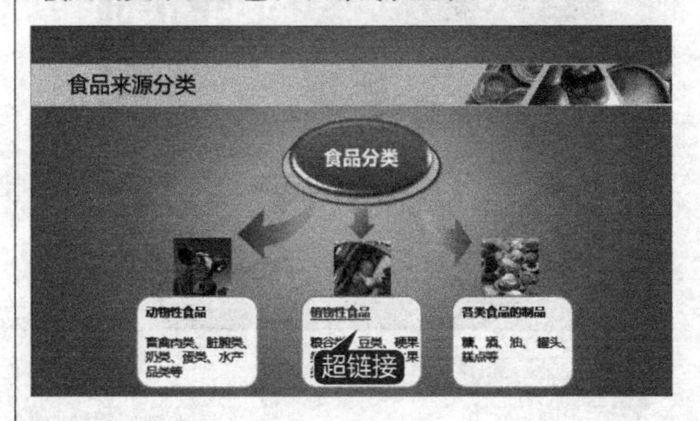

4 查看效果

在放映幻灯片时，单击创建了超链接的文本“植物性食品”，即可将幻灯片链接到另一幻灯片。也可以按【Ctrl】键，并单击超链接文本，实现快速跳转。

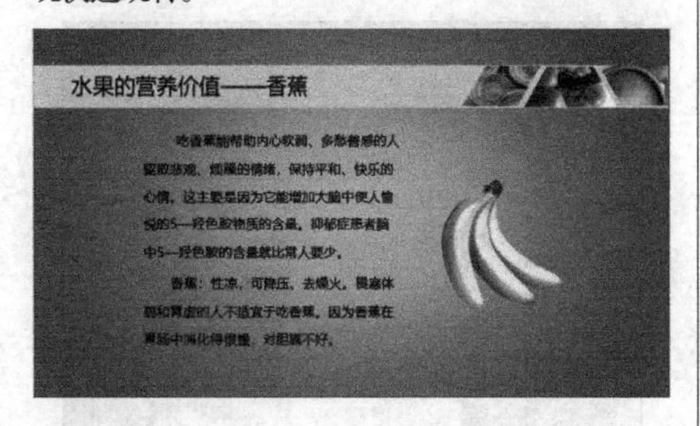

2. 编辑超链接

创建超链接后，用户还可以根据需要更改超链接或取消超链接。

1 选择【编辑链接】选项

在要更改的超链接对象上单击鼠标右键，在弹出的快捷菜单中选择【编辑链接】选项。

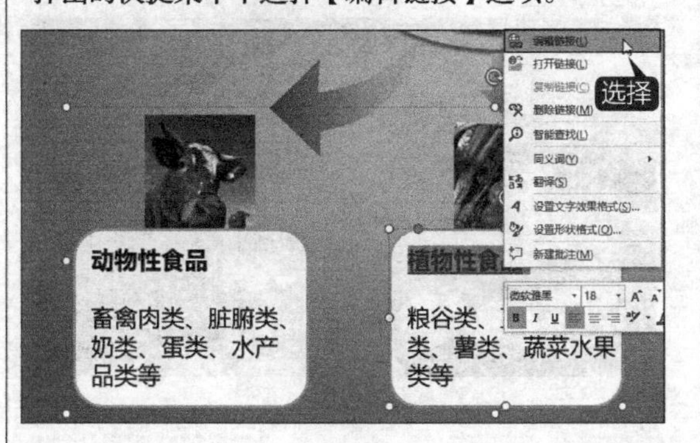

2 选择文档中的位置

弹出【编辑超链接】对话框，在右侧的【请选择文档中的位置】列表框中选择【7.水果的营养价值——葡萄】选项，单击【确定】按钮，即可更改超链接。

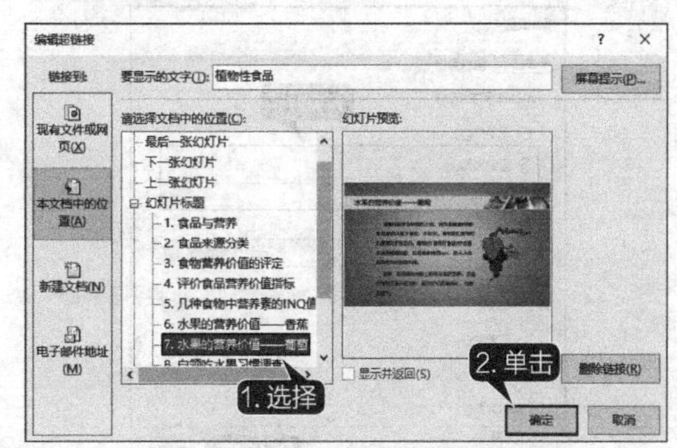

> **小提示**
>
> 如果当前幻灯片不需要再使用超链接，在要取消的超链接对象上单击鼠标右键，在弹出的快捷菜单中选择【删除链接】选项即可。

12.2.3 设置按钮的交互效果

在PowerPoint中，可以为幻灯片、幻灯片中的文本或对象创建超链接，也可以使用动作按钮设置交互效果。动作按钮是预先设置好带有特定动作的图形按钮，可以实现在放映幻灯片时跳转的目的。设置按钮交互的具体操作步骤如下。

1 选择形状

选择最后一张幻灯片，单击【插入】选项卡下【插图】组中的【形状】按钮，在弹出的下拉列表中选择【动作按钮】区域的【动作按钮：转到主页】形状。

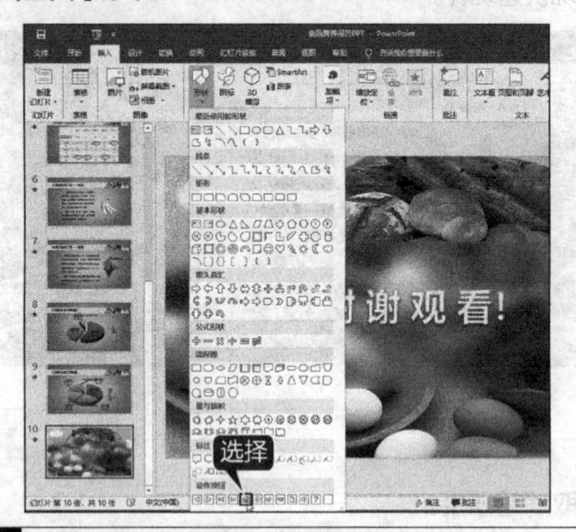

2 绘制形状

在幻灯片上，拖曳鼠标绘制该形状。

3 选择【第一张幻灯片】选项

随即弹出【操作设置】对话框，单击选中【超链接到】单选项，单击文本框右侧的下拉按钮，在弹出的下拉列表中选择【第一张幻灯片】选项，单击【确定】按钮。

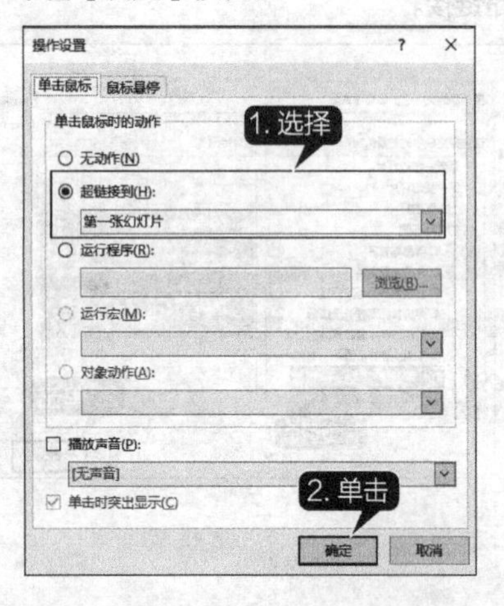

4 查看形状

返回幻灯片，即可看到在幻灯片中出现的形状。

12.3 放映公司宣传片

本节视频教学时间：8分钟

公司宣传片主要用于介绍公司的文化、背景、成果展示等。PowerPoint 2019为用户提供了更好的放映方法。本节以放映公司宣传片为例介绍幻灯片的放映方法。

12.3.1 浏览幻灯片

用户可以通过缩略图的形式浏览幻灯片，具体操作步骤如下。

1 单击【幻灯片浏览】按钮

打开“素材\ch12\公司宣传片.pptx”演示文稿，单击【视图】选项卡下【演示文稿视图】选项组中的【幻灯片浏览】按钮 幻灯片浏览。

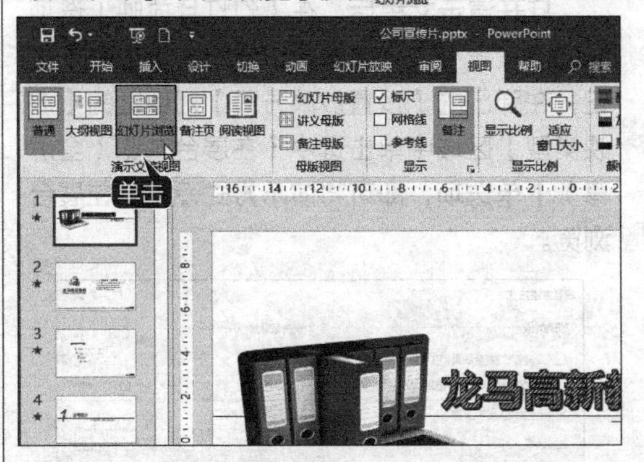

2 打开浏览幻灯片视图

系统会自动打开浏览幻灯片视图。

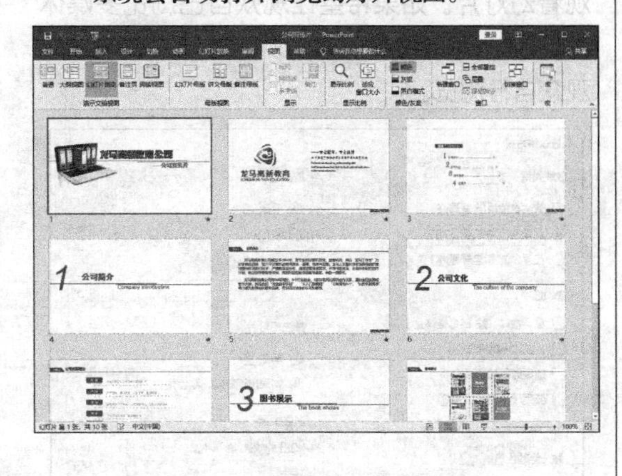

12.3.2 幻灯片的3种放映方式

在PowerPoint 2019中，演示文稿的放映方式包括演讲者放映、观众自行浏览和在展台浏览3种。可以通过单击【幻灯片放映】选项卡下【设置】组中的【设置幻灯片放映】按钮，然后在弹出的【设置放映方式】对话框中对放映类型、放映选项及换片方式等进行具体设置。

（1）演讲者放映

演示文稿放映方式中的演讲者放映方式是指由演讲者一边讲解一边放映幻灯片，此演示方式一般用于比较正式的场合，如专题讲座、学术报告等。

将演示文稿的放映方式设置为演讲者放映的具体操作方法如下。

1 单击【设置幻灯片放映】按钮

单击【幻灯片放映】选项卡下【设置】组中的【设置幻灯片放映】按钮。

2 默认设置

弹出【设置放映方式】对话框，默认设置即为演讲者放映状态。

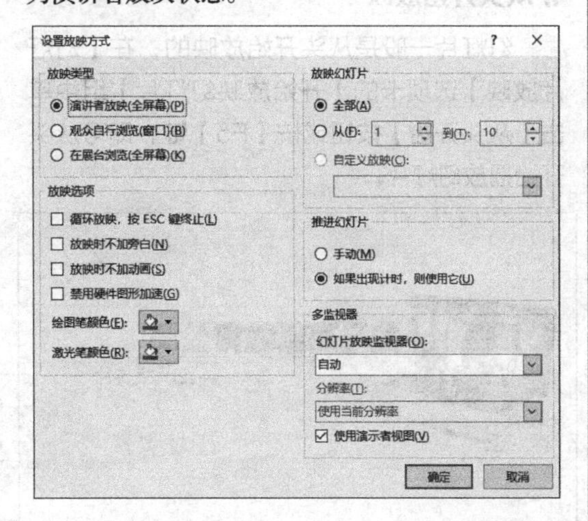

（2）观众自行浏览

观众自行浏览指由观众自己动手使用电脑观看幻灯片。如果希望让观众自己浏览多媒体幻灯片，可以将多媒体演讲的放映方式设置成观众自行浏览。

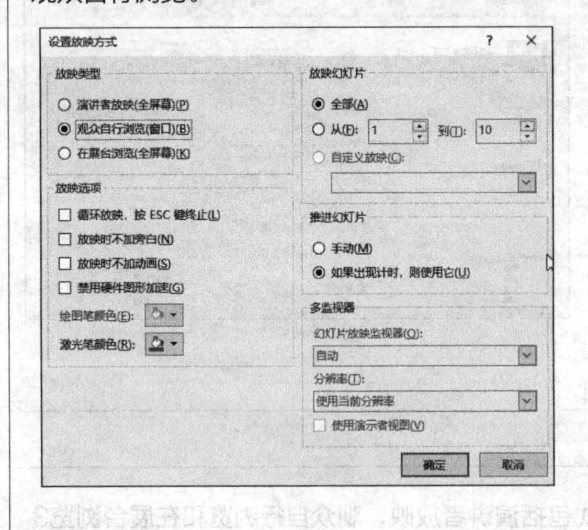

（3）在展台浏览

在展台浏览这一放映方式可以让多媒体幻灯片自动放映而不需要演讲者操作，例如放在展览会的产品展示等。

打开演示文稿后，在【幻灯片放映】选项卡的【设置】组中单击【设置幻灯片放映】按钮，在弹出的【设置放映方式】对话框的【放映类型】区域中单击选中【在展台浏览（全屏幕）】单选项，即可将演示方式设置为在展台浏览。

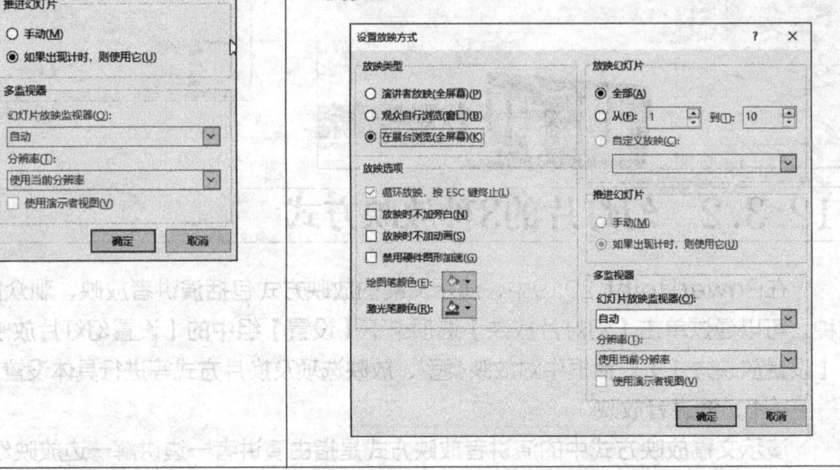

12.3.3 放映幻灯片

默认情况下，幻灯片的放映方式为普通手动放映。用户可以根据实际需要，设置幻灯片的放映方式，如从头开始放映、从当前幻灯片开始放映、联机放映等。

1. 从头开始放映

幻灯片一般是从头开始放映的，在【幻灯片放映】选项卡的【开始放映幻灯片】组中单击【从头开始】按钮或按【F5】键，即可从头开始播放幻灯片。

2. 从当前幻灯片开始放映

在放映幻灯片时也可以从选定的当前幻灯片开始放映，在【幻灯片放映】选项卡的【开始放映幻灯片】组中单击【从当前幻灯片开始】按钮或按【Shift+F5】组合键，系统将从当前幻灯片开始播放幻灯片。按【Enter】键或空格键可切换到下一张幻灯片。

3. 联机放映

PowerPoint 2019新增了联机演示功能，只要在连接有网络的条件下，就可以在没有安装PowerPoint的电脑上放映演示文稿，具体操作步骤如下。

1 联机演示

单击【幻灯片放映】选项卡下【开始放映幻灯片】选项组中的【联机演示】按钮的下拉按钮，在弹出的下拉列表中单击【Office Presentation Service】选项。

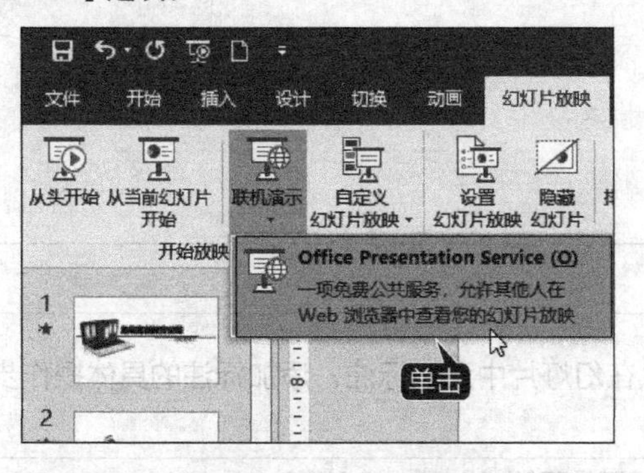

2 单击【连接】按钮

弹出【联机演示】对话框，单击【连接】按钮。

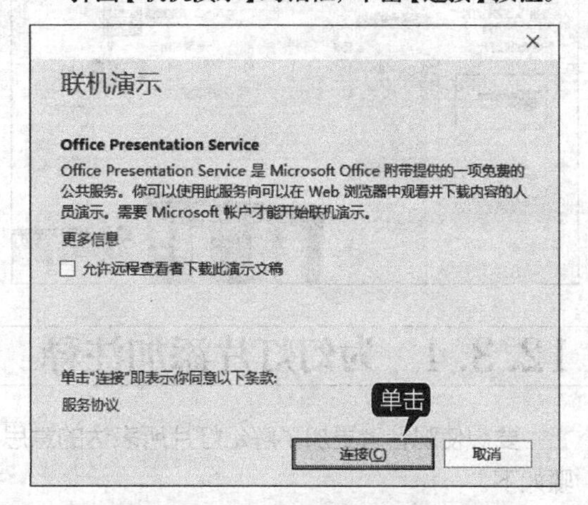

小提示

如果没有登录，将会弹出【登录】对话框，需要登录后才可以联机放映。

3 复制链接

弹出【联机演示】对话框，单击【复制链接】选项，复制文本框中的链接地址，将其共享给远程查看者，待查看者打开该链接后，单击【开始演示】按钮。

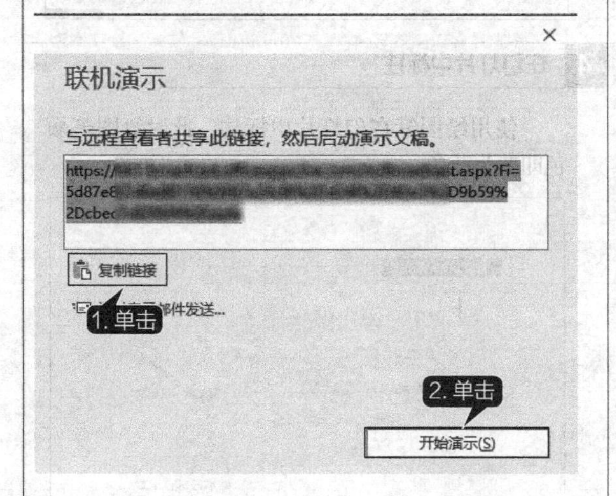

4 开始放映幻灯片

此时即可开始放映幻灯片，远程查看者可在浏览器中同时查看播放的幻灯片。

5 单击【结束联机演示】按钮

放映结束后，单击【联机演示】选项卡下【联机演示】组中的【结束联机演示】按钮。

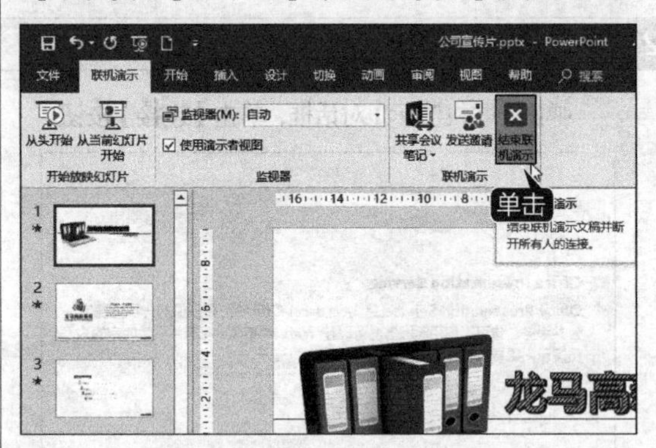

6 结束联机放映

弹出【Microsoft PowerPoint】对话框，单击【结束联机演示】按钮，即可结束联机放映。

12.3.4 为幻灯片添加注释

要想使观看者更加了解幻灯片所表达的意思，可以在幻灯片中添加标注。添加标注的具体操作步骤如下。

1 选择【笔】菜单命令

放映幻灯片，单击鼠标右键，在弹出的快捷菜单中选择【指针选项】➤【笔】菜单命令。

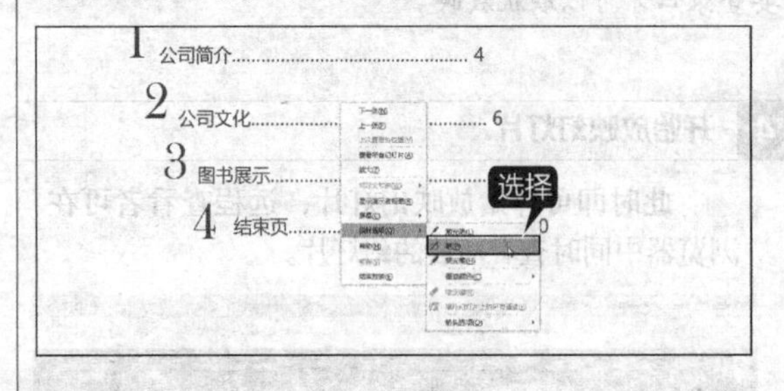

2 添加标注

当鼠标指针变为一个点时，即可在幻灯片中添加标注，如下图所示。

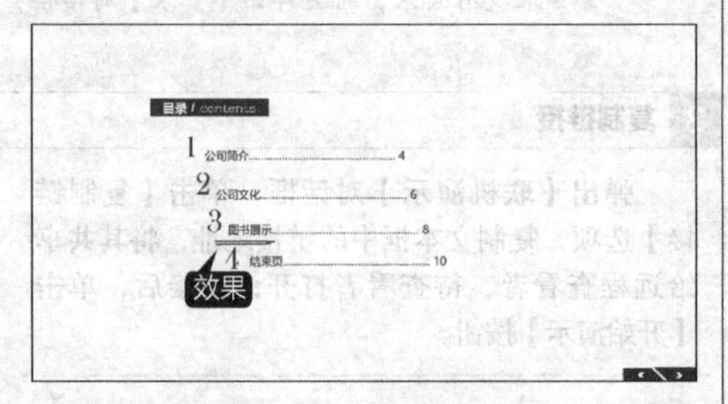

3 选择颜色

单击鼠标右键，在弹出的快捷菜单中选择【指针选项】➤【荧光笔】菜单命令，然后选择【指针选项】➤【墨迹颜色】菜单命令，在【墨迹颜色】列表中，单击一种颜色，如单击【蓝色】。

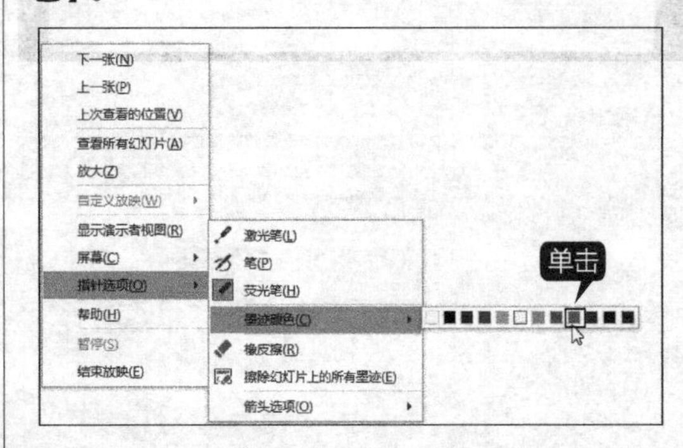

4 在幻灯片中标注

使用绘图笔在幻灯片中标注，此时绘图笔颜色即变为蓝色。

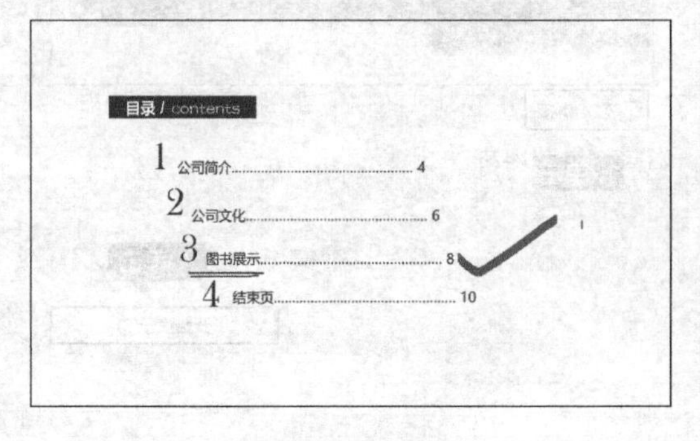

小提示

放映幻灯片时，在添加有标注的幻灯片中，单击鼠标右键，在弹出的快捷菜单中选择【指针选项】➤【橡皮擦】菜单命令。当鼠标指针变为时，在幻灯片中有标注的地方，按住鼠标左键拖动，即可擦除标注。

12.4 打印PPT演示文稿

本节视频教学时间：14分钟

PPT演示文稿的打印主要包括打印当前幻灯片以及在一张纸上打印多张幻灯片等形式。

12.4.1 打印当前幻灯片

打印当前幻灯片页面的具体操作步骤如下。

1 选择第 5 张幻灯片

选择要打印的幻灯片页面，这里选择第5张幻灯片。

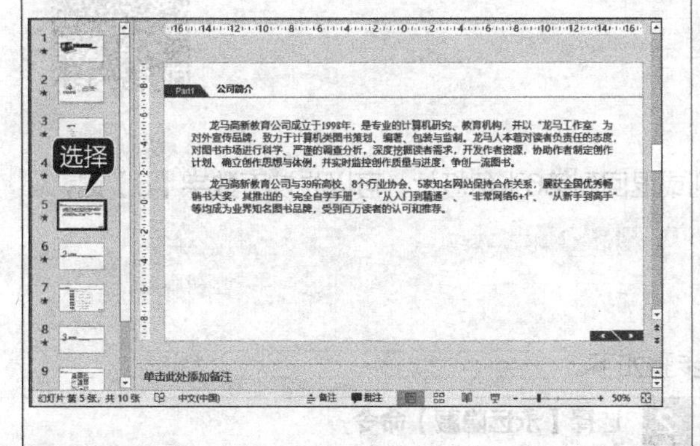

2 显示打印预览界面

单击【文件】选项卡，在其列表中选择【打印】选项，即可显示打印预览界面。

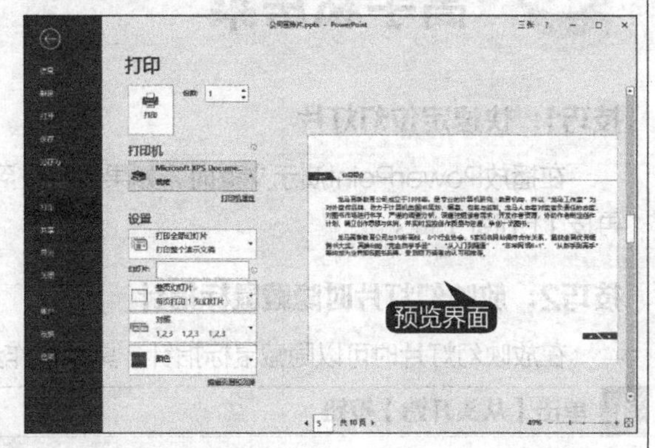

3 选择【打印当前幻灯片】选项

在【打印】区域的【设置】组下单击【打印全部幻灯片】右侧的下拉按钮，在弹出的下拉列表中选择【打印当前幻灯片】选项。

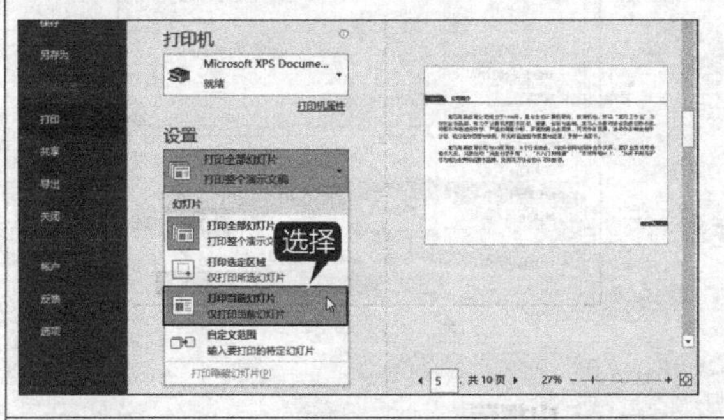

4 单击【打印】按钮

在右侧的打印预览界面显示所选的第5张幻灯片内容，单击【打印】按钮即可打印。

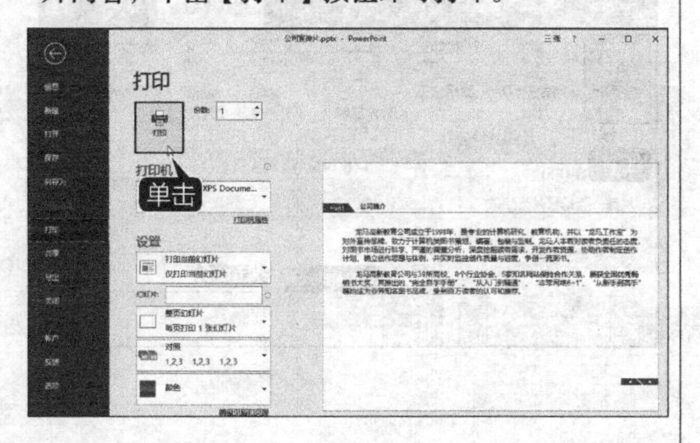

12.4.2 一张纸打印多张幻灯片

在一张纸上可以打印多张幻灯片，以便节省纸张。

1 每张纸打印 9 张幻灯片

在打开的演示文稿中，单击【文件】选项卡，选择【打印】选项。在【设置】组下单击【整页幻灯片】右侧的下拉按钮，在弹出的下拉列表中选择【9张水平放置的幻灯片】选项，设置每张纸打印9张幻灯片。

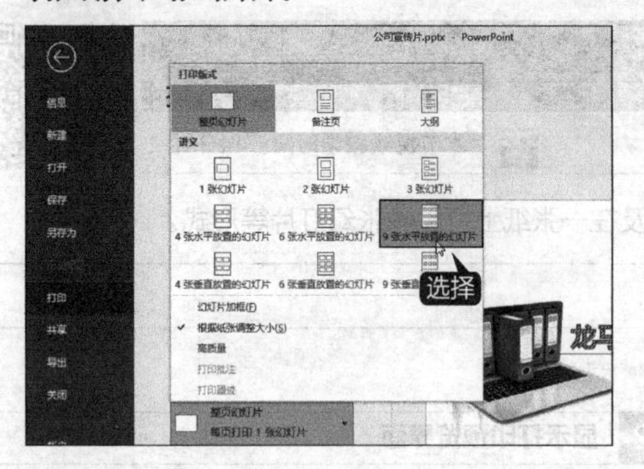

2 显示 9 张幻灯片

此时，可以看到右侧的预览区域一张纸上显示了9张幻灯片。

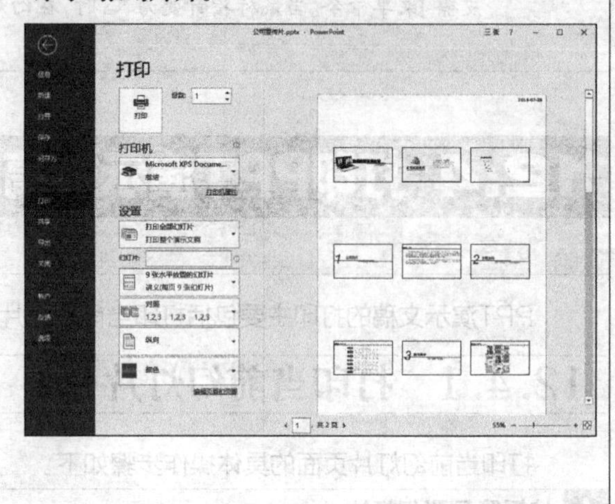

高手私房菜

技巧1：快速定位幻灯片

在播放PowerPoint演示文稿时，如果要快进到或退回到第6张幻灯片，可以先按下数字【6】键，再按【Enter】键。

技巧2：放映幻灯片时隐藏鼠标指针

在放映幻灯片时可以隐藏鼠标指针，具体操作步骤如下。

1 单击【从头开始】按钮

在【幻灯片放映】选项卡的【开始放映幻灯片】组中单击【从头开始】按钮或按【F5】键。

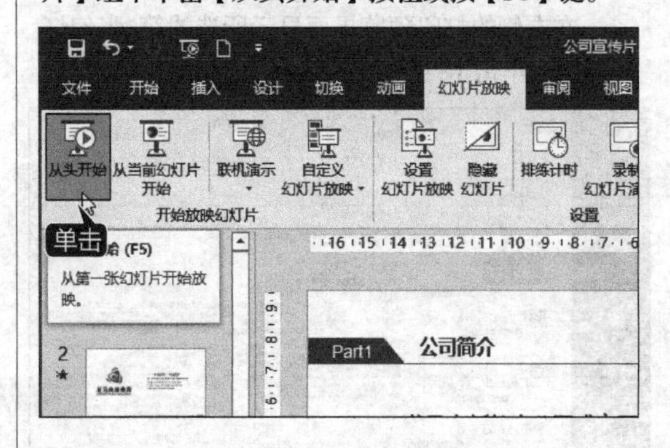

2 选择【永远隐藏】命令

放映幻灯片时，单击鼠标右键，在弹出的快捷菜单中选择【指针选项】➤【箭头选项】➤【永远隐藏】菜单命令，即可在放映幻灯片时隐藏鼠标指针。

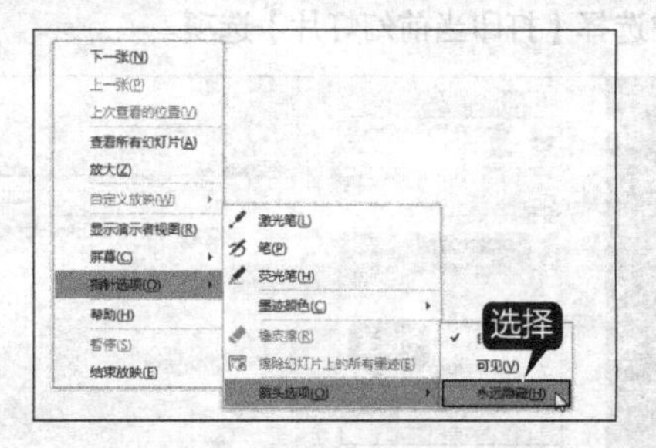

小提示

按键盘上的【Ctrl+H】组合键，也可以隐藏鼠标指针。

第 13 章

Office 2019 的行业应用——文秘办公

本章视频教学时间：32 分钟

Office 办公软件在文秘办公方面有着得天独厚的优势，无论是文档制作、数据统计还是会议报告，使用 Office 都可以轻松搞定。

【学习目标】

- 通过本章的学习，读者可以掌握 Office 2019 在文秘办公中的应用方法。

【本章涉及知识点】

- 制作公司简报
- 制作员工基本资料表
- 设计公司会议 PPT

13.1 制作公司简报

本节视频教学时间：7分钟

公司简报是传递公司信息的、简短的内部小报，它简短、灵活、快捷，具有汇报性、交流性和指导性的特征。也可以说，简报就是简要的调查报告、情况报告、工作报告、消息报道等。一份好的公司简报能够及时准确地传递公司内部的消息。

13.1.1 制作报头

简报的报头由简报名称、期号、编印单位以及印发日期组成。下面就来介绍一下如何制作简报的报头。

1 选择艺术字样式

新建一个Word文档，并将其另存为“公司简报.docx”。单击【插入】选项卡的【文本】组中的【艺术字】按钮，在弹出的下拉列表中选择一种艺术字样式。

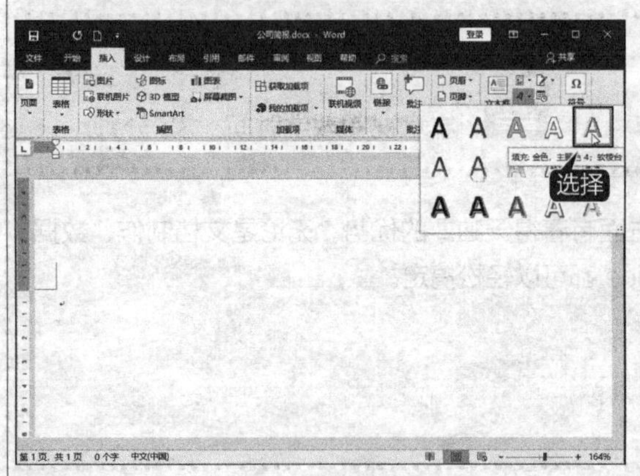

2 设置布局选项

在艺术字文本框中输入“公司简报”，并将【布局选项】设置为【嵌入型】。

3 设置字体

选择插入的艺术字，设置其【字体】为“楷体”，【字号】为“44”，【字体颜色】为“红色”，并单击【居中】按钮，将艺术字进行居中设置。

4 输入其他信息

按【Enter】键，输入报头的其他信息，并进行版式设计。

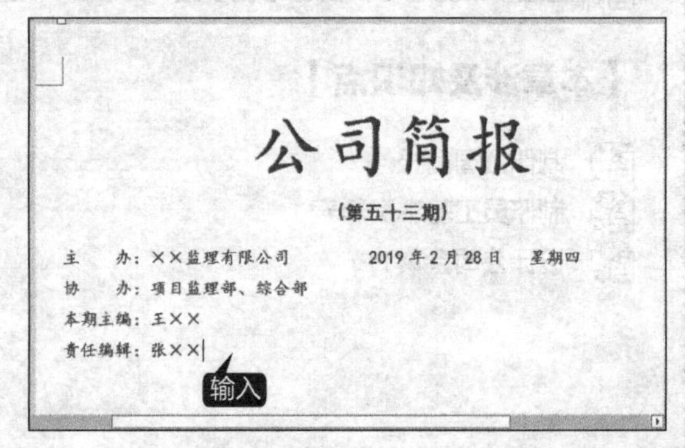

5 选择【直线】选项

将光标定位在报头信息的下方，单击【插入】选项卡的【插图】组中的【形状】按钮，在弹出的下拉列表中选择【直线】选项。

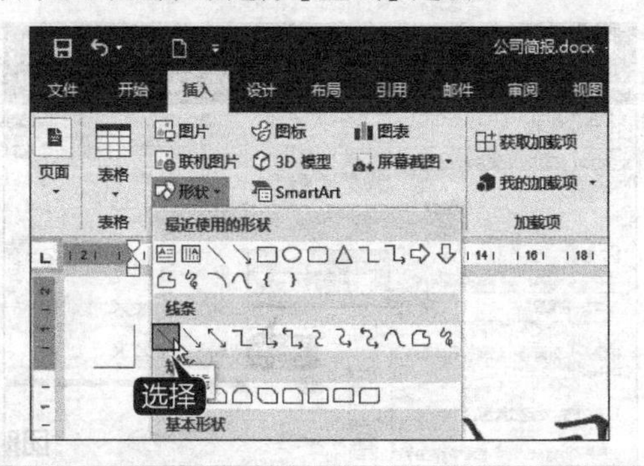

6 绘制一条横线

在报头文字下方按住【Shift】键绘制一条横线。

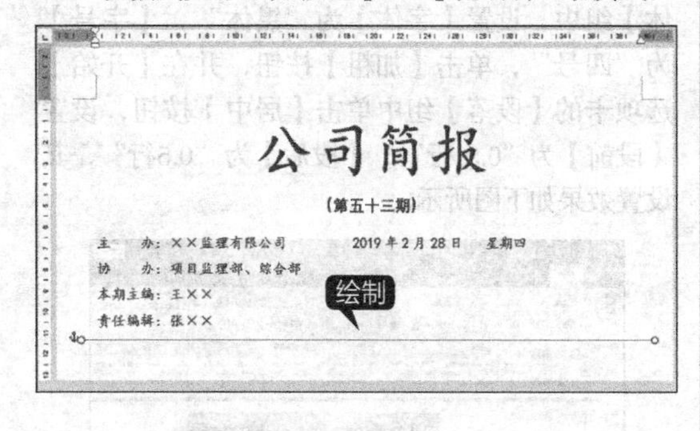

7 设置线条颜色

选择绘制的横线，单击【绘图工具】➤【格式】选项卡下【形状样式】组中的【形状轮廓】按钮的下拉按钮，在弹出的下拉列表中选择【红色】选项，将线条颜色设置为红色。

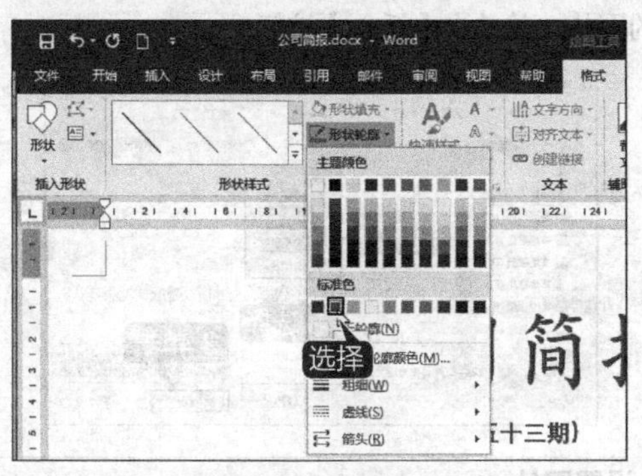

8 设置效果

设置形状的【粗细】为“3磅”，设置完成后的效果如下图所示。

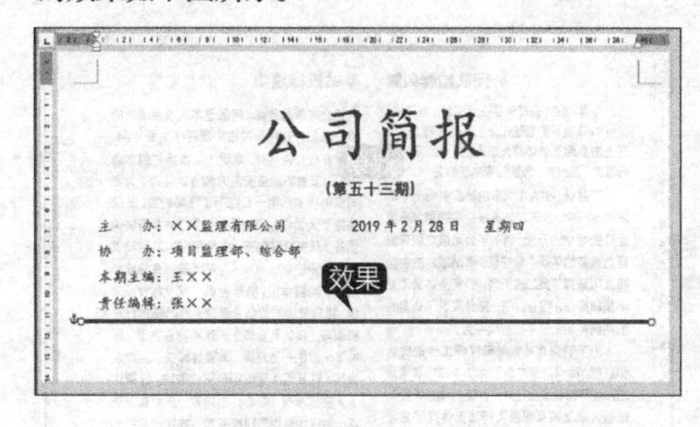

13.1.2 制作报核

报核，即简报所刊载的一篇或几篇文章。下面就以“素材\ch13\简报资料.docx”文档中所提供的简报内容为例，介绍制作报核的方法。

1 定位光标

将光标定位在报头的下方。

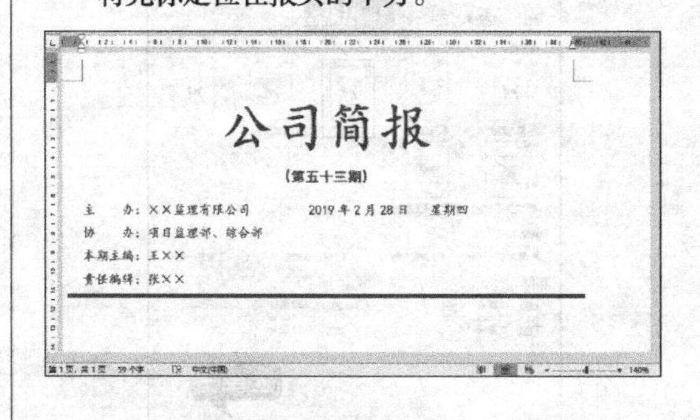

2 复制内容

打开“素材\ch13\简报资料.docx”文档，复制文章的相关内容到当前文档中。

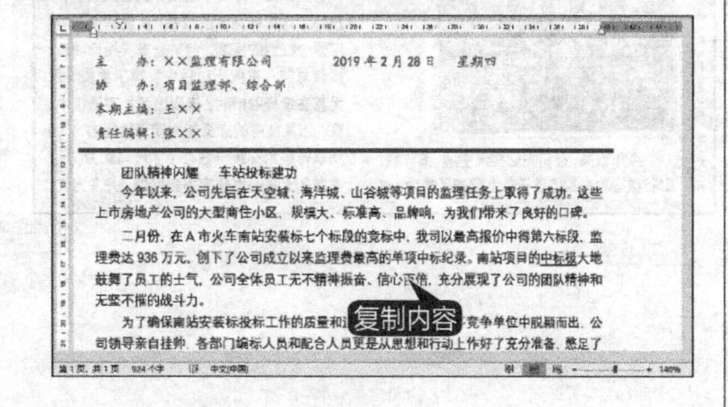

3 进行设置

选择文章标题，在【开始】选项卡的【字体】组中，设置【字体】为“黑体”，【字号】为“四号”，单击【加粗】按钮，并在【开始】选项卡的【段落】组中单击【居中】按钮，设置【段前】为“0.5 行”，【段后】为“0.5行”，其设置效果如下图所示。

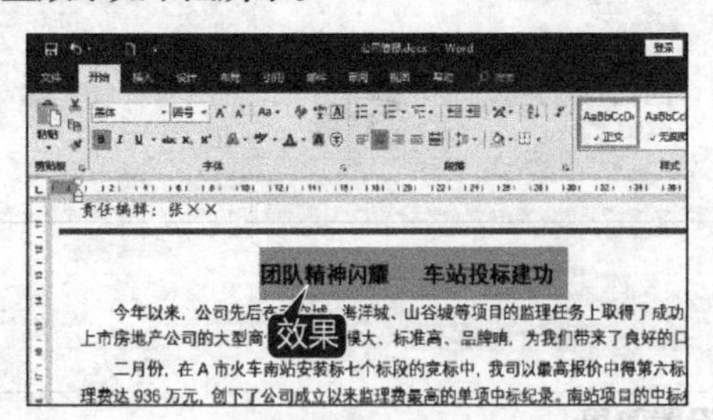

4 选择【两栏】选项

选中正文内容，单击【布局】选项卡的【页面设置】组中的【栏】按钮，在弹出的下拉列表中选择【两栏】选项。

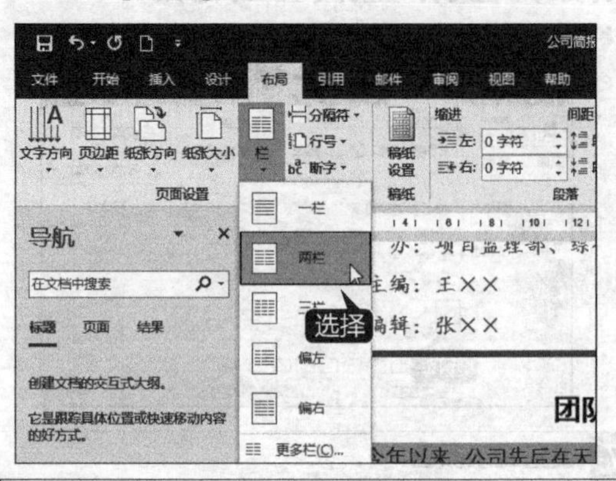

5 查看效果

设置分栏后的效果如下图所示。

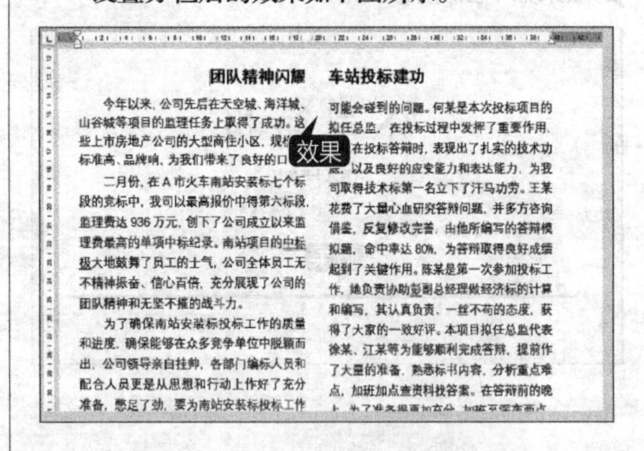

6 选择图片

将光标定位在文章第1段的前面，单击【插入】选项卡的【插图】组中的【图片】按钮，在弹出的【插入图片】对话框中选择要插入到文档的图片，并单击【插入】按钮。

7 插入图片

插入图片后的效果如下图所示。

8 设置图片

选中图片并单击鼠标右键，在弹出的快捷菜单中选择【大小和位置】命令，弹出【布局】对话框，单击【文字环绕】选项卡，设置【环绕方式】为“紧密型”，单击【确定】按钮，关闭【布局】对话框。

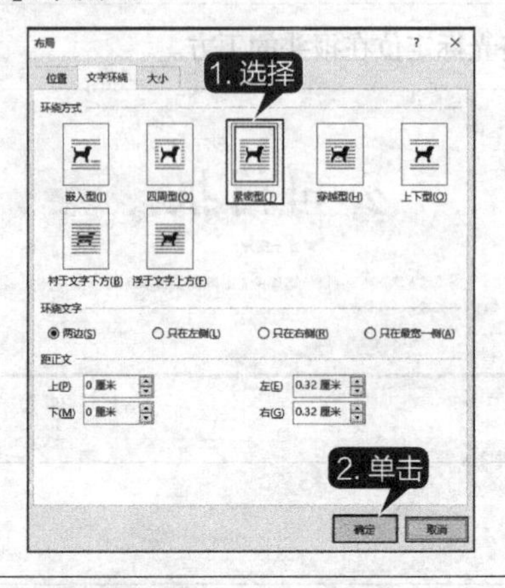

9 调整图片

拖曳图片至适当的位置，并调整图片的大小，效果如下图所示。

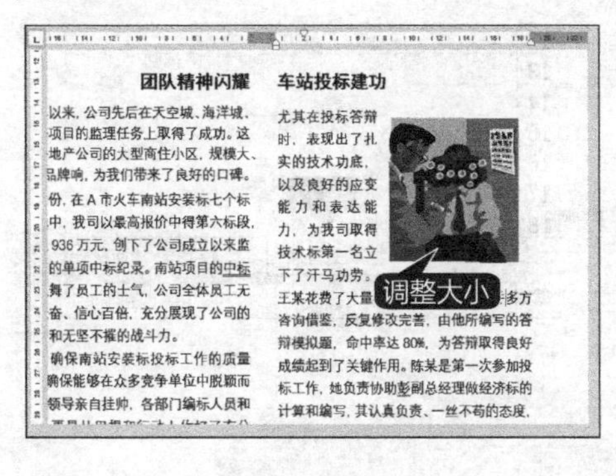

10 设置图片样式

在【图片工具】➤【格式】选项卡下【调整】和【图片样式】组中根据需要设置图片的样式，最终效果如下图所示。

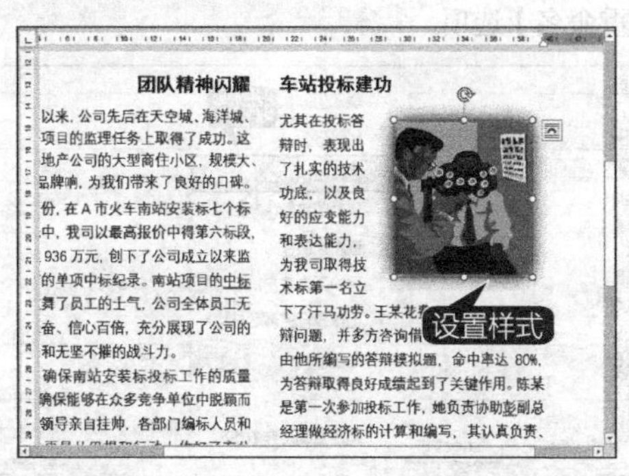

13.1.3 制作报尾

在简报最后一页下部，用一条横线与报核隔开，横线下左边写明发送范围，在平行的右侧写明印刷份数。制作报尾的具体操作步骤如下。

1 绘制一条横线

在文章的底部绘制一条横线，设置线条颜色为“红色”，设置【粗细】为“1.5 磅”，效果如下图所示。

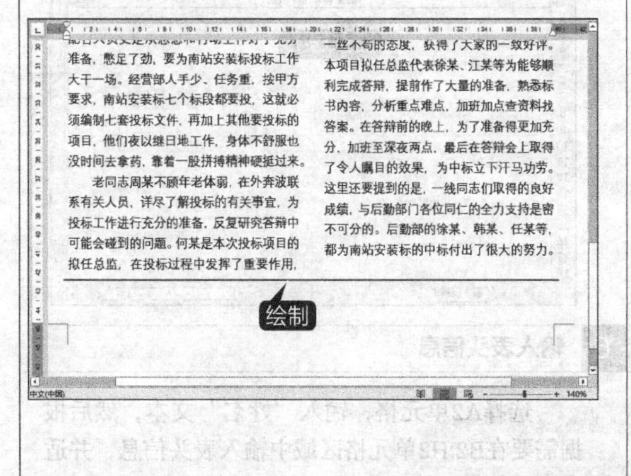

2 最终效果

在横线的下方的左侧输入“派送范围：公司各部门、各科室、各经理、各组长处”，并在其右侧输入“印数：50份”，最终效果如下图所示。

13.2 制作员工基本资料表

本节视频教学时间：7分钟

员工基本资料表是记录公司员工基本资料的表格，可以根据公司的需要记录基本信息。

13.2.1 设计员工基本资料表表头

设计员工基本资料表首先需要设计表头，表头中需要添加完整的员工信息标题。具体操作步骤如下。

1 选择【重命名】选项

新建空白Excel 2019工作簿，并将其另存为“员工基本资料表.xlsx”。在“Sheet1”工作表标签上单击鼠标右键，在弹出的快捷菜单中选择【重命名】选项。

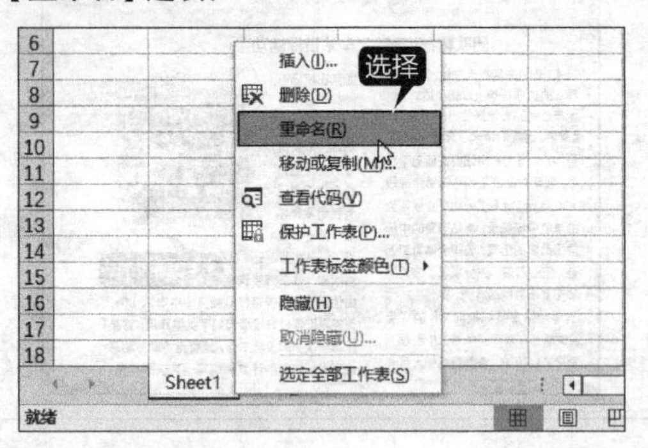

2 输入“基本资料表”

输入“基本资料表”，按【Enter】键确认，完成工作表重命名操作。

3 输入文本

选择A1单元格，输入“员工基本资料表”文本。

	A	B	C
1	员工基本资料表		
2			
3			
4			
5			
6			

输入

4 合并后居中

选择A1:H1单元格区域，单击【开始】选项卡下【对齐方式】组中【合并后居中】按钮的下拉按钮，在弹出的下拉列表中选择【合并后居中】选项。

5 设置单元格文本

选择A1单元格中的文本内容，设置其【字体】为“华文楷体”，【字号】为“16”，并为A1单元格添加“蓝色，个性色1，淡色60%”底纹填充颜色，然后根据需要调整行高。

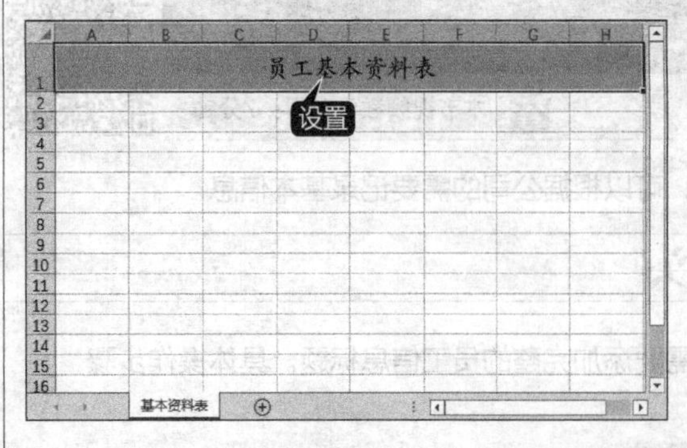

6 输入表头信息

选择A2单元格，输入“姓名”文本，然后根据需要在B2:H2单元格区域中输入表头信息，并适当调整行高，效果如下图所示。

13.2.2 录入员工基本信息内容

表头创建完成后，就可以根据需要录入员工基本信息内容。

1 设置单元格格式

按住【Ctrl】键的同时选择C列和F列并单击鼠标右键，在弹出的快捷菜单中选择【设置单元格格式】选项。打开【设置单元格格式】对话框，选择【数字】选项卡，在【分类】列表框中选择【日期】选项，在右侧【类型】列表框中选择一种日期类型，单击【确定】按钮。

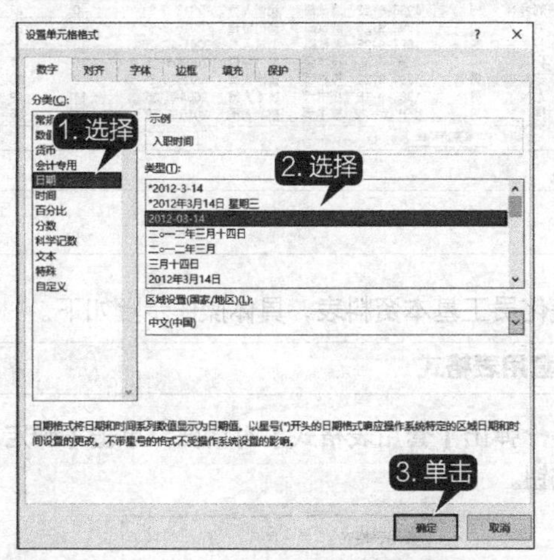

2 调整列宽

打开"素材\ch13\员工基本资料.xlsx"工作簿，复制A2:F23单元格区域中的内容，并将其粘贴至"员工基本资料表.xlsx"工作簿中，然后根据需要调整列宽，显示所有内容。

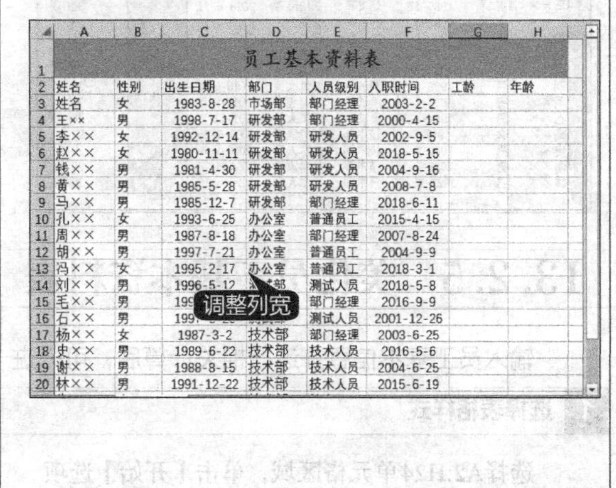

员工基本资料表

姓名	性别	出生日期	部门	人员级别	入职时间	工龄	年龄
姓名	女	1983-8-28	市场部	部门经理	2003-2-2		
王××	男	1998-7-17	研发部	部门经理	2000-4-15		
李××	女	1992-12-14	研发部	研发人员	2002-9-5		
赵××	女	1980-11-11	研发部	研发人员	2018-5-15		
钱××	男	1981-4-30	研发部	研发人员	2004-9-16		
黄××	男	1985-5-28	研发部	研发人员	2008-7-8		
马××	男	1985-12-7	研发部	部门经理	2018-6-11		
孔××	女	1993-6-25	办公室	普通员工	2015-4-15		
周××	男	1987-8-18	办公室	部门经理	2007-8-24		
胡××	男	1997-7-21	办公室	普通员工	2004-9-9		
冯××	女	1995-2-17	办公室	普通员工	2018-3-1		
刘××	男	1996-5-12	测试部	测试人员	2018-5-8		
毛××	男	199		部门经理	2016-9-9		
石××	男	199		测试人员	2001-12-26		
杨××	女	1987-3-2	技术部	部门经理	2003-6-25		
史××	男	1989-6-22	技术部	技术人员	2016-5-6		
谢××	男	1988-8-15	技术部	技术人员	2004-6-25		
林××	男	1991-12-22	技术部	技术人员	2015-6-19		

13.2.3 计算员工年龄信息

在员工基本资料表中可以使用公式计算员工的年龄，每次使用该工作表时都将显示当前员工的年龄信息。

1 输入公式

选择H3:H24单元格区域，输入公式"=DATEDIF(C3,TODAY(),"y")"。

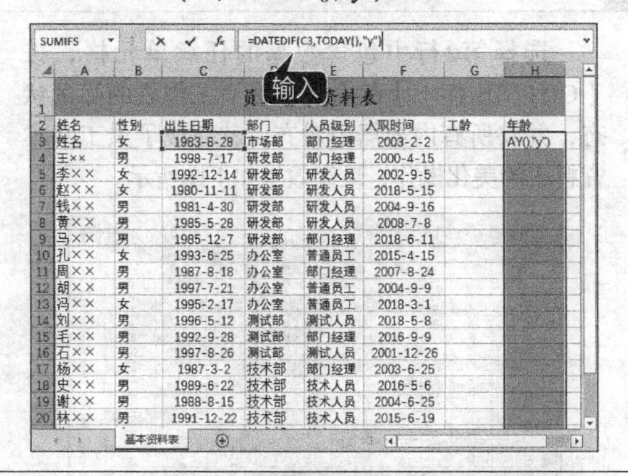

2 计算所有员工年龄信息

按【Ctrl+Enter】组合键，即可计算出所有员工的年龄信息。

员工基本资料表

姓名	性别	出生日期	部门	人员级别	入职时间	工龄	年龄
姓名	女	1983-8-28	市场部	部门经理	2003-2-2		34
王××	男	1998-7-17	研发部	部门经理	2000-4-15		20
李××	女	1992-12-14	研发部	研发人员	2002-9-5		25
赵××	女	1980-11-11	研发部	研发人员	2018-5-15		37
钱××	男	1981-4-30	研发部	研发人员	2004-9-16		37
黄××	男	1985-5-28	研发部	研发人员	2008-7-8		33
马××	男	1985-12-7	研发部	部门经理	2018-6-11		32
孔××	女	1993-6-25	办公室	普通员工	2015-4-15		25
周××	男	1987-8-18	办公室	部门经理	2007-8-24		30
胡××	男	1997-7-21	办公室	普通员工	2004-9-9		21
冯××	女	1995-2-17	办公室	普通员工	2018-3-1		23
刘××	男	1996-5-12	测试部	测试人员	2018-5-8		22
毛××	男	1992-9-28	测试部	部门经理	2016-9-9		25
石××	男	1997-8-26	测试部	测试人员	2001-12-26		20
杨××	女	1987-3-2	技术部	部门经理	2003-6-25		31
史××	男	1989-6-22	技术部	技术人员	2016-5-6		29
谢××	男	1988-8-15	技术部	技术人员	2004-6-25		29
林××	男	1991-12-22	技术部	技术人员	2015-6-19		26

基本资料表

13.2.4 计算员工工龄信息

计算员工工龄信息的具体操作步骤如下。

1 输入公式

选择G3:G24单元格区域，输入公式“=DATEDIF(F3,TODAY(),”y”)”。

2 计算所有员工工龄信息

按【Ctrl+Enter】组合键，即可计算出所有员工的工龄信息。

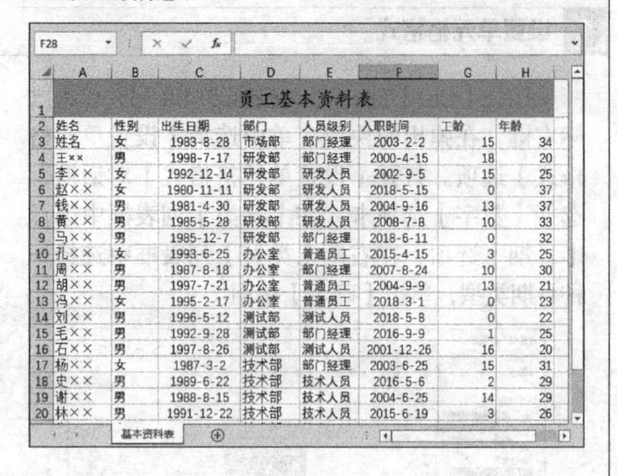

13.2.5 美化员工基本资料表

输入员工基本信息并进行相关计算后，可以进一步美化员工基本资料表，具体操作步骤如下。

1 选择表格样式

选择A2:H24单元格区域，单击【开始】选项卡下【样式】组中【套用表格格式】按钮右侧的下拉按钮，在弹出的下拉列表中选择一种表格样式。

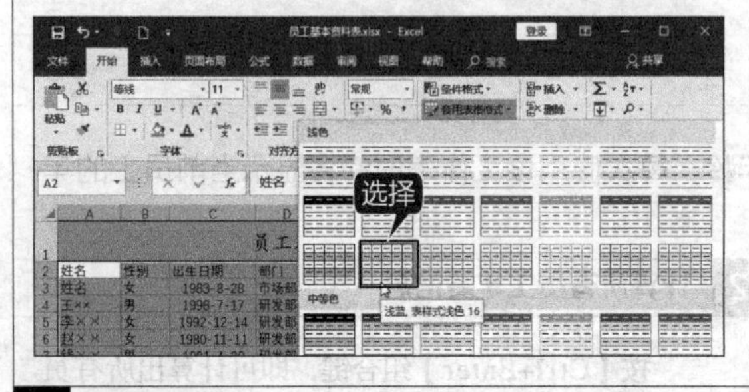

2 套用表格式

弹出【套用表格式】对话框，单击【确定】按钮。

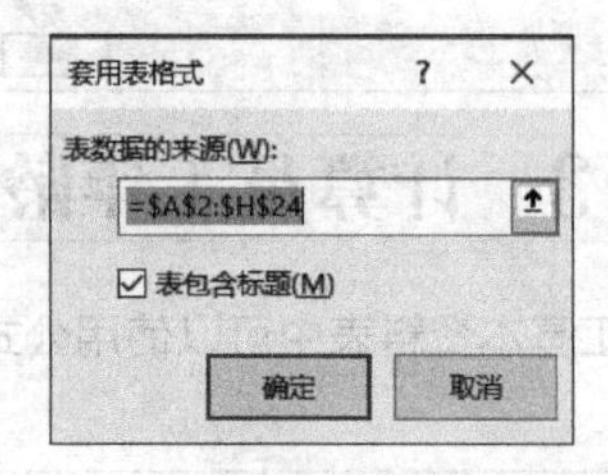

3 查看效果

套用表格格式后的效果如下图所示。

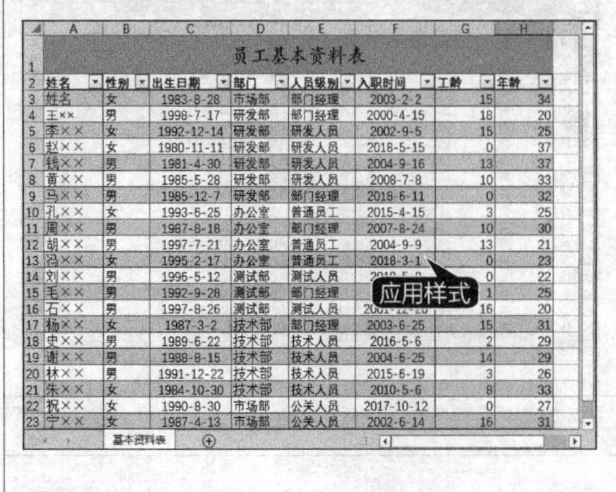

4 最终效果

选择第2行中包含数据的任意单元格，按【Ctrl+Shift+L】组合键，取消工作表的筛选状态，并将所有内容居中对齐，就完成了员工基本资料表的美化操作，最终效果如下图所示。

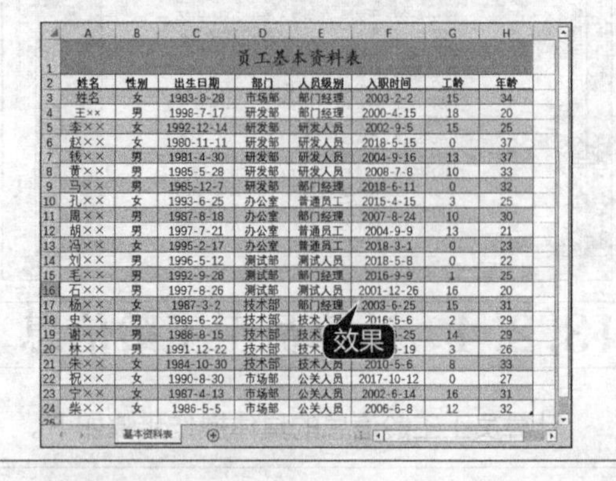

13.3 设计公司会议PPT

 本节视频教学时间：18分钟

会议是人们为了解决某个共同的问题或出于不同的目的聚集在一起进行讨论、交流的活动。制作公司会议PPT 首先要确定会议的议程，提出会议的目的或要解决的问题，随后对这些问题进行讨论，最后还要以总结性的内容或给出新的目标来结束幻灯片。

13.3.1 设计幻灯片首页页面

创建公司会议PPT首页幻灯片页面的具体操作步骤如下。

1 选择主题

新建演示文稿，并将其另存为“公司会议PPT.pptx”，单击【设计】选项卡【主题】组中的【其他】按钮，在弹出的下拉列表中选择【木头类型】选项。

2 选择艺术字选项

为幻灯片应用【木头类型】主题效果，删除幻灯片中的所有文本框，单击【插入】选项卡下【文本】选项组中的【艺术字】按钮，在弹出的下拉列表中选择需要的艺术字选项。

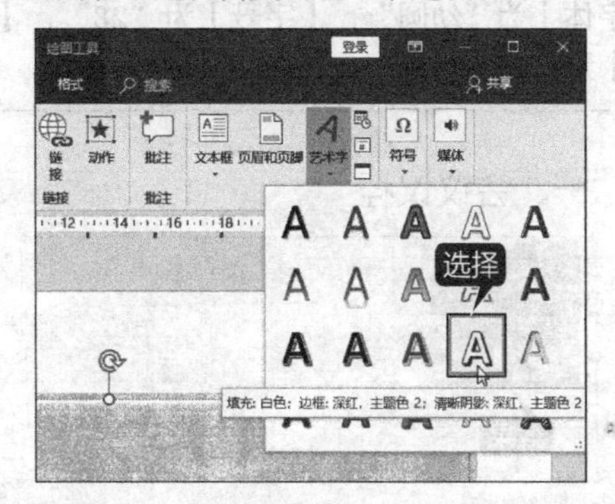

3 设置艺术字字体

在插入的艺术字文本框中输入“公司会议”文本内容，并设置其【字体】为“华文行楷”，【字号】为“115”，根据需要设置艺术字文本框的位置。

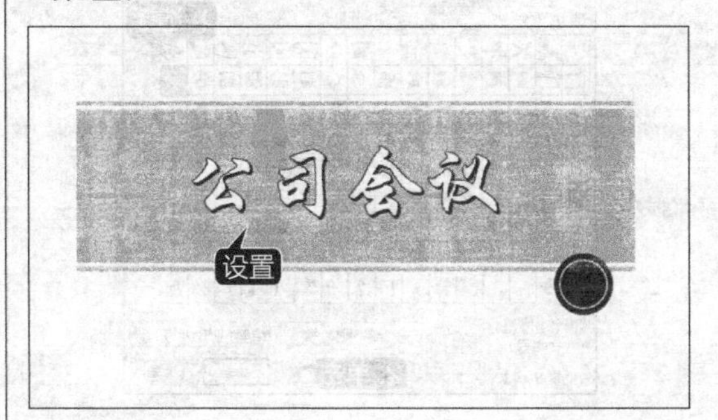

4 选择【圆形】选项

选中艺术字，单击【绘图工具】➤【格式】选项卡下【艺术字样式】组中的【文字效果】按钮，在弹出的下拉列表中选择【棱台】➤【圆形】选项，设置艺术字样式，完成首页的制作。

13.3.2 设计幻灯片议程页面

创建会议议程幻灯片页面的具体操作步骤如下。

1 新建幻灯片

新建一个【标题和内容】幻灯片。

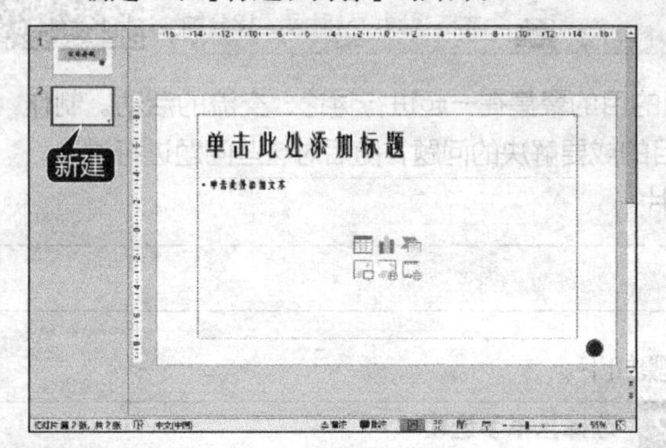

2 输入文本

在【单击此处添加标题】文本框中输入“一、会议议程”文本，并设置其【字体】为“幼圆”，【字号】为“54”，效果如下图所示。

3 设置字体

打开“素材\ch13\公司会议.txt”文件，将“议程”下的内容复制到幻灯片页面中，设置其【字体】为“幼圆”，【字号】为“28”，【行距】为“1.5倍行距”，效果如下图所示。

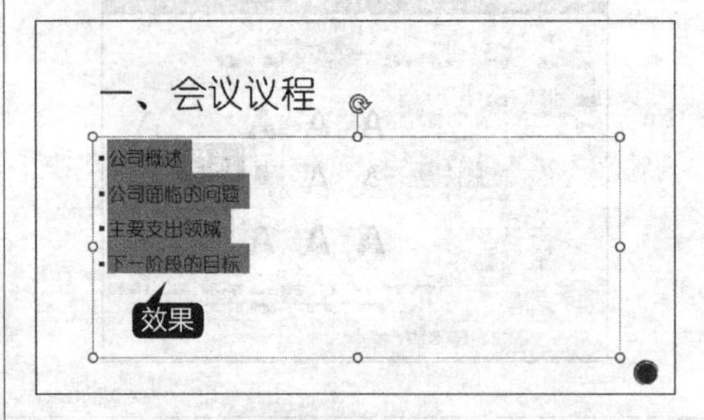

4 选择【项目符号和编号】选项

选择该幻灯片中的正文内容，单击【开始】选项卡下【段落】组中【项目符号】按钮的下拉按钮，在弹出的下拉列表中选择【项目符号和编号】选项。

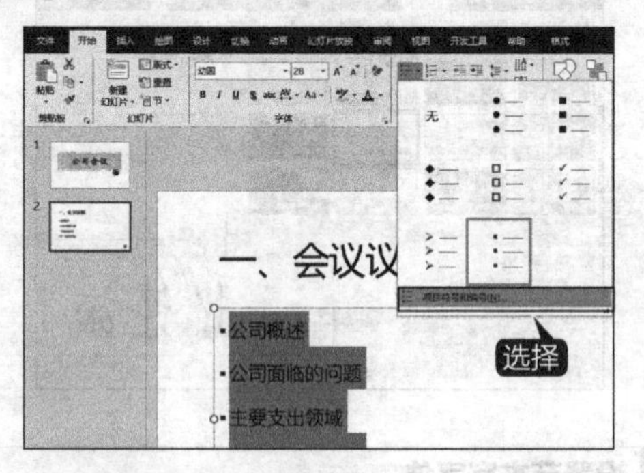

5 单击【自定义】按钮

弹出【项目符号和编号】对话框，单击【自定义】按钮。

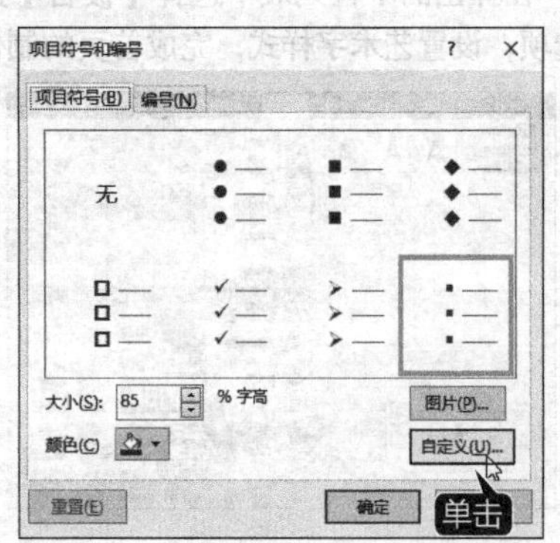

6 选择符号

弹出【符号】对话框，选择一种要作为项目符号的符号，单击【确定】按钮。

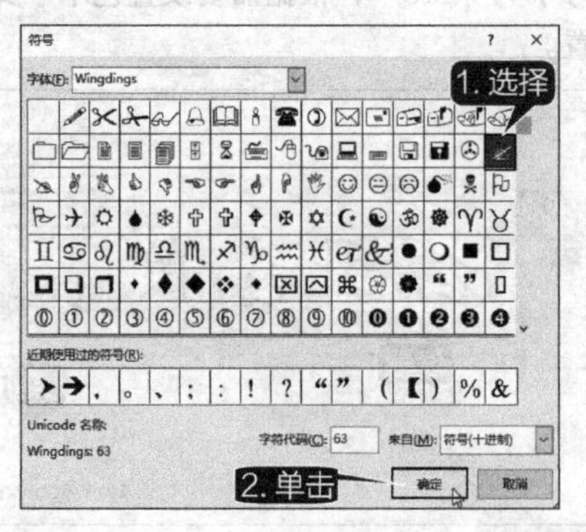

7 查看效果

返回至【项目符号和编号】对话框，单击【确定】按钮，即可完成项目符号的添加，效果如下图所示。

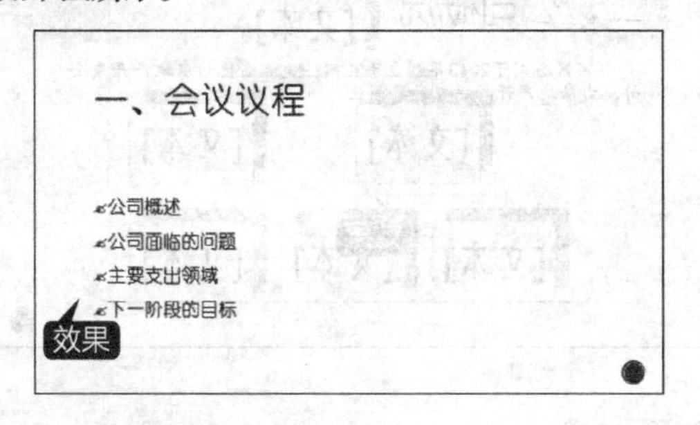

8 选择图片

单击【插入】选项卡下【图像】选项组中的【图片】按钮，弹出【插入图片】对话框，选择“素材\ch13\公司宣传.jpg”图片，单击【插入】按钮。

9 插入效果

完成插入图片的操作，效果如下图所示。

10 调整图片的位置

选择插入的图片，根据需要设置图片的样式，并调整图片的位置，完成议程幻灯片页面的制作，最终效果如下图所示。

13.3.3 设计幻灯片内容页面

设置会议内容幻灯片页面的具体操作步骤如下。

1. 制作公司概况幻灯片页面

1 输入文本

新建【标题和内容】幻灯片，并输入“二、公司概况”文本，设置其【字体】为“幼圆”，【字号】为“54”，效果如下图所示。

2 设置字体

将“素材\ch13\公司会议.txt”文件中“二、公司概况”下的内容复制到幻灯片页面中，设置其【字体】为“楷体”，【字号】为“28”，并设置其【特殊格式】为“首行缩进”，【度量值】为“1.7厘米”，效果如下图所示。

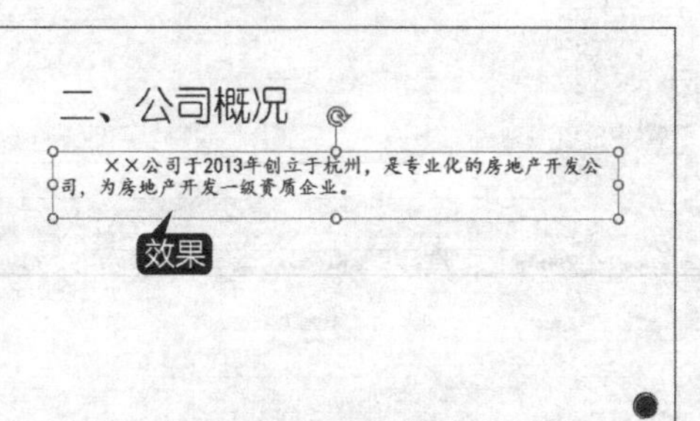

3 选择【层次结构】类型

单击【插入】选项卡下【插图】组中的【SmartArt】按钮，打开【选择SmartArt图形】对话框，选择【层次结构】选项下的【层次结构】类型，单击【确定】按钮。

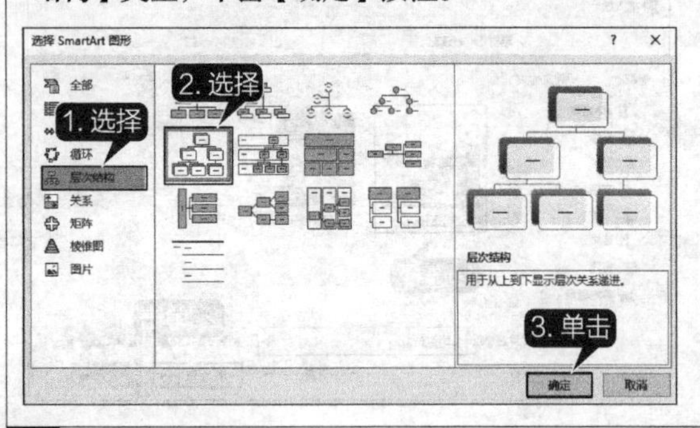

4 完成 SmartArt 图形的插入

完成SmartArt图形的插入，效果如下图所示。

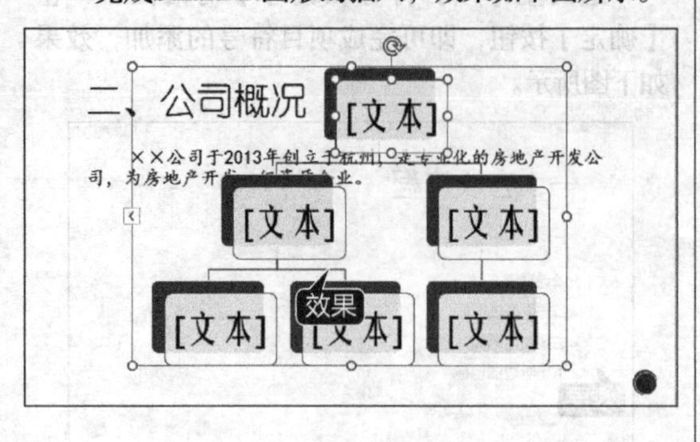

5 输入文本内容

根据需要在SmartArt图形中输入文本内容，并调整图形的位置。

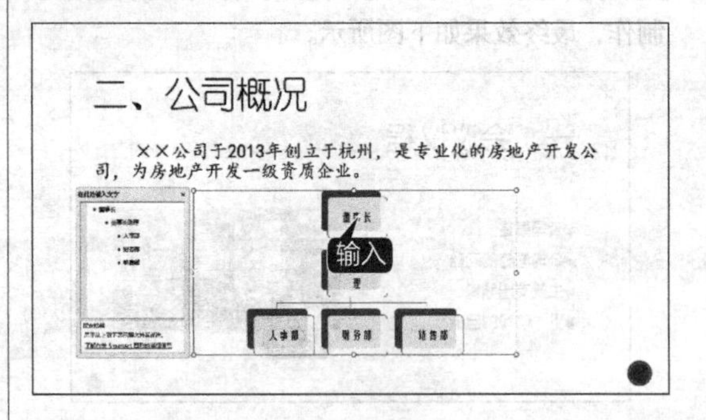

6 设置 SmartArt 图形样式

在【SmartArt工具】➤【设计】选项卡下设置SmartArt图形的样式，完成公司概况页面的制作，最终效果如下图所示。

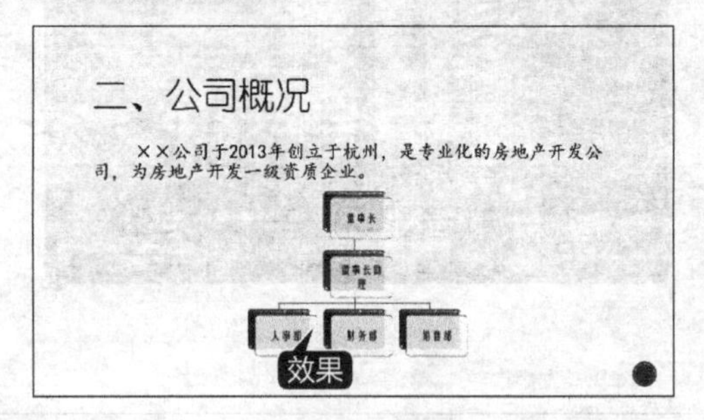

2. 制作公司面临的问题幻灯片页面

1 输入文本

新建【标题和内容】幻灯片，并输入"三、公司面临的问题"文本，设置其【字体】为"幼圆"，【字号】为"54"，效果如下图所示。

2 复制内容

将"素材\ch13\公司会议.txt"文件中"三、公司面临的问题"下的内容复制到幻灯片页面中，设置其【字体】为"楷体"，【字号】为"20"，并设置其段落行距，效果如下图所示。

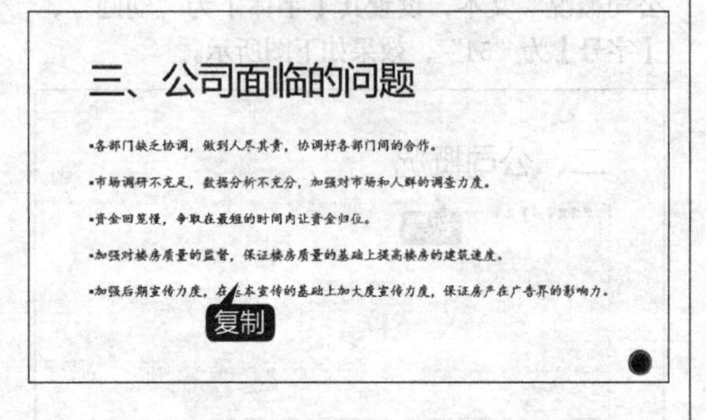

3 选择一种编号样式

选择正文内容，单击【开始】选项卡下【段落】组中【编号】按钮的下拉按钮，在弹出的下拉列表中选择一种编号样式。

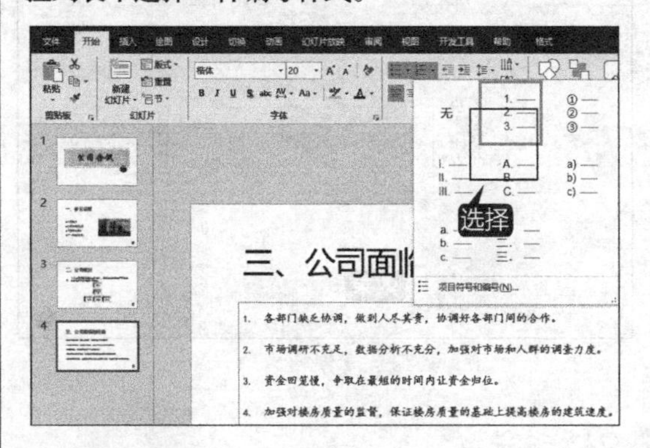

4 完成操作

完成添加编号的操作，效果如下图所示。

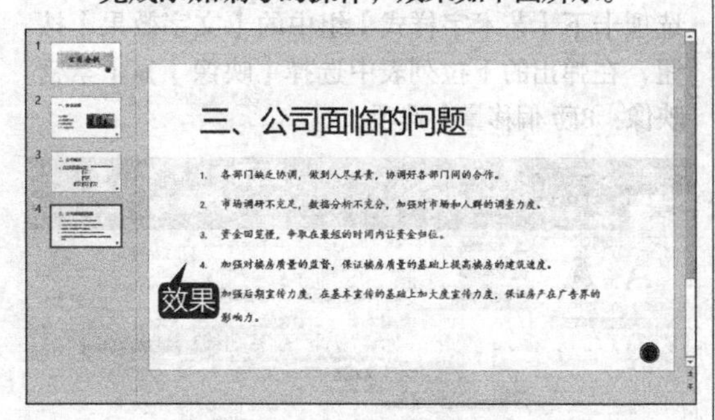

3. 设置其他幻灯片页面

1 重复上述操作

重复上面的操作，制作主要支出领域幻灯片页面，最终效果如下图所示。

四、主要支出领域

1. 研究与开发，前期要做充分的市场调研工作，分析适合广大人们理想的居住场合和户型。接下来就房产的开发，地产是整个环节中最重要的一个环节，地产的购买需要花费大量的人力、物力和财力。
2. 销售与营销，在楼盘未 前期的宣传和促销力度，熟话说“酒香也怕巷子深”，宣传是一个既重要又浪费资金的主要支出领域
3. 需要注意的领域，在保证楼盘按期开盘的情况下还要保证楼房的质量，树立品牌形象。

效果

2 重复上述操作

重复上面的操作，制作下一阶段的目标幻灯片页面，最终效果如下图所示。

五、下一阶段的目标

商业地产被视为住宅地产之后的最后一根救命稻草，购物中心发展过快，导致人才极端匮乏，商业物业人才泡沫化现象严重，反过来恶化了商业生态。住宅市场与商业地产目前犹如冰火两重天，坦言 商业地产圈的人才稀缺到泡沫的地步”、“人才稀缺、佣金节节攀高”。

我国商业物业在总体房地产投资中仅占20%不到的比例，已经进入调控的视野，不可能在信贷等领域得到优待。

所以在接下来的阶段中加大力度对住房房产的开发，减弱对商业用房的开发。继续稳步前进。

效果

13.3.4 设计幻灯片结束页面

制作结束幻灯片页面的具体操作步骤如下。

1 选择艺术字选项

新建【空白】幻灯片，单击【插入】选项卡下【文本】选项组中的【艺术字】按钮，在弹出的下拉列表中选择需要的艺术字选项。

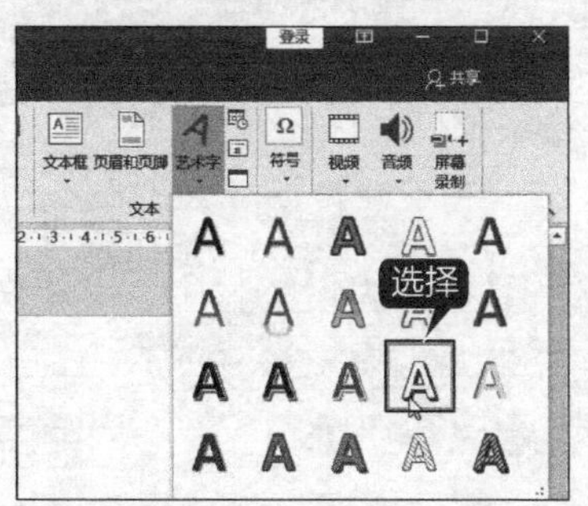

2 输入文本内容

在插入的艺术字文本框中输入“谢谢观看！”文本内容，并设置其【字体】为“楷体”，【字号】为“120”，根据需要设置艺术字文本框的位置。

谢谢观看！

3 选择【紧密映像：8 磅 偏移量】选项

选中艺术字，单击【绘图工具】➤【格式】选项卡下【艺术字样式】组中的【文字效果】按钮，在弹出的下拉列表中选择【映像】➤【紧密映像：8磅 偏移量】选项。

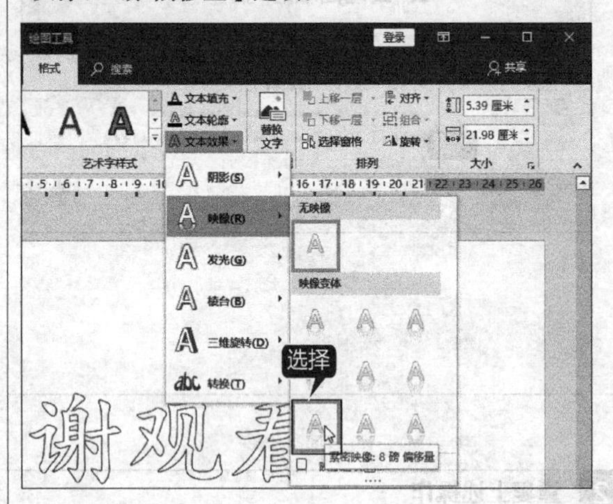

4 查看效果

设置艺术字样式后的效果如下图所示。至此，就完成了公司会议PPT的制作。

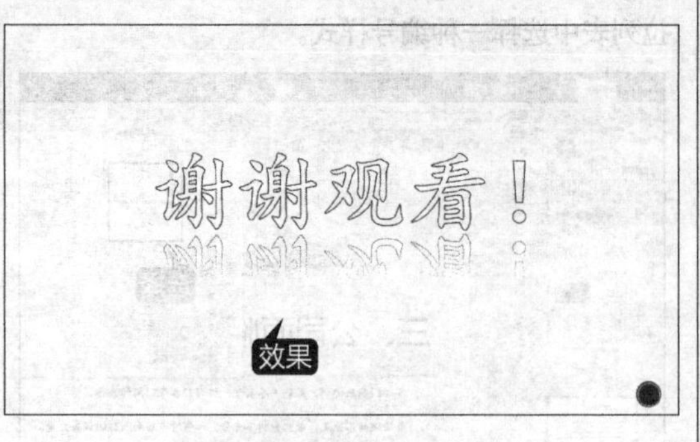

第 14 章

Office 2019 的行业应用——人力资源管理

本章视频教学时间：51 分钟

人力资源管理是一项复杂、繁琐的工作，使用 Office 2019 可以提高人力资源管理部门员工的工作效率。

【学习目标】

- 通过本章的学习，读者可以掌握 Office 2019 在人力资源管理中的应用方法。

【本章涉及知识点】

- 制作求职信息登记表
- 制作员工年度考核系统
- 设计沟通技巧 PPT

14.1 制作求职信息登记表

本节视频教学时间：6分钟

人力资源管理部门通常会根据需要制作求职信息登记表并打印出来，要求求职者填写。

14.1.1 页面设置

制作求职信息登记表之前，首先需要设置页面，具体操作步骤如下。

1 单击【页面设置】按钮

新建一个Word文档，命名为“求职信息登记表.docx”，并将其打开。单击【布局】选项卡【页面设置】选项组中的【页面设置】按钮。

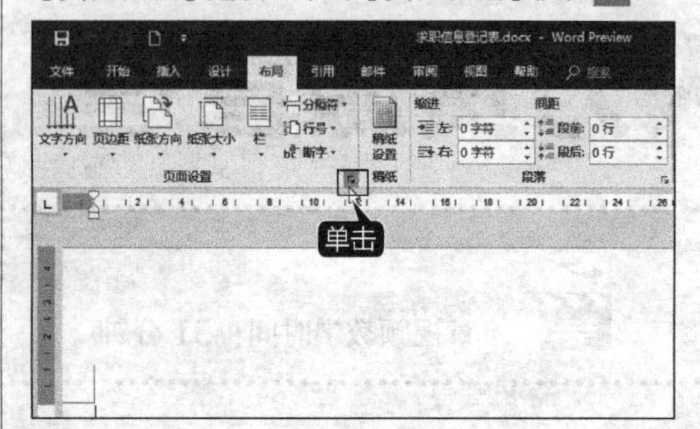

2 设置页边距

弹出【页面设置】对话框，单击【页边距】选项卡，设置页边距的【上】的边距值为“2.5厘米”，【下】的边距值为“2.5厘米”，【左】的边距值为“1.5厘米”，【右】的边距值为“1.5厘米”。

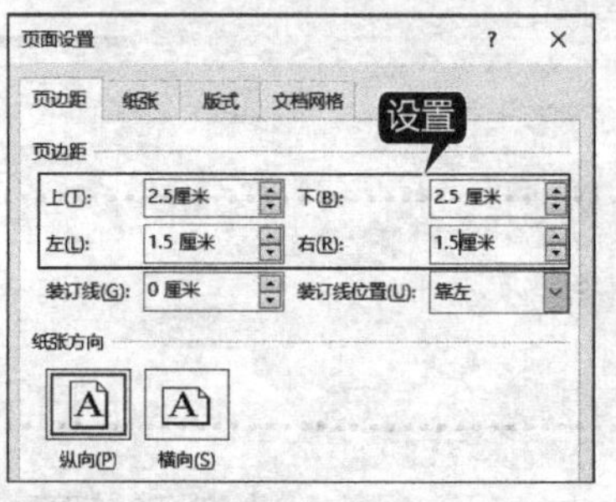

3 设置纸张大小

单击【纸张】选项卡，在【纸张大小】区域设置【宽度】为“20.5厘米”，【高度】为“28.6厘米”，单击【确定】按钮，完成页面设置。

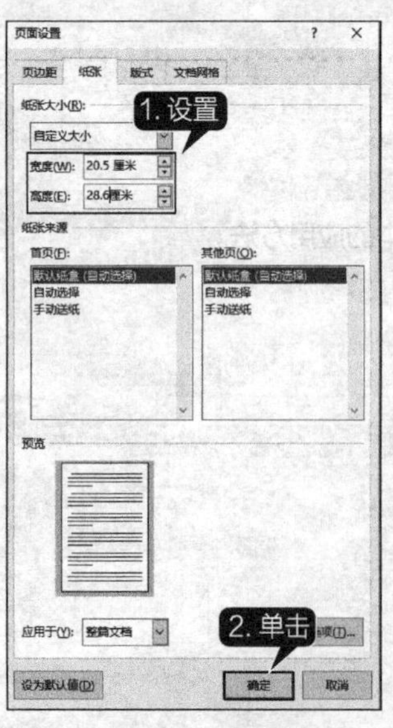

4 完成设置

完成页面设置后的效果如下图所示。

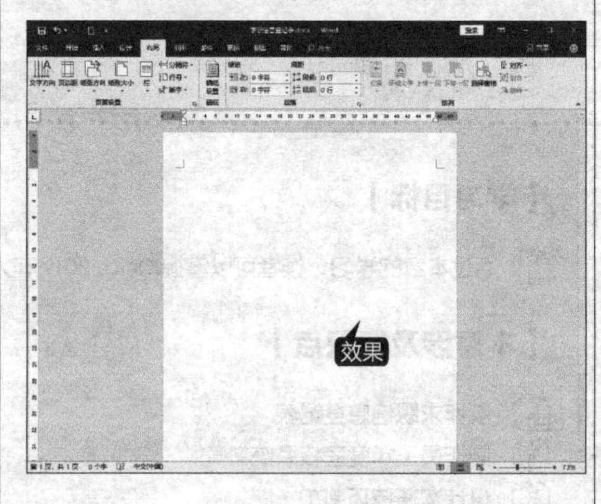

14.1.2 绘制表格整体框架

可以使用表格制作求职信息登记表，首先需要绘制表格的整体框架，具体操作步骤如下。

1 输入文本

在绘制表格之前，需要先输入求职信息表的标题，这里输入“求职信息登记表”文本，然后设置【字体】为“楷体”，【字号】为“小二”，设置“加粗”并进行居中显示，效果如下图所示。

2 选择【插入表格】选项

按【Enter】键两次，对其进行左对齐，然后单击【插入】选项卡【表格】选项组中的【表格】按钮，在弹出的下拉列表中选择【插入表格】选项。

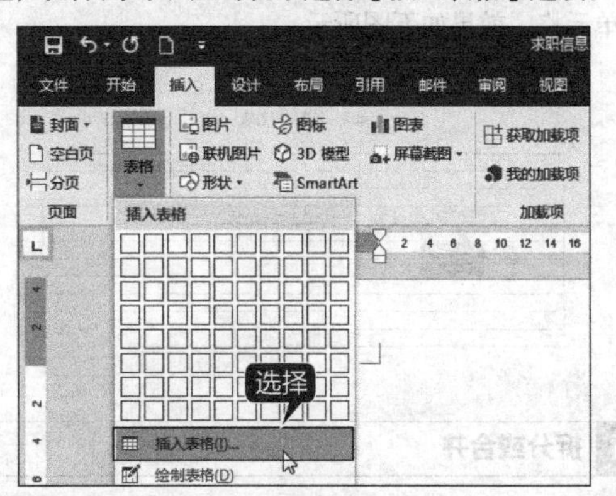

3 设置行数和列数

弹出【插入表格】对话框，在【表格尺寸】选项区域中设置【列数】为“1”，【行数】为“7”，单击【确定】按钮。

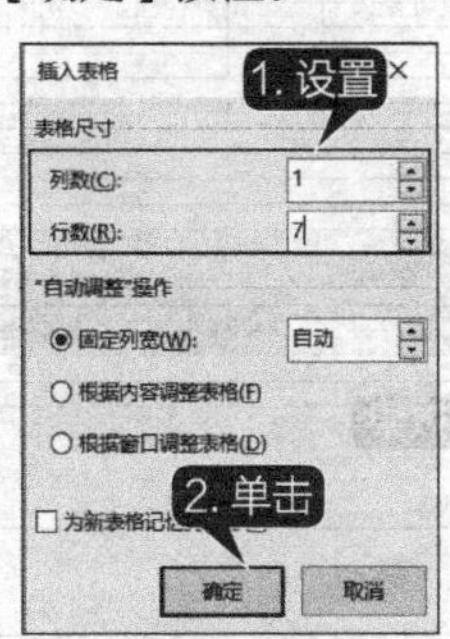

4 插入表格

插入一个7行1列的表格，效果如下图所示。

14.1.3 细化表格

绘制表格整体框架之后，就可以通过拆分单元格的形式细化表格，具体操作步骤如下。

1 设置行数和列数

将光标置于第1行单元格中，单击【表格工具】➤【布局】选项卡【合并】选项组中的【拆分单元格】按钮 拆分单元格，在弹出的【拆分单元格】对话框中，设置【列数】为“8”，【行数】为“5”，单击【确定】按钮。

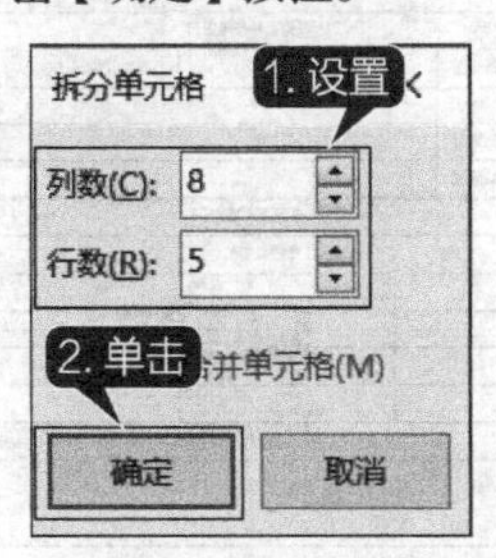

2 完成拆分单元格

完成第1行单元格的拆分，效果如下图所示。

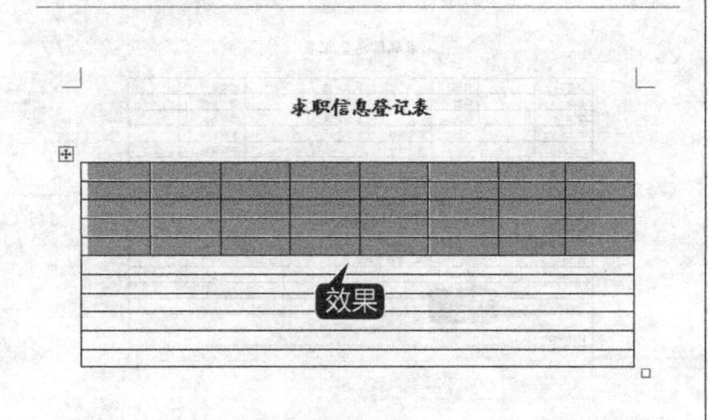

3 合并单元格

选择第4行的第2列和第3列单元格，单击【表格工具】➤【布局】选项卡【合并】选项组中的【合并单元格】按钮 合并单元格，将其合并为一个单元格，效果如下图所示。

4 拆分或合并

在【布局】选项卡中，使用同样的方法合并第5列和第6列。之后，对第5行单元格进行同样的合并，将第7行单元格拆分为4行6列。效果如下图所示。

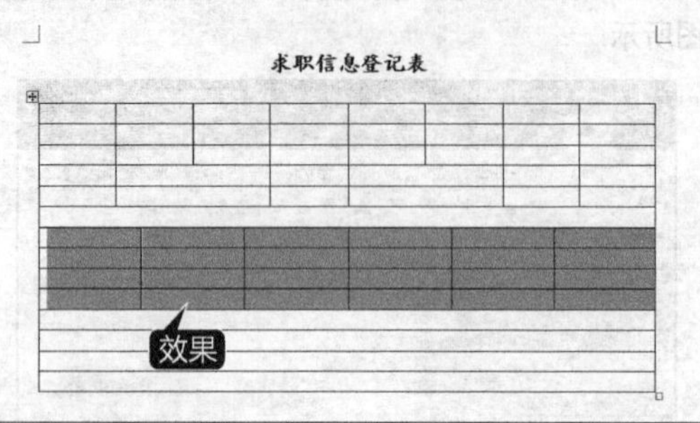

5 拆分或合并

合并第8行单元格的第2列至第6列，之后对第9行、10行进行同样的操作，效果如下图所示。

6 完成表格细化操作

将第12行单元格拆分为5行3列，就完成了表格的细化操作，最终效果如下图所示。

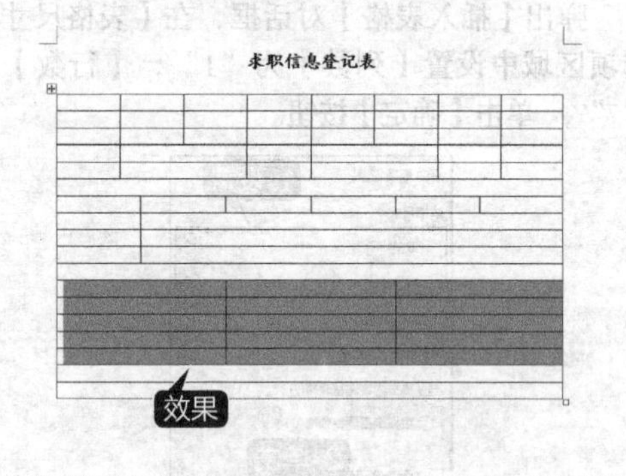

14.1.4 输入文本内容

对表格进行整体框架绘制和单元格划分之后，即可根据需要向单元格中输入相关的文本内容。

1 输入相关内容

打开 “素材\ch14\登记表.docx”文件，根据文件中的内容在“求职信息登记表.docx”文件中输入相关内容。

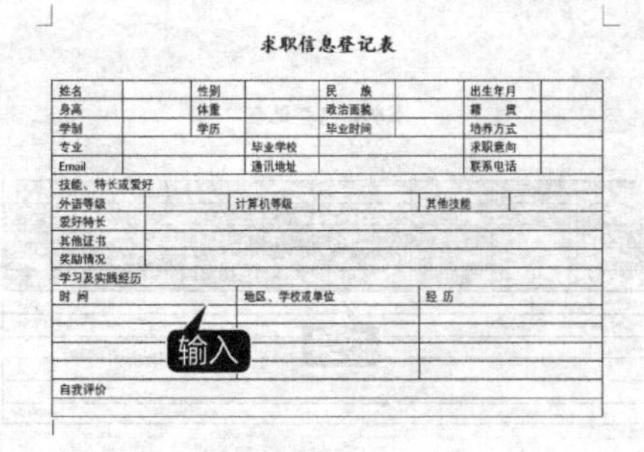

2 设置文本

选择表格内所有文本，设置【字体】为“等线”，【字号】为“四号”，【对齐方式】为“居中”，效果如下图所示。

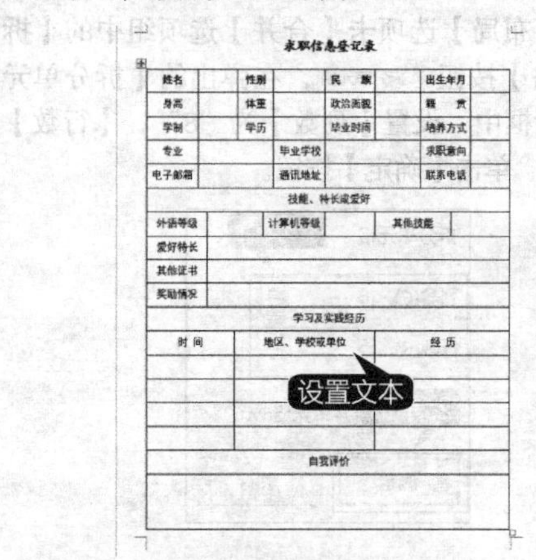

3 应用“加粗”效果

为第6行、第11行和第17行中的文字应用“加粗”效果，效果如下图所示。

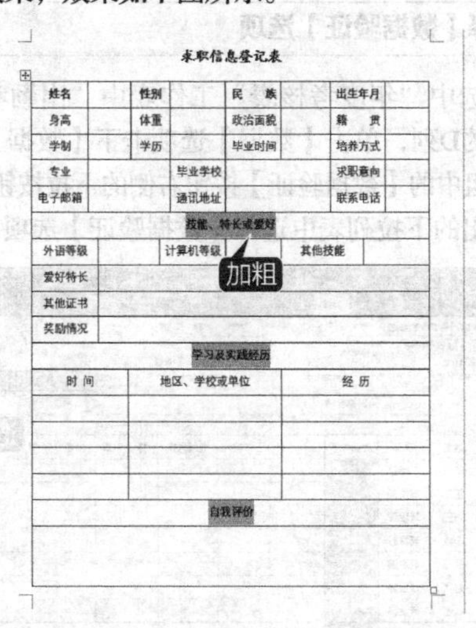

4 调整行高和列宽

最后根据需要调整表格中的行高及列宽，使其布局更合理，并占满整个页面，效果如下图所示。

14.1.5 美化表格

制作完成求职信息登记表之后，就可以对表格进行美化操作，具体操作步骤如下。

1 选择一种样式

选中整个表格，单击【表格工具】➤【设计】选项卡下【表格样式】组中的【其他】按钮，在弹出的下拉列表中选择一种样式。

2 设置效果

设置表格样式后的效果如下图所示。

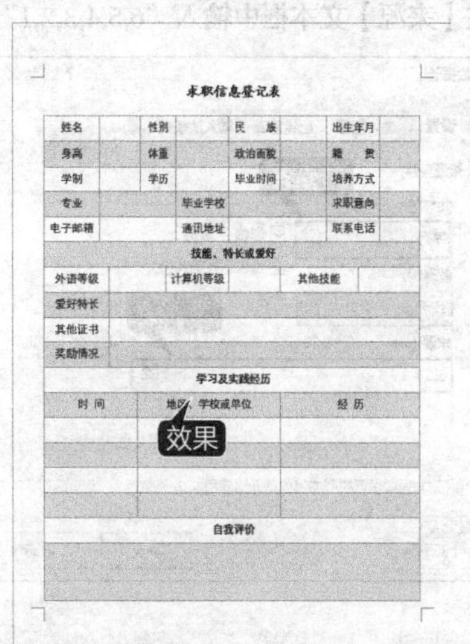

至此，就完成了制作求职信息登记表的操作。

14.2 制作员工年度考核系统

 本节视频教学时间：10分钟

人事部门一般都会在年终或季度末对员工的表现进行一次考核，这不但可以对员工的工作进行督促和检查，还可以根据考核的情况发放年终和季度奖金。

14.2.1 设置数据验证

设置数据验证的具体操作步骤如下。

1 打开素材

打开“素材\ch14\员工年度考核.xlsx”工作簿，其中包含两个工作表，分别为“年度考核表”和“年度考核奖金标准”。

2 选择【数据验证】选项

选中“年度考核表”工作表中“出勤考核”所在的D列，单击【数据】选项卡下【数据工具】选项组中的【数据验证】按钮右侧的下拉按钮，在弹出的下拉列表中选择【数据验证】选项。

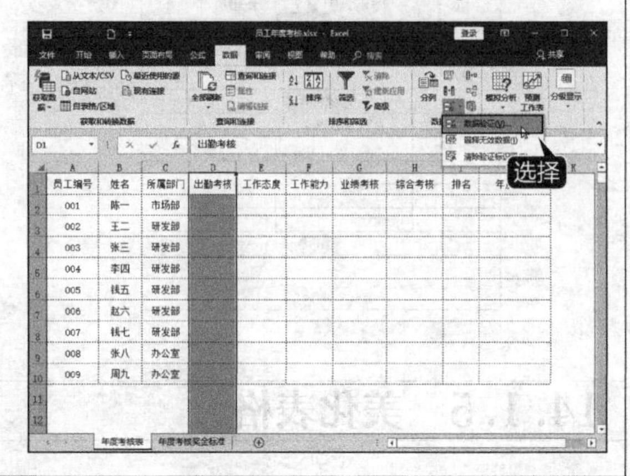

3 设置验证条件

弹出【数据验证】对话框，选择【设置】选项卡，在【允许】下拉列表中选择【序列】选项，在【来源】文本框中输入“6,5,4,3,2,1”。

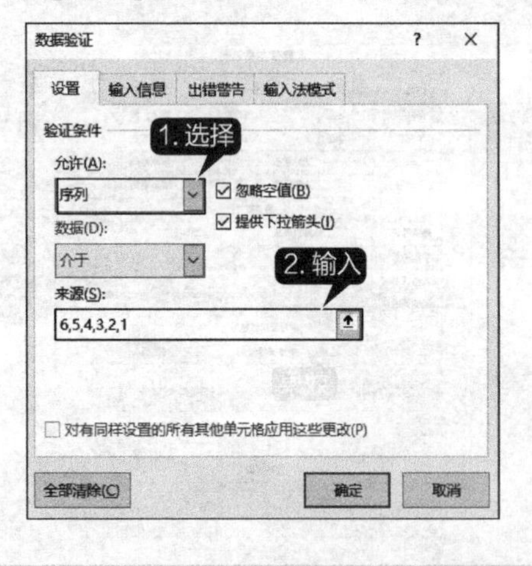

4 设置输入信息

切换到【输入信息】选项卡，选中【选定单元格时显示输入信息】复选框，在【标题】文本框中输入“请输入考核成绩”，在【输入信息】列表框中输入“可以在下拉列表中选择”。

小提示

假设企业对员工的考核成绩分为6、5、4、3、2和1共6个等级，从6到1依次降低。在输入“6,5,4,3,2,1”时，中间的逗号要在英文状态下输入。

5 设置出错警告

切换到【出错警告】选项卡，选中【输入无效数据时显示出错警告】复选框，在【样式】下拉列表中选择【停止】选项，在【标题】文本框中输入"考核成绩错误"，在【错误信息】列表框中输入"请到下拉列表中选择！"。

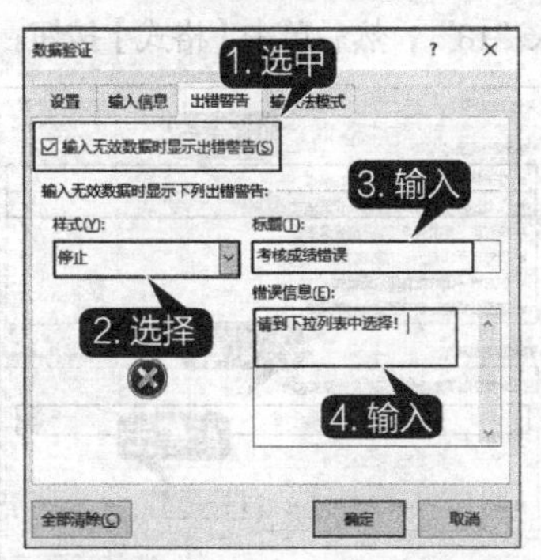

6 设置输入法模式

切换到【输入法模式】选项卡，在【模式】下拉列表中选择【关闭（英文模式）】选项，以保证在该列输入内容时始终不是英文输入法，单击【确定】按钮。

7 显示黄色的信息框

完成数据验证的设置。单击单元格D2，将会显示黄色的信息框。

员工编号	姓名	所属部门	出勤考核	工作态度	工作能力	业绩考核	综合考核	排名	年度奖金
001	陈一	市场部							
002	王二	研发部							
003	张三	研发部							
004	李四	研发部							
005	钱五	研发部							
006	赵六	研发部							
007	钱七	研发部							
008	张八	办公室							
009	周九	办公室							

8 弹出提示框

在单元格D2中输入"8"，按【Enter】键，会弹出【考核成绩错误】提示框。如果单击【重试】按钮，则可重新输入。

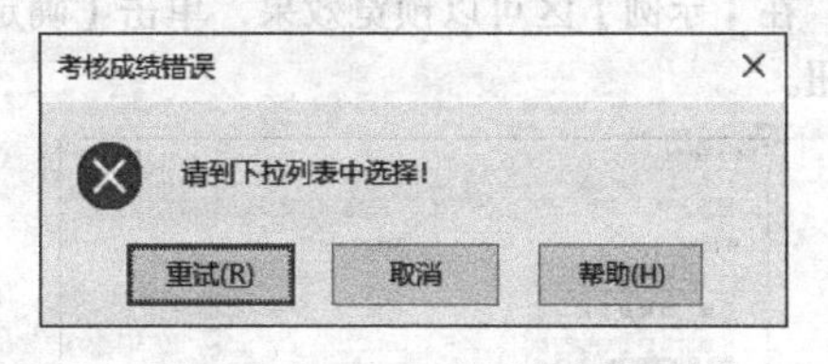

9 输入员工的成绩

参照步骤1～7，设置E、F、G等列的数据有效性，并依次输入员工的成绩。

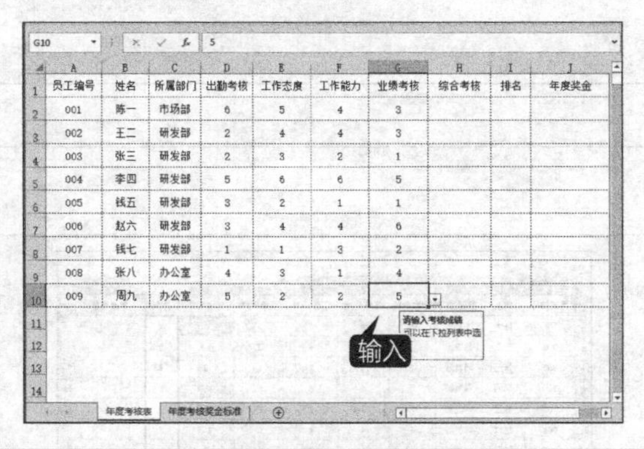

员工编号	姓名	所属部门	出勤考核	工作态度	工作能力	业绩考核	综合考核	排名	年度奖金
001	陈一	市场部	6	5	4	3			
002	王二	研发部	2	4	4	3			
003	张三	研发部	2	3	2	1			
004	李四	研发部	5	6	6	5			
005	钱五	研发部	3	2	1	1			
006	赵六	研发部	3	4	4	6			
007	钱七	研发部	1	1	3	2			
008	张八	办公室	4	3	1	4			
009	周九	办公室	5	2	2	5			

10 计算综合考核成绩

选择H2:H10单元格区域，输入"=SUM(D2:G2)"，按【Ctrl+Enter】组合键确认，即可计算出员工的综合考核成绩。

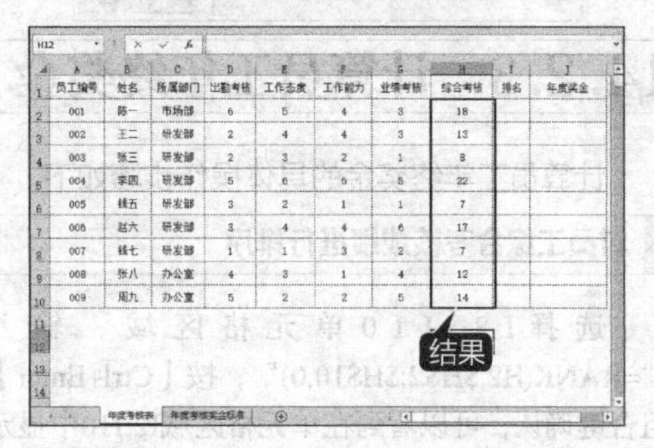

员工编号	姓名	所属部门	出勤考核	工作态度	工作能力	业绩考核	综合考核	排名	年度奖金
001	陈一	市场部	6	5	4	3	18		
002	王二	研发部	2	4	4	3	13		
003	张三	研发部	2	3	2	1	8		
004	李四	研发部	5	6	6	5	22		
005	钱五	研发部	3	2	1	1	7		
006	赵六	研发部	3	4	4	6	17		
007	钱七	研发部	1	1	3	2	7		
008	张八	办公室	4	3	1	4	12		
009	周九	办公室	5	2	2	5	14		

14.2.2 设置条件格式

设置条件格式的具体操作步骤如下。

1 选择【新建规则】菜单项

选择单元格区域H2:H10，单击【开始】选项卡下【样式】组中的【条件格式】按钮 条件格式，在弹出的下拉菜单中选择【新建规则】菜单项。

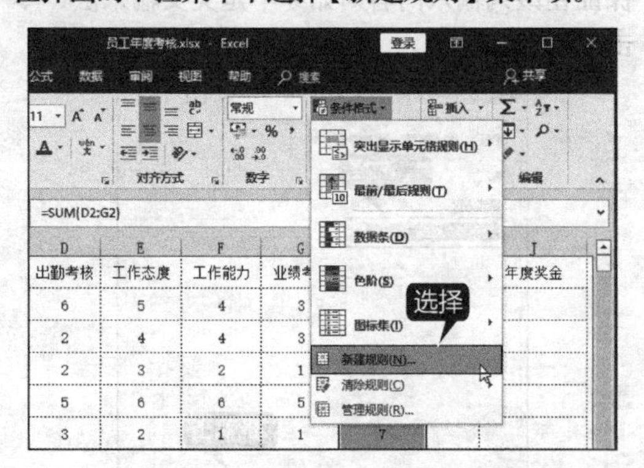

2 新建格式规则

弹出【新建格式规则】对话框，在【选择规则类型】列表框中选择【只为包含以下内容的单元格设置格式】选项，在【编辑规则说明】区域的第1个下拉列表中选择【单元格值】选项，在第2个下拉列表中选择【大于或等于】选项，在右侧的文本框中输入“18”，然后单击【格式】按钮。

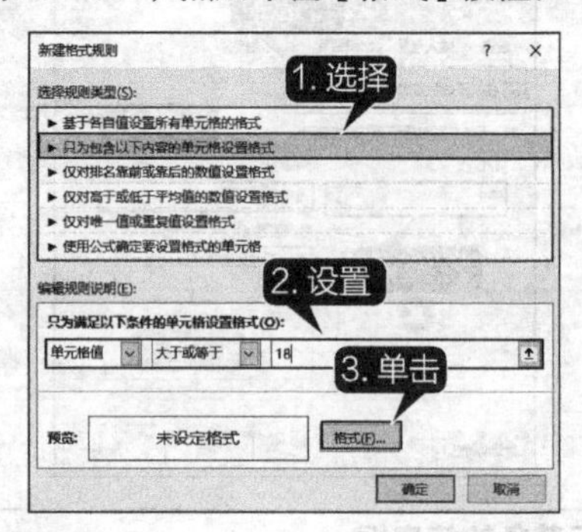

3 选择一种颜色

打开【设置单元格格式】对话框，选择【填充】选项卡，在【背景色】列表框中选择一种颜色，在【示例】区可以预览效果，单击【确定】按钮。

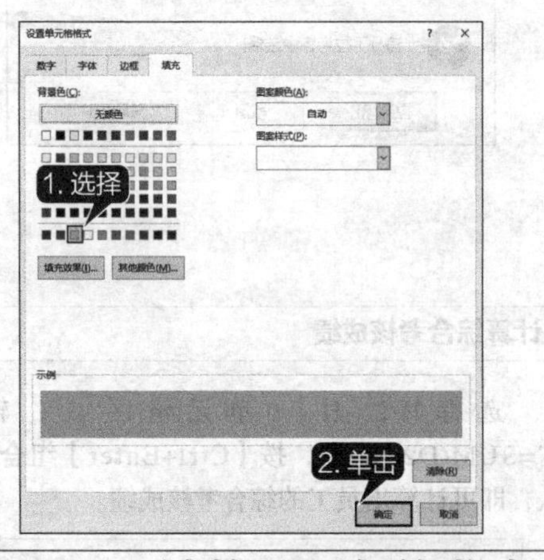

4 显示背景色

返回【新建格式规则】对话框，单击【确定】按钮，可以看到18分及18分以上的员工的“综合考核”将会以设置的背景色显示。

	A	B	C	D	E	F	G	H	I	J
1	员工编号	姓名	所属部门	出勤考核	工作态度	工作能力	业绩考核	综合考核	排名	年度奖金
2	001	陈一	市场部	6	5	4	3	18		
3	002	王二	研发部	2	4	4	3	13		
4	003	张三	研发部	2	3	2	1			
5	004	李四	研发部	5	6	6	5	22		
6	005	钱五	研发部	3	2	1	1	7		
7	006	赵六	研发部	3	4	4	6	17		
8	007	钱七	研发部	1	1	3	2	7		
9	008	张八	办公室	4	3	1	4	12		
10	009	周九	办公室	5	2	2	5	14		

效果

14.2.3 计算员工年终奖金

计算员工年终奖金的具体操作步骤如下。

1 对员工综合考核成绩进行排序

选择I2:I10单元格区域，输入“=RANK(H2,$H$2:$H$10,0)”，按【Ctrl+Enter】组合键确认，可以看到在单元格区域I2:I10中显示出排名顺序。

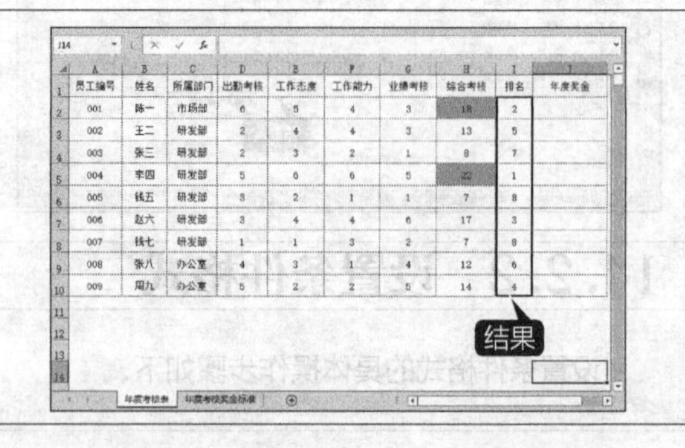

2 计算员工的年终奖金

选择J2:J10单元格区域，输入“=LOOKUP(I2,年度考核奖金标准!$A$2:$B$5)”，按【Ctrl+Enter】组合键确认，可以计算出员工的年终奖金。

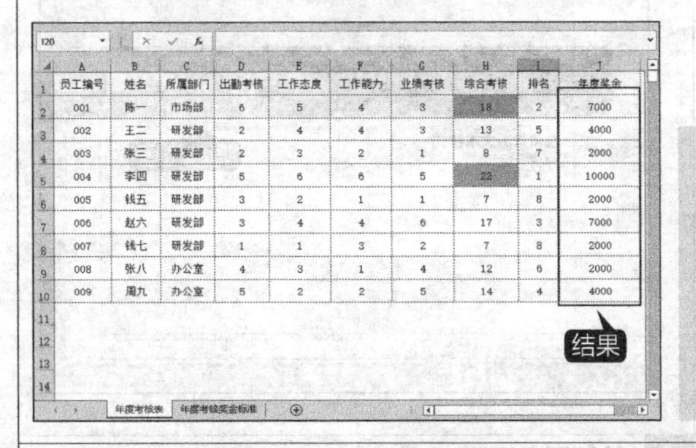

员工编号	姓名	所属部门	出勤考核	工作态度	工作能力	业绩考核	综合考核	排名	年度奖金
001	陈一	市场部	6	5	4	3	18	2	7000
002	王二	研发部	2	4	4	3	13	5	4000
003	张三	研发部	2	3	2	1	8	7	2000
004	李四	研发部	5	6	6	5	22	1	10000
005	钱五	研发部	3	2	1	1	7	8	2000
006	赵六	研发部	3	4	4	6	17	3	7000
007	钱七	研发部	1	1	3	2	7	8	2000
008	张八	办公室	4	3	1	4	12	6	2000
009	周九	办公室	5	2	2	5	14	4	4000

小提示

企业对年度考核排在前几名的员工给予奖金奖励，标准为：第 1 名奖金 10 000 元；第 2、3 名奖金 7000 元；第 4、5 名奖金 4000 元；第 6 ~ 10 名奖金 2000 元。

至此，就完成了员工年度考核系统的制作，最终只需要将制作完成的工作簿进行保存即可。

14.3 设计沟通技巧培训PPT

本节视频教学时间：35分钟

沟通是人与人之间、人与群体之间思想与感情的传递和反馈的过程，以求思想达成一致和感情的通畅。沟通是社会交际中必不可少的技能，沟通的成效直接影响工作或事业成功与否。

14.3.1 设计幻灯片母版

此演示文稿中除了首页和结束页外，其他所有幻灯片中都需要在标题处放置一个关于沟通交际的图片。为了体现版面的美观，会将四角设置为弧形。设计幻灯片母版的步骤如下。

1 新建文档

启动PowerPoint 2019，进入PowerPoint工作界面，将新建文档另存为“沟通技巧.pptx”。

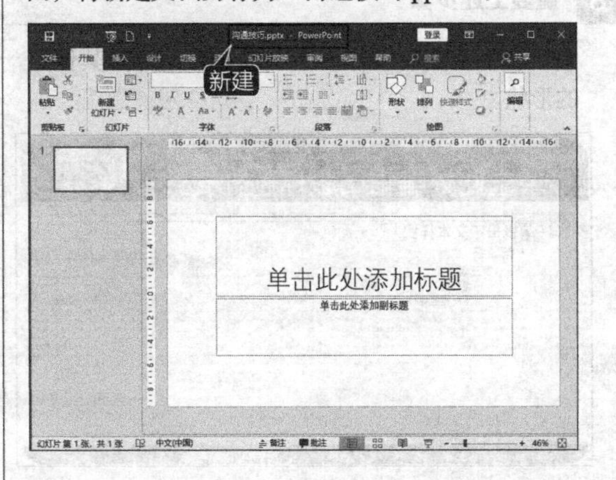

2 单击第 1 张幻灯片

单击【视图】选项卡下【母版视图】组中的【幻灯片母版】按钮，切换到幻灯片母版视图，并在左侧列表中单击第1张幻灯片。

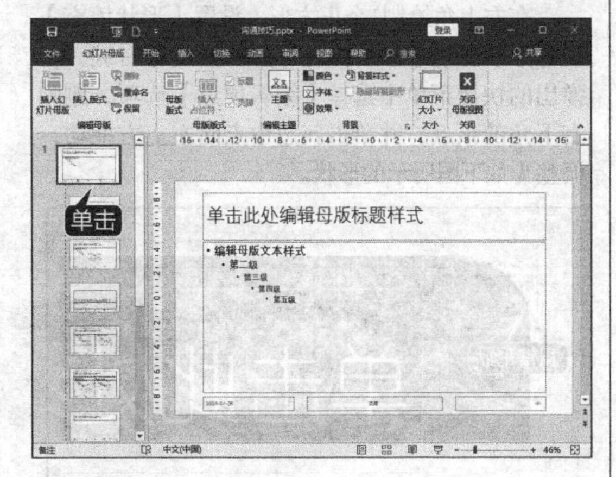

3 选择图片

单击【插入】选项卡【图像】组中的【图片】按钮，在弹出的对话框中选择“素材\ch14\背景1.png”文件，单击【插入】按钮。

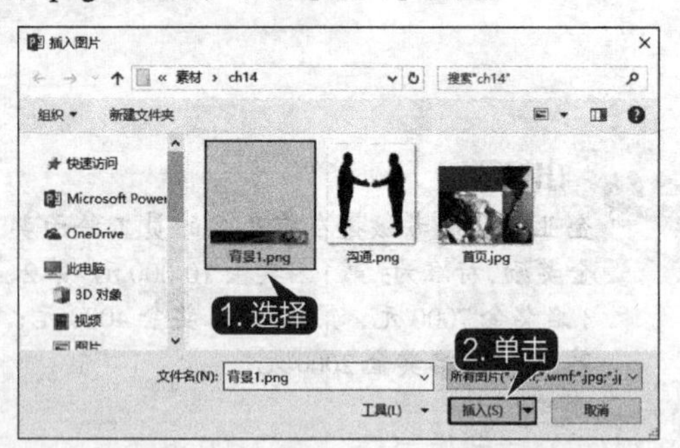

4 调整图片位置

插入图片并调整图片的位置，如下图所示。

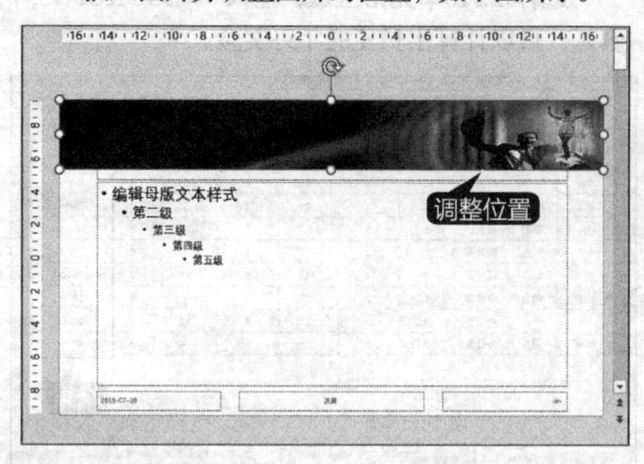

5 绘制矩形框

使用形状工具在幻灯片底部绘制1个矩形框，并填充颜色为蓝色（R:29，G:122，B:207）。

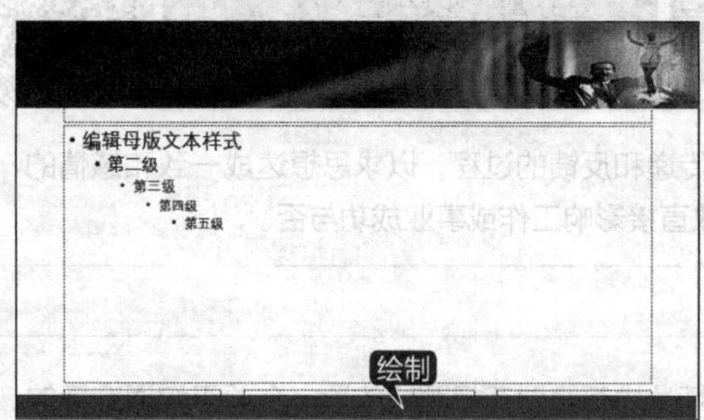

6 绘制圆角矩形

使用形状工具绘制1个圆角矩形，并拖动圆角矩形左上方的黄点，调整圆角角度。设置【形状填充】为“无填充颜色”，设置【形状轮廓】为“白色”、【粗细】为“4.5磅”。

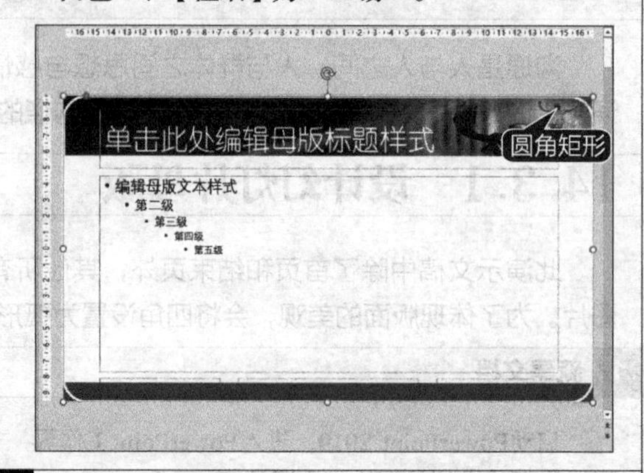

7 调整形状

在左上角绘制1个正方形，设置【形状填充】和【形状轮廓】为“白色”并单击鼠标右键，在弹出的快捷菜单中选择【编辑顶点】选项，删除右下角的顶点，并单击斜边中点向左上方拖动，调整为如下图所示的形状。

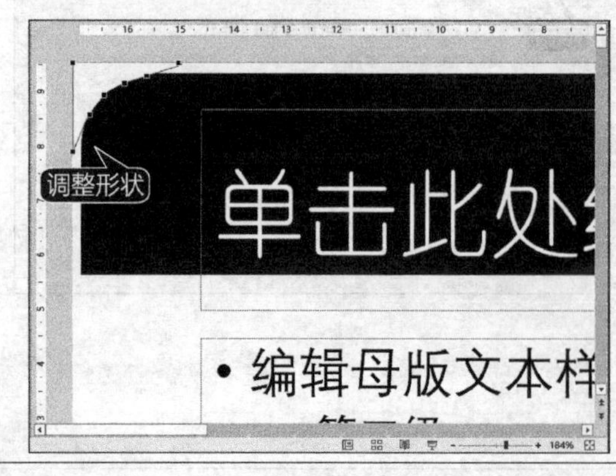

8 重复上述步骤

重复上面的操作，绘制并调整幻灯片其他角的形状。

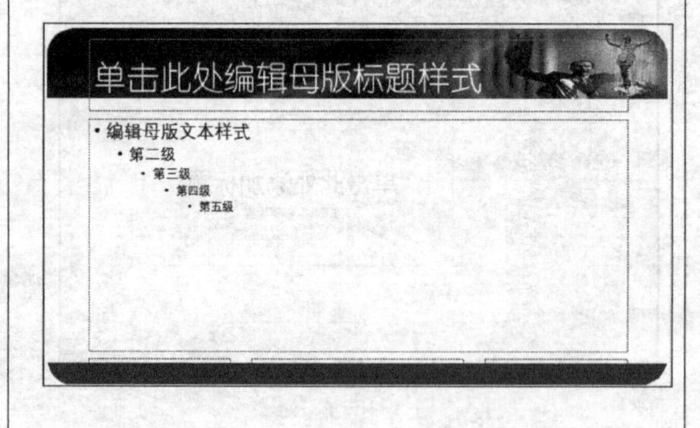

9 将图形组合

选择步骤6~步骤8中绘制的图形，并单击鼠标右键，在弹出的快捷菜单中选择【组合】➤【组合】菜单命令，将图形组合，效果如下图所示。

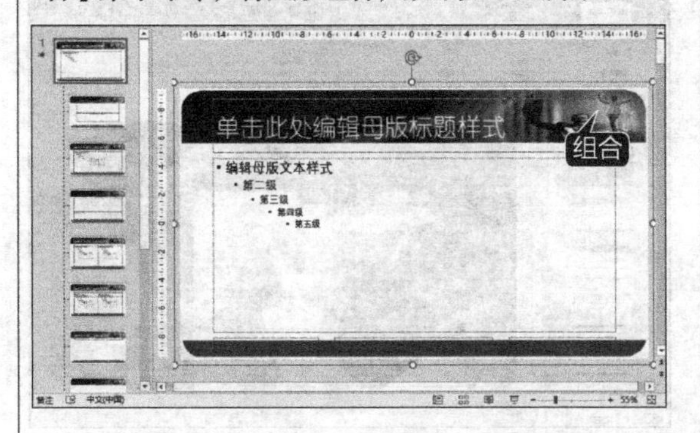

10 设置字体

将标题框置于顶层，并设置内容字体为“幼圆”、字号为“50”、颜色为“白色”。

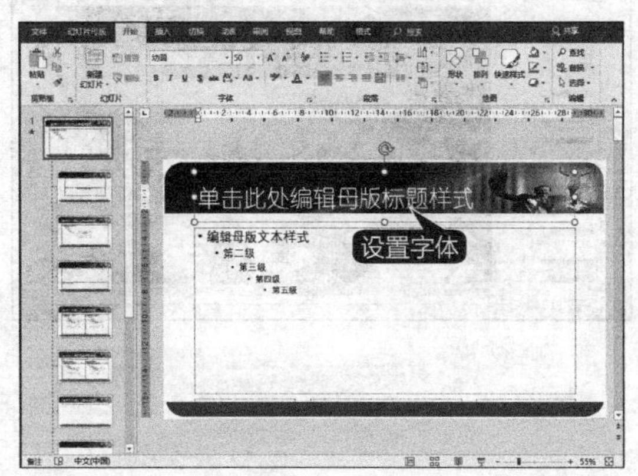

14.3.2 设计幻灯片首页

幻灯片首页由能够体现沟通交际的背景图和标题组成，设计幻灯片首页的具体操作步骤如下。

1 选择第 2 张幻灯片

在幻灯片母版视图中选择左侧列表的第2张幻灯片。

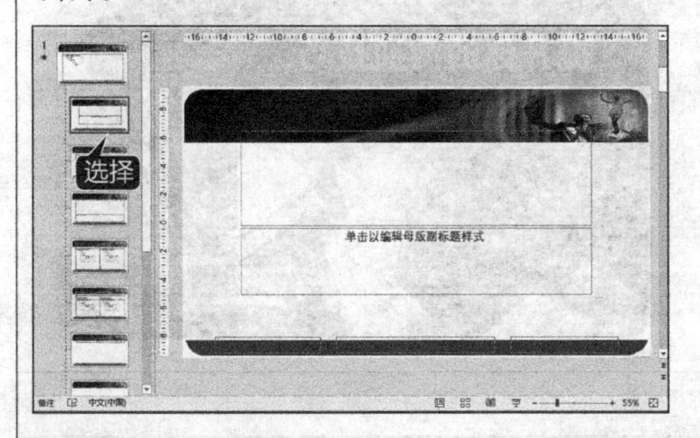

2 隐藏背景

选中【幻灯片母版】选项卡【背景】组中的【隐藏背景图形】复选框，将背景隐藏。

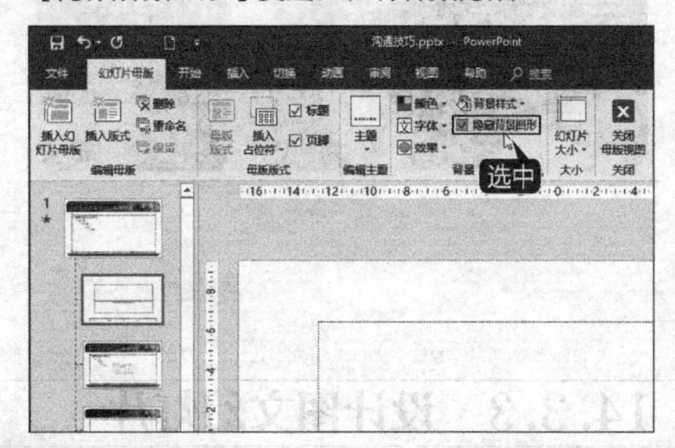

3 单击【文件】按钮

单击【背景】选项组右下角的【设置背景格式】按钮，弹出【设置背景格式】窗格，在【填充】区域中选择【图片或纹理填充】单选项，并单击【文件】按钮。

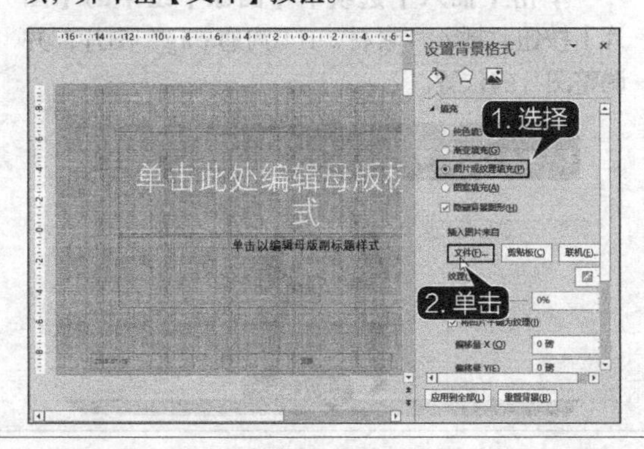

4 选择图片

在弹出的【插入图片】对话框中选择“素材\ch14\首页.jpg”图片，单击【插入】按钮。

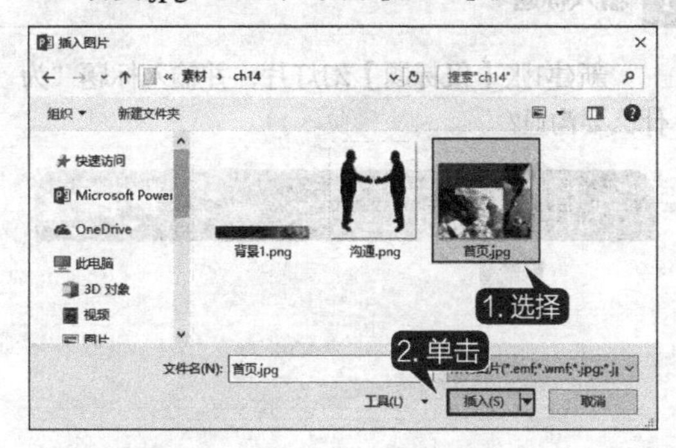

5 设置效果

设置背景后的幻灯片如下图所示。

6 绘制图形

按照14.3.1节步骤6~步骤9的操作，绘制图形，并将其组合，效果如下图所示。

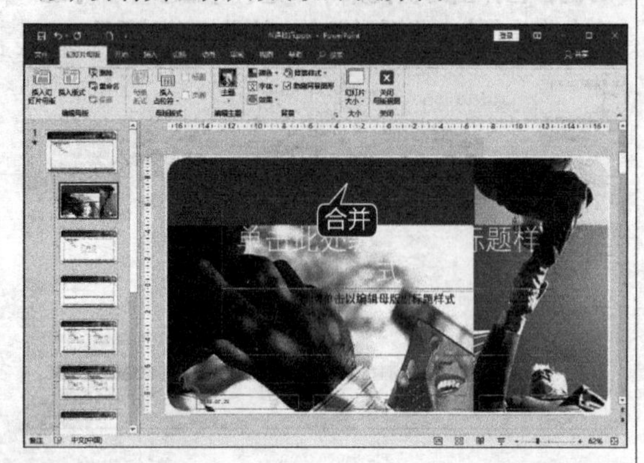

7 关闭母版视图

单击【关闭母版视图】按钮，返回普通视图。

8 输入文字

在标题文本占位符中输入文字"提升你的沟通技巧"文本，设置【字体】为"华文中宋""加粗"，并调整文本框的大小与位置，删除副标题文本占位符，制作完成的幻灯片首页如下图所示。

14.3.3 设计图文幻灯片

图文幻灯片的目的是使用图形和文字形象地说明沟通的重要性，设计图文幻灯片页面的具体操作步骤如下。

1 输入标题

新建1张【仅标题】幻灯片，并输入标题"为什么要沟通？"。

2 插入图片

单击【插入】选项卡【图像】组中的【图片】按钮，插入"素材\ch14\沟通.png"图片，并调整图片的位置。

3 插入两个图形标注

使用形状工具插入两个“思想气泡：云”自选图形标注。

4 编辑文字

在云形图形上单击鼠标右键，在弹出的快捷菜单中选择【编辑文字】选项，并输入如下文字，然后根据需要设置字体样式。

5 输入标题

新建1张【标题和内容】幻灯片，并输入标题“沟通有多重要？”。

6 选择【饼图】选项

单击内容文本框中的图表按钮，在弹出的【插入图表】对话框中选择【饼图】选项，单击【确定】按钮。

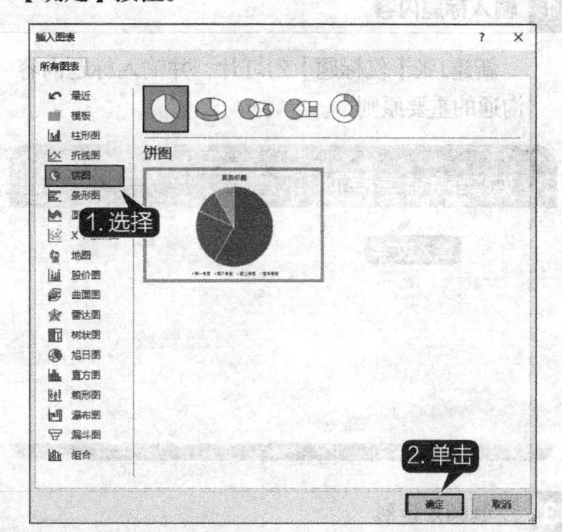

7 修改数据

在打开的【Microsoft PowerPoint中的图表】工作簿中修改数据，如下图所示。

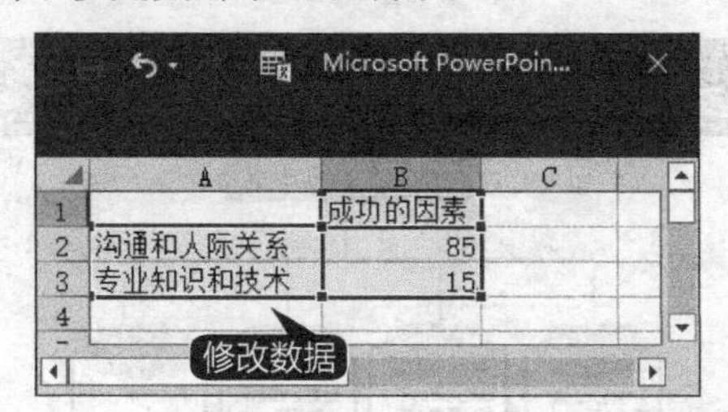

	A	B	C
1		成功的因素	
2	沟通和人际关系	85	
3	专业知识和技术	15	
4			

8 插入图表

关闭【Microsoft PowerPoint中的图表】工作簿，即可在幻灯片中插入图表。

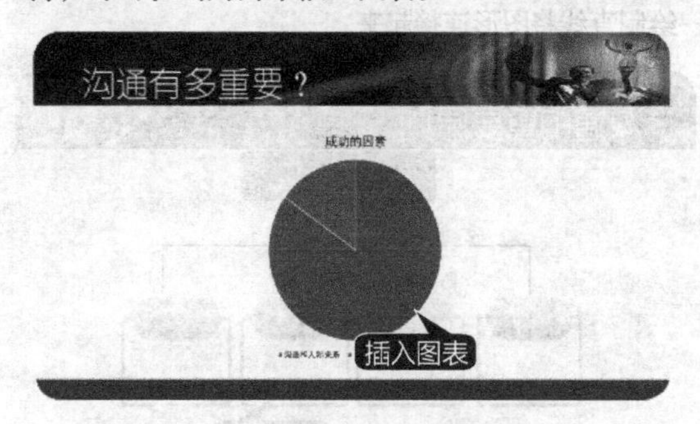

9 修改图表样式

根据需要修改图表的样式，效果如下图所示。

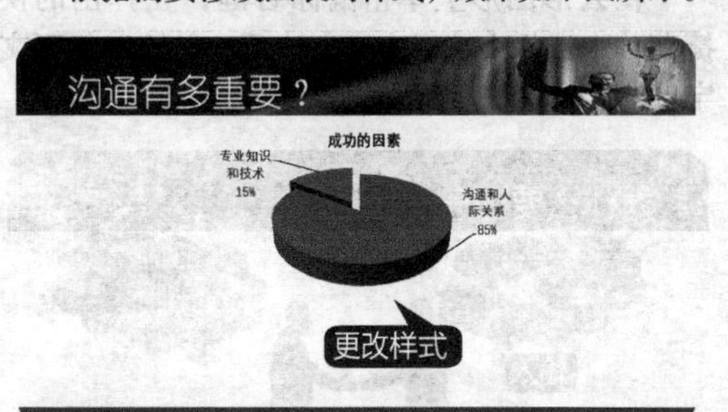

10 输入内容

在图表下方插入1个文本框，输入内容，并调整文字的字体、字号和颜色，最终效果如下图所示。

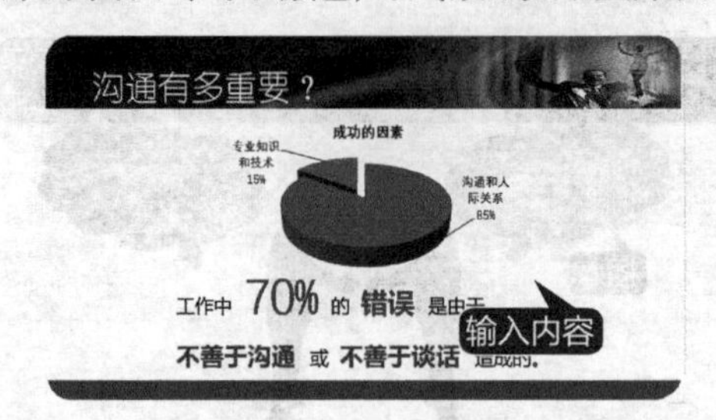

14.3.4 设计图形幻灯片

使用各种形状图形和SmartArt图形直观地展示沟通的重要原则和高效沟通的步骤，具体操作步骤如下。

1. 设计“沟通的重要原则”幻灯片

1 输入标题内容

新建1张【仅标题】幻灯片，并输入标题内容“沟通的重要原则”。

2 调整圆角角度

使用形状工具绘制5个圆角矩形，调整圆角矩形的圆角角度，并分别应用一种形状样式。

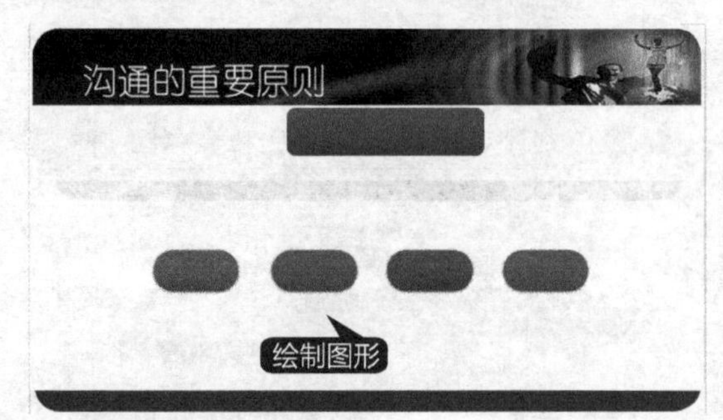

3 绘制圆角矩形

再绘制4个圆角矩形，设置【形状填充】为【无填充颜色】，分别设置【形状轮廓】为绿色、红色、蓝色和橙色，并将其置于底层，然后绘制直线将图形连接起来。

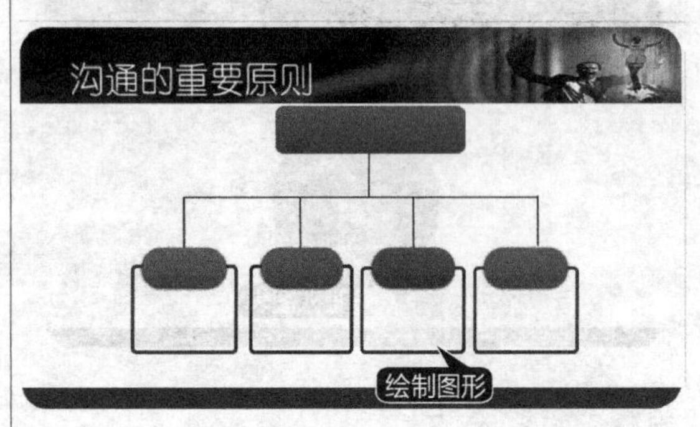

4 输入文字

在形状上单击鼠标右键，在弹出的快捷菜单中选择【编辑文字】选项，根据需要输入文字，效果如下图所示。

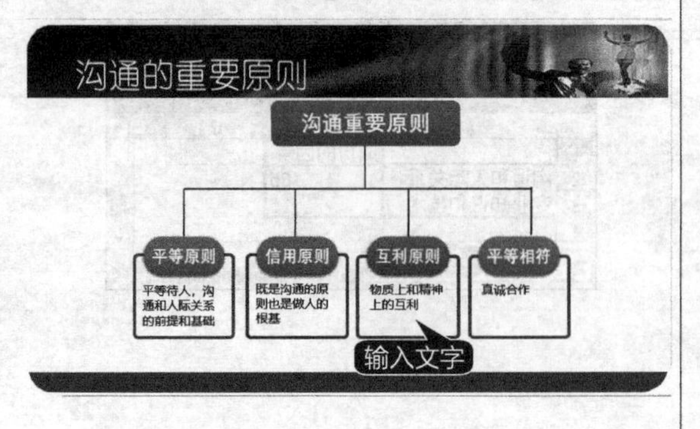

2. 设计“高效沟通步骤”幻灯片

1 输入标题

新建1张【仅标题】幻灯片，并输入标题“高效沟通步骤”。

2 插入 SmartArt 图形

单击【插入】选项卡【插图】组中的【SmartArt】按钮，在弹出的【选择SmartArt图形】对话框中选择【连续块状流程】图形，单击【确定】按钮。在SmartArt图形中输入文字，如下图所示。

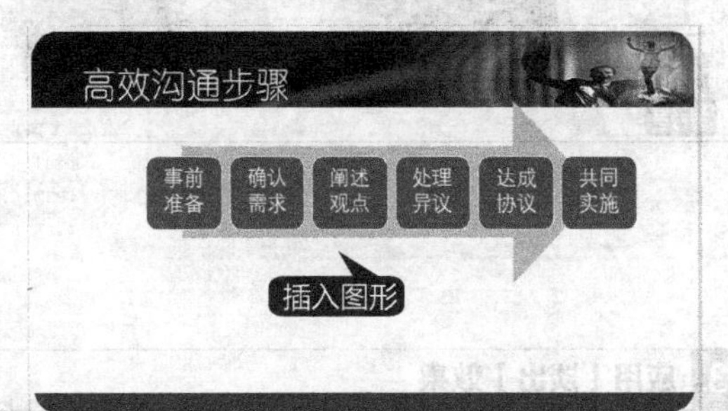

3 更改颜色

选择SmartArt图形，单击【SmartArt工具】➤【设计】选项卡【SmartArt样式】组中的【更改颜色】按钮，在下拉列表中选择【彩色轮廓 - 个性色3】选项。

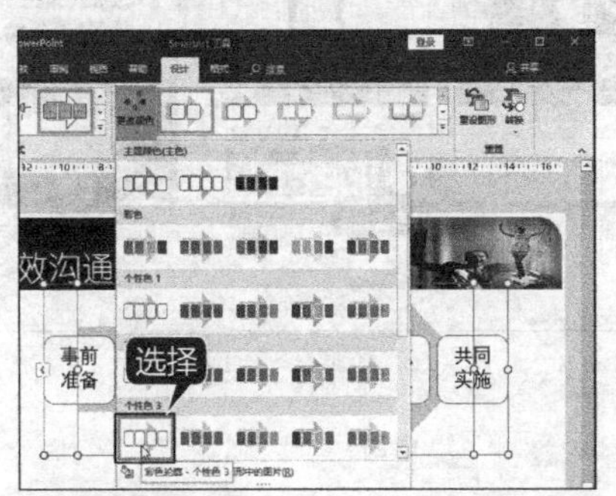

4 选择【嵌入】选项

单击【SmartArt样式】组中的【其他】按钮，在下拉列表中选择【嵌入】选项。

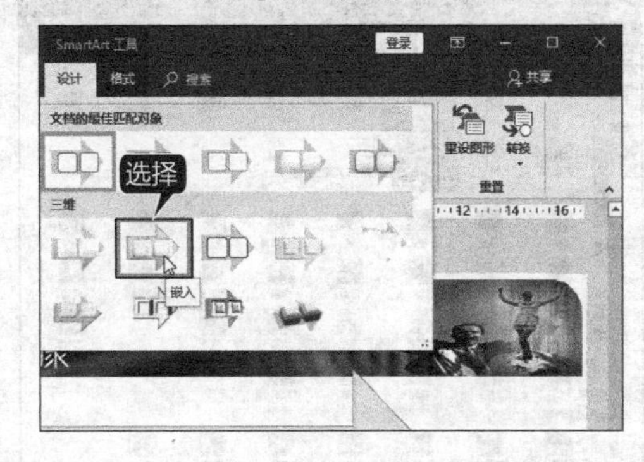

5 绘制圆角矩形

在SmartArt图形下方绘制6个圆角矩形，并应用蓝色形状样式。

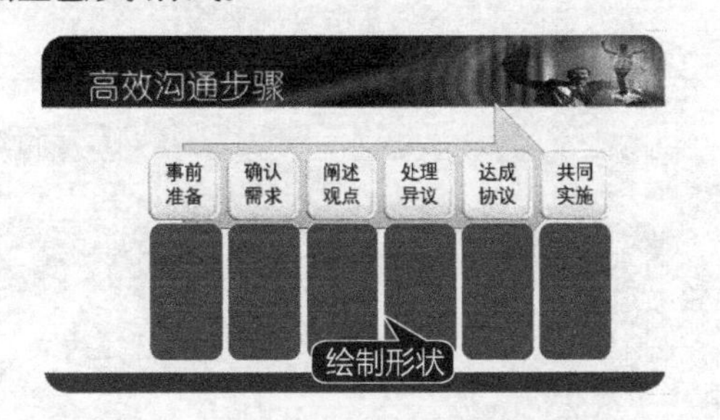

6 输入文字

在圆角矩形中输入文字，为文字添加“√”形式的项目符号，并设置字体颜色为“白色”，如下图所示。

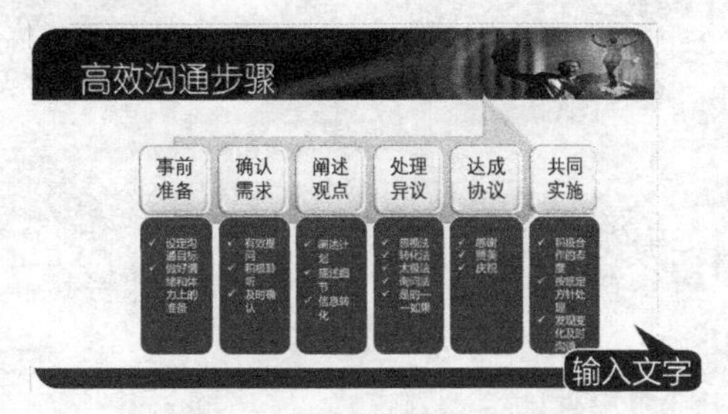

14.3.5 设计幻灯片结束页

结束页幻灯片和首页幻灯片的背景一致，只是标题内容不同。具体操作步骤如下。

1 新建标题幻灯片

新建1张【标题幻灯片】，如下图所示。

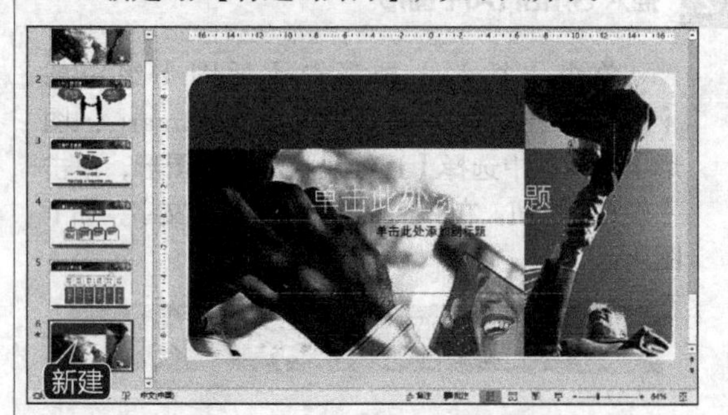

2 输入“谢谢观看！”

在标题文本框中输入“谢谢观看！”，并设置字体和位置。

3 应用【淡出】效果

选择第1张幻灯片，并单击【切换】选项卡【切换到此幻灯片】组中的【其他】按钮，应用【淡出】效果。

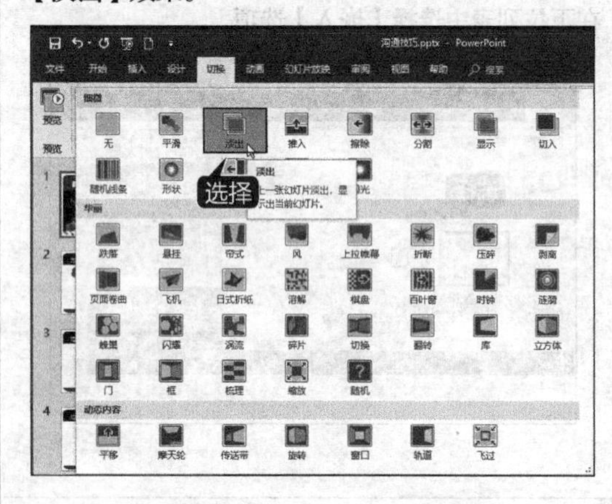

4 应用切换效果

分别为其他幻灯片应用切换效果。

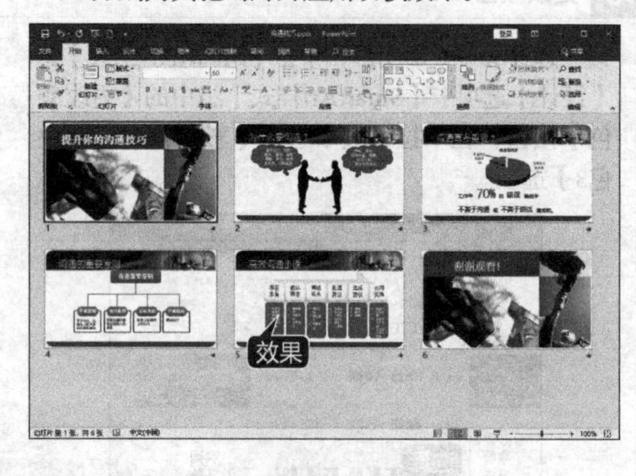

至此，沟通技巧PPT就制作完成了。

第 15 章

Office 2019 的行业应用——市场营销

本章视频教学时间：53 分钟

在市场营销领域可以使用 Word 2019 编排产品使用说明书，使用 Excel 2019 的数据透视表功能分析员工销售业绩，使用 PowerPoint 2019 设计产品销售计划 PPT 等。

【学习目标】

通过本章的学习，读者可以掌握 Office 2019 在市场营销中的应用方法。

【本章涉及知识点】

- 编排产品使用说明书
- 用数据透视表功能分析员工销售业绩
- 设计产品销售计划 PPT

15.1 编排产品使用说明书

本节视频教学时间：16分钟

产品使用说明书是一种常见的说明文，是生产厂家向消费者全面、明确地介绍产品名称、用途、性质、性能、原理、构造、规格、使用方法、保养维护、注意事项等内容而写的准确、简明的文字材料，可以起到宣传产品、扩大消息和传播知识的作用。

15.1.1 设置页面大小

新建Word空白文档时，默认情况下使用的纸张为“A4”。编排产品使用说明书时首先要设置页面的大小，设置页面大小的具体操作步骤如下。

1 新建文档

新建空白文档，然后打开“素材\ch15\产品使用说明书.docx”文档，将其中的内容粘贴至新建文档中。

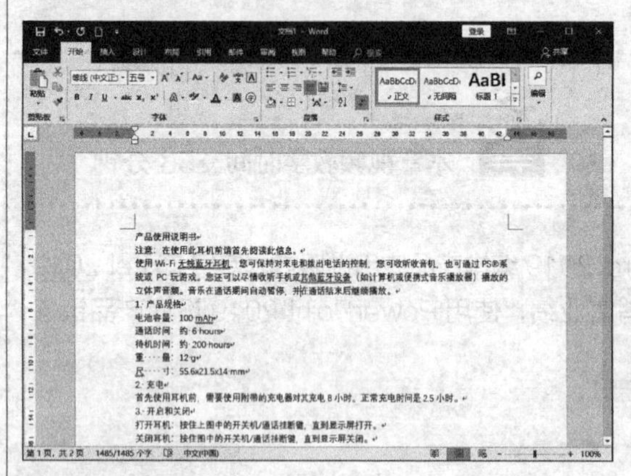

2 页面设置

单击【布局】选项卡的【页面设置】组中的【页面设置】按钮，弹出【页面设置】对话框，在【页边距】选项卡下设置【上】和【下】边距为“1.4厘米”，【左】和【右】边距为“1.3厘米”，设置【纸张方向】为“横向”。

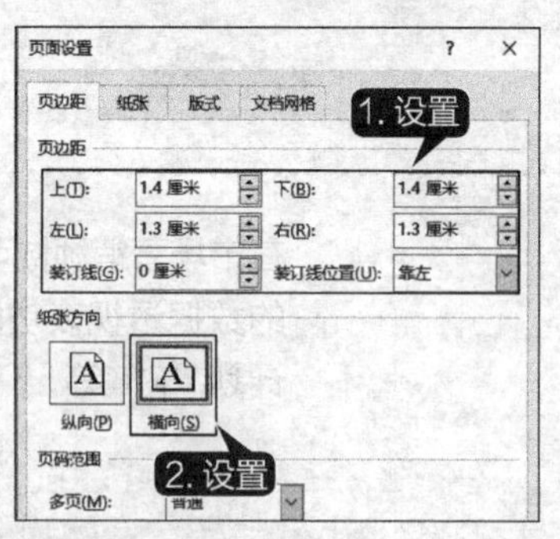

3 设置纸张大小

在【纸张】选项卡下的【纸张大小】下拉列表中选择【自定义大小】选项，并设置【宽度】为“14.8厘米”、【高度】为“10.5厘米”。

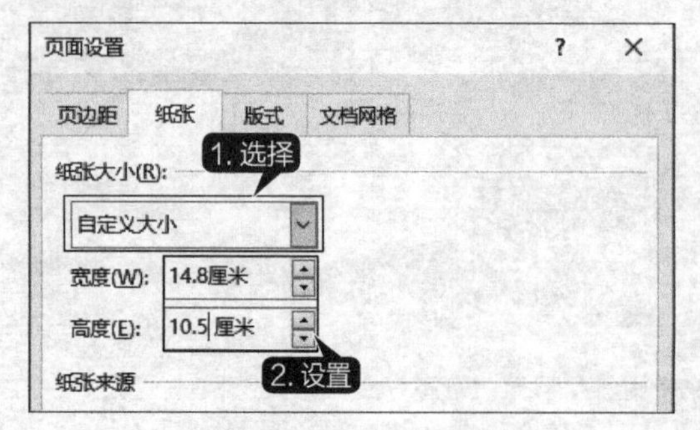

4 设置页眉和页脚

在【版式】选项卡下的【页眉和页脚】区域中单击选中【首页不同】复选框，并设置页眉和页脚距边界距离均为“1厘米”。

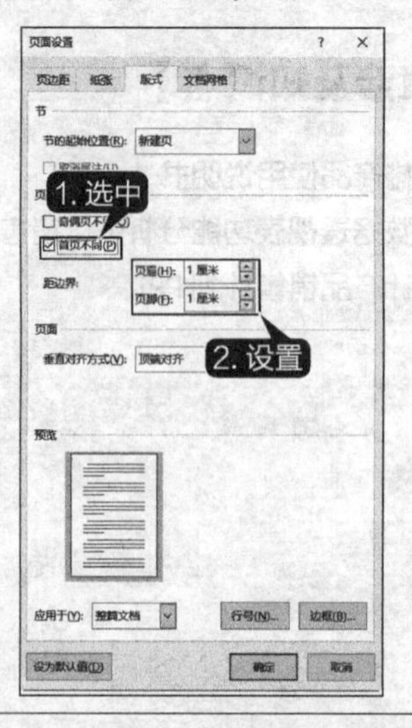

5 完成设置

单击【确定】按钮，完成页面的设置，效果如下图所示。

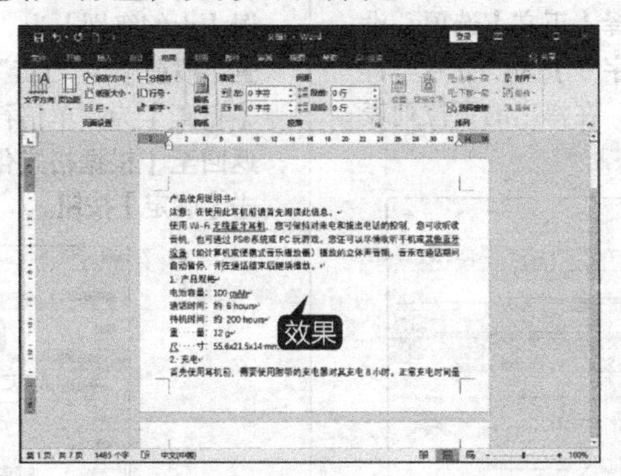

15.1.2 说明书内容的格式化

输入说明书内容后就可以根据需要分别格式化标题和正文内容。说明书内容格式化的具体操作步骤如下。

1. 设置标题样式

1 选择【标题】样式

选择第1行的标题行，单击【开始】选项卡的【样式】组中的【其他】按钮 ▾，在弹出的【样式】下拉列表中选择【标题】样式。

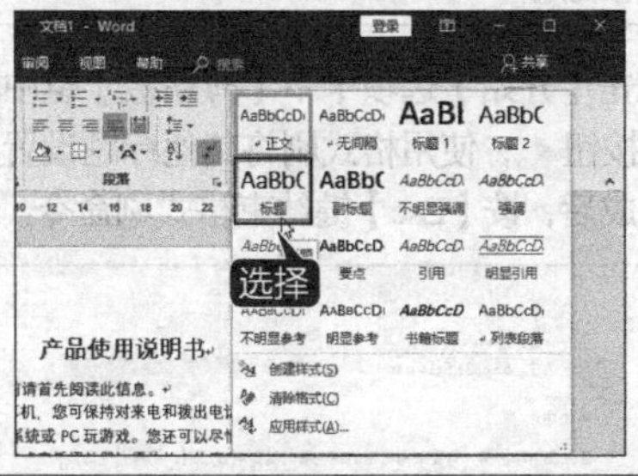

2 设置字体样式

根据需要设置其字体样式，效果如下图所示。

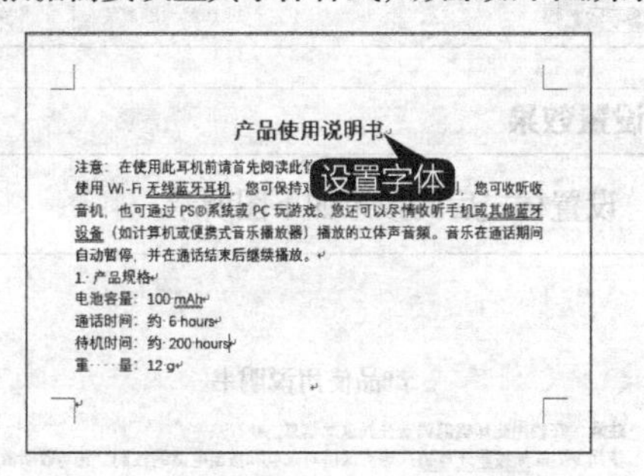

3 选择【创建样式】选项

将光标定位在“1.产品规格”段落内，单击【开始】选项卡的【样式】组中的【其他】按钮 ▾，在弹出的【样式】下拉列表中选择【创建样式】选项。

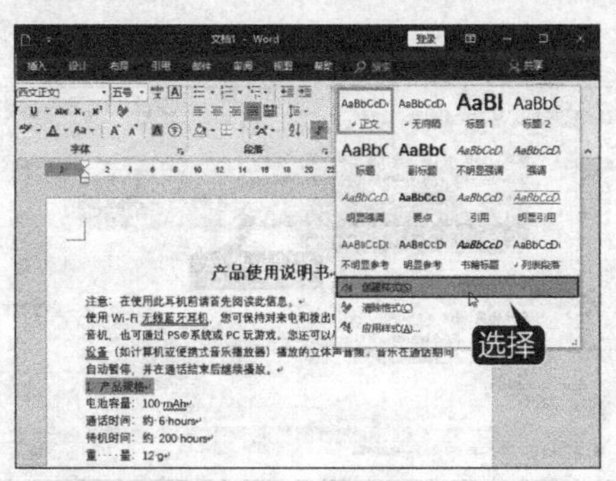

4 输入名称

弹出【根据格式化创建新样式】对话框，在【名称】文本框中输入样式名称，单击【修改】按钮。

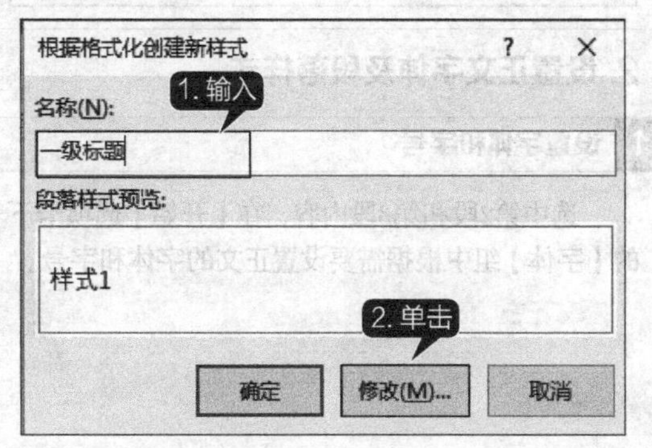

5 选择【段落】选项

弹出【根据格式化创建新样式】对话框，在【样式基准】下拉列表中选择【正文】选项，设置【字体】为“黑体”，【字号】为“五号”，单击左下角的【格式】按钮，在弹出的下拉列表中选择【段落】选项。

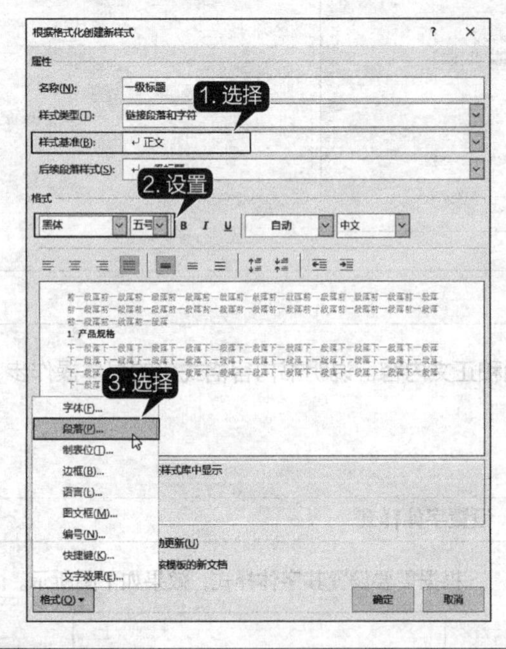

6 设置段落格式

弹出【段落】对话框，在【常规】区域中设置【大纲级别】为“1级”，在【间距】区域中设置【段前】为“1行”、【段后】均为“0.5行”、【行距】为“单倍行距”，单击【确定】按钮，返回至【根据格式化创建新样式】对话框中，单击【确定】按钮。

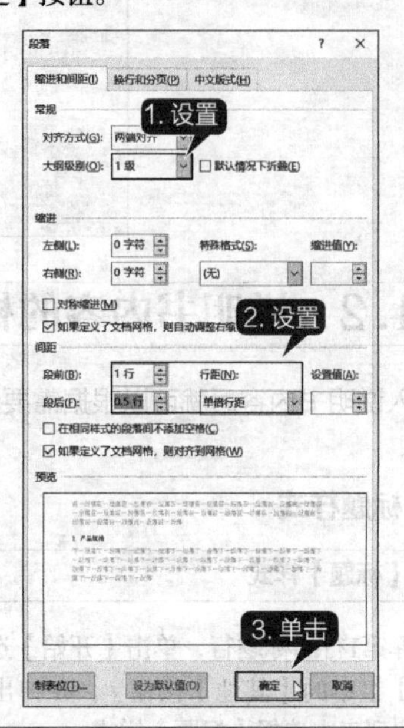

7 设置效果

设置样式后的效果如下图所示。

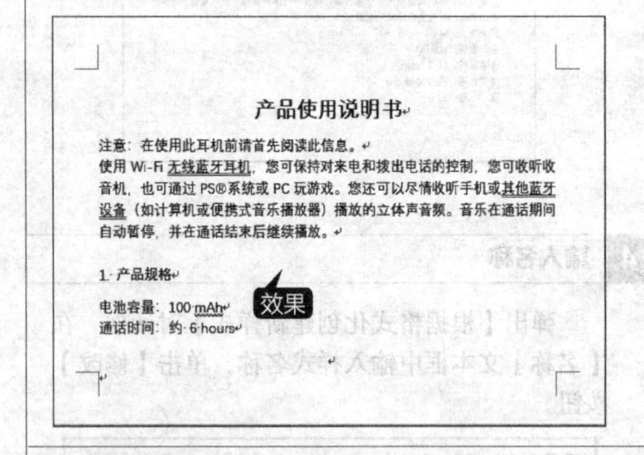

8 使用格式刷

双击【开始】选项卡下【剪贴板】组中的【格式刷】按钮，使用格式刷将其他标题设置格式。设置完成后，按【Esc】键结束格式刷命令。

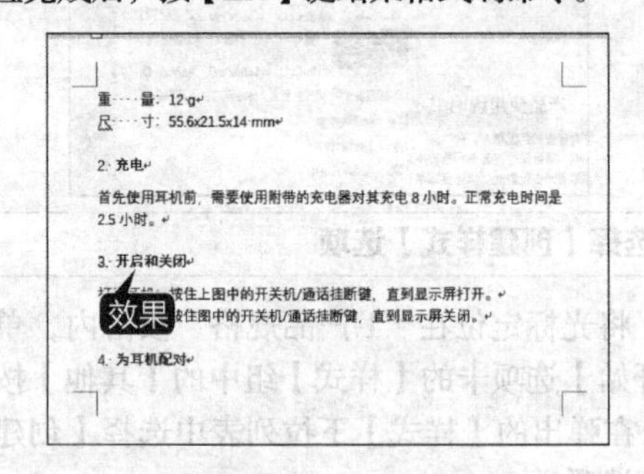

2. 设置正文字体及段落样式

1 设置字体和字号

选中第2段和第3段内容，在【开始】选项卡下的【字体】组中根据需要设置正文的字体和字号。

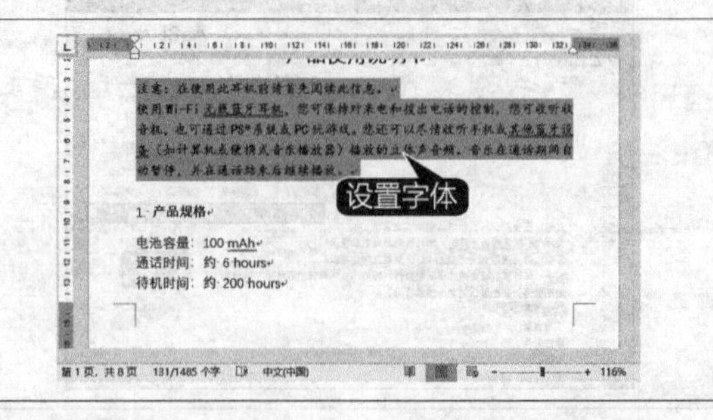

2 设置段落样式

单击【开始】选项卡的【段落】组中的【段落】按钮 ，在弹出的【段落】对话框的【缩进和间距】选项卡中设置【特殊格式】为“首行缩进”，【缩进值】为“2字符”，设置完成后单击【确定】按钮。

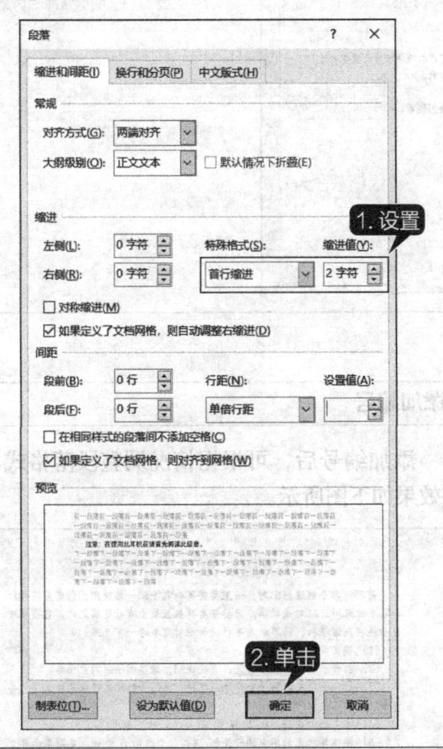

3 查看效果

设置段落样式后的效果如下图所示。

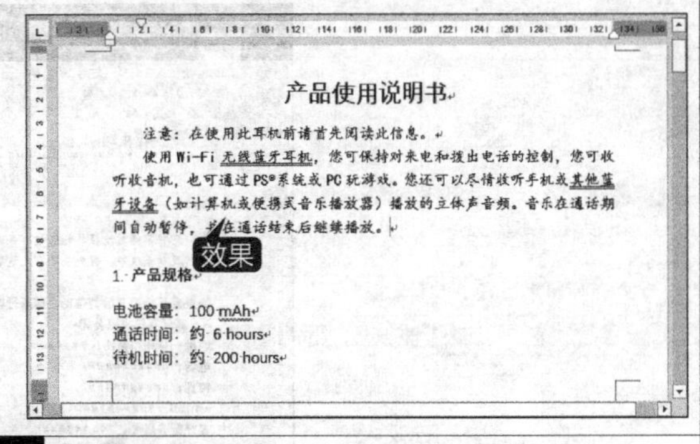

4 使用格式刷

使用格式刷设置其他正文段落的样式。

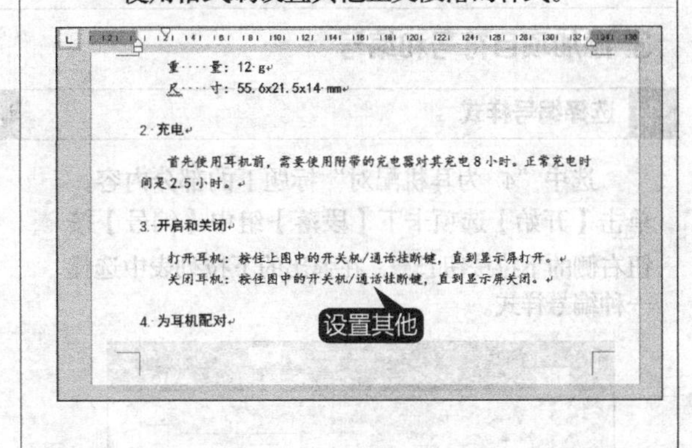

5 设置字体颜色

在设置说明书的过程中，如果有需要用户特别注意的地方，可以将其用特殊的字体或者颜色显示出来，选择第一页的“注意：”文本，将其【字体颜色】设置为“红色”，并将其“加粗”显示。

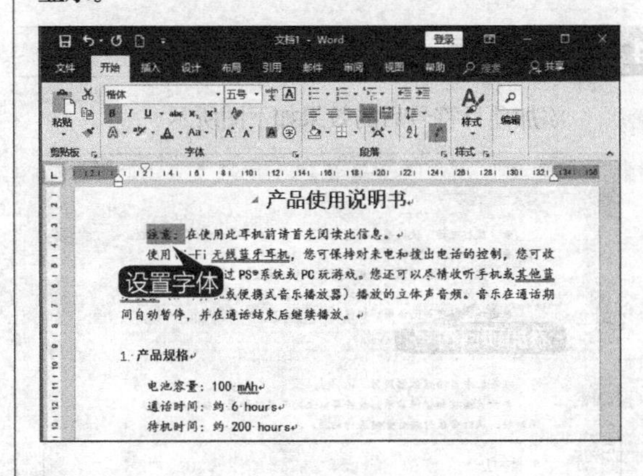

6 设置其他文本

使用同样的方法设置其他文本。

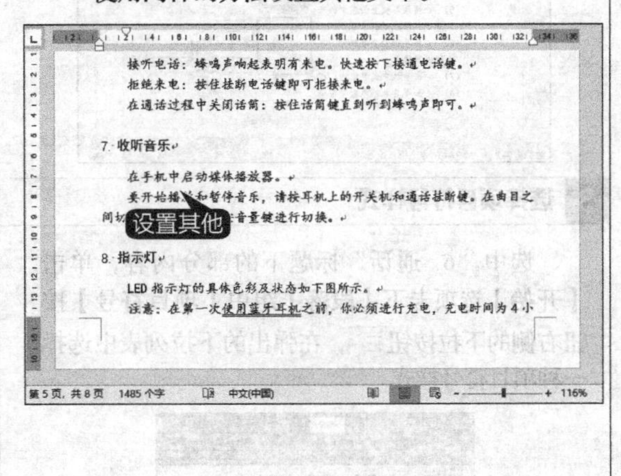

7 设置字体和字号

选择最后的7段文本，将其【字体】设置为“华文中宋”，【字号】设置为“五号”。

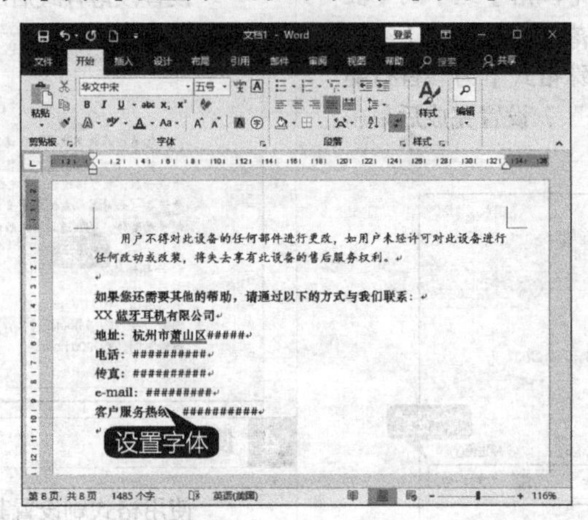

3. 添加项目符号和编号

1 选择编号样式

选中“4. 为耳机配对”标题下的部分内容，单击【开始】选项卡下【段落】组中【编号】按钮右侧的下拉按钮，在弹出的下拉列表中选择一种编号样式。

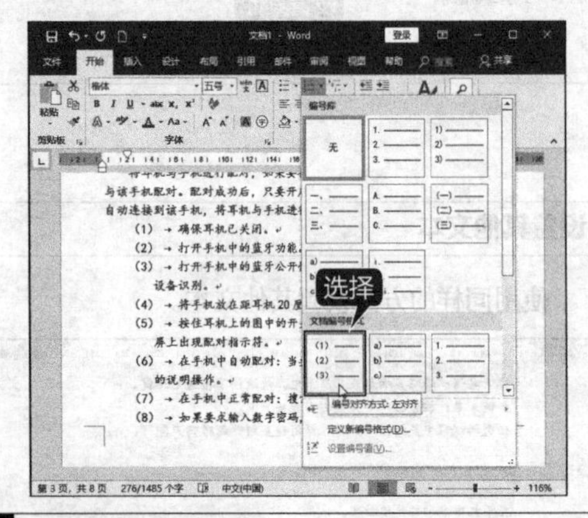

2 添加编号

添加编号后，可根据情况调整段落格式，调整效果如下图所示。

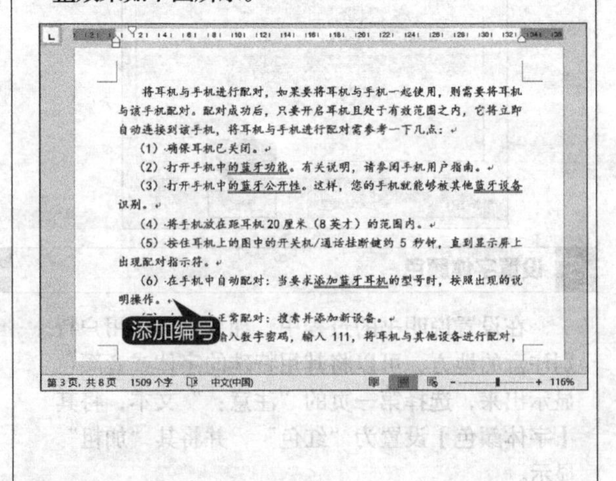

3 选择项目符号样式

选中“6. 通话”标题下的部分内容，单击【开始】选项卡下【段落】组中【项目符号】按钮右侧的下拉按钮，在弹出的下拉列表中选择一种项目符号样式。

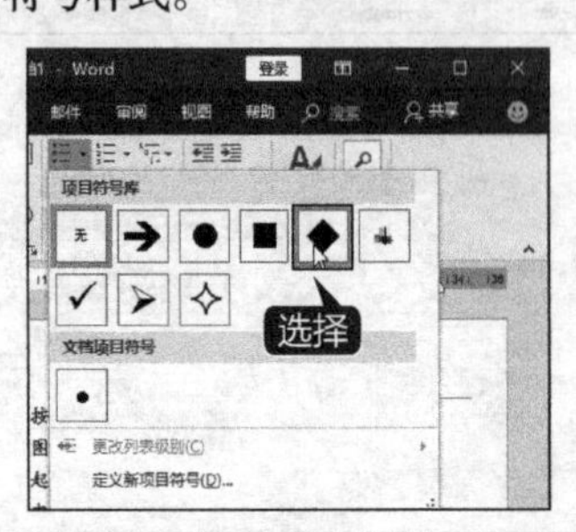

4 添加项目符号

添加项目符号后的效果如下图所示。

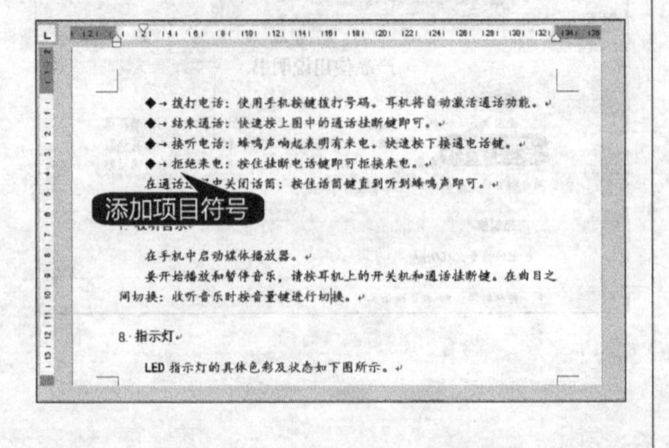

15.1.3 设置图文混排

在产品使用说明书文档中添加图片不仅能够直观地展示文字描述效果，便于用户阅读，还可以起到美化文档的作用。

1 选择图片

将光标定位至“2. 充电”文本后，单击【插入】选项卡下【插图】选项组中的【图片】按钮，弹出【插入图片】对话框，选择“素材\ch15\图片01.png”文件，单击【插入】按钮。

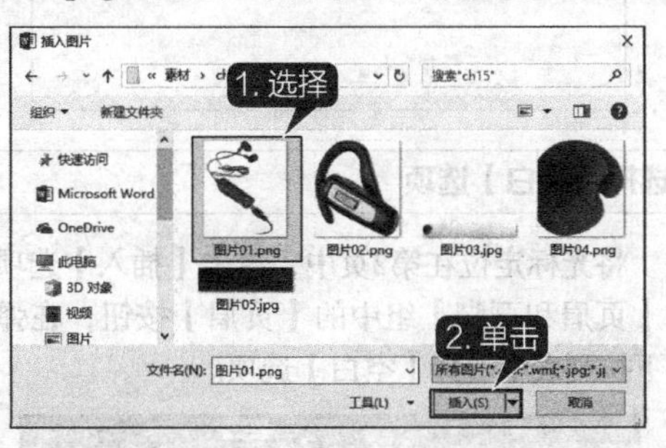

2 插入图片

将选择的图片插入到文档中。

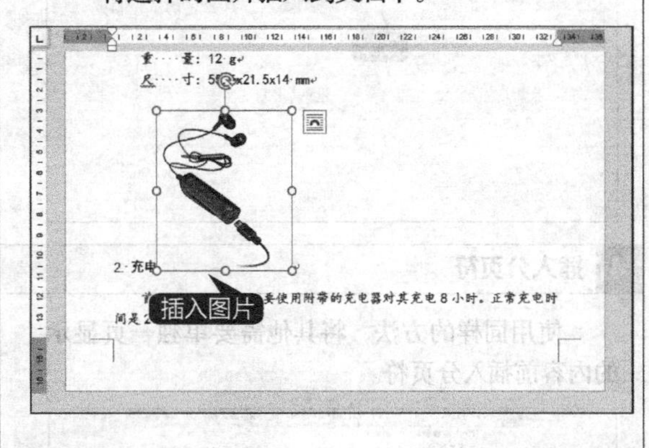

3 设置图片布局

选中插入的图片，单击图片右侧的【布局选项】按钮，将图片布局设置为【四周型环绕】，并调整图片的位置，如下图所示。

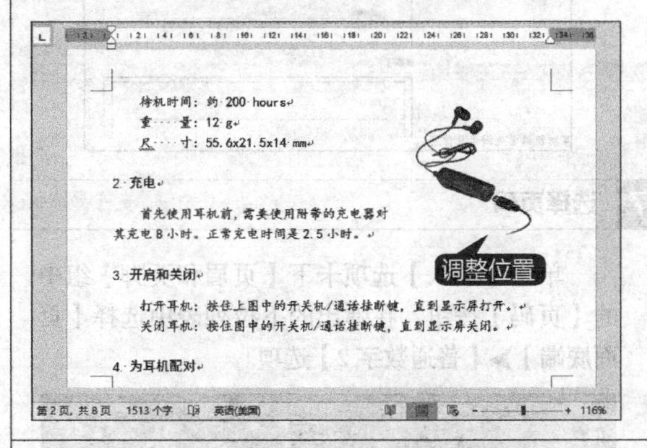

4 插入图片

将光标定位至“8. 指示灯”文本后，重复步骤1~步骤3，插入“素材\ch15\图片02.png”文件，并适当调整图片的大小。

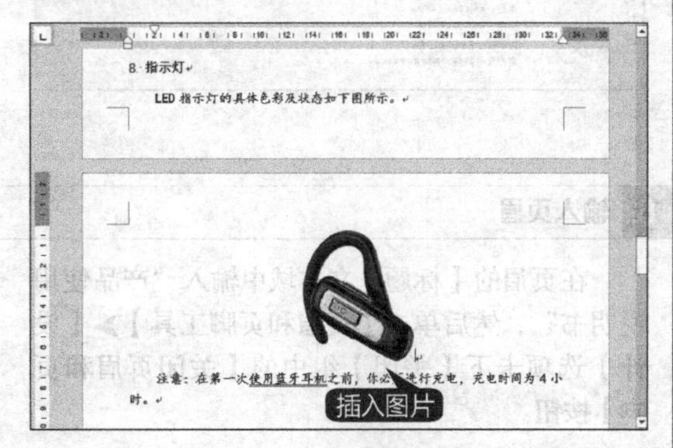

15.1.4 插入页眉和页脚

页眉和页脚可以向用户传递文档信息，方便用户阅读。插入页眉和页脚的具体操作步骤如下。

1 单击【分页】按钮

制作使用说明书时，需要将某些特定的内容单独一页显示，这时就需要插入分页符。将光标定位在“产品使用说明书”后方，单击【插入】选项卡下【页面】组中的【分页】按钮 分页。

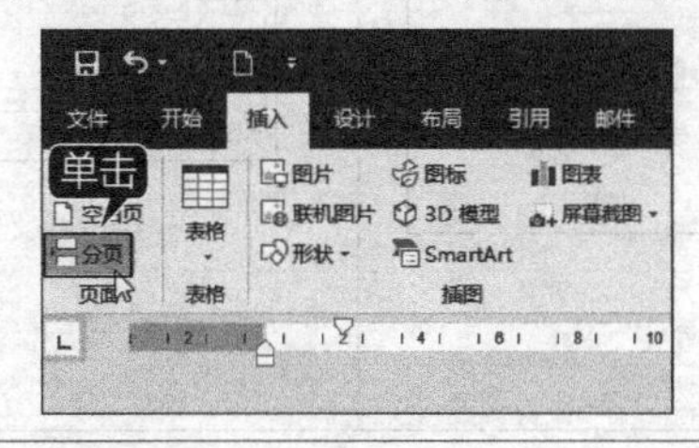

2 单独一页显示标题

可看到将标题单独在一页显示的效果。

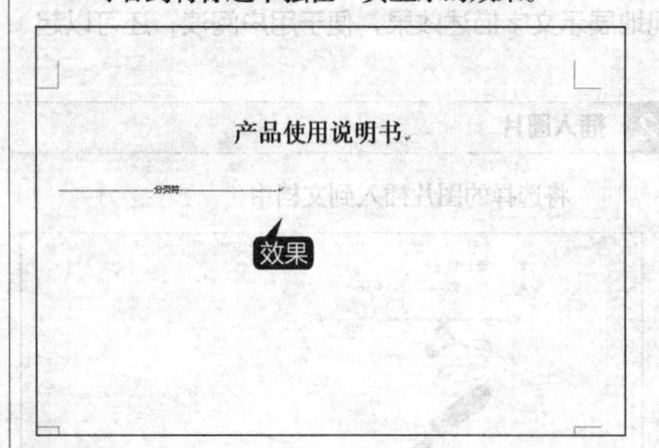

3 调整位置

调整“产品使用说明书”文本的位置，使其位于页面的中间。

4 插入分页符

使用同样的方法，将其他需要单独一页显示的内容前插入分页符。

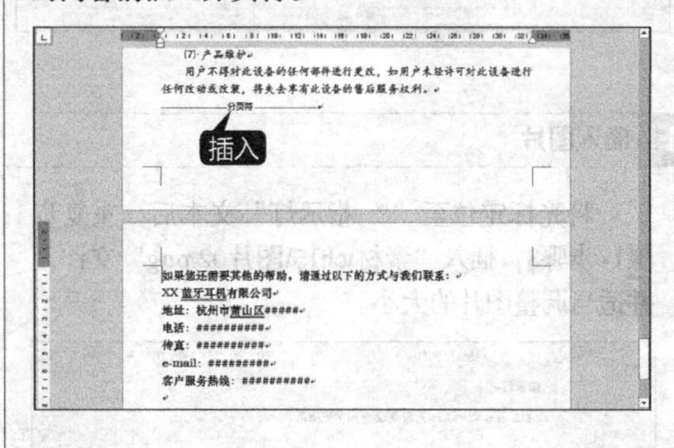

5 选择【空白】选项

将光标定位在第2页中，单击【插入】选项卡的【页眉和页脚】组中的【页眉】按钮，在弹出的下拉列表中选择【空白】选项。

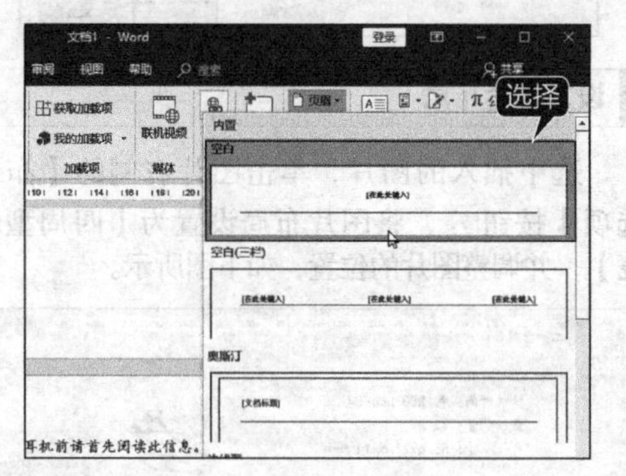

6 输入页眉

在页眉的【标题】文本域中输入“产品使用说明书”，然后单击【页眉和页脚工具】➤【设计】选项卡下【关闭】组中的【关闭页眉和页脚】按钮。

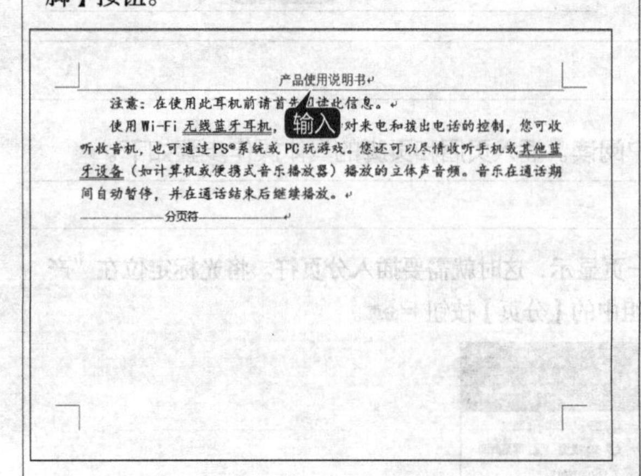

7 选择页码

单击【插入】选项卡下【页眉和页脚】组中的【页码】按钮，在弹出的下拉列表中选择【页面底端】➤【普通数字 2】选项。

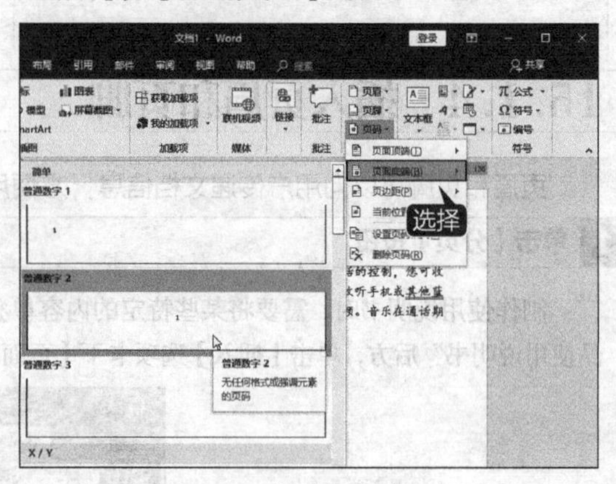

8 添加效果

可看到添加页眉和页脚后的效果。

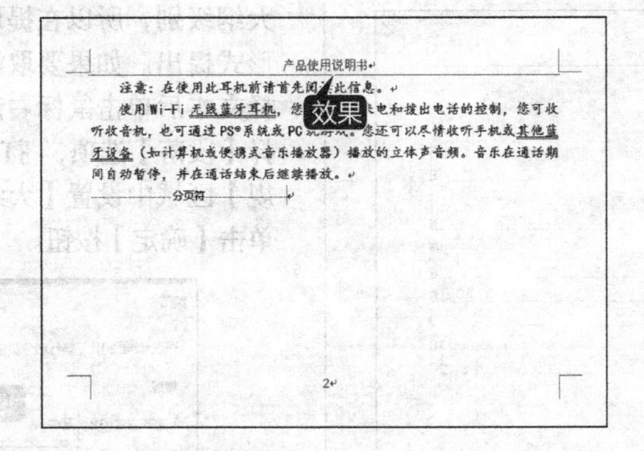

15.1.5 提取目录

设置段落大纲级别并且添加页码后，就可以提取目录。具体操作步骤如下。

1 插入空白页

将光标定位在第2页最后，单击【插入】选项卡下【页面】组中的【空白页】按钮，插入一页空白页。

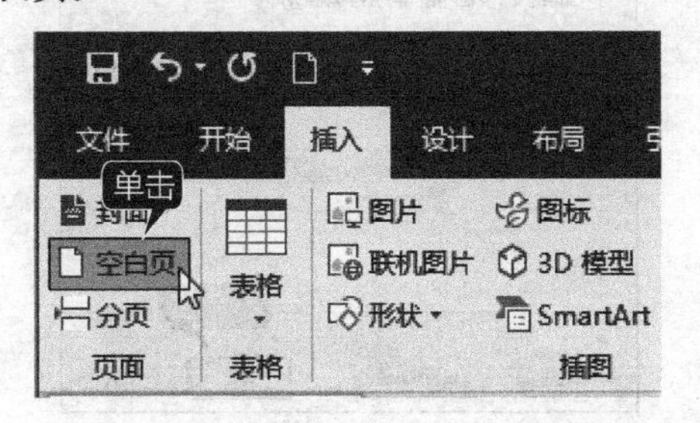

2 输入文本

在插入的空白页中输入“目录”文本，并根据需要设置字体的样式。

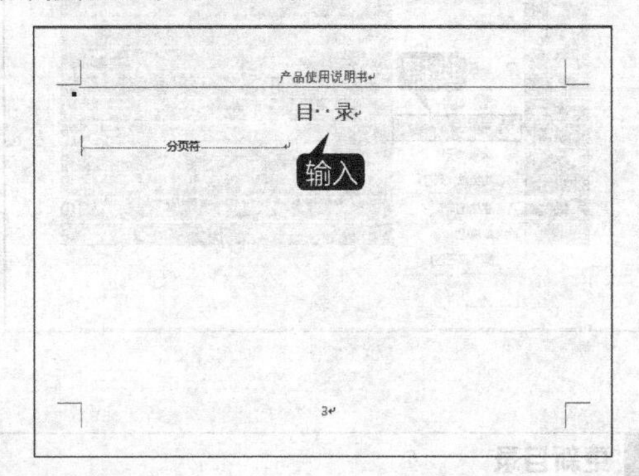

3 选择【自定义目录】选项

单击【引用】选项卡下【目录】组中的【目录】按钮，在弹出的下拉列表中选择【自定义目录】选项。

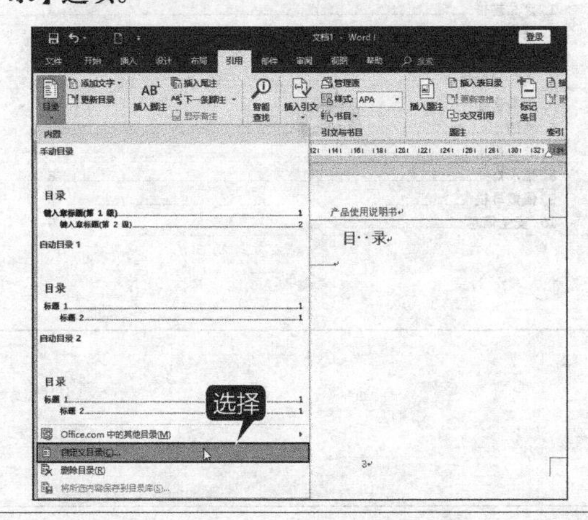

4 设置目录

弹出【目录】对话框，设置【显示级别】为“2”，单击选中【显示页码】、【页码右对齐】复选框，单击【确定】按钮。

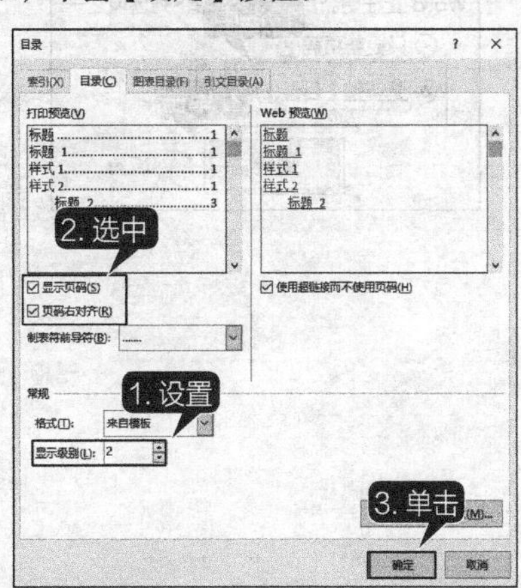

5 提取目录

提取说明书目录后的效果如下图所示。

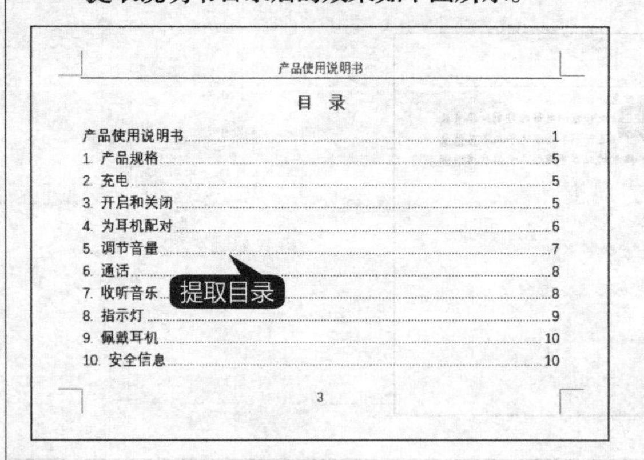

6 设置大纲级别

在首页中的“产品使用说明书”文本设置了大纲级别，所以在提取目录时可以将其以标题的形式提出。如果要取消其在目录中显示，可以选择文本后单击鼠标右键，在弹出的快捷菜单中选择【段落】选项，打开【段落】对话框，在【常规】区域中设置【大纲级别】为“正文文本”，单击【确定】按钮。

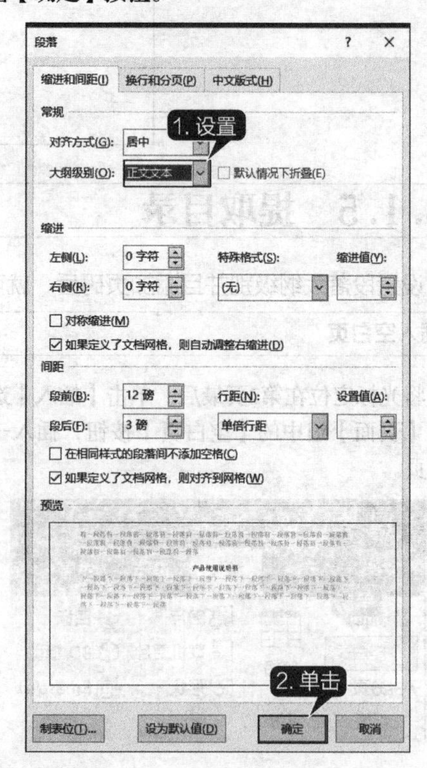

7 选择【更新域】选项

选择目录，并单击鼠标右键，在弹出的快捷菜单中选择【更新域】选项。

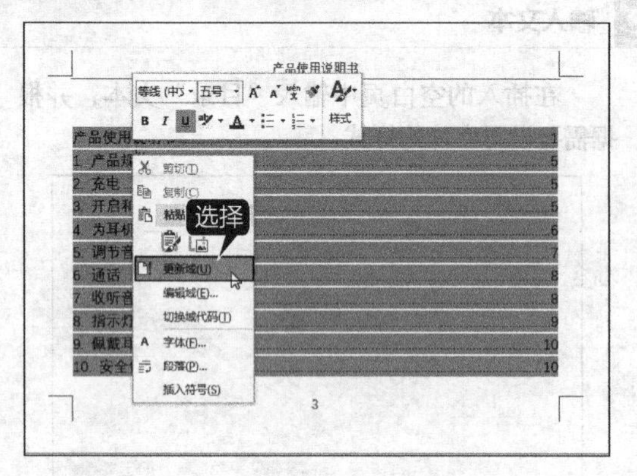

8 更新目录

弹出【更新目录】对话框，单击选中【更新整个目录】单选项，单击【确定】按钮。

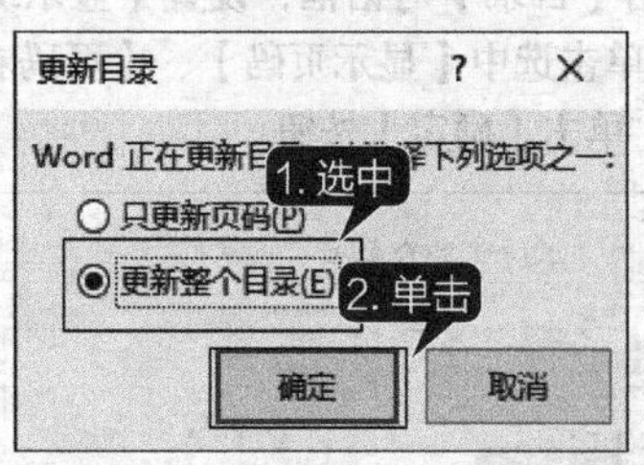

9 查看更新效果

可看到更新目录后的效果。

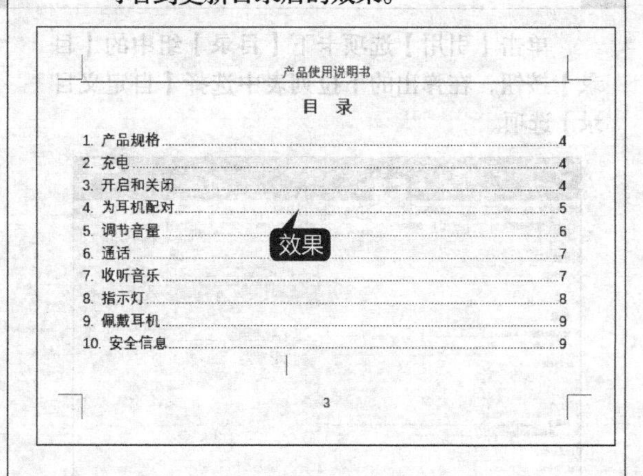

10 调整文档

根据需要适当调整文档，并保存调整后的文档。最终效果如下图所示。

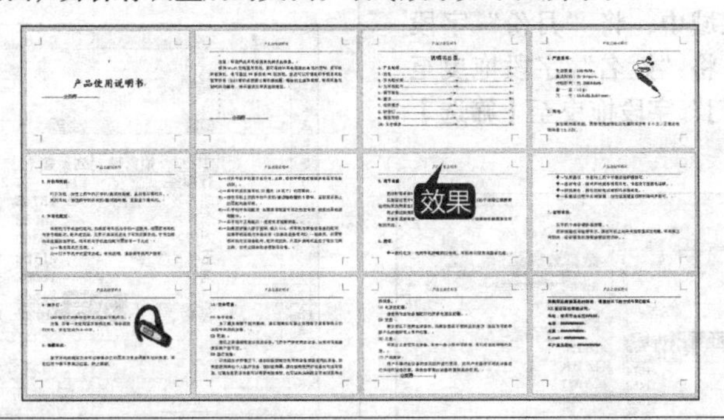

至此，就完成了编排产品使用说明书的操作。

15.2 用数据透视表分析员工销售业绩

本节视频教学时间：5分钟

在统计员工的销售业绩时，单纯地通过数据很难看出差距。而使用数据透视表，能够更方便地筛选与比较数据。如果想要使数据表更加美观，还可以设置数据透视表的格式。

15.2.1 创建销售业绩透视表

创建销售业绩透视表的具体操作步骤如下。

1 单击【数据透视表】按钮

打开“素材\ch15\销售业绩表.xlsx”工作簿，选择数据区域的任意单元格，单击【插入】选项卡下【表格】选项组中的【数据透视表】按钮。

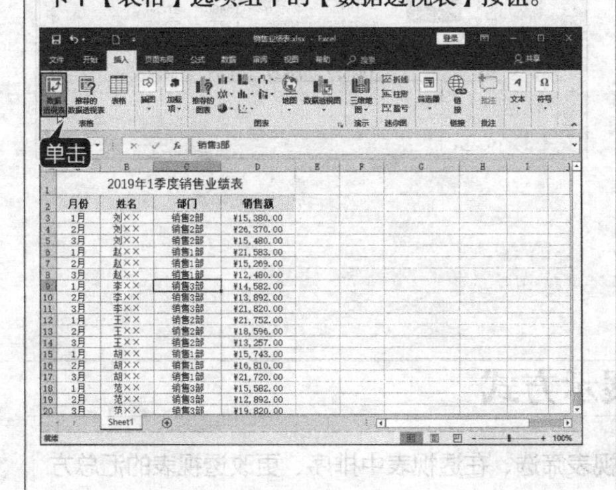

2 设置数据透视表

弹出【创建数据透视表】对话框，在【请选择要分析的数据】区域单击选中【选择一个表或区域】单选项，在【表/区域】文本框中设置数据透视表的数据源，在【选择放置数据透视表的位置】区域单击选中【现有工作表】单选项，并选择存放的位置，单击【确定】按钮。

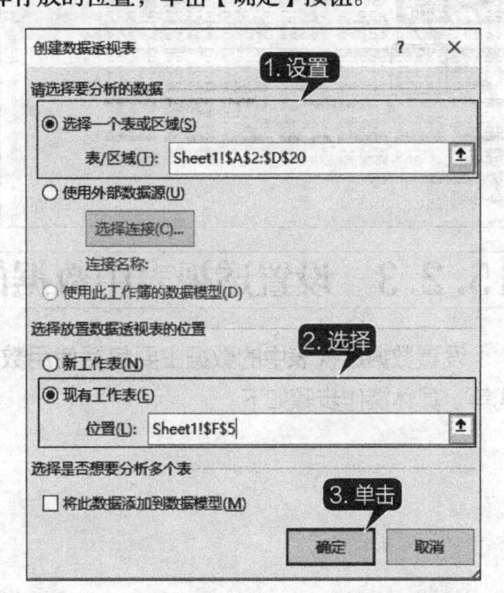

3 编辑数据透视表

弹出数据透视表的编辑界面，将“销售额”字段拖曳到【Σ值】区域中，将“月份”字段拖曳到【列】区域中，将“姓名”字段拖曳至【行】区域中，将“部门”字段拖曳至【筛选】区域中，如下图所示。

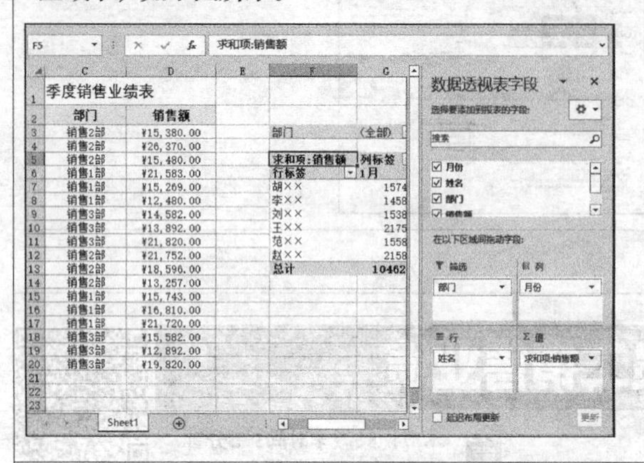

4 创建结果

创建的数据透视表如下图所示。

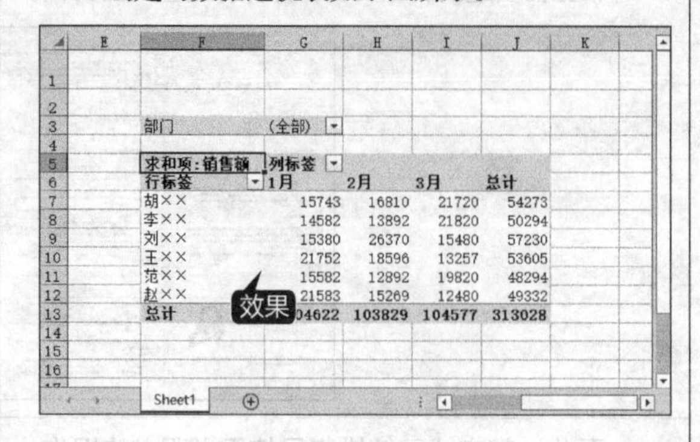

15.2.2 美化销售业绩透视表

美化销售业绩透视表的具体操作步骤如下。

1 选择样式

选中创建的数据透视表，单击【数据透视表工具】➤【设计】选项卡下【数据透视表样式】选项组中的【其他】按钮，在弹出的下拉列表中选择一种样式。

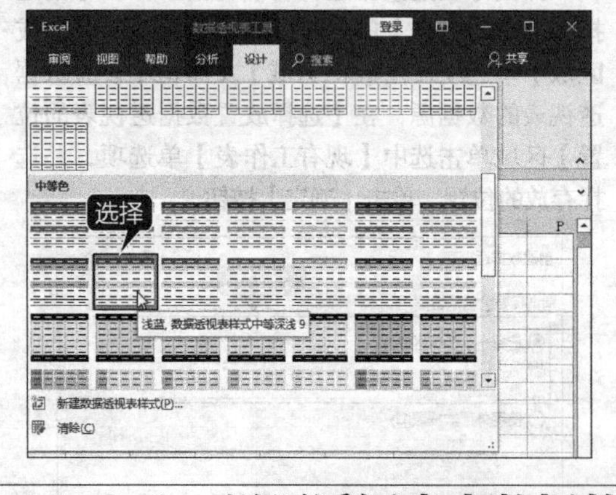

2 美化效果

美化数据透视表的效果如下图所示。

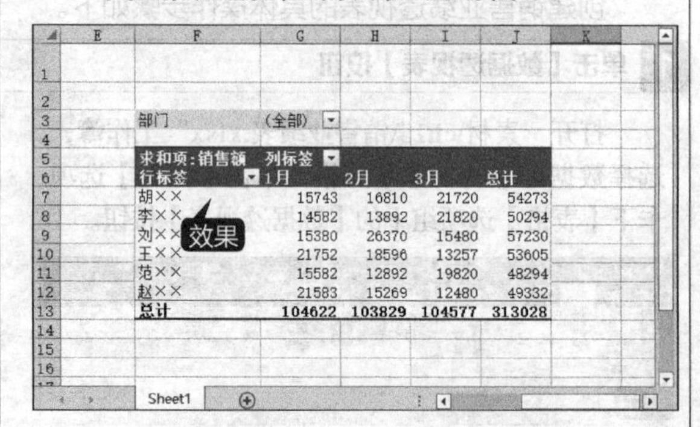

15.2.3 设置透视表中数据的展示方式

设置数据透视表中的数据主要包括使用数据透视表筛选、在透视表中排序、更改透视表的汇总方式等。具体操作步骤如下。

1. 使用数据透视表筛选

1 选中【选择多项】复选框

在创建的数据透视表中单击【部门】右侧的下拉按钮，在弹出的下拉列表中单击选中【选择多项】复选框，并选中【销售1部】复选框，单击【确定】按钮。

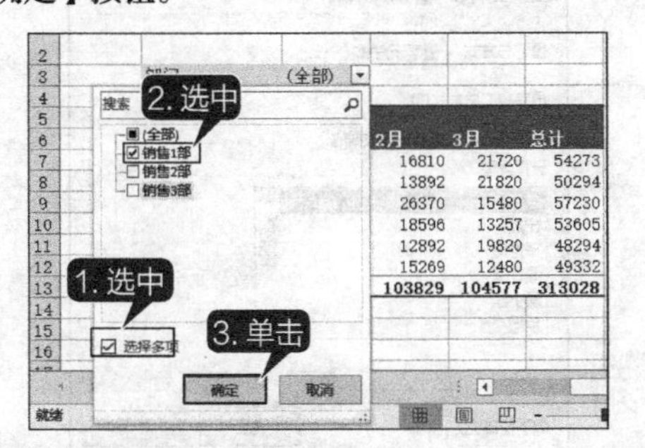

2 筛选结果

数据透视表筛选出【部门】在“销售1部”的员工的销售结果。

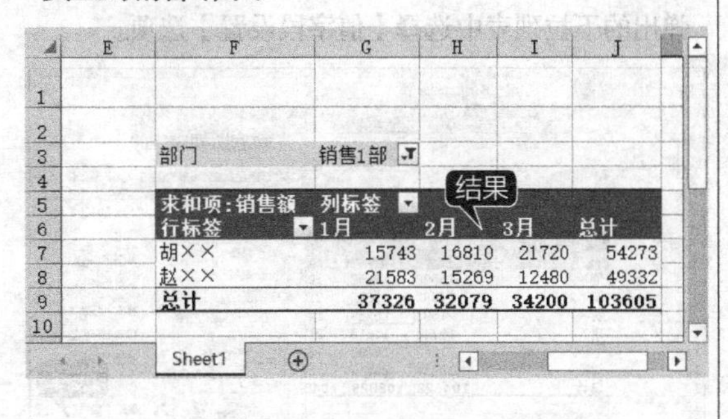

3 选中【选择多项】复选框

单击【列标签】右侧的下拉按钮，在弹出的下拉列表中单击选中【选择多项】复选框，并撤销选中【2 月】复选框，单击【确定】按钮。

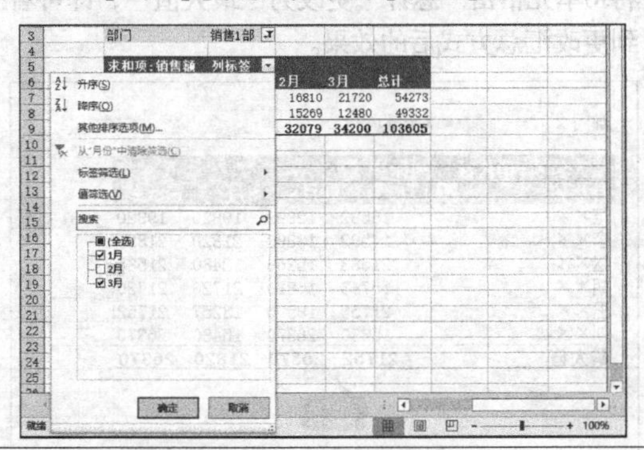

4 筛选结果

数据透视表筛选出【部门】在“销售1部”，并且【月份】在“1月”及“3月”的员工的销售结果。

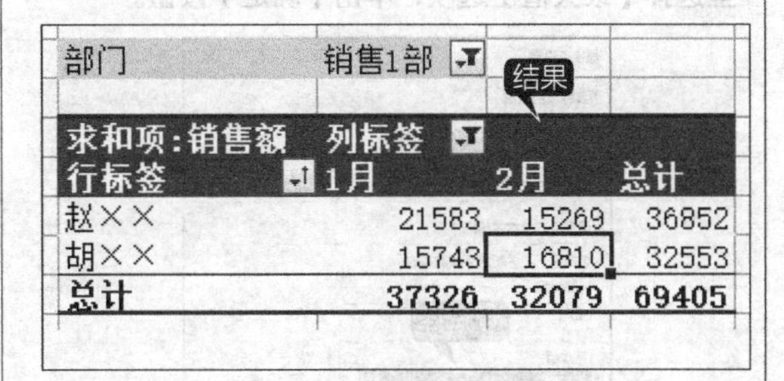

2. 在透视表中排序数据

1 选择单元格

在透视表中显示全部数据，选择H列中的任意单元格。

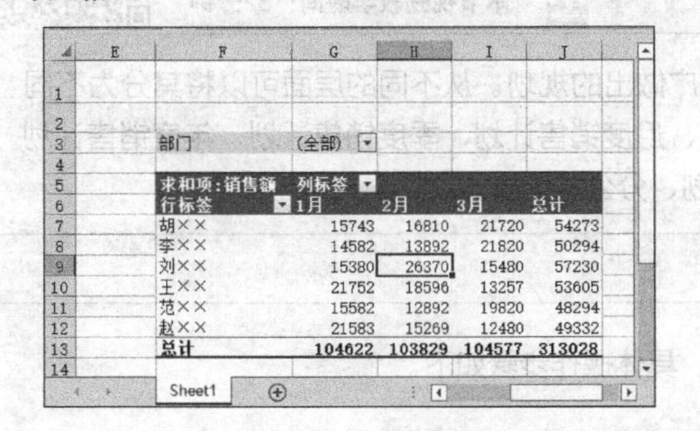

2 进行排序

单击【数据】选项卡下【排序和筛选】选项组中的【升序】按钮 或【降序】按钮，即可根据该列数据进行排序。下图所示为对H列升序排序后的效果。

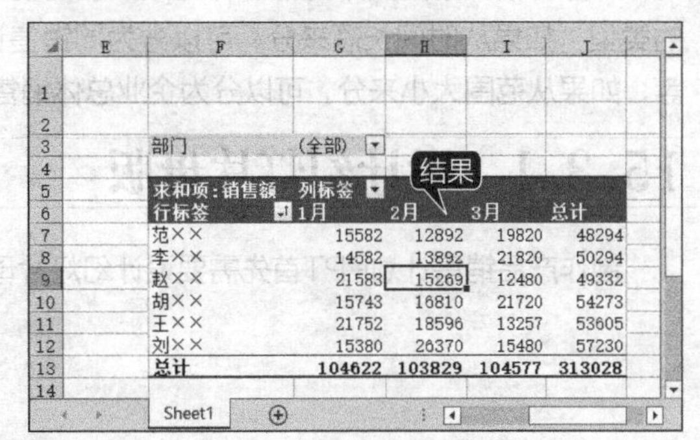

3. 更改汇总方式

1 选择【值字段设置】选项

单击【数据透视表字段】窗格中【Σ值】列表中的【求和项：销售额】右侧的下拉按钮，在弹出的下拉列表中选择【值字段设置】选项。

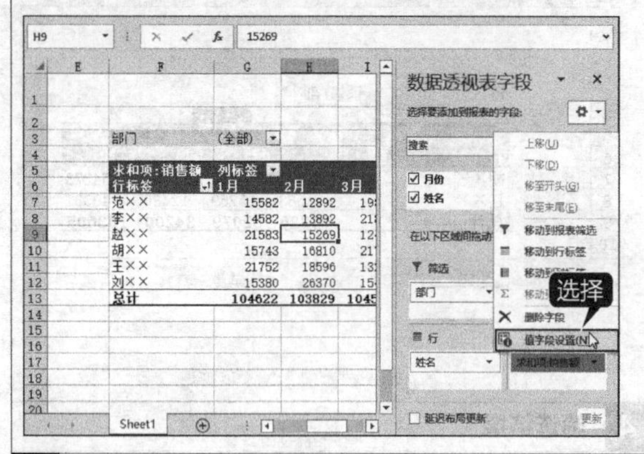

2 弹出对话框

弹出【值字段设置】对话框。

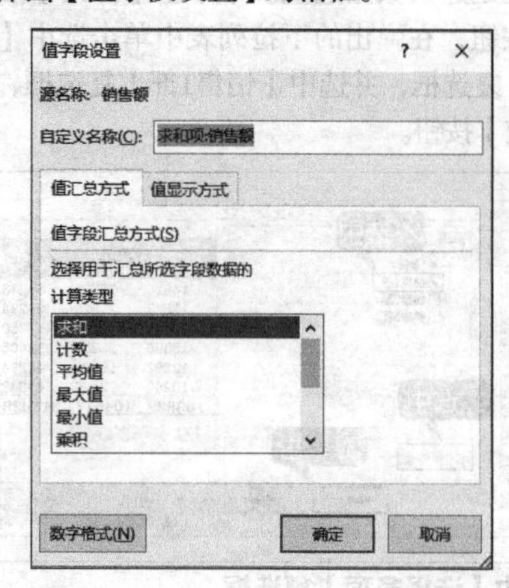

3 进行设置

在【计算类型】列表框中选择汇总方式，这里选择【最大值】选项，单击【确定】按钮。

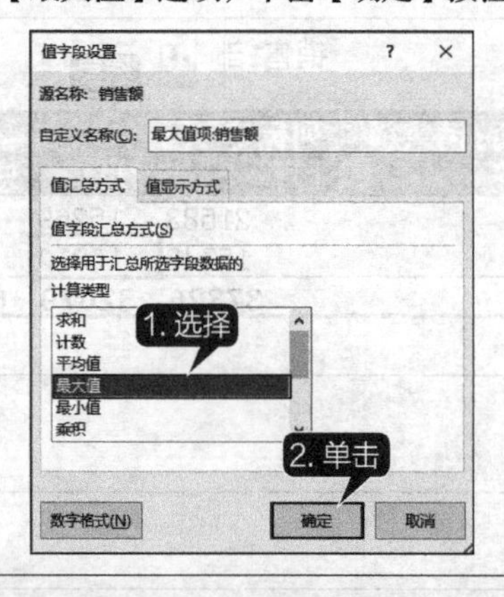

4 更改名称

返回至透视表后，根据需要更改标题名称，将J6单元格由“总计”更改为“最大值”，即可看到更改汇总方式后的效果。

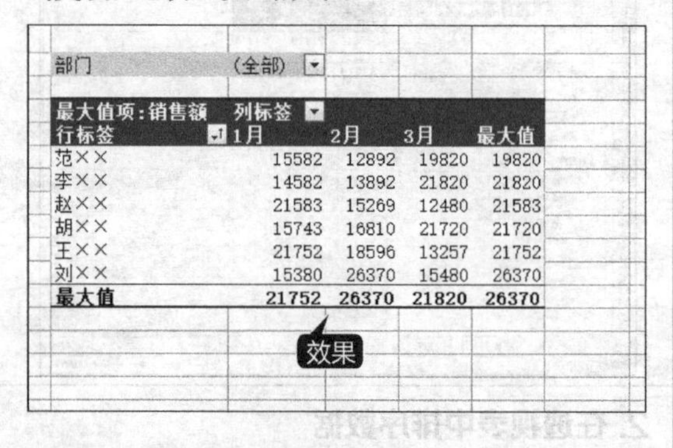

部门	(全部)			
最大值项:销售额	列标签			
行标签	1月	2月	3月	最大值
范××	15582	12892	19820	19820
李××	14582	13892	21820	21820
赵××	21583	15269	12480	21583
胡××	15743	16810	21720	21720
王××	21752	18596	13257	21752
刘××	15380	26370	15480	26370
最大值	21752	26370	21820	26370

15.3 设计产品销售计划PPT

本节视频教学时间：32分钟

产品销售计划是指不同的主体对某产品的销售推广做出的规划。从不同的层面可以将其分为不同的类型：如果从时间长短来分，可以分为周销售计划、月度销售计划、季度销售计划、年度销售计划等；如果从范围大小来分，可以分为企业总体销售计划、分公司销售计划、个人销售计划等。

15.3.1 设计幻灯片母版

制作产品销售计划PPT首先需要设计幻灯片母版，具体操作步骤如下。

1. 设计幻灯片母版

1 单击【幻灯片母版】按钮

启动PowerPoint 2019，新建幻灯片，并将其保存为“销售计划.pptx”演示文稿。单击【视图】选项卡【母版视图】组中的【幻灯片母版】按钮。

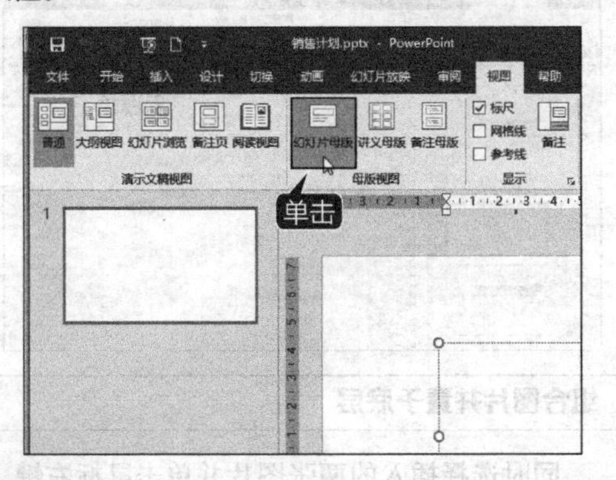

2 单击【图片】按钮

切换到幻灯片母版视图，并在左侧列表中单击第1张幻灯片，单击【插入】选项卡下【图像】组中的【图片】按钮。

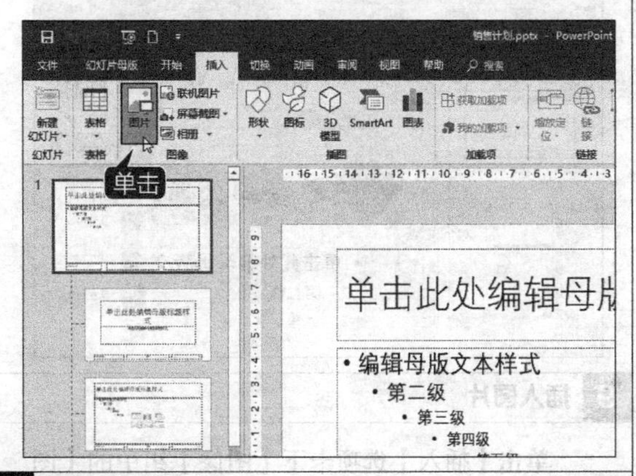

3 插入图片

在弹出的【插入图片】对话框中选择“素材\ch15\图片03.jpg”文件，单击【插入】按钮，将选择的图片插入幻灯片中，选择插入的图片，并根据需要调整图片的大小及位置。

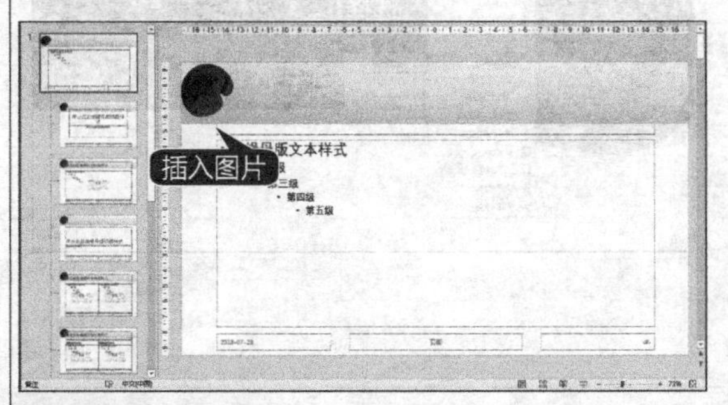

4 将图片置于底层

在插入的背景图片上单击鼠标右键，在弹出的快捷菜单中选择【置于底层】➤【置于底层】菜单命令，将背景图片在底层显示。

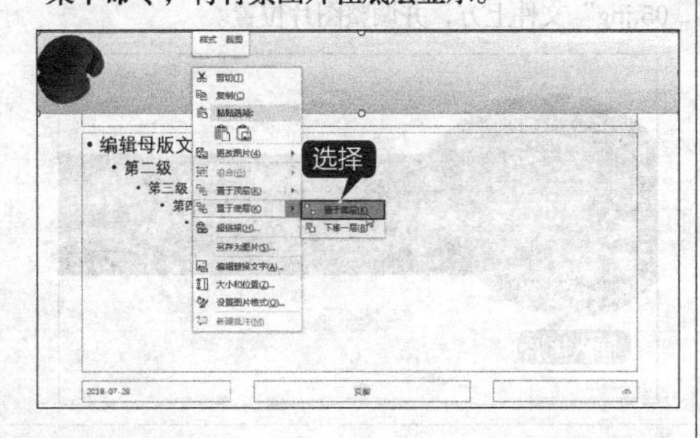

5 选择艺术字样式

选择标题框内的文本，单击【格式】选项卡下【艺术字样式】组中的【快速样式】按钮，在弹出的下拉列表中选择一种艺术字样式。

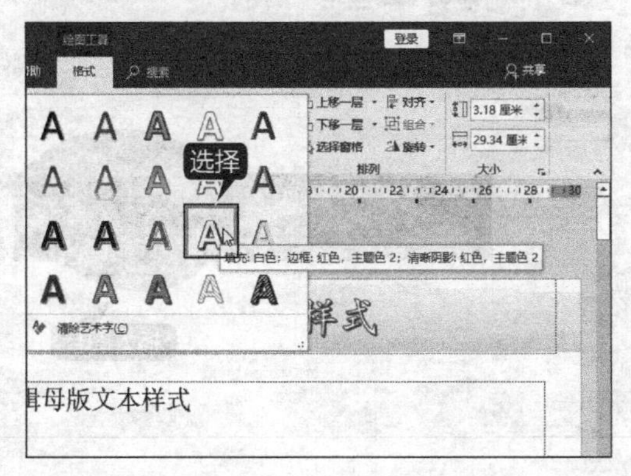

6 设置字体

选择设置后的艺术字，设置文字【字体】为“华文楷体”、【字号】为“50”，设置【文本对齐】为“左对齐”。此外，还可以根据需要调整文本框的位置。

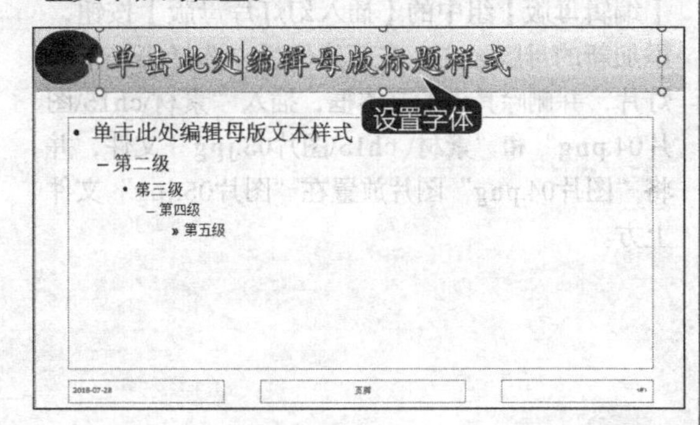

7 设置动画效果

为标题框应用【擦除】动画效果，设置【效果选项】为"自左侧"，设置【开始】模式为"上一动画之后"。

8 隐藏背景图形

在幻灯片母版视图中，在左侧列表中选择第2张幻灯片，选中【幻灯片母版】选项卡下【背景】选项组中的【隐藏背景图形】复选框，并删除文本框。

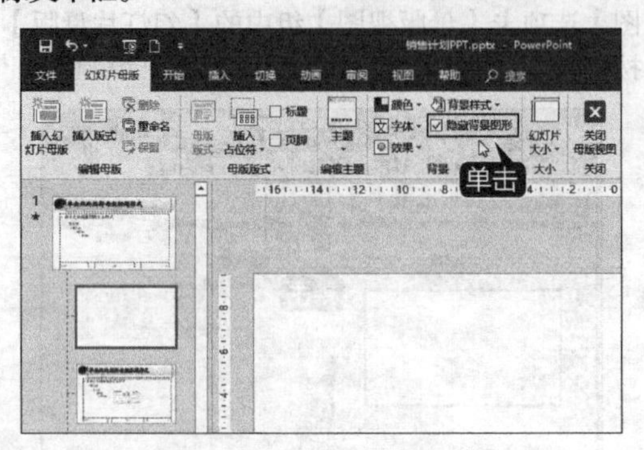

9 插入图片

单击【插入】选项卡下【图像】组中的【图片】按钮，在弹出的【插入图片】对话框中选择"素材\ch15\图片04.png"和"素材\ch15\图片05.jpg"文件，单击【插入】按钮，将图片插入幻灯片中，将"图片04.png"图片放置在"图片05.jpg"文件上方，并调整图片位置。

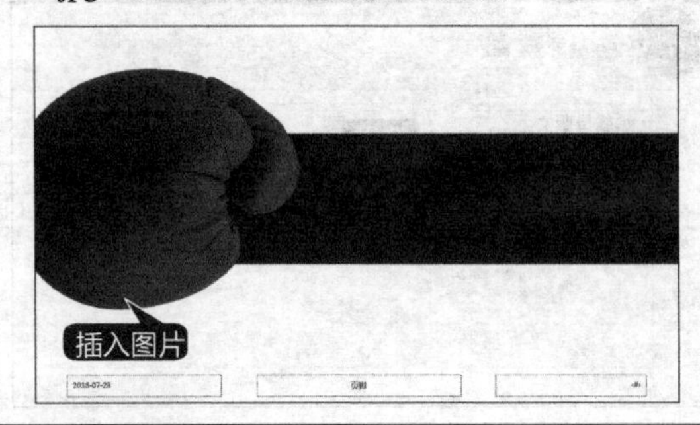

10 组合图片并置于底层

同时选择插入的两张图片并单击鼠标右键，在弹出的快捷菜单中选择【组合】➤【组合】菜单命令，组合图片并将其置于底层。

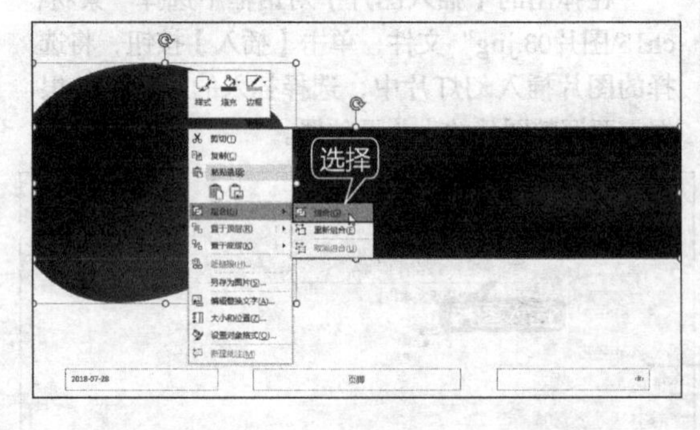

2. 新增母版样式

1 插入图片

在幻灯片母版视图中，在左侧列表中选择最后一张幻灯片，单击【幻灯片母版】选项卡下【编辑母版】组中的【插入幻灯片母版】按钮，添加新的母版版式，在新建母版中选择第一张幻灯片，并删除其中的文本框，插入"素材\ch15\图片04.png"和"素材\ ch15\图片05.jpg"文件，并将"图片04.png"图片放置在"图片05.jpg"文件上方。

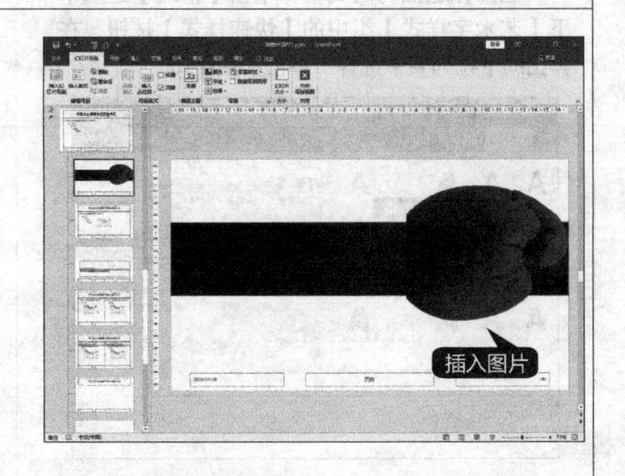

2 调整图片

选择“图片04.png”图片，单击【格式】选项卡下【排列】组中的【旋转】按钮，在弹出的下拉列表中选择【水平翻转】选项，调整图片的位置，组合图片并将其置于底层。

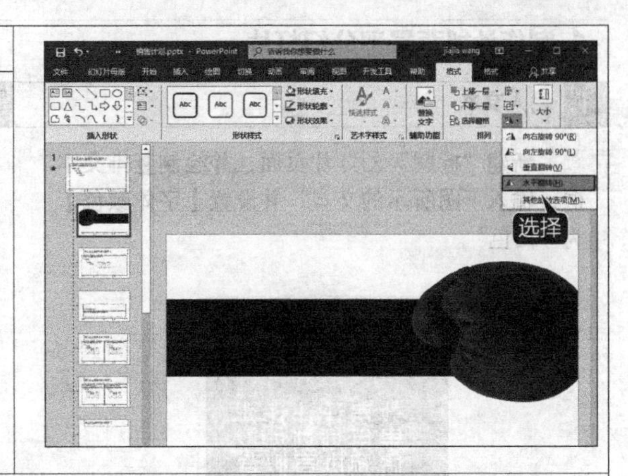

15.3.2 设计销售计划首页页面

设计销售计划首页页面的具体操作步骤如下。

1 选择艺术字样式

单击【幻灯片母版】选项卡中的【关闭母版视图】按钮，返回普通视图，删除幻灯片页面中的文本框，单击【插入】选项卡下【文本】组中的【艺术字】按钮，在弹出的下拉列表中选择一种艺术字样式。

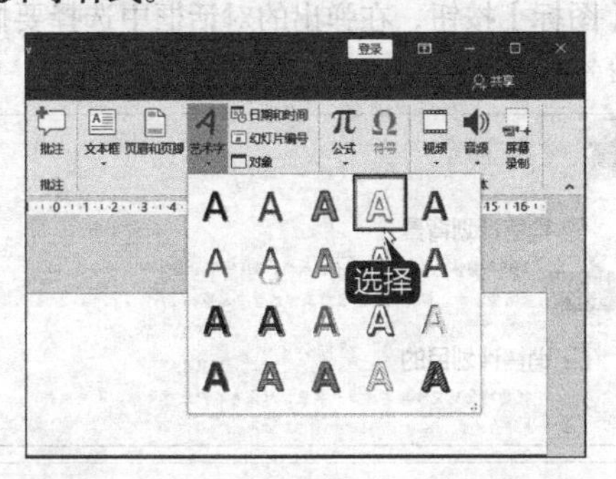

2 设置字体

输入“黄金周销售计划”文本，设置其【字体】为“宋体”，【字号】为“72”，并根据需要调整艺术字文本框的位置。

3 输入文本

重复上面的操作步骤，添加新的艺术字文本框，输入“市场部”文本，并根据需要设置艺术字样式及文本框位置。

15.3.3 设计计划概述部分页面

设计计划背景和计划概述部分幻灯片页面的具体操作步骤如下。

1. 制作计划背景部分幻灯片

1 输入文本

新建“标题”幻灯片页面，并绘制竖排文本框，输入下图所示的文本，并设置【字体颜色】为“白色”。

2 设置字体

选择“1.计划背景”文本，设置其【字体】为“方正楷体简体”，【字号】为“32”，【字体颜色】为“白色”，选择其他文本，设置【字体】为“方正楷体简体”，【字号】为“28”，【字体颜色】为“黄色”。同时，设置所有文本的【行距】为“双倍行距”。

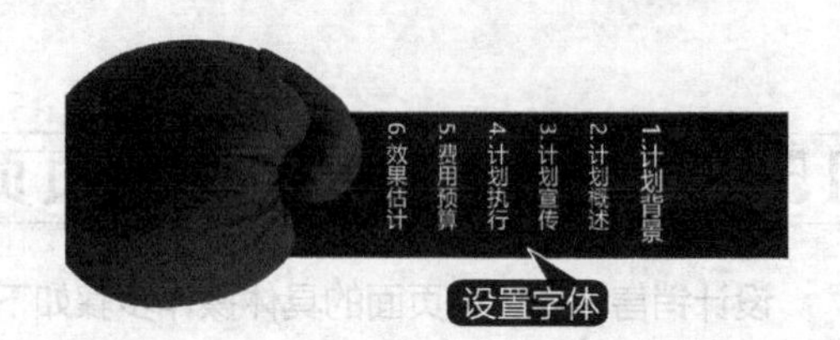

3 输入文本

新建“仅标题”幻灯片页面，在标题文本框中输入“计划背景”文本。

4 插入图标

打开“素材\ch15\计划背景.txt”文件，将其内容粘贴至文本框中，并设置字体。在需要插入图标的位置，单击【插入】选项卡下【插图】组中的【图标】按钮，在弹出的对话框中选择要插入的符号。

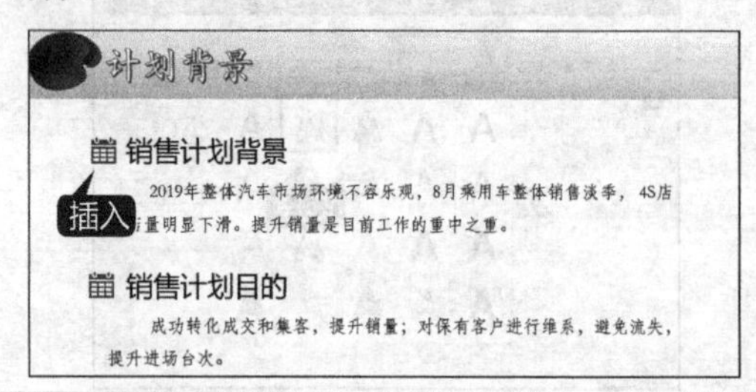

2. 制作计划概述部分幻灯片

1 复制幻灯片

复制第2张幻灯片并将其粘贴至第3张幻灯片下。

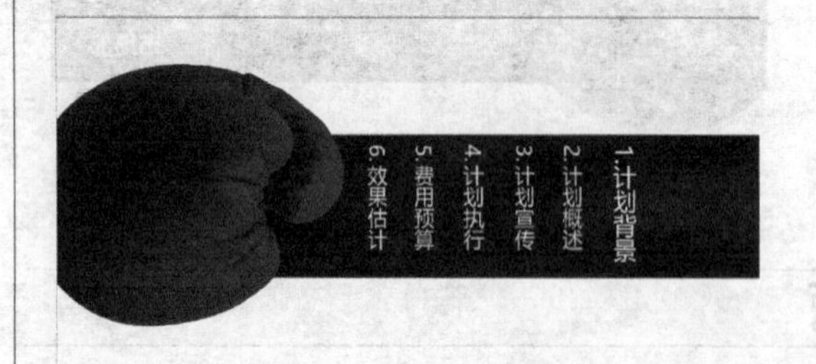

2 更改字体

更改“1. 计划背景”文本的【字号】为“24”，【字体颜色】为“浅绿”。更改“2. 计划概述”文本的【字号】为“30”，【字体颜色】为“白色”。其他文本样式不变。

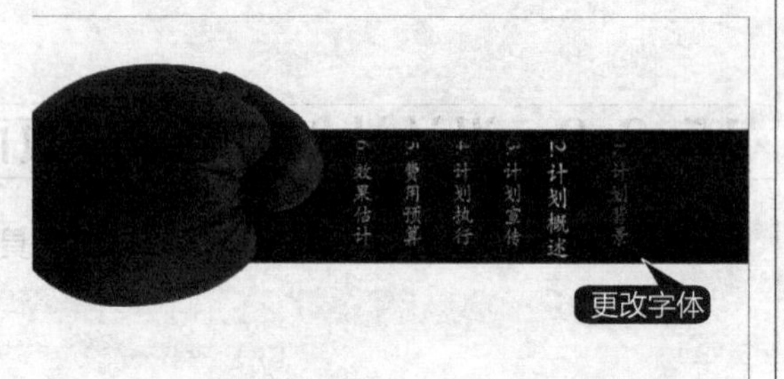

3 输入文本

新建“仅标题”幻灯片页面，在标题文本框中输入“计划概述”文本，打开 “素材\ch15\计划概述.txt”文件，将其内容粘贴至文本框中，并根据需要设置字体样式。

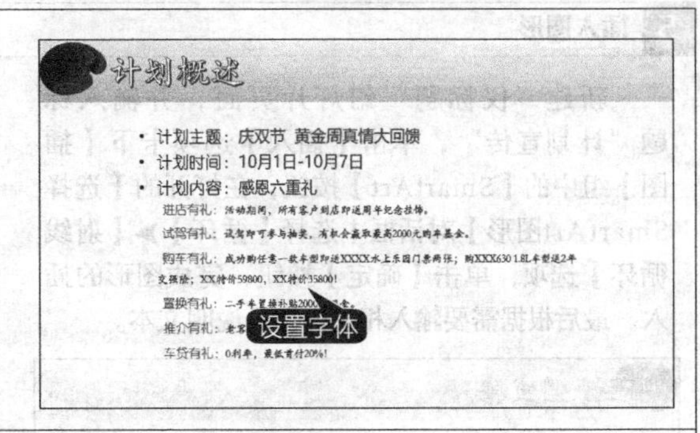

15.3.4 设计计划宣传部分页面

设计计划宣传及其他部分幻灯片页面的具体操作步骤如下。

1 设置字体样式

重复第2步中步骤1~2的操作，复制幻灯片页面并设置字体样式。

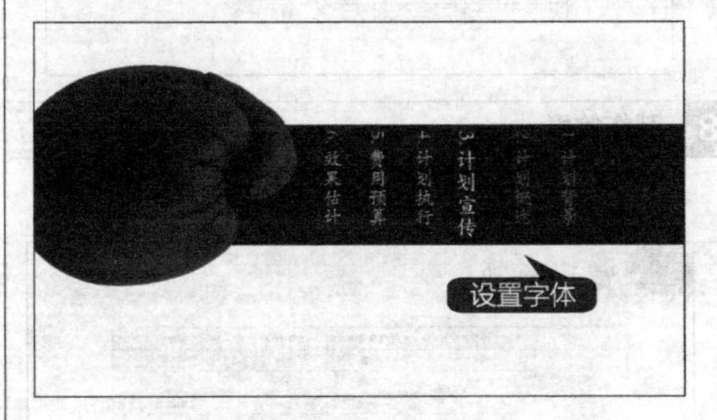

2 绘制箭头图形

新建“仅标题”幻灯片页面，并输入标题“计划宣传”，单击【插入】选项卡下【插图】组中的【形状】按钮，在弹出的下拉列表中选择【线条】区域下的【箭头】按钮，绘制箭头图形。在【格式】选项卡下单击【形状样式】组中的【形状轮廓】按钮，选择【虚线】➤【圆点】选项。

3 绘制线条

使用同样的方法绘制其他线条，以及绘制文本框标记时间和其他内容。

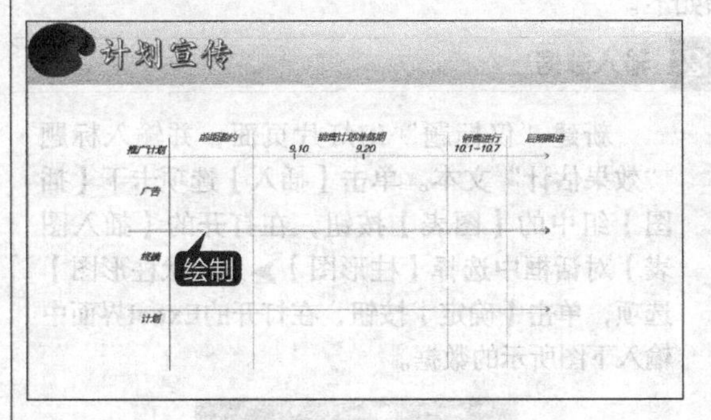

4 美化图形

根据需求绘制自选图形，并根据需要美化图形，然后输入相关内容。重复操作直至完成安排。

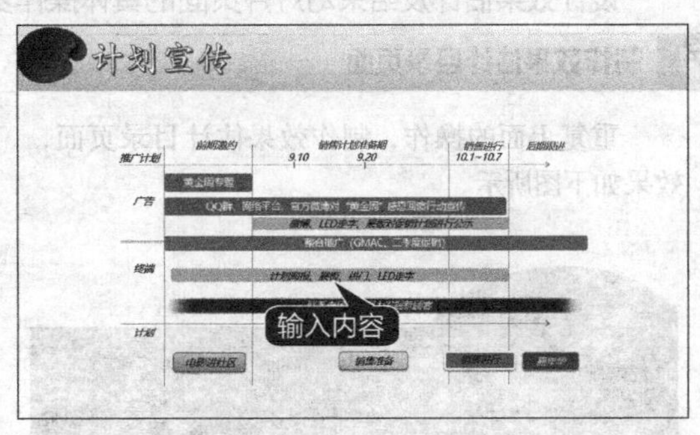

5 插入图形

新建“仅标题”幻灯片页面，并输入标题“计划宣传”，单击【插入】选项卡下【插图】组中的【SmartArt】按钮，在打开的【选择SmartArt图形】对话框中选择【循环】➤【射线循环】选项，单击【确定】按钮，完成图形的插入。最后根据需要输入相关内容及说明文本。

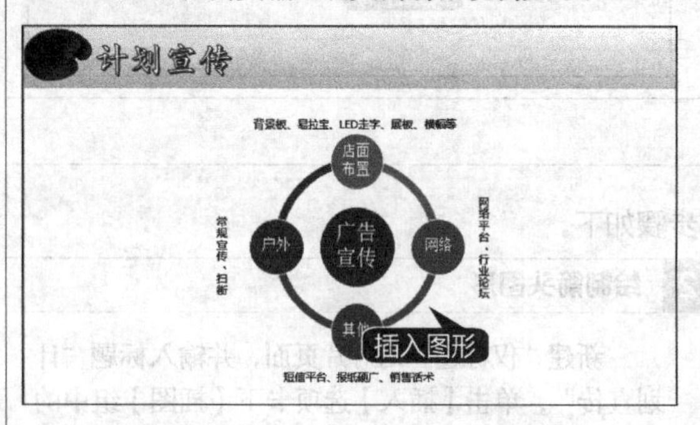

6 制作计划执行页面

使用类似的方法制作计划执行相关页面，效果如下图所示。

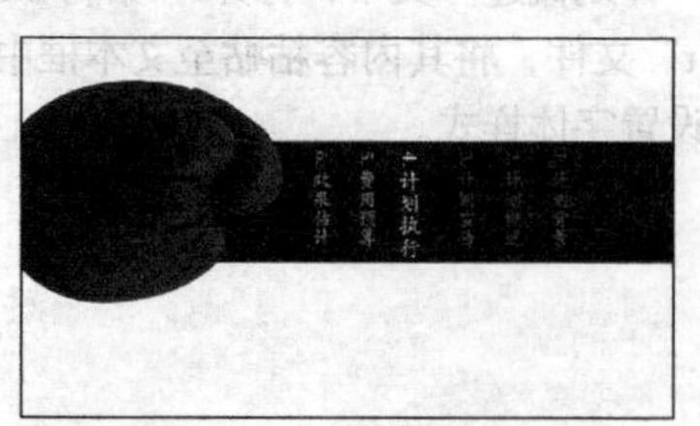

计划执行

事项	负责人
团购方案制定	张永明
网络宣传	王亮
报纸杂志硬广、软文	高晓峰
电话邀约	销售部
短信平台邀约	李冬梅
QQ群、邮件	马晓军
巡展推广	胡广军、刘鹏鹏
其他物料筹备	胡广军、刘鹏鹏
泊车指引	刘亮亮
计划主持	王秋月、胡亮
产品讲解、分期政策	销售顾问、值班经理
奖品/礼品发放	王晓乐
拍照	胡俊亮、王一鸣

7 制作费用预算目录页面

使用类似的方法制作费用预算目录页面，效果如下图所示。

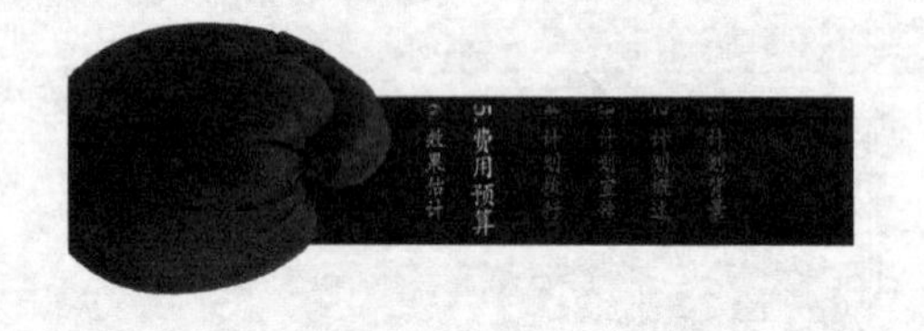

8 制作效果

制作费用预算幻灯片页面后的效果如下图所示。

费用预算

	项目	规格/数量	价格（元）	备注
媒体类	报纸软文	1期	9000	
	平台1	10天	13500	
	平台2	10天	1311	可适当延长
	平台3	10天	1311	
物料类	横幅	1	32	
	拆板	2	40	
	[illegible]	1	0	
	[illegible]	1	80	
其他费用	短信平台信息费		1000	
	礼品——[illegible]、100元油卡（8张）、门票（25*2张）、2年交强险（5份）、[illegible]（5*30份）、购车基金（2000*4元）、30元工时卡（30张）、100元油卡（4张）		27540	礼品数量不够再及时[illegible]
合计			47414元	

效果

15.3.5 设计效果估计部分页面

设计效果估计及结束幻灯片页面的具体操作步骤如下。

1 制作效果估计目录页面

重复上面的操作，制作效果估计目录页面，效果如下图所示。

2 输入数据

新建“仅标题”幻灯片页面，并输入标题“效果估计”文本。单击【插入】选项卡下【插图】组中的【图表】按钮，在打开的【插入图表】对话框中选择【柱形图】➤【簇状柱形图】选项，单击【确定】按钮，在打开的Excel界面中输入下图所示的数据。

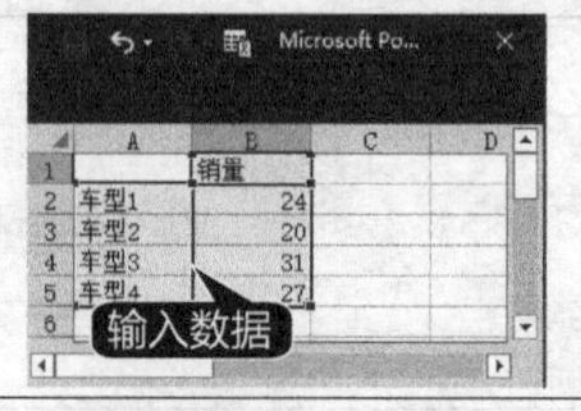

3 美化图表

关闭Excel窗口，即可看到插入的图表，对图表适当美化，效果如下图所示。

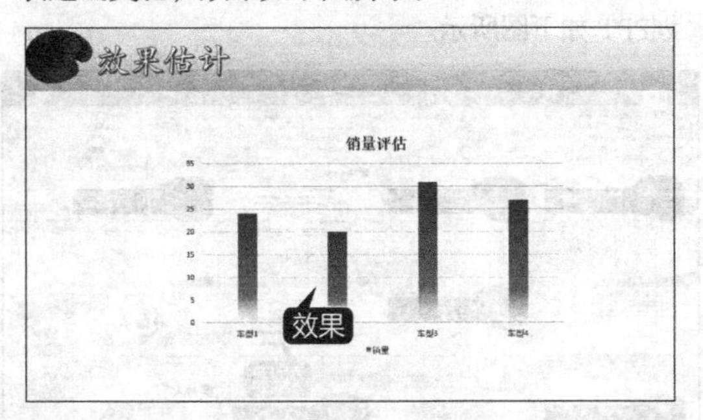

4 输入文本

单击【开始】选项卡下【幻灯片】选项组中的【新建幻灯片】按钮，在弹出的下拉列表中选择【Office主题】区域下的【标题幻灯片】选项，绘制文本框，并输入“努力完成销售计划！”文本，然后根据需要设置字体样式。

15.3.6 添加切换和动画效果

添加切换和动画效果的具体操作步骤如下。

1 设置切换效果

选择要设置切换效果的幻灯片，这里选择第1张幻灯片。单击【切换】选项卡下【切换到此幻灯片】选项组中的【其他】按钮 ，在弹出的下拉列表中选择【华丽】区域下的【帘式】切换效果，即可自动预览该效果。

2 设置持续时间

在【切换】选项卡下【计时】选项组中的【持续时间】微调框中设置【持续时间】为“03.00”。使用同样的方法，为其他幻灯片页面设置不同的切换效果。

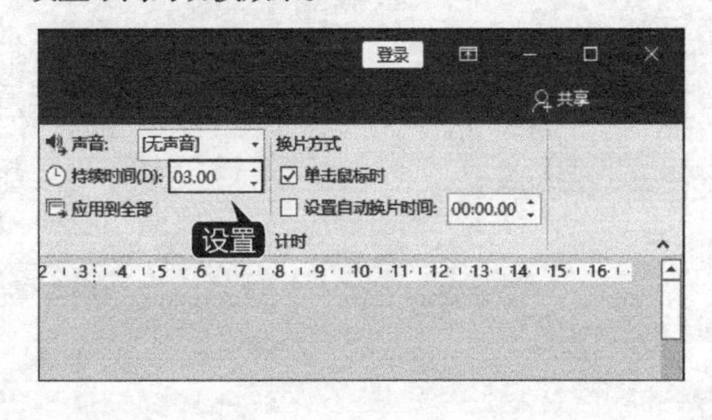

3 设置动画效果

选择第1张幻灯片中要创建进入动画效果的文字，单击【动画】选项卡【动画】组中的【其他】按钮 ，在下拉列表的【进入】区域中选择【浮入】选项，创建此进入动画效果。

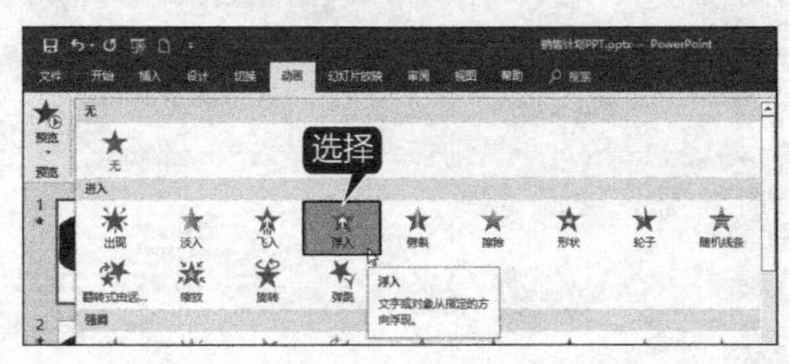

4 设置效果选项

添加动画效果后，单击【动画】选项组中的【效果选项】按钮，在弹出的下拉列表中选择【下浮】选项。

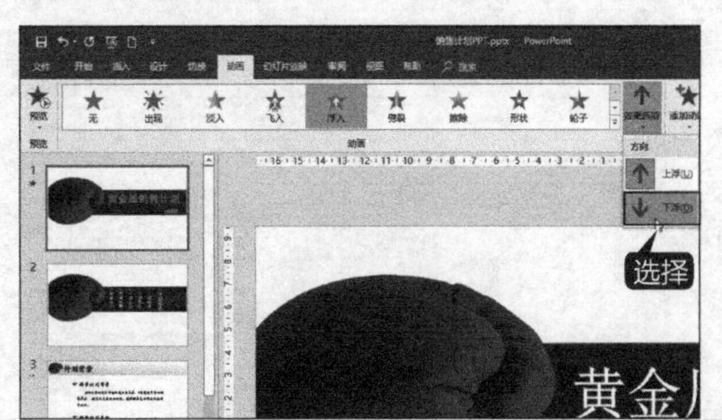

5 设置开始和持续时间

在【动画】选项卡的【计时】选项组中设置【开始】为“上一动画之后”，设置【持续时间】为“01.50”。

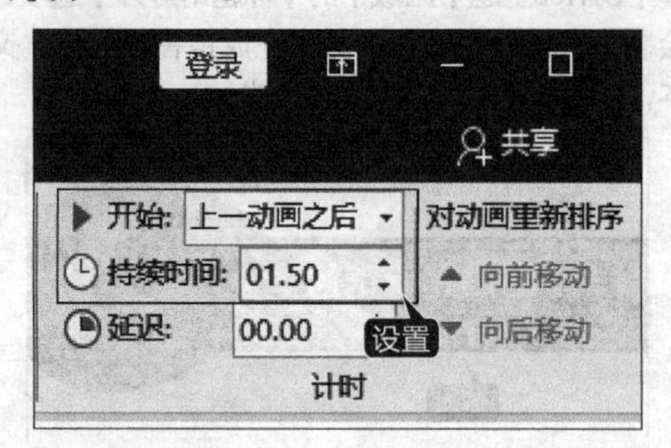

6 设置其他页面效果

使用同样的方法，为其他幻灯片页面中的内容设置不同的动画效果。最终制作完成的销售计划PPT 如下图所示。

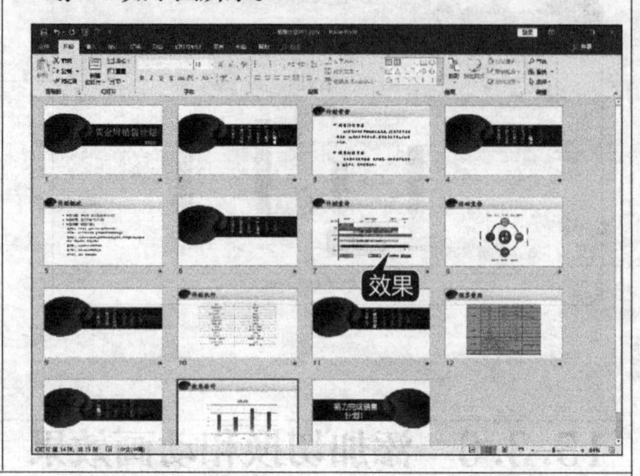

至此，就完成了产品销售计划PPT的制作。

第 16 章

Office 2019 的共享与协作

本章视频教学时间：23 分钟

Office 组件之间可以通过资源共享和相互协作，实现文档的分享及多人调用，以提高工作效率。使用 Office 组件间的共享与协作进行办公，可以发挥 Office 办公软件的最大能力。本章主要介绍 Office 2019 组件共享与协作的相关知识。

【学习目标】

- 通过本章的学习，读者可以掌握 Office 2019 组件共享与协作的方法。

【本章涉及知识点】

- Office 文件的共享
- Word 2019 与其他组件协同应用的方法
- Excel 2019 与其他组件协同应用的方法
- PowerPoint 2019 与其他组件协同应用的方法

16.1 Office 2019的共享

本节视频教学时间：6分钟

用户可以将Office文档存放在网络或其他存储设备中，便于更方便地查看和编辑Office文档，还可以跨平台、跨设备与其他人协作，共同编写论文、准备演示文稿、创建电子表格等。

16.1.1 保存到云端OneDrive

云端OneDrive是由微软公司推出的一项云存储服务，用户可以通过自己的Microsoft账户进行登录，并上传自己的图片、文档等到OneDrive中进行存储。无论身在何处，用户都可以访问OneDrive上的所有内容。

1. 将文档另存至云端OneDrive

下面以PowerPoint 2019为例介绍将文档保存到云端OneDrive的具体操作步骤。

1 单击【登录】按钮

打开要保存到云端的文件，单击【文件】选项卡，在打开的列表中选择【另存为】选项，在【另存为】区域选择【OneDrive】选项，单击【登录】按钮。

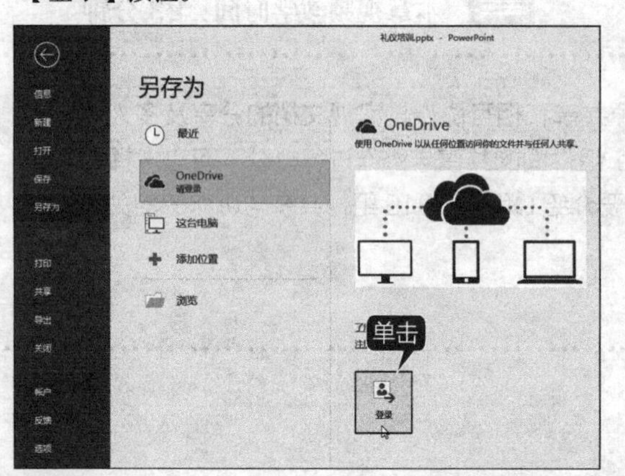

2 输入电子邮箱地址

弹出【登录】对话框，输入与Office一起使用的账户的电子邮箱地址，单击【下一步】按钮，根据提示登录。

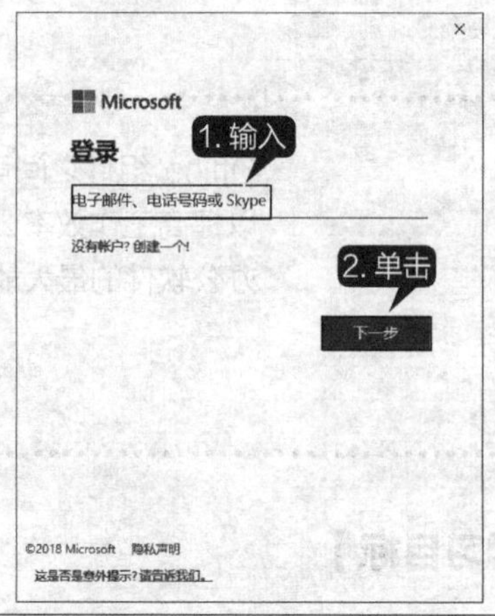

3 登录成功

登录成功后，在PowerPoint的右上角显示登录的账号名，在【另存为】区域单击【OneDrive–个人】选项。

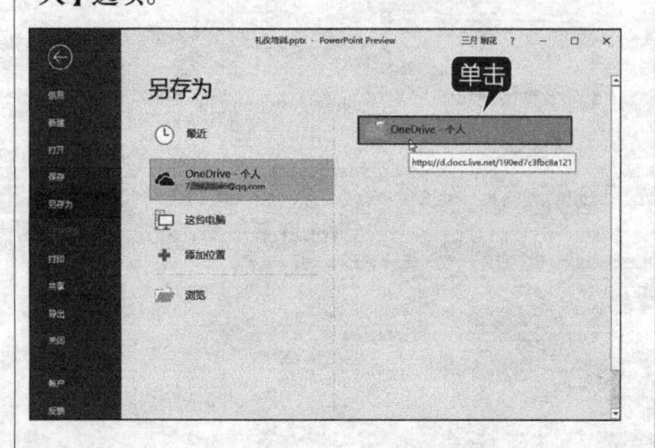

4 单击【保存】按钮

弹出【另存为】对话框，在对话框中选择文件要保存的位置，这里选择保存在OneDrive的【文档】目录下，单击【保存】按钮。

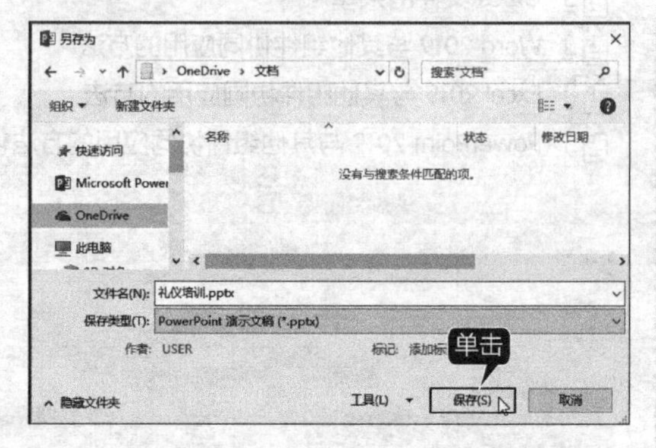

5 将文档保存到 OneDrive 中

返回PowerPoint界面，在界面下方显示“正在上载到OneDrive”字样。上载完毕后即可将文档保存到OneDrive中。

6 查看保存的文件

打开电脑上的OneDrive文件夹，即可看到保存的文件。

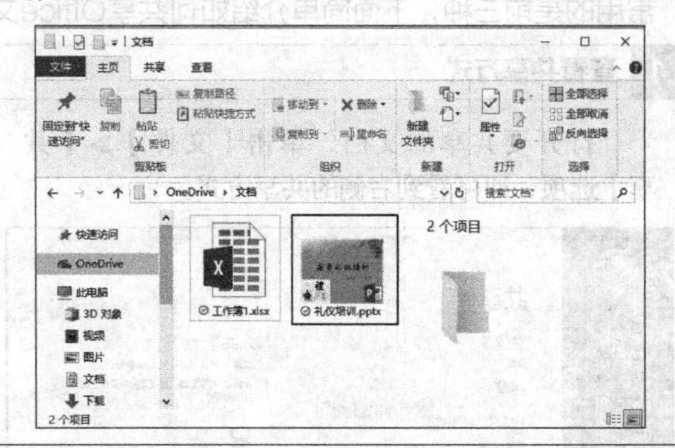

2. 在电脑中将文档上传至OneDrive

用户可以直接打开【OneDrive】窗口上传文档，具体操作步骤如下。

1 打开【OneDrive】窗口

在【此电脑】窗口中选择【OneDrive】选项，或者在任务栏的【OneDrive】图标上单击鼠标右键，在弹出的快捷菜单中选择【打开你的OneDrive文件夹】选项，都可以打开【OneDrive】窗口。

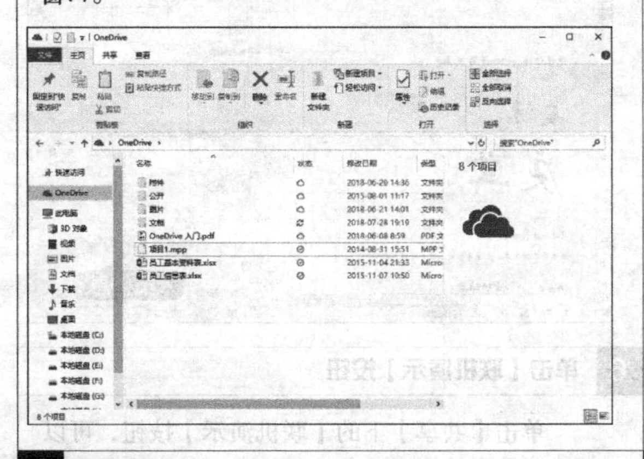

2 复制文件

选择要上传的文件，将其复制并粘贴至【OneDrive】文件夹或者直接拖曳文件至【文档】文件夹中。

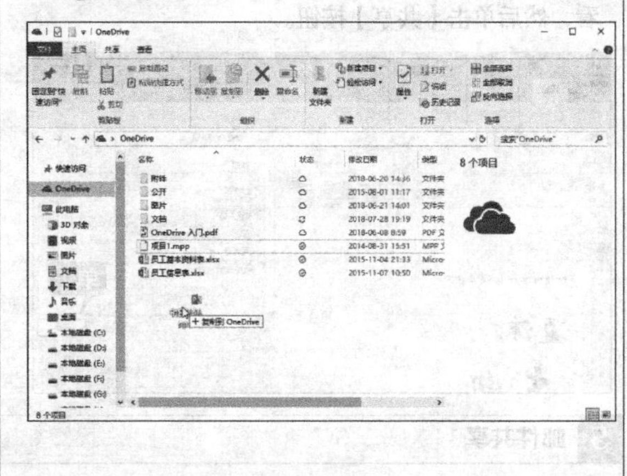

3 上传完成

此时即可上传到OneDrive，如下图所示。

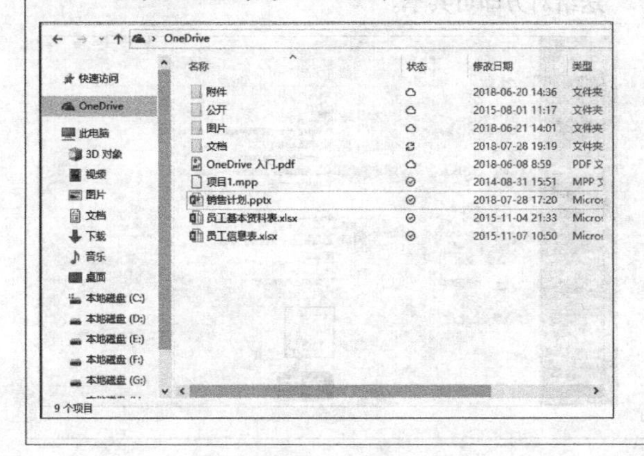

4 查看使用记录

在任务栏单击【OneDrive】图标，即可打开OneDrive窗口查看使用记录。

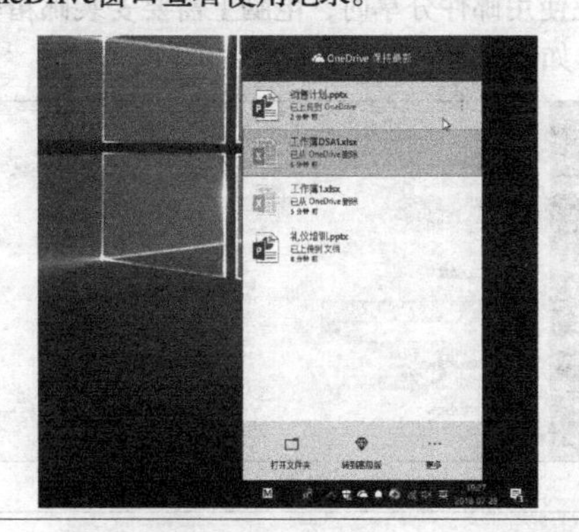

16.1.2 共享Office文档

Office 2019提供了多种共享方式，包括与人共享、电子邮件、联机演示和发布到博客，其中最为常用的是前三种，下面简单介绍如何共享Office文档。

1 查看共享方式

打开要共享的文档，单击【文件】➤【共享】选项，即可看到右侧的共享方式。

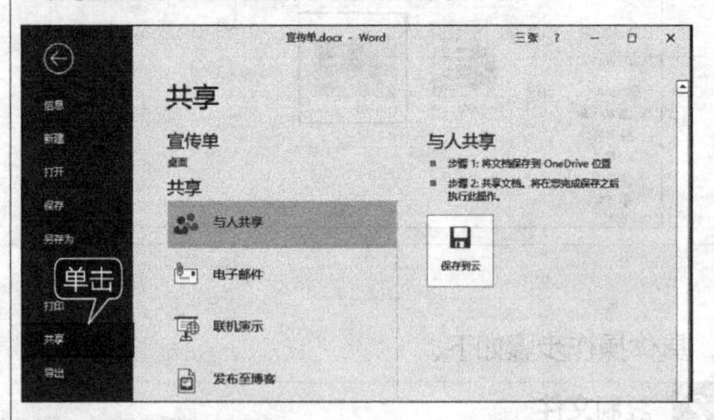

2 单击【与人共享】按钮

例如，将文档保存至OneDrive中，单击【与人共享】➤【与人共享】按钮。

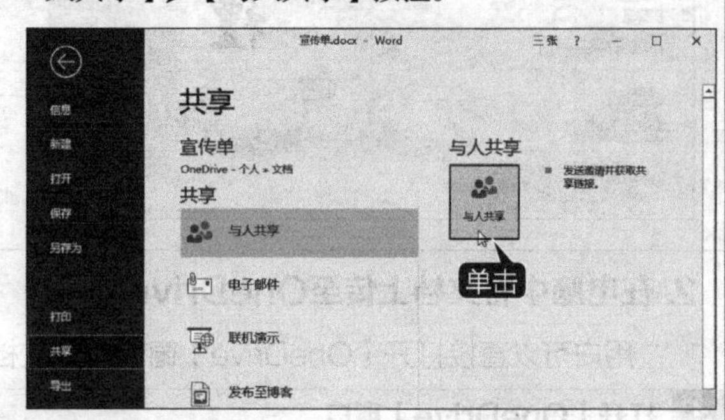

3 设置共享权限

在文档界面右侧弹出的【共享】窗格中，输入要共享的人员，并设置共享权限，如编辑、查看，然后单击【共享】按钮。

4 查看权限

共享邀请成功后，即可看到共享人员信息，及查看权限。

5 邮件共享

例如，单击【共享】下的【电子邮件】按钮，可以通过【作为附件发送】、【发送链接】、【以PDF形式发送】、【以XPS形式发送】和【以Internet传真形式发送】5种形式发送，不过在使用邮件分享时，电脑上需要安装邮箱客户端，如Outlook、Foxmail等。

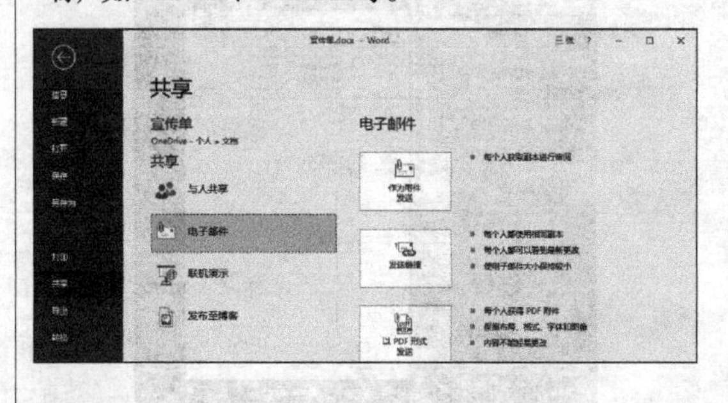

6 单击【联机演示】按钮

单击【共享】下的【联机演示】按钮，可以通过浏览器的形式分享给其他人。单击【联机演示】按钮，即可生成联机演示链接，将该链接发送给对方即可共享。

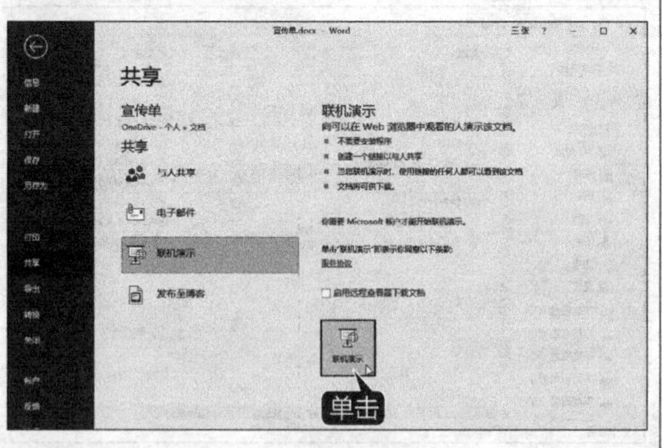

16.1.3 使用云盘同步重要数据

随着云技术的快速发展，各种云盘也相继涌现，它们不仅功能强大，而且具备了很好的用户体验。上传、分享和下载是各类云盘最主要的功能，用户可以将重要数据文件上传到云盘空间，可以将其分享给其他人，也可以在不同的客户端下载云盘空间上的数据，方便了不同用户、不同客户端进行直接交互。下面介绍百度云盘如何上传、分享和下载文件。

1 双击【百度云管家】图标

下载并安装【百度云管家】客户端后，在【此电脑】窗口中，双击【百度云管家】图标，打开该软件。

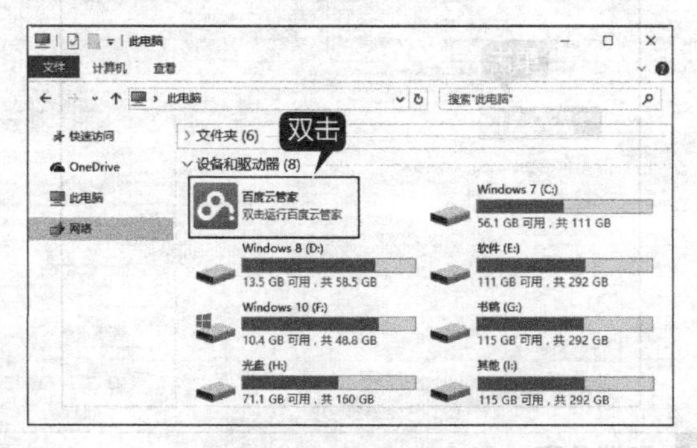

2 新建目录

打开百度云管家客户端，在【我的网盘】界面中，用户可以新建目录，也可以直接上传文件，如这里单击【新建文件夹】按钮，新建一个分类的目录，并命名为“重要数据”。

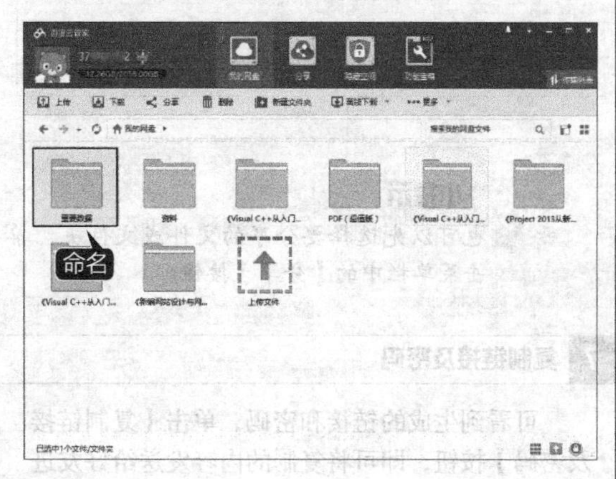

小提示

云盘软件一般均提供网页版，但是为了有更好的功能体验，建议安装客户端版。

3 选择资料

打开“重要数据”文件夹，选择要上传的重要资料，拖曳到客户端界面上。

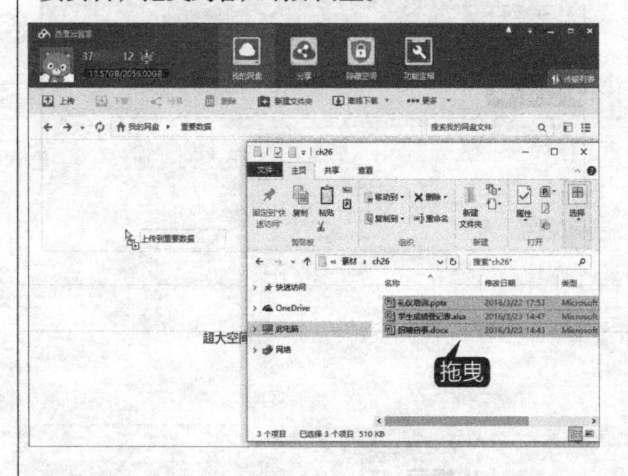

4 将资料上传至云盘

此时，资料即会上传至云盘中，如下图所示。

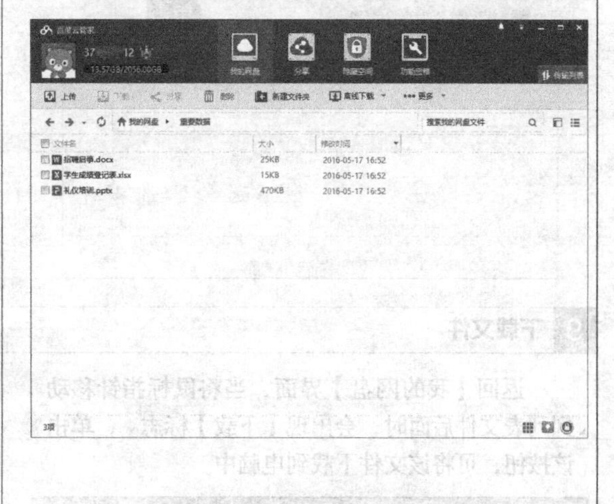

小提示

用户也可以单击【上传】按钮，通过选择路径的方式，上传资料。

5 出现【创建分享】标志

上传完毕后，当将鼠标指针移动到想要分享的文件后面时，就会出现【创建分享】标志 。

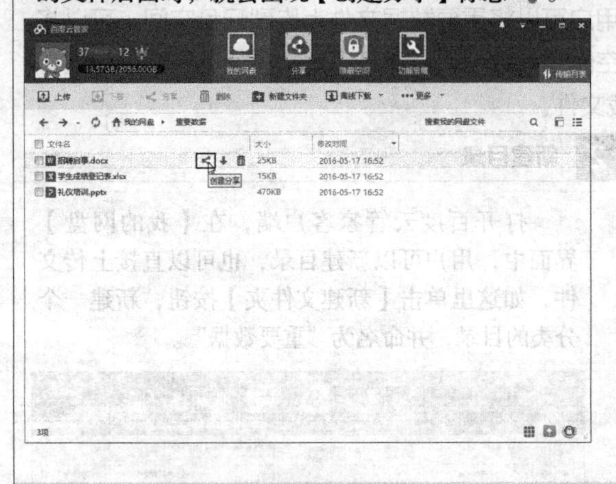

小提示

也可以先选择要分享的文件或文件夹，单击菜单栏中的【分享】按钮。

6 单击【创建私密链接】按钮

单击该标志，显示了分享的三种方式：公开分享、私密分享和发给好友。如果创建公开分享，该文件则会显示在分享主页，其他人都可下载；如果创建私密分享，系统会自动为每个分享链接生成一个提取密码，只有获取密码的人才能通过链接查看并下载私密共享的文件；如果发给好友，选择好友并发送即可。这里单击【私密分享】选项卡下的【创建私密链接】按钮。

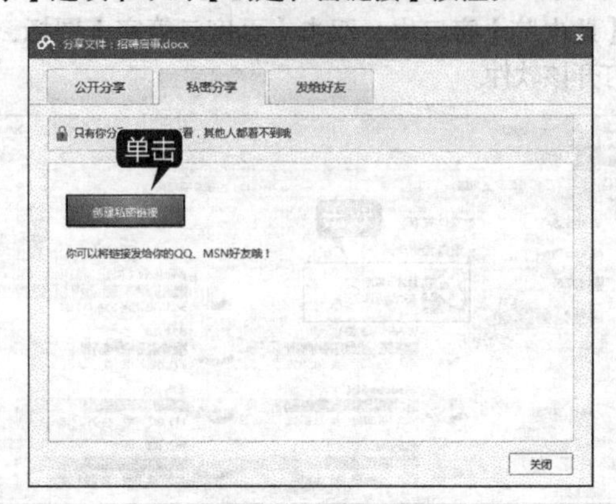

7 复制链接及密码

可看到生成的链接和密码，单击【复制链接及密码】按钮，即可将复制的内容发送给好友进行查看。

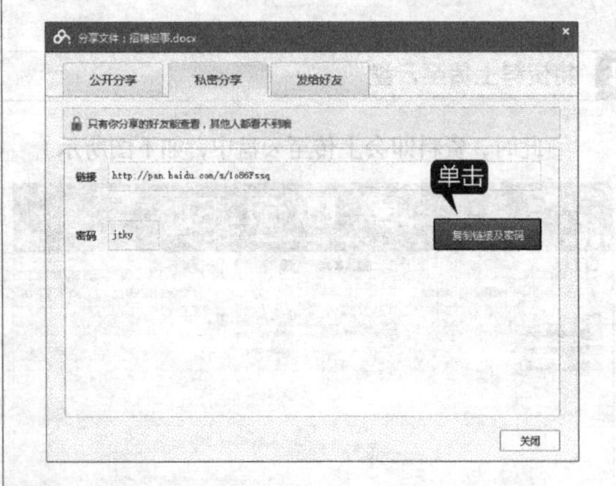

8 取消分享

在【我的网盘】界面，单击【分类查看】按钮 ，并在左侧弹出的分类菜单中单击【我的分享】选项，弹出【我的分享】对话框，列出了当前分享的文件，带有 标识，则表示为私密分享文件，否则为公开分享文件。勾选分享的文件，然后单击【取消分享】按钮，即可取消分享的文件。

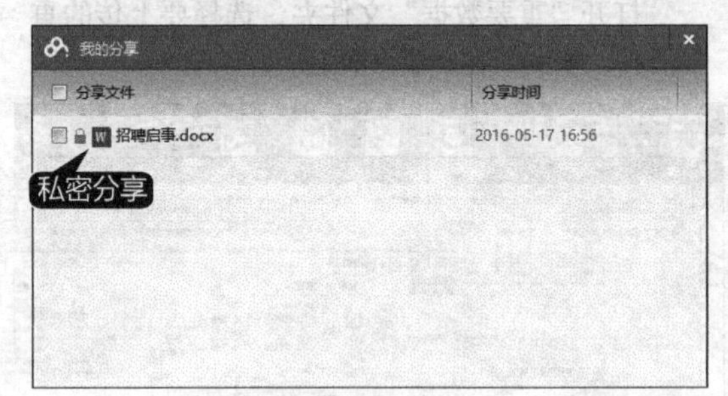

9 下载文件

返回【我的网盘】界面，当将鼠标指针移动到列表文件后面时，会出现【下载】标志 ，单击该按钮，可将该文件下载到电脑中。

小提示

单击【删除】按钮 ，可将其从云盘中删除。另外，单击【设置】按钮 ，可在【设置】➤【传输】对话框中，设置文件下载的位置和任务数等。

10 传输列表

单击界面右上角的【传输列表】按钮 传输列表，可查看下载和上传的记录，单击【打开文件】按钮 ，可查看该文件；单击【打开文件夹】按钮 ，可打开该文件所在的文件夹；单击【清除记录】按钮 ，可清除该文件传输的记录。

16.2 Word 2019与其他组件的协作

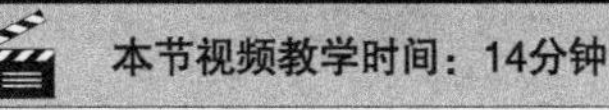

本节视频教学时间：14分钟

在Word中不仅可以创建Excel工作表，而且可以调用已有的PowerPoint演示文稿，实现资源的共用。

16.2.1 在Word中创建Excel工作表

在Word 2019中可以创建Excel工作表，这样不仅可以使文档的内容更加清晰、表达的意思更加完整，还可以节约时间。具体操作步骤如下 。

1 选择【Excel 电子表格】选项

打开 “素材\ch16\创建Excel工作表.docx”文件，将光标定位至需要插入表格的位置，单击【插入】选项卡下【表格】选项组中的【表格】按钮，在弹出的下拉列表中选择【Excel电子表格】选项。

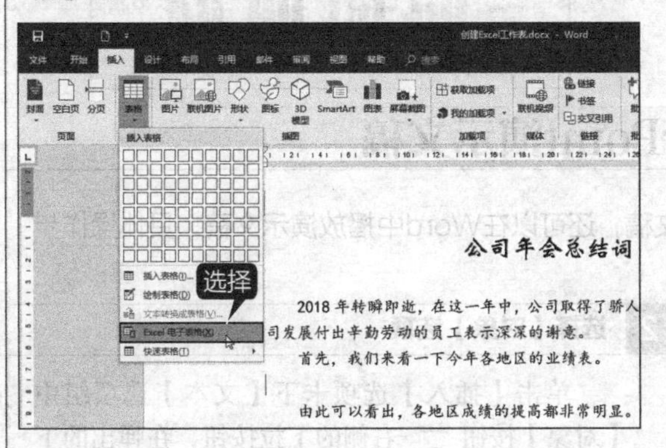

2 进入工作表编辑状态

返回Word文档，即可看到插入的Excel电子表格，双击插入的电子表格即可进入工作表的编辑状态。

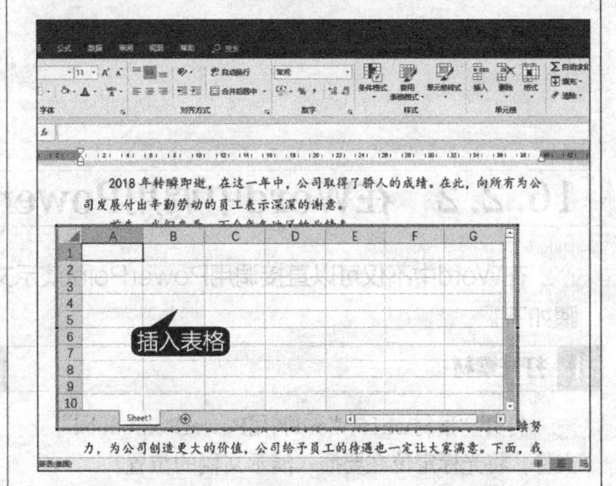

3 输入数据

在Excel电子表格中输入如右图所示的数据，并根据需要设置文字及单元格样式。

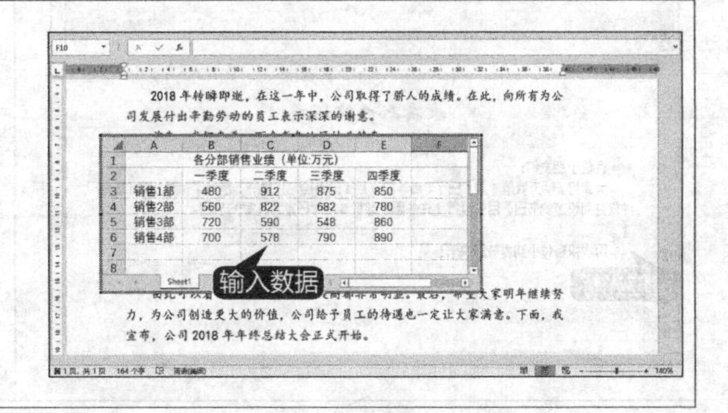

4 选择【簇状柱形图】选项

选择单元格区域A2:E6，单击【插入】选项卡下【图表】组中的【插入柱形图】按钮，在弹出的下拉列表中选择【簇状柱形图】选项。

5 插入图表

在电子表格中插入下图所示的柱形图，将鼠标指针放置在图表上，当鼠标指针变为✥形状时，按住鼠标左键，拖曳图表区到合适位置，并根据需要调整表格的大小。

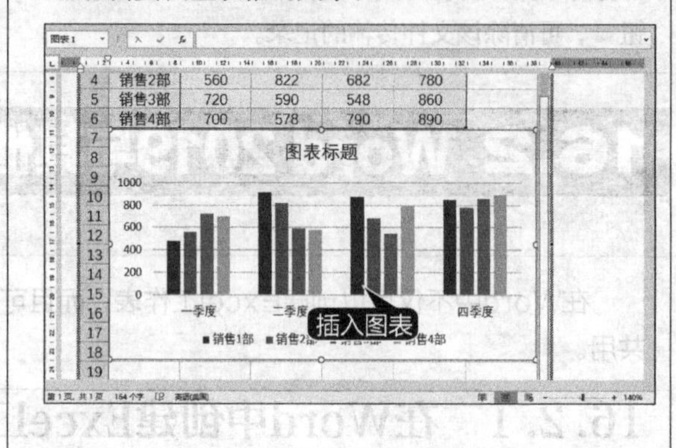

6 输入文本并设置

在图表区【图表标题】文本框中输入“各分部销售业绩”，并设置其【字体】为“华文楷体”、【字号】为“14”，单击Word文档的空白位置，结束表格的编辑状态，效果如右图所示。

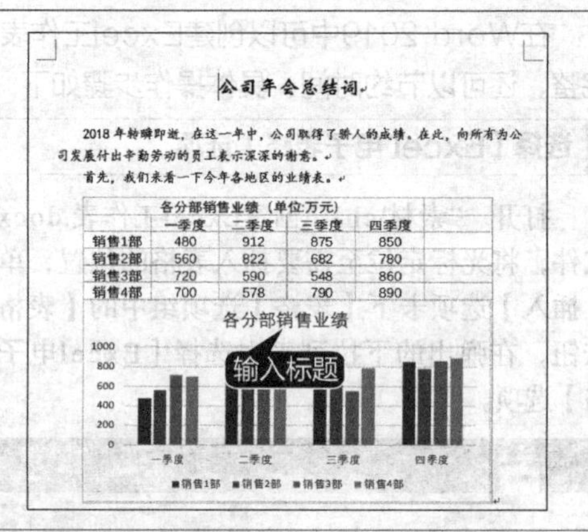

公司年会总结词

2018 年转瞬即逝，在这一年中，公司取得了骄人的成绩，在此，向所有为公司发展付出辛勤劳动的员工表示深深的谢意。

首先，我们来看一下今年各地区的业绩表。

各分部销售业绩（单位:万元）				
	一季度	二季度	三季度	四季度
销售1部	480	912	875	850
销售2部	560	822	682	780
销售3部	720	590	548	860
销售4部	700	578	790	890

16.2.2 在Word中调用PowerPoint演示文稿

在Word中不仅可以直接调用PowerPoint演示文稿，还可以在Word中播放演示文稿，具体操作步骤如下。

1 打开素材

打开“素材\ch16\Word调用PowerPoint.docx”文件，将光标定位在要插入演示文稿的位置。

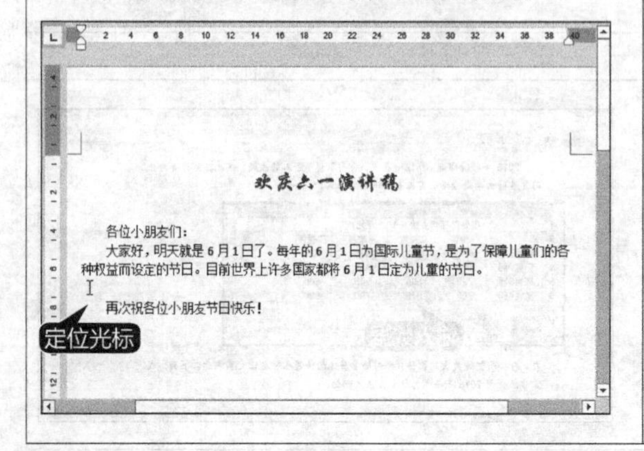

2 选择【对象】选项

单击【插入】选项卡下【文本】选项组中【对象】按钮 ▭ 右侧的下拉按钮，在弹出的下拉列表中选择【对象】选项。

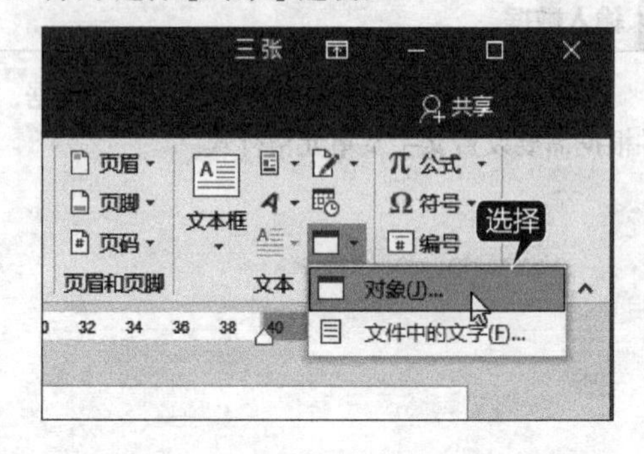

3 单击【浏览】按钮

弹出【对象】对话框，选择【由文件创建】选项卡，单击【浏览】按钮。

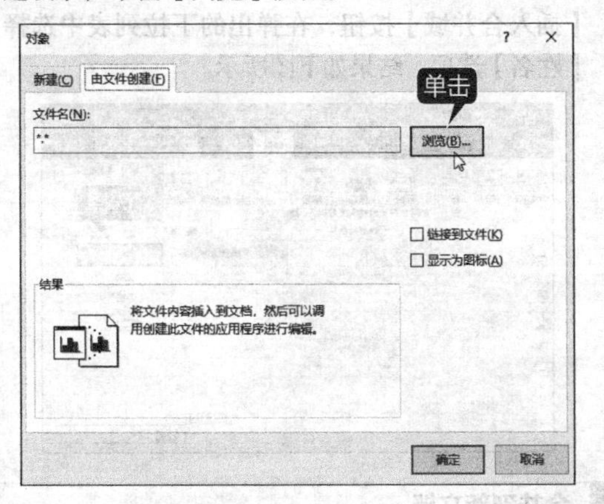

4 选择文件

在打开的【浏览】对话框中选择“素材\ch16\六一儿童节快乐.pptx”文件，单击【插入】按钮，返回【对象】对话框，单击【确定】按钮，即可在文档中插入所选的演示文稿。

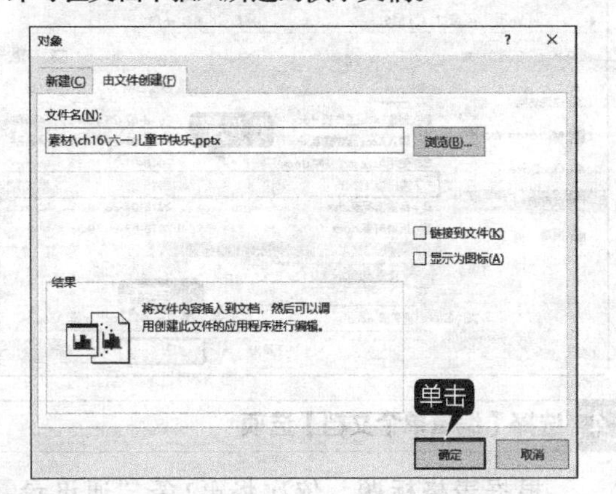

5 选择【显示】选项

插入PowerPoint演示文稿后，拖曳演示文稿四周的控制点可调整演示文稿的大小。在演示文稿中单击鼠标右键，在弹出的快捷菜单中选择【“Presentation”对象】➤【显示】选项。

6 播放幻灯片

播放幻灯片，效果如下图所示。

16.2.3 在Word中使用Access数据库

在日常生活中，经常需要处理大量的通用文档，这些文档的内容既有相同的部分，又有格式不同的标识部分。例如通讯录，表头一样，但是内容不同。此时，如果我们能够使用Word的邮件合并功能，就可以将二者有效地结合起来。其具体的操作方法如下。

1 选择【使用现有列表】选项

打开“素材\ch16\使用Access数据库.docx”文件，单击【邮件】选项卡下【开始邮件合并】选项组中的【选择收件人】按钮 选择收件人 ，在弹出的下拉列表中选择【使用现有列表】选项。

2 选择文件

在打开的【选取数据源】对话框中，选择“素材\ch16\通讯录.accdb”文件，然后单击【打开】按钮。

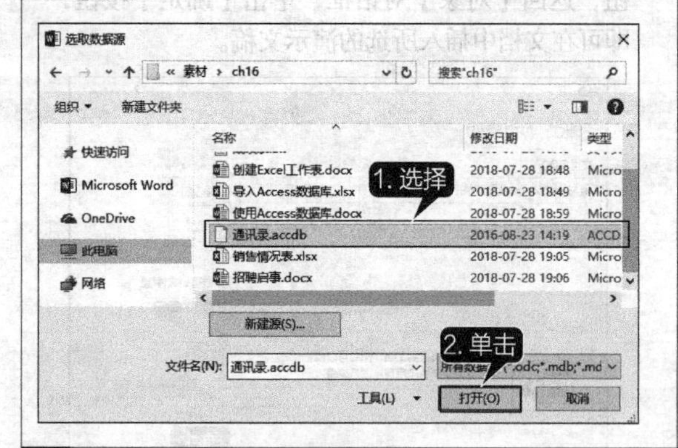

3 插入合并域

将光标定位在第2行第1个单元格中，然后单击【邮件】选项卡【编写和插入域】选项组中的【插入合并域】按钮，在弹出的下拉列表中选择【姓名】选项，结果如下图所示。

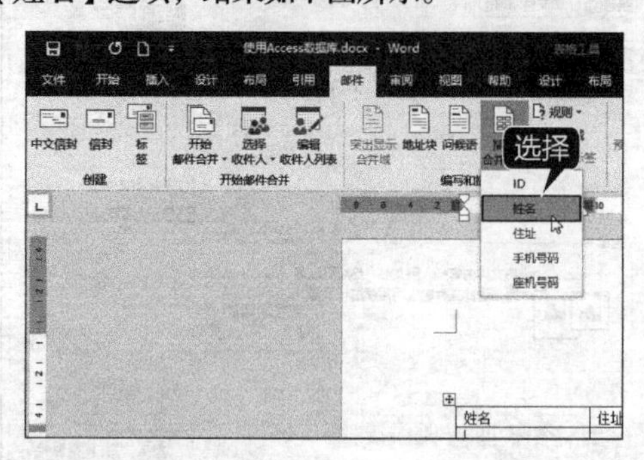

4 选择【编辑单个文档】选项

根据表格标题，依次将第1条“通讯录.accdb”文件中的数据填充至表格中，然后单击【完成并合并】按钮，在弹出的下拉列表中选择【编辑单个文档】选项。

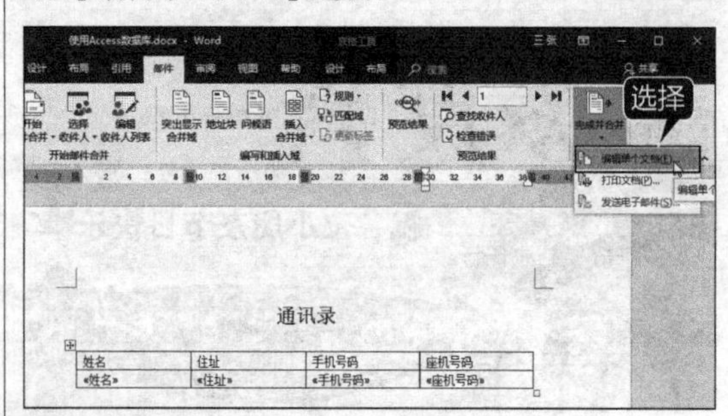

5 合并到新文档

弹出【合并到新文档】对话框，单击选中【全部】单选按钮，然后单击【确定】按钮。

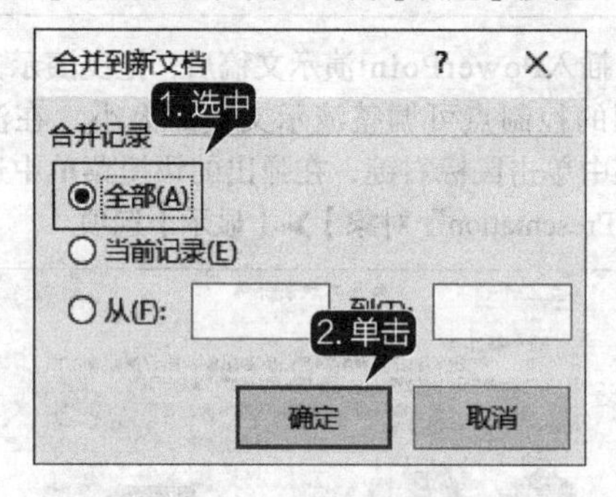

6 新生成文档

此时，新生成一个名称为“信函1”的文档，该文档对每人的通讯录分页显示。

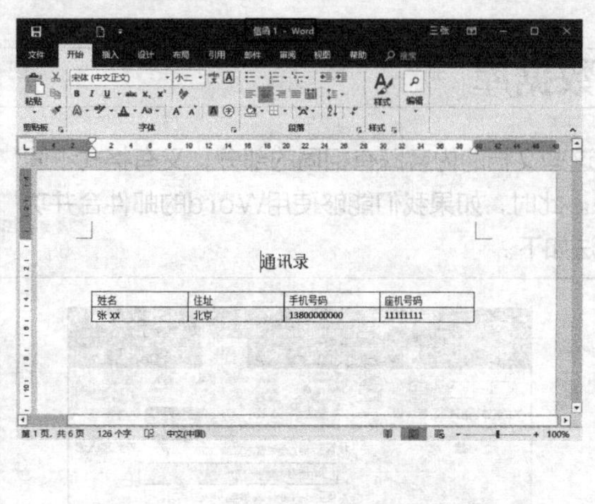

7 选择【分节符】命令

此时，我们可以使用替换命令，将分页符替换为换行符。在【查找和替换】对话框中，将光标定位在【查找内容】文本框中，单击【特殊格式】按钮，在弹出的列表中选择【分节符】命令。

8 全部替换

使用同样的方法，在【替换为】文本框中选择【段落标记】命令，然后单击【全部替换】按钮。

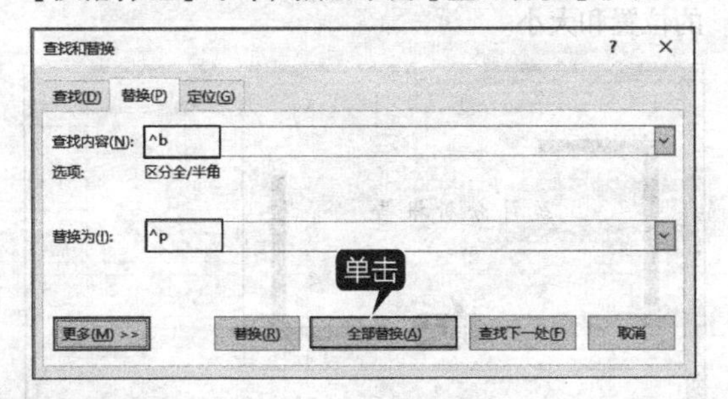

9 弹出提示框

弹出【Microsoft Word】提示框，单击【确定】按钮。

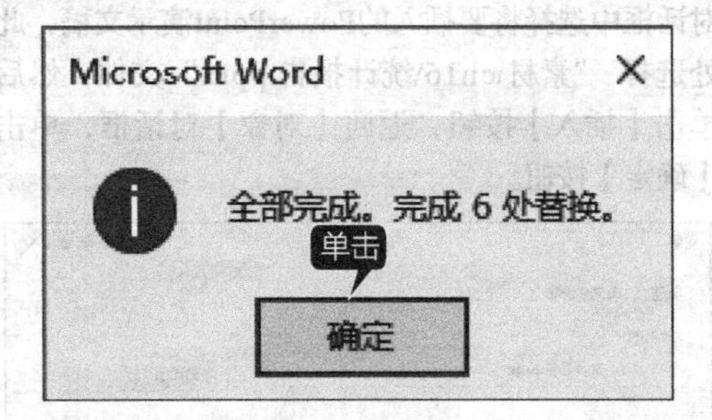

10 最终效果

最终效果如下图所示。

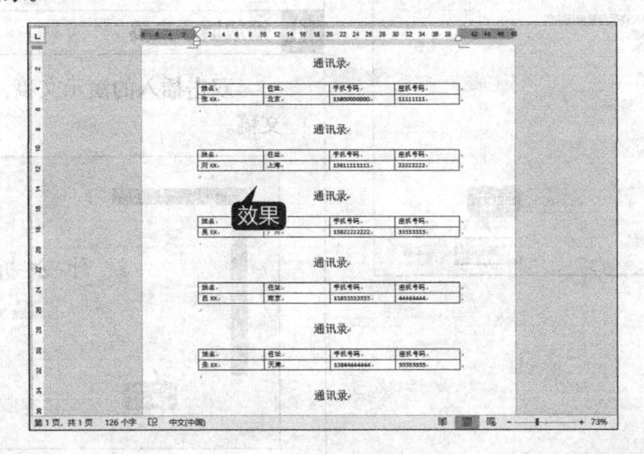

16.3 Excel 2019与其他组件的协作

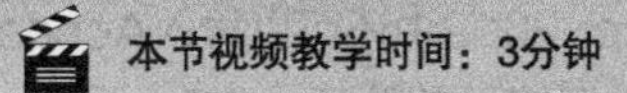

在Excel工作簿中可以调用PowerPoint演示文稿和其他文本文件数据。

16.3.1 在Excel中调用PowerPoint演示文稿

在Excel 2019中调用PowerPoint演示文稿的具体操作步骤如下。

1 单击【对象】按钮

新建一个Excel工作表，单击【插入】选项卡下【文本】选项组中的【对象】按钮。

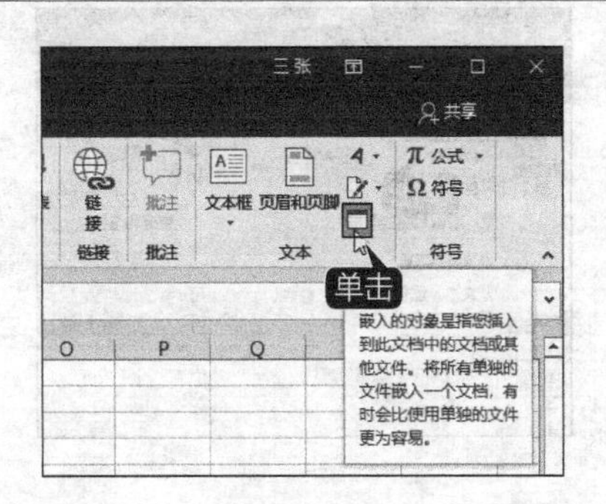

2 选择素材文件

弹出【对象】对话框，选择【由文件创建】选项卡，单击【浏览】按钮，在打开的【浏览】对话框中选择将要插入的PowerPoint演示文稿，此处选择“素材\ch16\统计报告.pptx”文件，然后单击【插入】按钮，返回【对象】对话框，单击【确定】按钮。

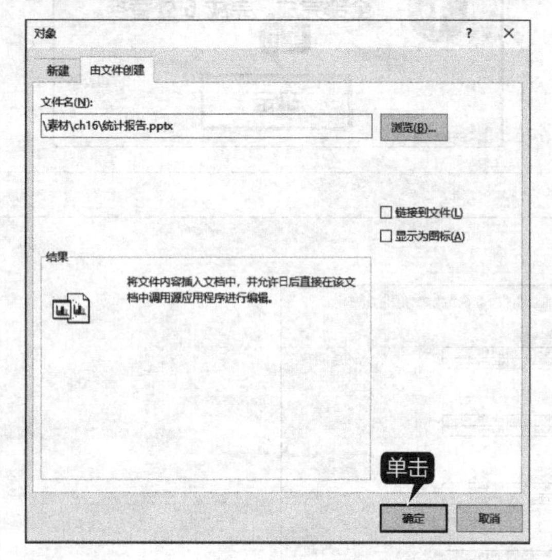

3 插入演示文稿

此时，就在文档中插入了所选的演示文稿。插入PowerPoint演示文稿后，还可以调整演示文稿的位置和大小。

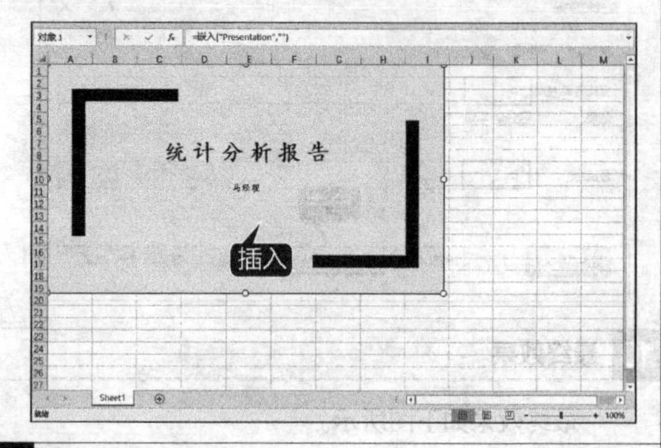

4 播放演示文稿

双击插入的演示文稿，即可播放插入的演示文稿。

16.3.2 导入来自文本文件的数据

在Excel 2019中还可以导入Access文件数据、网站数据、文本数据、SQL Server 数据库数据以及XML数据等外部数据。在Excel 2019中导入文本数据的具体操作步骤如下。

1 单击【从文本/CSV】按钮

新建一个Excel工作表，将其保存为“导入来自文件的数据.xlsx”，单击【数据】选项卡下【获取和转换数据】选项组中的【从文本/CSV】按钮 从文本/CSV。

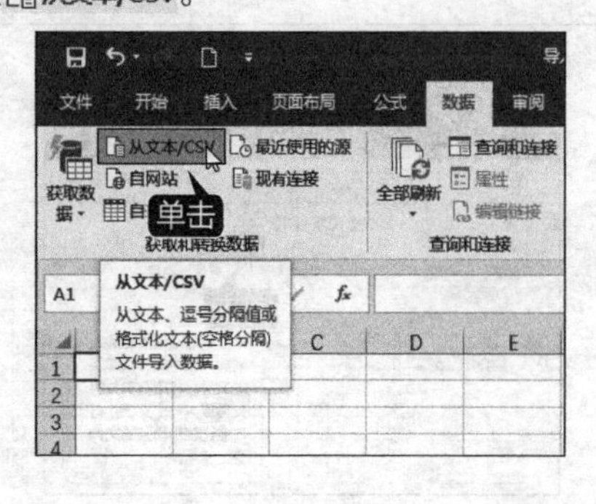

2 选择素材文件

弹出【导入数据】对话框，选择“素材\ch16\成绩表.txt”文件，单击【导入】按钮。

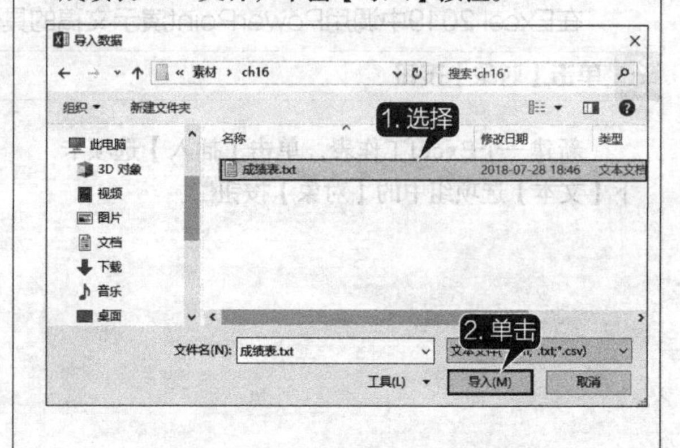

3 单击【加载】按钮

弹出【成绩表.txt】对话框，单击【加载】按钮。

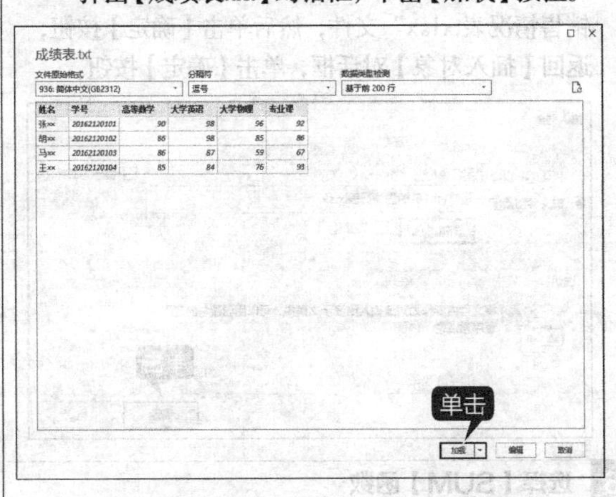

4 导入数据

此时即可将文本文件中的数据导入Excel 2019中。

姓名	学号	高等数学	大学英语	大学物理	专业课
张××	20162120101	90	98	96	92
胡××	20162120102	86	98	85	86
马××	20162120103	86	87	59	67
王××	20162120104	85	84	76	93

导入

16.4 PowerPoint 2019与其他组件的协作

本节视频教学时间：7分钟

在PowerPoint 2019中不仅可以调用Excel等组件，还可以将PowerPoint演示文稿转化为Word文档。

16.4.1 在PowerPoint中调用Excel工作表

在PowerPoint 2019中调用Excel工作表的具体操作步骤如下 。

1 新建幻灯片

打开 “素材\ch16\调用Excel工作表.pptx”文件，选择第2张幻灯片，然后单击【新建幻灯片】按钮，在弹出的下拉列表中选择【仅标题】选项。

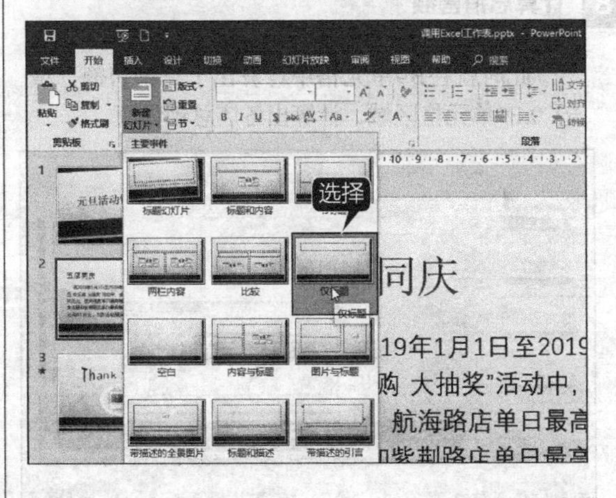

2 输入文本

新建一张标题幻灯片，在【单击此处添加标题】文本框中输入“各店销售情况”。

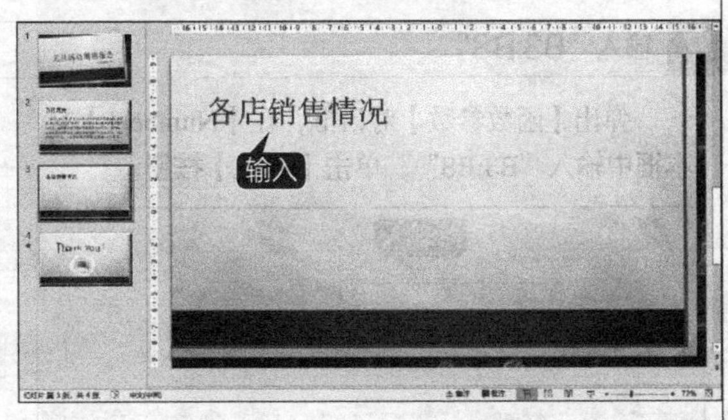

3 弹出【插入对象】对话框

单击【插入】选项卡下【文本】组中的【对象】按钮，弹出【插入对象】对话框，单击选中【由文件创建】单选项，然后单击【浏览】按钮。

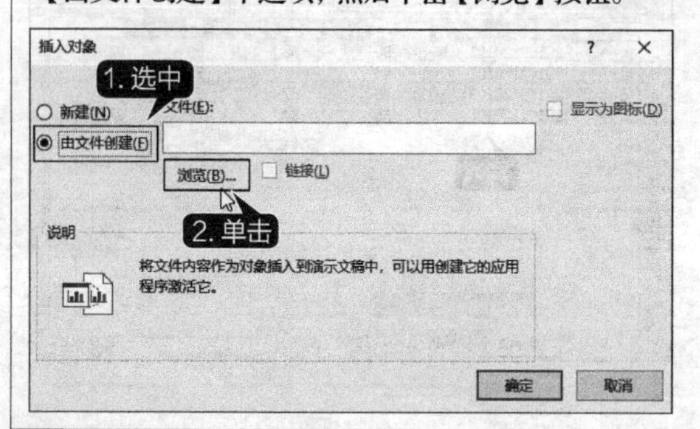

4 选择素材文件

在弹出的【浏览】对话框中选择"素材\ch16\销售情况表.xlsx"文件，然后单击【确定】按钮，返回【插入对象】对话框，单击【确定】按钮。

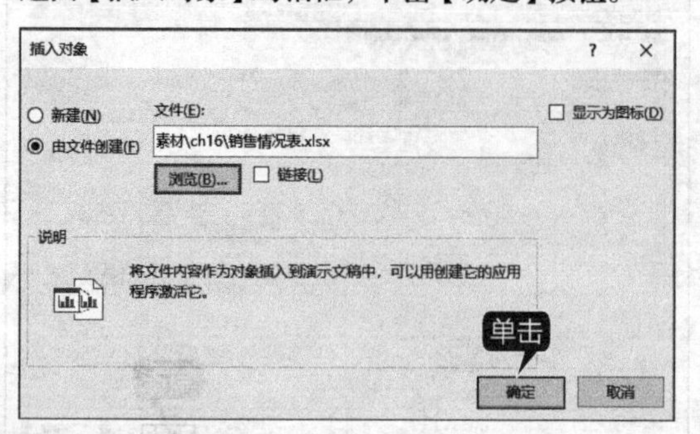

5 调整表格

此时就在演示文稿中插入了Excel表格，双击表格，进入Excel工作表的编辑状态，调整表格的大小。

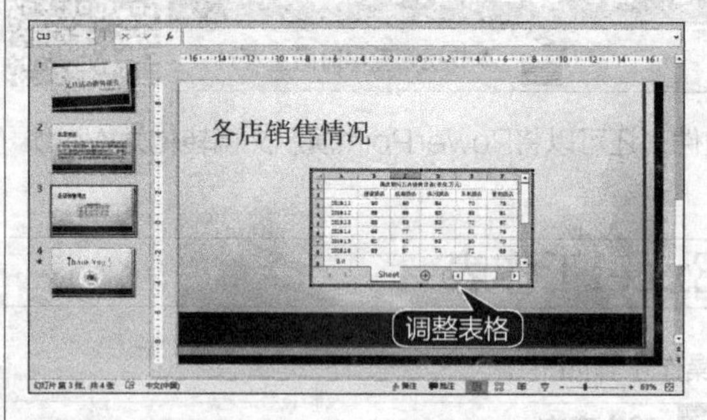

6 选择【SUM】函数

单击B9单元格，单击编辑栏中的【插入函数】按钮，弹出【插入函数】对话框，在【选择函数】列表框中选择【SUM】函数，单击【确定】按钮。

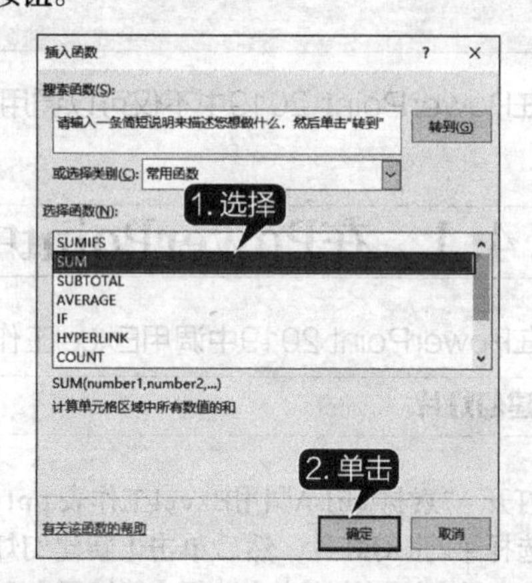

7 输入"B3:B8"

弹出【函数参数】对话框，在【Number1】文本框中输入"B3:B8"，单击【确定】按钮。

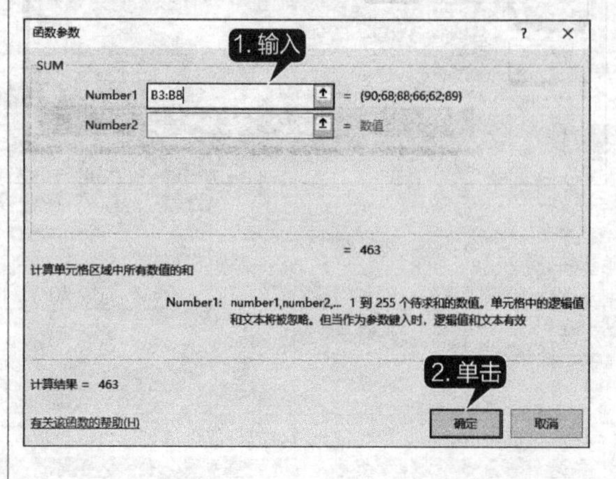

8 计算总销售额

此时就在B9单元格中计算出了总销售额，填充C9:F9单元格区域，计算出各店总销售额。

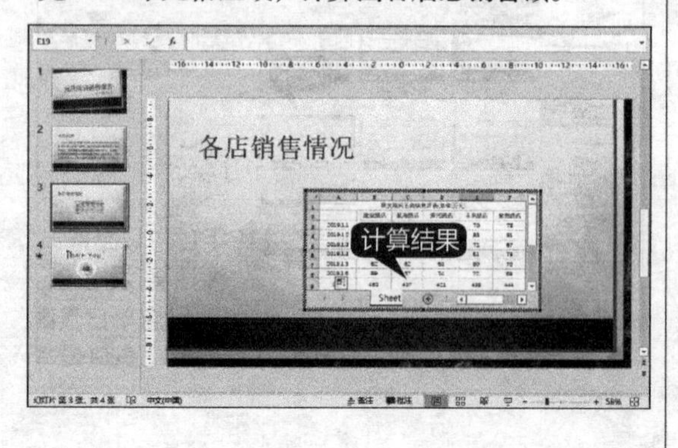

9 选择【簇状柱形图】选项

选择单元格区域A2:F9，单击【插入】选项卡下【图表】组中的【插入柱形图】按钮，在弹出的下拉列表中选择【簇状柱形图】选项。

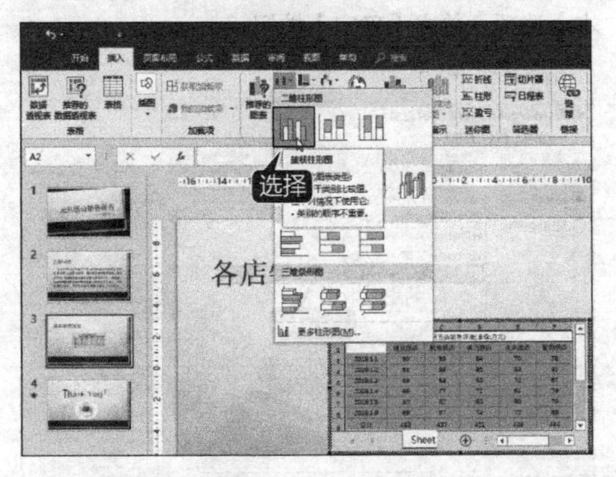

10 美化图表

插入柱形图后，设置图表的位置和大小，并根据需要美化图表。最终效果如下图所示。

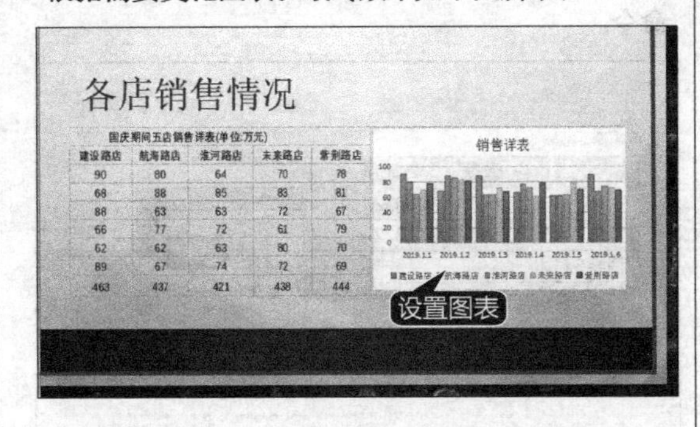

16.4.2 将PowerPoint转换为Word文档

用户可以将PowerPoint演示文稿中的内容转化到Word文档中，以方便阅读、打印和检查。具体操作步骤如下。

1 单击【创建讲义】按钮

打开上面的素材文件，单击【文件】选项卡，选择【导出】选项，在右侧【导出】区域选择【创建讲义】选项，然后单击【创建讲义】按钮。

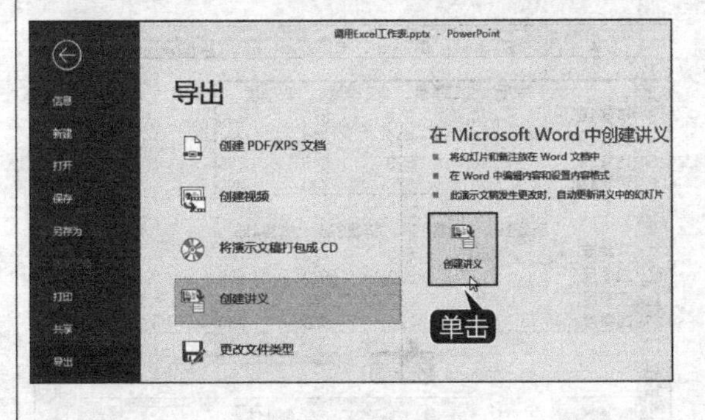

2 将演示文稿转换为 Word 文档

弹出【发送到Microsoft Word】对话框，单击选中【只使用大纲】单选项，然后单击【确定】按钮，即可将PowerPoint演示文稿转换为Word文档。

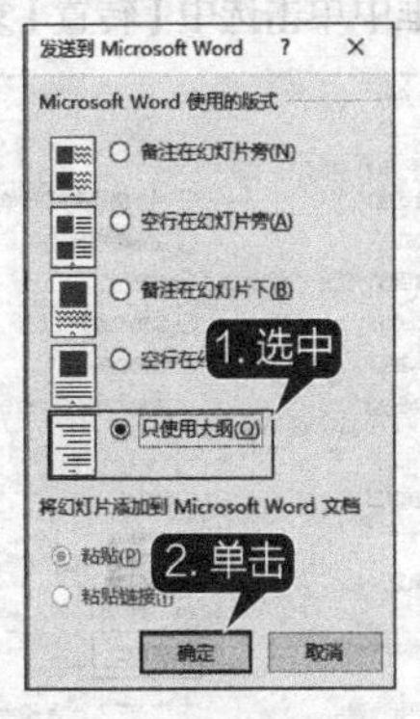

高手私房菜

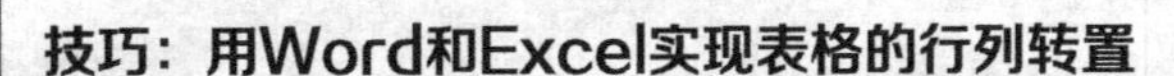

技巧：用Word和Excel实现表格的行列转置

在用Word制作表格时经常会遇到需要将表格的行与列转置的情况，具体操作步骤如下。

1 选择【复制】命令

在Word中创建表格，然后选定整个表格，单击鼠标右键，在弹出的快捷菜单中选择【复制】命令。

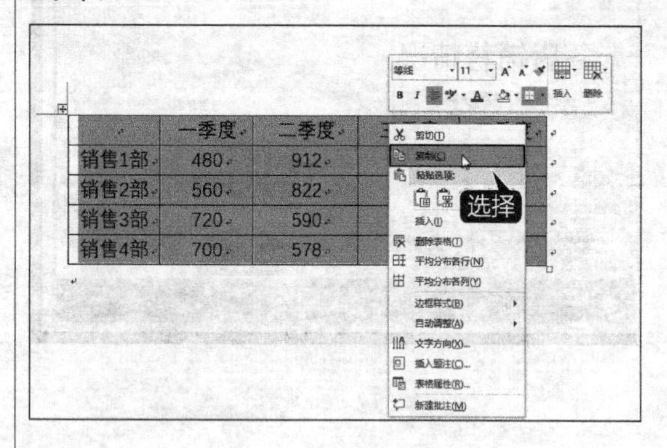

2 选择【文本】选项

打开Excel表格，在【开始】选项卡下【剪贴板】选项组中选择【粘贴】➤【选择性粘贴】选项，在弹出的【选择性粘贴】对话框中选择【文本】选项，单击【确定】按钮。

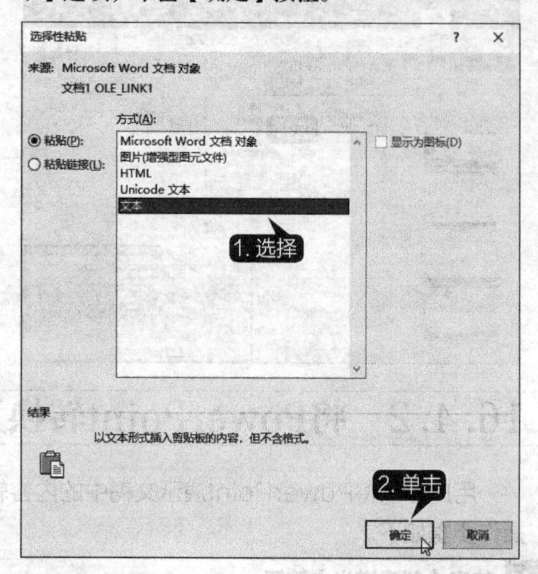

3 选中【转置】复选框

复制粘贴后的表格，在任一单元格上单击，选择【粘贴】➤【选择性粘贴】选项，在弹出的【选择性粘贴】对话框中单击选中【转置】复选框。

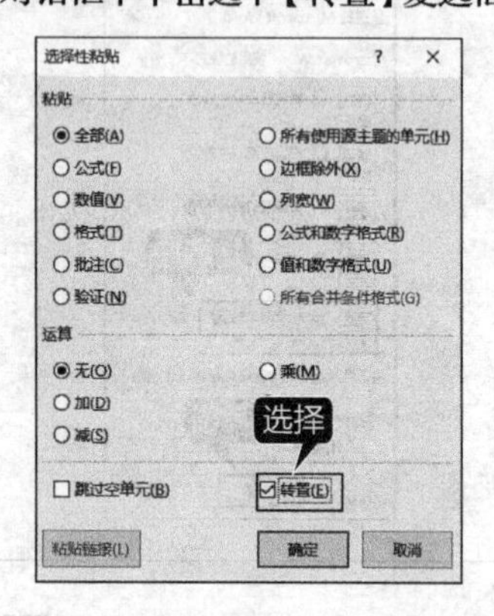

4 转置效果

单击【确定】按钮，即可将表格行与列转置，最后将转置后的表格复制到Word文档中即可。

	A	B	C	D	E	F	G
1							
2		一季度	二季度	三季度	四季度		
3	销售1部	480	912	875	850		
4	销售2部	560	822	682	780		
5	销售3部	720	590	548	860		
6	销售4部	700	578	790	890		
7							
8		销售1部	销售2部	销售3部	销售4部		
9	一季度	480	560	720	700		
10	二季度	912	822	590	578		
11	三季度	875	682	548	790		
12	四季度	850	780	860	890	(Ctrl)	
13							
14							
15							

Sheet1

效果

第 17 章

Office 的跨平台应用——移动办公

本章视频教学时间：21 分钟

使用移动设备可以随时随地进行办公，轻轻松松甩掉繁重的工作。本章介绍如何将电脑中的文件快速传输至移动设备中，以及使用手机、平板电脑等移动设备办公的方法。

【学习目标】

通过本章的学习，读者可以掌握 Office 跨平台进行移动办公的方法。

【本章涉及知识点】

- 将文件传输到移动设备
- 使用移动设备修改文档的方法
- 使用移动设备制作报表的方法
- 使用移动设备制作 PPT 的方法

17.1 移动办公概述

本节视频教学时间：4分钟

“移动办公”也可以称为“3A办公”，“3A”即任何时间（Anytime）、任何地点（Anywhere）和任何事情（Anything）。这种全新的办公模式，可以让办公人员摆脱时间和地点的束缚，利用可以将手机和电脑互联互通的软件应用系统，随时随地完成工作，大大提高了工作效率。

无论是智能手机、笔记本电脑还是平板电脑等，只要支持办公所需的操作软件，均可以实现移动办公。

下面首先了解一下移动办公的优势。

1. 操作便利简单

移动办公只需要一部智能手机或者平板电脑即可，便于携带，操作简单。同时，不用拘泥于办公室，即使下班也可以方便地处理一些紧急事务。

2. 处理事务高效快捷

使用移动办公方式，办公人员无论出差在外，还是正在上班的路上甚至是休假时间，都可以及时审批公文、浏览公告、处理个人事务等。这种办公模式将许多不可利用的时间有效利用起来，不知不觉中就提高了工作效率。

3. 功能强大且灵活

由于移动信息产品发展迅猛、移动通信网络日益优化，很多要在电脑上处理的工作都可以通过手机终端来完成，移动办公的效果堪比电脑办公。同时，针对不同行业领域的业务需求，还可以对移动办公进行专业的定制开发，灵活多变地根据自身需求自由设计移动办公的功能。

移动办公通过多种接入方式与企业的各种应用进行连接，将办公的范围无限扩大，真正地实现了“3A办公”模式。移动办公的优势是可以帮助企业提高员工的办事效率，还能帮助企业从根本上降低营运的成本，进一步推动企业的发展。

能够实现移动办公的设备必须具有以下几点特征。

1. 完美的便携性

手机、平板电脑和笔记本电脑（包括超级本）等均适合移动办公。这些设备体积较小，便于携带，打破了空间的局限性，办公人员不用一直待在办公室里，在家里、在车上都可以工作。

2. 系统和设备支持

要想实现移动办公，必须具有能够支持办公软件的操作系统和设备，如iOS操作系统、Android操作系统、Windows Mobile操作系统等具有扩展功能的系统及对应的设备等。现在流行的华为手机、苹果手机、OPPO手机、iPad平板电脑以及超级本等都可以实现移动办公。

3. 网络支持

很多工作都需要在连接有网络的情况下进行，如传递办公文件等，所以网络的支持必不可少。目前，最常用的网络有4G网络和Wi-Fi无线网络等。

17.2 将办公文件传输到移动设备

本节视频教学时间：5分钟

将办公文件传输到移动设备中，方便携带，还可以随时随地进行办公。

1. 将移动设备作为U盘传输办公文件

可以将移动设备以U盘的形式使用数据线连接至电脑USB接口。此时，双击电脑桌面上的【此电脑】图标，打开【此电脑】对话框。双击手机图标，打开手机存储设备，然后将文件复制并粘贴至该手机内存设备中即可。如下左图所示为识别的iPhone图标。安卓设备与iOS设备操作与此类似。

2. 借助同步软件

通过数据线或者借由Wi-Fi网络，在电脑中安装同步软件，然后将电脑中的数据下载至手机中。安卓设备可以借助360手机助手等，iOS设备则可使用iTunes软件实现。如下右图所示为使用360手机助手连接手机后，直接将文件拖入【发送文件】文本框中，实现文件传输。

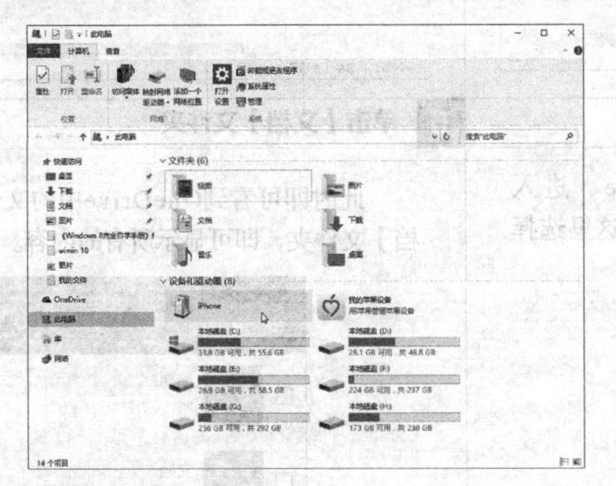

3. 使用QQ传输文件

在移动设备和电脑中登录同一QQ账号，在QQ主界面【我的设备】中双击识别的移动设备，在打开的窗口中可直接将文件拖曳至窗口中，从而将办公文件传输到移动设备。

4. 将文档备份到OneDrive

可以直接将办公文件保存至OneDrive，然后使用同一账号在移动设备中登录OneDrive，实现电脑与手机文件的同步。

1 打开【OneDrive】窗口

在【此电脑】窗口中选择【OneDrive】选项，或者在任务栏的【OneDrive】图标上单击鼠标右键，在弹出的快捷菜单中选择【打开你的OneDrive文件夹】选项，都可以打开【OneDrive】窗口。

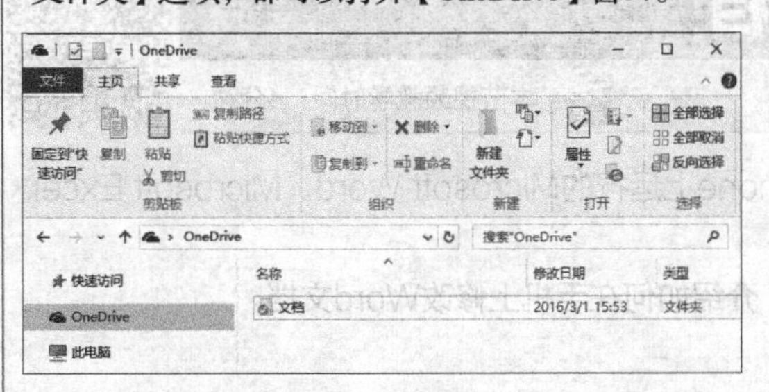

2 复制文件

选择要上传的文档"工作报告.docx"文件，将其复制并粘贴至【文档】文件夹或者直接拖曳文件至【文档】文件夹中。

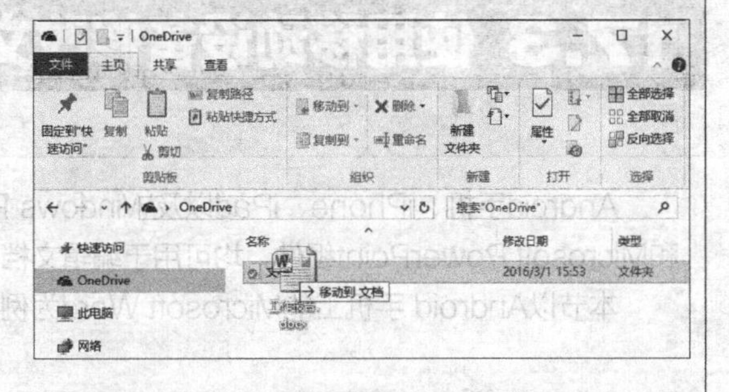

3 正在同步文档

在【文档】文件夹图标上即显示刷新图标，表明文档正在同步。

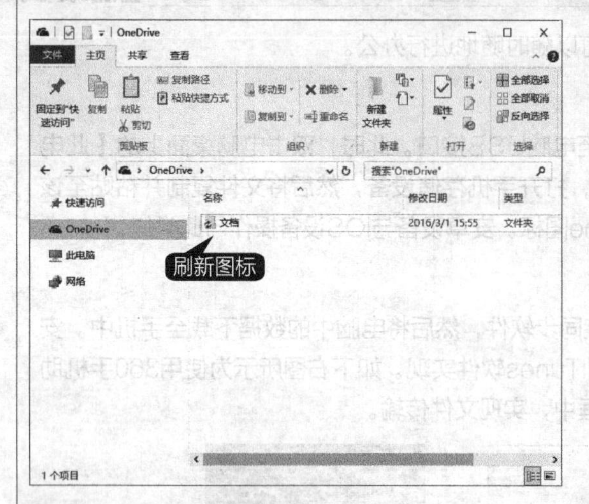

4 上载完成

上载完成，即可在打开的文件夹中看到上载的文件。

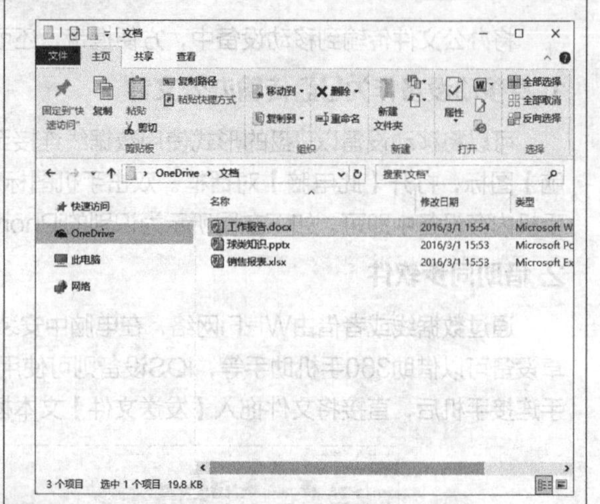

5 选择【文件】选项

在手机中下载并登录OneDrive，进入OneDrive界面，选择要查看的文件，这里选择【文件】选项。

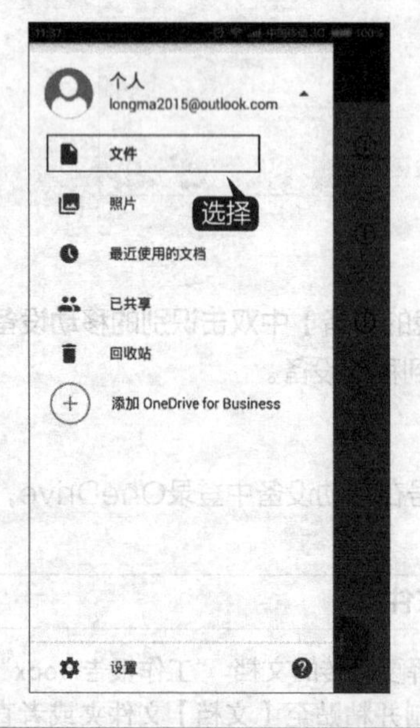

6 单击【文档】文件夹

此时即可看到OneDrive中的文件，单击【文档】文件夹，即可显示所有的内容。

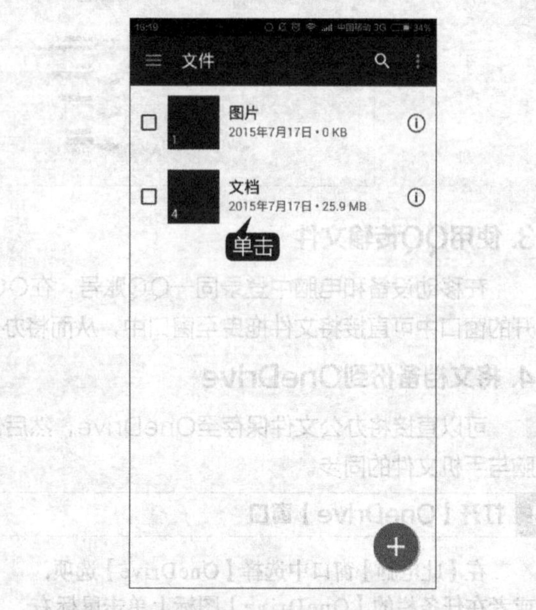

17.3 使用移动设备修改文档

本节视频教学时间：4分钟

Android手机、iPhone、iPad以及Windows Phone上运行的Microsoft Word、Microsoft Excel和Microsoft PowerPoint组件，均可用于编辑文档。

本节以Android 手机上的Microsoft Word为例，介绍如何在手机上修改Word文档。

1 打开文档

下载并安装Microsoft Word软件，将“素材\ch17\工作报告.docx”文档存入电脑的OneDrive文件夹中，同步完成后，在手机中使用同一账号登录并打开OneDrive，找到并单击“工作报告.docx”文档存储的位置，即可使用Microsoft Word打开该文档。

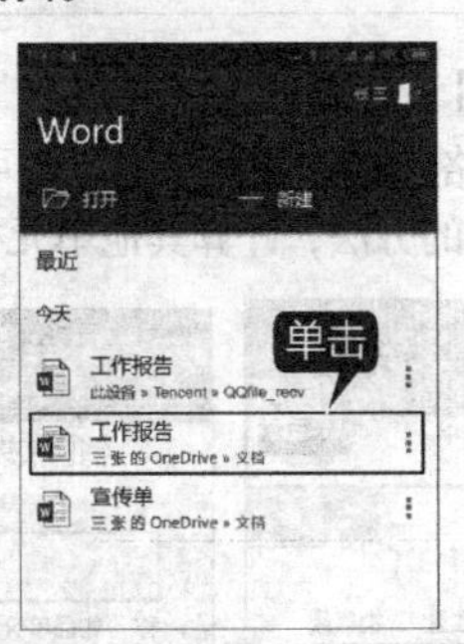

2 标题以斜体显示

打开文档，单击界面上方的按钮，可自适应手机屏幕显示文档，然后单击【编辑】按钮，进入文档编辑状态，选择标题文本，单击【开始】面板中的【倾斜】按钮，使标题以斜体显示。

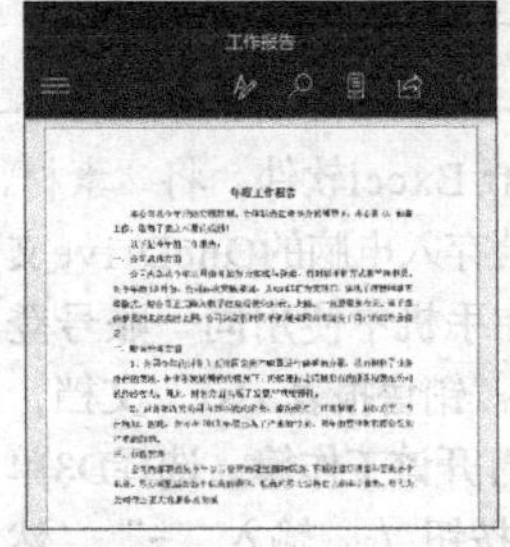

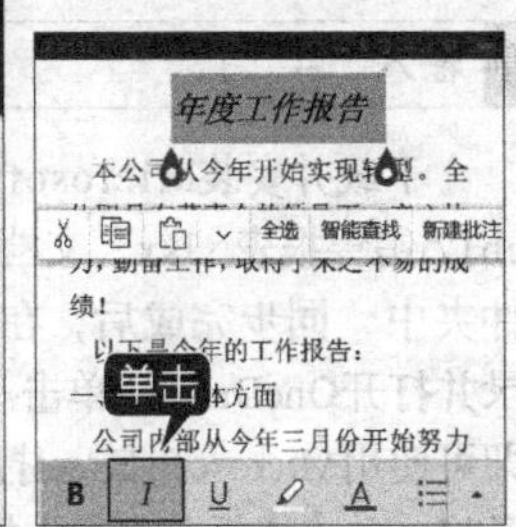

3 为标题添加底纹

单击【突出显示】按钮，可自动为标题添加底纹，突出显示标题。

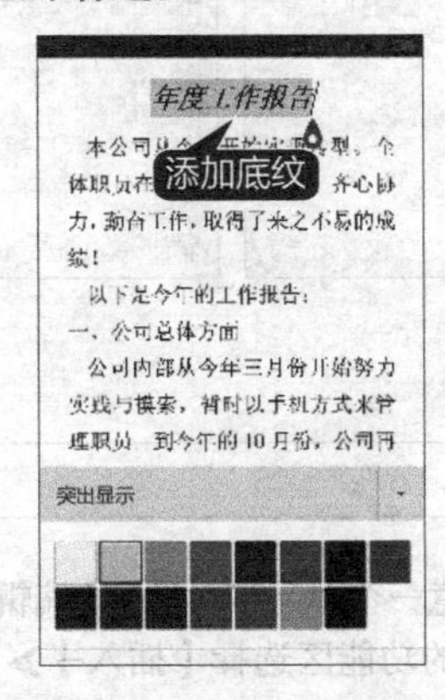

4 选择位置

单击【开始】面板，在打开的列表中选择【插入】选项，切换至【插入】面板。此外，用户还可以打开【布局】、【审阅】以及【视图】面板进行操作。进入【插入】面板后，选择要插入表格的位置，单击【表格】按钮。

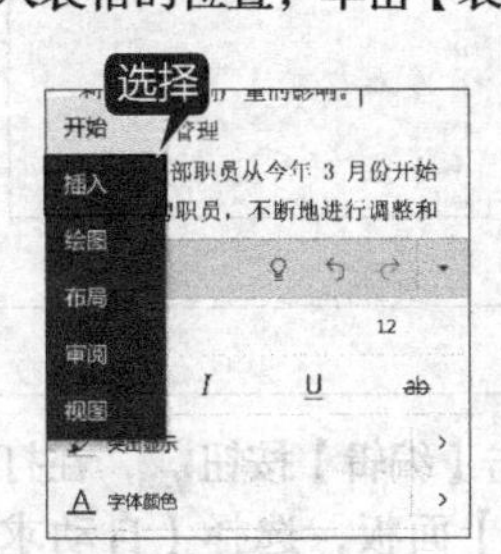

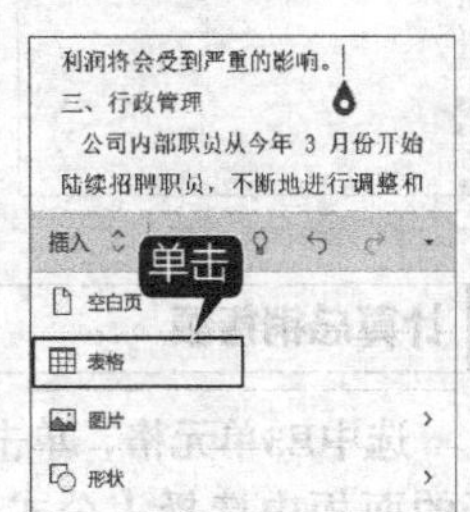

5 输入表格内容

完成表格的插入，单击按钮，隐藏【插入】面板，选择插入的表格，在弹出的输入面板中输入表格内容。

6 选择样式

再次单击【编辑】按钮，进入编辑状态，选择【表格样式】选项，在弹出的【表格样式】列表中选择一种表格样式，即可看到设置表格样式后的效果。编辑完成，单击【保存】按钮即可完成文档的修改。

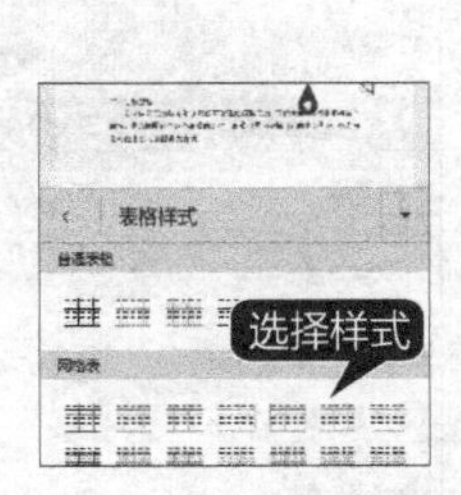

17.4 使用移动设备制作销售报表

本节视频教学时间：3分钟

本节以Android 手机上的Microsoft Excel为例，介绍如何在手机上制作销售报表。平板电脑与手机上制作销售报表的方法类似。

1 输入“=”

下载并安装Microsoft Excel软件，将“素材\ch17\销售报表.xlsx”文档存入电脑的OneDrive文件夹中，同步完成后，在手机中使用同一账号登录并打开OneDrive，单击“销售报表.xlsx”文档，即可使用Microsoft Excel打开该工作簿，选择D3单元格，单击【插入函数】按钮 *fx*，输入“=”，然后将选择函数面板折叠。

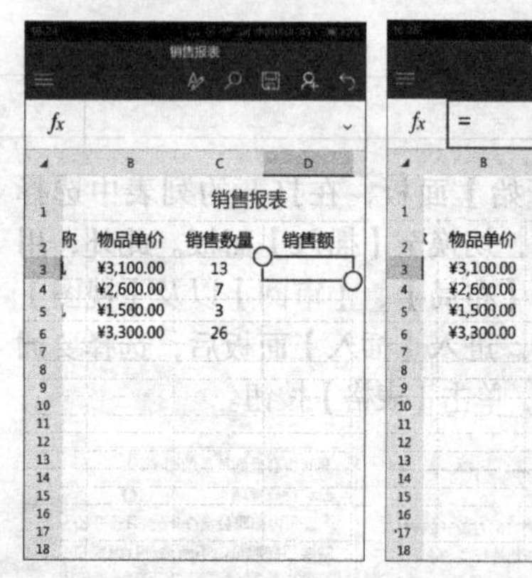

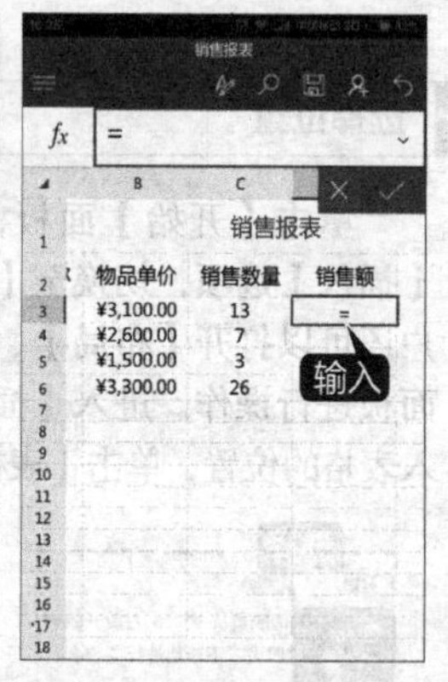

2 计算结果

按【C3】单元格，并输入“*”，然后再按【B3】单元格，单击✓按钮，即可得出计算结果。使用同样的方法，计算其他单元格中的结果。

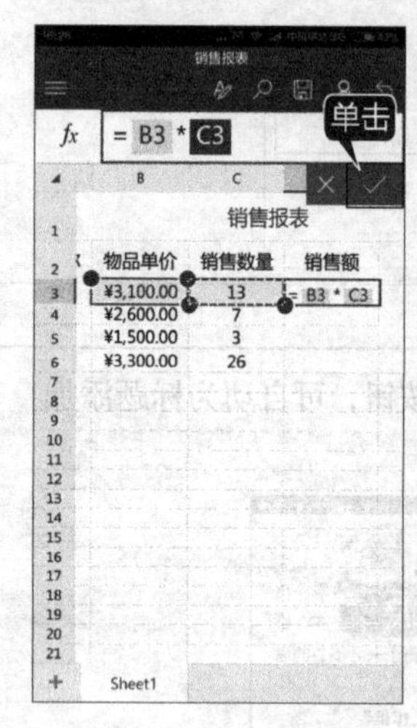

3 计算总销售额

选中E3单元格，单击【编辑】按钮，在打开的面板中选择【公式】面板，选择【自动求和】公式，并选择要计算的单元格区域，单击✓按钮，即可得出总销售额。

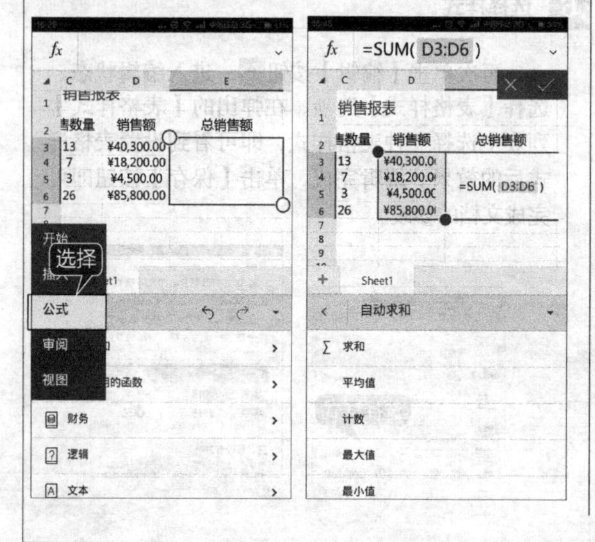

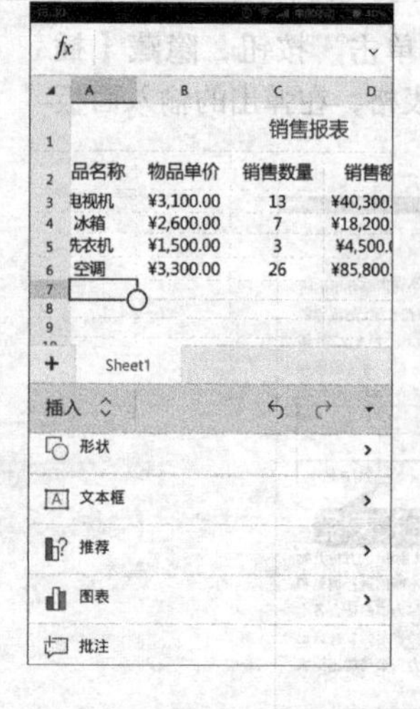

4 插入图表

选择任意一个单元格，单击【编辑】按钮，在底部弹出的功能区选择【插入】➤【图表】➤【柱形图】选项，选择插入的图表类型和样式，即可插入图表。

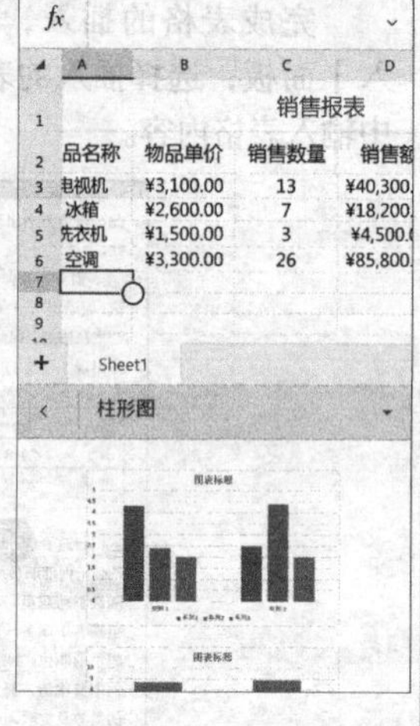

5 调整图表

如下图所示，即可看到插入的图表，用户可以根据需求调整图表的位置和大小。

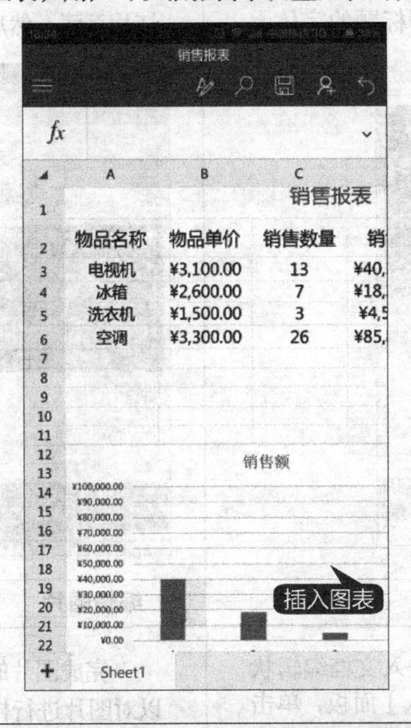

17.5 使用移动设备制作PPT

本节视频教学时间：3分钟

本节以Android手机上的Microsoft PowerPoint为例，介绍如何在手机上创建并编辑PPT。

1 创建新演示文稿

打开Microsoft PowerPoint软件，进入其主界面，单击顶部的【新建】按钮，进入【新建】页面，可以根据需要创建空白演示文稿，也可以选择下方的模板创建新演示文稿，这里选择【离子】选项。

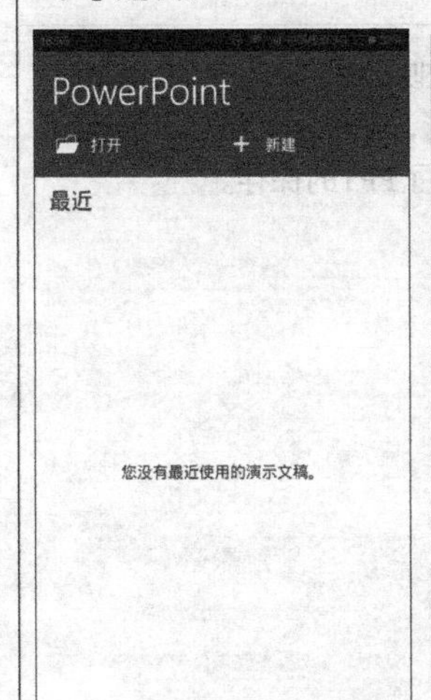

2 输入相关内容

开始下载模板，下载完成，将自动创建一个空白演示文稿。然后根据需要在标题文本占位符中输入相关内容。

3 设置字体

单击【编辑】按钮，进入文档编辑状态，在【开始】面板中根据需要设置副标题的字体大小，并将其设置为右对齐。

4 删除文本占位符

单击屏幕右下方的【新建】按钮，新建幻灯片页面，然后删除其中的文本占位符。

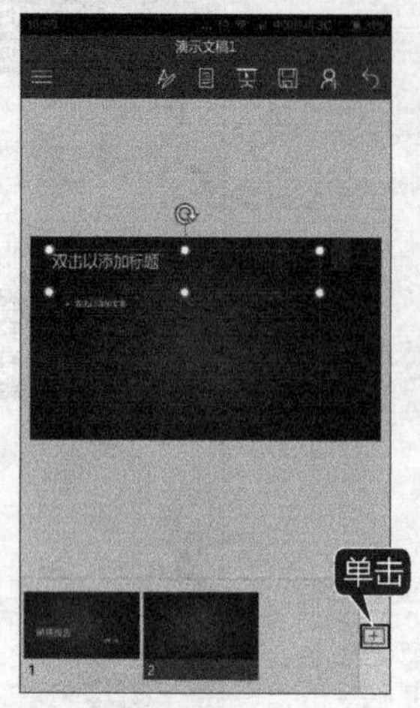

5 选择图片

再次单击【编辑】按钮，进入文档编辑状态，选择【插入】选项，打开【插入】面板，单击【图片】选项，选择图片存储的位置并选择图片。

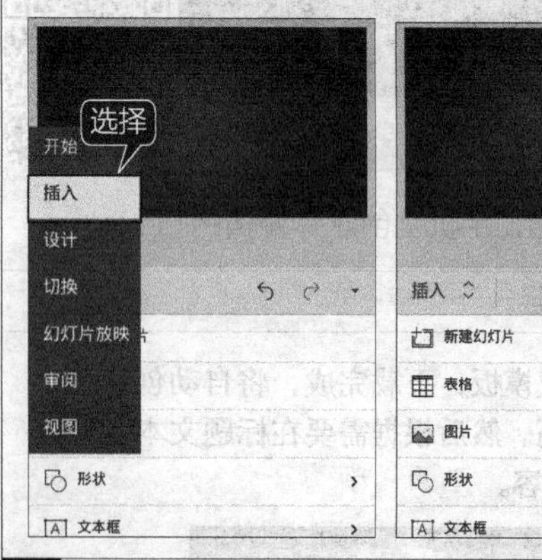

6 编辑图片

完成图片的插入，在打开的【图片】面板中可以对图片进行样式、裁剪、旋转以及移动等编辑操作，编辑完成，即可看到编辑图片后的效果。

7 保存 PPT

使用同样的方法还可以在PPT中插入其他的文字、表格、设置切换效果以及放映等操作，与在电脑中使用Office 办公软件类似，这里不再详细赘述。制作完成之后，单击【菜单】按钮，并单击【保存】选项，在【保存】界面单击【重命名此文件】选项，并设置名称为“销售报告”，就完成了PPT的保存。

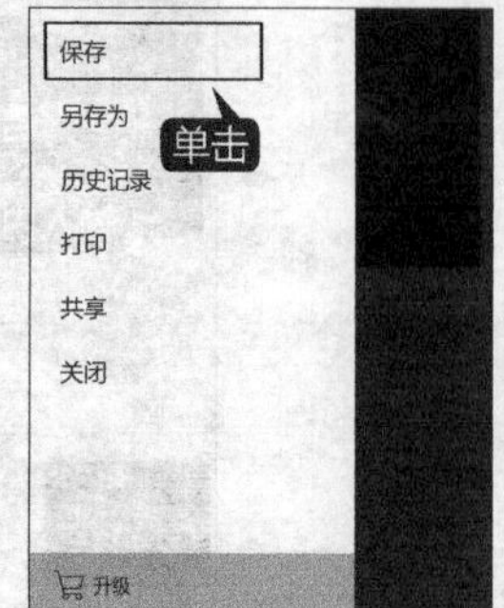

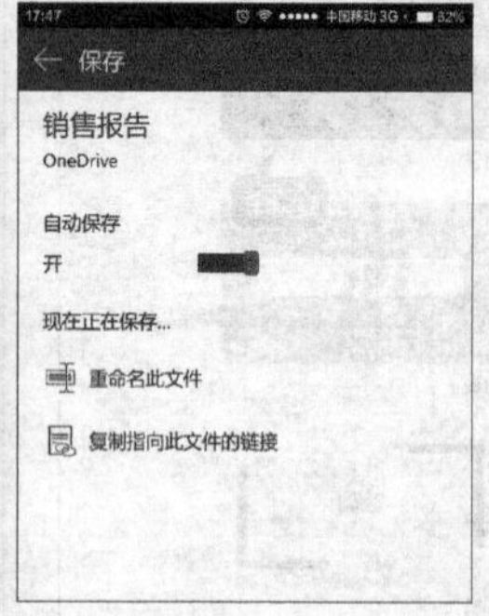

高手私房菜

技巧：使用手机邮箱发送办公文档

使用手机、平板电脑可以将编辑好的文档发送给同事，这里以通过手机发送PowerPoint演示文稿为例进行介绍。

1 单击【共享】选项

工作簿制作完成之后，单击【菜单】按钮▤，并单击【共享】选项。

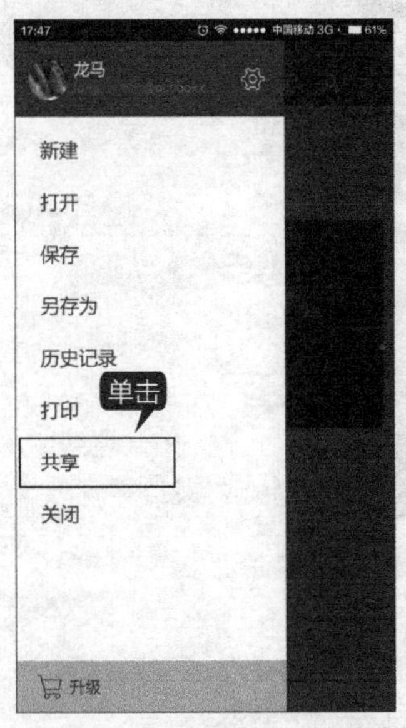

2 作为附件共享

在打开的【共享】选择界面选择【作为附件共享】选项。

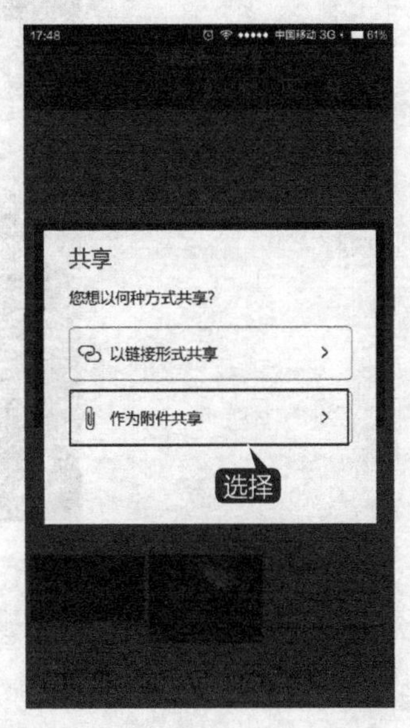

3 选择【演示文稿】选项

打开【作为附件共享】界面，选择【演示文稿】选项。

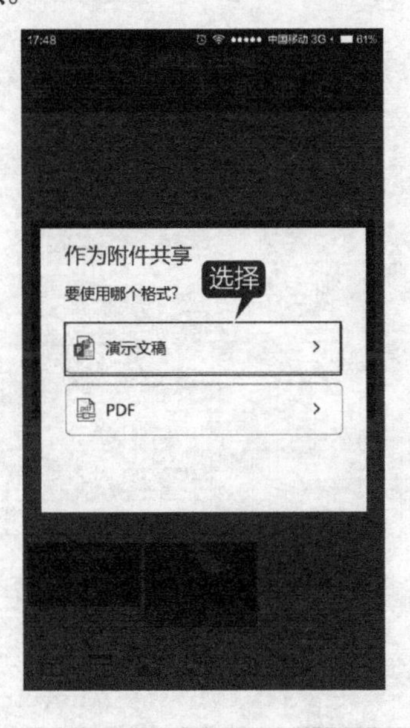

4 选择共享方式

在打开的选择界面选择共享方式，这里选择【电子邮件】选项。

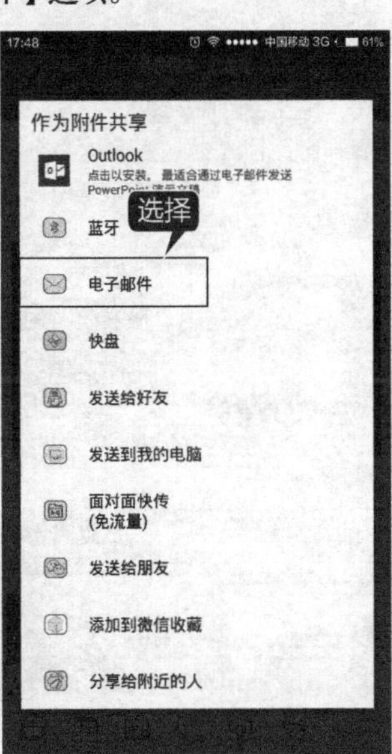

5 输入收件人邮箱地址

在【电子邮件】窗口中输入收件人的邮箱地址，并输入邮件正文内容，单击【发送】按钮，即可将办公文档以附件的形式发送给他人。